DIE GRUNDLEHREN DER

MATHEMATISCHEN WISSENSCHAFTEN

IN EINZELDARSTELLUNGEN MIT BESONDERER
BERÜCKSICHTIGUNG DER ANWENDUNGSGEBIETE

HERAUSGEGEBEN VON

J. L. DOOB · E. HEINZ · F. HIRZEBRUCH
E. HOPF · H. HOPF · W. MAAK · S. MAC LANE
W. MAGNUS · F. K. SCHMIDT · K. STEIN

GESCHÄFTSFÜHRENDE HERAUSGEBER

B. ECKMANN UND B. L. VAN DER WAERDEN
ZÜRICH

BAND 128

SPRINGER-VERLAG
BERLIN · HEIDELBERG · NEW YORK
1966

JORDAN-ALGEBREN

VON

HEL BRAUN
DR. PHIL. NAT., APL. PROFESSOR AN DER UNIVERSITÄT HAMBURG

UND

MAX KOECHER
DR. RER. NAT., O. PROFESSOR AN DER UNIVERSITÄT MÜNCHEN

SPRINGER-VERLAG

BERLIN · HEIDELBERG · NEW YORK

1966

Geschäftsführende Herausgeber:

Prof. Dr. B. Eckmann

Eidgenössische Technische Hochschule Zürich

Prof. Dr. B. L. van der Waerden

Mathematisches Institut der Universität Zürich

ISBN-13: 978-3-642-94948-7   e-ISBN-13: 978-3-642-94947-0
DOI: 10.1007/978-3-642-94947-0

Titelnummer 5111

Vorwort

Kommutative Algebren, in denen als Ersatz des Assoziativgesetzes die Identität $(u^2 v)\, u = u^2 (v\, u)$ gilt, wurden erstmals von P. JORDAN im Jahre 1932 im Zusammenhang mit Fragen der Quantentheorie untersucht. Die Autoren P. JORDAN, J. VON NEUMANN und E. WIGNER gaben bald darauf eine Strukturtheorie der formal-reellen „Jordan-Algebren". Anschließend waren die Jordan-Algebren Gegenstand zahlreicher rein algebraischer Untersuchungen. Man verdankt hier insbesondere A. A. ALBERT und N. JACOBSON interessante und tiefliegende Ergebnisse. Die Einzelheiten der Entwicklung der Theorie der Jordan-Algebren kann man recht gut dem (von uns möglichst vollständig angegebenen) Literaturverzeichnis entnehmen. Es sind darin auch diejenigen Publikationen aufgenommen worden, die sich nicht in den Rahmen des vorliegenden Buches einfügen. Dieses Literaturverzeichnis umfaßt die Publikationen über nicht-assoziative Algebren mit Ausschluß der Lie-Algebren. Jordan-Algebren und alternative Algebren haben mehr noch als Lie-Algebren den Anstoß zum Studium allgemeiner nicht-assoziativer Algebren gegeben.

In letzter Zeit ergaben sich neben neuen algebraischen Aspekten auch Anwendungen der Jordan-Algebren auf Teile der Analysis. Damit stehen die Jordan-Algebren ergänzend neben den Lie-Algebren.

Die Autoren gelangten zu den Jordan-Algebren, indem sie von Problemen der Analysis, genauer von der systematischen Untersuchung derjenigen homogenen Bereiche ausgingen, die der Theorie der Modulfunktionen in mehreren Variablen zugrunde liegen. Die von ihnen zunächst im Hinblick auf diese Anwendungen entwickelten Methoden erwiesen sich dann auch für Jordan-Algebren über beliebigen Körpern als adäquat.

Bei der Gestaltung dieser Gedankengänge wurden die Autoren von E. ARTIN in dessen letzten Lebensjahren tatkräftig unterstützt. Einige der grundlegenden Ideen stammen von ihm. Seine ständige Aufforderung zur Vereinfachung und gedanklichen Durchdringung wird mancher Leser deutlich erkennen können.

Den Herren Dr. U. HIRZEBRUCH, Dr. H.-P. LORENZEN, Dr. A. THEDY, G. JANSSEN, O. LOOS und insbesondere Dr. K. MEYBERG sind wir für wertvolle Verbesserungsvorschläge, für die Mitarbeit bei der Abfassung des Manuskriptes und für die Hilfe beim Lesen der Korrekturen zu großem Dank verpflichtet. Unser Dank gilt ferner den Herausgebern und dem Verlag für die Berücksichtigung aller unserer speziellen Wünsche.

Hamburg, München, im September 1965   H. BRAUN
M. KOECHER

Inhaltsverzeichnis

Viertes Kapitel

Jordan-Algebren

Fünftes Kapitel

Mutationen von Jordan-Algebren

Sechstes Kapitel

Beispiele von Jordan-Algebren

Siebentes Kapitel

Alternative Algebren und nichtspezielle Jordan-Algebren

Inhaltsverzeichnis IX

Achtes Kapitel

Die Peirce-Zerlegung von Jordan-Algebren in bezug auf ein vollständiges Orthogonalsystem

Neuntes Kapitel

Derivationen von Jordan-Algebren

Zehntes Kapitel

Die Klassifikation der einfachen Jordan-Algebren

Elftes Kapitel

Reelle und komplexe Jordan-Algebren

Einleitung

Spezielle Vorkenntnisse aus der Algebra sind, mit Ausnahme der elementaren Körpertheorie, nicht erforderlich, wenn man dieses Buch lesen möchte — aber Geduld, wie man sie überall dort braucht, wo es gilt, ungewohnte Methoden zu verstehen.

Obwohl das Hauptanliegen dieses Buches die Theorie der (kommutativen) Jordan-Algebren ist, werden in den ersten drei Kapiteln allgemeinere Begriffsbildungen untersucht. Hierbei spielt der Begriff der „homogenen" Algebra eine zentrale Rolle. Ein Leser, der sich im wesentlichen für Jordan-Algebren interessiert, kann mit dem vierten Kapitel beginnen und dann zurückblättern, wenn Sätze verwendet werden, die unter schwächeren Voraussetzungen bereits in den ersten drei Kapiteln bewiesen werden.

Wir betrachten nur Algebren endlicher Dimension über einem kommutativen Körper und gehen nicht auf die Frage ein, welche der Sätze für Algebren beliebiger Dimension bzw. für Ringe gültig bleiben.

Zur Erleichterung findet der Leser am Ende des Buches ein möglichst vollständiges Stichwortverzeichnis und im Anschluß an die Einleitung eine Zusammenstellung der wichtigsten Bezeichnungen und Formeln. Die Sätze und Lemmata einerseits und die Formeln andererseits sind innerhalb eines Paragraphen unter Angabe der Nummer des Paragraphen durchnumeriert. Bei Hinweisen wird außerhalb des betreffenden Kapitels die jeweilige Kapitelnummer in römischen Ziffern vorangestellt (z. B. III, Satz 1.5, bzw. (II, 2.5)).

Literaturhinweise werden am Ende der Kapitel mit Bezug auf das Literaturverzeichnis am Ende des Buches gemacht.

Wir geben hier einen kurzen Überblick über die einzelnen Kapitel:

Kapitel I: Wir stellen die notwendigen Begriffe und Hilfsmittel für potenz-assoziative Algebren bereit. Abgesehen von den in der Literatur üblichen Begriffsbildungen werden normale und semi-normale Linearformen einer Algebra betrachtet und damit ein neuer Radikalbegriff eingeführt (§ 7). Dieser erweist sich dem Zwecke dieses Buches als besonders angepaßt, zumal er sowohl für Jordan-Algebren als auch für alternative Algebren ohne zuviel Aufwand das Gewünschte leistet.

Kapitel II: Für generische Elemente einer strikt potenz-assoziativen Algebra werden multiplikative Polynome und Normen untersucht, und es wird die Strukturgruppe einer Algebra eingeführt (§ 5). Mehr als üblich machen wir hierbei vom Inversen eines Elementes der Algebra Gebrauch.

Kapitel III: Im Sinne einer „analytischen" Algebra definieren wir homogene Algebren, um grundlegende Sätze einheitlich für Jordan-Algebren und alternative Algebren beweisen zu können. Den Nachweis der Homogenität findet man für assoziative Algebren in I, § 12, für Jordan-Algebren in IV, Satz 2.2, und IV, § 5.1 und § 5.2, und für alternative Algebren in VII, § 2.3.

Die verschiedenen Stufen des Homogenitätsbegriffes erlauben eine Untersuchung dieser Algebren ohne Verwendung der jeweiligen definierenden Relationen. Dadurch ist es möglich, die Theorie für eine Klasse von nicht-assoziativen Algebren von unnötigen Formeln zu befreien. Eine zentrale Rolle spielt dabei die quadratische Darstellung einer Algebra und deren Fundamentalformel (§ 1). Das Verhalten einer homogen-zulässigen Algebra bei Grundkörpererweiterungen wird studiert und hierbei besonderes Gewicht auf den Zusammenhang zwischen Grad und Primitiv-Grad einer Algebra gelegt (§ 7). Es schließen sich wichtige Sätze über einfache und halbeinfache Algebren an (§ 9). Insbesondere werden die separablen Algebren von den halbeinfachen Algebren abgegrenzt.

Kapitel IV: Beginnend mit dem nichtkommutativen Fall leiten wir die grundlegenden Ergebnisse für Jordan-Algebren her, die zum Teil auch für Körper der Charakteristik zwei gültig bleiben. Auch hier stehen die quadratische Darstellung und das Inverse im Mittelpunkt der Untersuchungen.

Kapitel V: Von den hier bewiesenen Ergebnissen über Mutationen werden im weiteren Verlauf fast nur die ersten drei Paragraphen benötigt. Für das richtige Verständnis der Jordan-Algebren scheint uns der Gesichtspunkt wichtig und bisher nicht genügend beachtet, daß man Jordan-Algebren immer nur zusammen mit allen ihren Mutationen betrachten sollte.

Kapitel VI: Als Beispiele untersuchen wir ausführlich die verschiedenen Typen von speziellen Jordan-Algebren.

Kapitel VII: Hier werden nach Einführung der alternativen Algebren deren wichtigste Eigenschaften hergeleitet. Auf dem Wege über die quadratischen Algebren kommen wir zur Beschreibung aller alternativen quadratischen Algebren. Eine Klassifikation der einfachen alternativen Algebren wird hier und später nicht benötigt. In den letzten beiden Paragraphen wird die Ausnahme-Jordan-Algebra betrachtet.

Kapitel VIII: Die PEIRCE-Zerlegung in bezug auf ein vollständiges Orthogonalsystem von Idempotenten ist das Hilfsmittel zur Untersuchung der „Feinstruktur" der Jordan-Algebren. Für eine reguläre

Algebra $\mathfrak{A}$ können die PEIRCE-Komponenten $\mathfrak{A}_{ij}$ zu alternativen Algebren gemacht werden. Als Anwendung erhalten wir z. B. Ergebnisse über die Ausnahme-Algebra (§ 8), die KILLING-Form und die Automorphismen einer Jordan-Algebra (§ 9).

Kapitel IX: Jeder Jordan-Algebra können zwei Lie-Algebren zugeordnet werden, nämlich die Algebra der Derivationen und die Algebra der infinitesimalen Transformationen der Strukturgruppe. Wir bestimmen u. a. in beiden Fällen die KILLING-Form dieser Lie-Algebren. Die Ergebnisse dieses Kapitels werden im weiteren Verlauf nicht mehr benötigt.

Kapitel X: Die Grundlage für die Klassifikation der einfachen Jordan-Algebren sind zwei Isomorphiesätze. Mit deren Hilfe beschreiben wir zuerst die regulären einfachen und dann die einfachen Algebren.

Kapitel XI: Wir geben hier Anwendungen der bisherigen Untersuchungen auf reelle, insbesondere formal-reelle und auf komplexe Jordan-Algebren. Für reelle Jordan-Algebren mit Einselement werden die Zusammenhangskomponenten der Menge der invertierbaren Elemente untersucht. Diese können im formal-reellen Fall in einfacher Weise geometrisch beschrieben werden.

Zusammenstellung der wichtigsten Bezeichnungen

Zeichen	Bedeutung	Kapitel und Paragraph	Seite
$A(\mathfrak{A})$	Automorphismengruppe	IV, 6.1	156
$\mathfrak{A}^+$, $\mathfrak{A}^-$		I, 2.7	12
$\widetilde{\mathfrak{A}}$	Grundkörpererweiterung	I, 2.4	8
$\hat{\mathfrak{A}}$	Adjunktion eines Einselementes	I, 2.3	7
$\mathfrak{A}_f$	Mutation von $\mathfrak{A}$	IV, 4.1	149
$\mathfrak{A}/\mathfrak{b}$	Quotientenalgebra	II, 2.2	7
$\mathfrak{A}_{ij}$	Peirce-Komponenten	VIII, 2.2	239
$\mathfrak{A}_\nu(c)$	Peirce-Komponenten	I, 12.2; IV, 5.4	48; 154
A^*	Adjungierte Transformation	I, 1.5	4
$\lvert A \rvert$	Determinante	I, 1.1	1
$Bk_\lambda(\mathfrak{A})$	Bilinearkern	I, 1.3; I, 6.1	3; 28
$\mathbb{C}$	komplexe Zahlen	XI, 1.1	312
$\Gamma(\mathfrak{A})$	Strukturgruppe	II, 5.1	79
$\Gamma(\mathfrak{A}^{(1)}, \mathfrak{A}^{(2)})$		V, 1.1	161
$\mathfrak{D}(\mathfrak{A})$	Derivationsalgebra	I, 2.7; I, 14.1	13; 57
Δ_x^u	Richtungsableitung	II, 1.4	62
$\partial/\partial x$	Ableitung	II, 1.4	62
$\exp u$	Exponientialabbildung	XI, 1.2	313
HN	Hauptnorm	II, 5.3	81
HS	Hauptspur	II, 5.3	81
$\mathfrak{H}(\mathbb{C})$		VI, 3.1	188
$\mathfrak{H}_r(\mathbb{C})$	Matrixalgebra	VI, 4.1	191
$H(x)$		II, 2.3	66
$K[u]$, $K_m[u]$		I, 2.5	9
$L(x)$	linksreguläre Darstellung	I, 2.1	6
$\Lambda(\mathfrak{A})$	eingeschränkte Strukturgruppe	II, 5.4	82
$\mathfrak{M}_r(\mathbb{C})$	Matrixalgebra	VI, 4.1	190
$\mathfrak{N}(\mathfrak{A})$	Nukleus	I, 5.1	24
$P(x)$	quadratische Darstellung	II, 2.4	67
$P(x, y)$		IV, 4.1	149
$\Pi(\mathfrak{A})$		III, 1.4	92
$\mathbb{R}$	reelle Zahlen	XI 1.1	312
$\operatorname{Rad}\mathfrak{A}$	Radikal	I, 7.3	35

Zeichen	Bedeutung	Kapitel und Para- graph	Seite
RN	reduzierte Norm	II, 5.3	82
RS	reduzierte Spur	II, 5.3	82
$R(x)$	rechtsreguläre Darstellung	I, 2.1	6
Spur A	Spur	I, 1.1	1
Sp	Spur	III, 5.4	113
$\Sigma(\mathfrak{A})$		XI, 4.2	325
$W\#$		II, 5.1	79
$x\,y^*$		IX, 1.1	274
$X_{\mathfrak{A}}$		XI, 1.5	315
$[X;\mu,e]$		VI, 5.1	193
$Y_{\mathfrak{A}}$		XI, 1.6	316
(Y,ω,e)	ω-Bereich	VI, 8.4	205
$\mathfrak{Z}(\mathfrak{A})$	Zentrum	I, 5.1	24

Erstes Kapitel

Einführung

§ 1. Vektorräume über kommutativen Körpern

1. Es sei X ein Vektorraum über einem (kommutativen) Körper K. Die Elemente von X werden mit kleinen lateinischen Buchstaben, die von K mit kleinen griechischen Buchstaben bezeichnet. Die Dimension n von X sei endlich. Wählt man eine Basis von X, so können die Elemente von X mit den n-reihigen Spaltenvektoren über K identifiziert werden.

Die linearen Transformationen, also die Homomorphismen von X in sich, bilden einen Vektorraum der Dimension n^2 über K. Bei Wahl einer Basis kann er mit den n-reihigen quadratischen Matrizen über K identifiziert werden.

Die identische Transformation von X in X wird von uns mit Id, die nur aus der Null bestehende Teilmenge von X mit 0 bezeichnet.

Gelegentlich werden wir von der *Determinante* $|A|$ und der *Spur* A einer linearen Transformation A sprechen. Man versteht darunter die Determinante bzw. die Spur derjenigen Matrix B, durch die die lineare Transformation A bei Benutzung einer Basis dargestellt wird. Da sich B beim Übergang zu einer neuen Basis mit der Übergangsmatrix T in TBT^{-1} transformiert, ändern sich $|A|$ und Spur A nicht. Beide Definitionen sind daher basisinvariant.*) Bekanntlich gilt $|A_1 A_2| = |A_1||A_2|$ und $\text{Spur}(A_1 A_2) = \text{Spur}(A_2 A_1)$. Genau dann ist $|A| \neq 0$, wenn die Abbildung $u \to Au$ bijektiv ist, d. h. wenn A^{-1} existiert.

2. Wir werden häufig von der Erweiterung des Grundkörpers K eines Vektorraumes X Gebrauch zu machen haben. Für einen Erweiterungskörper $\tilde{K}$ von K betrachte man nach Wahl einer Basis von X die Menge $\tilde{X}$ der Linearkombinationen der Basiselemente mit Koeffizienten aus $\tilde{K}$. $\tilde{X}$ hängt nicht von der Wahl der Basis ab und ist in natürlicher Weise ein Vektorraum über $\tilde{K}$. Man sagt, daß $\tilde{X}$ *aus X durch Erweiterung des Grundkörpers K zu $\tilde{K}$ hervorgeht*, oder, daß $\tilde{X}$ eine *Grundkörpererweiterung* von X ist. Die Dimension von $\tilde{X}$ über $\tilde{K}$ stimmt mit der Dimension von X über K überein.

*) Im Falle eines 0-dimensionalen Vektorraumes definiert man die Determinante bzw. die Spur einer linearen Transformation durch 1 bzw. 0.

$\widetilde{X}$ läßt sich als Tensorprodukt $X \underset{K}{\otimes} \widetilde{K}$ schreiben. In unserem Zusammenhang erübrigt sich jedoch die Verwendung des Tensorproduktes, da wir lediglich Vektorräume endlicher Dimension zu betrachten haben.

3. Wir werden häufig von Linearformen und Bilinearformen mit Werten in einem Erweiterungskörper von K Gebrauch machen, während diese Begriffe üblicherweise nur verwendet werden, wenn die Werte im Grundkörper liegen. Sei also ein Erweiterungskörper von K gegeben, den wir als Vektorraum über K auffassen. Unter einer *Linearform* λ von X verstehen wir eine lineare Abbildung λ von X in diesen Erweiterungskörper. Liegen die Werte von λ im Grundkörper K, so nennen wir λ auch eine *eigentliche Linearform* von X.

Es sei $\widetilde{K}$ ein Erweiterungskörper von K, und es entstehe $\widetilde{X}$ aus X durch Grundkörpererweiterung von K zu $\widetilde{K}$. Jede Linearform λ von X läßt sich zu einer Linearform $\widetilde{\lambda}$ von $\widetilde{X}$ fortsetzen: Hat ein Element u von $\widetilde{X}$ bezüglich einer Basis $b_1, b_2, \ldots, b_n$ von X die Komponenten $\xi_1, \xi_2, \ldots, \xi_n$ aus $\widetilde{K}$, dann wird $\widetilde{\lambda}$ definiert durch*)

$$\widetilde{\lambda}(u) := \sum_i \xi_i \lambda_i, \quad \lambda_i = \lambda(b_i).$$

Diese Definition hängt nicht von der Wahl der Basis von X ab.

Geht man daher zu einer Erweiterung $\widehat{K}$ von K über, die den Wertevorrat von λ enthält, so wird $\widetilde{\lambda}$ zu einer Linearform von $\widetilde{X}$ mit Werten in $\widehat{K}$; also zu einer eigentlichen Linearform von $\widetilde{X}$. Die Linearform λ ist somit eine Restriktion einer eigentlichen Linearform. Umgekehrt ist die Restriktion jeder eigentlichen Linearform von $\widetilde{X}$ auf X eine Linearform von X. *Die Linearformen von X sind also einfach die Restriktionen von Linearformen, die auf einer geeigneten Grundkörpererweiterung eigentlich sind.*

Entsprechend definieren wir *Bilinearformen* von X als bilineare Abbildung von $X \times X$ in einen Erweiterungskörper von K. Eine solche Abbildung σ heißt *symmetrische Bilinearform*, wenn $\sigma(u, v) = \sigma(v, u)$ für $u, v \in X$ gilt. Wir nennen σ *eigentlich*, wenn die Werte im Grundkörper liegen.

Es sei σ eine Bilinearform von X, und es entstehe $\widetilde{X}$ durch Grundkörpererweiterung von K zu $\widetilde{K}$. Bezeichnen wir mit $\xi_1, \xi_2, \ldots, \xi_n$ bzw. $\eta_1, \eta_2, \ldots, \eta_n$ aus $\widetilde{K}$ die Komponenten der Elemente $u, v \in \widetilde{X}$ bezüglich der Basis $b_1, b_2, \ldots, b_n$ von X, so erhalten wir die Fortsetzung $\widetilde{\sigma}$ von σ auf $\widetilde{X}$ vermöge

$$(1.1) \qquad \widetilde{\sigma}(u, v) := \sum_{i, j} \xi_i \sigma_{ij} \eta_j, \quad \sigma_{ij} = \sigma(b_i, b_j).$$

Auch hier hängt $\widetilde{\sigma}$ nicht von der Wahl der Basis ab. Genau dann ist $\widetilde{\sigma}$ symmetrisch, wenn dies für σ gilt. Mit σ ist auch $\widetilde{\sigma}$ eigentlich. *Ent-*

---

*) Wir schreiben $a := b$, wenn a durch b definiert ist.

sprechend wie im Fall der Linearformen sind die (symmetrischen) Bilinearformen von X genau die Restriktionen von (symmetrischen) Bilinearformen, die auf einer geeigneten Grundkörpererweiterung eigentlich sind.

Einer symmetrischen Bilinearform σ von X ordnen wir den *Bilinearkern* $Bk_\sigma(X)$ von X bezüglich σ zu durch

$$Bk_\sigma(X) := \{u;\, u \in X,\, \sigma(u, v) = 0 \text{ für alle } v \in X\}.$$

Offenbar ist $Bk_\sigma(X)$ ein Unterraum von X.

Eine eigentliche symmetrische Bilinearform σ heißt *nichtausgeartet*, wenn aus $\sigma(u, v) = 0$ für alle $v \in X$ folgt, daß $u = 0$ ist, d. h., wenn $Bk_\sigma(X) = 0$ gilt. Die eigentliche Bilinearform σ ist genau dann nichtausgeartet, wenn die Matrix $S = (\sigma_{ij})$ umkehrbar ist. Dies ist dann und nur dann der Fall, wenn jede Fortsetzung $\tilde\sigma$ nichtausgeartet ist. Für eine nicht eigentliche Bilinearform σ von X kann man aus $Bk_\sigma(X) = 0$ nicht schließen, daß eine eigentliche Fortsetzung $\tilde\sigma$ existiert, die nichtausgeartet ist*).

Wir bezeichnen von nun an für Linearformen und Bilinearformen die Restriktionen auf Unterräume und die Fortsetzungen auf Vektorräume, die durch Grundkörpererweiterung entstehen, mit demselben Buchstaben.

4. Wir betrachten zunächst eigentliche Linearformen. Die Menge X^* aller eigentlichen Linearformen von X wird ein Vektorraum über K, wenn Addition und skalare Multiplikation definiert werden durch

$$(\lambda_1 + \lambda_2)(u) := \lambda_1(u) + \lambda_2(u), \quad (\alpha\,\lambda)(u) := \alpha \cdot \lambda(u).$$

X^* heißt der *Dualraum* von X. Wenn $b_1, b_2, \ldots, b_n$ eine Basis von X ist, so gehört dazu eine *duale Basis* $\lambda_1, \lambda_2, \ldots, \lambda_n$ von X^* mit $\lambda_i(b_j) = \delta_{ij}$. Daraus geht hervor, daß auch X^* die Dimension n besitzt. Wählt man in X eine Basis, so ist es zweckmäßig, in X^* die dazu duale Basis zu wählen. Dann kann X^* mit den Zeilenvektoren über K identifiziert werden.

Es sei $\lambda \in X^*$, $\lambda \neq 0$. Da das Bild von X bei der Abbildung λ der eindimensionale Vektorraum K ist, ist der Kern von λ, also die Menge aller $u \in X$ mit $\lambda(u) = 0$, ein Teilraum von X der Dimension $n - 1$. Man sieht leicht, daß auch umgekehrt jeder Teilraum von X der Dimension $n - 1$ durch eine Gleichung der Form $\lambda(u) = 0$ beschrieben wird.

---

*) Als Gegenbeispiel wähle man für K den Körper der rationalen Zahlen und für X einen zweidimensionalen Vektorraum mit Basis b_1, b_2. Für $u = \xi_1 b_1 + \xi_2 b_2 \in X$ definiere man die Linearform λ durch $\lambda(u) := \xi_1 + \sqrt{2}\,\xi_2$. Es ist $\lambda(u) = 0$ nur für $u = 0$. Die durch $\sigma(u, v) = \lambda(u)\,\lambda(v)$ definierte Bilinearform von X hat den Bilinearkern Null. Bei der Grundkörpererweiterung von K zu $\tilde K = K(\sqrt{2})$ hat die Fortsetzung $\tilde\sigma$ einen von Null verschiedenen Bilinearkern.

Durch Gleichungen der Form $\lambda(u) = \alpha$ werden also alle linearen Teilmannigfaltigkeiten der Dimension $n - 1$ gegeben; sie führen den Namen *Hyperebenen von X*.

5. Die symmetrische Bilinearform σ von X sei nun eigentlich und nichtausgeartet. Jedem Vektor a werde eine Linearform a^* zugeordnet, definiert durch $a^*(u) = \sigma(a, u)$. Man sieht sofort, daß die Abbildung $a \to a^*$ ein Homomorphismus $X \to X^*$ ist. Der Vektor a ist im Kern dieses Homomorphismus, wenn $\sigma(a, u) = 0$ für alle $u \in X$. Da σ nichtausgeartet ist, bedeutet das $a = 0$. Da außerdem die Dimensionen von X und X^* übereinstimmen, ist die Abbildung $a \to a^*$ bijektiv. Man kann also auch zu jeder Linearform $\lambda \in X^*$ einen Vektor $\lambda^* \in X$ finden, so daß $\lambda(u) = \sigma(\lambda^*, u)$ ist. Offenbar gilt $a^{**} = a$ und $\lambda^{**} = \lambda$.

Ist $u_1, u_2, \ldots, u_n$ eine Basis von X, so sei $\lambda_1, \lambda_2, \ldots, \lambda_n$ die duale Basis von X^*. Wir setzen $v_i := \lambda_i^* \in X$ und erhalten

$$\sigma(u_i, v_j) = \sigma(u_i, \lambda_j^*) = \lambda_j(u_i) = \delta_{ij}.$$

Man nennt daher $v_1, v_2, \ldots, v_n$ die zu $u_1, u_2, \ldots, u_n$ (bezüglich σ) *duale Basis von X*.

Es sei A eine lineare Transformation von X. Bei gegebenem $a \in X$ ist dann durch $u \to \sigma(a, Au)$ eine eigentliche Linearform von X definiert, es gibt also einen Vektor $\tilde{a} \in X$, so daß $\sigma(a, Au) = \sigma(\tilde{a}, u)$ gilt. Man bestätigt sofort, daß die Abbildung $a \to \tilde{a}$ ein Homomorphismus, also eine lineare Transformation A^* von X ist. Man nennt A^* die zu A (bezüglich σ) *adjungierte* Transformation. Sie ist also definiert durch

$$\sigma(A^* u, v) = \sigma(u, Av) \quad \text{für alle} \quad u, v \in X.$$

Wegen $\sigma(u, Av) = \sigma(A^* u, v) = \sigma(v, A^* u) = \sigma(A^{**} v, u) = \sigma(u, A^{**} v)$ gilt $A^{**} = A$. Man bestätigt leicht:

$$(A_1 + A_2)^* = A_1^* + A_2^*, \quad (\alpha A)^* = \alpha A^*, \quad (A_1 A_2)^* = A_2^* A_1^*.$$

Wenn die lineare Transformation A bezüglich einer Basis durch die Matrix B und die Bilinearform σ durch S beschrieben wird, so beschreibt die Matrix*)

$$B^* = S^{-1} B^t S$$

die zu A adjungierte Transformation A^*. Wegen $|B| = |B^t|$ bzw. Spur $B =$ Spur B^t hat man auch $|A| = |A^*|$ und Spur $A =$ Spur A^*.

Eine lineare Transformation A von X heißt (bezüglich σ) *selbstadjungiert*, wenn $A^* = A$ gilt. Für selbstadjungiertes A ist $\sigma(u, Av)$ eine symmetrische Bilinearform von X.

Denken wir uns eine beliebige eigentliche Bilinearform τ von X gegeben. Für jedes $a \in X$ kann ein $\tilde{a} \in X$ gefunden werden, so daß $\tau(a, v) = \sigma(\tilde{a}, v)$ gilt. Die Abbildung $a \to \tilde{a}$ ist wieder eine lineare

---

*) Die transponierte (gespiegelte) Matrix zu B bezeichnen wir mit B^t.

Transformation A von X, d. h., man hat $\tau(u, v) = \sigma(Au, v)$ für alle u, v aus X. Wird die Bilinearform τ symmetrisch vorausgesetzt, dann ist $\sigma(Au, v) = \tau(u, v) = \tau(v, u) = \sigma(Av, u) = \sigma(u, Av)$, also A (bezüglich σ) selbstadjungiert.

Die selbstadjungierten linearen Transformationen von X stehen also in umkehrbar eindeutiger Beziehung zu den symmetrischen eigentlichen Bilinearformen von X.

6. Wir betrachten noch das Verhalten des Bilinearkerns einer symmetrischen Bilinearform σ bei Grundkörpererweiterung von K zu $\tilde{K}$. Wegen (1.1) gilt offenbar

$$(1.2) \qquad Bk_\sigma(X) \subset Bk_\sigma(\tilde{X}).$$

Es sei $\overline{Bk_\sigma(X)}$ der aus $Bk_\sigma(X)$ durch Grundkörpererweiterung entstehende Unterraum von $\tilde{X}$. Durch Verwendung einer Basis von $Bk_\sigma(X)$ sieht man

$$(1.3) \qquad \overline{Bk_\sigma(X)} \subset Bk_\sigma(\tilde{X}).$$

Diese Inklusion läßt sich im allgemeinen nicht zu einer Gleichung verschärfen*). Hingegen gilt

$$(1.4) \qquad \overline{Bk_\sigma(X)} = Bk_\sigma(\tilde{X}) \quad \text{für eigentliches } \sigma.$$

Zum Beweis sei $\tilde{u} \in Bk_\sigma(\tilde{X})$. Man schreibe es in der Form $\tilde{u} = \sum_i \alpha_i u_i$ mit $u_i \in X$ und über K linear unabhängigen $\alpha_i \in \tilde{K}$. Für $v \in X$ gilt

$$0 = \sigma(\tilde{u}, v) = \sum_i \alpha_i \sigma(u_i, v).$$

Da die $\sigma(u_i, v)$ in K liegen, folgt $\sigma(u_i, v) = 0$, also $u_i \in Bk_\sigma(X)$. Hieraus entnimmt man $\tilde{u} \in \overline{Bk_\sigma(X)}$, also (1.4).

7. Es sei X eine direkte Summe von Vektorräumen X_i,

$$X = X_1 \oplus X_2 \oplus \cdots \oplus X_q.$$

Für lineare Transformationen A_i von X_i, erklärt man die direkte Summe $A = A_1 + A_2 + \cdots + A_q$ vermöge

$$Au = A_1 u_1 + A_2 u_2 + \cdots + A_q u_q,$$

falls $\qquad u = u_1 + u_2 + \cdots + u_q,\ u_i \in X_i.$

Offenbar ist

$$(1.5) \qquad A X_i \subset X_i \quad \text{für alle } i.$$

Sei umgekehrt A eine lineare Transformation von X, für die (1.5) gilt. Bezeichnet man die Restriktion von A auf X_i mit A_i, so ist also jedes A_i eine lineare Transformation von X_i und man hat $A = A_1 + A_2 + \cdots + A_q$. Diese Summe ist direkt.

---

*) Siehe Fußnote auf S. 3.

§ 2. Algebren

1. Es sei X ein Vektorraum der endlichen Dimension n über dem (kommutativen) Körper K. In der Menge X betrachten wir eine bilineare Komposition — auch Multiplikation genannt —, d. h. eine Abbildung $(u, v) \to u\,v$ von $X \times X$ in X mit folgender Eigenschaft: Für festes $u \in X$ ist sowohl $v \to u\,v$ als auch $v \to v\,u$ eine lineare Transformation des Vektorraumes. Wir verstehen unter einer *Algebra* $\mathfrak{A}$ *über* K den Vektorraum X zusammen mit einer gegebenen bilinearen Komposition. Für $u \in X$ schreiben wir auch $u \in \mathfrak{A}$. In einer solchen Algebra gilt im allgemeinen also weder das Kommutativgesetz noch das Assoziativgesetz für die Multiplikation.

Bei gegebener Algebra $\mathfrak{A}$ bezeichnen wir bei festem u die lineare Transformation $v \to u\,v$ bzw. $v \to v\,u$ mit $L(u)$ bzw. $R(u)$, d. h.

$$L(u)\,v = u\,v \quad \text{bzw.} \quad R(u)\,v = v\,u,$$

und nennen $L(u)$ die *linksreguläre* und $R(u)$ die *rechtsreguläre Darstellung von u aus* $\mathfrak{A}$. Man beachte jedoch, daß im allgemeinen weder $u \to L(u)$ noch $u \to R(u)$ eine Darstellung im üblichen Sinne, d. h. ein Homomorphismus von $\mathfrak{A}$ in die assoziative Algebra der linearen Transformationen von X ist. Beide Abbildungen sind lediglich Homomorphismen des Vektorraumes X in den Vektorraum der linearen Transformationen von X.

Gibt man umgekehrt für jedes $u \in X$ eine lineare Transformation $L(u)$ von X vor, so erhält man vermöge $u\,v := L(u)\,v$ genau dann eine bilineare Komposition in X, wenn $L(u)$ linear in u ist.

Eine Algebra $\mathfrak{A}$ heißt *kommutativ* bzw. *assoziativ*, wenn die Multiplikation die entsprechende Eigenschaft hat.

Ein Element e von $\mathfrak{A}$ heißt *Einselement* der Algebra, wenn $e\,u = u\,e = u$ für alle $u \in \mathfrak{A}$ gilt. Gibt es in $\mathfrak{A}$ ein Einselement, dann ist es offenbar eindeutig bestimmt. Andererseits ist dann und nur dann e das Einselement von $\mathfrak{A}$, wenn $L(e) = R(e) = Id$ gilt. In einer Algebra mit Einselement gilt also nicht $|L(u)| = 0$ für alle $u \in \mathfrak{A}$.

Für Teilmengen $\mathfrak{B}$, $\mathfrak{C}$ von $\mathfrak{A}$ definiert man $\mathfrak{B}\,\mathfrak{C}$ als den durch die Produkte $b\,c$ mit $b \in \mathfrak{B}$, $c \in \mathfrak{C}$ erzeugten Vektorraum. $\mathfrak{A}$ heißt eine *Nullalgebra*, wenn $\mathfrak{A}\mathfrak{A}$ nur aus der Null besteht.

Zu jeder Algebra $\mathfrak{A}$ über K kann man im zugehörigen Vektorraum X eine neue Multiplikation $u \cdot v$ vermöge $u \cdot v := v\,u$ erklären. Die entstehende Algebra nennt man die zu $\mathfrak{A}$ *anti-isomorphe* Algebra.

2. Es seien $\mathfrak{A}$ und $\mathfrak{A}'$ zwei Algebren über dem gleichen Grundkörper K. Ein Homomorphismus φ des Vektorraumes, der zu $\mathfrak{A}$ gehört, in den zu $\mathfrak{A}'$ gehörenden Vektorraum heißt ein *Homomorphismus der Algebren*, falls $\varphi(u\,v) = \varphi(u)\,\varphi(v)$ für alle $u, v \in \mathfrak{A}$ gilt. Das Bild $\varphi(\mathfrak{A})$ ist dann eine Teilalgebra von $\mathfrak{A}'$. Ist φ außerdem eine bijektive Abbildung, so heißt

φ ein *Isomorphismus*. Ein Isomorphismus von $\mathfrak{A}$ auf sich heißt *Automorphismus*.

Eine Teilmenge $\mathfrak{b}$ von $\mathfrak{A}$ heißt ein (zweiseitiges) *Ideal* von $\mathfrak{A}$, wenn gilt:

(I.1) $\mathfrak{b}$ ist ein Untervektorraum von $\mathfrak{A}$,

(I.2) $a\,u \in \mathfrak{b}$ und $u\,a \in \mathfrak{b}$ für alle $a \in \mathfrak{b}$ und $u \in \mathfrak{A}$.

Der Kern eines Homomorphismus von $\mathfrak{A}$ in $\mathfrak{A}'$ ist ein Ideal in $\mathfrak{A}$.

Zu einem Ideal $\mathfrak{b}$ von $\mathfrak{A}$ kann in üblicher Weise eine Äquivalenzrelation von $\mathfrak{A}$ erklärt werden. Man nennt zwei Vektoren u, v von $\mathfrak{A}$ kongruent und schreibt $u \equiv v \pmod{\mathfrak{b}}$, falls $u - v$ zu $\mathfrak{b}$ gehört. Wegen (I.1) und (I.2) ist diese Kongruenzrelation mit der Addition und Multiplikation von $\mathfrak{A}$ verträglich, d. h., man hat

$$u_1 + u_2 \equiv v_1 + v_2 \pmod{\mathfrak{b}}, \quad u_1 u_2 \equiv v_1 v_2 \pmod{\mathfrak{b}},$$

falls $u_i \equiv v_i \pmod{\mathfrak{b}}$.

Für jedes $u \in \mathfrak{A}$ erklären wir die Restklasse $\bar{u} \pmod{\mathfrak{b}}$ von u durch die Menge aller zu u kongruenten Vektoren von $\mathfrak{A}$. Die Menge der Restklassen bezeichnen wir mit $\mathfrak{A}/\mathfrak{b}$. In $\mathfrak{A}/\mathfrak{b}$ wird eine Addition und eine Multiplikation durch die Festsetzung

$$\bar{u} + \bar{v} := \overline{u + v}, \quad \bar{u}\,\bar{v} := \overline{u\,v}$$

erklärt. Es ist leicht zu sehen, daß diese Definition nicht von der Wahl der Repräsentanten u, v der Restklassen $\bar{u}$, $\bar{v}$ abhängt, und daß $\mathfrak{A}/\mathfrak{b}$ mit diesen Verknüpfungen wieder eine Algebra über K ist. Wir nennen sie die *Quotientenalgebra* von $\mathfrak{A}$ nach $\mathfrak{b}$. Die durch $\pi(u) := \bar{u}$ erklärte natürliche Abbildung $\pi : \mathfrak{A} \to \mathfrak{A}/\mathfrak{b}$ ist ein Homomorphismus von $\mathfrak{A}$ auf $\mathfrak{A}/\mathfrak{b}$ mit dem Kern $\mathfrak{b}$. Zusammengefaßt haben wir gezeigt, *daß eine Teilmenge $\mathfrak{b}$ von $\mathfrak{A}$ dann und nur dann ein Ideal von $\mathfrak{A}$ ist, wenn $\mathfrak{b}$ als Kern eines Homomorphismus $\mathfrak{A} \to \mathfrak{A}'$ auftritt.*

3. Es gibt eine Standardkonstruktion, nach der zu einer gegebenen Algebra $\mathfrak{A}$ eine Algebra $\mathfrak{B}$ mit Einselement gefunden werden kann, die $\mathfrak{A}$ als Teilalgebra enthält: Neben $\mathfrak{A}$ wählen wir ein Element e, das nicht zu $\mathfrak{A}$ gehört, und betrachten den eindimensionalen Vektorraum Ke. Sei $\hat{X}$ die direkte Summe $X \oplus Ke$, also die Menge der Elemente der Form $u + \alpha e$, $u \in X$, $\alpha \in K$. In $\hat{X}$ wird eine Multiplikation erklärt durch

$$(u + \alpha e)(v + \beta e) := u\,v + \beta\,u + \alpha\,v + \alpha\,\beta\,e.$$

Man erhält eine Algebra $\hat{\mathfrak{A}}$ im Vektorraum $\hat{X}$, die offenbar e als Einselement hat. Der Definition der Multiplikation in $\hat{\mathfrak{A}}$ entnimmt man sofort, daß $\mathfrak{A}$ sogar ein Ideal in $\hat{\mathfrak{A}}$ ist.

Man sagt, daß $\hat{\mathfrak{A}}$ aus $\mathfrak{A}$ durch *Adjunktion eines Einselementes* hervorgeht.

4. Sei $\mathfrak{A}$ eine Algebra im Vektorraum X über K. Es gehe $\tilde{X}$ aus X durch Erweiterung des Grundkörpers K zu $\tilde{K}$ hervor. Nach Wahl einer Basis von X kann man die Multiplikation von X in eindeutiger Weise auf $\tilde{X}$ fortsetzen. Die so definierte Multiplikation von $\tilde{X}$ hängt nicht von der Wahl der Basis ab. Wir erhalten eine Algebra $\tilde{\mathfrak{A}}$ in $\tilde{X}$, und wir sagen, *daß $\tilde{\mathfrak{A}}$ aus $\mathfrak{A}$ durch Erweiterung von K zu $\tilde{K}$ hervorgeht*. Wenn ein Mißverständnis ausgeschlossen ist, sagen wir auch, daß $\tilde{\mathfrak{A}}$ durch *Grundkörpererweiterung aus* $\mathfrak{A}$ entsteht oder daß $\tilde{\mathfrak{A}}$ eine Grundkörpererweiterung von $\mathfrak{A}$ ist. $\mathfrak{A}$ ist in natürlicher Weise in $\tilde{\mathfrak{A}}$ eingebettet. Hat $\mathfrak{A}$ ein Einselement e, so ist e zugleich das Einselement von $\tilde{\mathfrak{A}}$.

Einen algebraischen Abschluß von K, d. h. eine algebraisch abgeschlossene Hülle von K, bezeichnen wir mit $\bar{K}$, die durch Grundkörpererweiterung von K zu $\bar{K}$ aus $\mathfrak{A}$ entstehende Algebra mit $\overline{\mathfrak{A}}$. Da der algebraische Abschluß bis auf Isomorphie eindeutig bestimmt ist, sprechen wir meist von *dem* algebraischen Abschluß $\bar{K}$ von K.

Für nicht assoziative Algebren ist häufig das Polarisieren von Identitäten nützlich. Wir gehen aus von endlich vielen Unbestimmten $\xi_1, \xi_2, \ldots, \xi_r$. Ein Produkt dieser Unbestimmten, in welchem jedes ξ_i mindestens einmal, möglicherweise mehrmals vorkommt, zusammen mit einer Klammerung, nennen wir ein *Wort* $W(\xi_1, \xi_2, \ldots, \xi_r)$ in diesen Unbestimmten. Unter einer *Relation* über K verstehen wir eine endliche Linearkombination mit Koeffizienten aus K von Worten $W_\nu(\xi_1, \xi_2, \ldots, \xi_r)$, die sich nur durch Reihenfolge und Klammerung der Unbestimmten unterscheiden. Jede Relation ist nach Definition homogen in jeder Unbestimmten, jedoch nicht notwendig linear. Zu einer Relation $R(\xi_1, \xi_2, \ldots, \xi_r)$ und Elementen $u_1, u_2, \ldots, u_r$ einer Algebra $\mathfrak{A}$ über K erhält man durch Einsetzen von u_i für ξ_i das Element $R(u_1, u_2, \ldots, u_r)$ von $\mathfrak{A}$.

Gilt $R(u_1, u_2, \ldots, u_r) = 0$ für alle $u_i \in \mathfrak{A}$, so kann man hieraus neue Identitäten gewinnen, indem man diese Gleichung *polarisiert*: Man ersetze eines der u_i durch $u + \varrho v$, $u, v \in \mathfrak{A}$, $\varrho \in K$. Durch Ausmultiplizieren erhält man ein Polynom in ϱ mit Koeffizienten aus $\mathfrak{A}$, das für alle ϱ gleich Null ist. Hat der Grundkörper K hinreichend viele Elemente, so sind also alle Koeffizienten Null. Auf diese Weise erhält man aus $R(u_1, u_2, \ldots, u_r) = 0$ neue Identitäten, falls R in u_i von einem Grad größer als 1 ist. Falls $R(u_1, u_2, \ldots, u_r) = 0$ für alle u_i jeder Grundkörpererweiterung von $\mathfrak{A}$ gilt, kann man ϱ durch eine Unbestimmte ersetzen; man braucht dann keine Voraussetzung über die Anzahl der Elemente des Grundkörpers.*)

---

*) Wir erläutern die Praxis des Polarisierens an der Identität $u(uu) = (uu)u$: Ersetzt man u durch $u + \varrho v$, so erhält man den Koeffizienten von ϱ, indem man nacheinander die vorkommenden u durch v ersetzt und die entstehenden Glieder addiert:
$$v(uu) + u(vu) + u(uv) = (vu)u + (uv)u + (uu)v.$$

5. $\mathfrak{A}$ sei eine Algebra im Vektorraum X über K. Die Potenzen u^m eines Elementes u von $\mathfrak{A}$ werden rekursiv durch

$$u^{m+1} := u\, u^m, \qquad u^1 := u \quad (m \geq 1),$$

definiert. Man hat $u^{m+1} = L^m(u)\, u$. Besitzt $\mathfrak{A}$ ein Einselement e, dann bleibt diese Definition noch für $m = 0$ sinnvoll, wenn man $u^0 = e$ definiert.

Ein Element c von $\mathfrak{A}$ nennt man *idempotent* oder ein *Idempotent*, wenn $c \neq 0$ und $c^2 = c$ gilt. Ein Element u heißt *nilpotent* oder ein *Nilpotent*, wenn es eine natürliche Zahl m mit $u^m = 0$ gibt.

Die Algebra $\mathfrak{A}$ heißt *potenz-assoziativ*, wenn $u^{r+s} = u^r\, u^s$ für alle natürlichen Zahlen r, s und alle $u \in \mathfrak{A}$ gilt. In diesem Falle bilden die Potenzen u^m, $m \geq 1$, eines festen Elementes u aus $\mathfrak{A}$ eine kommutative Halbgruppe.

Eine Algebra $\mathfrak{A}$ heißt *strikt potenz-assoziativ*, wenn jede durch Grundkörpererweiterung aus $\mathfrak{A}$ entstehende Algebra potenz-assoziativ ist.

In einer potenz-assoziativen Algebra $\mathfrak{A}$ gilt also speziell $u^2\, u^2 = u^4$. Für flexible Algebren $\mathfrak{A}$ (vgl. **7**), deren Grundkörper eine von 2, 3, 5 verschiedene Charakteristik hat, kann man beweisen: *Es ist $\mathfrak{A}$ strikt potenz-assoziativ, wenn $u^2\, u^2 = u^4$ für alle u aus $\mathfrak{A}$ gilt.* Insbesondere ist daher jede potenz-assoziative Algebra bereits strikt potenz-assoziativ, wenn sie flexibel und die Charakteristik des Grundkörpers von 2, 3, 5 verschieden ist (A. A. ALBERT [*9*]).

Es sei $\mathfrak{A}$ potenz-assoziativ und τ eine Unbestimmte. Für $f(\tau) \in \tau\, K[\tau]$, d. h., für ein durch τ teilbares Polynom $f(\tau) = \alpha_1 \tau + \alpha_2 \tau^2 + \cdots + \alpha_m \tau^m$ definiert man zu u aus $\mathfrak{A}$ das Polynom

$$f(u) = \alpha_1 u + \alpha_2 u^2 + \cdots + \alpha_m u^m.$$

Wenn für drei Polynome f, g, h ohne konstantes Glied gilt $f + g = h$ oder $f \cdot g = h$, so hat man auch $f(u) + g(u) = h(u)$ bzw. $f(u)\, g(u) = h(u)$.

Wir bezeichnen mit $K_m[u]$ den Untervektorraum von $\mathfrak{A}$, der durch die Potenzen u^m, u^{m+1}, ..., aufgespannt wird. Seine Elemente haben also die Form $f(u)$, wo $f(\tau)$ ein Polynom aus $K[\tau]$ ist, welches durch τ^m teilbar ist. Als Teilraum von $\mathfrak{A}$ hat $K_m[u]$ endliche Dimension über K und ist gegenüber der Multiplikation abgeschlossen. $K_m[u]$ ist also eine *kommutative und assoziative Teilalgebra von $\mathfrak{A}$.* Hat $\mathfrak{A}$ ein Einselement e, dann bezeichne $K[u] = K_0[u]$ die durch e, u, u^2, ..., aufgespannte Teilalgebra von $\mathfrak{A}$.

Es entstehe $\hat{\mathfrak{A}}$ aus $\mathfrak{A}$ durch Adjunktion eines Einselementes e. Da der durch e, u, u^2, ..., aufgespannte Teilraum $K[u]$ von $\hat{\mathfrak{A}}$ aus $K_1[u]$ durch Adjunktion von e entsteht, ist $K[u]$ assoziativ. *Daher ist mit $\mathfrak{A}$ auch $\hat{\mathfrak{A}}$ potenz-assoziativ.*

Da bei Grundkörpererweiterung von K zu einem Erweiterungskörper K' offenbar $[\mathfrak{A}]' = \widehat{\mathfrak{A}'}$ gilt, *ist mit $\mathfrak{A}$ auch $\widehat{\mathfrak{A}}$ strikt potenz-assoziativ.*

Ist $\mathfrak{A}$ potenz-assoziativ und $\mathfrak{d}$ ein Ideal von $\mathfrak{A}$, so gilt für die Restklassen in $\mathfrak{A}/\mathfrak{d}$

$$\overline{u}^{r+s} = \overline{u^{r+s}} = \overline{u^r}\,\overline{u^s} = \overline{u}^r\,\overline{u}^s.$$

Mit $\mathfrak{A}$ ist also auch die Quotientenalgebra $\mathfrak{A}/\mathfrak{d}$ potenz-assoziativ.

Es sei $\mathfrak{d}'$ der aus $\mathfrak{d}$ durch Grundkörpererweiterung von K zu K' entstehende Teilraum von $\mathfrak{A}'$. Für $u \in \mathfrak{A}$ ist $u\,\mathfrak{d}' \subset \mathfrak{d}'$ und $\mathfrak{d}'\,u \subset \mathfrak{d}'$. Hieraus folgt $u'\,\mathfrak{d}' \subset \mathfrak{d}'$ und $\mathfrak{d}'\,u' \subset \mathfrak{d}'$ für alle $u' \in \mathfrak{A}'$. *Es ist also $\mathfrak{d}'$ ein Ideal von $\mathfrak{A}'$.*

Wir wählen eine Basis $b_1, b_2, \ldots, b_n$ von $\mathfrak{A}$ über K von der Art, daß $b_1, b_2, \ldots, b_m$ eine Basis des Ideals $\mathfrak{d}$ ist. Bezeichnen wir die Restklassen in $\mathfrak{A}/\mathfrak{d}$ mit $u + \mathfrak{d}$ und die Restklassen in $\mathfrak{A}'/\mathfrak{d}'$ mit $u + \mathfrak{d}'$, so ist

$$b_i + \mathfrak{d} \quad \text{bzw.} \quad b_i + \mathfrak{d}', \quad m < i \leqq n,$$

eine Basis von $\mathfrak{A}/\mathfrak{d}$ über K bzw. von $\mathfrak{A}'/\mathfrak{d}'$ über K'. Damit können wir einen Vektorraumhomomomorphismus

$$\pi : [\mathfrak{A}/\mathfrak{d}]' \to \mathfrak{A}'/\mathfrak{d}'$$

definieren, indem wir die Abbildung für die Basis wie folgt erklären:

$$\pi(b_i + \mathfrak{d}) := b_i + \mathfrak{d}', \quad m < i \leqq n,$$

und π linear auf $[\mathfrak{A}/\mathfrak{d}]'$ fortsetzen. Wegen $\mathfrak{d} \subset \mathfrak{d}'$ ist diese Abbildung wohldefiniert, und sie ist wegen

$$\pi([b_i + \mathfrak{d}]\,[b_j + \mathfrak{d}]) = \pi(b_i\,b_j + \mathfrak{d}) = b_i\,b_j + \mathfrak{d}' = \pi(b_i + \mathfrak{d})\,\pi(b_j + \mathfrak{d})$$

ein Homomorphismus der betreffenden Algebren. Ein Element

$$u' = \sum_{m<i} \alpha_i(b_i + \mathfrak{d}), \quad \alpha_i \in K',$$

von $[\mathfrak{A}/\mathfrak{d}]'$ liegt im Kern von π, wenn gilt

$$\sum_{m<i} \alpha_i\,b_i + \mathfrak{d}' = \mathfrak{d}'.$$

Dies ist nur für $\alpha_i = 0$ möglich, *π ist daher ein Isomorphismus.*

Ist nun $\mathfrak{A}$ strikt potenz-assoziativ, so ist $\mathfrak{A}'$ potenz-assoziativ, also auch $\mathfrak{A}'/\mathfrak{d}'$. Da π ein Isomorphismus ist, ist auch $[\mathfrak{A}/\mathfrak{d}]'$ potenz-assoziativ. *Mit $\mathfrak{A}$ ist jede Quotientenalgebra $\mathfrak{A}/\mathfrak{d}$ strikt potenz-assoziativ.*

Da wir es später nur mit Algebren zu tun haben, die potenz-assoziativ sind, für die also $K_1[u]$ kommutativ und assoziativ ist, stellen wir im nächsten Paragraphen einige Ergebnisse mit Beweis über kommutative und assoziative Algebren zusammen.

6. Betrachten wir endlich viele Algebren $\mathfrak{A}_1, \mathfrak{A}_2, \ldots, \mathfrak{A}_q$ in den Vektorräumen $X_1, X_2, \ldots, X_q$ über K. In der direkten Summe

$$X = X_1 \oplus X_2 \oplus \cdots \oplus X_q$$

der Vektorräume definiert man eine Multiplikation wie folgt: Sind

$$u = u_1 + u_2 + \cdots + u_q, \quad u_i \in X_i,$$
$$v = v_1 + v_2 + \cdots + v_q, \quad v_i \in X_i,$$

zwei Elemente von X, so sei

$$u\,v := u_1 v_1 + u_2 v_2 + \cdots + u_q v_q,$$

wobei $u_i v_i$ das Produkt in $\mathfrak{A}_i$ bedeutet. Wir erhalten eine Algebra $\mathfrak{A}$ in X, und die $\mathfrak{A}_i$ erscheinen als Teilalgebren von $\mathfrak{A}$. Der Definition entnimmt man, daß die $\mathfrak{A}_i$ sich paarweise annullieren, d. h., es gilt $\mathfrak{A}_i \mathfrak{A}_j = 0$ für $i \neq j$. Man sieht, daß die $\mathfrak{A}_i$ sogar Ideale von $\mathfrak{A}$ sind. Wir schreiben dann

$$\mathfrak{A} = \mathfrak{A}_1 \oplus \mathfrak{A}_2 \oplus \cdots \oplus \mathfrak{A}_q$$

und nennen dies die *direkte Summe der Algebren*.

Zur umgekehrten Aufgabe, eine gegebene Algebra $\mathfrak{A}$ in X als direkte Summe von Teilalgebren darzustellen, beachte man, daß in einer direkten Summe von Vektorräumen $X = X_1 \oplus X_2 \oplus \cdots \oplus X_q$, in der die X_i Ideale von $\mathfrak{A}$ sind, für $i \neq j$ schon $X_i X_j = 0$ gilt. Die Zerlegung ist also schon die direkte Summe der Teilalgebren. Für eine direkte Zerlegung von $\mathfrak{A}$ braucht man also nur $\mathfrak{A}$ als Summe von Idealen zu schreiben, für die die zugehörige Zerlegung in Vektorräume direkt ist.

Offenbar ist eine direkte Summe von potenz-assoziativen Algebren wieder potenz-assoziativ und umgekehrt sind die $\mathfrak{A}_i$ potenz-assoziativ, wenn dies für $\mathfrak{A}$ gilt.

7. Wir stellen einige Beispiele von speziellen Algebren zusammen:

a) *Lie-Algebren*

Die Algebra $\mathfrak{A}$ heißt eine *Lie-Algebra*, wenn gilt:

$$\text{(L.1)} \qquad u^2 = 0,$$
$$\text{(L.2)} \qquad u(v\,w) + v(w\,u) + w(u\,v) = 0,$$

für alle u, v, w aus $\mathfrak{A}$. Offenbar ist im Falle einer Charakteristik ungleich 2 die Forderung (L.1) mit $u\,v = -v\,u$ für alle u und v gleichbedeutend.

Besteht die Lie-Algebra $\mathfrak{A}$ nicht nur aus der Null, dann hat $\mathfrak{A}$ kein Einselement. Jede aus einer Lie-Algebra durch Grundkörpererweiterung entstehende Algebra ist wieder eine Lie-Algebra. Hingegen erhält man durch Adjunktion eines Einselementes aus einer Lie-Algebra keine solche Algebra. Wegen $u^2 = 0$ ist jede Lie-Algebra trivialerweise potenz-assoziativ.

Die Axiome einer Lie-Algebra drücken sich im Falle einer Charak-teristik ungleich 2 in den regulären Darstellungen wie folgt aus:

$$\text{(L.1')} \qquad L(u) = -R(u),$$

$$\text{(L.2')} \qquad L(u\,v) = L(u)\,L(v) - L(v)\,L(u).$$

b) Jordan-Algebren

Hat K eine Charakteristik ungleich 2, dann heißt die Algebra $\mathfrak{A}$ eine *Jordan-Algebra*, wenn gilt:

$$\text{(JA.1)} \qquad u\,v = v\,u,$$

$$\text{(JA.2)} \qquad u(u^2\,v) = u^2(u\,v).$$

Der Definition äquivalent sind

$$\text{(JA.1')} \qquad L(u) = R(u),$$

$$\text{(JA.2')} \qquad L(u)\,L(u^2) = L(u^2)\,L(u).$$

c) Die Algebren $\mathfrak{A}^-$ und $\mathfrak{A}^+$

Für eine beliebige Algebra $\mathfrak{A}$ kann man zwei neue Multiplikationen in X einführen:

$$[u,\,v] := u\,v - v\,u,$$

$$u \circ v := \tfrac{1}{2}(u\,v + v\,u),$$

wobei im zweiten Falle natürlich vorauszusetzen ist, daß K eine von 2 verschiedene Charakteristik hat. Man erhält zwei neue Algebren, die wir mit $\mathfrak{A}^-$ bzw. $\mathfrak{A}^+$ bezeichnen. Es ist leicht zu sehen, daß für eine assoziative Algebra $\mathfrak{A}$ stets

$$\mathfrak{A}^- \text{ eine Lie-Algebra und}$$

$$\mathfrak{A}^+ \text{ eine Jordan-Algebra}$$

ist. Ferner stimmen dann die Potenzen in $\mathfrak{A}^+$ mit denen in $\mathfrak{A}$ überein.

d) Flexible Algebren

Eine Algebra $\mathfrak{A}$ heißt *flexibel*, wenn gilt

$$u(v\,u) = (u\,v)\,u.$$

Jede kommutative Algebra ist also flexibel, ebenso jede assoziative Algebra und jede Lie-Algebra. Der Definition ist äquivalent

$$L(u)\,R(u) = R(u)\,L(u).$$

e) Nichtkommutative Jordan-Algebren

Hat K eine Charakteristik ungleich 2, dann heißt die Algebra $\mathfrak{A}$ eine *nichtkommutative Jordan-Algebra*, wenn gilt:

(J.0) $\qquad\qquad$ $\mathfrak{A}$ ist flexibel,

(J.1) $\qquad\qquad$ $u(u^2 v) = u^2(u v)$ $\quad$ für $\quad u, v \in \mathfrak{A}$.

Der Definition äquivalent sind

(J.0′) $\qquad\qquad$ $L(u) R(u) = R(u) L(u)$,

(J.1′) $\qquad\qquad$ $L(u) L(u^2) = L(u^2) L(u)$.

f) Derivationen

Es sei $\mathfrak{A}$ eine beliebige Algebra. Eine lineare Transformation D von $\mathfrak{A}$ heißt eine *Derivation von* $\mathfrak{A}$, wenn gilt

$$D(u v) = (Du) v + u(Dv) \quad \text{für} \quad u, v \in \mathfrak{A}.$$

Sei $\mathfrak{D}(\mathfrak{A})$ die Menge der Derivationen von $\mathfrak{A}$. Hat $\mathfrak{A}$ ein Einselement e, dann gibt $u = v = e$ sofort $De = 0$ für alle $D \in \mathfrak{D}(\mathfrak{A})$. Man rechnet ohne Schwierigkeiten nach, daß mit $D_1, D_2 \in \mathfrak{D}(\mathfrak{A})$ auch

$$[D_1, D_2] = D_1 D_2 - D_2 D_1$$

zu $\mathfrak{D}(\mathfrak{A})$ gehört. Daher ist $\mathfrak{D}(\mathfrak{A})$ eine Lie-Algebra von linearen Transformationen. Sie heißt die *Derivations-Algebra von* $\mathfrak{A}$.

§ 3. Hilfsbetrachtungen über kommutative assoziative Algebren

1. Es sei $\mathfrak{R}$ eine kommutative und assoziative Algebra von endlicher Dimension über dem Körper K. Wir zeigen zuerst

Lemma 3.1. *Die Menge $\mathfrak{N}$ der nilpotenten Elemente von $\mathfrak{R}$ ist ein Ideal von $\mathfrak{R}$.*

Beweis. Es sei $u, v \in \mathfrak{N}$, $u^r = 0$, $v^s = 0$. Dann ist

$$(u + v)^{r+s} = \sum_{i=1}^{r+s-1} \binom{r+s}{i} u^{r+s-i} v^i = 0,$$

denn für $i < s$ ist $r + s - i > r$, also $u^{r+s-i} = 0$, für $i \geqq s$ ist $v^i = 0$; es ist daher $u + v \in \mathfrak{N}$. Mit $u \in \mathfrak{N}$, $\alpha \in K$, ist auch $\alpha u \in \mathfrak{N}$ und mit $u \in \mathfrak{N}$, $v \in \mathfrak{R}$, ist auch $u v \in \mathfrak{N}$.

Lemma 3.2. *Wenn $\mathfrak{R}$ ein nicht nilpotentes Element u enthält, so enthält $\mathfrak{R}$ ein Idempotent*

Beweis. Es ist $u^{m+1} \mathfrak{R} = u^m(u \mathfrak{R}) \subset u^m \mathfrak{R}$. Die Vektorräume $u^m \mathfrak{R}$ nehmen also mit wachsendem m monoton ab. Da $\mathfrak{R}$ eine endliche Dimension hat, gibt es ein s, so daß $u^s \mathfrak{R} = u^{s+1} \mathfrak{R} = u^{s+2} \mathfrak{R} = \cdots$ gilt. Es ist $u^s \mathfrak{R} \neq 0$, da es u^{s+1} enthält und u nicht nilpotent ist. Wir betrachten die Abbildung $u^s \mathfrak{R} \to u^{2s+1} \mathfrak{R}$, die durch $v \to u^{s+1} v$ gegeben ist. Das Bild von $u^s \Re$ ist ganz $u^{2s+1} \Re = u^s \Re$, die Abbildung ist also bijektiv. Es gibt daher ein Element $e \in u^s \Re$, das durch die Abbildung in das Element $u^{s+1} \in u^s \Re$ übergeführt wird. Aus $u^{s+1} e = u^{s+1}$ folgt $e \neq 0$ und $u^{s+1} e e = u^{s+1} e$. Da die Abbildung bijektiv ist, gilt $e^2 = e$.

In der Bezeichnung von § 2.5 gilt das

Korollar. Wenn $a \in \Re$ nicht nilpotent ist, so enthält jedes $K_m[a]$, $m \geq 1$, ein Idempotent.

Beweis. Das nicht nilpotente Element a^m gehört zur Algebra $K_m[a]$.

2. Jedem Idempotent e von $\Re$ wird nun der Teilraum $e \Re$ zugeordnet. Er ist offenbar ein Ideal von $\Re$, insbesondere also eine Teilalgebra, die ein Einselement besitzt, nämlich e.

Wenn e_1, e_2 Idempotente sind, so ist $(e_1 e_2)^2 = e_1 e_2$. Es ist also $e_1 e_2$ entweder idempotent oder Null.

Wenn $e \Re$ ein Idempotent $e' \neq e$ enthält, so ist $e' = e e'$, also $e' \Re = e e' \Re \subset e \Re$. Es ist aber $e' \Re \neq e \Re$, da die Einselemente e' bzw. e verschieden sind.

Ein Idempotent e heißt *primitiv*, wenn e das einzige Idempotent von $e \Re$ ist, wenn also kein echter Teilraum von $e \Re$ die Form $e' \Re$ hat. Da die Dimension von $\Re$ endlich ist, enthält bei beliebigem Idempotent e der Raum $e \Re$ ein primitives Idempotent.

Es sei c_1 ein primitives Idempotent, e ein beliebiges Idempotent. Da $c_1 e \in c_1 \Re$ ist, muß $c_1 e$ entweder Null oder c_1 sein. Sind also c_1 und c_2 beide primitiv und verschieden, so gilt $c_1 c_2 = 0$.

Die Elemente $c_1, c_2, \ldots, c_s$ seien paarweise verschiedene primitive Idempotente von $\Re$. Dann gilt $c_i c_j = \delta_{ij} c_i$. Aus einer Relation $\alpha_1 c_1 + \alpha_2 c_2 + \cdots + \alpha_s c_s = 0$, $\alpha_i \in K$, folgt nach Multiplikation mit c_j, daß $\alpha_j c_j = 0$ also $\alpha_j = 0$ ist. Ist n die Dimension von $\Re$, so folgt $s \leq n$. Die Algebra $\Re$ kann also nur endlich viele primitive Idempotente enthalten; diese werden mit $c_1, c_2, \ldots, c_r$ bezeichnet.

Es sei e ein Idempotent. Der Raum $e \Re$ enthält ein primitives Idempotent, etwa c_j. Dann ist $e c_j = c_j \neq 0$. *Aus den Gleichungen $e^2 = e$, $e c_i = 0$, $i = 1, 2, \ldots, r$, folgt also $e = 0$.*

Für ein beliebiges Idempotent e setze man $e' = \sum_i e c_i$. Wegen $c_i c_j = \delta_{ij} c_i$ folgt $e'^2 = e'$. Ferner gilt $e' e = e'$. Es ist also $(e - e')^2 = e - 2 e e' + e' = e - e'$ und $(e - e') c_j = e c_j - e c_j = 0$. Nach der vorhergehenden Überlegung gilt $e - e' = 0$, folglich $e = \sum_i e c_i$. Wir hatten bereits gesehen, daß $e c_i$ entweder Null oder c_i ist. Daraus folgt jetzt, *daß jedes Idempotent Summe gewisser c_i ist.*

Es sei M eine nichtleere Teilmenge der Indizes $1, 2, \ldots, r$. Wir setzen

$$c_M := \sum_{i \in M} c_i.$$

c_M ist ein Idempotent, und wir haben gerade gesehen, daß jedes Idempotent von $\mathfrak{R}$ diese Form hat. Für $M = \emptyset$ setzen wir noch $c_M = 0$. Offenbar gilt $c_M c_N = c_{M \cap N}$. Genau dann ist also $c_M c_N$ Null, wenn die Mengen M und N disjunkt sind. *Hat man r Idempotente $d_1, d_2, \ldots, d_r$ von $\mathfrak{R}$ gefunden, für die $d_i d_j = \delta_{ij} d_i$ gilt, so stimmen also die d_j bis auf die Reihenfolge mit den c_i überein.*

3. Wir zeigen

Lemma 3.3. *Es seien $c_1, c_2, \ldots, c_r$ die primitiven Idempotente von $\mathfrak{R}$, und es gehe $\widetilde{\mathfrak{R}}$ aus $\mathfrak{R}$ durch Erweiterung des Grundkörpers K zu $\widetilde{K}$ hervor. Gilt $u c_i = 0$ für ein $u \in \widetilde{\mathfrak{R}}$ und $i = 1, 2, \ldots, r$, dann ist u nilpotent.*

Beweis. Wir beweisen zuerst den Spezialfall $\widetilde{\mathfrak{R}} = \mathfrak{R}$. Es wird $K_1[u]$ von allen c_i annulliert, kann nach **2** also kein Idempotent enthalten. Folglich ist u nach Lemma 3.2 nilpotent.

Zum Beweis der allgemeinen Behauptung schreibe man $u \in \widetilde{\mathfrak{R}}$ in der Form $u = \sum_j \alpha_j u_j$ mit $u_j \in \mathfrak{R}$ und über K linear unabhängigen $\alpha_j \in \widetilde{K}$. Es folgt $0 = \sum_j \alpha_j u_j c_i$ und das zieht $u_j c_i = 0$ nach sich.[*] Nach dem bereits bewiesenen Spezialfall sind alle u_j nilpotent. Wegen Lemma 3.1 ist dann auch u nilpotent.

Als erste Anwendung folgt

Lemma 3.4. *Es sei $\mathfrak{R}$ eine assoziative und kommutative Algebra. $\widetilde{\mathfrak{R}}$ entstehe aus $\mathfrak{R}$ durch Grundkörpererweiterung von K zu $\widetilde{K}$. Wenn $\widetilde{\mathfrak{R}}$ ein Einselement $\tilde{e}$ besitzt, so ist $\tilde{e} \in \mathfrak{R}$; es besitzt also bereits $\mathfrak{R}$ ein Einselement.*

Beweis. Da $\tilde{e}$ Linearkombination von Elementen aus $\mathfrak{R}$ ist, sind nicht alle Elemente von $\mathfrak{R}$ nilpotent. Also besitzt $\mathfrak{R}$ Idempotente.

$c_1, c_2, \ldots, c_r$ seien die primitiven Idempotente von $\mathfrak{R}$ und $c := c_1 + c_2 + \cdots + c_r$. Es ist c idempotent, und man hat $c c_i = c_i$, also $(\tilde{e} - c) c_i = 0$ für $i = 1, 2, \ldots, r$. Nach dem Lemma 3.3 ist $\tilde{e} - c$ nilpotent. Andererseits ist $(\tilde{e} - c)^2 = \tilde{e} - 2\tilde{e}c + c = \tilde{e} - c$ und folglich $(\tilde{e} - c)^m = \tilde{e} - c$ für $m = 1, 2, \ldots$. Wählt man m groß genug, so bekommt man $\tilde{e} - c = 0$, d. h. $\tilde{e} \in \mathfrak{R}$.

Korollar. Besitzt $\mathfrak{R}$ ein Einselement e, dann ist e die Summe der primitiven Idempotente von $\mathfrak{R}$.

Gelegentlich werden wir das folgende Lemma verwenden, das eine weitere Anwendung von Lemma 3.3 darstellt:

Lemma 3.5. *Es sei λ eine Linearform von $\mathfrak{R}$, also eine lineare Abbildung des Vektorraumes $\mathfrak{R}$ in einen Erweiterungskörper von K. Für*

---

[*] Man verwende hier die folgende Tatsache: Ist $\sum_j \alpha_j v_j = 0$ für $v_j \in \mathfrak{R}$ und über K linear unabhängige $\alpha_j \in \widetilde{K}$, dann ist $v_j = 0$ für alle j. Zum Beweis stelle man die v_j als Linearkombinationen einer Basis von $\mathfrak{R}$ über K dar.

jedes nilpotente $u \in \Re$ sei $\lambda(u) = 0$. Ist u ein Element von $\Re$, für das $\lambda(u^m) = 0$ für alle genügend großen m erfüllt ist, so gilt $\lambda(u^m) = 0$ für alle $m \geq 1$.

Beweis. Unsere Annahme über u bedeutet, daß λ auf einem der Teilräume $K_m[u]$, also etwa auf $K_s[u]$ verschwindet. Wir zeigen, daß λ auf $K_1[u]$ verschwindet. Dies ist trivialerweise richtig, wenn u nilpotent ist. Sei also u nicht nilpotent. Die primitiven Idempotente von $K_1[u]$ seien $c_1, c_2, \ldots, c_r$. Für jedes $v \in K_1[u]$ ist $v\,c_i = v\,c_i^2 = \cdots = v\,c_i^{s-1}$, also $v\,c_i \in K_s[u]$, so daß $\lambda(v\,c_i) = 0$ ist. Setzt man $w = v - v\,c_1 - v\,c_2 - \cdots - v\,c_r$, so ist $\lambda(w) = \lambda(v)$, und es genügt zu zeigen, daß w nilpotent ist. Wegen $w\,c_i = 0$ für $i = 1, 2, \ldots, r$ läßt sich Lemma 3.3 anwenden.

4. *Von der Algebra $\Re$ werde nun vorausgesetzt, daß sie ein Einselement e besitzt.* Ist n die Dimension von $\Re$, so sind für $u \in \Re$ die Elemente $e, u, u^2, \ldots, u^n$ linear abhängig über K. Es gibt also Polynome $h(\tau) \in K[\tau]$, $h(\tau) \neq 0$, für die $h(u) = 0$ [also auch $h(u)$ nilpotent] ist. Unter allen Polynomen $h(\tau)$ mit höchstem Koeffizienten 1 sei $f(\tau)$ ein Polynom niedrigsten Grades, für das $f(u) = 0$ ist und $g(\tau)$ ein Polynom niedrigsten Grades, für das $g(u)$ nilpotent ist. Es sei $h(\tau)$ ein beliebiges Polynom, für das $h(u)$ nilpotent ist, und $r(\tau)$ sein Divisionsrest nach $g(\tau)$, also $h(\tau) = q(\tau)\,g(\tau) + r(\tau)$. Wegen Lemma 3.1 ist $r(u)$ nilpotent. Da $r(\tau)$ kleineren Grad als $g(\tau)$ hat, folgt $r(\tau) = 0$. Genau so zeigt man, daß jedes Polynom $h(\tau)$ mit $h(u) = 0$ durch $f(\tau)$ teilbar ist. Daraus ergibt sich auch die eindeutige Bestimmtheit von $g(\tau)$ und $f(\tau)$. Wir nennen $f(\tau)$ das *Minimalpolynom* von u und $g(\tau)$ das *reduzierte Minimalpolynom* von u. $g(\tau)$ ist stets ein Teiler von $f(\tau)$.

5. Wir untersuchen zunächst einen speziellen Fall: In der Algebra $\Re$ sei bereits das Einselement e primitiv, es sei also e das einzige Idempotent von $\Re$. Unter dieser Voraussetzung zeigen wir, daß ein Produkt $u\,v$ nur dann nilpotent sein kann, wenn einer der Faktoren es ist. Ist nämlich u nicht nilpotent, so enthält auf Grund des Korollars zu Lemma 3.2 die Teilalgebra $K_1[u]$ ein Idempotent, und das kann nur e sein. Wegen $e \in K_1[u]$ hat e die Form $e = u\,p(u)$, $p(\tau) \in K[\tau]$. Wenn nun $u\,v$ nilpotent ist, so ist es auch $p(u)\,u\,v = v$.

Sei nun $g(\tau)$ das reduzierte Minimalpolynom eines Elementes $u \in \Re$. Dann ist $g(\tau)$ über K irreduzibel. Wäre nämlich $g(\tau) = h_1(\tau)\,h_2(\tau)$ eine Zerlegung von $g(\tau)$, so wäre $h_1(u)\,h_2(u)$ nilpotent, also etwa $h_1(u)$ nilpotent, was der Definition von $g(\tau)$ widerspricht.

Da $g(u)$ nilpotent ist, gilt $(g(u))^m = 0$ bei passendem m. Das Minimalpolynom $f(\tau)$ von u ist daher ein Teiler von $(g(\tau))^m$, ist also selbst durch $g(\tau)$ teilbar, so daß

$$f(\tau) = (g(\tau))^k, \quad k > 0,$$

folgt.

6. Wir kehren nun zum allgemeinen Fall zurück. $\Re$ sei eine kommutative und assoziative Algebra mit Einselement e und $c_1, c_2, \ldots, c_r$ seien ihre primitiven Idempotente. Nach dem Korollar zu Lemma 3.4 gilt

$$e = c_1 + c_2 + \cdots + c_r.$$

Für beliebiges $u \in \Re$ ist $u = e\,u = \sum_i c_i\,u$, und das zeigt

$$\Re = c_1\,\Re + c_2\,\Re + \cdots + c_r\,\Re.$$

Diese Summe ist direkt. Hat man nämlich $u = \sum_i u_i$ mit $u_i = c_i\,v_i \in c_i\,\Re$, so ist $c_j\,u_i = \delta_{ij}\,u_i$ und $c_j\,u = u_j$. Die u_i sind also durch u eindeutig bestimmt. Jedes $c_i\,\Re$ ist ein Ideal von $\Re$, also eine Teilalgebra, und ihr Einselement c_i ist das einzige Idempotent von $c_i\,\Re$. Die verschiedenen Summanden annullieren sich gegenseitig, d. h., es gilt $(c_i\,\Re)\,(c_j\,\Re) = 0$ für $i \neq j$.

Ein $u \in \Re$ werde entsprechend zerlegt:

$$u = u_1 + u_2 + \cdots + u_r, \qquad u_i = c_i\,u.$$

Man bestimme nun das Minimalpolynom $f_i(\tau)$ und das reduzierte Minimalpolynom $g_i(\tau)$ von u_i in der Teilalgebra $c_i\,\Re$. Die Ergebnisse von **5** sind anwendbar, es ist also $g_i(\tau)$ über K irreduzibel und $f_i(\tau) = (g_i(\tau))^{k_i}$ mit einer natürlichen Zahl k_i. Da c_i das Einselement von $c_i\,\Re$ ist, sind alle $c_i\,g_i(u_i)$ nilpotent.

Da sich die Idempotente c_i paarweise annullieren, hat man

$$u^m = c_1\,u_1^m + c_2\,u_2^m + \cdots + c_r\,u_r^m \quad (m \geq 0)$$

(der Faktor c_i ist bei $m = 0$ nötig!). Weil die Zerlegung direkt ist, folgt erstens, daß u dann und nur dann nilpotent ist, wenn jedes u_i es ist, und zweitens, daß für $h(\tau) \in K[\tau]$ gilt

$$h(u) = c_1\,h(u_1) + c_2\,h(u_2) + \cdots + c_r\,h(u_r).$$

Es ist also $h(u)$ dann und nur dann nilpotent, wenn jedes $c_i\,h(u_i)$ nilpotent ist, wenn also $h(\tau)$ durch jedes $g_i(\tau)$ teilbar ist. *Das reduzierte Minimalpolynom $g(\tau)$ von u in $\Re$ ist folglich das kleinste gemeinsame Vielfache der $g_i(\tau)$.*

Ebenso ist $h(u) = 0$ dann und nur dann, wenn alle $c_i\,h(u_i)$ gleich Null sind, wenn also $h(\tau)$ durch jedes $f_i(\tau)$ teilbar ist. *Wieder ist das Minimalpolynom $f(\tau)$ von u in $\Re$ das kleinste gemeinsame Vielfache der* $f_i(\tau) = (g_i(\tau))^{k_i}$.

§ 4. Die Minimalzerlegung in potenz-assoziativen Algebren

1. Es sei $\mathfrak{A}$ eine potenz-assoziative Algebra mit Einselement e und u ein fest gewähltes Element von $\mathfrak{A}$. Wir wenden die Ergebnisse des vorigen Paragraphen an auf die kommutative und assoziative Algebra

$\Re = K[u]$. Unter dem *Minimalpolynom* bzw. dem *reduzierten Minimalpolynom* von u in $\mathfrak{A}$ verstehen wir die in § 3.4 in bezug auf $K[u]$ eingeführten Polynome. Es seien $c_1, c_2, \ldots, c_r$ die primitiven Idempotente von $K[u]$. Da e auch das Einselement von $K[u]$ ist, gilt $e = c_1 + c_2 + \cdots + c_r$. Sei $u = u_1 + u_2 + \cdots + u_r$, $u_i = c_i u$, die Zerlegung von u in $K[u]$. Zu u bestimmen wir die zugehörigen Minimalpolynome $f(\tau)$, $f_i(\tau)$ und die reduzierten Minimalpolynome $g(\tau)$, $g_i(\tau)$.

Die Tatsache, daß u den Ring $K[u]$ erzeugt, zieht eine weitere Eigenschaft der $g_i(\tau)$ nach sich: Es ist $c_j \in K[u]$, etwa $c_j = h_j(u)$ mit $h_j(\tau) \in K[\tau]$. Für $i \neq j$ ist $c_i h_j(u_i) = c_i h_j(c_i u) = c_i h_j(u) = 0$, also nilpotent. Das bedeutet, daß das Polynom $h_j(\tau)$ durch $g_i(\tau)$ teilbar ist. Wäre aber $g_j(\tau)$ ebenfalls ein Teiler von $h_j(\tau)$, so würde $c_j h_j(u_j) = c_j h_j(u) = c_j c_j = c_j$ nilpotent sein, was nicht der Fall ist. Die Polynome $g_i(\tau)$ sind also alle voneinander verschieden, und es folgt jetzt genauer

$$g(\tau) = \prod_{i=1}^{r} g_i(\tau)$$

und

$$f(\tau) = \prod_{i=1}^{r} f_i(\tau) = \prod_{i=1}^{r} \bigl(g_i(\tau)\bigr)^{l_i}.$$

Es sei $\tilde{K}$ ein beliebiger Erweiterungskörper von K. *Jedes Polynom* $\tilde{h}(\tau) \in \tilde{K}[\tau]$, *für welches* $\tilde{h}(u) = 0$ *gilt, ist durch das Minimalpolynom* $f(\tau)$ *von* u *teilbar*. Schreibt man nämlich

$$\tilde{h}(\tau) = \sum_k \alpha_k h_k(\tau)$$

mit $h_k(\tau) \in K[\tau]$ und $\alpha_k \in \tilde{K}$, die über K linear unabhängig sind, so ergibt $\tilde{h}(u) = 0$ auch $h_k(u) = 0$ für alle k*). Da jetzt jedes $h_k(\tau)$ durch $f(\tau)$ teilbar ist, ist auch $\tilde{h}(\tau)$ durch $f(\tau)$ teilbar. Wir entnehmen hieraus, *daß das Minimalpolynom eines u aus $\mathfrak{A}$ bei Grundkörpererweiterungen invariant bleibt*. Eine entsprechende Aussage gilt nicht mehr für das reduzierte Minimalpolynom.

2. Es sei $u \in \mathfrak{A}$. Ein Element ξ eines Erweiterungskörpers $\tilde{K}$ von K heißt ein *Eigenwert* von u, wenn es $v \in \tilde{K}[u]$ gibt, so daß $u v = \xi v$, $v \neq 0$, gilt. Jedes solche v heißt ein *Eigenvektor* zum Eigenwert ξ. Wir zeigen, *daß die Eigenwerte von u genau die Wurzeln des Minimalpolynoms $f(\tau)$ von u in einem geeigneten Erweiterungskörper sind*. Ist nämlich $\xi \in \tilde{K}$ mit $f(\xi) = 0$ gegeben, dann hat man $f(\tau) = (\tau - \xi) p(\tau)$ mit einem $p(\tau) \in \tilde{K}[\tau]$ und daher $0 = f(u) = (u - \xi e) p(u)$, d. h. $u p(u) = \xi p(u)$. Da $p(\tau)$ einen kleineren Grad als $f(\tau)$ hat, ist $p(u)$ nicht Null,

---

*) Siehe Fußnote auf S. 15.

also Eigenvektor zum Eigenwert ξ. Umgekehrt sei $v = p(u)$, $p(\tau) \in \tilde{K}[\tau]$, ein Eigenvektor zum Eigenwert ξ, dann gilt für das Polynom $h(\tau) = (\tau - \xi)\, p(\tau)$ aus $\tilde{K}[\tau]$ sicher $h(u) = 0$. $f(\tau)$ ist ein Teiler von $h(\tau)$, der nicht schon in $p(\tau)$ aufgehen kann.

Als erste Anwendung fragen wir, wann u in $K[u]$ *invertierbar* ist, d. h., unter welchen Umständen es ein $v = p(u)$, $p(\tau) \in K[\tau]$, gibt, für das $u\,v = e$ gilt. Wir beweisen

Lemma 4.1. *Ist $\mathfrak{A}$ potenz-assoziativ und $u \in \mathfrak{A}$, dann sind die folgenden drei Aussagen gleichbedeutend:*

a) *u ist in $K[u]$ invertierbar.*

b) *u ist kein Nullteiler von $K[u]$.*

c) *Null ist keine Wurzel des Minimalpolynoms, d. h. kein Eigenwert von u.*

Nach Teil b) ist das Element v aus $K[u]$ mit $u\,v = e$ eindeutig bestimmt, wir bezeichnen es mit u^{-1} und nennen es das *Inverse* von u in $K[u]$. Wenn es unmißverständlich ist, werden wir meist den Zusatz „in $K[u]$" weglassen.

Beweis. a) $\Rightarrow$ c): Man hat $p(\tau) \in K[\tau]$ mit $u\,p(u) = e$. Für das Polynom $h(\tau) = 1 - \tau\, p(\tau)$ gilt dann $h(u) = 0$, d. h., es ist durch das Minimalpolynom $f(\tau)$ von u teilbar. Es folgt $f(0) \neq 0$.

c) $\Rightarrow$ b): Sei $w \in K[u]$ mit $u\,w = 0$ gegeben, $w = p(u)$. Es ist $f(\tau)$ ein Teiler von $\tau\, p(\tau)$. Da aber $f(\tau)$ nicht durch τ teilbar ist, ist $f(\tau)$ schon ein Teiler von $p(\tau)$, d. h., es gilt $w = p(u) = 0$.

b) $\Rightarrow$ a): Wir betrachten die Abbildung $K[u] \to K[u]$, die durch $v \to u\,v$ gegeben wird. Da u kein Nullteiler von $K[u]$ ist, ist sie injektiv und wegen der endlichen Dimension von $K[u]$ auch bijektiv. Es gibt daher ein v in $K[u]$ mit $u\,v = e$.

Da die Teilalgebra $K[u]$ kommutativ und assoziativ ist, hat man für invertierbares u

$$u\,u^{-1} = u^{-1}\,u = e, \quad u^i(u^{-1})^i = (u^{-1})^i\,u^i = e \quad (i \geq 2)$$

und man entnimmt diesen Gleichungen, daß mit u auch u^{-1} und u^i invertierbar sind und daß

$$(u^{-1})^{-1} = u, \quad (u^i)^{-1} = (u^{-1})^i$$

gilt. Für invertierbares u definieren wir u^{-i} durch $(u^{-1})^i$, falls $i \geq 0$. Wegen der Assoziativität der Potenzen gilt dann

$$u^i\,u^j = u^{i+j}$$

für alle ganzzahligen i, j. Die Potenzen von u bilden also eine zyklische Gruppe. Ferner gilt natürlich $(\alpha\,u)^{-1} = \alpha^{-1}\,u^{-1}$ für $\alpha \neq 0$, $\alpha \in K$.

2*

3. Wir machen nun über den Körper K die weitere Annahme, daß das Minimalpolynom $f(\tau)$ von u und damit auch alle Polynome $g_i(\tau)$ über K in Linearfaktoren zerfallen. Da die $g_i(\tau)$ irreduzibel sind, sind sie selbst linear, es ist

$$g_i(\tau) = \tau - \xi_i, \quad \xi_i \in K,$$

und die ξ_i sind die verschiedenen Eigenwerte von u, weil die $g_i(\tau)$ verschieden sind. Der Definition von $g_i(\tau)$ entnehmen wir, daß die

$$(4.1) \qquad\qquad v_i := c_i\, g_i(u_i) = c_i\, u - \xi_i\, c_i$$

nilpotent sind. Also gilt

$$(4.2) \qquad\qquad u = \sum_{i=1}^r c_i\, u = \sum_{i=1}^r \xi_i\, c_i + v,$$

wobei

$$v := \sum_{i=1}^r v_i \in K[u]$$

nach Lemma 3.1 nilpotent ist. Wir nennen (4.2) die *Minimalzerlegung von u* und v *den nilpotenten Teil von u*. Die Koeffizienten ξ_i sind genau die Eigenwerte von u.

Manchmal ist es zweckmäßig, die Minimalzerlegung (4.2) in einer etwas anderen Form zu schreiben. Ist u invertierbar, dann sind alle Eigenwerte ξ_i von Null verschieden. Das Element

$$v' := \left(\sum_{i=1}^r \xi_i^{-1}\, c_i \right) v \in K[u]$$

ist wieder nilpotent und man erhält

$$(4.3) \qquad u = \left(\sum_{i=1}^r \xi_i\, c_i \right)(e + v'), \quad v' \in K[u] \ \text{ nilpotent,}$$

als zweite Form der Minimalzerlegung, die jedoch nur für invertierbare Elemente u gültig ist.

4. Für spätere Anwendungen untersuchen wir, für welche u der nilpotente Teil verschwindet. Ein solches u soll *halbeinfach* genannt werden. Wegen (4.1) ist $v_i \in c_i\, K[u]$, es ist also $\sum_i v_i = 0$ dann und nur dann, wenn jedes einzelne v_i gleich Null ist; $c_i\, g_i(u_i) = 0$ besagt aber, daß das reduzierte Minimalpolynom $g_i(\tau)$ bereits das Minimalpolynom $f_i(\tau)$ ist. Dies ist wieder gleichbedeutend mit $g(\tau) = f(\tau)$, also damit, *daß das* (in K zerfallende) *Minimalpolynom von u nur einfache Nullstellen hat.*

5. Wir wenden uns nun der Frage nach der Eindeutigkeit der Minimalzerlegung zu. Es seien $d_1, d_2, \ldots, d_s$ Idempotente von $K[u]$ mit $d_i\, d_j = \delta_{ij}\, d_i$ und $d_1 + d_2 + \cdots + d_s = e$. Ferner seien $\zeta_1, \zeta_2, \ldots, \zeta_s$ verschiedene Elemente von K, $v_1 \in K[u]$ nilpotent, und es gelte

$$(4.4) \qquad u = \sum_{i=1}^{s} \zeta_i \, d_i + v_1.$$

Jedes d_j hat wegen § 3.2 die Form c_{M_j}, wobei die Teilmengen M_j von $\{1, 2, \ldots, r\}$ paarweise disjunkt sind. Drückt man also die d_j durch die c_i aus, so erhält man eine Darstellung der Form

$$u = \sum_{i=1}^{r} \alpha_i \, c_i + v_1,$$

wobei die α_i mit möglichen Wiederholungen die ζ_j durchlaufen. Vergleicht man dies mit (4.2) und multipliziert mit c_j, so folgt $(\alpha_j - \xi_j)\, c_j = (v - v_1)\, c_j$. Die rechte Seite ist nilpotent, die linke Seite ist es nur für $\alpha_j = \xi_j$. Es sind also alle α_j voneinander verschieden und stimmen bis auf die Reihenfolge mit den ζ_j überein. Wir sehen, daß (4.4) bis auf die Reihenfolge in der Summe mit (4.2) übereinstimmt. Natürlich ist dann auch $v_1 = v$.

6. Um eine weitergehende Eindeutigkeit zu beweisen, führen wir einen neuen Begriff ein. Ein System $e_1, e_2, \ldots, e_s$ von Idempotenten der potenz-assoziativen Algebra $\mathfrak{A}$ heißt ein *Orthogonalsystem*, wenn $e_i e_j = \delta_{ij} e_i$ gilt. Das Orthogonalsystem heißt *vollständig*, wenn $e_1 + e_2 + \cdots + e_s = e$ gilt.

Nehmen wir nun an, man habe zu einem u aus $\mathfrak{A}$ ein vollständiges Orthogonalsystem $e_1, e_2, \ldots, e_s$ gefunden, dazu Elemente $\eta_1, \eta_2, \ldots, \eta_s$ aus K und ein nilpotentes $v_1 \in K[u]$, so daß gilt

$$(4.5) \qquad u = \sum_{i=1}^{s} \eta_i \, e_i + v_1.$$

Es seien nun $\zeta_1, \zeta_2, \ldots, \zeta_t$ die verschiedenen unter den $\eta_1, \eta_2, \ldots, \eta_s$, und man setze

$$d_i := \sum_{\eta_j = \zeta_i} e_j,$$

dann ist auch $d_1, d_2, \ldots, d_t$ ein vollständiges Orthogonalsystem, und man hat

$$u - v_1 = \sum_{j=1}^{t} \zeta_j \, d_j.$$

Es folgt

$$(u - v_1)^m = \sum_{j=1}^{t} \zeta_j^m \, d_j,$$

und daher für $h[\tau] \in K[\tau]$

$$h(u - v_1) = \sum_{j=1}^{t} h(\zeta_j) \, d_j.$$

Man wähle nun $h_j(\tau)$ so aus, daß $h_j(\zeta_i) = 0$ für $i \neq j$, aber $h_j(\zeta_j) \neq 0$ ist, etwa $h_j(\tau) = \prod\limits_{i \neq j} (\tau - \zeta_i)$. Dann ist

$$h_j(u - v_1) = h_j(\zeta_j)\, d_j.$$

Wegen $v_1 \in K[u]$ ist auch $d_j \in K[u]$. Damit sind wir aber auf den in **5** behandelten Spezialfall zurückgekommen. Es ist $v_1 = v$, $t = r$, nach Abänderung der Reihenfolge der d_j ist $d_i = c_i$ und $\zeta_i = \xi_i$. Man erhält also aus einer beliebigen Zerlegung (4.5) die Minimalzerlegung zurück, indem man in (4.5) die Glieder mit gleichen η_i zusammenfaßt.

Wir fassen unser Ergebnis im folgenden Satz zusammen:

Satz 4.2. *Es sei* $\mathfrak{A}$ *eine potenz-assoziative Algebra mit Einselement* e, u *aus* $\mathfrak{A}$, *und es zerfalle das Minimalpolynom* $f(\tau)$ *von* u *in* K *in Linearfaktoren. Es seien* $\xi_1, \xi_2, \ldots, \xi_r$ *die verschiedenen Wurzeln von* $f(\tau)$. *Dann hat der Ring* $K[u]$ *genau* r *primitive Idempotente* $c_1, c_2, \ldots, c_r$, *und es gilt für* u *die Minimalzerlegung* (4.2). *Hat man für* u *eine Darstellung* (4.5) *durch ein vollständiges Orthogonalsystem* $e_1, e_2, \ldots, e_s$ *aus* $\mathfrak{A}$ *gefunden, bei der der nilpotente Teil in* $K[u]$ *liegt, so geht* (4.5) *in* (4.2) *über, wenn man in der Summe die Glieder mit gleichen* η_j *zusammenfaßt. Auch die nilpotenten Teile* v *und* v_1 *stimmen überein. Das Element* u *ist dann und nur dann halbeinfach* (d. h., *der nilpotente Teil* v *ist Null*), *wenn das Minimalpolynom nur einfache Wurzeln hat.*

Wegen Lemma 4.1 erhält man sofort das

Korollar. u *ist in* $K[u]$ *dann und nur dann invertierbar, wenn in der Minimalzerlegung* (4.2) *alle* ξ_i *von Null verschieden sind.*

7. Als eine Anwendung der Minimalzerlegung beweisen wir den oft nützlichen

Satz 4.3. *Es sei* K *algebraisch abgeschlossen und die Charakteristik sei kein Teiler der von Null verschiedenen ganzen Zahl* t. *Die potenz-assoziative Algebra* $\mathfrak{A}$ *über* K *besitze ein Einselement. Zu jedem invertierbaren* u *aus* $\mathfrak{A}$ *gibt es dann ein invertierbares Element* w *in* $K[u]$ *mit* $w^t = u$. *Wir bezeichnen* w *mit* $u^{1/t}$.

Man beachte hier, daß $(u^t)^{1/t} = u$ im allgemeinen nicht richtig ist.

Beweis. Zunächst sei $t > 0$. Da K algebraisch abgeschlossen ist, zerfällt das Minimalpolynom von u in K in lauter Linearfaktoren, man hat also nach der zweiten Form der Minimalzerlegung für u eine Zerlegung der Form (4.3). Das gesuchte Element w kann man durch den Ansatz

$$(4.6) \qquad w := \left(\sum_{i=1}^{r} \xi_i^{1/t} c_i \right) \left(\sum_{m=0}^{\infty} \binom{\frac{1}{t}}{m} v'^{m} \right)$$

erhalten. $\xi_i^{1/t}$ bedeute hierbei eine der t-ten Wurzeln*) von ξ_i. Man beachte bei (4.6), daß die unendliche Reihe abbricht, weil v' nilpotent

---

*) w ist also durch u keineswegs eindeutig bestimmt!

ist. Nach den Voraussetzungen über die Charakteristik ist die Reihe wohldefiniert, weil man bekanntlich

$$\binom{\frac{1}{t}}{m} = \frac{g}{t^k}$$

mit ganzzahligem g hat. Alle Terme der rechten Seite von (4.6) gehören zu $K[u]$, man kann also assoziativ und kommutativ rechnen. Es wird

$$w^t = \left(\sum_{i=1}^{r} \xi_i c_i \right) (e + v') = u.$$

Aus (4.6) entnimmt man die Invertierbarkeit von w.

Nun sei $t = -s$, $s > 0$. Nach dem vorhergehenden Teil gibt es ein invertierbares v in $K[u]$ mit $v^s = u$. Wir setzen $w := v^{-1}$ und erhalten $w^t = (v^{-1})^t = v^{-t} = v^s = u$.

8. Nun sei die Algebra $\mathfrak{A}$ potenz-assoziativ, aber enthalte nicht notwendig ein Einselement. Die aus $\mathfrak{A}$ durch Adjunktion eines Einselementes e entstehende Algebra $\hat{\mathfrak{A}}$ ist wieder potenz-assoziativ; für $\hat{\mathfrak{A}}$ gelten daher alle bisherigen Ergebnisse. Für ein nilpotentes Element v von $\mathfrak{A}$ ist das Minimalpolynom von v in $\hat{\mathfrak{A}}$ ein Teiler einer geeigneten Potenz von τ und ist daher selbst eine Potenz von τ. Da der Grad des Minimalpolynoms höchstens gleich der Dimension von $\hat{\mathfrak{A}}$ über K ist, gibt es eine natürliche Zahl m mit $v^m = 0$ für alle nilpotenten v aus $\mathfrak{A}$.

Die Algebra $\mathfrak{A}$ heißt *Nilalgebra*, wenn jedes Element von $\mathfrak{A}$ nilpotent ist.

Satz 4.4. *Es sei $\mathfrak{A}$ eine Nilalgebra über einem Körper K mit unendlich vielen Elementen. Dann ist jede aus $\mathfrak{A}$ durch Grundkörpererweiterung entstehende Algebra wieder eine Nilalgebra.*

Beweis. Es sei $b_1, b_2, \ldots, b_n$ eine Basis von $\mathfrak{A}$ über K und es seien $\tau_1, \tau_2, \ldots, \tau_n$ unabhängige Unbestimmte über K. Sei

$$p(\tau_1, \tau_2, \cdots, \tau_n) := (\tau_1 b_1 + \tau_2 b_2 + \cdots + \tau_n b_n)^m$$

und m so gewählt, daß $v^m = 0$ gilt für alle $v \in \mathfrak{A}$. Man hat also $p(\alpha_1, \alpha_2, \ldots, \alpha_n) = 0$ für jede Wahl der $\alpha_1, \alpha_2, \ldots, \alpha_n \in K$. Da K unendlich viele Elemente enthält, ist $p(\tau_1, \tau_2, \ldots, \tau_n) = 0$. Nun sei $u = \alpha_1 b_1 + \alpha_2 b_2 + \cdots + \alpha_n b_n$ ein Element einer beliebigen Grundkörpererweiterung von $\mathfrak{A}$. Da man für τ_i die Werte α_i einsetzen kann, ist auch $u^m = 0$.

§ 5. Einfache Algebren

1. In einer beliebigen Algebra $\mathfrak{A}$ über einem Körper K definieren wir für zwei Elemente $u, v \in \mathfrak{A}$ den *Kommutator*

$$[u, v] := u\,v - v\,u$$

und für drei Elemente u, v, w den *Assoziator*

$$(u, v, w) := (u\,v)\,w - u(v\,w).$$

Durch Eintragen dieser Definition prüft man sofort die folgenden beiden Identitäten nach:

$$[u\,v, w] - u\,[v, w] - [u, w]\,v = (u, v, w) - (u, w, v) + (w, u, v)$$
$$\text{,,Dreieridentität''}$$

$$(u\,v, w, x) - (u, v\,w, x) + (u, v, w\,x) = u(v, w, x) + (u, v, w)\,x$$
$$\text{,,Viereridentität''}.$$

Als Abkürzung verwenden wir Bezeichnungen wie $[u, \mathfrak{A}] = 0$, $(u, \mathfrak{A}, \mathfrak{A}) = 0$ u. ä. Die letzte Gleichung bedeutet z. B. $(u, v, w) = 0$ für alle v, $w \in \mathfrak{A}$.

Wir definieren den *Nukleus* $\mathfrak{N}(\mathfrak{A})$ und das *Zentrum* $\mathfrak{Z}(\mathfrak{A})$ von $\mathfrak{A}$ durch

$$\mathfrak{N}(\mathfrak{A}) := \{u;\ u \in \mathfrak{A},\ (u, \mathfrak{A}, \mathfrak{A}) = (\mathfrak{A}, u, \mathfrak{A}) = (\mathfrak{A}, \mathfrak{A}, u) = 0\},$$
$$\mathfrak{Z}(\mathfrak{A}) := \{u;\ u \in \mathfrak{N}(\mathfrak{A}),\ [u, \mathfrak{A}] = 0\}.$$

Wir zeigen, *daß* $\mathfrak{N}(\mathfrak{A})$ *eine assoziative Teilalgebra von* $\mathfrak{A}$ *ist.* Für u, $v \in \mathfrak{N}(\mathfrak{A})$ entnimmt man der Viereridentität sofort $u\,v \in \mathfrak{N}(\mathfrak{A})$. Wegen $(u, v, w) = 0$ für u, v, $w \in \mathfrak{N}(\mathfrak{A})$ ist $\mathfrak{N}(\mathfrak{A})$ assoziativ.

Die Dreieridentität zeigt, daß $\mathfrak{Z}(\mathfrak{A})$ gegenüber der Multiplikation abgeschlossen ist. *Das Zentrum* $\mathfrak{Z}(\mathfrak{A})$ *einer Algebra* $\mathfrak{A}$ *ist daher eine assoziative und kommutative Teilalgebra von* $\mathfrak{A}$.

Für eine kommutative Algebra $\mathfrak{A}$ gilt

$$(u, v, w) + (w, v, u) = 0,$$

und daher reduziert sich die Dreieridentität zu

$$(u, v, w) + (v, w, u) + (w, u, v) = 0.$$

Beide Identitäten zusammen zeigen, daß für eine kommutative Algebra jede der beiden Bedingungen

$$(u, \mathfrak{A}, \mathfrak{A}) = 0, \qquad (\mathfrak{A}, \mathfrak{A}, u) = 0$$

die andere und $(\mathfrak{A}, u, \mathfrak{A}) = 0$ nach sich zieht. *Daher liegt* u *genau dann im Zentrum der kommutativen Algebra* $\mathfrak{A}$, *wenn eine dieser Bedingungen erfüllt ist.*

2. Wir beweisen die folgende Alternative:

Satz 5.1. *Ist* $\mathfrak{A} \neq 0$ *eine Algebra, deren einzige Ideale* 0 *und* $\mathfrak{A}$ *sind, so tritt genau einer der folgenden drei Fälle ein:*

a) $\mathfrak{A}$ *ist die eindimensionale Nullalgebra* $\mathfrak{A} = Ku$, $u^2 = 0$.

b) *Null ist das einzige Element des Zentrums* $\mathfrak{Z}(\mathfrak{A})$.

c) *Das Zentrum* $\mathfrak{Z}(\mathfrak{A})$ *ist ein Körper, dessen Einselement das Einselement von* $\mathfrak{A}$ *ist.*

Beweis. Wir nehmen zuerst an, daß Fall b) nicht eintritt und es ein $z \in \mathfrak{Z}(\mathfrak{A})$, $z \neq 0$, gibt, das Nullteiler von $\mathfrak{A}$ ist. Für ein solches z definiere man $\mathfrak{a} := \{u; u \in \mathfrak{A}, z\,u = 0\}$. Man hat $z\,(\mathfrak{a}\,\mathfrak{A}) = (z\,\mathfrak{a})\,\mathfrak{A} = 0$ und $z\,(\mathfrak{A}\,\mathfrak{a}) = (z\,\mathfrak{A})\,\mathfrak{a} = (\mathfrak{A}\,z)\,\mathfrak{a} = \mathfrak{A}\,(z\,\mathfrak{a}) = 0$, d. h., $\mathfrak{a}$ ist ein Ideal von $\mathfrak{A}$. Nach Annahme ist $\mathfrak{a} \neq 0$, und daher folgt $\mathfrak{a} = \mathfrak{A}$. Das bedeutet $z\,\mathfrak{A} = 0$ und weiter $(K\,z)\,\mathfrak{A} = 0$. Entsprechend erhält man $\mathfrak{A}\,(K\,z) = 0$, d. h., Kz ist ein Ideal von $\mathfrak{A}$. Es folgt $\mathfrak{A} = Kz$ mit $z^2 = 0$.

Liegt also weder Fall a) noch Fall b) vor, so enthält $\mathfrak{Z}(\mathfrak{A})$ keine Nullteiler von $\mathfrak{A}$, d. h. $\mathfrak{Z}(\mathfrak{A})$ selbst ist nullteilerfreie, assoziative und kommutative Teilalgebra von $\mathfrak{A}$ und daher ein Körper. Sei e das Einselement dieses Körpers, dann ist e kein Nullteiler von $\mathfrak{A}$, und man hat für $u \in \mathfrak{A}$

$$e\,(u - e\,u) = e\,u - e\,(e\,u) = e\,u - e^2\,u = 0,$$

d. h. $e\,u = u$ und damit auch $u\,e = u$.

Die Fälle schließen einander aus, denn im Fall a) ist $\mathfrak{A} = \mathfrak{Z}(\mathfrak{A})$ und hat kein Einselement.

Wir nennen die Algebra $\mathfrak{A}$ *einfach*, wenn $\mathfrak{A}$ keine Nullalgebra ist und 0 und $\mathfrak{A}$ die einzigen Ideale von $\mathfrak{A}$ sind. Aus Satz 5.1 erhalten wir dann das

Korollar 1. *Das Zentrum einer einfachen Algebra ist entweder 0 oder ein Körper.*

Hat die Algebra $\mathfrak{A}$ ein Einselement e, so kann man vermöge $\alpha \to \alpha\,e$ den Körper K in $\mathfrak{A}$ isomorph einbetten. Offenbar ist $Ke \subset \mathfrak{Z}(\mathfrak{A})$. Ist $\mathfrak{A}$ außerdem einfach, dann folgt

Korollar 2. *Das Zentrum einer einfachen Algebra mit Einselement e ist ein endlicher Erweiterungskörper von Ke.*

Eine Algebra $\mathfrak{A}$ nennt man *zentral*, wenn $\mathfrak{A}$ ein Einselement e hat und $\mathfrak{Z}(\mathfrak{A}) = Ke$ ist.

3. Wir untersuchen zunächst das Verhalten von $\mathfrak{Z}(\mathfrak{A})$ bei Grundkörpererweiterungen:

Lemma 5.2. *Entsteht $\widetilde{\mathfrak{A}}$ aus $\mathfrak{A}$ durch Erweiterung von K zu $\widetilde{K}$, dann gilt $\overline{\mathfrak{Z}(\mathfrak{A})} = \mathfrak{Z}(\widetilde{\mathfrak{A}})$, d. h., das Zentrum von $\widetilde{\mathfrak{A}}$ entsteht aus dem Zentrum von $\mathfrak{A}$ durch die entsprechende Grundkörpererweiterung.*

Beweis. Wegen der Linearität des Kommutators und des Assoziators gilt $\overline{\mathfrak{Z}(\mathfrak{A})} \subset \mathfrak{Z}(\widetilde{\mathfrak{A}})$. Ist umgekehrt $\tilde{z} \in \mathfrak{Z}(\widetilde{\mathfrak{A}})$, dann schreibt man

$$\tilde{z} = \sum_i \alpha_i\,u_i$$

mit $u_i \in \mathfrak{A}$ und über K linear unabhängigen α_i aus $\widetilde{K}$. Es folgt für $v, w \in \mathfrak{A}$ z. B.

$$0 = (\tilde{z}, v, w) = \sum_i \alpha_i\,(u_i, v, w)$$

und somit $(u_i, v, w) = 0$*). Entsprechend erhält man die fehlenden Beziehungen, d. h., es gilt $u_i \in \mathfrak{Z}(\mathfrak{A})$. Daher wird $\tilde{z} \in \overline{\mathfrak{Z}(\mathfrak{A})}$.

Nach dem Lemma gehen also zentrale Algebren bei Grundkörpererweiterung in zentrale Algebren über.

Eine entsprechende Aussage gilt für den Nukleus einer Algebra.

Lemma 5.3. *Ist $\tilde{\mathfrak{A}}$ eine Grundkörpererweiterung von $\mathfrak{A}$ und besitzt $\tilde{\mathfrak{A}}$ ein Einselement e, dann liegt e schon in $\mathfrak{A}$.*

Beweis. Da e zu $\mathfrak{Z}(\tilde{\mathfrak{A}})$ gehört, zeigt das vorhergehende Lemma, daß e in $\overline{\mathfrak{Z}(\mathfrak{A})}$ liegt. Da $\mathfrak{Z}(\mathfrak{A})$ eine kommutative und assoziative Algebra ist, folgt aus Lemma 3.4, daß e zu $\mathfrak{Z}(\mathfrak{A})$, also zu $\mathfrak{A}$ gehört.

4. Eine Algebra $\mathfrak{A}$ heißt *zentral-einfach*, wenn $\mathfrak{A}$ zentral und einfach ist, d. h. wenn

(ZE.1) $\mathfrak{A}$ nicht die Nullalgebra ist,

(ZE.2)   0 und $\mathfrak{A}$ die einzigen Ideale von $\mathfrak{A}$ sind,

(ZE.3) $\mathfrak{A}$ ein Einselement e hat und

(ZE.4)   das Zentrum $\mathfrak{Z}(\mathfrak{A})$ von $\mathfrak{A}$ mit Ke übereinstimmt.

Zur Untersuchung dieses Begriffes zeigen wir zuerst

Lemma 5.4. *Die Algebra $\tilde{\mathfrak{A}}$ entstehe aus $\mathfrak{A}$ durch Erweiterung von K zu $\tilde{K}$. Es sei $\mathfrak{a}$ ein Ideal von $\mathfrak{A}$ und $\tilde{\mathfrak{a}}$ der durch Erweiterung des Vektorraums $\mathfrak{a}$ entstehende Vektorraum. Dann ist $\tilde{\mathfrak{a}}$ ein Ideal von $\tilde{\mathfrak{A}}$. Ist $\mathfrak{a}$ von 0 und $\mathfrak{A}$ verschieden, so ist auch $\tilde{\mathfrak{a}}$ von 0 und $\tilde{\mathfrak{A}}$ verschieden.*

Korollar. $\tilde{\mathfrak{A}}$ *entstehe aus $\mathfrak{A}$ durch Grundkörpererweiterung. Wenn $\tilde{\mathfrak{A}}$ einfach ist, so ist es auch $\mathfrak{A}$.*

Beweis. Wir haben bereits in § 2.5 gesehen, daß $\tilde{\mathfrak{a}}$ ein Ideal von $\tilde{\mathfrak{A}}$ ist. Da $\tilde{\mathfrak{a}}$ über $\tilde{K}$ die gleiche Dimension hat wie $\mathfrak{a}$ über K, ist $\tilde{\mathfrak{a}}$ weder gleich 0 noch gleich $\tilde{\mathfrak{A}}$, wenn $\mathfrak{a}$ weder gleich 0 noch gleich $\mathfrak{A}$ ist.

Satz 5.5. *Die Algebra $\tilde{\mathfrak{A}}$ entstehe aus $\mathfrak{A}$ durch Körpererweiterung von K zu $\tilde{K}$. Es ist $\mathfrak{A}$ dann und nur dann zentral-einfach, wenn $\tilde{\mathfrak{A}}$ zentral-einfach ist.*

Beweis. a) Es sei $\tilde{\mathfrak{A}}$ zentral-einfach. Dann ist $\mathfrak{A}$ einfach wegen des vorhergehenden Korollars. Nach Lemma 5.3 liegt das Einselement von $\tilde{\mathfrak{A}}$ schon in $\mathfrak{A}$. Schließlich ist $\mathfrak{Z}(\tilde{\mathfrak{A}}) = \tilde{K}e$, also eindimensional über $\tilde{K}$. Da $\mathfrak{Z}(\mathfrak{A})$ über K die gleiche Dimension hat, folgt $\mathfrak{Z}(\mathfrak{A}) = Ke$.

b) Es sei $\mathfrak{A}$ zentral-einfach. Es ist $\tilde{\mathfrak{A}}$ keine Nullalgebra und zentral, ferner hat $\tilde{\mathfrak{A}}$ ein Einselement. Sei $\tilde{\mathfrak{a}} \neq 0$ ein Ideal von $\tilde{\mathfrak{A}}$. Man schreibe jedes $\tilde{u} \neq 0$, $\tilde{u} \in \tilde{\mathfrak{a}}$, in der Form

$$\tilde{u} = \sum_{j=1}^{t} \alpha_j u_j, \quad \text{mit} \quad u_j \in \mathfrak{A} \quad \text{und} \quad \alpha_j \in \tilde{K}.$$

---

*) Siehe die Fußnote auf S. 15.

Unter allen von Null verschiedenen Elementen von $\tilde{a}$ sei $\tilde{u}$ so ausgewählt, daß t minimal ist. Dann sind die α_j über K linear unabhängig und alle $u_j \neq 0$. Wir zeigen nun

1. *Es gibt ein von Null verschiedenes Element $\tilde{v}$ in $\tilde{a}$ der Form*

$$\tilde{v} = \alpha_1 e + \alpha_2 v_2 + \cdots + \alpha_t v_t \quad \text{mit} \quad v_i \in \mathfrak{A}.$$

Dazu betrachte man das von u_1 erzeugte Ideal $\mathfrak{m}$ von $\mathfrak{A}$, d. h. den Durchschnitt aller u_1 enthaltenden Ideale. Die Elemente von $\mathfrak{m}$ sind endliche Summen von Worten $W(u_1, w_1, \ldots, w_s)$, wobei s beliebig und $w_1, \ldots, w_s$ beliebig aus $\mathfrak{A}$ gewählt werden können, und in denen u_1 wirklich vorkommt. Da $\mathfrak{A}$ einfach ist, folgt $\mathfrak{m} = \mathfrak{A}$, und man hat speziell eine Darstellung des Einselementes in der Gestalt

$$e = \sum_W W(u_1, w_1, \cdots, w_s).$$

Bildet man entsprechend $W(u_i, w_1, \ldots, w_s)$ und summiert über W und nach Multiplikation mit α_i auch über i, so erhält man ein Element $\tilde{v}$ von $\tilde{a}$ in der Form

$$\tilde{v} := \sum_W W(\tilde{u}, w_1, \cdots, w_s) = \alpha_1 e + \alpha_2 v_2 + \cdots + \alpha_t v_t$$

mit $v_i \in \mathfrak{A}$. Da die α_i linear unabhängig sind, ist $\tilde{v} \neq 0$.

2. *Es gilt $\tilde{v} \in \mathfrak{Z}(\mathfrak{A})$.*

Für x, y aus $\mathfrak{A}$ hat man

$$(\tilde{v} x) y - \tilde{v}(x y) = \alpha_2 z_2 + \cdots + \alpha_t z_t$$

mit $z_i \in \mathfrak{A}$. Da die linke Seite in $\tilde{a}$ liegt, folgt aus der Minimalität von t, daß die linke Seite gleich Null ist. Da dies für alle $x, y \in \mathfrak{A}$ gilt, folgt $(\tilde{v}, \mathfrak{A}, \mathfrak{A}) = 0$ und dann auch $(\tilde{v}, \overline{\mathfrak{A}}, \overline{\mathfrak{A}}) = 0$. Entsprechend zeigt man die fehlenden Bedingungen.

3. Wegen Lemma 5.2 ist $\mathfrak{Z}(\overline{\mathfrak{A}}) = \overline{\mathfrak{Z}(\mathfrak{A})} = \bar{K}e$, d. h., man erhält $\tilde{v} = \beta e$ mit $\beta \in \bar{K}$. Da $\tilde{v}$ nicht Null ist, gilt das gleiche für β. Jetzt folgt aber $e \in \tilde{a}$, d. h. $\tilde{a} = \overline{\mathfrak{A}}$. Damit ist der Satz bewiesen.

Korollar. Eine Algebra $\mathfrak{A}$ ist dann und nur dann zentral-einfach, wenn $\mathfrak{A}$ ein Einselement besitzt und jede Grundkörpererweiterung einfach ist.

Denn hat $\mathfrak{A}$ ein Einselement e und ist jede Grundkörpererweiterung einfach, dann ist auch die Algebra $\overline{\mathfrak{A}}$ einfach, die aus $\mathfrak{A}$ durch Grundkörpererweiterung von K zu einem algebraisch abgeschlossenen Körper $\bar{K}$ entsteht. Nach dem Korollar 2 zu Satz 5.1 stimmt dann aber das Zentrum von $\overline{\mathfrak{A}}$ mit $\bar{K}e$ überein. Die fehlenden Behauptungen folgen aus dem Satz.

5. Ist das Zentrum $L = \mathfrak{Z}(\mathfrak{A})$ der Algebra $\mathfrak{A}$ über dem Körper K selbst ein Körper, so hat $\mathfrak{A}$ ein Einselement. Man kann $\mathfrak{A}$ als Algebra $\mathfrak{A}^*$

über L auffassen. Nun sei $\mathfrak{A}$ eine einfache Algebra. Dann ist $\mathfrak{A}^*$ als Algebra über L wieder einfach, denn jedes Ideal von $\mathfrak{A}^*$ ist trivialerweise ein Ideal von $\mathfrak{A}$. Umgekehrt sei $\mathfrak{A}^*$ einfach. Für ein Ideal $\mathfrak{a}$ der Algebra $\mathfrak{A}$ bilde man $\bar{\mathfrak{a}} = \mathfrak{a}\,L = L\,\mathfrak{a}$. Offenbar ist $\bar{\mathfrak{a}}$ ein Ideal von $\mathfrak{A}^*$; daher ist $\mathfrak{A}$ einfach. Wir erhalten

Satz 5.6. *Es sei $\mathfrak{A}$ eine Algebra über K mit Einselement, deren Zentrum L ein Körper ist. Dann ist $\mathfrak{A}$ dann und nur dann einfach als Algebra über K, wenn $\mathfrak{A}$ als Algebra über L einfach ist.*

Korollar. Faßt man eine einfache Algebra mit Einselement als Algebra über ihrem Zentrum auf, so erhält man eine zentral-einfache Algebra.

§ 6. Assoziative Linearformen

1. Es sei λ eine Linearform und σ eine symmetrische Bilinearform der Algebra $\mathfrak{A}$, deren Werte also in einem Erweiterungskörper von K liegen (vgl. § 1.3). Wir nennen σ *assoziativ*, wenn gilt

$$\sigma(u\,v,\,w) = \sigma(u,\,v\,w) \quad \text{für} \quad u,\,v,\,w \quad \text{aus} \quad \mathfrak{A}.$$

Die Linearform λ heißt *assoziativ*, wenn λ auf allen Kommutatoren und allen Assoziatoren verschwindet, d. h. wenn gilt

$$\lambda(u\,v) = \lambda(v\,u), \quad \lambda\big((u\,v)\,w\big) = \lambda\big(u(v\,w)\big) \quad \text{für} \quad u,\,v,\,w \quad \text{aus} \quad \mathfrak{A}.$$

Da in einer Grundkörpererweiterung von $\mathfrak{A}$ jedes Element Linearkombination von Elementen aus $\mathfrak{A}$ ist, bleibt auch die Fortsetzung eines assoziativen λ bzw. σ bei Grundkörpererweiterung assoziativ.

Für eine Linearform λ von $\mathfrak{A}$ ist die auf $\mathfrak{A} \times \mathfrak{A}$ definierte Abbildung $(u,\,v) \to \lambda(u\,v)$ bilinear. Wir bezeichnen diese Abbildung ebenfalls mit λ und nennen sie die λ *zugeordnete Bilinearform*. Offenbar ist die einer assoziativen Linearform zugeordnete Bilinearform wieder assoziativ.

Hat die Algebra $\mathfrak{A}$ ein Einselement e, so kann man zu jeder symmetrischen Bilinearform σ eine Linearform λ erklären durch $\lambda(u) = \sigma(e,\,u)$. Ist σ assoziativ, so ist wegen $\lambda(u\,v) = \sigma(e,\,u\,v) = \sigma(u,\,v)$ auch λ assoziativ, und die λ zugeordnete Bilinearform stimmt mit σ überein.

2. Es sei λ eine assoziative Linearform von $\mathfrak{A}$. Wir definieren den *Bilinearkern* $Bk_\lambda(\mathfrak{A})$ von $\mathfrak{A}$ bezüglich λ durch

$$Bk_\lambda(\mathfrak{A}) := \{u;\; u \in \mathfrak{A},\; \lambda(u\,v) = 0 \quad \text{für alle } v \in \mathfrak{A}\}.$$

Ersichtlich stimmt dieser Bilinearkern überein mit dem Bilinearkern der λ zugeordneten Bilinearform (vgl. § 1.3). Ist $u \in Bk_\lambda(\mathfrak{A})$ und $w \in \mathfrak{A}$, so gilt $\lambda\big((u\,w)\,v\big) = \lambda\big(u(w\,v)\big) = 0$ für alle $v \in \mathfrak{A}$, also $u\,w \in Bk_\lambda(\mathfrak{A})$. Entsprechend erhält man $w\,u \in Bk_\lambda(\mathfrak{A})$. Da $Bk_\lambda(\mathfrak{A})$ ein Unterraum von $\mathfrak{A}$ ist, ist also $Bk_\lambda(\mathfrak{A})$ *ein Ideal von* $\mathfrak{A}$.

Besitzt die Algebra $\mathfrak{A}$ *ein Einselement* e *und ist* $\lambda \neq 0$, *so ist* $Bk_\lambda(\mathfrak{A})$ $\neq \mathfrak{A}$, denn aus $e \in Bk_\lambda(\mathfrak{A})$ folgt $\lambda(v) = \lambda(ev) = 0$ für alle $v \in \mathfrak{A}$ und daher $\lambda = 0$.

Lemma 6.1. *Besitzt* $\mathfrak{A}$ *eine von Null verschiedene assoziative Linearform, so gibt es auch eine solche, deren Werte in* K *liegen, die also eigentlich ist.*

Beweis. Die Werte von λ mögen in K' liegen. Man kann λ in der Form

$$\lambda = \sum_{i=1}^m \alpha_i \lambda_i$$

schreiben, wobei die λ_i eigentliche Linearformen von $\mathfrak{A}$ sind und $\alpha_i \in K'$ über K linear unabhängig sind. Aus

$$0 = \lambda((u, v, w)) = \sum_{i=1}^m \alpha_i \lambda_i((u, v, w))$$

und einer entsprechenden Gleichung für $\lambda([u, v])$ folgt, daß jedes λ_i assoziativ ist. Ferner sind nicht alle λ_i gleich Null.

Als Anwendung dieses Lemmas zeigen wir

Satz 6.2. *Es sei* $\mathfrak{A}$ *eine einfache Algebra mit Einselement, für die eine von Null verschiedene assoziative Linearform existiert. Dann gibt es auch eine eigentliche assoziative Linearform von* $\mathfrak{A}$, *für welche die zugeordnete Bilinearform nichtausgeartet ist.*

Beweis. Wegen des Lemmas gibt es eine von Null verschiedene eigentliche Linearform λ von $\mathfrak{A}$. Da $\mathfrak{A}$ ein Einselement enthält, ist das Ideal $Bk_\lambda(\mathfrak{A})$ von $\mathfrak{A}$ verschieden von $\mathfrak{A}$. Also ist $Bk_\lambda(\mathfrak{A}) = 0$, da $\mathfrak{A}$ einfach ist.

3. Betrachten wir nun für eine eigentliche assoziative Linearform λ von $\mathfrak{A}$ den Fall, daß die zugeordnete Bilinearform nichtausgeartet ist. Ist dann μ eine beliebige eigentliche Linearform von $\mathfrak{A}$, dann gibt es nach § 1.5 ein $a \in \mathfrak{A}$ mit $\mu(u) = \lambda(au)$ für $u \in \mathfrak{A}$. Wenden wir dies auf den Fall $\lambda = \mu$ an, so finden wir also ein Element $e \in \mathfrak{A}$ mit $\lambda(u) = \lambda(eu)$ für $u \in \mathfrak{A}$. Wir zeigen, daß e ein Einselement von $\mathfrak{A}$ ist. Dazu hat man für $v \in \mathfrak{A}$

$$\lambda((u - eu)v) = \lambda(uv) - \lambda((eu)v) = \lambda(uv) - \lambda(e(uv)) = 0.$$

Da die λ zugeordnete Bilinearform nichtausgeartet ist, folgt $u = eu$. Entsprechend findet man $u = ue$. Man hat also

Lemma 6.3. *Gibt es zur Algebra* $\mathfrak{A}$ *eine eigentliche assoziative Linearform, deren zugeordnete Bilinearform nichtausgeartet ist, dann hat* $\mathfrak{A}$ *ein Einselement.*

Sei λ eine assoziative Linearform von $\mathfrak{A}$. Für festes d aus dem Zentrum $\mathfrak{Z}(\mathfrak{A})$ von $\mathfrak{A}$ bilden wir die Linearform μ durch die Festsetzung

$\mu(u) := \lambda(d\,u)$. Man hat

$$\mu(u\,v) = \lambda\big(d\,(u\,v)\big) = \lambda\big((d\,u)\,v\big) = \lambda\big((u\,d)\,v\big) = \lambda\big(v\,(u\,d)\big)$$

$$= \lambda\big((v\,u)\,d\big) = \mu(v\,u)$$

und

$$\mu\big((u\,v)\,w\big) = \lambda\big([(u\,v)\,w]\,d\big) = \lambda\big([u\,v]\,[w\,d]\big) = \lambda\big(u\,[v\,(w\,d)]\big)$$

$$= \lambda\big(u\,[(v\,w)\,d]\big) = \lambda\big([u\,(v\,w)]\,d\big) = \mu\big(u\,(v\,w)\big),$$

d. h. μ ist ebenfalls assoziativ. Für eigentliche Linearformen können wir hiervon die Umkehrung beweisen:

Satz 6.4. *Es sei λ eine eigentliche assoziative Linearform von $\mathfrak{A}$, für welche die zugeordnete Bilinearform nichtausgeartet ist. Ist μ eine weitere eigentliche assoziative Linearform von $\mathfrak{A}$, dann gibt es ein $d \in \mathfrak{Z}(\mathfrak{A})$ mit $\mu(u) = \lambda(d\,u)$. Die μ zugeordnete Bilinearform ist dann und nur dann nichtausgeartet, wenn d in $\mathfrak{Z}(\mathfrak{A})$ invertierbar ist.*

Beweis. Wir wissen, daß es ein $d \in \mathfrak{A}$ mit $\mu(u) = \lambda(d\,u)$ gibt. Man erhält für $v \in \mathfrak{A}$

$$\lambda\big((d\,u)\,v\big) = \lambda\big(d\,(u\,v)\big) = \mu(u\,v) = \mu(v\,u) = \lambda\big((v\,u)\,d\big) = \lambda\big(v\,(u\,d)\big)$$

$$= \lambda\big((u\,d)\,v\big)$$

und daher $d\,u = u\,d$. Da μ assoziativ ist, hat man

$$\lambda\big([(d\,u)\,v]\,w\big) = \lambda\big([d\,u]\,[v\,w]\big) = \lambda\big(d\,[u\,(v\,w)]\big) = \mu\big(u\,(v\,w)\big)$$

$$= \mu\big((u\,v)\,w\big) = \lambda\big(d\,[(u\,v)\,w]\big) = \lambda\big([d\,(u\,v)]\,w\big)$$

für alle $w \in \mathfrak{A}$. Es folgt $(d\,u)\,v = d\,(u\,v)$, d. h. $(d, \mathfrak{A}, \mathfrak{A}) = 0$. Die Beziehungen $(\mathfrak{A}, d, \mathfrak{A}) = 0$ und $(\mathfrak{A}, \mathfrak{A}, d) = 0$ erhält man entsprechend. Damit liegt d in $\mathfrak{Z}(\mathfrak{A})$.

Ist die μ zugeordnete Bilinearform nichtausgeartet, dann kann man λ und μ vertauschen und erhält ein $c \in \mathfrak{Z}(\mathfrak{A})$ mit $\lambda(u) = \mu(c\,u)$. Bezeichnet e das nach Lemma 6.3 vorhandene Einselement, so folgt für $u \in \mathfrak{A}$

$$\lambda(e\,u) = \lambda(u) = \mu(c\,u) = \lambda\big(d\,(c\,u)\big) = \lambda\big((d\,c)\,u\big),$$

d. h. $e = d\,c$. Ist umgekehrt d in $\mathfrak{Z}(\mathfrak{A})$ invertierbar, dann durchläuft mit v auch $d\,v$ ganz $\mathfrak{A}$. Eine Relation $\mu(u\,v) = 0$ für $v \in \mathfrak{A}$ zieht $0 = \mu(u\,v) = \lambda\big(d\,(u\,v)\big) = \lambda\big(u\,(d\,v)\big)$ nach sich. Daher folgt $u = 0$, und die μ zugeordnete Bilinearform ist nichtausgeartet.

4. Die Existenz von eigentlichen assoziativen Linearformen, für welche die zugeordnete Bilinearform nichtausgeartet ist, bedeutet eine starke Einschränkung für die Algebra.

Es sei σ eine symmetrische Bilinearform der Algebra $\mathfrak{A}$, die eigentlich, nichtausgeartet und assoziativ ist. Bezeichnet $L(u)$ bzw. $R(u)$ die links- bzw. rechtsreguläre Darstellung von $\mathfrak{A}$, so hat man $\sigma(R(u)v, w) = \sigma(v, L(u)w)$. Bezeichnet man mit A^* die zur linearen Transformation A bezüglich σ adjungierte Transformation, so bedeutet dies

$$L^*(u) = R(u) \quad \text{für alle } u \text{ aus } \mathfrak{A}.$$

Nun sei $\mathfrak{A}$ potenz-assoziativ und die Charakteristik von K nicht 2. Bezeichnet $L^+(u)$ die linksreguläre Darstellung der kommutativen Algebra $\mathfrak{A}^+$ mit der Multiplikation

$$u \circ v := \tfrac{1}{2}(u\,v + v\,u),$$

so ist

(6.1) $$L^+(u) = \tfrac{1}{2}\big(L(u) + R(u)\big) = \tfrac{1}{2}\big(L(u) + L^*(u)\big),$$

und $L^+(u)$ ist selbstadjungiert.

Die Identität $u\,u^2 = u^2\,u$ kann unter Verwendung des Kommutators in der Form $[u, u^2] = 0$ geschrieben werden. Wir polarisieren diese Gleichung, d. h. ersetzen u durch $u + \varrho\,v$, $u, v \in \mathfrak{A}$, $\varrho \in K$, und erhalten, da die Koeffizienten der höchsten und niedrigsten Potenz von ϱ verschwinden, ein Polynom zweiten Grades in ϱ. Da K wenigstens drei Elemente hat, sind alle Koeffizienten Null. Aus dem Verschwinden des Koeffizienten von ϱ erhalten wir

$$[v, u^2] + 2[u, u \circ v] = 0.$$

Faßt man dies als lineare Transformation in v auf, so bekommt man

(6.2) $$-L^*(u^2) + L(u^2) = 2L(u)\,L^+(u) - 2L^*(u)\,L^+(u).$$

Man bildet hier die adjungierte Transformation

$$-L(u^2) + L^*(u^2) = 2L^+(u)\,L^*(u) - 2L^+(u)\,L(u)$$

und vergleicht beide Formeln:

$$-L(u)\,L^+(u) + L^*(u)\,L^+(u) = L^+(u)\,L^*(u) - L^+(u)\,L(u).$$

Man trägt (6.1) ein und erhält $L(u)\,L^*(u) = L^*(u)\,L(u)$, d. h., $L(u)$ und $R(u)$ sind vertauschbar. $\mathfrak{A}$ ist daher eine flexible Algebra, und die linearen Transformationen $L(u)$, $L^+(u)$ und $L^*(u)$ sind paarweise vertauschbar. Die Gl. (6.2) reduziert sich somit auf

(6.3) $$L^*(u^2) = L(u^2) - L^2(u) + L^{*2}(u).$$

Nun wird die nächst einfachere Identität $u^2\,u^2 = u\,u^3$ herangezogen. Man kann sie in der Form $(u, u, u^2) = 0$ schreiben. Nehmen wir jetzt an, daß K wenigstens 4 Elemente enthält, so können wir polarisieren und bekommen

$$(v, u, u^2) + (u, v, u^2) + 2(u, u, u \circ v) = 0.$$

Entsprechend erhält man aus $u^3 u = u^2 u^2$, d. h. aus $(u^2, u, u) = 0$ die Gleichung

$$2(u \circ v, u, u) + (u^2, v, u) + (u^2, u, v) = 0.$$

Ausgeschrieben bedeutet dies

$$2(u \circ v) u^2 - v u^3 - u(v u^2) + 2u^2(u \circ v, - 2u[u(u \circ v)] = 0,$$

$$-2(u \circ v) u^2 + u^3 v + (u^2 v) u - 2u^2(u \circ v) + 2[(u \circ v) u] u = 0.$$

Diese Gleichungen fassen wir als lineare Transformationen in v auf und erhalten bei Beachtung von $R(u) = L^*(u)$

$$(6.4) \quad 2L^*(u^2) L^+(u) - L^*(u^3) - L(u) L^*(u^2) + 2L(u^2) L^+(u) -$$

$$- 2L^2(u) L^+(u) = 0,$$

$$(6.4') \quad -2L^*(u^2) L^+(u) + L(u^3) + L^*(u) L(u^2) - 2L(u^2) L^+(u) +$$

$$+ 2L^{*2}(u) L^+(u) = 0.$$

Von (6.4) bilden wir die adjungierte Transformation,

$$2L^+(u) L(u^2) - L(u^3) - L(u^2) L^*(u) + 2L^+(u) L^*(u^2) -$$

$$- 2L^+(u) L^{*2}(u) = 0,$$

und addieren dies zu (6.4'). Wir erhalten

$$(6.5) \quad 2[L^+(u) L(u^2) - L(u^2) L^+(u)] + 2[L^+(u) L^*(u^2) - L^*(u^2) L^+(u)] +$$

$$+ L^*(u) L(u^2) - L(u^2) L^*(u) = 0,$$

denn $L^+(u)$ und $L(u)$ sind vertauschbar. Mit der Abkürzung

$$A := L(u) L(u^2) - L(u^2) L(u)$$

ergibt (6.3) auch

$$A = L(u) L^*(u^2) - L^*(u^2) L(u)$$

und man hat

$$A^* = L(u^2) L^*(u) - L^*(u) L(u^2) = L^*(u^2) L^*(u) - L^*(u) L^*(u^2).$$

Damit kann (6.5) geschrieben werden als $[A - A^*] + [A - A^*] - A^* = 0$, d. h. es gilt $2A = 3A^*$ und somit $5A = 0$. Ist also die Charakteristik von K auch ungleich 5, so folgt

$$(6.6) \qquad\qquad L(u) L(u^2) = L(u^2) L(u),$$

d. h. man hat $u(u^2 v) = u^2(u v)$ für alle u, v aus $\mathfrak{A}$. Es ist $\mathfrak{A}$ also eine nichtkommutative Jordan-Algebra. Wir fassen unser Ergebnis zusammen in

Satz 6.5. *Es sei $\mathfrak{A}$ eine potenz-assoziative Algebra über einem Körper K der Charakteristik $\neq 2$. Gibt es eine eigentliche assoziative und*

nichtausgeartete Bilinearform von $\mathfrak{A}$, dann gilt:

a) $\mathfrak{A}$ *ist flexibel,*

b) $\mathfrak{A}$ *ist eine nichtkommutative Jordan-Algebra, falls die Charakteristik von K nicht 5 ist und K wenigstens 4 Elemente enthält.*

Korollar 1. Ist $\mathfrak{A}$ kommutativ, so ist $\mathfrak{A}$ eine Jordan-Algebra.

Korollar 2. Es sei $\mathfrak{A}$ eine einfache potenz-assoziative Algebra mit Einselement. Gibt es eine von Null verschiedene assoziative Linearform von $\mathfrak{A}$, dann ist $\mathfrak{A}$ eine nichtkommutative Jordan-Algebra.

Denn wegen Satz 6.2 gibt es dann auch eine eigentliche assoziative Linearform, deren zugeordnete Bilinearform nichtausgeartet ist.

5. Der vorhergehende Satz hat eine interessante Anwendung: Es sei $\mathfrak{A}$ eine potenz-assoziative Algebra über K und λ eine eigentliche assoziative Linearform von $\mathfrak{A}$. Da der Bilinearkern $Bk_\lambda(\mathfrak{A})$ ein Ideal von $\mathfrak{A}$ ist, kann man die Quotientenalgebra $\mathfrak{A}/Bk_\lambda(\mathfrak{A})$ bilden, die aus den Restklassen $\bar{a}$ $(\mathrm{mod}\, Bk_\lambda(\mathfrak{A}))$ besteht (vgl. § 2.2). Wir erklären eine eigentliche symmetrische Bilinearform σ von $\mathfrak{A}/Bk_\lambda(\mathfrak{A})$ vermöge

$$\sigma(\bar{u}, \bar{v}) = \lambda(u\,v).$$

Diese Definition hängt offenbar nicht von der Wahl der Vertreter u, v ab. Es ist σ eine eigentliche assoziative Linearform von $\mathfrak{A}/Bk_\lambda(\mathfrak{A})$. Wir zeigen, *daß σ nichtausgeartet ist.* Gilt nämlich $\sigma(\bar{u}, \bar{v}) = 0$ für alle $\bar{v}$, so gilt $\lambda(u\,v) = 0$ für alle $v \in \mathfrak{A}$. Dann liegt also u in $Bk_\lambda(\mathfrak{A})$, und man hat $\bar{u} = 0$. Da mit $\mathfrak{A}$ auch $\mathfrak{A}/Bk_\lambda(\mathfrak{A})$ potenz-assoziativ ist, kann man Satz 6.5 anwenden, und man erhält

Satz 6.6. *Es sei $\mathfrak{A}$ eine potenz-assoziative Algebra über einem Körper K der Charakteristik $\neq 2$, $\neq 5$, der wenigstens 4 Elemente enthält. Für jede eigentliche assoziative Linearform λ von $\mathfrak{A}$ ist dann die Quotientenalgebra $\mathfrak{A}/Bk_\lambda(\mathfrak{A})$ eine nichtkommutative Jordan-Algebra.*

§ 7. Semi-normale Linearformen und das Radikal

1. Eine Linearform λ der Algebra $\mathfrak{A}$ über K nennen wir *semi-normal*, wenn λ assoziativ ist und auf allen Nilpotenten jeder Grundkörpererweiterung von $\mathfrak{A}$ verschwindet. Wir nennen λ *normal*, wenn λ eigentlich und semi-normal ist, d. h., wenn

1. die Werte der Linearform λ von $\mathfrak{A}$ in K liegen,
2. λ assoziativ ist und
3. λ auf allen Nilpotenten jeder Grundkörpererweiterung von $\mathfrak{A}$ verschwindet.

Bei Grundkörpererweiterung bleiben die Eigenschaften semi-normal bzw. normal erhalten.

Geht man zu einem Erweiterungskörper $\tilde{K}$ von K über, der die Werte von λ auf $\mathfrak{A}$ enthält, so wird λ zu einer eigentlichen Linearform von $\tilde{\mathfrak{A}}$ (vgl. § 1.3); die semi-normale Linearform von $\mathfrak{A}$ wird also zu einer normalen Linearform von $\tilde{\mathfrak{A}}$. Umgekehrt ist die Restriktion einer normalen Linearform von $\tilde{\mathfrak{A}}$ semi-normal auf $\mathfrak{A}$. *Die semi-normalen Linearformen von $\mathfrak{A}$ sind also genau die Restriktionen von Linearformen, die auf einer geeigneten Grundkörpererweiterung normal sind.*

Wendet man Lemma 6.1 auf eine von Null verschiedene semi-normale Linearform an, so erhält man zwar eine eigentliche assoziative Linearform, die jedoch nicht normal zu sein braucht. Die Eigenschaft, auf nilpotenten Elementen von Grundkörpererweiterungen zu verschwinden, kann nämlich verlorengehen.

2. In § 1.6 hatten wir das Verhalten des Bilinearkerns einer Linearform bei Grundkörpererweiterungen von K zu $\tilde{K}$ untersucht. Aus (1.3) bzw. (1.4) entnehmen wir

$$(7.1) \qquad \overline{Bk_\lambda(\mathfrak{A})} \subset Bk_\lambda(\tilde{\mathfrak{A}}), \quad \text{wenn } \lambda \text{ semi-normal,}$$

$$(7.2) \qquad \overline{Bk_\lambda(\mathfrak{A})} = Bk_\lambda(\tilde{\mathfrak{A}}), \quad \text{wenn } \lambda \text{ normal ist.}$$

Es sei $\mathfrak{a}$ ein Ideal von $\mathfrak{A}$. Da $\mathfrak{a}$ eine Unteralgebra von $\mathfrak{A}$ ist, hat $\mathfrak{a}$ bezüglich der Restriktion von λ den Bilinearkern $Bk_\lambda(\mathfrak{a})$. Es gilt

Satz 7.1. *Es sei $\mathfrak{A}$ eine potenz-assoziative Algebra und λ eine semi-normale Linearform von $\mathfrak{A}$. Für jedes Ideal $\mathfrak{a}$ von $\mathfrak{A}$ gilt*

$$Bk_\lambda(\mathfrak{a}) = \mathfrak{a} \cap Bk_\lambda(\mathfrak{A}).$$

Beweis. Die Inklusion $\mathfrak{a} \cap Bk_\lambda(\mathfrak{A}) \subset Bk_\lambda(\mathfrak{a})$ ist evident. Sei $b \in Bk_\lambda(\mathfrak{a})$ und $v \in \mathfrak{A}$. Für $m \geq 2$ ist

$$\lambda([b\,v]^m) = \lambda([b\,v]\,[b\,v]^{m-1}) = \lambda(b\,[v\,(b\,v)^{m-1}]) = 0,$$

weil $v\,(b\,v)^{m-1} \in \mathfrak{a}$ und $b \in Bk_\lambda(\mathfrak{a})$. Wenden wir Lemma 3.5 an auf die nach Voraussetzung assoziative und kommutative Teilalgebra $K_1[u]$ mit $u = b\,v$ und beachten, daß λ auf allen Nilpotenten verschwindet, so folgt $\lambda(b\,v) = 0$. Da dies für alle $v \in \mathfrak{A}$ gilt, folgt $b \in \mathfrak{a} \cap Bk_\lambda(\mathfrak{A})$.*)
Als Anwendung erhalten wir

Satz 7.2. *Es sei λ eine normale Linearform der potenz-assoziativen Algebra $\mathfrak{A}$, deren zugeordnete Bilinearform nichtausgeartet ist. Dann besitzt jedes Ideal $\mathfrak{a}$ von $\mathfrak{A}$ ein Einselement c, und es ist $\mathfrak{a} = c\,\mathfrak{A}$.*

Beweis. Nach dem vorhergehenden Satz ist $Bk_\lambda(\mathfrak{a}) = 0$, d. h., die der Restriktion von λ auf $\mathfrak{a}$ zugeordnete Bilinearform ist nichtausgeartet. Wegen Lemma 6.3 besitzt $\mathfrak{a}$ ein Einselement c. Aus $c \in \mathfrak{a}$ folgt $c\,\mathfrak{A} \subset \mathfrak{a}$, ferner gilt $\mathfrak{a} = c\,\mathfrak{a} \subset c\,\mathfrak{A}$.

---

*) Beim Beweis wurde nur verwendet, daß λ auf den Nilpotenten von $\mathfrak{A}$ verschwindet.

3. Man kennt bisher keine allgemeine Definition des Begriffs Radikal, die z. B. sowohl für assoziative Algebren als auch für Lie-Algebren und Jordan-Algebren mit der jeweils üblichen Definition übereinstimmt. Für unsere Zwecke definieren wir das *Radikal* $\operatorname{Rad}\mathfrak{A}$ einer beliebigen Algebra als den Durchschnitt der Bilinearkerne $Bk_\lambda(\mathfrak{A})$ aller semi-normalen Linearformen λ von $\mathfrak{A}$, d. h.

$$\operatorname{Rad}\mathfrak{A} := \bigcap_{\lambda\,\text{semi-normal}} Bk_\lambda(\mathfrak{A}).$$

Ist $\lambda = 0$ die einzige semi-normale Linearform von $\mathfrak{A}$, so ist $\operatorname{Rad}\mathfrak{A} = \mathfrak{A}$.*) Da die hier vorkommenden Bilinearkerne Ideale von $\mathfrak{A}$ sind, ist auch $\operatorname{Rad}\mathfrak{A}$ *ein Ideal von* $\mathfrak{A}$. Eine Algebra $\mathfrak{A}$ heißt *halbeinfach*, wenn $\operatorname{Rad}\mathfrak{A} = 0$ ist.

Wir zeigen, daß es zu zwei semi-normalen Linearformen λ_1, λ_2 von $\mathfrak{A}$ stets eine semi-normale Linearform λ gibt, so daß

$$Bk_{\lambda_1}(\mathfrak{A}) \cap Bk_{\lambda_2}(\mathfrak{A}) = Bk_\lambda(\mathfrak{A})$$

gilt. Liegen nämlich die Werte von λ_1 und λ_2 in dem Erweiterungskörper K' von K, so wählt man über K' linear unabhängige Elemente α_1, α_2 eines Erweiterungskörpers und bildet $\lambda = \alpha_1\lambda_1 + \alpha_2\lambda_2$. Für $u \in \mathfrak{A}$ ist dann $\lambda(u) = 0$ mit $\lambda_1(u) = \lambda_2(u) = 0$ äquivalent.

Wir wählen nun eine semi-normale Linearform λ von $\mathfrak{A}$, so daß die Dimension von $Bk_\lambda(\mathfrak{A})$ minimal ist. Ist dann μ irgendeine semi-normale Linearform von $\mathfrak{A}$, so ist $Bk_\lambda(\mathfrak{A}) \cap Bk_\mu(\mathfrak{A})$ wieder ein Bilinearkern für eine geeignete semi-normale Linearform. Nach Wahl von λ stimmen dann die Dimensionen von $Bk_\lambda(\mathfrak{A}) \cap Bk_\mu(\mathfrak{A})$ und von $Bk_\lambda(\mathfrak{A})$ überein. Man erhält also $Bk_\lambda(\mathfrak{A}) \cap Bk_\mu(\mathfrak{A}) = Bk_\lambda(\mathfrak{A})$ und somit $Bk_\lambda(\mathfrak{A}) \subset Bk_\mu(\mathfrak{A})$. *Es gibt daher eine semi-normale Linearform* λ *von* $\mathfrak{A}$, *so daß* $Bk_\lambda(\mathfrak{A}) = \operatorname{Rad}\mathfrak{A}$ *gilt.*

Ist $\mathfrak{A}$ *eine einfache Algebra mit Einselement, zu der eine von Null verschiedene semi-normale Linearform* λ *existiert, dann ist* $\mathfrak{A}$ *halbeinfach.* Wegen § 6.**2** ist nämlich $Bk_\lambda(\mathfrak{A}) \neq \mathfrak{A}$ und daher $\operatorname{Rad}\mathfrak{A} \neq \mathfrak{A}$, also $\operatorname{Rad}\mathfrak{A} = 0$.

Da die semi-normalen Linearformen einer Grundkörpererweiterung $\widetilde{\mathfrak{A}}$ von $\mathfrak{A}$ übereinstimmen mit den Fortsetzungen der semi-normalen Linearformen von $\mathfrak{A}$, erhält man aus (7.1)

$$(7.3) \qquad\qquad \overline{\operatorname{Rad}\mathfrak{A}} \subset \operatorname{Rad}\widetilde{\mathfrak{A}}.$$

Ist also eine durch Grundkörpererweiterung aus $\mathfrak{A}$ *entstehende Algebra halbeinfach, so ist auch* $\mathfrak{A}$ *selbst halbeinfach.* Hiervon gilt jedoch keineswegs die Umkehrung.

---

*) Ist die Algebra $\mathfrak{A}$ anti-kommutativ, also $uv = -vu$ für u, $v \in \mathfrak{A}$, so gibt es im Fall einer Charakteristik ungleich 2 keine von Null verschiedenen assoziativen Linearformen. In diesem Fall ist stets $\operatorname{Rad}\mathfrak{A} = \mathfrak{A}$.

4. Die Algebra $\mathfrak{A}$ sei eine direkte Summe (vgl. § 2.**6**)

$$\mathfrak{A} = \mathfrak{A}_1 \oplus \mathfrak{A}_2 \oplus \cdots \oplus \mathfrak{A}_q$$

der Ideale $\mathfrak{A}_i$ von $\mathfrak{A}$. Bei Grundkörpererweiterung erhält man

$$\bar{\mathfrak{A}} = \bar{\mathfrak{A}}_1 \oplus \bar{\mathfrak{A}}_2 \oplus \cdots \oplus \bar{\mathfrak{A}}_q.$$

Ist λ eine Linearform von $\mathfrak{A}$ und wird die Restriktion von λ auf die Teilalgebra $\mathfrak{A}_i$ mit λ_i bezeichnet, so gilt

$$(7.4) \qquad \lambda(u) = \lambda_1(u_1) + \lambda_2(u_2) + \cdots + \lambda_q(u_q),$$

$$\text{falls} \quad u = u_1 + u_2 + \cdots + u_q, \quad u_i \in \mathfrak{A}_i.$$

Mit λ sind alle λ_i assoziativ bzw. semi-normal bzw. normal. Da sich die Ideale $\mathfrak{A}_i$ paarweise annullieren, erhält man

$$(7.5) \qquad Bk_\lambda(\mathfrak{A}) = Bk_{\lambda_1}(\mathfrak{A}_1) \oplus Bk_{\lambda_2}(\mathfrak{A}_2) \oplus \cdots \oplus Bk_{\lambda_q}(\mathfrak{A}_q).$$

Ist daher λ eine eigentliche Linearform, und die zugeordnete Bilinearform nichtausgeartet, also $Bk_\lambda(\mathfrak{A}) = 0$, so ist $Bk_{\lambda_i}(\mathfrak{A}_i) = 0$, und daher ist die λ_i zugeordnete Bilinearform von $\mathfrak{A}_i$ nichtausgeartet.

Sind umgekehrt die λ_i Linearformen von $\mathfrak{A}_i$, dann kann man eine Linearform λ von $\mathfrak{A}$ vermöge (7.4) definieren. Sind alle λ_i assoziativ bzw. semi-normal bzw. normal, so gilt das Entsprechende für λ. Sind alle λ_i eigentlich und die zugehörigen Bilinearformen nichtausgeartet, so gilt dies auch für λ.

Wir zeigen

$$(7.6) \qquad \operatorname{Rad}\mathfrak{A} = \operatorname{Rad}\mathfrak{A}_1 \oplus \operatorname{Rad}\mathfrak{A}_2 \oplus \cdots \oplus \operatorname{Rad}\mathfrak{A}_q.$$

$\operatorname{Rad}\mathfrak{A}$ ist enthalten in der rechten Seite von (7.5) für alle semi-normalen Linearformen λ_i von $\mathfrak{A}_i$, also auch in der rechten Seite von (7.6). Umgekehrt nehmen wir eine semi-normale Linearform λ, so daß $\operatorname{Rad}\mathfrak{A} = Bk_\lambda(\mathfrak{A})$ gilt. Wegen (7.5) ist die rechte Seite von (7.6) in $Bk_\lambda(\mathfrak{A})$ enthalten.

Aus (7.6) entnehmen wir

Satz 7.3. *Eine direkte Summe von halbeinfachen Algebren ist halbeinfach.*

5. Nun sei $\mathfrak{A}$ eine potenz-assoziative Algebra und $\mathfrak{a}$ ein Ideal von $\mathfrak{A}$. Aus Satz 7.1 folgt

$$(7.7) \qquad \operatorname{Rad}\mathfrak{a} \subset \mathfrak{a} \cap \operatorname{Rad}\mathfrak{A}.$$

Damit erhalten wir

Satz 7.4. *Jedes Ideal einer potenz-assoziativen halbeinfachen Algebra ist halbeinfach.*

Unter einem *Nilideal* $\mathfrak{a}$ von $\mathfrak{A}$ versteht man ein Ideal von $\mathfrak{A}$, welches nur nilpotente Elemente enthält. Ein Nilideal ist als Unteralgebra von

$\mathfrak{A}$ also eine Nilalgebra. Da für $u \in \mathfrak{a}$, $v \in \mathfrak{A}$, dann $u\,v$ nilpotent ist, gilt $\lambda(u\,v) = 0$ für jede semi-normale Linearform von $\mathfrak{A}$. *Jedes Nilideal liegt daher in* $\mathrm{Rad}\,\mathfrak{A}$.

Satz 7.5. *Es sei $\mathfrak{A}$ eine potenz-assoziative Algebra.* $\mathrm{Rad}\,\mathfrak{A}$ *enthält dann und nur dann kein Idempotent, wenn es ein Nilideal ist. In diesem Falle ist* $\mathrm{Rad}\,\mathfrak{A}$ *das maximale Nilideal von $\mathfrak{A}$, und es gilt*

$$(7.8) \qquad \mathrm{Rad}\,\mathfrak{A} = \{u;\; u \in \mathfrak{A},\, u,\, uv \;\; und\; vu \;\; nilpotent\; für\; alle\; v \in \mathfrak{A}\}.$$

Beweis. a) Wenn $\mathrm{Rad}\,\mathfrak{A}$ ein Nilideal ist, enthält es trivialerweise kein Idempotent.

b) $\mathrm{Rad}\,\mathfrak{A}$ enthalte kein Idempotent. Würde es ein nicht nilpotentes Element u in $\mathrm{Rad}\,\mathfrak{A}$ geben, so gäbe es wegen Lemma 3.2 ein Idempotent in $K_1[u] \subset \mathrm{Rad}\,\mathfrak{A}$. Jedes Element von $\mathrm{Rad}\,\mathfrak{A}$ ist daher nilpotent, d. h., $\mathrm{Rad}\,\mathfrak{A}$ ist ein Nilideal.

c) Es braucht nur noch (7.8) bewiesen zu werden. Die rechte Seite von (7.8) ist im Bilinearkern jeder semi-normalen Linearform λ von $\mathfrak{A}$, also auch in $\mathrm{Rad}\,\mathfrak{A}$ enthalten. Da wir umgekehrt bereits sahen, daß jedes Element von $\mathrm{Rad}\,\mathfrak{A}$ nilpotent und $\mathrm{Rad}\,\mathfrak{A}$ ein Ideal ist, liegt $\mathrm{Rad}\,\mathfrak{A}$ auch in der rechten Seite von (7.8).

6. Für eine potenz-assoziative Algebra $\mathfrak{A}$ über K wollen wir nun die Quotientenalgebra $\mathfrak{A}/\mathrm{Rad}\,\mathfrak{A}$ betrachten. Ist λ eine semi-normale Linearform von $\mathfrak{A}$, so zeigen wir zuerst

$$(7.9) \qquad\qquad \lambda(u) = 0 \quad \text{für alle} \quad u \in \mathrm{Rad}\,\mathfrak{A}.$$

Dies ist trivial, wenn $\mathfrak{A}$ ein Einselement besitzt. Im anderen Falle gilt aber wenigstens $\lambda(u^m) = \lambda(u\,u^{m-1}) = 0$ für $m \geq 2$, so daß die Behauptung aus Lemma 3.5 für $\mathfrak{R} = K_1[u]$ folgt.

Der Linearform λ ordnen wir nun eine Linearform $\bar{\lambda}$ von $\mathfrak{A}/\mathrm{Rad}\,\mathfrak{A}$ zu, indem wir für die Restklasse $\bar{u}$ von $\mathfrak{A}/\mathrm{Rad}\,\mathfrak{A}$

$$\bar{\lambda}(\bar{u}) := \lambda(u)$$

definieren. Wegen (7.9) hängt die linke Seite wirklich nur von der Restklasse $\bar{u}$ ab. Offenbar ist $\bar{\lambda}$ eine assoziative Linearform von $\mathfrak{A}/\mathrm{Rad}\,\mathfrak{A}$. Nun sei v ein nilpotentes Element einer Grundkörpererweiterung $[\mathfrak{A}/\mathrm{Rad}\,\mathfrak{A}]'$ von $\mathfrak{A}/\mathrm{Rad}\,\mathfrak{A}$. Wir setzen $\mathfrak{d} := \mathrm{Rad}\,\mathfrak{A}$ und betrachten den Isomorphismus $\pi:[\mathfrak{A}/\mathfrak{d}]' \to \mathfrak{A}'/\mathfrak{d}'$ gemäß § 2.5. Dann ist $\pi(v)$ ein nilpotentes Element von $\mathfrak{A}'/\mathfrak{d}'$, d. h., es gilt $[\pi(v)]^m = \mathfrak{d}'$ für alle genügend großen m. Nach Definition von π können wir nach Wahl einer Basis $b_1, b_2, \ldots, b_n$ schreiben:

$$v = \sum_i \alpha_i (b_i + \mathfrak{d}), \qquad \alpha_i \in K', \qquad \pi(v) = w + \mathfrak{d}', \qquad w = \sum_i \alpha_i\,b_i \in \mathfrak{A}'.$$

Wegen $[\pi(v)]^m = w^m + \mathfrak{d}'$ folgt $w^m \in \mathfrak{d}'$ für alle genügend großen m. Da $\mathfrak{d}'$ aus $\mathfrak{d} = \mathrm{Rad}\,\mathfrak{A}$ durch Grundkörpererweiterung entsteht, ergibt (7.9) auch $\lambda(u) = 0$ für $u \in \mathfrak{d}'$. Man erhält $\lambda(w^m) = 0$ für alle genügend großen m, so daß Lemma 3.5 wieder $\lambda(w) = 0$, d. h.

$$\bar{\lambda}(v) = \sum_i \alpha_i\,\bar{\lambda}(\bar{b}_i) = \sum_i \alpha_i\,\lambda(b_i) = \lambda(w) = 0,$$

nach sich zieht. Es ist also $\bar{\lambda}$ eine semi-normale Linearform von $\mathfrak{A}/\mathrm{Rad}\,\mathfrak{A}$.

Als Anwendung beweisen wir

Satz 7.6. *Ist $\mathfrak{A}$ eine potenz-assoziative Algebra über K, dann ist $\mathfrak{A}/\mathrm{Rad}\,\mathfrak{A}$ halbeinfach.*

Beweis. Zu einer semi-normalen Linearform λ von $\mathfrak{A}$ bilden wir die semi-normale Linearform $\bar{\lambda}$ von $\mathfrak{A}/\mathrm{Rad}\,\mathfrak{A}$. Liegt $\bar{v}$ im Radikal von $\mathfrak{A}/\mathrm{Rad}\,\mathfrak{A}$, dann gilt $\bar{\lambda}(\bar{u}\,\bar{v}) = 0$ für alle $\bar{u} \in \mathfrak{A}/\mathrm{Rad}\,\mathfrak{A}$, d. h. $\lambda(u\,v) = 0$ für alle $u \in \mathfrak{A}$. Also liegt v in $Bk_\lambda(\mathfrak{A})$. Da dies für alle semi-normalen Linearformen λ gilt, folgt $v \in \mathrm{Rad}\,\mathfrak{A}$, also $\bar{v} = \bar{0}$.

7. $\mathfrak{A}$ sei eine beliebige Algebra über K. Wir wählen nach **3** eine semi-normale Linearform λ von $\mathfrak{A}$, für die Rad $\mathfrak{A} = Bk_\lambda(\mathfrak{A})$ gilt. Wie im Beweis zu Lemma 6.1 schreiben wir

$$\lambda = \sum_i \alpha_i\,\lambda_i$$

mit Elementen α_i aus einem Erweiterungskörper von K, die über K linear unabhängig sind. Alle λ_i sind eigentliche assoziative Linearformen von $\mathfrak{A}$. Da $\lambda(u) = 0$ mit $\lambda_i(u) = 0$ für alle i äquivalent ist, erhält man

(7.10) $$\mathrm{Rad}\,\mathfrak{A} = Bk_\lambda(\mathfrak{A}) = \bigcup_i Bk_{\lambda_i}(\mathfrak{A}).$$

Nehmen wir jetzt an, daß $\mathfrak{A}$ potenz-assoziativ ist, daß die Charakteristik von K weder 2 noch 5 ist und daß K im Falle der Charakteristik 3 wenigstens 4 Elemente enthält. Wegen Satz 6.6 ist dann die Quotientenalgebra $\mathfrak{A}/Bk_\lambda(\mathfrak{A})$ für jede eigentliche assoziative Linearform λ von $\mathfrak{A}$ eine nichtkommutative Jordan-Algebra. Bezeichnet man daher mit $p(u, v)$ einen der Ausdrücke $u(v\,u) - (u\,v)\,u$ oder $u^2(u\,v) - u(u^2\,v)$, so ist $p(u, v) \in Bk_\lambda(\mathfrak{A})$. Wegen (7.10) gilt dann auch $p(u, v) \in \mathrm{Rad}\,\mathfrak{A}$. In Verbindung mit Satz 7.6 erhalten wir daher den

Satz 7.7. *Es sei $\mathfrak{A}$ eine potenz-assoziative Algebra über einem Körper K der Charakteristik ungleich 2 und 5, der wenigstens 4 Elemente enthält. Dann ist die Quotientenalgebra $\mathfrak{A}/\mathrm{Rad}\,\mathfrak{A}$ eine halbeinfache nichtkommutative Jordan-Algebra.*

§ 8. Nichtausgeartete potenz-assoziative Algebren

1. Eine Algebra $\mathfrak{A}$ heißt *nichtausgeartet*, wenn es eine normale Linearform λ von $\mathfrak{A}$ gibt, so daß die zugeordnete Bilinearform nichtausgeartet ist, d. h., wenn gilt:

(NA.1)   Der Wertevorrat der assoziativen Linearform λ liegt in K,

(NA.2) λ verschwindet auf allen Nilpotenten jeder Körpererweiterung von $\mathfrak{A}$,

(NA.3)   Die λ zugeordnete Bilinearform ist nichtausgeartet.

Wenn man eine Linearform λ fixieren möchte, so sagt man auch: $\mathfrak{A}$ *ist bezüglich λ nichtausgeartet.* Offenbar ist jede nichtausgeartete Algebra auch halbeinfach.

Da bei Grundkörpererweiterungen eigentliche nichtausgeartete Bilinearformen nichtausgeartet bleiben, *gehen nichtausgeartete Algebren bei Grundkörpererweiterung in nichtausgeartete Algebren über.* Wegen Lemma 6.3 besitzt jede nichtausgeartete Algebra ein Einselement e. Aus § 7.4 entnehmen wir, *daß eine direkte Summe von Algebren dann und nur dann nichtausgeartet ist, wenn jeder Summand nichtausgeartet ist.* Ist $\mathfrak{A}$ überdies potenz-assoziativ, dann ist wegen Satz 7.1 jedes Ideal $\mathfrak{a}$ von $\mathfrak{A}$ nichtausgeartet und besitzt ein Einselement c mit $\mathfrak{a} = c\,\mathfrak{A}$.

2. Im weiteren Verlauf dieses Paragraphen sei $\mathfrak{A}$ eine potenz-assoziative Algebra, die bezüglich λ nichtausgeartet ist.

Lemma 8.1. *Für zwei Ideale $\mathfrak{a}$, $\mathfrak{b}$ von $\mathfrak{A}$ gilt $\mathfrak{a}\,\mathfrak{b} = \mathfrak{a} \cap \mathfrak{b}$.*

Beweis. Trivialerweise ist $\mathfrak{a}\,\mathfrak{b} \subset \mathfrak{a} \cap \mathfrak{b}$. Sei $u \in \mathfrak{a} \cap \mathfrak{b}$ und c das Einselement von $\mathfrak{a}$. Dann ist $u = c\,u \in \mathfrak{a}\,\mathfrak{b}$.

Satz 8.2. *Es sei $\mathfrak{a}$ ein Ideal von $\mathfrak{A}$ und $\mathfrak{b}$ der zum Teilraum $\mathfrak{a}$ bezüglich der λ zugeordneten Bilinearform orthogonale Teilraum. Dann ist $\mathfrak{b}$ ein Ideal von $\mathfrak{A}$, $\mathfrak{a}\,\mathfrak{b} = \mathfrak{a} \cap \mathfrak{b} = 0$, und $\mathfrak{A}$ ist die direkte Summe $\mathfrak{A} = \mathfrak{a} \oplus \mathfrak{b}$. Wenn c das Einselement von $\mathfrak{a}$ ist, so ist $e - c$ das Einselement von $\mathfrak{b}$. Ist schließlich $\mathfrak{b}$ ein Ideal von $\mathfrak{A}$, so daß $\mathfrak{A} = \mathfrak{a} \oplus \mathfrak{b}$ gilt, so folgt $\mathfrak{b} = \mathfrak{b}$.*

Beweis. a) Die Menge $\mathfrak{b}$ besteht nach Definition aus allen b, für die $\lambda(b\,a) = 0$ für alle $a \in \mathfrak{a}$ gilt. Offenbar ist $\mathfrak{b}$ ein Teilraum von $\mathfrak{A}$. Für $b \in \mathfrak{b}$, $u \in \mathfrak{A}$, gilt $\lambda((b\,u)\,a) = \lambda(b\,(u\,a)) = 0$ für alle $a \in \mathfrak{a}$. Also ist $b\,u \in \mathfrak{b}$. Da man entsprechend $u\,b \in \mathfrak{b}$ nachweisen kann, ist $\mathfrak{b}$ ein Ideal. Ein $u \in \mathfrak{a} \cap \mathfrak{b}$ liegt in $\mathfrak{a}$ und ist orthogonal zu $\mathfrak{a}$. Da die λ zugeordnete Bilinearform auf $\mathfrak{A}$ nichtausgeartet ist, folgt $u = 0$ nach Satz 7.1. Man erhält $\mathfrak{a} \cap \mathfrak{b} = \mathfrak{a}\,\mathfrak{b} = 0$.

b) Es sei c das Einselement von $\mathfrak{a}$. Für $a \in \mathfrak{a}$ ist $\lambda(a\,(e - c)) = 0$, weil $a\,(e - c) = a - a = 0$ ist. Es folgt $e - c \in \mathfrak{b}$. Für $u \in \mathfrak{b}$ ist $c\,u = 0$ wegen $c \in \mathfrak{a}$, also $(e - c)\,u = e\,u = u$.

c) Daß $\mathfrak{A} = \mathfrak{a} + \mathfrak{b}$ ist, folgt aus der trivialen Formel $u = c\,u + (e - c)\,u$; daß die Summe direkt ist, folgt aus $\mathfrak{a} \cap \mathfrak{b} = 0$.

d) Es sei $\mathfrak{b}$ ein Ideal und $\mathfrak{A} = \mathfrak{a} \oplus \mathfrak{b}$. Da die Summe direkt ist, folgt $\mathfrak{a}\,\mathfrak{b} = \mathfrak{a} \cap \mathfrak{b} = 0$, insbesondere $c\,\mathfrak{b} = 0$. Wegen $\mathfrak{b} = (e - c)\,\mathfrak{A}$ und $\mathfrak{A} = \mathfrak{a} \oplus \mathfrak{b}$ folgt daher $\mathfrak{b} = (e - c)\,(\mathfrak{a} \oplus \mathfrak{b}) = (e - c)\,\mathfrak{b} = e\,\mathfrak{b} = \mathfrak{b}$.

Lemma 8.3. *Sei* $\mathfrak{a}$ *ein Ideal von* $\mathfrak{A}$ *und* c *ein Ideal der Teilalgebra* $\mathfrak{a}$, *dann ist* c *ein Ideal von* $\mathfrak{A}$.

Beweis. Nach Annahme gilt $\mathfrak{a}c \subset c$. Bestimmt man zu $\mathfrak{a}$ das Ideal $\mathfrak{b}$ gemäß dem vorhergehenden Satz, so ist $c\mathfrak{b} \subset \mathfrak{a}\mathfrak{b} = 0$, also $c\,\mathfrak{A} \subset c$. Entsprechend folgt auch $\mathfrak{A}c \subset c$.

3. Nach diesen Vorbereitungen können wir die nichtausgearteten Algebren auf einfache Algebren zurückführen. Wir formulieren das Ergebnis als den

Struktursatz für nichtausgeartete potenz-assoziative Algebren.

Ist $\mathfrak{A}$ *eine potenz-assoziative und nichtausgeartete Algebra über einem Körper* K, *dann gilt:*

a) $\mathfrak{A}$ *läßt sich* (*bis auf die Reihenfolge*) *auf eine und nur eine Art als direkte Summe*

$$\mathfrak{A} = \mathfrak{A}_1 \oplus \mathfrak{A}_2 \oplus \cdots \oplus \mathfrak{A}_q$$

von einfachen, nichtausgearteten Algebren $\mathfrak{A}_i$ *mit Einselement* e_i *darstellen.*

b) *Die* $\mathfrak{A}_i$ *sind genau alle kleinsten Ideale von* $\mathfrak{A}$; *jedes weitere Ideal von* $\mathfrak{A}$ *ist direkte Summe gewisser* $\mathfrak{A}_i$. *Es gilt* $\mathfrak{A}_i = e_i\,\mathfrak{A}$.

c) *Die Einselemente der Ideale von* $\mathfrak{A}$ *sind genau die Idempotente des Zentrums* $\mathfrak{Z}(\mathfrak{A})$. *Es gilt* $e = e_1 + e_2 + \cdots + e_q$ *und*

$$\mathfrak{Z}(\mathfrak{A}) = \mathfrak{Z}(\mathfrak{A}_1) \oplus \mathfrak{Z}(\mathfrak{A}_2) \oplus \cdots \oplus \mathfrak{Z}(\mathfrak{A}_q).$$

Beweis. Wir zerlegen $\mathfrak{A}$ gemäß Satz 8.2 in direkte Summanden und iterieren das Verfahren, was wegen **1** möglich ist. Da $\mathfrak{A}$ eine endliche Dimension hat, kommen wir nach endlich vielen Schritten zu einer direkten Zerlegung

$$\mathfrak{A} = \mathfrak{A}_1 \oplus \mathfrak{A}_2 \oplus \cdots \oplus \mathfrak{A}_q,$$

in der die $\mathfrak{A}_i$ nicht weiter zerlegbar sind. Dabei gilt $\mathfrak{A}_i\,\mathfrak{A}_j = 0$ für $i \neq j$. Jedes $\mathfrak{A}_i$ ist ein Ideal von $\mathfrak{A}$, und $\mathfrak{A}_i$ besitzt als Teilalgebra außer 0 und $\mathfrak{A}_i$ keine weiteren Ideale, da man sonst weiter zerlegen könnte.

Nun sei $\mathfrak{b}$ ein beliebiges Ideal von $\mathfrak{A}$. Es ist $\mathfrak{b}\,\mathfrak{A} = \mathfrak{b} \cap \mathfrak{A} = \mathfrak{b}$, also

$$\mathfrak{b} = \mathfrak{b}\,\mathfrak{A}_1 + \mathfrak{b}\,\mathfrak{A}_2 + \cdots + \mathfrak{b}\,\mathfrak{A}_q.$$

Wegen $\mathfrak{A}_i\,\mathfrak{b} = \mathfrak{A}_i \cap \mathfrak{b}$ ist also $\mathfrak{A}_i\,\mathfrak{b}$ ein in $\mathfrak{A}_i$ enthaltenes Ideal, kann also nur 0 oder $\mathfrak{A}_i$ sein. Die Existenz der Einselemente der $\mathfrak{A}_i$ und die Darstellung $\mathfrak{A}_i = e_i\,\mathfrak{A}$ war schon gezeigt. Damit ist Teil b) bewiesen.

Da wir die unzerlegbaren Komponenten einer Zerlegung soeben invariant gedeutet haben, ist auch Teil a) gezeigt.

Der auf die Einselemente sich beziehende Teil von Satz 8.2 gibt nach vollständiger Induktion die Darstellung $e = e_1 + e_2 + \cdots + e_q$.

Zum Beweis von Teil c) sei c das Einselement eines Ideals $\mathfrak{a}$, und es gelte $\mathfrak{A} = \mathfrak{a} \oplus \mathfrak{b}$. Für $u \in \mathfrak{a}$ gilt $c\,u = u = u\,c$ und für $u \in \mathfrak{b}$ ist $c\,u = 0 = u\,c$. Man hat daher $c\,u = u\,c$ für alle $u \in \mathfrak{A}$.

Für $v \in \mathfrak{A}$ und $u \in \mathfrak{a}$ gilt $v(c\,u) = v\,u = c\,(v\,u)$, weil $v\,u \in \mathfrak{a}$. Entsprechend hat man für $v \in \mathfrak{A}$ und $u \in \mathfrak{b}$ auch $v(c\,u) = 0 = c\,(v\,u)$, weil $v\,u \in \mathfrak{b}$. Daher gilt für $v, u \in \mathfrak{A}$

$$v(u\,c) = v(c\,u) = c(v\,u) = (v\,u)\,c,$$

d. h. $(\mathfrak{A}, \mathfrak{A}, c) = 0$. Entsprechend folgt $(c, \mathfrak{A}, \mathfrak{A}) = 0$. Zum Nachweis von $(\mathfrak{A}, c, \mathfrak{A}) = 0$, d. h. $(u\,c)\,v = u(c\,v)$ für alle $u, v \in \mathfrak{A}$, betrachte man die vier Fälle, daß u bzw. v in $\mathfrak{a}$ bzw. $\mathfrak{b}$ liegt. Zusammen haben wir dann $c \in \mathfrak{Z}(\mathfrak{A})$ gezeigt.

Sei umgekehrt c ein Idempotent des Zentrums $\mathfrak{Z}(\mathfrak{A})$. Wir setzen $\mathfrak{a} := c\,\mathfrak{A}$. Zunächst ist $c = c\,c \in \mathfrak{a}$. Für $v = c\,u \in \mathfrak{a}$ folgt $c\,v = c(c\,u) = (c\,c)\,u = c\,u = v$ und analog $v\,c = v$. Schließlich hat man $\mathfrak{A}\,v = \mathfrak{A}(c\,u) = \mathfrak{A}(u\,c) = (\mathfrak{A}\,u)\,c \subset c\,\mathfrak{A} = \mathfrak{a}$ und analog $v\,\mathfrak{A} \subset \mathfrak{a}$. Also ist $\mathfrak{a}$ ein Ideal von $\mathfrak{A}$ und c sein Einselement.

§ 9. Anwendungen auf zentral-einfache Algebren

1. Wir zeigen zunächst

Lemma 9.1. *Die Algebra $\mathfrak{A}$ sei zentral über K und nichtausgeartet bezüglich der normalen Linearform λ. Ist $\mu \neq 0$ eine assoziative eigentliche Linearform von $\mathfrak{A}$, dann gibt es ein $\alpha \neq 0$, $\alpha \in K$, so daß $\mu(u) = \alpha\,\lambda(u)$ für alle $u \in \mathfrak{A}$ gilt. Es ist μ normal, und die μ zugeordnete Bilinearform ist nichtausgeartet.*

Beweis. Zuerst gibt es wegen Satz 6.4 ein Element d aus dem Zentrum $\mathfrak{Z}(\mathfrak{A})$ von $\mathfrak{A}$, so daß $\mu(u) = \lambda(d\,u)$ für alle $u \in \mathfrak{A}$ gilt. Als zentrale Algebra hat $\mathfrak{A}$ das Zentrum Ke, wobei e das Einselement von $\mathfrak{A}$ ist. Es folgt also $d = \alpha\,e$ mit $\alpha \in K$.

2. Nun sei $\mathfrak{A}$ eine zentral-einfache Algebra über dem Körper K und $\lambda \neq 0$ eine semi-normale Linearform von $\mathfrak{A}$. Wir wählen einen algebraisch abgeschlossenen Erweiterungskörper $\tilde{K}$ von K, der die Werte von λ auf $\mathfrak{A}$ enthält, und bilden die Grundkörpererweiterung $\tilde{\mathfrak{A}}$ von $\mathfrak{A}$. Die Fortsetzung von λ auf $\tilde{\mathfrak{A}}$ ist dann eine von Null verschiedene normale Linearform von $\tilde{\mathfrak{A}}$. Wegen § 6.2 ist $Bk_\lambda(\tilde{\mathfrak{A}}) \neq \tilde{\mathfrak{A}}$. $\tilde{\mathfrak{A}}$ ist wegen Satz 5.5 zentral-einfach, wir erhalten $Bk_\lambda(\tilde{\mathfrak{A}}) = 0$. *Die Algebra $\tilde{\mathfrak{A}}$ ist daher bezüglich λ nichtausgeartet.*

Wendet man Lemma 6.1 auf die semi-normale Linearform λ an, so erhält man eine assoziative eigentliche Linearform $\neq 0$ von $\mathfrak{A}$.

Wir betrachten nun eine beliebige assoziative eigentliche Linearform $\mu \neq 0$ (z. B. die eben konstruierte Linearform) und bilden die Fortsetzung $\tilde{\mu}$ von μ auf $\tilde{\mathfrak{A}}$. Es ist $\tilde{\mu} \neq 0$, und $\tilde{\mu}$ ist eine assoziative eigentliche Linearform von $\tilde{\mathfrak{A}}$. Lemma 9.1 angewendet auf $\tilde{\mathfrak{A}}$ an Stelle von $\mathfrak{A}$ zeigt, daß $\tilde{\mu}$ eine normale Linearform von $\tilde{\mathfrak{A}}$ ist, deren zugeordnete Bilinearform nichtausgeartet ist. Dann ist aber μ als Restriktion von $\tilde{\mu}$ auf $\mathfrak{A}$ semi-normal auf $\mathfrak{A}$. Da aber die Werte von μ in K liegen, ist μ eine normale Linearform von $\mathfrak{A}$. Die μ zugeordnete Bilinearform von $\mathfrak{A}$ stimmt mit der Restriktion der $\tilde{\mu}$ zugeordneten Bilinearform von $\tilde{\mathfrak{A}}$ überein, daher ist die μ zugeordnete Bilinearform von $\mathfrak{A}$ nichtausgeartet (vgl. § 1.3). Also ist $\mathfrak{A}$ bezüglich μ nichtausgeartet.

Zusammengefaßt haben wir bewiesen:

Satz 9.2. *Es sei $\mathfrak{A}$ eine zentral-einfache Algebra über K. Wir setzen voraus, daß es eine von Null verschiedene semi-normale Linearform von $\mathfrak{A}$ gibt. Dann gilt:*

a) *$\mathfrak{A}$ ist nichtausgeartet.*

b) *Jede assoziative eigentliche Linearform $\neq 0$ von $\mathfrak{A}$ ist normal, und $\mathfrak{A}$ ist nichtausgeartet bezüglich jeder solchen Linearform.*

c) *Je zwei semi-normale Linearformen $\neq 0$ unterscheiden sich nur um einen von Null verschiedenen Faktor.*

Korollar. Es sei $\mathfrak{A}$ eine zentral-einfache potenz-assoziative Algebra über einem Körper K der Charakteristik $\neq 2$, $\neq 5$. Gibt es eine von Null verschiedene semi-normale Linearform von $\mathfrak{A}$, so ist $\mathfrak{A}$ eine nichtkommutative Jordan-Algebra.

Nach dem Satz gibt es dann nämlich eine eigentliche assoziative und nichtausgeartete Bilinearform von $\mathfrak{A}$. Da dies auch für jede Grundkörpererweiterung gültig bleibt, kann Satz 6.5 angewendet werden.

3. Als Anwendung dieser Ergebnisse beweisen wir

Satz 9.3. *Es sei $\mathfrak{A}$ eine strikt potenz-assoziative und nichtausgeartete Algebra über K. Dann ist jede assoziative Linearform von $\mathfrak{A}$ semi-normal.*

Beweis. Es sei μ eine assoziative Linearform von $\mathfrak{A}$. Wir wählen einen algebraisch abgeschlossenen Erweiterungskörper L von K, der die Werte von μ auf $\mathfrak{A}$ enthält. Die aus $\mathfrak{A}$ durch die Grundkörpererweiterung von K zu L entstehende Algebra $\mathfrak{B}$ ist wieder nichtausgeartet. Nach dem Struktursatz von § 8.3 ist $\mathfrak{B}$ eine direkte Summe von einfachen nichtausgearteten Algebren $\mathfrak{B}_i$ mit Einselement, $\mathfrak{B} = \mathfrak{B}_1 \oplus \mathfrak{B}_2 \oplus \cdots \oplus \mathfrak{B}_q$. Da die Zentren von $\mathfrak{B}_i$ endliche Erweiterungskörper von L sind, sind alle $\mathfrak{B}_i$ zentral-einfache Algebren über L. Es sei μ_i die Restriktion von μ auf $\mathfrak{B}_i$. Da μ_i eine eigentliche assoziative Linearform von $\mathfrak{B}_i$ ist, zeigt Satz 9.2b), daß μ_i auf $\mathfrak{B}_i$ normal ist. Dann ist aber auch μ eine normale Linearform von $\mathfrak{B}$, denn die Teilalgebren $\mathfrak{B}_i$ annullieren sich gegenseitig. Das besagt aber, daß μ semi-normal auf $\mathfrak{A}$ ist.

§ 10. Primäre Algebren

1. Im Verlauf dieses Paragraphen sei $\mathfrak{A}$ eine potenz-assoziative Algebra über K mit Einselement e. Die Algebra $\mathfrak{A}$ heißt *primär*, wenn e das einzige Idempotent von $\mathfrak{A}$ oder $\mathfrak{A} = 0$ ist. Wegen $e^2 = e \neq 0$ ist eine primäre Algebra $\neq 0$ keine Nullalgebra. In § 4.**2** hatten wir erklärt, wann ein Element u von $\mathfrak{A}$ invertierbar heißt. Wir zeigen zunächst

Lemma 10.1. *Eine potenz-assoziative Algebra mit Einselement e ist dann und nur dann primär, wenn jedes Element entweder nilpotent oder invertierbar ist.*

Beweis. a) $\mathfrak{A}$ sei primär, $u \in \mathfrak{A}$, u nicht nilpotent. Dann enthält $K_1[u]$ nach dem Korollar zum Lemma 3.2 ein Idempotent, und dieses kann nur e sein. Es gibt also eine Darstellung $e = u\, p(u)$ mit $p(\tau) \in K[\tau]$, d. h., u ist in $K[u]$ invertierbar.

b) In $\mathfrak{A}$ sei jedes Element entweder nilpotent oder invertierbar. Es sei c ein Idempotent von $\mathfrak{A}$. Da c nicht nilpotent ist, ist es invertierbar, also wegen Lemma 4.1 kein Nullteiler von $K[c]$. Aus $0 = c(c - e)$ folgt daher $c = e$.

Lemma 10.2. *Ist die Algebra $\mathfrak{A}$ primär und nichtausgeartet, dann ist $\mathfrak{A}$ einfach.*

Beweis. Sei $\mathfrak{a}$ ein Ideal von $\mathfrak{A}$. Wegen Satz 7.2 besitzt $\mathfrak{a}$ ein Einselement c, und es ist $\mathfrak{a} = c\,\mathfrak{A}$. Da $\mathfrak{A}$ primär vorausgesetzt ist, folgt aus $c^2 = c$, daß $c = 0$ oder $c = e$ gilt. Es ist also $\mathfrak{a} = 0$ oder $\mathfrak{a} = \mathfrak{A}$.

Da e das einzige Idempotent einer primären Algebra $\mathfrak{A} \neq 0$ ist, erhalten wir aus der Minimalzerlegung (4.2) den

Satz 10.3. *Jedes Element u einer primären potenz-assoziativen Algebra $\mathfrak{A} \neq 0$ über einem algebraisch abgeschlossenen Körper hat die Form $u = \alpha\, e + v$ mit $\alpha \in K$ und nilpotentem Element $v \in \mathfrak{A}$.*

2. Für eine potenz-assoziative Algebra $\mathfrak{A}$ mit Einselement e bezeichnen wir mit $\mathfrak{N}$ die Menge der nilpotenten Elemente von $\mathfrak{A}$. Wir nennen $\mathfrak{A}$ *stark primär*, wenn $\mathfrak{A}$ primär ist und $\mathfrak{N} \subset \mathrm{Rad}\,\mathfrak{A}$ gilt (vgl. § 7.**3**); wir nennen $\mathfrak{A}$ *vollständig primär*, wenn die nicht invertierbaren Elemente von $\mathfrak{A}$ einen Vektorraum bilden. Es gilt

Lemma 10.4. *Jede vollständig primäre Algebra ist primär.*

Beweis. Es sei $\mathfrak{A}$ vollständig primär. Ist dann die Summe zweier Elemente von $\mathfrak{A}$ invertierbar, dann ist mindestens einer der Summanden invertierbar. Sei c ein Idempotent von $\mathfrak{A}$. Wegen $e = c + (e - c)$ ist also c oder $e - c$ invertierbar. Wegen Lemma 4.1 wissen wir, daß dann c kein Nullteiler von $K[c]$ oder $e - c$ kein Nullteiler von $K[e - c] = K[c]$ ist. Aus $0 = c(e - c)$ folgt daher, daß ein Faktor gleich Null ist. Wegen $c \neq 0$ hat man $c = e$.

Lemma 10.5. *Ist $\mathfrak{A}$ eine stark primäre Algebra mit* $\operatorname{Rad}\mathfrak{A} \neq \mathfrak{A}$, *dann gilt*:

a) $\mathfrak{A}$ *ist vollständig primär.*

b) $\operatorname{Rad}\mathfrak{A} = \mathfrak{N} = Bk_\lambda(\mathfrak{A})$ *für jede semi-normale Linearform* $\lambda \neq 0$.

Man beachte, daß es wegen der Annahme $\operatorname{Rad}\mathfrak{A} \neq \mathfrak{A}$ Linearformen der in b) angegebenen Art gibt. Wir werden im Korollar zu III, Satz 5.3, zeigen, daß $\operatorname{Rad}\mathfrak{A} \neq \mathfrak{A}$ für eine große Klasse von Algebren erfüllt ist.

Beweis. Da $\mathfrak{A}$ stark primär ist, gilt $\mathfrak{N} \subset Bk_\lambda(\mathfrak{A})$ für jede semi-normale Linearform $\lambda \neq 0$ von $\mathfrak{A}$. Wegen Lemma 10.1 besteht $\mathfrak{N}$ genau aus den nicht invertierbaren Elementen von $\mathfrak{A}$.

Sei umgekehrt $u \in Bk_\lambda(\mathfrak{A})$ für ein semi-normales $\lambda \neq 0$ und nehmen wir an, daß u invertierbar ist, d. h. $e = u^{-1} u$ gilt. Da $Bk_\lambda(\mathfrak{A})$ ein Ideal von $\mathfrak{A}$ ist, folgt $e \in Bk_\lambda(\mathfrak{A})$, d. h. $Bk_\lambda(\mathfrak{A}) = \mathfrak{A}$, im Widerspruch zu $\lambda \neq 0$. Daher enthält $Bk_\lambda(\mathfrak{A})$ keine invertierbaren Elemente. Es folgt $Bk_\lambda(\mathfrak{A}) \subset \mathfrak{N}$. Damit ist Teil b) bewiesen.

Da das Ideal $\mathfrak{N} = Bk_\lambda(\mathfrak{A})$ ein Vektorraum ist, folgt auch a).

Wir beweisen schließlich die folgende Charakterisierung der einfachen und zugleich stark primären Algebren.

Satz 10.6. *Es sei* $\operatorname{Rad}\mathfrak{A} \neq \mathfrak{A}$. *In $\mathfrak{A}$ ist dann und nur dann jedes von Null verschiedene Element invertierbar, wenn $\mathfrak{A}$ stark primär und einfach ist.*

Beweis. a) In $\mathfrak{A}$ sei jedes Element $u \neq 0$ invertierbar. Die Menge der nicht invertierbaren Elemente von $\mathfrak{A}$ ist also trivialerweise ein Vektorraum, d. h., $\mathfrak{A}$ ist primär wegen Lemma 10.4. Da invertierbare Elemente nicht nilpotent sind, ist $0 = \mathfrak{N} \subset \operatorname{Rad}\mathfrak{A}$. Daher ist $\mathfrak{A}$ stark primär.

Betrachten wir nun ein Ideal $\mathfrak{a} \neq 0$ von $\mathfrak{A}$. Es gibt $u \neq 0$, $u \in \mathfrak{a}$, und u ist invertierbar. Wegen $e = u^{-1} u$ gehört e zu $\mathfrak{a}$, d. h., es ist $\mathfrak{a} = \mathfrak{A}$. Also ist $\mathfrak{A}$ einfach.

b) Es sei $\mathfrak{A}$ einfach und stark primär. Nach Teil b) des vorhergehenden Lemmas ist $\mathfrak{N} = \operatorname{Rad}\mathfrak{A}$. Da $\mathfrak{A}$ einfach ist, ist das von $\mathfrak{A}$ verschiedene Ideal $\mathfrak{N}$ das Nullideal, d. h., $\mathfrak{A}$ enthält keine von Null verschiedenen nilpotenten Elemente. Da $\mathfrak{A}$ primär ist, zeigt Lemma 10.1, daß jedes von Null verschiedene Element von $\mathfrak{A}$ invertierbar ist.

3. Als Anwendung unserer Ergebnisse beweisen wir einige Sätze über primäre Algebren. Es sei hierzu erwähnt, daß z. B. für die uns hauptsächlich interessierenden Jordan-Algebren (aber auch für assoziative Algebren) die vorkommende Voraussetzung $\operatorname{Rad}\mathfrak{A} \neq \mathfrak{A}$ stets erfüllt ist, ferner ist in diesem Falle jede primäre Algebra auch stark primär.

Satz 10.7. *Es sei $\mathfrak{A}$ eine strikt potenz-assoziative und nichtausgeartete Algebra über K. Ist jede aus $\mathfrak{A}$ durch Grundkörpererweiterung entstehende Algebra stark primär, dann gilt $\mathfrak{A} = Ke$.*

Beweis. Wegen Lemma 6.3 besitzt $\mathfrak{A}$ ein Einselement e. Sei $\tilde{\mathfrak{A}}$ eine Grundkörpererweiterung von $\mathfrak{A}$. $\tilde{\mathfrak{A}}$ ist potenz-assoziativ, nichtausgeartet und stark primär. Wegen Lemma 10.5b) gibt es keine nilpotenten Elemente ungleich Null in $\tilde{\mathfrak{A}}$.

Betrachten wir nun eine Grundkörpererweiterung $\tilde{\mathfrak{A}}$ mit algebraisch abgeschlossenem Grundkörper $\tilde{K}$. Da jedes Element u von $\mathfrak{A}$ auch in $\tilde{\mathfrak{A}}$ liegt, entnehmen wir dem Satz 10.3, daß u in der Form $u = \alpha\, e + v$, $\alpha \in \tilde{K}$, $v \in \tilde{\mathfrak{A}}$ nilpotent geschrieben werden kann. Wegen $v = 0$ liegt dann aber α in K.

Satz 10.8. *Es sei $\mathfrak{A}$ eine potenz-assoziative Algebra über K mit Einselement e. Läßt sich jedes Element von $\mathfrak{A}$ in der Form*

$$u = \alpha\, e + v,\ \alpha \in K,\ v \in \mathfrak{A}\ \textit{nilpotent},$$

darstellen, dann ist $\mathfrak{A}$ primär.

Ist $\mathfrak{A}$ überdies stark primär und $\operatorname{Rad}\mathfrak{A} \neq \mathfrak{A}$, so bildet die Menge $\mathfrak{N}$ der nilpotenten Elemente von $\mathfrak{A}$ ein Ideal, und es gilt eine Zerlegung $\mathfrak{A} = Ke + \mathfrak{N}$ als direkte Summe von Vektorräumen. Hat K unendlich viele Elemente, so gilt eine entsprechende Zerlegung für jede Grundkörpererweiterung von $\mathfrak{A}$.

Beweis. Aus der Gestalt des Elementes u von $\mathfrak{A}$ folgt sofort, daß $g_u(\tau) = \tau - \alpha$ das reduzierte Minimalpolynom von u ist. Das Element α ist daher durch u eindeutig bestimmt, ferner ist u dann und nur dann invertierbar, wenn $\alpha \neq 0$ gilt. Wegen Lemma 10.1 ist daher $\mathfrak{A}$ primär.

Unter den weiteren Voraussetzungen des Satzes entnehmen wir Lemma 10.5, daß $\mathfrak{N} = \operatorname{Rad}\mathfrak{A}$ gilt, also $\mathfrak{N}$ ein Ideal von $\mathfrak{A}$ ist. Dann ist die Darstellung $\mathfrak{A} = Ke + \mathfrak{N}$ aber eine direkte Summe von Vektorräumen, und für jede Grundkörpererweiterung gilt $\tilde{\mathfrak{A}} = \tilde{K}e + \tilde{\mathfrak{N}}$. Da $\mathfrak{N}$ eine Nilunteralgebra von $\mathfrak{A}$ ist, gilt wegen Satz 4.4 das gleiche für $\tilde{\mathfrak{N}}$.

§ 11. Einige Zusammenhänge zwischen den Algebren $\mathfrak{A}$ und $\mathfrak{A}^+$

1. Es sei $\mathfrak{A}$ eine Algebra über einem Körper K der Charakteristik ungleich 2. Wir bilden die kommutative Algebra $\mathfrak{A}^+$, die über dem gleichen Vektorraum wie $\mathfrak{A}$, aber mit der neuen Multiplikation

$$u \circ v := \tfrac{1}{2}(u\,v + v\,u)$$

gebildet ist.

Wir zeigen zunächst, *daß das Zentrum $\mathfrak{Z}(\mathfrak{A})$ von $\mathfrak{A}$ in dem Zentrum $\mathfrak{Z}(\mathfrak{A}^+)$ von $\mathfrak{A}^+$ enthalten ist.* Für ein Element z aus $\mathfrak{Z}(\mathfrak{A})$ gilt nach Definition

$$[z, \mathfrak{A}] = 0, \quad (z, \mathfrak{A}, \mathfrak{A}) = 0, \quad (\mathfrak{A}, z, \mathfrak{A}) = 0, \quad (\mathfrak{A}, \mathfrak{A}, z) = 0.$$

Für $u, v \in \mathfrak{A}$ ist daher $z \circ u = z\,u = u\,z$ und

$$2[(z \circ u) \circ v - z \circ (u \circ v)] = 2[(z\,u) \circ v - z(u \circ v)]$$

$$= (z\,u)\,v + v(z\,u) - z(u\,v) - (v\,u)\,z = (z, u, v) - (v, u, z) = 0.$$

Da nach § 5.1 das Verschwinden der linken Seite für eine kommutative Algebra damit gleichbedeutend ist, daß z zum Zentrum von $\mathfrak{A}^+$ gehört, erhalten wir $\mathfrak{Z}(\mathfrak{A}) \subset \mathfrak{Z}(\mathfrak{A}^+)$.

Als Folgerung erhalten wir: *Ist $\mathfrak{A}^+$ eine zentrale Algebra, so ist auch $\mathfrak{A}$ zentral.*

Ist nun $\mathfrak{a}$ ein Ideal von $\mathfrak{A}$, so ist $\mathfrak{a}$ offenbar auch ein Ideal von $\mathfrak{A}^+$. *Ist also $\mathfrak{A}^+$ eine einfache (bzw. zentral-einfache) Algebra, so ist auch $\mathfrak{A}$ einfach (bzw. zentral-einfach).*

2. Im weiteren Verlauf dieses Paragraphen sei $\mathfrak{A}$ potenz-assoziativ. Wir zeigen, *daß die Potenzen, gebildet in $\mathfrak{A}$ und $\mathfrak{A}^+$, übereinstimmen und daß $\mathfrak{A}^+$ wieder potenz-assoziativ ist.* Zum Beweis bezeichne u^m für $m = 1, 2, \ldots$ die in $\mathfrak{A}$ gebildeten Potenzen von u. Man hat $u \circ u^m = u^{m+1}$, und daher stimmen die Potenzen in $\mathfrak{A}$ mit denen in $\mathfrak{A}^+$ überein. Wegen $u^m \circ u^k = u^{m+k}$ ist $\mathfrak{A}^+$ potenz-assoziativ.

Für $u \in \mathfrak{A}$ ist die kommutative und assoziative Algebra $K[u]$ auch Teilalgebra von $\mathfrak{A}^+$. Da der Begriff invertierbar in $K[u]$ definiert ist, hat er in $\mathfrak{A}$ und in $\mathfrak{A}^+$ die gleiche Bedeutung, und das Inverse eines invertierbaren Elementes, gebildet in $\mathfrak{A}$, stimmt mit dem in $\mathfrak{A}^+$ gebildeten Inversen überein.

Schließlich sind Minimalpolynom und reduziertes Minimalpolynom eines Elementes u in $K[u]$ erklärt und stimmen somit in $\mathfrak{A}$ und in $\mathfrak{A}^+$ überein. Ebenso bedeutet idempotent und nilpotent in $\mathfrak{A}$ und in $\mathfrak{A}^+$ das gleiche.

Die Definition der primären Algebren nimmt nur auf Idempotente Bezug. *Daher ist $\mathfrak{A}$ dann und nur dann primär, wenn dies für $\mathfrak{A}^+$ gilt.* Eine entsprechende Aussage gilt für vollständig primäre Algebren.

3. Ist λ eine assoziative Linearform von $\mathfrak{A}$, so prüft man sofort nach, *daß λ auch assoziativ auf $\mathfrak{A}^+$ ist.* Daher ist jede normale bzw. semi-normale Linearform von $\mathfrak{A}$ auch normal bzw. semi-normal auf $\mathfrak{A}^+$. Hiervon gilt die Umkehrung nicht ohne weiteres. Da man auch $\lambda(u \circ v) = \lambda(u\,v)$ hat, gilt $Bk_\lambda(\mathfrak{A}) = Bk_\lambda(\mathfrak{A}^+)$ *für jede assoziative Linearform λ von $\mathfrak{A}$. Ist also $\mathfrak{A}$ nichtausgeartet, so ist auch $\mathfrak{A}^+$ nichtausgeartet.*

Da jede semi-normale Linearform von $\mathfrak{A}$ auch eine semi-normale Linearform von $\mathfrak{A}^+$ ist und da die zugehörigen Bilinearkerne übereinstimmen, folgt aus der Definition des Radikals (vgl. § 7.3)

$$(11.1) \qquad\qquad \mathrm{Rad}\,\mathfrak{A}^{+} \subset \mathrm{Rad}\,\mathfrak{A}.$$

Mit $\mathfrak{A}$ ist also auch $\mathfrak{A}^{+}$ halbeinfach.

Als Verschärfung hiervon zeigen wir

Satz 11.1. *Es sei $\mathfrak{A}$ eine potenz-assoziative Algebra über einem Körper K der Charakteristik ungleich 2. Enthält $\mathrm{Rad}\,\mathfrak{A}$ kein Idempotent, dann gilt $\mathrm{Rad}\,\mathfrak{A}^{+} = \mathrm{Rad}\,\mathfrak{A}$.*

Korollar. Die Algebra $\mathfrak{A}^{+}$ ist dann und nur dann halbeinfach, wenn $\mathfrak{A}$ halbeinfach ist.

Beweis. Wegen (11.1) enthält auch $\mathrm{Rad}\,\mathfrak{A}^{+}$ kein Idempotent, und wir brauchen nur noch $\mathrm{Rad}\,\mathfrak{A} \subset \mathrm{Rad}\,\mathfrak{A}^{+}$ nachzuweisen. Aus Satz 7.5 entnehmen wir, daß die Darstellung des Radikals nach (7.8) für $\mathfrak{A}$ und $\mathfrak{A}^{+}$ gültig ist.

Es sei $u \in \mathrm{Rad}\,\mathfrak{A}$. Da $\mathrm{Rad}\,\mathfrak{A}$ ein Ideal ist, liegt mit u auch $u \circ v$ in $\mathrm{Rad}\,\mathfrak{A}$ für alle $v \in \mathfrak{A}$, d. h., u und $u \circ v$ sind nilpotent. Das bedeutet aber $u \in \mathrm{Rad}\,\mathfrak{A}^{+}$.

4. Nun sei λ eine assoziative Linearform der Algebra $\mathfrak{A}^{+}$. Wir nehmen außerdem an, daß $\lambda(u\,v) = \lambda(v\,u)$ für alle $u, v \in \mathfrak{A}$ gilt, und daß $\mathfrak{A}$ flexibel ist. Polarisiert man die definierende Gleichung $u\,(v\,u) = (u\,v)\,u$, so erhält man

$$u\,(v\,w) + w\,(v\,u) = (u\,v)\,w + (w\,v)\,u,$$

d. h., es gilt

$$\lambda(u\,[v\,w]) + \lambda(w\,[v\,u]) = \lambda(w\,[u\,v]) + \lambda(u\,[w\,v]).$$

Wegen $\lambda(u \circ v) = \lambda(u\,v)$ folgt aus der Assoziativität von λ für $\mathfrak{A}^{+}$ sofort $\lambda(u\,[v \circ w]) = \lambda(w\,[u \circ v])$, d. h.

$$\lambda(u\,[v\,w]) + \lambda(u\,[w\,v]) = \lambda(w\,[u\,v]) + \lambda(w\,[v\,u]).$$

Man vergleicht beide Gleichungen für λ und erhält $2\lambda(w\,[v\,u]) = 2\lambda(u\,[w\,v])$, d. h., λ ist auch assoziativ für $\mathfrak{A}$. Wir erhalten damit

Lemma 11.2. *Es sei $\mathfrak{A}$ eine flexible Algebra über einem Körper K der Charakteristik ungleich 2 und λ eine assoziative Linearform von $\mathfrak{A}^{+}$. Gilt dann $\lambda(u\,v) = \lambda(v\,u)$ für alle $u, v \in \mathfrak{A}$, so ist λ auch assoziativ für $\mathfrak{A}$.*

§ 12. Die Peirce-Zerlegung

1. Es sei $\mathfrak{A}$ eine strikt potenz-assoziative Algebra über einem Körper K der Charakteristik ungleich 2 und c ein Idempotent aus $\mathfrak{A}$. Zu den wichtigsten Hilfsmitteln der Strukturuntersuchungen von $\mathfrak{A}$ gehört die sogenannte Peirce-Zerlegung von $\mathfrak{A}$ nach dem Idempotent c.

Die Identität $x^2\,x^2 = x\,x^3$ schreibt man unter Verwendung des Assoziators in der Form $(x, x, x^2) = 0$. Wir polarisieren diese Gleichung,

d. h., wir ersetzen für eine Unbestimmte τ das Element x durch $x + \tau u$. Ein Vergleich der in τ linearen Glieder ergibt

$$(12.1) \qquad (u, x, x^2) + (x, u, x^2) + (x, x, u\,x + x\,u) = 0.$$

Für $x = c$ faßt man dies als Transformation in u auf und erhält

$$(12.2) \quad R(c)\,L(c) + R^2(c) - R(c) = L(c)\,[L^2(c) + L(c)\,R(c) - L(c)].$$

Ist $\mathfrak{A}$ kommutativ, so wird diese Gleichung zu

$$(12.3) \qquad 2L^3(c) - 3L^2(c) + L(c) = 0.$$

Das Minimalpolynom von $L(c)$ ist in diesem Fall also ein Teiler des Polynoms $\varphi(\tau) = \tau(\tau - 1)(2\tau - 1) = 2\tau^3 - 3\tau^2 + \tau$. Dieses Polynom hat die einfachen Wurzeln $0, \frac{1}{2}, 1$. Für ein Idempotent c einer kommutativen strikt potenz-assoziativen Algebra hat $L(c)$ demnach höchstens die Eigenwerte $0, \frac{1}{2}, 1$. Es gibt Beispiele, bei denen diese Werte auch vorkommen. Für den Fall, daß $\mathfrak{A}$ nicht kommutativ ist, gibt es Beispiele, bei denen $L(c)$ auch beliebige andere Eigenwerte haben kann.*) Daher ist klar, daß eine Zerlegung von $\mathfrak{A}$ nach den Eigenwerten von $L(c)$ im nichtkommutativen Fall nicht allgemein durchführbar ist. Man erhält aber einige wichtige Eigenschaften der beliebigen Algebra $\mathfrak{A}$ aus der Zerlegung der kommutativen Algebra $\mathfrak{A}^+$.

2. Es sei zunächst $\mathfrak{A}$ eine kommutative strikt potenz-assoziative Algebra über dem Körper K einer Charakteristik ungleich 2. Zu einem Idempotent c aus $\mathfrak{A}$ definieren wir

$$\mathfrak{A}_\nu(c) := \{u;\ u \in \mathfrak{A},\ c\,u = L(c)\,u = \nu\,u\}.$$

Also ist $\mathfrak{A}_\nu(c)$ der lineare Teilraum von $\mathfrak{A}$, der aus den Eigenvektoren von $L(c)$ mit dem Eigenwert ν besteht. Nach dem Vorhergehenden kommen für ν nur die Werte $0, \frac{1}{2}, 1$ in Frage. Wir bilden nun die Polynome

$$\varphi_0(\tau) = (\tau - 1)(2\tau - 1) = 2\tau^2 - 3\tau + 1,$$
$$\varphi_{\frac{1}{2}}(\tau) = -4\tau(\tau - 1) = -4\tau^2 + 4\tau,$$
$$\varphi_1(\tau) = \tau(2\tau - 1) = 2\tau^2 - \tau,$$

deren Summe 1 ist und setzen

$$C_\nu := \varphi_\nu(L(c)), \qquad \nu = 0, \tfrac{1}{2}, 1.$$

Über die Transformationen C_ν beweisen wir

Lemma 12.1. *Die C_ν, $\nu = 0, \frac{1}{2}, 1$, bilden ein vollständiges Orthogonalsystem von linearen Transformationen von $\mathfrak{A}$ (vgl. § 4.**6**) und es gilt*

$$\mathfrak{A}_\nu(c) = C_\nu\,\mathfrak{A}, \qquad \nu = 0, \tfrac{1}{2}, 1.$$

---

*) Man betrachte die Algebra $\mathfrak{A}$ mit der Basis $c, b_1, \ldots, b_n$ und der Multiplikation $c^2 = c$, $c\,b_i = \alpha_i\,b_i$, $b_i\,c = (1 - \alpha_i)\,b_i$, $b_i\,b_j = 0\,(1 \leqq i, j \leqq n)$. $\mathfrak{A}$ ist strikt potenz-assoziativ und die α_i können beliebig gewählt werden.

Beweis. Da sowohl die $\varphi_\nu \varphi_\lambda$ ($\nu \neq \lambda$) als auch die $\varphi_\nu^2 - \varphi_\nu$ durch φ teilbar sind, ist $C_\nu C_\lambda = C_\nu^2 - C_\nu = 0$, d. h., es gilt $C_\nu C_\lambda = \delta_{\nu\lambda} C_\nu$ für $\nu, \lambda = 0, \frac{1}{2}, 1$, und die C_ν bilden ein vollständiges Orthogonalsystem. Nach Definition der Polynome φ_ν ist $L(c) C_\nu = \nu C_\nu$, es folgt also $C_\nu \mathfrak{A} \subset \mathfrak{A}_\nu(c)$. Da andererseits C_ν auf $\mathfrak{A}_\nu(c)$ die Identität ist, gilt hier das Gleichheitszeichen, und das Lemma ist bewiesen.

Auf Grund dieses Lemmas hat man also eine direkte Zerlegung

$$\mathfrak{A} = \mathfrak{A}_0(c) + \mathfrak{A}_{\frac{1}{2}}(c) + \mathfrak{A}_1(c).$$

Diese Zerlegung nennt man die Peirce-*Zerlegung von* $\mathfrak{A}$ in bezug auf das Idempotent c. Über die Struktur der $\mathfrak{A}_\nu(c)$ beweisen wir

Satz 12.2. *In einer kommutativen strikt potenz-assoziativen Algebra* $\mathfrak{A}$ *über dem Körper* K *einer Charakteristik ungleich 2 gilt für die zu einem Idempotent* c *aus* $\mathfrak{A}$ *definierten Teilräume* $\mathfrak{A}_\nu(c)$:

a) $\mathfrak{A}_0(c)$ *und* $\mathfrak{A}_1(c)$ *sind Teilalgebren von* $\mathfrak{A}$, *die einander bei der Multiplikation annullieren.*

b) $\mathfrak{A}_{\frac{1}{2}}(c) \mathfrak{A}_{\frac{1}{2}}(c) \subset \mathfrak{A}_0(c) + \mathfrak{A}_1(c)$.

c) $\mathfrak{A}_\nu(c) \mathfrak{A}_{\frac{1}{2}}(c) \subset \mathfrak{A}_{\frac{1}{2}}(c) + \mathfrak{A}_{1-\nu}(c)$ *für* $\nu = 0,1$.

Beweis. In (12.1) setzen wir $x = c + \tau v$ und vergleichen für $v \in \mathfrak{A}_\lambda(c)$, $u \in \mathfrak{A}_\mu(c)$ die linearen Glieder:

$$(12.4) \quad [2L^2(c) + (2\lambda + 2\mu - 4) L(c) +$$
$$+ (2\lambda^2 + 2\mu^2 + \lambda + \mu - 8\lambda\mu) Id] uv = 0.$$

Für $\lambda = \mu = \frac{1}{2}$ erhalten wir hieraus $[L^2(c) - L(c)] uv = 0$, d. h. $C_{\frac{1}{2}} uv = 0$. Also ist die Komponente von uv in $\mathfrak{A}_{\frac{1}{2}}(c)$ Null, d. h., es gilt $uv \in \mathfrak{A}_0(c) + \mathfrak{A}_1(c)$. Damit ist Teil b) bewiesen.

Zum Nachweis von c) setzen wir $\lambda = \frac{1}{2}$ in (12.4). Für $\mu = 1$ folgt $[2L^2(c) - L(c)] uv = 0$, d. h. $C_1 uv = 0$ und daher $uv \in \mathfrak{A}_{\frac{1}{2}}(c) + \mathfrak{A}_0(c)$. Für $\mu = 0$ erhalten wir $[2L^2(c) - 3L(c) + Id] uv = 0$, d. h. $C_0 uv = 0$ und $uv \in \mathfrak{A}_{\frac{1}{2}}(c) + \mathfrak{A}_1(c)$.

Zum Nachweis von Teil a) haben wir Fallunterscheidungen nach der Charakteristik p von K zu machen. Für $\lambda = \mu = 1$ erhalten wir wegen $p \neq 2$ aus (12.4)

$$(12.4') \qquad\qquad [L^2(c) - Id] uv = 0.$$

Wir wenden hierauf $L(c)$ an und erhalten mit (12.3) sofort $3[L^2(c) - L(c)] uv = 0$. Für $p \neq 3$ folgt hieraus $c(uv) = uv$ durch einen Vergleich mit (12.4'). In diesem Falle ist also $\mathfrak{A}_1(c)$ eine Teilalgebra von $\mathfrak{A}$.

Trägt man entsprechend $\lambda = \mu = 0$ in (12.4) ein, so folgt $[L(c) - 2Id] L(c) uv = 0$. Ist wieder $p \neq 3$, so ist 2 kein Eigenwert von $L(c)$ und somit $|L(c) - 2Id| \neq 0$. Das bedeutet $c(uv) = 0$, d. h. $\mathfrak{A}_0(c)$ ist eine Teilalgebra.

Setzen wir nun $\lambda = 1$ und $\mu = 0$ in (12.4), so erhalten wir

$$(12.4'') \qquad [2L^2(c) - 2L(c) + 3Id]\, uv = 0.$$

Nach Multiplikation dieser Gleichung mit $L(c)$ vergleichen wir das Ergebnis mit (12.3) und erhalten $[L^2(c) + 2L(c)]\, uv = 0$. Für $p \neq 3$ folgt daher $[2L(c) - Id]\, uv = 0$. Multiplikation mit $L(c)$ und Vergleich mit der vorhergehenden Gleichung gibt $5L(c)\, uv = 0$. Ist daher auch noch $p \neq 5$, so zeigt (12.4''), daß $uv = 0$ gilt. Für $p \neq 3,5$ annullieren sich daher $\mathfrak{A}_0(c)$ und $\mathfrak{A}_1(c)$.

Ist p gleich 3 oder 5, so müssen wir weitere Identitäten zu Hilfe nehmen. In der Gleichung $x^3 x^2 = x^5$ setzen wir zuerst $x = c + \tau u + \varrho v$ und vergleichen die in τ, ϱ linearen Glieder. Für $u \in \mathfrak{A}_\lambda(c)$ und $v \in \mathfrak{A}_\mu(c)$ folgt dann

$$(12.5) \quad [2L^3(c) + (2\lambda + 2\mu - 2)\, L^2(c) + (2\lambda^2 + 2\mu^2 - \lambda - \mu - 2)\, L(c) +$$

$$+ (2\lambda^3 + 2\mu^3 + \lambda^2 + \mu^2 + \lambda + \mu - 4\lambda^2\mu - 4\lambda\mu^2 - 4\lambda\mu)\, Id]\, uv = 0.$$

Wir setzen $\lambda = \mu = 1$ und erhalten

$$[L^3(c) + L^2(c) - 2Id]\, uv = 0.$$

Nehmen wir nun $p = 3$ an, so folgt hieraus wegen $L^3(c) = L(c)$ [vgl. (12.3)] die Beziehung $[L^2(c) + L(c) + Id]\, uv = 0$. Ein Vergleich mit (12.4') liefert $c(uv) = uv$.

Die Werte $\lambda = \mu = 0$ in (12.5) führen zu $[L^3(c) - L^2(c) - L(c)]\, uv = 0$. Für $p = 3$ folgt hieraus $L^2(c)\, uv = 0$ und damit $c(uv) = 0$. Damit ist nachgewiesen, daß für $p = 3$ sowohl $\mathfrak{A}_0(c)$ als auch $\mathfrak{A}_1(c)$ Teilalgebren sind.

Für $p = 3$ setzen wir $\lambda = 1$ und $\mu = 0$ in (12.5) und erhalten $[2L^3(c) - L(c) + Id]\, uv = 0$. Es folgt wieder mit $L^3(c) = L(c)$, daß $[L(c) + Id]\, uv = 0$ gilt, d. h., es ist auch $[L^2(c) + L(c)]\, uv = 0$. Ein Vergleich mit (12.4'') gibt $c(uv) = 0$, folglich $uv = 0$. Man hat daher $\mathfrak{A}_0(c)\, \mathfrak{A}_1(c) = 0$, d. h., für $p = 3$ ist Teil a) bewiesen.

Im Fall $p = 5$ braucht nur noch $\mathfrak{A}_0(c)\, \mathfrak{A}_1(c) = 0$ bewiesen zu werden. In $x^4 x^2 = x^5 x$ setzen wir $x = c + \tau u + \varrho v$. Für $u \in \mathfrak{A}_0(c)$ und $v \in \mathfrak{A}_1(c)$ ergibt ein Vergleich der linearen Glieder $[2L^4(c) + L^2(c) - L(c)]\, uv = 0$. Aus (12.3) folgt $2L^4(c) = L^2(c) + L(c)$ und damit $L^2(c)\, uv = 0$, also $L(c)\, uv = 0$. Aus (12.4'') folgt nun $uv = 0$. Also ist Teil a) und damit der Satz bewiesen.

3. Nun sei $\mathfrak{A}$ eine strikt potenz-assoziative, aber nicht notwendig kommutative Algebra über K der Charakteristik ungleich 2. Wir wollen die zu einem Idempotent c von $\mathfrak{A}$ durch

$$\mathfrak{A}_\nu(c) := \{u;\ u \in \mathfrak{A},\ uc = cu = \nu u\} \quad \text{für} \quad \nu = 0,1,$$

definierten Unterräume untersuchen. Hierzu betrachten wir die PEIRCE-Zerlegung der kommutativen Algebra $\mathfrak{A}^+$ mit der Multiplikation $u \circ v = \frac{1}{2}(uv + vu)$ und der linksregulären Darstellung $L^+(u) = \frac{1}{2}[L(u) + R(u)]$. Ein Idempotent von $\mathfrak{A}$ ist auch Idempotent von $\mathfrak{A}^+$.

Nach **2** haben wir demnach eine Peirce-Zerlegung

$$\mathfrak{A} = \mathfrak{A}_0^+(c) + \mathfrak{A}_{\frac{1}{2}}^+(c) + \mathfrak{A}_1^+(c)$$

mit

$$\mathfrak{A}_\nu^+(c) = \{u;\; u \in \mathfrak{A},\; u\,c + c\,u = 2\,\nu\,u\}, \qquad \nu = 0, \tfrac{1}{2}, 1 .$$

Wir zeigen

Satz 12.3. *Ist $\mathfrak{A}$ eine strikt potenz-assoziative Algebra über einem Körper K der Charakteristik ungleich 2, so gilt:*

a) *Die Teilräume $\mathfrak{A}_0(c)$ und $\mathfrak{A}_1(c)$ annullieren sich bei der Multiplikation von $\mathfrak{A}$ und es ist $\mathfrak{A}_\nu(c) = \mathfrak{A}_\nu^+(c)$ für $\nu = 0,1$.*

b) *Besitzt $\mathfrak{A}^+$ ein Einselement e, so ist e auch Einselement von $\mathfrak{A}$.*

c) *Ist zusätzlich $\mathfrak{A}$ flexibel, dann sind die $\mathfrak{A}_\nu(c)$, $\nu = 0,1$, Teilalgebren von $\mathfrak{A}$.*

Beweis. a) Durch vollständige Polarisation von $x\,x^2 = x^2\,x$ erhalten wir

$$(12.6) \quad x(u \circ v) + u(x \circ v) + v(x \circ u) = (u \circ v)\,x + (x \circ v)\,u + (x \circ u)\,v .$$

Hierin setzen wir $u = v = e$ und wählen $x \in \mathfrak{A}_\nu^+(c)$, d. h. $x\,c + c\,x = 2\,\nu\,x$. Das ergibt $(1 - 2\nu)\,x\,c = (1 - 2\nu)\,c\,x$. Für $\nu \neq \tfrac{1}{2}$ folgt also $x\,c = c\,x$. Damit haben wir bereits $\mathfrak{A}_\nu^+(c) = \mathfrak{A}_\nu(c)$ für $\nu = 0,1$.

Als nächstes wenden wir (12.6) an für $x = c$, $u \in \mathfrak{A}_1(c)$ und $v \in \mathfrak{A}_0(c)$. Wir erhalten $c(u \circ v) + v\,u = (u \circ v)\,c + u\,v$. Da $u \circ v = 0$ wegen Satz 12.2a) gilt, folgt $v\,u = u\,v$ und damit dann auch $u\,v = v\,u = 0$.

b) Nach Voraussetzung und Teil a) des Satzes ist $\mathfrak{A}^+ = \mathfrak{A}_1^+(e) = \mathfrak{A}_1(e)$. Folglich ist e das Einselement von $\mathfrak{A}$.

c) Die Flexibilität von $\mathfrak{A}$ bedeutet $x(v\,x) = (x\,v)\,x$. Für $v \in \mathfrak{A}_\nu(c)$ und $x = u + \tau\,c$ ist der Koeffizient von τ gleich $\nu\,u\,v + c(v\,u) = (u\,v)\,c + \nu\,v\,u$. Addieren wir auf beiden Seiten $\nu\,u\,v - c(u\,v)$, so folgt $[\nu\,Id - L^+(c)]\,u\,v = [\nu\,Id - L(c)]\,(u \circ v)$. Für $\nu = 1$ und $u \in \mathfrak{A}_1(c)$ ist nach Satz 12.2 und dem bereits bewiesenen Teil des Satzes $u \circ v \in \mathfrak{A}_1(c)$. Damit ist $u\,v = c \circ (u\,v)$, d. h. $u\,v \in \mathfrak{A}_1^+(c)$, also $u\,v \in \mathfrak{A}_1(c)$. Setzen wir $\nu = 0$ und wählen $u \in \mathfrak{A}_0(c)$, so erhalten wir $c \circ (u\,v) = c(u \circ v)$. Mit $u \circ v \in \mathfrak{A}_0(c)$ ist dann auch $u\,v \in \mathfrak{A}_0(c)$.

Die Aussage c) dieses Satzes läßt sich nicht verschärfen, denn es gibt Beispiele, bei denen weder $\mathfrak{A}_0(c)$ noch $\mathfrak{A}_1(c)$ Teilalgebren sind.*)

4. Wir wollen nun das Verhalten der Unterräume $\mathfrak{A}_\nu^+(c)$ bei Grundkörpererweiterungen untersuchen. $\overline{\mathfrak{A}}$ bzw. $\overline{\mathfrak{A}_\nu^+(c)}$ entstehe aus $\mathfrak{A}$ bzw. $\mathfrak{A}_\nu^+(c)$ durch Erweiterung von K zum Erweiterungskörper $\tilde{K}$. Für

---

*) Man betrachte die Algebra $\mathfrak{A}$ mit der Basis c, u, v, w und der Multiplikation $c^2 = c$, $c\,u = u\,c = u$, $v\,w = u = -w\,v$, und Null für die restlichen Produkte. $\mathfrak{A}$ ist strikt potenz-assoziativ, und es gilt $\mathfrak{A}_0(c)\,\mathfrak{A}_0(c) = Ku \subset \mathfrak{A}_1(c)$.

$\tilde{u} \in \overline{\mathfrak{A}_\nu^+(c)}$ hat man

$$\tilde{u} = \sum_i \alpha_i u_i, \quad \alpha_i \in \tilde{K}, \quad u_i \in \mathfrak{A}_\nu^+(c),$$

und daher

$$c\,\tilde{u} = \sum_i \alpha_i\, c\, u_i = \nu \sum_i \alpha_i\, u_i = \nu\,\tilde{u}, \quad \text{falls} \quad \nu = 0{,}1.$$

Da man entsprechend $\tilde{u}\,c = \nu\,\tilde{u}$ und $c\,\tilde{u} + \tilde{u}\,c = \tilde{u}$ für $\nu = \tfrac{1}{2}$ erhält, gilt $\tilde{u} \in \tilde{\mathfrak{A}}_\nu^+(c)$. Ist umgekehrt $\tilde{u} \in \tilde{\mathfrak{A}}_\nu^+(c)$ gegeben, dann kann man

$$\tilde{u} = \sum_i \alpha_i u_i, \quad u_i \in \mathfrak{A},$$

mit über K linear unabhängigen $\alpha_i \in \tilde{K}$ schreiben. Es folgt

$$\nu\,\tilde{u} = c\,\tilde{u} = \sum_i \alpha_i\, c\, u_i \quad \text{bzw.} \quad \nu\,\tilde{u} = \tilde{u}\,c = \sum_i \alpha_i\, u_i\, c$$

für $\nu = 0{,}1$. Da die α_i linear unabhängig sind, bekommt man $c\, u_i = \nu\, u_i = u_i\, c$. Da man wieder für $\nu = \tfrac{1}{2}$ analog schließen kann, folgt $\tilde{u} \in \overline{\mathfrak{A}_\nu^+(c)}$. Zusammengefaßt gilt daher

$$\tilde{\mathfrak{A}}_\nu^+(c) = \overline{\mathfrak{A}_\nu^+(c)}, \quad \nu = 0, \tfrac{1}{2}, 1.$$

5. Endlich viele Idempotente $c_1, c_2, \ldots, c_r$ hatten wir in § 4.**6** ein *Orthogonalsystem* genannt, wenn $c_i\, c_j = \delta_{ij}\, c_i$ gilt. Wegen der Orthogonalität besteht jedes Orthogonalsystem von Idempotenten aus linear unabhängigen Elementen. Die Länge eines Orthogonalsystems ist daher beschränkt. Das Orthogonalsystem heißt *vollständig*, wenn $\mathfrak{A}$ ein Einselement e besitzt und $c_1 + c_2 + \cdots + c_r = e$ gilt. Ein Idempotent c von $\mathfrak{A}$ nennen wir *primitives Idempotent von* $\mathfrak{A}$, wenn es keine Darstellung

$$c = c_1 + c_2, \quad c_i\, c_j = \delta_{ij}\, c_i,$$

als Summe von orthogonalen Idempotenten gibt. Man überlegt sich, daß für kommutative und assoziative Algebren diese Definition mit der in § 3.**2** gegebenen übereinstimmt.

Man beachte, daß ein Idempotent wohl in einer Teilalgebra primitiv sein kann, ohne daß es in $\mathfrak{A}$ selbst primitiv ist. Schließlich nennt man das Idempotent c von $\mathfrak{A}$ *absolut-primitiv*, wenn c in jeder Grundkörpererweiterung von $\mathfrak{A}$ primitiv ist.

Hat man ein Idempotent c als Summe von orthogonalen Idempotenten c_i geschrieben, so liegen die c_i offenbar im Vektorraum $\mathfrak{A}_1(c)$. Ist c also nicht primitiv, so enthält $\mathfrak{A}_1(c)$ außer c ein weiteres Idempotent. Gibt es umgekehrt in $\mathfrak{A}_1(c)$ ein von c verschiedenes Idempotent c_1, so gehört auch $c_2 = c - c_1$ zu $\mathfrak{A}_1(c)$, und es gilt $c_i\, c_j = (c - c_j)c_j = 0$ für $i \neq j$. Es ist dann c die Summe der orthogonalen Idempotente c_1, c_2, also nicht primitiv. *Ein Idempotent c ist daher genau dann primitiv, wenn $\mathfrak{A}_1(c)$ außer c kein weiteres Idempotent enthält.* Da eine von Null verschiedene

Algebra nach Definition genau dann primär ist, wenn das Einselement das einzige Idempotent ist, erhalten wir aus dem Vorhergehenden und aus Satz 12.3 c) das

Lemma 12.4. *In einer flexiblen strikt potenz-assoziativen Algebra $\mathfrak{A}$ ist ein Idempotent c genau dann primitiv, wenn $\mathfrak{A}_1(c)$ primär ist.*

Als nützlich erweist sich

Lemma 12.5. *Sei c ein Idempotent der strikt potenz-assoziativen Algebra $\mathfrak{A}$. Ist r die Maximalzahl der Elemente von Orthogonalsystemen, deren Summe gleich c ist, so besteht jedes Orthogonalsystem $e_1, e_2, \ldots, e_r$ mit $e_1 + e_2 + \cdots + e_r = c$ aus primitiven Idempotenten von $\mathfrak{A}$.*

Beweis. Wir nehmen an, daß ein Idempotent hiervon nicht primitiv ist. Sei etwa e_r Summe der orthogonalen Idempotente c_1, c_2. Wegen $c_j \in \mathfrak{A}_1(e_r)$ und $e_i \in \mathfrak{A}_0(e_r)$, $i = 1, 2, \ldots, r-1$, folgt dann aus Satz 12.3 a), daß für diese i gilt $e_i c_j = c_j e_i = 0$. Damit wäre $e_1, e_2, \ldots, e_{r-1}, c_1, c_2$ ein Orthogonalsystem der Länge $r + 1$ im Widerspruch zur Wahl von r.

Hieraus entnehmen wir speziell

Lemma 12.6. *In einer strikt potenz-assoziativen Algebra ist jedes Idempotent Summe von orthogonalen primitiven Idempotenten.*

6. Es sei λ eine assoziative Linearform der strikt potenz-assoziativen Algebra $\mathfrak{A}$. Die vermöge $(u, v) \to \lambda(u\,v)$ in jedem Teilraum von $\mathfrak{A}$ definierte symmetrische Bilinearform bezeichnen wir wieder mit λ.

Lemma 12.7. *Ist c ein Idempotent und λ eine assoziative Linearform der strikt potenz-assoziativen Algebra $\mathfrak{A}$, dann gilt:*

a) $Bk_\lambda(\mathfrak{A}_\nu^+(c)) \subset Bk_\lambda(\mathfrak{A})$ *für* $\nu = 0, \tfrac{1}{2}, 1$.

b) $\lambda(u) = 0$ *für alle* $u \in \mathfrak{A}_{\frac{1}{2}}^+(c)$.

Beweis. a) Wegen § 11.3 ist $Bk_\lambda(\mathfrak{B}^+) = Bk_\lambda(\mathfrak{B})$ für jede Teilalgebra $\mathfrak{B}$ von $\mathfrak{A}$. Ohne Einschränkung dürfen wir daher annehmen, daß $\mathfrak{A}$ kommutativ ist. Für ein Element u aus dem Bilinearkern $Bk_\lambda(\mathfrak{A}_\nu(c))$ hat man definitionsgemäß $\lambda(u\,v) = 0$ für alle $v \in \mathfrak{A}_\nu(c)$. Für beliebiges $w \in \mathfrak{A}$ ist $C_\nu w \in \mathfrak{A}_\nu(c)$ wegen Lemma 12.1. Aus der Assoziativität von λ folgt $\lambda([Au]\,v) = \lambda(u\,[Av])$ für jede lineare Transformation A, die ein Polynom in $L(c)$ ist. Man hat daher wegen $u = C_\nu u$

$$\lambda(u\,w) = \lambda([C_\nu u]\,w) = \lambda(u\,[C_\nu w]) = 0.$$

Damit gilt $u \in Bk_\lambda(\mathfrak{A})$.

b) Sei $u \in \mathfrak{A}_{\frac{1}{2}}^+(c)$. Man multipliziert $u\,c + c\,u = u$ von links mit c und wendet die Linearform λ darauf an. Es folgt $\lambda(c\,u) = 0$ und wegen $u\,c + c\,u = u$ auch $\lambda(u) = 0$.

Gemäß § 7.3 wählen wir eine semi-normale Linearform λ mit $\operatorname{Rad}\mathfrak{A} = Bk_\lambda(\mathfrak{A})$. Wegen Lemma 12.7a) gibt es dann eine semi-normale Linearform von $\mathfrak{A}_\nu(c)$, $\nu = 0,1$, nämlich die Restriktion von λ, deren Bilinearkern in $\operatorname{Rad}\mathfrak{A}$ enthalten ist. Damit erhalten wir

Satz 12.8. *Ist $\mathfrak{A}$ eine flexible strikt potenz-assoziative Algebra über einem Körper der Charakteristik ungleich 2 und c ein Idempotent von $\mathfrak{A}$, so gilt* $\operatorname{Rad}\mathfrak{A}_\nu(c) \subset \operatorname{Rad}\mathfrak{A}$ *für* $\nu = 0,1$.

Korollar. Mit $\mathfrak{A}$ ist auch $\mathfrak{A}_\nu(c)$ halbeinfach.

§ 13. Halbeinfache Algebren

1. Eine Algebra $\mathfrak{A}$ hatten wir in § 7.3 halbeinfach genannt, wenn $\operatorname{Rad}\mathfrak{A} = 0$ ist. Das ist dann und nur dann der Fall, wenn es eine semi-normale Linearform λ von $\mathfrak{A}$ gibt, für die $Bk_\lambda(\mathfrak{A}) = 0$ gilt. Mit Hilfe der Ergebnisse des letzten Paragraphen können wir jetzt zeigen, daß unter gewissen Voraussetzungen die Algebra ein Einselement enthält:

Satz 13.1. *Es sei $\mathfrak{A}$ eine flexible strikt potenz-assoziative Algebra über einem Körper K der Charakteristik ungleich 2. Ist dann $\mathfrak{A}$ halbeinfach, so besitzt jedes Ideal von $\mathfrak{A}$ ein Einselement.*

Beweis. Wegen Satz 7.4 ist jedes Ideal wieder eine halbeinfache Algebra. Es genügt daher, wenn wir zeigen, daß $\mathfrak{A}$ selbst ein Einselement besitzt. Wir haben in § 11.3 gesehen, daß mit $\mathfrak{A}$ auch $\mathfrak{A}^+$ halbeinfach ist. Wegen Satz 12.3 b) dürfen wir daher annehmen, daß $\mathfrak{A}$ kommutativ ist und daß $\mathfrak{A} \neq 0$ gilt.

Es sei λ eine semi-normale Linearform von $\mathfrak{A}$, für welche $Bk_\lambda(\mathfrak{A}) = 0$ gilt. Wäre jedes Element von $\mathfrak{A}$ nilpotent, so hätte man $\mathfrak{A} = Bk_\lambda(\mathfrak{A}) = 0$. Also ist nicht jedes Element nilpotent, wegen Lemma 3.2 enthält $\mathfrak{A}$ daher Idempotente. Wir wählen ein Idempotent e so aus, daß die Teilalgebra $\mathfrak{A}_0(e)$ von minimaler Dimension ist. Gesetzt, $\mathfrak{A}_0(e)$ enthalte ein Idempotent c, dann ist $c\,e = 0$, also auch $e + c$ idempotent und $(e + c)\,c = c$, d. h. $c \in \mathfrak{A}_1(e + c)$. Für $u \in \mathfrak{A}_0(e + c)$ ist also $u\,c = 0$, denn beide Algebren annullieren sich wegen Satz 12.2a). Man hat $0 = (e + c)\,u = e\,u + c\,u = e\,u$, so daß $u \in \mathfrak{A}_0(e)$ folgt. Es ist also $\mathfrak{A}_0(e + c) \subset \mathfrak{A}_0(e)$. Wegen $e\,c = 0$ ist $c \in \mathfrak{A}_0(e)$, es liegt wegen $(e + c)\,c = c$ jedoch nicht in $\mathfrak{A}_0(e + c)$. Also ist $\mathfrak{A}_0(e + c)$ ein echter Teilraum von $\mathfrak{A}_0(e)$, was der Wahl von e widerspricht. Demnach enthält die Teilalgebra $\mathfrak{A}_0(e)$ keine Idempotente, sie besteht wegen Lemma 3.2 daher nur aus nilpotenten Elementen. Es gilt daher $\mathfrak{A}_0(e) \subset Bk_\lambda(\mathfrak{A}_0(e))$. Da hier die rechte Seite wegen Lemma 12.7a) in $Bk_\lambda(\mathfrak{A}) = 0$ enthalten ist, folgt $\mathfrak{A}_0(e) = 0$.

Sei $a \in \mathfrak{A}_{\frac{1}{2}}(e)$ und $u = u_{\frac{1}{2}} + u_1$, $u_\nu \in \mathfrak{A}_\nu(e)$, ein beliebiges Element von $\mathfrak{A}$. Wegen Satz 12.2 liegt $a\,u_{\frac{1}{2}}$ in $\mathfrak{A}_0(e) + \mathfrak{A}_1(e) = \mathfrak{A}_1(e)$, es gilt daher

$$\lambda(a\,u_{\frac{1}{2}}) = \lambda(e\,[a\,u_{\frac{1}{2}}]) = \lambda([e\,a]\,u_{\frac{1}{2}}) = \tfrac{1}{2}\lambda(a\,u_{\frac{1}{2}}),$$

also $\lambda(a\,u_{\frac{1}{2}}) = 0$. Nach dem gleichen Satz ist $a\,u_1 \in \mathfrak{A}_{\frac{1}{2}}(e) + \mathfrak{A}_0(e)$ $= \mathfrak{A}_{\frac{1}{2}}(e)$ und Lemma 12.7b) zeigt $\lambda(a\,u_1) = 0$. Es gilt also $\lambda(a\,u) = 0$ für alle $u \in \mathfrak{A}$, d. h. $a \in Bk_\lambda(\mathfrak{A}) = 0$. Damit ist auch $\mathfrak{A}_{\frac{1}{2}}(e) = 0$. Die PEIRCE-Zerlegung reduziert sich auf $\mathfrak{A} = \mathfrak{A}_1(e)$, d. h., e ist das Einselement von $\mathfrak{A}$.

2. Nun sei $\mathfrak{A}$ eine halbeinfache strikt potenz-assoziative und flexible Algebra und e das Einselement von $\mathfrak{A}$. Wir zeigen

Lemma 13.2. *Für zwei Ideale* $\mathfrak{a}, \mathfrak{b}$ *von* $\mathfrak{A}$ *gilt* $\mathfrak{a}\mathfrak{b} = \mathfrak{a} \cap \mathfrak{b}$.

Beweis. Trivialerweise ist $\mathfrak{a}\mathfrak{b} \subset \mathfrak{a} \cap \mathfrak{b}$. Sei $u \in \mathfrak{a} \cap \mathfrak{b}$ und c das Einselement von $\mathfrak{a}$. Dann ist $u = c\,u \in \mathfrak{a}\mathfrak{b}$.

Lemma 13.3. *Es sei* $\mathfrak{a}$ *ein Ideal mit Einselement* c *und* $\mathfrak{b} = \mathfrak{A}_0(c)$. *Dann ist* $\mathfrak{a} = c\,\mathfrak{A}$ *und* $\mathfrak{b}$ *ist ein Ideal von* $\mathfrak{A}$ *mit Einselement* $e - c$. *Es ist* $\mathfrak{a}\mathfrak{b} = \mathfrak{a} \cap \mathfrak{b} = 0$ *und* $\mathfrak{A}$ *ist die direkte Summe* $\mathfrak{A} = \mathfrak{a} \oplus \mathfrak{b}$. *Ist schließlich* $\bar{\mathfrak{b}}$ *ein Ideal von* $\mathfrak{A}$, *so daß* $\mathfrak{A} = \mathfrak{a} \oplus \bar{\mathfrak{b}}$ *gilt, dann folgt* $\bar{\mathfrak{b}} = \mathfrak{b}$.

Beweis. Wir bilden die PEIRCE-Zerlegung von $\mathfrak{A}$ bezüglich c. Für $u \in \mathfrak{A}_\nu^+(c)$, $\nu = \frac{1}{2}, 1$, hat man $u = \dfrac{1}{2\nu}(c\,u + u\,c) \in \mathfrak{a}$. Für $\nu = \frac{1}{2}$ ist also $u = c\,u + u\,c \in \mathfrak{a}$. Da c das Einselement von $\mathfrak{a}$ ist, folgt $u = 0$, d. h. $\mathfrak{A}_{\frac{1}{2}}^+(c) = 0$. Für $\nu = 1$ hat man $\mathfrak{A}_1(c) \subset \mathfrak{a}$. Da von selbst $\mathfrak{a} \subset \mathfrak{A}_1(c)$ gilt, folgt $\mathfrak{a} = \mathfrak{A}_1(c)$. Nach der PEIRCE-Zerlegung ist somit

$$\mathfrak{A} = \mathfrak{a} \oplus \mathfrak{b} \quad \text{und} \quad \mathfrak{a} = c\,\mathfrak{A} = \mathfrak{A}\,c.$$

Da sich $\mathfrak{a}$ und $\mathfrak{b}$ annullieren, ist auch $\mathfrak{b}$ ein Ideal von $\mathfrak{A}$, und es gilt $\mathfrak{a} \cap \mathfrak{b}$ $= \mathfrak{a}\mathfrak{b} = 0$. Wegen $\mathfrak{A}_1(e - c) = \mathfrak{A}_0(c)$ ist $e - c$ das Einselement von $\mathfrak{b}$.

Es sei $\bar{\mathfrak{b}}$ ein Ideal von $\mathfrak{A}$ und $\mathfrak{A} = \mathfrak{a} \oplus \bar{\mathfrak{b}}$. Da die Summe direkt ist, folgt $\mathfrak{a}\bar{\mathfrak{b}} = \mathfrak{a} \cap \bar{\mathfrak{b}} = 0$, insbesondere $c\,\bar{\mathfrak{b}} = 0$. Wegen $\mathfrak{b} = (e - c)\,\mathfrak{A}$ und $\mathfrak{A} = \mathfrak{a} \oplus \bar{\mathfrak{b}}$ folgt daher $\mathfrak{b} = (e - c)\,(\mathfrak{a} \oplus \bar{\mathfrak{b}}) = (e - c)\,\bar{\mathfrak{b}} = e\,\bar{\mathfrak{b}} = \bar{\mathfrak{b}}$.

Lemma 13.4. *Sei* $\mathfrak{a}$ *ein Ideal von* $\mathfrak{A}$ *und* $\mathfrak{c}$ *ein Ideal der Teilalgebra* $\mathfrak{a}$, *dann ist* $\mathfrak{c}$ *ein Ideal von* $\mathfrak{A}$.

Beweis. Nach Annahme gilt $\mathfrak{a}\mathfrak{c} \subset \mathfrak{c}$. Bestimmt man zu $\mathfrak{a}$ das Ideal $\mathfrak{b}$ gemäß dem vorhergehenden Lemma, so ist $\mathfrak{c}\mathfrak{b} \subset \mathfrak{a}\mathfrak{b} = 0$, also $\mathfrak{c}\,\mathfrak{A} \subset \mathfrak{c}$. Entsprechend folgt auch $\mathfrak{A}\mathfrak{c} \subset \mathfrak{c}$.

3. Nach diesen Vorbereitungen können wir die halbeinfachen Algebren auf einfache Algebren zurückführen. Wir formulieren das Ergebnis als den

Struktursatz für halbeinfache Algebren.

Ist $\mathfrak{A}$ *eine flexible strikt potenz-assoziative und halbeinfache Algebra über einem Körper der Charakteristik ungleich* 2, *dann gilt:*

a) $\mathfrak{A}$ *läßt sich (bis auf die Reihenfolge) auf eine und nur eine Art als direkte Summe*

$$\mathfrak{A} = \mathfrak{A}_1 \oplus \mathfrak{A}_2 \oplus \cdots \oplus \mathfrak{A}_q$$

von einfachen Algebren $\mathfrak{A}_i$ *mit Einselement* e_i *darstellen.*

b) *Die $\mathfrak{A}_i$ sind alle kleinsten Ideale von $\mathfrak{A}$; jedes weitere Ideal von $\mathfrak{A}$ ist direkte Summe gewisser $\mathfrak{A}_i$. Es gilt $\mathfrak{A}_i = e_i\,\mathfrak{A}$.*

c) *Die Einselemente der Ideale von $\mathfrak{A}$ sind genau die Idempotente des Zentrums $\mathfrak{Z}(\mathfrak{A})$. Es gilt $e = e_1 + e_2 + \cdots + e_q$ und*

$$\mathfrak{Z}(\mathfrak{A}) = \mathfrak{Z}(\mathfrak{A}_1) \oplus \mathfrak{Z}(\mathfrak{A}_2) \oplus \cdots \oplus \mathfrak{Z}(\mathfrak{A}_q).$$

Beweis. Wir wählen ein einfaches Ideal $\mathfrak{A}_1$ von $\mathfrak{A}$ und bilden $\mathfrak{A} = \mathfrak{A}_1 \oplus \mathfrak{B}$ gemäß Lemma 13.3. Da $\mathfrak{B}$ wieder halbeinfach ist, kann man das Verfahren iterieren und kommt nach endlich vielen Schritten zu einer Zerlegung in einfache Ideale. Der weitere Beweis verläuft nun wörtlich wie der Beweis des Struktursatzes für nichtausgeartete Algebren in § 8.**3**, denn die dort verwendeten Lemmata· 8.1, 8.3 und Satz 8.2 entsprechen genau den Lemata 13.2, 13.3, 13.4.

Da die einfachen Ideale $\mathfrak{A}_i$ auch halbeinfach sind, gibt es von Null verschiedene assoziative Linearformen von $\mathfrak{A}_i$. Nach dem Korollar 2 zu Satz 6.5 sind dann alle $\mathfrak{A}_i$ nichtkommutative Jordan-Algebren. Es folgt

Korollar 1. Jede halbeinfache Algebra über einem Körper der Charakteristik $\neq 2,5$ ist eine nichtkommutative Jordan-Algebra.

Mit dem Korollar 2 zu Satz 5.1 erhalten wir außerdem

Korollar 2. Eine halbeinfache Algebra ist dann und nur dann einfach, wenn ihr Zentrum ein Körper ist.

4. Ist c ein primitives Idempotent der halbeinfachen Algebra $\mathfrak{A}$, so ist auch $\mathfrak{A}_1(c)$ halbeinfach (Korollar zu Satz 12.8). Sei $\mathfrak{a} \neq 0$ ein Ideal von $\mathfrak{A}_1(c)$ und c_1 das Einselement von $\mathfrak{a}$ gemäß Satz 13.1. Wegen Lemma 12.4 ist $\mathfrak{A}_1(c)$ primär, d. h., man erhält $c_1 = c$. Jetzt entnehmen wir Lemma 13.3, daß $\mathfrak{a} = c\,\mathfrak{A}_1(c) = \mathfrak{A}_1(c)$ gilt. Damit haben wir

Lemma 13.5. *Es sei $\mathfrak{A}$ eine flexible strikt potenz-assoziative und halbeinfache Algebra, dann ist für jedes primitive Idempotent c von $\mathfrak{A}$ die Algebra $\mathfrak{A}_1(c)$ einfach.*

§ 14. Derivationen

1. Es sei $\mathfrak{A}$ eine Algebra über K und $\mathfrak{E}(\mathfrak{A})$ die assoziative Algebra der linearen Transformationen von $\mathfrak{A}$. Für $A, B \in \mathfrak{E}(\mathfrak{A})$ verwenden wir das Kommutatorprodukt $[A, B] := AB - BA$. Neben der Algebra $\mathfrak{E}(\mathfrak{A})$ betrachten wir im gleichen Vektorraum die Algebra $\mathfrak{E}^-(\mathfrak{A})$ mit dem Produkt $[A, B]$. Bekanntlich ist $\mathfrak{E}^-(\mathfrak{A})$ eine Lie-Algebra über K.

Wie in I, § 2.**7**, nennen wir eine lineare Transformation D von $\mathfrak{A}$ eine *Derivation von $\mathfrak{A}$*, wenn gilt

$$(14.1) \qquad D(u\,v) = (Du)\,v + u(Dv), \qquad u, v \in \mathfrak{A}.$$

In der links- bzw. rechtsregulären Darstellung von $\mathfrak{A}$ bedeutet dies

$$(14.1') \quad L(Du) = [D, L(u)], \qquad R(Du) = [D, R(u)], \qquad u \in \mathfrak{A}.$$

Die Menge $\mathfrak{D}(\mathfrak{A})$ der Derivationen von $\mathfrak{A}$ ist offenbar ein Unterraum von $\mathfrak{E}(\mathfrak{A})$. Man prüft leicht nach, daß mit D_1, $D_2 \in \mathfrak{D}(\mathfrak{A})$ auch $[D_1, D_2]$ in $\mathfrak{D}(\mathfrak{A})$ liegt. Also ist $\mathfrak{D}(\mathfrak{A})$ eine Lie-Algebra von linearen Transformationen. Sie heißt die *Derivations-Algebra von* $\mathfrak{A}$.

Ist $\tilde{K}$ ein Erweiterungskörper von K, so kann man die Grundkörpererweiterung $\overline{\mathfrak{D}(\mathfrak{A})}$ von $\mathfrak{D}(\mathfrak{A})$ und die Derivations-Algebra $\mathfrak{D}(\tilde{\mathfrak{A}})$ von $\tilde{\mathfrak{A}}$ vergleichen. Es gilt

Lemma 14.1. *Bei Grundkörpererweiterung von* K *zu* $\tilde{K}$ *gilt* $\overline{\mathfrak{D}(\mathfrak{A})}$ $= \mathfrak{D}(\tilde{\mathfrak{A}})$.

Beweis. Offenbar gilt $\overline{\mathfrak{D}(\mathfrak{A})} \subset \mathfrak{D}(\tilde{\mathfrak{A}})$. Ein $D \in \mathfrak{D}(\tilde{\mathfrak{A}})$ schreiben wir in der Form

$$D = \sum_i \alpha_i D_i, \quad \alpha_i \in \tilde{K},$$

wobei die D_i lineare Transformation von $\mathfrak{A}$ und die α_i über K linear unabhängig sind. Wegen (14.1) erhält man für u, $v \in \mathfrak{A}$

$$0 = \sum_i \alpha_i [D_i(u\,v) - (D_i\,u)\,v - u(D_i\,v)].$$

Dann sind aber die Koeffizietenten von α_i gleich Null*), d. h., es gilt $D_i \in \mathfrak{D}(\mathfrak{A})$, folglich $D \in \overline{\mathfrak{D}(\mathfrak{A})}$.

2. Einen Unterraum von $\mathfrak{A}$ nennen wir *derivationsinvariant**)*, wenn er von allen Derivationen von $\mathfrak{A}$ in sich abgebildet wird. Aus (14.1) erhält man für den Kommutator und den Assoziator

$$(14.2') \qquad D[u, v] = [Du, v] + [u, Dv],$$

$$(14.2'') \quad D(u, v, w) = (Du, v, w) + (u, Dv, w) + (u, v, Dw),$$

für jedes $D \in \mathfrak{D}(\mathfrak{A})$. Hieraus folgt, daß der *Assoziatorraum von* $\mathfrak{A}$, d. h. der durch die Assoziatoren aufgespannte Unterraum von $\mathfrak{A}$, *derivationsinvariant ist*.

Ein Element z gehört nach § 5.1 genau dann zum Nukleus $\mathfrak{N}(\mathfrak{A})$ von $\mathfrak{A}$, wenn gilt $(z, \mathfrak{A}, \mathfrak{A}) = (\mathfrak{A}, z, \mathfrak{A}) = (\mathfrak{A}, \mathfrak{A}, z) = 0$. Aus (14.2'') folgt jetzt, *daß der Nukleus von* $\mathfrak{A}$ *derivationsinvariant ist*. Da ein Element z genau dann zum Zentrum $\mathfrak{Z}(\mathfrak{A})$ von $\mathfrak{A}$ gehört, wenn $[z, \mathfrak{A}] = 0$ und $z \in \mathfrak{N}(\mathfrak{A})$ gilt, erhält man aus (14.2') das

Lemma 14.2. *Das Zentrum einer Algebra ist derivationsinvariant.*
Weiter gilt

Satz 14.3. *Es sei* $\mathfrak{A}$ *eine flexible, strikt potenz-assoziative und halbeinfache Algebra über einem Körper der Charakteristik ungleich 2. Dann gilt:*

a) *Jedes Ideal von* $\mathfrak{A}$ *ist derivationsinvariant.*

---

*) Man verwende die Fußnote auf S. 15.
**) In der Literatur findet man hierfür auch den Namen „charakteristisch".

b) *Ist* $\mathfrak{A} = \mathfrak{A}_1 \oplus \mathfrak{A}_2 \oplus \cdots \oplus \mathfrak{A}_q$ *eine direkte Zerlegung von* $\mathfrak{A}$ *in einfache Ideale* $\mathfrak{A}_i$, *so ist*

$$\mathfrak{D}(\mathfrak{A}) = \mathfrak{D}(\mathfrak{A}_1) \oplus \mathfrak{D}(\mathfrak{A}_2) \oplus \cdots \oplus \mathfrak{D}(\mathfrak{A}_q)$$

eine direkte Zerlegung der Derivationsalgebra von $\mathfrak{A}$.

Beweis. a) Wir verwenden den Struktursatz für halbeinfache Algebren (vgl. § 13.3). Da jedes Ideal eine Summe von einfachen Idealen ist, genügt es, wenn man zeigt, daß jedes einfache Ideal $\mathfrak{a}$ derivationsinvariant ist. Ist c das Einselement von $\mathfrak{a}$, so gilt $\mathfrak{a} = c\,\mathfrak{A}$. Für $u \in \mathfrak{a}$ folgt $Du = D(cu) = (Dc)u + c(Du) \in \mathfrak{a}$.

b) Für $D_i \in \mathfrak{D}(\mathfrak{A}_i)$ liegt $D = D_1 + D_2 + \cdots + D_q$ offenbar in $\mathfrak{D}(\mathfrak{A})$ (vgl. § 1.7) und die Summe $\mathfrak{D}(\mathfrak{A}_1) + \mathfrak{D}(\mathfrak{A}_2) + \cdots + \mathfrak{D}(\mathfrak{A}_q)$ ist eine direkte Summe der betreffenden Lie-Algebren (vgl. § 2.6). Sei umgekehrt $D \in \mathfrak{D}(\mathfrak{A})$ und bezeichne D_i die Restriktion von D auf $\mathfrak{A}_i$. Nach Teil a) ist $D_i\,\mathfrak{A}_i \subset \mathfrak{A}_i$, so daß $D_i \in \mathfrak{D}(\mathfrak{A}_i)$ und $D = D_1 + D_2 + \cdots + D_q$ folgt.

3. Jeder assoziativen Linearform λ von $\mathfrak{A}$ und jeder Derivation D von $\mathfrak{A}$ ordnen wir eine neue Linearform λ_D zu durch die Festsetzung

$$\lambda_D(u) := \lambda(Du), \quad u \in \mathfrak{A}.$$

Lemma 14.4. *Mit* λ *ist auch* λ_D, $D \in \mathfrak{D}(\mathfrak{A})$, *assoziativ, und* λ_D *verschwindet auf allen Idempotenten jeder Grundkörpererweiterung von* $\mathfrak{A}$.

Beweis. Da λ auf allen Kommutatoren und allen Assoziatoren von $\mathfrak{A}$ verschwindet, gilt wegen (14.2') und (14.2'') das gleiche für λ_D.

Es sei c ein Idempotent einer Grundkörpererweiterung von $\mathfrak{A}$. Man hat $Dc = Dc^2 = [Dc]\,c + c\,[Dc]$, also auch $Dc = ([Dc]\,c + c\,[Dc])\,c + c\,([Dc]\,c + c\,[Dc])$ und daher $\lambda(Dc) = 2\lambda([Dc]\,c + c\,[Dc]) = 2\lambda(Dc)$. Daher gilt $\lambda_D(c) = 0$ für jedes Idempotent c.

Als Anwendung hiervon beweisen wir

Satz 14.5. *Es sei* $\mathfrak{A}$ *eine strikt potenz-assoziative und nichtausgeartete Algebra über* K. *Für jede assoziative Linearform* λ *und jede Derivation* D *von* $\mathfrak{A}$ *ist dann* $\lambda_D = 0$.

Beweis. Nach dem Lemma ist λ_D assoziativ und daher wegen Satz 9.3 auch semi-normal. Wir bilden die Algebra $\overline{\mathfrak{A}}$, die aus $\mathfrak{A}$ durch die Grundkörpererweiterung von K zum algebraischen Abschluß $\overline{K}$ entsteht. Die Fortsetzung von λ_D auf $\overline{\mathfrak{A}}$ ist wieder semi-normal. Es verschwindet also λ_D sowohl auf den Nilpotenten als auch auf den Idempotenten von $\overline{\mathfrak{A}}$. Da jedes $u \in \mathfrak{A}$ nach der Minimalzerlegung (4.2) eine Linearkombination von Idempotenten und Nilpotenten ist, folgt $\lambda_D(u) = 0$.

Die Algebra $\mathfrak{A}$ sei bezüglich der normalen Linearform λ nichtausgeartet. Wir bezeichnen mit D^* die bezüglich der durch $\lambda(u\,v)$ definierten nichtausgearteten Bilinearform gebildete Adjungierte von D und beweisen

(14.3) $$D^* = -D \quad \text{für} \quad D \in \mathfrak{D}(\mathfrak{A}).$$

Nach dem vorhergehenden Satz ist $0 = \lambda(D[u\,v]) = \lambda(u[Dv]) + \lambda(v[Du]) = \lambda(u[D + D^*]\,v)$, so daß (14.3) folgt.

4. Man kann zu einigen Typen von Algebren sofort Derivationen angeben. In einer assoziativen Algebra $\mathfrak{A}$ bestätigt man leicht, daß $L(u) - R(u)$ für $u \in \mathfrak{A}$ stets eine Derivation ist. Vergleicht man (14.1′) mit der definierenden Identität $(L.2′)$ einer Lie-Algebra (vgl. § 2.**7**), so sieht man, daß in Lie-Algebren die links-regulären Darstellungen Derivationen sind.

Betrachten wir einen endlichen Erweiterungskörper Z von K als Algebra über K, und sei $D \neq 0$ eine Derivation von Z. Wir wählen $u \in Z$ mit $Du \neq 0$ und bezeichnen mit $f(\tau)$ das Minimalpolynom von u über K. Wegen $Du^m = m\,u^{m-1}(Du)$ folgt $0 = Df(u) = f'(u)\,Du$, also $f'(u) = 0$. Da $f'(\tau)$ einen kleineren Grad hat als $f(\tau)$, erhält man $f'(\tau) = 0$. Die Erweiterung Z über K ist also nicht separabel. Wir haben gezeigt, *daß eine endliche separable Erweiterung von K keine von Null verschiedenen Derivationen besitzt.*

Literatur: A. A. ALBERT [*3*], [*4*], [*5*], [*9*], [*10*], [*11*], [*16*], [*17*], [*18*], [*20*], [*21*], [*34*]; E. A. BEHRENS [*1*]; S. EILENBERG [*1*]; G. P. HOCHSCHILD [*1*]; H. J. HOEHNKE [*1*], [*2*]; N. JACOBSON, [*3*], [*4*]; W. E. JENNER [*1*]; L. A. KOKORIS [*1*], [*2*], [*3*]; A. KUROSCH [*1*], R. D. SCHAFER [*5*], [*13*], [*21*].

Zweites Kapitel

Strikt potenz-assoziative Algebren mit Einselement

In diesem Kapitel betrachten wir ab § 2 nur Algebren $\mathfrak{A}$ von endlicher Dimension n über einem Körper K, die folgende Eigenschaften haben:

a) $\mathfrak{A}$ besitzt ein Einselement e.

b) $\mathfrak{A}$ ist strikt potenz-assoziativ, d. h., jede durch Grundkörpererweiterung aus $\mathfrak{A}$ entstehende Algebra ist potenz-assoziativ.

Diese Voraussetzungen werden im Verlaufe des Kapitels nicht wiederholt.

§ 1. Differentiation

1. X sei ein Vektorraum über K und $b_1, b_2, \ldots, b_n$ eine Basis von X über K. Es seien $\tau_1, \tau_2, \ldots, \tau_n$ Elemente aus einem Erweiterungskörper von K, die über K algebraisch unabhängig sind, und es sei

$$\tilde{K} := K(\tau_1, \tau_2, \cdots, \tau_n).$$

Es entstehe $\tilde{X}$ aus X durch Grundkörpererweiterung von K zu $\tilde{K}$. Das Element

$$x = \tau_1 b_1 + \tau_2 b_2 + \cdots + \tau_n b_n$$

von $\tilde{X}$ heißt ein *generisches Element von X* oder *generisch über K*. Es ist manchmal zweckmäßig, wenn man die über K algebraisch unabhängigen Elemente $\tau_1, \tau_2, \ldots, \tau_n$ als unabhängige Unbestimmte über K auffaßt. Man kann stets annehmen, daß bei gegebenem Erweiterungskörper K' von K die Elemente $\tau_1, \tau_2, \ldots, \tau_n$ noch über K' algebraisch unabhängig sind.

Wie üblich bedeutet $x \to a$ die *Spezialisierung* des generischen Elementes x zum Element

$$a = \alpha_1 b_1 + \alpha_2 b_2 + \cdots + \alpha_n b_n$$

von X, die durch die Spezialisierung $\tau_i \to \alpha_i$ (d. h. durch Einsetzen der Werte α_i für τ_i) gegeben ist. Es sei x generisch über K und a ein Element aus einem beliebigen aus X durch Grundkörpererweiterung entstehenden

Vektorraum. Da man annehmen kann, daß die $\tau_1, \tau_2, \ldots, \tau_n$ von den Komponenten von a bezüglich der Basis $b_1, b_2, \ldots, b_n$ algebraisch unabhängig sind, erhält man auch das gegebene Element a als Spezialisierung von x.

Endlich viele über K generische Elemente

$$x_k = \tau_{k1} b_1 + \tau_{k2} b_2 + \cdots + \tau_{kn} b_n, \quad k = 1, 2, \ldots, m,$$

von X heißen *generisch unabhängig über* K, wenn die τ_{ki} über K algebraisch unabhängig sind.

2. Es sei X' ein weiterer Vektorraum über K der Dimension m und $b_1', b_2', \ldots, b_m'$ eine Basis über K. Den aus X' durch die Grundkörpererweiterung von K zu $\tilde{K}$ entstehenden Vektorraum bezeichnen wir mit $\tilde{X}'$.

Ist $f \in \tilde{K}$, so ist $f(\xi_1, \xi_2, \ldots, \xi_n)$ für $(\xi_1, \xi_2, \ldots, \xi_n) \in K^n$ bekanntlich wohldefiniert, wenn es Polynome $p, q \in K[\tau_1, \tau_2, \ldots, \tau_n]$ gibt, so daß $f = \dfrac{p}{q}$ gilt mit $q(\xi_1, \xi_2, \ldots, \xi_n) \neq 0$. Die Menge der $(\xi_1, \xi_2, \ldots, \xi_n)$, für die $f(\xi_1, \xi_2, \ldots, \xi_n)$ definiert ist, bezeichnen wir mit D_f. Man beachte, daß für endliche Körper K die Menge D_f leer sein kann.

Sind $f_1, f_2, \ldots, f_m \in \tilde{K}$, so nennen wir jedes Element

$$\sum_{j=1}^{m} f_j(\tau_1, \tau_2, \ldots, \tau_n) b_j' \in \tilde{X}'$$

eine *rationale Funktion* des generischen Elementes x. Zur Abkürzung bezeichnen wir dieses Element aus $\tilde{X}'$ mit $f(x)$. Die rationale Funktion $f(x)$ heißt *homogen in x vom Grad k*, wenn alle f_j homogen vom Grad k in $\tau_1, \tau_2, \ldots, \tau_n$ sind, sie heißt ein *Polynom in x*, wenn alle f_j Polynome sind.

In $f(x)$ können wir x zu einem Element $a = \alpha_1 b_1 + \alpha_2 b_2 + \cdots + \alpha_n b_n \in X$ nur dann spezialisieren, wenn alle $f_j(\alpha_1, \alpha_2, \ldots, \alpha_n)$ definiert sind. Die Menge D dieser $a \in X$ nennen wir den *Definitionsbereich* von f, er ist die Menge derjenigen a, deren Komponenten bezüglich der Basis $b_1, b_2, \ldots, b_n$ in allen D_{f_j} liegen. Ist f ein Polynom, dann ist $D = X$.

Die rationale Funktion $f(x)$ induziert eine Abbildung $\hat{f}: D \to X'$, wobei der Wert von $a \in D$ bei $\hat{f}$ durch Eintragen von a in $f(x)$ entsteht.

3. Im Fall, daß K unendlich viele Elemente hat, ist D nicht leer. Sind f und g rationale Funktionen, für die die induzierten Abbildungen $\hat{f}$ und $\hat{g}$ auf dem Durchschnitt der Definitionsbereiche übereinstimmen, dann sind bekanntlich die zugehörigen Funktionen f und g einander gleich, d. h., die Komponenten von f und g stimmen überein.

Eine *Abbildung* h einer Teilmenge $T \subset X$ in X' heißt *rational*, wenn es eine rationale Funktion f mit Definitionsbereich $D \supset T$ gibt, so daß $h = \hat{f}$ auf T gilt. Der Begriff der rationalen Abbildung ist unabhängig von der Wahl der Basen von X und X'.

Zwischen einer rationalen Funktion $f(x)$ und der induzierten Abbildung $\hat{f}$ werden wir nicht unterscheiden, wenn dies unmißverständlich ist.

4. Nun sei K wieder ein beliebiger Körper. Es sei

$$f(x) = \sum_{j=1}^{m} f_j(\tau_1, \tau_2, \cdots, \tau_n)\, b_j'$$

eine rationale Funktion des generischen Elementes x mit Werten in $\tilde{X}'$. Ferner sei

$$u = \varrho_1 b_1 + \varrho_2 b_2 + \cdots + \varrho_n b_n$$

generisch über K und x, u generisch unabhängig über K. Wir definieren die in $\tau_1, \tau_2, \ldots, \tau_n$ rationale und in $\varrho_1, \varrho_2, \ldots, \varrho_n$ lineare Funktion

$$(1.1) \qquad \Delta_x^u f(x) := \sum_{j=1}^{m} \left(\sum_{i=1}^{n} \frac{\partial f_j(\tau_1, \tau_2, \ldots, \tau_n)}{\partial \tau_i} \varrho_i \right) b_j'.$$

Hierbei werden die $\tau_1, \tau_2, \ldots, \tau_n$ als Unbestimmte über K aufgefaßt. Ist τ eine weitere von den τ_i und ϱ_i unabhängige Unbestimmte, so kann (1.1) wegen

$$\frac{1}{\tau}\left(f_j(\tau_1 + \tau \varrho_1, \cdots, \tau_n + \tau \varrho_n) - f_j(\tau_1, \cdots, \tau_n)\right)\big|_{\tau = 0}$$

$$= \sum_{i=1}^{n} \frac{\partial f_j(\tau_1, \tau_2, \ldots, \tau_n)}{\partial \tau_i} \varrho_i$$

in der Form

$$(1.2) \qquad \Delta_x^u f(x) = \frac{f(x + \tau u) - f(x)}{\tau}\bigg|_{\tau = 0}$$

geschrieben werden, wenn man die rechte Seite komponentenweise versteht. Man kann also $\Delta_x^u f(x)$ als *Ableitung von $f(x)$ in Richtung u* auffassen.

Mit $\check{X}$ bzw. $\check{X}'$ bezeichnen wir die aus $\tilde{X}$ bzw. $\tilde{X}'$ durch Adjunktion von $\varrho_1, \varrho_2, \ldots, \varrho_n$ an den Grundkörper entstehenden Vektorräume. Da $\Delta_x^u f(x)$ linear in u ist, und da man u zu jedem Element von $\tilde{X}$ spezialisieren kann, definiert $u \to \Delta_x^u f(x)$ einen Vektorraumhomomorphismus von $\tilde{X}$ in $\tilde{X}'$, den wir mit

$$\frac{\partial f(x)}{\partial x} \qquad \text{oder} \qquad \frac{\partial}{\partial x} f(x)$$

bezeichnen werden. Definitionsgemäß ist also

$$(1.3) \qquad \Delta_x^u f(x) = \frac{\partial f(x)}{\partial x}\, u.$$

Als Funktion von x ist $\frac{\partial}{\partial x} f(x)$ rational; diese Funktion ist ein Polynom in x, falls $f(x)$ ein Polynom in x ist.

Der Definition (1.1) entnimmt man, daß man in $\Delta_x^u f(x)$ das generische Element x zu jedem y des Definitionsbereiches von f und das generische Elemente u zu jedem beliebigen Element v von X spezialisieren kann. Dann ist bei festem y die durch $v \rightarrow \Delta_y^v f(y)$ gegebene Abbildung ein Vektorraumhomomorphismus von X in X', den wir mit

$$\frac{\partial f(y)}{\partial y} \quad \text{oder} \quad \frac{\partial}{\partial y} f(y)$$

bezeichnen. Definitionsgemäß ist also für $v \in X$ und $y \in D$

$$\Delta_y^v f(y) = \frac{\partial f(y)}{\partial y} \, v.$$

Man sieht, daß diese Formel durch Spezialisierung aus (1.3) erhalten werden kann.

5. Die nun folgenden Überlegungen führen wir für generisch unabhängige Elemente x, u durch. Der Leser erkennt, welche Einschränkungen bei Spezialisierung von x erforderlich sind.

Aus (1.1) folgt unter offensichtlichen Bedingungen für f und g

$$(1.4) \qquad \Delta_x^u f(g(x)) = \Delta_{g(x)}^w f(g(x)), \qquad w := \Delta_x^u g(x),$$

und hieraus die *Kettenregel*

$$(1.4') \qquad \frac{\partial f(g(x))}{\partial x} = \frac{\partial f(g(x))}{\partial g(x)} \, \frac{\partial g(x)}{\partial x}.$$

Hierin ist die rechte Seite als Hintereinanderanwendung von linearen Transformationen zu lesen.

Ist $f(x)$ eine rationale Funktion, die in x homogen vom Grad k ist, dann entnimmt man der Formel (1.2) die „EULERsche Differentialgleichung"

$$(1.5) \qquad \Delta_x^x f(x) = k \, f(x).$$

Bei uns werden meist nur die Spezialfälle auftreten, bei denen X' gleich K, gleich X oder gleich dem Vektorraum der linearen Transformationen von X ist. Im ersten Fall nennen wir die Funktion *skalar*, im zweiten *vektoriell*.

Für skalare Funktionen f und g gilt die Produktregel

$$\Delta_x^u [f(x) \, g(x)] = f(x) \, \Delta_x^u g(x) + g(x) \, \Delta_x^u f(x).$$

6. Nehmen wir jetzt an, im Vektorraum X über K sei eine eigentliche nichtausgeartete symmetrische Bilinearform σ gegeben. Sie kann auf jeden Vektorraum, der aus X durch Grundkörpererweiterung entsteht, als nichtausgeartete Bilinearform fortgesetzt werden. Für eine in x rationale skalare Funktion $f(x)$ ist $\frac{\partial}{\partial x} f(x)$ eine Linearform auf $\check{X}$. Nach I, § 1.4, kann man daher einen Vektor

$$(1.6) \qquad \left(\frac{\partial f(x)}{\partial x}\right)^* \in \check{X}$$

finden, so daß

$$(1.6') \qquad \Delta_x^u f(x) = \frac{\partial f(x)}{\partial x} u = \sigma\left(\left(\frac{\partial f(x)}{\partial x}\right)^*, u\right)$$

für alle $u \in \check{X}$ gilt. Wir nennen den Vektor (1.6) den *Gradienten* von f, er ist eine vektorielle rationale Funktion. Die Kettenregel liefert für *vektorielles* $g(x)$ und *skalares* $f(x)$ mit der Abkürzung $z = f(g(x))$

$$\sigma\left(\left(\frac{\partial z}{\partial x}\right)^*, u\right) = \frac{\partial f(g(x))}{\partial g(x)} \frac{\partial g(x)}{\partial x} u = \sigma\left(\left(\frac{\partial f(g(x))}{\partial g(x)}\right)^*, \frac{\partial g(x)}{\partial x} u\right)$$

$$= \sigma\left(\left(\frac{\partial g(x)}{\partial x}\right)^* \left(\frac{\partial f(g(x))}{\partial g(x)}\right)^*, u\right)$$

und folglich

$$(1.7) \qquad \left(\frac{\partial f(g(x))}{\partial x}\right)^* = \left(\frac{\partial g(x)}{\partial x}\right)^* \left(\frac{\partial f(g(x))}{\partial g(x)}\right)^*.$$

Man beachte, daß hier einerseits die adjungierte Transformation $\left(\frac{\partial g(x)}{\partial x}\right)^*$ auftritt, während die beiden anderen Ausdrücke Gradienten sind.

7. Sind u, v und x generisch unabhängig über K, so gilt die Vertauschungsregel

$$\Delta_x^u \Delta_x^v f(x) = \Delta_x^v \Delta_x^u f(x)$$

für rationales $f(x)$. Für eine skalare Funktion $f(x)$ ist dieser Ausdruck daher eine symmetrische Bilinearform in u und v. Man kann also nach I, § 1.5, eine selbstadjungierte Transformation $T(x)$ finden, so daß

$$(1.8) \qquad \Delta_x^u \Delta_x^v f(x) = \sigma(T(x) u, v)$$

gilt. Es ist

$$\Delta_x^v f(x) = \frac{\partial f(x)}{\partial x} v = \sigma\left(\left(\frac{\partial f(x)}{\partial x}\right)^*, v\right),$$

$$\Delta_x^u \Delta_x^v f(x) = \sigma\left(\Delta_x^u \left(\frac{\partial f(x)}{\partial x}\right)^*, v\right) = \sigma\left(\frac{\partial}{\partial x} \left(\frac{\partial f(x)}{\partial x}\right)^* u, v\right),$$

also

$$(1.9) \qquad T(x) = \frac{\partial}{\partial x} \left(\frac{\partial f(x)}{\partial x}\right)^*.$$

Für eine rationale Funktion $f(x)$ ist daher $T(x)$ ebenfalls rational, und zwar ist $T(x)$ eine lineare Transformation von $\check{X}$ in sich.

Man prüft leicht die folgenden Formeln nach:

$$\frac{\partial A x}{\partial x} = A, \quad \text{falls } A \text{ eine lineare Transformation von } X \text{ ist,}$$

$$\left(\frac{\partial \sigma(A x, x)}{\partial x}\right)^* = (A + A^*) x.$$

§ 2. Identitäten für generische Elemente

1. Im weiteren Verlauf des Kapitels sei $\mathfrak{A}$ eine Algebra über K und X der zugehörige Vektorraum. Wie im ersten Paragraphen sei $x = \tau_1 b_1 + \tau_2 b_2 + \cdots + \tau_n b_n$ ein generisches Element von $\mathfrak{A}$ und $\tilde{K} = K(\tau_1, \tau_2, \ldots, \tau_n)$.

Für zwei vektorielle rationale Funktionen f und g ist das Produkt in $\mathfrak{A}$ wieder rational. Aus der Definition (1.1) folgt

$$(2.1) \qquad \Delta_x^u[f(x)\, g(x)] = f(x)\, [\Delta_x^u g(x)] + [\Delta_x^u f(x)]\, g(x),$$

oder unter Verwendung der regulären Darstellungen von $\mathfrak{A}$:

$$\Delta_x^u[f(x)\, g(x)] = L(f(x))\, \Delta_x^u g(x) + R(g(x))\, \Delta_x^u f(x).$$

Faßt man dies als lineare Transformation in u auf, so bekommt man

$$(2.1') \qquad \frac{\partial f(x)\, g(x)}{\partial x} = L(f(x))\, \frac{\partial g(x)}{\partial x} + R(g(x))\, \frac{\partial f(x)}{\partial x}.$$

Als erste Anwendung wollen wir $\dfrac{\partial}{\partial x}$ für die Potenzen x^m des generischen Elementes x bestimmen. Zuerst ist klar, daß x^m ein Polynom in x ist. Wegen $x^{m+1} = x\, x^m$ $(m \geq 1)$ gibt (2.1') sofort

$$(2.2) \qquad \frac{\partial x^{m+1}}{\partial x} = L(x)\, \frac{\partial x^m}{\partial x} + R(x^m).$$

Hat $\mathfrak{A}$ ein Einselement, dann kann man durch Induktion nach m hieraus

$$(2.3) \qquad \frac{\partial x^{m+1}}{\partial x} = \sum_{i=0}^{m} L^{m-i}(x)\, R(x^i), \qquad m \geq 0,$$

folgern.

2. Nun sei $\mathfrak{A}$ eine strikt potenz-assoziative Algebra mit Einselement e. Wegen $L(e) = Id$ ist $|L(x)|$ nicht das Nullpolynom. Es ist also $L(x)$ umkehrbar und daher x kein Nullteiler von $K[x]$. *Ein generisches Element x ist somit in jeder Grundkörpererweiterung, in der x liegt, invertierbar.* Aus $L(x)\, (x^{-1} - L^{-1}(x)\, e) = 0$ folgt dann

$$(2.4) \qquad x^{-1} = L^{-1}(x)\, e \quad \text{und analog} \quad x^{-1} = R^{-1}(x)\, e.$$

Speziell ist x^{-1} eine rationale Funktion von x. Man beachte jedoch, daß man in (2.4) das Element x keineswegs zu jedem invertierbaren Element von $\mathfrak{A}$ spezialisieren kann, sondern nur zu den invertierbaren Elementen u, für die außerdem $|L(u)| \neq 0$ bzw. $|R(u)| \neq 0$ gilt.

Mit x ist auch x^{-1} generisch über K. Sei y ein generisches Element von $\mathfrak{A}$, für welches x und y generisch unabhängig über K sind, und $\varphi(y)$ ein skalares Polynom in y. Nehmen wir an, daß $\varphi(x^{-1}) = 0$ gilt. Spezialisiert man hier x zu y^{-1}, so erhält man $\varphi(y) = \varphi((y^{-1})^{-1}) = 0$, d. h., φ ist das Nullpolynom. Die Komponenten von x^{-1} bezüglich der

Basis $b_1, b_2, \ldots, b_n$ sind also algebraisch unabhängig über K, d. h., x^{-1} ist generisch über K.

Mit x ist auch x^t ein generisches Element von $\mathfrak{A}$, sofern die Charakteristik von K kein Teiler der ganzen Zahl $t \neq 0$ ist. Man wähle $y = \varrho_1 b_1 + \varrho_2 b_2 + \cdots + \varrho_n b_n$ als generisches Element von $\mathfrak{A}$, so daß x, y generisch unabhängig über K sind. Bezeichne K' den algebraischen Abschluß von $K(\varrho_1, \varrho_2, \ldots, \varrho_n)$ und $\mathfrak{A}'$ die durch Grundkörpererweiterung von K zu K' entstehende Algebra. Es ist $y \in \mathfrak{A}'$. Nach I, Satz 4.3, gibt es daher $y^{1/t} \in K'[y]$. Da x, y über K generisch unabhängig sind, ist x auch generisch über K'. Bei der Spezialisierung $x \to y^{1/t}$ geht x^t über in das über K generische Element y. Es ist also auch x^t generisch über K.

3. Wir bilden nun die lineare Transformation

$$(2.5) \qquad\qquad H(x) := - \frac{\partial x^{-1}}{\partial x}$$

von $\mathfrak{A}$. $H(x)$ ist rational in x. Da x^{-1} homogen vom Grad -1 in x ist, ist $H(x)$ *homogen vom Grad* -2.

Eine Anwendung der Kettenregel (1.4') auf $(x^{-1})^{-1} = x$ gibt

$$(2.6) \qquad\qquad H(x^{-1})\, H(x) = Id.$$

Speziell ist also die lineare Transformation $H(x)$ umkehrbar. Die EULERsche Differentialgleichung (1.5) für $f(x) = x^{-1}$ ergibt

$$(2.7) \qquad\qquad x^{-1} = H(x)\, x.$$

Wendet man $\frac{\partial}{\partial x}$ auf die Identität $x^m x^{-1} = x^{m-1} = x^{-1} x^m$ an, so erhält man aus (2.1')

$$\frac{\partial x^{m-1}}{\partial x} = -L(x^m)\, H(x) + R(x^{-1})\, \frac{\partial x^m}{\partial x} = L(x^{-1})\, \frac{\partial x^m}{\partial x} - R(x^m)\, H(x).$$

Für $m = 1$ entnimmt man hieraus

$$(2.8) \qquad L(x)\, H(x) = R(x^{-1}), \qquad R(x)\, H(x) = L(x^{-1}),$$

und der Fall $m = 2$ ergibt bei Beachtung von $\frac{\partial x^2}{\partial x} = L(x) + R(x)$

$$(2.9) \quad Id = -L(x^2)\, H(x) + R(x^{-1})\, [L(x) + R(x)]$$

$$= L(x^{-1})\, [L(x) + R(x)] - R(x^2)\, H(x).$$

Hier kann man (2.8) eintragen und bekommt

$$(2.10) \quad Id = L(x)\, H(x)\, [L(x) + R(x)] - L(x^2)\, H(x)$$

$$= R(x)\, H(x)\, [L(x) + R(x)] - R(x^2)\, H(x).$$

Aus (2.8) entnimmt man noch

$$(2.11) \qquad\qquad H(e) = Id.$$

4. In unseren späteren Untersuchungen wird eine aus der links- und der rechtsregulären Darstellung gebildete lineare Transformation von $\mathfrak{A}$ eine wichtige Rolle spielen, die wir schon jetzt einführen wollen. Durch Differentiation von $x\,x^2 = x^2\,x$ erhalten wir aus (2.1')

$$L(x)\,[L(x) + R(x)] + R(x^2) = R(x)\,[L(x) + R(x)] + L(x^2).$$

Es ist also

$$(2.12) \quad P(x) := L(x)\,[L(x) + R(x)] - L(x^2) = R(x)\,[L(x) + R(x)] - R(x^2)$$

ein Polynom 2. Grades in x. Definitionsgemäß ist

$$(2.13) \qquad P(x)\,y = x\,(x\,y + y\,x) - x^2\,y = (x\,y + y\,x)\,x - y\,x^2.$$

In $P(x)$ kann man x zu jedem Element u von $\mathfrak{A}$ spezialisieren, insbesondere ist $P(e) = Id$. Wir nennen $P(u)$ die *quadratische Darstellung von u aus $\mathfrak{A}$*.

Ist K' irgendein Erweiterungskörper von K, so entnimmt man der Definition

$$(2.14) \qquad\qquad P(u)\,v = u^2\,v \quad \text{für} \quad u, v \in K'[x].$$

5. Wir wollen schon hier die Äquivalenz einiger Identitäten nachweisen, obgleich die Ergebnisse in diesem Kapitel nicht mehr benötigt werden. Es handelt sich dabei um nichttriviale Beziehungen zwischen den folgenden Bedingungen:

(A) Es sind $H(x)$ und $L(x) + R(x)$ vertauschbar.

(B) Für generisch unabhängige x, y gilt $[H(x)\,y]^{-1} = H^{-1}(x)\,y^{-1}$.

(C) Es ist $L(x) + R(x)$ mit $L(x^{-1})$ und $R(x^{-1})$ vertauschbar.

(D) $\mathfrak{A}$ ist flexibel, d. h., $L(x)$ und $R(x)$ sind vertauschbar.

Unser Ergebnis formulieren wir in dem folgenden

Äquivalenz-Lemma. *Ist $\mathfrak{A}$ eine strikt potenz-assoziative Algebra über K, dann gilt:*

a) Die Aussagen (A) und (B) sind äquivalent; aus jeder von ihnen folgt, daß $H^{-1}(x)$ gleich der quadratischen Darstellung $P(x)$ ist.

b) Je zwei der drei Bedingungen (A), (C), (D) ziehen die dritte nach sich. Sind diese Bedingungen erfüllt und ist die Charakteristik von K ungleich 2, so ist $\mathfrak{A}^+$ eine Jordan-Algebra.

c) Ist die Algebra $\mathfrak{A}$ flexibel, so sind die Bedingungen (A), (B), (C) untereinander äquivalent.

5*

Beweis. a) Die Bedingung (A) sei erfüllt. In (2.10) kann man dann auf der rechten Seite jeweils im ersten Summanden $H(x)$ und $L(x) + R(x)$ vertauschen und erhält dadurch $P(x) H(x) = Id$. Wegen (2.13) ist somit $H^{-1}(x) y = x(xy) + x(yx) - x^2 y$. Hierauf wenden wir $\Delta_x^{y^{-1}}$ an:

$$\Delta_x^{y^{-1}}[H^{-1}(x) y] = y^{-1}(xy) + x(y^{-1}y) + y^{-1}(yx) + x(yy^{-1}) - (y^{-1}x)y -$$

$$- (xy^{-1})y = 2x + (L(y^{-1})[L(y) + R(y)] - R(y)[L(y^{-1}) + R(y^{-1})])x.$$

Trägt man im zweiten Summanden (2.8) ein und verwendet erneut (A), so sieht man, daß dieser Summand Null ist. Es folgt

$$(2.15) \qquad \Delta_x^{y^{-1}}[H^{-1}(x) y] = 2x \quad \text{und} \quad \Delta_x^{y^{-1}} x^{-1} = -H(x) y^{-1}.$$

Wegen (2.8) hat man außerdem $x^{-1}[H^{-1}(x) y] = L(x^{-1}) H^{-1}(x) y = yx$. Auf diese Formel wird wieder $\Delta_x^{y^{-1}}$ angewendet:

$$[\Delta_x^{y^{-1}} x^{-1}][H^{-1}(x) y] + x^{-1}[\Delta_x^{y^{-1}} H^{-1}(x) y] = y y^{-1} = e.$$

Trägt man hier (2.15) ein, so bekommt man $[H(x) y^{-1}][H^{-1}(x) y] = e$. Da mit x auch x^{-1} generisch ist, darf man x durch x^{-1} ersetzen. Wegen (2.6) folgt dann $[H^{-1}(x) y^{-1}][H(x) y] = e$, d. h.

$$(H^{-1}(x) y^{-1} - [H(x) y]^{-1}) H(x) y = 0.$$

Da $|R(H(x) y)|$ nicht Null ist, erhält man $[H(x) y]^{-1} = H^{-1}(x) y^{-1}$, d. h. die Bedingung (B).

Nun sei umgekehrt (B) erfüllt. Wir bilden die lineare Transformation

$$H(x; u) := \Delta_x^u H(x),$$

die in x rational und in u linear ist. Wendet man Δ_x^u auf (2.8) an, so findet man

$$L(u) H(x) + L(x) H(x; u) = R(\Delta_x^u x^{-1}) = -R(H(x) u).$$

Die Spezialisierung $x \to e$ ergibt wegen (2.11)

$$(2.16) \qquad\qquad H(e; u) = -[L(u) + R(u)].$$

Auf die aus (B) durch Vertauschung von x mit y entstehende Identität $[H(y) x]^{-1} = H^{-1}(y) x^{-1} = H(y^{-1}) x^{-1}$ wenden wir Δ_y^u an. Mit den Abkürzungen

$$a := \Delta_y^u H(y) x = H(y; u) x, \quad b := \Delta_y^u y^{-1} = -H(y) u, \quad c := H(y) x$$

und der Kettenregel erhält man

$$\Delta_y^u [H(y)\,x]^{-1} = \Delta_c^a c^{-1} = -H(c)\,a = -H(H(y)\,x)\,H(y;u)\,x,$$

$$\Delta_y^u [H(y^{-1})\,x^{-1}] = \Delta_{y^{-1}}^b H(y^{-1})\,x^{-1} = H(y^{-1};b)\,x^{-1} = -H(y^{-1};H(y)u)x^{-1}.$$

Nach Gleichsetzen beider Ausdrücke spezialisiert man $y \to e$ und verwendet (2.16). Die entstehende Identität $H(x)\,(u\,x + x\,u) = u\,x^{-1} + x^{-1}\,u$ gibt als lineare Transformation von u

$$H(x)\,[L(x) + R(x)] = L(x^{-1}) + R(x^{-1}).$$

Ein Vergleich mit (2.8) zeigt die Gültigkeit von (A). Damit ist Teil a) bewiesen.

b) Es sei (C) erfüllt. In (2.9) kann man $L(x^{-1})$ bzw. $R(x^{-1})$ mit $L(x) + R(x)$ vertauschen und anschließend (2.8) eintragen. Man erhält

$$H^{-1}(x) = [L(x) + R(x)]\,L(x) - L(x^2) = [L(x) + R(x)]\,R(x) - R(x^2).$$

Da wegen a) aus (A) auch $H^{-1}(x) = P(x)$ folgt, sieht man, daß $L(x)$ und $R(x)$ vertauschbar sind, also $\mathfrak{A}$ flexibel ist. *Aus (A) und (C) folgt also (D).*

Gilt (C) und (D), dann ist $\mathfrak{A}$ flexibel, und man hat $L(x^{-1})\,[L(x) + R(x)] = [L(x) + R(x)]\,L(x^{-1})$, woraus man nach Eintragen von (2.8)

$$R(x)\,(H(x)\,[L(x) + R(x)] - [L(x) + R(x)]\,H(x)) = 0$$

erhält. Da $|R(x)|$ nicht Null ist, folgt (A). *Aus (C) und (D) folgt also (A).*

Nun sei (A) und (D) erfüllt. Es ist also sowohl $H(x)$ als auch $L(x)$ und $R(x)$ mit $L(x) + R(x)$ vertauschbar. Jetzt entnimmt man wieder (2.8), daß (C) gilt. *Aus (A) und (D) folgt also (C).*

Damit ist gezeigt, daß je zwei der drei Bedingungen (A), (B), (D) die dritte nach sich ziehen.

Ist wieder (A) und (D) erfüllt, dann ist $H^{-1}(x) = P(x)$ mit $L(x) + R(x)$ vertauschbar und $\mathfrak{A}$ ist flexibel. Folglich sind $L(x^2)$ und $R(x^2)$ mit $L(x) + R(x)$ vertauschbar. Ist die Charakteristik von K nicht 2, so ist

$$L^+(x) = \tfrac{1}{2}[L(x) + R(x)]$$

die linksreguläre Darstellung von $\mathfrak{A}^+$. Unter den angegebenen Voraussetzungen sind also $L^+(x)$ und $L^+(x^2)$ vertauschbar. Da man x zu jedem Element von $\mathfrak{A}$ spezialisieren kann, ist $\mathfrak{A}^+$ eine Jordan-Algebra.

c) Die Aussage ist eine Konsequenz der Teile a) und b).

§ 3. Multiplikative Polynome

1. Im Zusammenhang mit den §§ 6 bis 8 von Kapitel I fragt man nach der Existenz von assoziativen bzw. normalen Linearformen zu einer gegebenen Algebra. In vielen Fällen erweist sich die durch

$\lambda(u) = \operatorname{Spur} L(u)$ definierte Linearform λ als assoziativ. Der Nachweis der Normalität gelingt jedoch meist nur, wenn man gewisse Charakteristiken für K ausschließt.

Für diejenigen potenz-assoziativen Algebren, die uns interessieren, läßt sich, wie wir sehen werden, die Existenz von nichttrivialen assoziativen bzw. normalen Linearformen nachweisen. Wir beginnen mit der Untersuchung von sogenannten multiplikativen Polynomen.

Es sei x ein generisches Element von $\mathfrak{A}$. Ein skalares homogenes Polynom $\omega(x)$ mit Koeffizienten aus dem algebraischen Abschluß $\bar{K}$ von K nennen wir *multiplikativ* (in bezug auf $\mathfrak{A}$), wenn $\omega(e) = 1$ gilt und für jede Körpererweiterung K' von K und alle $u, v \in K'[x]$

$$\omega(u\,v) = \omega(u)\,\omega(v)$$

erfüllt ist.

Ist τ eine Unbestimmte und $\omega(x)$ ein skalares multiplikatives Polynom vom Grad $m > 0$, so läßt sich $\omega(\tau e - x)$ nach Potenzen von τ entwickeln:

$$(3.1) \qquad \omega(\tau e - x) = \sum_{j=0}^{m} (-1)^j \chi_j(x)\, \tau^{m-j}.$$

Die Koeffizienten $\chi_j(x)$ sind skalare homogene Polynome in x vom Grad j.

2. Es sei u ein festes Element aus einer Grundkörpererweiterung von $\mathfrak{A}$. Wir wollen die Polynome $\chi_j(v)$ für alle $v \in K'[u]$ berechnen, wobei K' ein beliebiger Erweiterungskörper von K ist. Sei also $v = h(u)$ mit einem $h(\tau) \in K'[\tau]$. Es darf angenommen werden, daß die Koeffizienten des Polynoms $\omega(x)$ und die Komponenten von u bezüglich einer Basis von $\mathfrak{A}$ über K bereits in K' liegen. Zu einer weiteren Unbestimmten ϱ über K' wählen wir einen algebraisch abgeschlossenen Erweiterungskörper $\check{K}$ von $K'(\varrho)$ und eine Unbestimmte τ über $\check{K}$.

Über dem Körper $\check{K}$ zerfällt das Polynom $\omega(\tau e - u)$ in Linearfaktoren,

$$\omega(\tau e - u) = \prod_{i=1}^{m} (\tau - \xi_i).$$

Sei weiter

$$q(\tau) = \gamma \prod_j (\beta_j - \tau)$$

ein beliebiges Polynom aus $\check{K}[\tau]$, welches gleich in seine Linearfaktoren zerlegt ist. Es folgt

$$q(u) = \gamma \prod_j (\beta_j e - u),$$

also wegen der Multiplikativität von ω

$$\omega(q(u)) = \gamma^m \prod_j \omega(\beta_j e - u) = \gamma^m \prod_j \prod_{i=1}^{m} (\beta_j - \xi_i) = \prod_{i=1}^{m} q(\xi_i).$$

Diese Formel auf das Polynom $q(\tau) = \varrho - h(\tau)$ angewendet, ergibt

$$\omega(\varrho\, e - h(u)) = \prod_{i=1}^{m} (\varrho - h(\xi_i)).$$

Andererseits hat man für die linke Seite wegen (3.1)

$$\omega(\varrho\, e - h(u)) = \sum_{j=0}^{m} (-1)^j\, \chi_j(h(u))\, \varrho^{m-j}.$$

Da ϱ eine Unbestimmte über K' ist, darf man die Koeffizienten vergleichen. Bezeichnet man die elementarsymmetrischen Funktionen mit S_j, so folgt

$$(3.2) \qquad \chi_j(h(u)) = S_j(h(\xi_1), h(\xi_2), \ldots, h(\xi_m)).$$

Als Anwendung von (3.2) beweisen wir den

Satz 3.1. *Es sei ω ein multiplikatives Polynom von $\mathfrak{A}$. Jede der Wurzeln $\xi_1, \xi_2, \ldots, \xi_m$ des Polynoms $\omega(\tau\, e - u)$ ist eine Wurzel des Minimalpolynoms von u.*

Beweis. Sei $f(\tau)$ das Minimalpolynom von u. Wir setzen $h = f$ in (3.2) und erhalten $S_j(f(\xi_1), f(\xi_2), \ldots, f(\xi_m)) = 0$ für $j = 1, 2, \ldots, m$. Das bedeutet aber $f(\xi_i) = 0$ für alle i.

Korollar. *Es sei u aus einer Grundkörpererweiterung von $\mathfrak{A}$, und es sei u nilpotent. Dann ist $\chi_j(u) = 0$ für $j = 1, 2, \ldots, m$.*

Beweis. Das Minimalpolynom von u ist eine Potenz von τ, Null ist daher die einzige Wurzel von $\omega(\tau\, e - u)$, d. h., es gilt

$$\omega(\tau\, e - u) = \tau^m.$$

3. Zum multiplikativen Polynom $\omega(x)$ definieren wir die Linearform χ durch $\chi(x) := \chi_1(x)$ und nennen χ die dem *Polynom ω zugeordnete Linearform*. Beschränkt man χ auf die Algebra $\mathfrak{A}$, so erhält man eine Linearform mit Werten in $\bar{K}$. Unsere bisherigen Ergebnisse über diese Linearform fassen wir zusammen in

Satz 3.2. *Ist χ die dem multiplikativen Polynom ω von $\mathfrak{A}$ zugeordnete Linearform, dann gilt:*

a) $\chi(u) = 0$ *für alle nilpotenten Elemente u jeder Grundkörpererweiterung von $\mathfrak{A}$.*

b) *Sind die ξ_i die Wurzeln des Polynoms $\omega(\tau\, e - u)$ in ihrer Vielfachheit gezählt, so gilt*

$$\chi(h(u)) = \sum_{i=1}^{m} h(\xi_i)$$

für alle Polynome $h(\tau)$ mit Koeffizienten in einem beliebigen Erweiterungskörper von K.

Die Existenz von nichttrivialen Linearformen χ kann unter der Annahme, daß ein nichtkonstantes multiplikatives Polynom existiert, mit Hilfe des folgenden Satzes erschlossen werden, falls für ein geeignetes Element u das Polynom $\omega(\tau e - u)$ nur einfache Wurzeln besitzt.

Satz 3.3. *Es seien* $\omega^{(1)}, \omega^{(2)}, \ldots, \omega^{(t)}$ *multiplikative Polynome von* $\mathfrak{A}$ *und* $\chi^{(1)}, \chi^{(2)}, \ldots, \chi^{(t)}$ *seien die zugeordneten Linearformen. Ist* u *ein Element von* $\mathfrak{A}$, *für das alle Wurzeln* $\xi_i^{(j)}$ *der Polynome* $\omega^{(j)}(\tau e - u)$ *verschieden sind, dann sind die Linearformen* $\chi^{(j)}$ *auf* $K[u]$ *linear unabhängig, es ist also nur dann*

$$\sum_{j=1}^{t} \gamma_j \, \chi^{(j)}(v) = 0 \quad \textit{für alle} \quad v \in K[u],$$

wenn alle γ_j *Null sind.*

Beweis. Setzt man

$$q(\tau) := \prod_{j=2}^{t} \omega^{(j)}(\tau e - u),$$

dann hat $q(\tau)$ die Wurzeln $\xi_i^{(j)}, j \geq 2$. Nach Annahme ist $q(\xi_i^{(1)}) \neq 0$ aber $q(\xi_i^{(j)}) = 0$ für $j \geq 2$. Wegen Satz 3.2b) hat man für $k \geq 0$ und $j \geq 2$

$$\chi^{(j)}\big(u^k q(u)\big) = \sum_i q(\xi_i^{(j)}) \, \xi_i^{(j)^k} = 0.$$

In die Relation

$$\sum_{j=1}^{t} \gamma_j \, \chi^{(j)}(v) = 0 \quad \text{für alle} \quad v \in K[u]$$

trägt man $v = u^k q(u)$ und zur Abkürzung $\eta_i = q(\xi_i^{(1)})$ ein. Man erhält wegen Satz 3.2b)

$$0 = \gamma_1 \, \chi^{(1)}\big(u^k q(u)\big) = \gamma_1 \sum_i \eta_i \, \xi_i^{(1)^k}.$$

Im Falle $\gamma_1 \neq 0$ ist die Summe auf der rechten Seite für alle k gleich Null. Da die $\xi_i^{(1)}$ verschieden sind, ist ihre Vandermondesche Determinante nicht Null, es folgt $\eta_i = 0$ für alle i. Das ist aber ein Widerspruch zur Wahl von q. Folglich ist $\gamma_1 = 0$. Aus Symmetriegründen folgt $\gamma_2 = \cdots = \gamma_t = 0$.

Anmerkung: Sind alle $\xi_i^{(j)}$ außerdem von Null verschieden, so kann im Beweis überall $k = 0$ weggelassen werden. Man erhält sogar die lineare Unabhängigkeit der Linearformen auf $K_1[u]$.

§ 4. Das Minimalpolynom eines generischen Elementes

1. Wie bisher sei $x = \tau_1 b_1 + \tau_2 b_2 + \cdots + \tau_n b_n$ ein generisches Element der Algebra $\mathfrak{A}$ und $\tilde{K} = K(\tau_1, \tau_2, \ldots, \tau_n)$. $\tilde{\mathfrak{A}}$ bezeichne die aus $\mathfrak{A}$ durch die Grundkörpererweiterung von K zu $\tilde{K}$ hervorgehende Algebra.

Es sei u ein Element einer Körpererweiterung von $\mathfrak{A}$. Um die Abhängigkeit von u hervorzuheben, bezeichnen wir mit $f_u(\tau)$ das Minimalpolynom des Elementes u. Da wir in I, § 4.1, gesehen hatten, daß das Minimalpolynom invariant gegenüber Grundkörpererweiterungen ist, braucht die Algebra, in der u liegt und bezüglich der das Minimalpolynom gebildet ist, nicht vermerkt zu werden. Man kann $f_u(\tau)$ in jeder Grundkörpererweiterung von $\mathfrak{A}$ bilden, in welcher u enthalten ist.

Im Gegensatz dazu hängt das reduzierte Minimalpolynom von der Algebra ab, in der es gebildet wird. Liegt u in der Grundkörpererweiterung $\mathfrak{A}'$ von $\mathfrak{A}$, so bezeichnen wir das reduzierte Minimalpolynom von u mit $g_{u;\,\mathfrak{A}'}(\tau)$. Es ist $g_{u;\,\mathfrak{A}'}(\tau)$ ein Teiler von $f_u(\tau)$.

Es ist ferner zweckmäßig, diese beiden Polynome für ein generisches Element x von $\mathfrak{A}$ gesondert zu benennen. Es bezeichne

$f(\tau; x)$ das Minimalpolynom von x in $\mathfrak{A}$,

$g(\tau; x)$ das reduzierte Minimalpolynom von x in $\mathfrak{A}$.

Beides sind Polynome aus $\tilde{K}[\tau]$, insbesondere also rationale Funktionen von x (vgl. § 1.1).

Lemma 4.1. *Das Minimalpolynom $f(\tau; x)$ und das reduzierte Minimalpolynom $g(\tau; x)$ des generischen Elementes x sind Polynome in τ und x mit Koeffizienten aus K.*

Beweis. Wir betrachten das Minimalpolynom $F(\tau)$ der linearen Transformation $L(x)$ über $\tilde{K}$. Man hat $0 = F\big(L(x)\big)e = F(x)$, und daher ist $f(\tau; x)$ ein Teiler von $F(\tau)$. Bekanntlich ist $F(\tau)$ ein Teiler des charakteristischen Polynoms $|\tau\,Id - L(x)|$. Daher ist $f(\tau; x)$ ein Teiler eines normierten Polynoms $h(\tau)$ aus $K[\tau_1, \tau_2, \ldots, \tau_n][\tau]$, d. h. $h(\tau) = f(\tau; x)\,q(\tau)$ mit $f, q \in \tilde{K}[\tau]$. Da $\tilde{K}$ gleich dem Quotientenkörper von $K[\tau_1, \tau_2, \ldots, \tau_n]$ ist, hat man bekanntlich schon eine solche Zerlegung in $K[\tau_1, \tau_2, \ldots, \tau_n]$, d. h., es liegt $f(\tau; x)$ in $K[\tau_1, \tau_2, \ldots, \tau_n][\tau]$ und ist somit ein Polynom in τ und x. Da $g(\tau; x)$ ein Teiler von $f(\tau; x)$ ist, kann man analog schließen.

Da zwei generische Elemente eineindeutig aufeinander bezogen werden können, hängen die Grade von $f(\tau; x)$ und $g(\tau; x)$ als Polynome in τ nicht von der Wahl des generischen Elementes x ab. Das Minimalpolynom $f(\tau; x)$ ist invariant gegenüber Grundkörpererweiterungen, für welche x generisch bleibt.

2. Nach dem vorhergehenden Lemma kann man in dem Polynom $f(\tau; x)$ für x jede Spezialisierung eintragen. Wegen $f(x; x) = 0$ gilt auch $f(u; u) = 0$ für jedes Element jeder Körpererweiterung von $\mathfrak{A}$. Man sieht, daß das Minimalpolynom $f_u(\tau)$ ein Teiler von $f(\tau; u)$ ist.

Entsprechend ist $g(x; x)$ nilpotent, d. h., für jedes Element u jeder Grundkörpererweiterung von $\mathfrak{A}$ ist $g(u; u)$ nilpotent. Man sieht, daß das reduzierte Minimalpolynom $g_{u;\mathfrak{A}'}(\tau)$ ein Teiler von $g(\tau;u)$ ist, wenn u in der Grundkörpererweiterung $\mathfrak{A}'$ von $\mathfrak{A}$ liegt.

Lemma 4.2. *Das Minimalpolynom* $f_u(\tau)$ *eines Elementes* $u \in \mathfrak{A}$ *ist gleich dem charakteristischen Polynom* $|\tau\,Id - L_0(u)|$ *der Restriktion* $L_0(u)$ *der linksregulären Darstellung* $L(u)$ *auf* $K[u]$.

Beweis. Es sei r der Grad von $f_u(\tau)$, so daß also $e, u, u^2, \ldots, u^{r-1}$ eine Basis von $K[u]$ bilden. Ist $h(\tau) = |\tau\,Id - L_0(u)|$, so gilt bekanntlich $h(L_0(u)) = 0$. Wir wenden dies auf e an und erhalten $h(u) = 0$. Das Minimalpolynom $f_u(\tau)$ von u ist daher ein Teiler von $h(\tau)$. Da $h(\tau)$ und $f_u(\tau)$ den gleichen Grad haben, folgt die Behauptung.

3. Wir schreiben $f(\tau;x)$ als Polynom von τ in der Form

$$(4.1)\quad f(\tau;x) = \sum_{j=0}^{m} (-1)^j \varphi_j(x)\,\tau^{m-j}, \quad \varphi_0(x) = 1, \quad \varphi_m(x) = (-1)^m f(0;x).$$

Wegen Lemma 4.1 sind die $\varphi_j(x)$ skalare Polynome in x. Ist ϱ eine weitere Unbestimmte, dann gilt $f(\varrho\,\tau;\varrho\,x) = \varrho^m f(\tau;x)$, d. h., $\varphi_j(x)$ ist homogen in x vom Grad j.

Wir bezeichnen noch das konstante Glied in $f(\tau;x)$ gesondert:

$$HN(x) := \varphi_m(x) = (-1)^m f(0;x).$$

Wendet man Lemma 4.2 auf das Minimalpolynom $f(\tau;x)$ an, so ergibt sich, daß $f(\tau;x)$ gleich ist dem charakteristischen Polynom der Restriktion $L_0(x)$ von $L(x)$ auf $K[x]$. Man setzt hier $\tau = 0$ und erhält, *daß* $HN(x)$ *gleich der Determinante der Restriktion* $L_0(x)$ *von* $L(x)$ *auf* $K[x]$ *ist.*

Wir wählen $\tau_1, \ldots, \tau_n, \sigma_1, \ldots, \sigma_m, \varrho_1, \ldots, \varrho_m$ algebraisch unabhängig über einem gegebenen Erweiterungskörper K' von K und bezeichnen mit $\check{K}$ den aus K' durch Adjunktion dieser Elemente entstehenden Körper. In der aus $\mathfrak{A}$ durch Erweiterung von K zu $\check{K}$ entstehenden Algebra betrachte man die Elemente

$$y = \sum_{i=0}^{m-1} \varrho_{i+1}\,x^i, \quad z = \sum_{i=0}^{m-1} \sigma_{i+1}\,x^i$$

von $\check{K}[x]$. Für $j = 0, 1, \ldots, m-1$, erhält man

$$y^j = \sum_{i=0}^{m-1} \alpha_{ji}\,x^i, \quad z^j = \sum_{i=0}^{m-1} \beta_{ji}\,x^i, \quad (y\,z)^j = \sum_{i=0}^{m-1} \gamma_{ji}\,x^i,$$

wobei die $\alpha_{ji}, \beta_{ji}, \gamma_{ji}$ Polynome in den $\tau_1, \ldots, \tau_n, \sigma_1, \ldots, \sigma_m, \varrho_1, \ldots \varrho_m$ sind. Man betrachte nun die Determinanten a, b, c der Matrizen (α_{ji}), (β_{ji}), (γ_{ji}). Die Spezialisierung $\varrho_2 \to 1$, $\varrho_i \to 0$ für $i \neq 2$, gibt $y^j = x^j$, d. h., bei dieser Spezialisierung nimmt a den Wert 1 an. Die Spezialisierung $\sigma_2 \to 1$, $\sigma_i \to 0$ für $i \neq 2$, gibt analog für b den Wert 1. Schließlich nimmt c bei der Spezialisierung $\varrho_2 \to 1$, $\varrho_i \to 0$, $i \neq 2$, $\sigma_2 \to 1$,

$\sigma_i \to 0$, $i \neq 2$, ebenfalls den Wert 1 an. Die Determinanten a, b, c sind daher nicht die Null-Polynome, und man kann die Potenzen von x durch die Potenzen von y, z bzw. $y\,z$ ausdrücken. Damit erhält man

$$\check{K}[x] = \check{K}[y] = \check{K}[z] = \check{K}[y\,z].$$

Da diese Algebra assoziativ ist, gilt $L_0(y\,z) = L_0(y)\,L_0(z)$ für die Restriktion L_0 von L. Die Determinante von $L_0(x)$ ist gleich $HN(x)$. Es folgt somit

(4.2) $$HN(y\,z) = HN(y)\,HN(z).$$

Über die Polynome $f(\tau; x)$ und $HN(x)$ beweisen wir nun den

Satz 4.3. *Ist x ein generisches Element der Algebra $\mathfrak{A}$, dann ist $HN(x)$ multiplikativ, und es gilt $HN(\tau\,e - x) = f(\tau; x)$.*

Beweis. Da wir in (4.2) y und z zu beliebigen Elementen von $K'[x]$ spezialisieren können, erhalten wir $HN(u\,v) = HN(u)\,HN(v)$ für alle $u, v \in K'[x]$.

Es sei ϱ eine weitere Unbestimmte und $\hat{K} = K(\tau_1, \ldots, \tau_n, \varrho)$. Ist $\tilde{L}_0(u)$ die Restriktion von $L(u)$ auf $\hat{K}[x]$, dann wissen wir

$$f(\tau; x) = |\tau\,Id - L_0(x)| = |L_0(\tau\,e - x)|.$$

Andererseits ist $\hat{K}[\varrho\,e - x] = \hat{K}[x]$ und daher

$$HN(\varrho\,e - x) = |L_0(\varrho\,e - x)|.$$

Ein Vergleich beider Identitäten gibt $f(\tau; x) = HN(\tau\,e - x)$.

Es gilt $HN(x) = HN(e)\,HN(x)$ und daher ist $HN(e)$ gleich 0 oder 1. Wäre $HN(e) = 0$, dann wäre $HN(x) = 0$, nach dem bereits bewiesenen Teil also auch $f(\tau; x) = 0$, was nicht möglich ist. Damit haben wir die Multiplikativität des Polynoms $HN(x)$ nachgewiesen.

Wendet man Satz 3.1 auf das multiplikative Polynom $HN(x)$ an, dann ergibt sich, daß für jedes u einer Grundkörpererweiterung von $\mathfrak{A}$ die verschiedenen Wurzeln des Polynoms $HN(\tau\,e - u)$ auch Wurzeln des Minimalpolynoms $f_u(\tau)$ sind. Da umgekehrt $f_u(\tau)$ ein Teiler von $f(\tau; u) = HN(\tau\,e - u)$ ist, erhält man

Satz 4.4. *Für ein Element u einer Erweiterung von $\mathfrak{A}$ haben die Polynome $f_u(\tau)$ und $f(\tau; u) = HN(\tau\,e - u)$ in jedem hinreichend großen Erweiterungskörper von K die gleichen Wurzeln, möglicherweise jedoch mit verschiedenen Vielfachheiten.*

Als weitere Anwendung von (4.2) zeigen wir

Satz 4.5. *Ein Polynom $\omega(x)$ mit $\omega(e) = 1$ ist dann und nur dann multiplikativ, wenn ω über einem hinreichend großen Erweiterungskörper von K ein Teiler einer Potenz von $HN(x)$ ist.*

Beweis. a) Ist ω ein multiplikatives Polynom, dann sind wegen Satz 3.1 alle Wurzeln des Polynoms $\omega(\tau e - x)$ auch Wurzeln des Minimalpolynoms $f(\tau; x)$, das nach Satz 4.3 mit $HN(\tau e - x)$ übereinstimmt. Es ist also $\omega(\tau e - x)$ über einem hinreichend großen Erweiterungskörper von K ein Teiler einer Potenz von $HN(\tau e - x)$. Dann ist aber auch $\omega(x)$ ein Teiler von $HN(x)$.

b) Sei $\omega(x)$ über einem hinreichend großen Erweiterungskörper von K ein Teiler einer Potenz von $HN(x)$ mit $\omega(e) = 1$. Dann ist ω homogen. In der gleichen Bezeichnung wie in (4.2) ist $\omega(y z)$ als Polynom in $\sigma_1, \ldots, \sigma_m, \varrho_1, \ldots, \varrho_m$ ein Teiler einer Potenz von $HN(y z) = HN(y) HN(z)$ und läßt sich daher in der Form

$$\omega(y z) = \varphi(\varrho_1, \ldots, \varrho_m)\, \psi(\sigma_1, \ldots, \sigma_m)$$

schreiben, wobei φ und ψ Polynome über $K'[\tau_1, \ldots, \tau_n]$ sind. Spezialisiert man hier $\varrho_2 \to 1$, $\varrho_i \to 0$ für $i \neq 2$, bzw. $\sigma_2 \to 1$, $\sigma_i \to 0$ für $i \neq 2$, so folgt

$$\omega(z) = \varphi_0 \cdot \psi(\sigma_1, \ldots, \sigma_m), \qquad \omega(y) = \psi_0 \cdot \varphi(\varrho_1, \ldots, \varrho_m), \qquad \varphi_0\, \psi_0 = 1,$$

und daher $\omega(y z) = \omega(y)\, \omega(z)$. Da hier wieder y und z zu jedem Element von $K'[x]$ spezialisiert werden können, ist ω multiplikativ.

4. In I, Lemma 4.1, haben wir gesehen, daß ein Element u aus einer Grundkörpererweiterung $\mathfrak{A}'$ von $\mathfrak{A}$ mit Grundkörper K' dann und nur dann invertierbar ist, wenn u kein Nullteiler von $K'[u]$ ist. Dies ist ferner gleichbedeutend damit, daß 0 keine Wurzel des Minimalpolynoms $f_u(\tau)$ ist. Wegen Satz 4.4 ist das aber äquivalent damit, daß 0 keine Wurzel von $HN(\tau e - u)$ ist, d. h., daß $HN(u) \neq 0$ gilt. *Ein beliebiges Element u einer Grundkörpererweiterung von $\mathfrak{A}$ ist also genau dann invertierbar, wenn $HN(u) \neq 0$ ist.* In Übereinstimmung mit § 2.2 erhalten wir erneut die Invertierbarkeit des generischen Elementes x.

Durch $(-1)^m f(\tau; x) = HN(x) - \tau\, p(\tau)$ ist $p(\tau)$ als ein Polynom in τ definiert, dessen Koeffizienten Polynome in x sind. Wir erhalten $HN(x)\, e = x\, p(x)$. Das durch x eindeutig bestimmte Inverse x^{-1} aus $\tilde{K}[x]$ erhält man daher in der Form

$$(4.3) \qquad\qquad x^{-1} = \frac{1}{HN(x)}\, p(x).$$

Für invertierbares u darf man wegen $HN(u) \neq 0$ hier auf der rechten Seite $x \to u$ spezialisieren und erhält das Inverse u^{-1} von u.

In (4.3) *ist $HN(x)$ der genaue Nenner von x^{-1}.* Nehmen wir zum Beweis an, daß ein im algebraischen Abschluß $\bar{K}$ irreduzibler Faktor $\omega(x)$ von $HN(x)$ in $p(x)$ aufgeht, d.h. $p(x) = \omega(x)\, q(x)$ mit einem vektoriellen Polynom $q(x)$ gilt. Man hat dann auch $p(\tau e - x) = \omega(\tau e - x)\, q(\tau e - x)$. Im algebraischen Abschluß von K gibt es dann ein ξ, so daß $\omega(\xi e - x) = 0$ gilt. Das bedeutet $p(\xi e - x) = 0$. Da $p(\tau)$ als Polynom in τ einen

Grad $<m$ hat, würde somit eine nichttriviale Linearkombination der Elemente $e, x, x^2, \ldots, x^{m-1}$ Null sein.

5. *Das multiplikative Polynom $HN(x)$ hat Koeffizienten im Grundkörper K und ist invariant gegenüber Grundkörpererweiterungen, für welche x generisch bleibt.* Denn wegen Satz 4.3 ist $HN(\tau e - x)$ das Minimalpolynom von x und dies ist invariant gegenüber solchen Grundkörpererweiterungen.

Über dem algebraischen Abschluß $\bar{K}$ von K zerlegen wir $HN(x)$ in irreduzible Polynome von x. Sind $\omega_i(x)$, $i = 1, 2, \ldots, t$, $\omega_i(e) = 1$, die verschiedenen der über $\bar{K}$ irreduziblen Faktoren von $HN(x)$, so definieren wir

$$RN(x) := \prod_{i=1}^{t} \omega_i(x).$$

Im Gegensatz zum Polynom $HN(x)$ liegen die Koeffizienten des Polynoms $RN(x)$ nicht notwendig im Grundkörper K, sondern in $\bar{K}$. Aus der Invarianz von $HN(x)$ folgt, *daß auch $RN(x)$ invariant ist gegenüber Grundkörpererweiterungen, für welche x generisch bleibt.*

Wegen Satz 4.5 ist jedes $\omega_i(x)$ ein multiplikatives Polynom und umgekehrt ist jedes absolut-irreduzible multiplikative Polynom gleich einem der $\omega_i(x)$. *Daher ist auch $RN(x)$ ein multiplikatives Polynom von $\mathfrak{A}$.*

Da $HN(\tau e - u)$ und $RN(\tau e - u)$ in jedem hinreichend großen Erweiterungskörper von K die gleichen Wurzeln haben, gilt Satz 4.4 mit $RN(\tau e - u)$ an Stelle von $HN(\tau e - u)$. Die Polynome $f(\tau; x) = HN(\tau e - x)$, $g(\tau; x)$ und $RN(\tau e - x)$ haben somit in jedem hinreichend großen Erweiterungskörper von K die gleichen Wurzeln, eventuell mit verschiedenen Vielfachheiten. Es sei K' ein Erweiterungskörper von K, und $h(\tau) \in K'[\tau]$. *$h(x)$ ist dann und nur dann nilpotent, wenn eine Potenz von $h(\tau)$ durch das Minimalpolynom $f(\tau; x)$ teilbar ist, d. h., wenn eine Potenz von $h(\tau)$ durch $RN(\tau e - x)$ teilbar ist.*

6. Wir verstehen unter dem *Grad der Algebra $\mathfrak{A}$ über K* den Grad s des Polynoms $RN(\tau e - x)$ als Polynom in τ. Dann ist s zugleich der Grad des homogenen Polynoms $RN(x)$. Da $RN(x)$ invariant gegenüber Grundkörpererweiterungen ist, bei denen x generisch bleibt, *ändert sich auch der Grad einer Algebra nicht, wenn man zu Grundkörpererweiterungen übergeht.*

Sei $e_1, e_2, \ldots, e_r$ irgendein vollständiges Orthogonalsystem Idempotenter einer Grundkörpererweiterung $\mathfrak{A}'$ von $\mathfrak{A}$. Wir wählen r verschiedene Elemente ξ_i aus dem algebraischen Abschluß $\overline{K'}$ von K' und bilden das Element $u = \xi_1 e_1 + \xi_2 e_2 + \cdots + \xi_r e_r$ und das Polynom

$$f(\tau) = (\tau - \xi_1)(\tau - \xi_2) \ldots (\tau - \xi_r) \in \overline{K'}[\tau].$$

Es liegt u in einer Grundkörpererweiterung von $\mathfrak{A}$. Wegen $e_i\, e_j = \delta_{ij}\, e_i$ erhält man $f(u) = 0$. Also ist $f(\tau)$ das Minimalpolynom von u und daher $f(\tau)$ ein Teiler von $f(\tau; u)$. Da wir in **5** gesehen haben, daß $f(\tau; u)$ und $RN(\tau\, e - u)$ die gleichen Wurzeln haben, ist auch $f(\tau)$ über einem hinreichend großen Erweiterungskörper von K ein Teiler von $RN(\tau\, e - u)$. Da sich der Grad von $RN(\tau\, e - x)$ bei einer Spezialisierung $x \to u$ nicht ändert, folgt $r \leqq s$.

Verstehen wir unter dem *Primitiv-Grad von* $\mathfrak{A}$*) die Maximalzahl der Idempotente, die ein vollständiges Orthogonalsystem der Algebra $\mathfrak{A}$ haben kann, so erhalten wir

Satz 4.6. *Der Primitiv-Grad jeder Grundkörpererweiterung von* $\mathfrak{A}$ *ist höchstens gleich dem Grad von* $\mathfrak{A}$.

Während aber der Grad invariant ist gegenüber Grundkörpererweiterungen, kann sich der Primitiv-Grad einer Algebra bei Grundkörpererweiterungen vergrößern. Wir entnehmen aus I, Lemma 12.5

Satz 4.7. *Die Algebra* $\mathfrak{A}$ *über* K *habe den Primitiv-Grad* r, *und die Charakteristik von* K *sei nicht* 2. *Dann besteht jedes vollständige Orthogonalsystem der Länge* r *aus primitiven Idempotenten.*

Als eine Anwendung hiervon zeigen wir

Satz 4.8. *Die Algebra* $\mathfrak{A}$ *über* K *habe den Grad* s, *und die Charakteristik von* K *sei nicht* 2. *Dann besteht jedes vollständige Orthogonalsystem der Länge* s *aus absolut-primitiven Idempotenten.*

Man beachte hier aber, daß es nicht immer Orthogonalsysteme der Länge s gibt.

Beweis. Nach Voraussetzung hat $\mathfrak{A}$ den Primitiv-Grad s (vgl. Satz 4.6). Da der Primitiv-Grad bei Grundkörpererweiterungen nicht kleiner wird, der Grad hingegen invariant bleibt, hat auch jede Grundkörpererweiterung von $\mathfrak{A}$ den Primitiv-Grad s. Nach dem vorhergehenden Satz sind dann die Idempotente des vollständigen Orthogonalsystems in jeder Grundkörpererweiterung primitiv.

§ 5. Strukturgruppe und Normen

1. Es sei $\mathfrak{A}$ eine Algebra über K, die unsere ständigen Voraussetzungen erfüllt, und es sei x ein generisches Element von $\mathfrak{A}$. Eine lineare Transformation W von $\mathfrak{A}$ kann als lineare Transformation von jeder durch Grundkörpererweiterung aus $\mathfrak{A}$ entstehenden Algebra aufgefaßt werden. Ist W eine umkehrbare Transformation von $\mathfrak{A}$, dann ist mit x auch Wx generisch über K.

---

*) In der Literatur findet man meist die Bezeichnung „Grad" an Stelle von Primitiv-Grad.

Wir betrachten nun die Menge $\Gamma(\mathfrak{A})$ der linearen Transformationen $W:\mathfrak{A} \to \mathfrak{A}$ mit folgender Eigenschaft:

(SG.1) W ist umkehrbar, und es gibt eine umkehrbare lineare Transformation V von $\mathfrak{A}$, so daß $(Wx)^{-1} = V^{-1}\,x^{-1}$ gilt.

Offenbar hängt die Gültigkeit von (SG.1) nicht von der Wahl des generischen Elementes x ab.

Wir hatten in § 2.**3** gesehen, daß die lineare Transformation

$$H(x) := -\frac{\partial x^{-1}}{\partial x}$$

derjenigen Erweiterung von $\mathfrak{A}$, in der x liegt, in x rational ist und außerdem

$$x^{-1} = H(x)\,x, \quad H(x)\,H(x^{-1}) = Id, \quad H(e) = Id$$

erfüllt. Insbesondere ist also $|H(x)|$ nicht Null. Wir zeigen zunächst, daß die Eigenschaft (SG.1) äquivalent ist mit

(SG.2) Es gibt eine lineare Transformation V von $\mathfrak{A}$, so daß $VH(Wx)W = H(x)$ erfüllt ist.

Es sei zuerst (SG.2) erfüllt. Da die Determinante von $H(x)$ nicht Null ist, sind V und W umkehrbar. Man erhält dann

$$(Wx)^{-1} = H(Wx)\,Wx = V^{-1}\,H(x)\,x = V^{-1}\,x^{-1},$$

denn mit x ist Wx generisch und daher invertierbar. Aus (SG.2) folgt also (SG.1). Umgekehrt gehen wir vom Bestehen der Identität $(Wx)^{-1} = V^{-1}\,x^{-1}$ aus und wenden auf beiden Seiten den Differentialoperator $\frac{\partial}{\partial x}$ an (vgl. § 1.**4**). Wegen der Kettenregel (1.4') erhält man für die linke bzw. rechte Seite

$$\frac{\partial}{\partial x}(Wx)^{-1} = \frac{\partial (Wx)^{-1}}{\partial Wx}\,\frac{\partial Wx}{\partial x} = -H(Wx)\,W,$$

$$\frac{\partial}{\partial x}V^{-1}\,x^{-1} = \left(\frac{\partial}{\partial x^{-1}}V^{-1}\,x^{-1}\right)\frac{\partial x^{-1}}{\partial x} = -V^{-1}\,H(x).$$

Zusammen erhält man also (SG.2).

Aus (SG.2) folgt, daß V durch W eindeutig bestimmt ist; wir können daher

$$W^{\#} := V$$

schreiben, und (SG.1) bzw. (SG.2) erhalten die Form

(SG.1') $\qquad\qquad (Wx)^{-1} = W^{\#\,-1}\,x^{-1}$

(SG.2') $\qquad\qquad W^{\#}\,H(Wx)\,W = H(x).$

Da mit x auch $W^{-1}x$ generisch ist, dürfen wir hier x durch $W^{-1}x$ ersetzen und erhalten $(W^{-1}x)^{-1} = W^{\#}\,x^{-1}$, d. h., mit W gehört auch

W^{-1} zu $\Gamma(\mathfrak{A})$, und es gilt

$$(5.1) \qquad (W^{-1})^\# = (W^\#)^{-1}.$$

Ersetzt man schließlich x durch Ux, $U \in \Gamma(\mathfrak{A})$, in (SG.1′), so sieht man, daß mit W und U auch WU zu $\Gamma(\mathfrak{A})$ gehört und daß

$$(5.2) \qquad (WU)^\# = U^\# W^\#$$

gilt. $\Gamma(\mathfrak{A})$ ist also eine *Gruppe* von linearen Transformationen von $\mathfrak{A}$; wir nennen sie die *Strukturgruppe von* $\mathfrak{A}$.

Auf beiden Seiten von (SG.1′) bilden wir das Inverse und fassen die entstehende Gleichung als Identität in x^{-1} auf. Da wegen § 2.2 mit x auch x^{-1} generisch ist, folgt $(W^{\#-1}x)^{-1} = Wx^{-1}$. Hier ersetzt man W durch W^{-1} und beachtet (5.1). Man erhält $(W^\# x)^{-1} = W^{-1}x^{-1}$, d. h., mit W gehört auch $W^\#$ zu $\Gamma(\mathfrak{A})$, und es gilt

$$(5.3) \qquad (W^\#)^\# = W.$$

Die Abbildung $W \to W^\#$ ist also eine *Involution der Strukturgruppe* $\Gamma(\mathfrak{A})$.

2. Ein Polynom ω heißt eine *Norm von* $\mathfrak{A}$, wenn gilt:

(N.1) $\omega(x)$ ist ein skalares nichtkonstantes homogenes Polynom in dem generischen Element x von $\mathfrak{A}$ mit Koeffizienten aus dem algebraischen Abschluß $\bar{K}$ von K, und es gilt $\omega(e) = 1$.

(N.2) Ist $\mathfrak{B}$ eine aus $\mathfrak{A}$ durch Erweiterung von K zum Körper L entstehende Algebra, dann gibt es zu jedem $W \in \Gamma(\mathfrak{B})$ ein $\varkappa(W)$ aus einem Erweiterungskörper von L, so daß

$$\omega(Wz) = \varkappa(W)\,\omega(z)$$

für generisches Element z von $\mathfrak{B}$ gilt, wobei $\varkappa(W)$ nur von W abhängt.

Man beachte hierbei: Ist $\omega(x)$ ein Polynom im generischen Element x von $\mathfrak{A}$ und z generisches Element einer Erweiterung $\mathfrak{B}$, dann ist in natürlicher Weise auch $\omega(z)$ als Polynom in z erklärt. Offenbar ist jede Norm von $\mathfrak{A}$ auch Norm jeder Grundkörpererweiterung von $\mathfrak{A}$.

Spezialisiert man $z \to e$ in (N.2), so erhält man

$$\varkappa(W) = \omega(We) \quad \text{für} \quad W \in \Gamma(\mathfrak{B}),$$

d. h., $\varkappa(W)$ ist durch W und ω eindeutig bestimmt und liegt im Kompositum $\bar{K}L$ der Körper $\bar{K}$ und L. Da mit z auch Wz generisch ist, ist $\omega(Wz)$ nicht Null und daher $\varkappa(W) \neq 0$. Ferner ist klar, daß $W \to \varkappa(W)$ eine Darstellung von $\Gamma(\mathfrak{B})$ mit Werten in einem Erweiterungskörper ist.

3. Bevor wir zwei wichtige Normen von $\mathfrak{A}$ angeben können, benötigen wir das folgende

Lemma 5.1. *Es sei ω eine Norm von $\mathfrak{A}$, $\mathfrak{B}$ eine Grundkörpererweiterung von $\mathfrak{A}$ mit Grundkörper L. Sind ω_i, $\omega_i(e) = 1$, $i = 1, 2, \ldots, t$, die verschiedenen absolut-irreduziblen Teiler von ω, dann gilt:*

a) *Zu jedem $W \in \Gamma(\mathfrak{B})$ gibt es eine Permutation π_W der Zahlen $1, 2, \ldots, t$ und $\varkappa_i(W) \in \bar{K}L$ mit*

$$(5.4) \qquad \omega_i(Wz) = \varkappa_i(W)\,\omega_{\pi_W(i)}(z).$$

b) *Das Produkt der ω_i, $i = 1, 2, \ldots, t$, ist wieder eine Norm von $\mathfrak{A}$.*

Beweis. a) Für festes $W \in \Gamma(\mathfrak{B})$ ist $\omega_i(Wz)$ ein Teiler von $\omega(Wz)$ $= \varkappa(W)\,\omega(z)$. Da mit $\omega_i(z)$ auch $\omega_i(Wz)$ absolut-irreduzibel ist, stimmt also $\omega_i(Wz)$ bis auf einen Faktor mit einem $\omega_j(z)$ überein. Da man auch jedes $\omega_j(z)$ auf diese Weise erhält, gibt es eine Permutation π_W der verlangten Art.

b) Bezeichnen wir das Produkt der ω_i mit ω', so ist $\omega'(e) = 1$. Wegen (5.4) unterscheiden sich andererseits $\omega'(Wz)$ und $\omega'(z)$ für jedes $W \in \Gamma(\mathfrak{B})$ nur um einen konstanten Faktor. Da $\mathfrak{B}$ eine beliebige Grundkörpererweiterung von $\mathfrak{A}$ ist, sind die definierenden Eigenschaften (N.1) und (N.2) einer Norm für ω' nachgewiesen.

Wir zeigen nun für die in § 4.**3** und 4.**5** definierten Polynome $HN(x)$ bzw. $RN(x)$ den wichtigen

Satz 5.2. *Es ist sowohl $HN(x)$ als auch $RN(x)$ eine Norm von $\mathfrak{A}$.*

Beweis. Für $HN(x)$ braucht nur noch (N.2) nachgewiesen zu werden. Für ein Element $W \in \Gamma(\mathfrak{B})$ schreiben wir (SG.1′) unter Verwendung von (4.3) in der Gestalt

$$\frac{HN(Wz)}{HN(z)}\,p(z) = W^{\#}\,p(Wz).$$

In § 4.**4** hatten wir gesehen, daß $HN(z)$ der genaue Nenner von z^{-1} ist, d. h., daß kein irreduzibler Faktor von $HN(z)$ in $p(z)$ aufgeht. Da auf der rechten Seite ein Polynom steht, ist $HN(Wz)$ durch $HN(z)$ teilbar. Beide Polynome haben aber den gleichen Grad, es folgt also $HN(Wz)$ $= \varkappa(W)\,HN(z)$ mit einem geeigneten $\varkappa(W)$. Das ist aber genau (N.2).

Da $RN(z)$ gleich dem Produkt der absolut-irreduziblen Faktoren von $HN(z)$ ist, folgt die restliche Aussage aus Teil b) von Lemma 5.1.

Wir nennen $HN(x)$ die *Hauptnorm der Algebra* $\mathfrak{A}$. Die dem multiplikativen Polynom $HN(x)$ nach § 3.**3** zugeordnete Linearform nennen wir die *Hauptspur von* $\mathfrak{A}$ und bezeichnen sie mit HS. Man hat die Entwicklung

$$(5.5) \qquad HN(\tau e - x) = \tau^m - HS(x)\,\tau^{m-1} + - \cdots + (-1)^m\,HN(x).$$

Daher hat nicht nur die Hauptnorm, sondern auch die Hauptspur eines generischen Elementes Koeffizienten in K. Die Restriktion von HS auf die Algebra $\mathfrak{A}$ ist somit eine eigentliche Linearform von $\mathfrak{A}$.

Das Polynom $RN(x)$ nennen wir die *reduzierte Norm* von $\mathfrak{A}$. Die dem multiplikativen Polynom $RN(x)$ zugeordnete Linearform nennen wir die *reduzierte Spur von* $\mathfrak{A}$ und bezeichnen sie mit RS. Man erhält die Entwicklung

$$RN(\tau e - x) = \tau^s - RS(x)\,\tau^{s-1} + - \cdots + (-1)^s\,RN(x).$$

Da $RN(x)$ Koeffizienten im algebraischen Abschluß $\bar{K}$ von K hat, besitzt auch die reduzierte Spur eines generischen Elementes Koeffizienten in $\bar{K}$. Die Restriktion von RS auf die Algebra $\mathfrak{A}$ ist somit lediglich eine Linearform von $\mathfrak{A}$.

Wegen Satz 3.2 verschwinden sowohl HS als auch RS auf allen Nilpotenten jeder Grundkörpererweiterung von $\mathfrak{A}$.

Wir bestimmen die Werte der Hauptspur und der reduzierten Spur für das Einselement der Algebra. Bezeichnet wie bisher m den Grad von $HN(x)$ und s den Grad von $RN(x)$, dann ist also s gleich dem Grad der Algebra, und es gilt

$$(5.6) \qquad\qquad HS(e) = m, \quad RS(e) = s.$$

Spezialisiert man nämlich in (5.5) $x \to e$ und berücksichtigt $HN(\tau e - e) = (\tau - 1)^m$, so erhält man $HS(e) = m$. Für die reduzierte Spur kann man entsprechend schließen.

Ist also z. B. die Charakteristik von K gleich Null oder größer als m, *so ist weder die reduzierte Spur noch die Hauptspur Null*.

4. Es sind zwar die multiplikativen Polynome $HN(x)$ und $RN(x)$ Normen, jedoch ist nicht jedes multiplikative Polynom von selbst wieder eine Norm. Wir betrachten die Menge $\Lambda(\mathfrak{A})$ der V aus $\Gamma(\mathfrak{A})$, für welche zu jedem multiplikativen Polynom ω von $\mathfrak{A}$ ein $\mu(V)$ aus einem Erweiterungskörper von K existiert, so daß

$$\omega(Vx) = \mu(V)\,\omega(x)$$

gilt. Die Spezialisierung $x \to e$ zeigt, daß $\mu(V)$ durch V und ω eindeutig bestimmt ist und in $\bar{K}$ liegt. Da mit x auch Vx generisch ist, ist $\mu(V) \neq 0$. Offenbar ist $\Lambda(\mathfrak{A})$ eine *Untergruppe* von $\Gamma(\mathfrak{A})$ und $V \to \mu(V)$ eine Darstellung von $\Lambda(\mathfrak{A})$ mit Werten in $\bar{K}$. Wir nennen $\Lambda(\mathfrak{A})$ die *eingeschränkte Strukturgruppe von* $\mathfrak{A}$.

Aus der Multiplikativität von ω erhalten wir $\omega(x)\,\omega(x^{-1}) = 1$ und daher für $V \in \Lambda(\mathfrak{A})$

$$(5.7)\quad \omega(V^{\#}x) = \frac{1}{\omega\big((V^{\#}x)^{-1}\big)} = \frac{1}{\omega(V^{-1}x^{-1})} = \frac{1}{\mu(V^{-1})\,\omega(x^{-1})} = \mu(V)\,\omega(x).$$

Mit V gehört also auch $V^{\#}$ zu $\Lambda(\mathfrak{A})$, und es gilt $\mu(V^{\#}) = \mu(V)$.

Mit $\omega_i(x)$, $\omega_i(e) = 1$, $i = 1, 2, \ldots, t$, bezeichnen wir wieder die verschiedenen über $\bar{K}$ irreduziblen Faktoren der Hauptnorm $HN(x)$.

Wegen Satz 4.5 ist jedes ω_i multiplikativ und umgekehrt ist jedes multiplikative Polynom ein Potenzprodukt der ω_i. Daher gehört ein $V \in \Gamma(\mathfrak{A})$ dann und nur dann zur Gruppe $\Lambda(\mathfrak{A})$, wenn

$$(5.8) \qquad \omega_i(Vx) = \mu_i(V)\,\omega_i(x), \qquad i = 1, 2, \ldots, t,$$

gilt, wobei die $\mu_i(V)$ nicht von x abhängen.

Andererseits wissen wir aus Lemma 5.1 a), daß es zu jedem $W \in \Gamma(\mathfrak{A})$ eine Permutation π_W der Zahlen $1, 2, \ldots, t$ und $\varkappa_i(W)$ gibt, so daß

$$(5.9) \qquad \omega_i(Wx) = \varkappa_i(W)\,\omega_{\pi_W(i)}(x), \qquad i = 1, 2, \ldots, t,$$

gilt. Hier ist die Abbildung $W \to \pi_W$ ein Anti-Homomorphismus von $\Gamma(\mathfrak{A})$ in die Gruppe der Permutationen der Zahlen $1, 2, \ldots, t$.

Ein Vergleich von (5.8) und (5.9) zeigt nun, daß ein $V \in \Gamma(\mathfrak{A})$ dann und nur dann zu $\Lambda(\mathfrak{A})$ gehört, wenn π_V die Identität ist, d. h., wenn V im Kern der Abbildung $W \to \pi_W$ liegt. Da dieser Kern ein Normalteiler von endlichem Index in $\Gamma(\mathfrak{A})$ ist, erhält man

Satz 5.3. *Die eingeschränkte Strukturgruppe $\Lambda(\mathfrak{A})$ ist ein Normalteiler von endlichem Index in der Strukturgruppe $\Gamma(\mathfrak{A})$.*

5. Eine Norm ω von $\mathfrak{A}$ nennen wir eine *Minimalnorm* von $\mathfrak{A}$, wenn kein echter über $\bar{K}$ gebildeter Teiler von ω wieder eine Norm ist. Wir zeigen, *daß sich eine beliebige Norm von $\mathfrak{A}$ als Potenzprodukt von Minimalnormen schreiben läßt.* Denn ist eine gegebene Norm ω keine Minimalnorm, dann besitzt ω einen echten Teiler, der wieder eine Norm ist. Da dann aber auch der komplementäre Teiler eine Norm ist, kann das Verfahren fortgesetzt werden bis man zu Minimalnormen kommt. Wegen Satz 5.2 ist gleichzeitig die Existenz von Minimalnormen gezeigt.

Satz 5.4. a) *Jede Minimalnorm von $\mathfrak{A}$ ist ein Produkt von verschiedenen absolut-irreduziblen Faktoren.*

b) *Zwei verschiedene Minimalnormen von $\mathfrak{A}$ sind über $\bar{K}$ teilerfremd.*

Beweis. a) Es ist ω ein Potenzprodukt von absolut-irreduziblen Faktoren, von denen jeder für $x \to e$ den Wert 1 annimmt. Wegen Lemma 5.1 b) ist dann auch das Produkt ω' dieser verschiedenen Faktoren eine Norm. Da ω eine Minimalnorm ist, folgt $\omega = \omega'$.

b) Es seien ω_1 und ω_2 zwei Minimalnormen mit einem gemeinsamen nichtkonstanten Faktor. Bezeichnen wir mit ω das Produkt der in ω_1 und ω_2 gemeinsam vorkommenden absolut-irreduziblen Faktoren, die für $x \to e$ den Wert 1 annehmen, so erhält man eine Darstellung $\omega_1 = \omega\,\omega_1'$, $\omega_2 = \omega\,\omega_2'$. Die Polynome $\omega, \omega_1', \omega_2'$ sind paarweise teilerfremd. Mit ω_1 und ω_2 ist auch $\omega_1\,\omega_2 = \omega^2\,\omega_1'\,\omega_2'$ eine Norm von $\mathfrak{A}$. Wegen Lemma 5.1 b) ist dann aber auch $\omega\,\omega_1'\,\omega_2'$ eine Norm. Als Quotient von zwei Normen ist daher auch ω eine Norm. Da wir von Minimalnormen ausgegangen sind, folgt $\omega = \omega_1 = \omega_2$.

6. Hat der Grundkörper K der Algebra $\mathfrak{A}$ die Charakteristik ungleich 2, so können wir die kommutative und strikt potenz-assoziative Algebra $\mathfrak{A}^+$ bilden (vgl. I, § 11). Wir wissen, daß sowohl das Inverse eines Elementes u als auch die Algebra $K[u]$ in $\mathfrak{A}$ und in $\mathfrak{A}^+$ die gleiche Bedeutung haben. Da alle unsere hier eingeführten Begriffe nur auf das Inverse und $K[u]$ Bezug nehmen, stimmen die Begriffe

> multiplikatives Polynom,
>
> Strukturgruppe und eingeschränkte Strukturgruppe,
>
> Norm und Minimalnorm,
>
> Hauptnorm und Hauptspur,
>
> reduzierte Norm und reduzierte Spur,
>
> Grad der Algebra,
>
> Primitiv-Grad der Algebra

für $\mathfrak{A}$ und für $\mathfrak{A}^+$ überein.

§ 6. Anwendungen auf Algebren vom Grad 1

1. Wir werden nun die Ergebnisse von I, § 10, auf Algebren vom Grad 1 anwenden.

Es sei $\mathfrak{A}$ über K eine Algebra vom Grad 1. Das Polynom $RN(\tau\, e - x)$ ist dann sowohl in τ als auch in x vom Grad 1, d. h., man hat $RN(\tau\, e - x) = \tau - RN(x)$. Somit ist $RN(x)$ gleich der reduzierten Spur $RS(x)$ von x. Als Linearform ist $RN(x)$ absolut-irreduzibel und daher gilt für die Hauptnorm $HN(x) = [RN(x)]^m$. Wegen Satz 4.3 ist $HN(\tau\, e - x)$ das Minimalpolynom von x, d. h., $RN(\tau\, e - x)$ ist das reduzierte Minimalpolynom von x, folglich ist $x - RS(x)\, e$ nilpotent. Für jedes u jeder Grundkörpererweiterung $\mathfrak{A}'$ von $\mathfrak{A}$, *deren Grundkörper die Koeffizienten von RS enthält*, gilt daher

$$(6.1) \qquad u = RS(u)\, e + v, \quad v \in \mathfrak{A}' \text{ nilpotent.}$$

Ist daher λ eine semi-normale Linearform von $\mathfrak{A}$ (vgl. I, § 7.**1**), so gilt

$$(6.2) \qquad \lambda(u) = \lambda(e)\, RS(u).$$

Nehmen wir jetzt zusätzlich an, daß $\operatorname{Rad}\mathfrak{A} \neq \mathfrak{A}$ gilt. Dann gibt es eine semi-normale Linearform $\lambda \neq 0$, es ist $\lambda(e) \neq 0$ und die reduzierte Spur somit selbst eine von Null verschiedene semi-normale Linearform von $\mathfrak{A}$. Aus (6.2) entnimmt man daher

$$(6.3) \qquad \operatorname{Rad}\mathfrak{A}' = Bk_{RS}(\mathfrak{A}') \neq \mathfrak{A}',$$

für jede Grundkörpererweiterung $\mathfrak{A}'$ von $\mathfrak{A}$.

2. Wegen § 4.**4** ist ein Element u genau dann invertierbar, wenn $RS(u) = RN(u) \neq 0$ gilt. Die nichtinvertierbaren Elemente von $\mathfrak{A}$ bilden daher den Vektorraum der u mit $RS(u) = 0^*$), d. h., $\mathfrak{A}$ *ist voll-*

---

*) Da die Koeffizienten von RS in einem Erweiterungskörper liegen, kann dieser Vektorraum eine Dimension haben, die kleiner ist als $n - 1$, wenn n die Dimension von $\mathfrak{A}$ über K ist.

ständig primär. Nun erhält man aus I, Lemma 10.4, oder aus (6.1) und I, Satz 10.8, daß $\mathfrak{A}$ *primär* ist. Da die nichtinvertierbaren Elemente genau die Nilpotenten sind, entnimmt man der Definition von vollständig primär, daß mit v_1, v_2 auch $v_1 + v_2$ nilpotent ist. Dann ist aber auch $v_1^2 + v_1 v_2 + v_2 v_1 + v_2^2$ nilpotent, und da RS auf allen nilpotenten Elementen verschwindet, folgt $2RS(v_1 v_2) = 0$.

Wir nehmen nun an, daß die Charakteristik von K nicht 2 ist. Für nilpotente Elemente v_1, v_2 von $\mathfrak{A}$ gilt dann $RS(v_1 v_2) = 0$ und daher auch $RS(u v) = 0$ für nilpotentes v und beliebiges $u \in \mathfrak{A}$. Wegen (6.3) liegen daher die nilpotenten Elemente von $\mathfrak{A}$ im Radikal von $\mathfrak{A}$, d. h., $\mathfrak{A}$ ist sogar *stark primär*.

Da die Überlegungen für jede Grundkörpererweiterung von $\mathfrak{A}$ gelten, können wir unsere Ergebnisse unter Verwendung von I, Lemma 10.5 und Satz 10.8, zusammenfassen in

Satz 6.1. *Es sei $\mathfrak{A}$ eine strikt potenz-assoziative Algebra vom Grad 1 über einem Körper K der Charakteristik ungleich 2. Gilt dann* $\mathrm{Rad}\,\mathfrak{A} \neq \mathfrak{A}$, *so ist $\mathfrak{A}$ stark primär. Ferner bilden die nilpotenten Elemente von $\mathfrak{A}$ das Ideal* $\mathrm{Rad}\,\mathfrak{A}$.

Für die durch Erweiterung von K zum algebraischen Abschluß $\bar{K}$ aus $\mathfrak{A}$ entstehende Algebra $\bar{\mathfrak{A}}$ gilt eine Zerlegung $\bar{\mathfrak{A}} = \bar{K}e + \mathrm{Rad}\,\bar{\mathfrak{A}}$ als direkte Summe von Vektorräumen.

Wegen I, Satz 10.6, erhalten wir das

Korollar. Ist $\mathfrak{A}$ überdies einfach, dann ist jedes von Null verschiedene Element von $\mathfrak{A}$ invertierbar.

Eine Algebra vom Grad 1 nennt man eine *nodale* Algebra, wenn die Menge $\mathfrak{N}$ der nilpotenten Elemente von $\mathfrak{A}$ kein Ideal ist. Auf Grund unseres Satzes kann dies nur im Fall $\mathrm{Rad}\,\mathfrak{A} = \mathfrak{A}$ eintreten. Man kann Beispiele von nodalen Algebren konstruieren*).

---

*) Es sei V ein Vektorraum über K der Dimension ungleich 1 und σ eine Bilinearform von V, für die $\sigma(v_1, v_2) = -\sigma(v_2, v_1)$ gilt. Mit einem weiteren Element e bildet man den Vektorraum $X = Ke + V$ und erklärt in X eine Algebra $\mathfrak{A}$ durch die Produktdefinition

$$u_1 u_2 = (\alpha_1 e + v_1)(\alpha_2 e + v_2) := [\alpha_1 \alpha_2 + \sigma(v_1, v_2)] e + \alpha_2 v_1 + \alpha_1 v_2.$$

Wegen $\sigma(v, v) = 0$ erhält man für $u = \alpha e + v$ sofort $u^2 = \alpha^2 e + 2\alpha v$ und weiter $u^m = \alpha^m e + m \alpha v$ für $m \geq 1$. Hieraus entnimmt man, daß $\mathfrak{A}$ strikt potenzassoziativ ist. Es ist u genau dann nilpotent, wenn $\alpha = 0$ gilt. Das Polynom $\tau - \alpha$ ist somit das reduzierte Minimalpolynom von u und daher hat $\mathfrak{A}$ den Grad 1. Man erhält $\alpha = RS(u)$ und $RS(u_1 u_2) = \alpha_1 \alpha_2 + \sigma(v_1, v_2)$. Für $\sigma \neq 0$ ist $RS(u_1 u_2)$ in u_1 und u_2 nicht symmetrisch und daher keine semi-normale Linearform. Wegen (6.2) folgt $\mathrm{Rad}\,\mathfrak{A} = \mathfrak{A}$. Die nilpotenten Elemente von $\mathfrak{A}$ sind genau die Elemente von V, V ist aber kein Ideal von $\mathfrak{A}$.

Wegen $(v_1 v_2) v_1 = \sigma(v_1, v_2) v_1 \neq \sigma(v_2, v_1) v_1 = v_1 (v_2 v_1)$ ist die Algebra $\mathfrak{A}$ nicht flexibel.

Ist $\mathfrak{A}$ eine nichtausgeartete Algebra vom Grad 1, so ist auch jede Grundkörpererweiterung nichtausgeartet und vom Grad 1. Da dann das Radikal jeder Grundkörpererweiterung $\bar{\mathfrak{A}}$ gleich Null ist, zeigen unsere Ergebnisse, daß $\bar{\mathfrak{A}}$ stark primär ist. Wegen I, Satz 10.7, erhalten wir

Satz 6.2. *Es sei $\mathfrak{A}$ eine strikt potenz-assoziative nichtausgeartete Algebra vom Grad 1 über einem Körper der Charakteristik ungleich 2. Dann ist $\mathfrak{A} = Ke$.*

§ 7. Diskussion eines einfachen Beispiels

1. Man betrachte den 4-dimensionalen Vektorraum

$$X = Ke_2 + Kb_1 + Kb_2 + Kb_3$$

über einem Körper K der Charakteristik $\neq 2$. Im Teilraum

$$\mathfrak{M} := Kb_2 + Kb_3$$

definieren wir eine kommutative Multiplikation durch $b_2^2 = b_3^2 = b_2 b_3 = 0$, d. h., wir betrachten $\mathfrak{M}$ als Nullalgebra. Für $\varepsilon = 0$ und $\varepsilon = 1$ setzen wir $\mathfrak{M}$ fort zu einer kommutativen Algebra $\mathfrak{N}_\varepsilon$ im Vektorraum $Kb_1 + \mathfrak{M} = Kb_1 + Kb_2 + Kb_3$ vermöge

$$b_1^2 = 0, \quad b_1 b_2 = \varepsilon \, b_3, \quad b_1 b_3 = (1 - \varepsilon) \, b_2.$$

Offenbar ist $\mathfrak{M}$ ein Ideal von $\mathfrak{N}_\varepsilon$, und es gilt

$$\mathfrak{N}_\varepsilon \, \mathfrak{N}_\varepsilon \subset (1 - \varepsilon) \, Kb_2 + \varepsilon \, Kb_3 \subset \mathfrak{M},$$

$$\mathfrak{N}_\varepsilon \, b_2 \subset \varepsilon \, Kb_3, \quad \mathfrak{N}_\varepsilon \, b_3 \subset (1 - \varepsilon) \, Kb_2.$$

Wegen $\varepsilon (1 - \varepsilon) = 0$ erhält man $\mathfrak{N}_\varepsilon (\mathfrak{N}_\varepsilon \, \mathfrak{N}_\varepsilon) = 0$, d. h., jedes Produkt von drei Elementen aus $\mathfrak{N}_\varepsilon$ ist Null. $\mathfrak{N}_\varepsilon$ ist daher speziell eine assoziative Algebra.

In den Vektorraum $X = Ke_2 + \mathfrak{N}_\varepsilon$ setzen wir $\mathfrak{N}_\varepsilon$ fort zu einer kommutativen Algebra $\mathfrak{A}_\varepsilon$ durch die Definition

$$e_2^2 = e_2, \quad e_2 b_1 = \tfrac{1}{2} b_1, \quad e_2 b_2 = b_2, \quad e_2 b_3 = 0.$$

Es ist sowohl $\mathfrak{M}$ als auch $\mathfrak{N}_\varepsilon$ je ein Ideal von $\mathfrak{A}_\varepsilon$.
Der Definition entnimmt man

$$(7.1) \qquad\qquad u \, b_3 = 0 \quad \text{für alle} \quad u \in \mathfrak{A}_1.$$

Da es andererseits kein $v \neq 0$ in der Algebra $\mathfrak{A}_0$ gibt, für das $u \, v = 0$ für alle $u \in \mathfrak{A}_0$ gilt, *sind die Algebren $\mathfrak{A}_0$ und $\mathfrak{A}_1$ nicht isomorph.*
2. Wir zeigen nun, daß die Algebra $\mathfrak{A}_1$ potenz-assoziativ ist. Für ein Element $u = \alpha \, e_2 + \beta_1 \, b_1 + \beta_2 \, b_2 + \beta_3 \, b_3$ entnimmt man den Multiplikationsregeln für $\varepsilon = 1$

$$(7.2) \qquad\qquad u^2 = \alpha^2 \, e_2 + \alpha \, \beta_1 \, b_1 + 2\alpha \, \beta_2 \, b_2 + 2\beta_1 \, \beta_2 \, b_3,$$

$$(7.3) \qquad\qquad u (u \, b_2) = \alpha \, u \, b_2.$$

Aus (7.2) erhält man mit geeigneten $\gamma_2, \gamma_3 \in K$

$$(7.4) \qquad\qquad u^2 - \alpha \, u = \gamma_2 \, b_2 + \gamma_3 \, b_3 \in \mathfrak{M}.$$

Da $\mathfrak{M}$ eine Nullalgebra ist, wird das Quadrat der linken Seite gleich Null, d. h., es gilt

$$(7.5) \qquad u^2\, u^2 = 2\alpha\, u^3 - \alpha^2\, u^2.$$

Multipliziert man (7.4) mit u, so folgt wegen (7.1) sofort $u^3 - \alpha\, u^2 = \gamma_2\, u\, b_2$ und hieraus unter Verwendung von (7.3)

$$(7.6) \qquad u^m - \alpha\, u^{m-1} = \alpha^{m-3}\, \gamma_2\, u\, b_2, \qquad m \geqq 3.$$

Eliminiert man $\gamma_2\, u\, b_2$ aus diesen Gleichungen für m und für $m + 1$, so bekommt man

$$(7.7) \qquad u^{m+1} = 2\alpha\, u^m - \alpha^2\, u^{m-1}, \qquad m \geqq 3.$$

Ein Vergleich dieser Gleichung mit (7.5) gibt $u^2\, u^2 = u^4$. Da $u\, b_2$ in $\mathfrak{M}$ liegt und $\mathfrak{M}$ eine Nullalgebra ist, folgt aus (7.6) bzw. aus (7.4) auch $(u^m - \alpha\, u^{m-1})\,(u^k - \alpha\, u^{k-1}) = 0$, d. h., man hat

$$(7.8) \qquad u^m\, u^k = \alpha\,[u^m\, u^{k-1} + u^{m-1}\, u^k] - \alpha^2\, u^{m-1}\, u^{k-1}, \qquad m, k \geqq 2.$$

Es gilt $u^m\, u^k = u^{m+k}$ für $m + k \leqq 4$. Aus (7.7) und (7.8) erhält man daher durch Induktion die Gültigkeit dieser Gleichung für alle m und k. Da die Überlegungen für jede Grundkörpererweiterung gültig bleiben, *ist also $\mathfrak{A}_1$ eine strikt potenz-assoziative Algebra. Die Algebra $\mathfrak{A}_1$ ist aber keine Jordan-Algebra* (also auch nicht assoziativ!). Zum Nachweis betrachte man das Element $v = e_2 + b_1 + b_2$. Man erhält $v^2 - v = b_2 + b_3$ und damit $v\,(v^2\, e_2) - v^2\,(v\, e_2) = \frac{1}{2} b_3 \neq 0$.

3. Zur Algebra $\mathfrak{A}_\varepsilon$ bilden wir die durch Adjunktion eines Einselementes e entstehende Algebra $\hat{\mathfrak{A}}_\varepsilon$. Im Vektorraum $\hat{X} = Ke + X$ wählen wir die Basis $e_1 = e - e_2,\ e_2,\ b_1,\ b_2,\ b_3$ und erhalten als Multiplikationstabelle:

	e_1	e_2	b_1	b_2	b_3
e_1	e_1	0	$\frac{1}{2}b_1$	0	b_3
e_2	0	e_2	$\frac{1}{2}b_1$	b_2	0
b_1	$\frac{1}{2}b_1$	$\frac{1}{2}b_1$	0	b_3	$(1 - \varepsilon)\, b_2$
b_2	0	b_2	b_3	0	0
b_3	b_3	0	$(1 - \varepsilon)\, b_2$	0	0

Für $u = \alpha_1\, e_1 + \alpha_2\, e_2 + \beta_1\, b_1 + \beta_2\, b_2 + \beta_3\, b_3 \in \hat{\mathfrak{A}}_\varepsilon$ entnimmt man der Tabelle

$$(7.9) \quad u^2 = \alpha_1^2\, e_1 + \alpha_2^2\, e_2 + (\alpha_1 + \alpha_2)\, \beta_1\, b_1 + 2\,[\alpha_2\, \beta_2 + (1 - \varepsilon)\, \beta_1\, \beta_3]\, b_2 +$$
$$+ 2\,[\alpha_1\, \beta_3 + \varepsilon\, \beta_1\, \beta_2]\, b_3.$$

Wir definieren eine lineare Transformation V von $\hat{\mathfrak{A}}_1$ nach $\hat{\mathfrak{A}}_0$ durch

$$Ve_1 = e_2, \qquad Ve_2 = e_1, \qquad Vb_1 = b_1, \qquad Vb_2 = b_3, \qquad Vb_3 = b_2.$$

Aus (7.9) folgt jetzt, daß $V : \hat{\mathfrak{A}}_1 \to \hat{\mathfrak{A}}_0$ *ein Isomorphismus der betreffenden Algebren ist.*

Da $\mathfrak{A}_1$ potenz-assoziativ ist, gilt das gleiche für $\hat{\mathfrak{A}}_1$ und somit für $\hat{\mathfrak{A}}_0$. Da $\mathfrak{A}_0$ aber eine Teilalgebra von $\hat{\mathfrak{A}}_0$ ist, ist auch $\mathfrak{A}_0$ potenz-assoziativ. Wir haben somit den folgenden merkwürdigen Sachverhalt: *Die Algebren $\mathfrak{A}_0$ und $\mathfrak{A}_1$ sind nicht isomorphe, strikt potenz-assoziative Algebren, die nach Adjunktion eines Einselementes isomorph werden.*

4. Wir erklären eine eigentliche Linearform λ und eine eigentliche symmetrische Bilinearform μ von $\widehat{\mathfrak{A}}_1$ vermöge

$$\lambda(u) = \tfrac{1}{2}(\alpha_1 + \alpha_2), \quad \mu(u, u) = \alpha_1 \alpha_2.$$

Aus der Formel (7.9) liest man $u^2 - 2\lambda(u)\, u + \mu(u, u)\, e \in \mathfrak{M}$ ab. Für das Polynom $g(\tau; u) = (\tau - \alpha_1)(\tau - \alpha_2) = \tau^2 - 2\lambda(u)\,\tau + \mu(u, u)$ gilt $[g(u; u)]^2 = 0$, denn $\mathfrak{M}$ ist eine Nullalgebra. Ist daher x ein generisches Element von $\widehat{\mathfrak{A}}_1$, so ist $g(\tau; x)$ das reduzierte Minimalpolynom von x und man hat $RN(x) = \mu(x, x)$, $RS(x) = 2\lambda(x)$. Die Algebra $\widehat{\mathfrak{A}}_1$ hat also den Grad 2.

Man zeigt weiter ohne Schwierigkeiten, daß λ eine normale Linearform von $\widehat{\mathfrak{A}}_1$ ist, für die $\mathfrak{N}_1 = Bk_\lambda(\widehat{\mathfrak{A}}_1) = \mathrm{Rad}\,\widehat{\mathfrak{A}}_1$ gilt. Hieraus entnimmt man $\widehat{\mathfrak{A}}_1 = Ke_1 + {}+ Ke_2 + \mathrm{Rad}\,\widehat{\mathfrak{A}}_1$.

Literatur: A. A. ALBERT [*16*]; N. JACOBSON [*21*], [*22*], [*23*], [*27*]; M. KOECHER [*4*]; K. MC. CRIMMON [*2*]; J. TITS [*5*].

Drittes Kapitel

Homogene Algebren

In diesem Kapitel wird von den vorkommenden Algebren $\mathfrak{A}$ über dem Körper K stets vorausgesetzt, daß sie strikt potenz-assoziativ sind. In den Paragraphen 1 bis 6 nehmen wir außerdem an, daß die Algebra ein Einselement e besitzt. Wir bezeichnen wieder mit $\Gamma(\mathfrak{A})$ die Strukturgruppe (vgl. II, § 5.1) und mit $\Lambda(\mathfrak{A})$ die eingeschränkte Strukturgruppe (vgl. II, § 5.4) der Algebra $\mathfrak{A}$.

Im Verlauf des Kapitels werden vielfach Grundkörpererweiterungen $\mathfrak{B}$ von $\mathfrak{A}$ mit Grundkörper L zu betrachten sein. Wie bisher sei b_1, $b_2, \ldots, b_n$ eine Basis von $\mathfrak{A}$ über K,

$$x = \tau_1 b_1 + \tau_2 b_2 + \cdots + \tau_n b_n$$

ein generisches Element von $\mathfrak{A}$ und $\tilde{K} := K(\tau_1, \tau_2, \ldots, \tau_n)$. Gegebenenfalls dürfen wir annehmen, daß x auch generisches Element einer Erweiterung $\mathfrak{B}$ von $\mathfrak{A}$ ist.

§ 1. Die quadratische Darstellung in schwach homogenen Algebren

1. Wir hatten in II, § 2.3, die in x rationale lineare Transformation

$$H(x) = -\frac{\partial x^{-1}}{\partial x}$$

eingeführt. In $H(x)$ darf man x genau dann zu einem Element u einer Grundkörpererweiterung $\mathfrak{B}$ von $\mathfrak{A}$ spezialisieren, wenn u in $\mathfrak{B}$ invertierbar ist. Ist das der Fall, so ist $H(u)$ eine lineare Transformation von $\mathfrak{B}$.

Die strikt potenz-assoziative Algebra $\mathfrak{A}$ über K nennen wir *schwach homogen*, wenn für generisch unabhängige Elemente x, y von $\mathfrak{A}$ gilt

$$[H(x) y]^{-1} = H^{-1}(x) y^{-1}.$$

Diese Definition hängt nicht ab von der Wahl der generischen Elemente. Ist $\mathfrak{B}$ irgendeine Grundkörpererweiterung von $\mathfrak{A}$ mit Grundkörper L, so ist jedes Paar über L generisch unabhängiger Elemente auch über K generisch unabhängig. *Mit $\mathfrak{A}$ ist daher auch jede Grundkörpererweiterung schwach homogen.*

Die definierende Identität einer schwach homogenen Algebra stimmt mit der in II, § 2.5, formulierten Bedingung (B) überein. Wir entnehmen daher dem dort bewiesenen Äquivalenz-Lemma den

Satz 1.1. *Ist $\mathfrak{A}$ eine strikt potenz-assoziative Algebra, so gilt:*

a) $\mathfrak{A}$ *ist dann und nur dann schwach homogen, wenn $L(x) + R(x)$ mit $H(x)$ vertauschbar ist. In diesem Falle ist $H^{-1}(x)$ gleich der quadratischen Darstellung*

$$P(x) = L(x)\,[L(x) + R(x)] - L(x^2) = R(x)\,[L(x) + R(x)] - R(x^2).$$

b) *Ist $\mathfrak{A}$ überdies flexibel, so ist $\mathfrak{A}$ genau dann schwach homogen, wenn $L(x) + R(x)$ mit $L(x^{-1})$ und mit $R(x^{-1})$ vertauschbar ist.*

2. Nun sei $\mathfrak{A}$ eine schwach homogene Algebra. Aus $H(x)\,H(x^{-1}) = Id$ [vgl. (II; 2.6)] bzw. aus der Definition von $H(x)$ folgt dann auf Grund unseres Satzes

$$(1.1) \qquad P(x)\,P(x^{-1}) = Id, \qquad \frac{\partial x^{-1}}{\partial x} = -P^{-1}(x),$$

und (II; 2.8) ergibt

$$(1.2) \qquad L(x^{-1}) = R(x)\,P^{-1}(x), \qquad R(x^{-1}) = L(x)\,P^{-1}(x).$$

Wir erinnern ferner an die in (II; 2.14) bewiesene Formel

$$(1.3) \qquad P(u)\,v = u^2\,v \quad \text{für} \quad u, v \in K'[x].$$

Hierbei ist K' ein beliebiger Erweiterungskörper von K.

Satz 1.2. *Ein Element u einer schwach homogenen Algebra ist dann und nur dann invertierbar, wenn $|P(u)| \neq 0$ ist. Das Inverse u^{-1} ist dann durch die universelle Formel $u^{-1} = P^{-1}(u)\,u$ gegeben.*

Beweis. Ist u invertierbar, dann kann man in der ersten Gleichung von (1.1) die Spezialisierung $x \to u$ vornehmen. Es folgt $|P(u)| \neq 0$. Ist umgekehrt u nicht invertierbar, dann wissen wir, daß u ein Nullteiler von $K[u]$ ist. Es gibt also $v \neq 0$ aus $K[u]$ mit $u\,v = 0$. Wegen (1.3) ist $P(u)\,v = u\,(u\,v) = 0$, also $|P(u)| = 0$. Also ist u genau dann invertierbar, wenn $|P(u)| \neq 0$. Ist das der Fall, so erhält man $u^{-1} = P^{-1}(u)\,u$ aus (II; 2.7).

Nach II, § 5.1, gehört eine lineare Transformation W von $\mathfrak{A}$ genau dann zur Strukturgruppe $\Gamma(\mathfrak{A})$, wenn eine der äquivalenten Bedingungen (SG.1) oder (SG.2) erfüllt ist. Im vorliegenden Falle hat man außerdem

Satz 1.3. *Ist $\mathfrak{A}$ eine schwach homogene Algebra, so gilt:*

a) *Eine umkehrbare lineare Transformation W von $\mathfrak{A}$ gehört genau dann zur Strukturgruppe $\Gamma(\mathfrak{A})$, wenn es eine Transformation $W^{\#}$ gibt, so daß $P(Wx) = W\,P(x)\,W^{\#}$ erfüllt ist.*

b) *Ist u ein invertierbares Element einer Grundkörpererweiterung von $\mathfrak{A}$ und $W \in \Gamma(\mathfrak{A})$, so ist auch Wu invertierbar.*

Beweis. a) Wegen $H(x) = P^{-1}(x)$ ist die Aussage mit (SG.2) äquivalent.

b) Da man in $P(Wx) = WP(x) W^{\#}$ das Element x zum Element u spezialisieren kann, folgt $|P(Wu)| = |W| \, |P(u)| \, |W^{\#}|$. Da W und $W^{\#}$ umkehrbar sind, folgt die Behauptung aus Satz 1.2.

‚ **3.** Wir geben nun eine weitere Charakterisierung der schwach homogenen Algebren:

Satz 1.4. *Eine strikt potenz-assoziative Algebra $\mathfrak{A}$ ist dann und nur dann schwach homogen, wenn für jedes invertierbare u jeder Grundkörpererweiterung $\mathfrak{B}$ von $\mathfrak{A}$ die Transformation $H(u)$ zu $\Gamma(\mathfrak{B})$ gehört und $H^{\#}(u) = H(u)$ gilt.*

Beweis. Zuerst sei $\mathfrak{A}$ schwach homogen. In der definierenden Identität $[H(y)\, x]^{-1} = H^{-1}(y)\, x^{-1}$ kann man $y \to u$ spezialisieren und dabei auch noch annehmen, daß x generisches Element von $\mathfrak{B}$ ist. Wegen $H(u)\, H(u^{-1}) = Id$ ist $H(u)$ umkehrbar; für $W = V = H(u)$ ist daher (SG.1) erfüllt.

Gehört umgekehrt $H(u)$ zu $\Gamma(\mathfrak{B})$, so liefert (SG.1') direkt $[H(u)\, x]^{-1} = H^{-1}(u)\, x^{-1}$. Da man hier auch für u ein generisches Element y eintragen kann, für welches x, y generisch unabhängig sind, ist $\mathfrak{A}$ schwach homogen.

Eine einfache Folgerung aus diesem Satz ist der wichtige

Satz 1.5. *Ist $\mathfrak{A}$ eine schwach homogene Algebra, so hat man:*

a) *Für generisch unabhängige Elemente x, y von $\mathfrak{A}$ gilt die*

Fundamentalformel: $\quad P(P(y)\, x) = P(y)\, P(x)\, P(y),$

in der x und y zu beliebigen Elementen von $\mathfrak{A}$ spezialisiert werden können.

b) *Für $u \in \mathfrak{A}$ mit $|P(u)| \neq 0$ gehört $P(u)$ zur Strukturgruppe $\Gamma(\mathfrak{A})$, und es gilt $P^{\#}(u) = P(u)$.*

c) *Es ist $P(u)\, v$ genau dann invertierbar, wenn u und v invertierbar sind, und es ist dann $[P(u)\, v]^{-1} = P^{-1}(u)\, v^{-1}$.*

Beweis. Wir beweisen zuerst Teil b) des Satzes. Wegen Satz 1.2 ist u invertierbar. Der vorhergehende Satz zeigt nun, daß $H(u)$ zu $\Gamma(\mathfrak{B})$ gehört und $H^{\#}(u) = H(u)$ gilt. Wegen $P(u) = H^{-1}(u)$ und (II; 5.1) ist damit Teil b) bewiesen.

Zum Beweis von Teil a) wendet man Satz 1.3 a) auf die Grundkörpererweiterung von $\mathfrak{A}$ an, in der y liegt. Da $H(y)$ zur Strukturgruppe dieser Erweiterung gehört, erhält man die Fundamentalformel. Diese ist eine Polynomidentität, in der man x und y beliebig spezialisieren kann.

Es ist $P(u)\, v$ wegen Satz 1.2 genau dann invertierbar, wenn $|P(P(u)\, v)| = |P(u)| \, |P(v)| \, |P(u)| \neq 0$ ist. Dies ist genau dann der

Fall, wenn u und v invertierbar sind. In der Identität $[H(y)\, x]^{-1}$ $= H^{-1}(y)\, x^{-1}$ kann man also $y \to u^{-1}$ und $x \to v$ spezialisieren. Wegen $H(u^{-1}) = H^{-1}(u) = P(u)$ ist damit auch der letzte Teil des Satzes bewiesen.

Korollar. Für $m \geq 1$ *gilt* $P(x^m) = P^m(x)$,

Beweis. In der Fundamentalformel spezialisiert man $y \to z^r$ und $x \to e$ bzw. $x \to z$. Es folgt $P(z^{2r}) = P(z^r)\, P(z^r)$ und $P(z^{2r+1})$ $= P(z^r)\, P(z)\, P(z^r)$, so daß eine Induktion die Behauptung ergibt.

4. Für spätere Zwecke geben wir eine weitere hinreichende Bedingung für schwach homogene Algebren an, die zugleich eine Rechtfertigung der Bezeichnung gibt.

Satz 1.6. *Es sei* $\mathfrak{A}$ *eine strikt potenz-assoziative Algebra. Operiert für jede Grundkörpererweiterung* $\mathfrak{B}$ *von* $\mathfrak{A}$ *mit algebraisch abgeschlossenem Grundkörper die Gruppe* $\Gamma(\mathfrak{B})$ *transitiv auf den invertierbaren Elementen von* $\mathfrak{B}$, *dann ist* $\mathfrak{A}$ *schwach homogen.*

Beweis. Nach Voraussetzung gibt es zu jedem invertierbaren u ein $W \in \Gamma(\mathfrak{B})$ mit $Wu = e$. In (SG.2') spezialisieren wir $x \to u$ und erhalten $W^{\#}\, H(Wu)\, W = H(u)$. Wegen $H(e) = Id$ bekommt man also $H(u)$ $= W^{\#}\, W$. Es folgt $H(u) \in \Gamma(\mathfrak{B})$, denn mit W gehört auch $W^{\#}$ zur Gruppe $\Gamma(\mathfrak{B})$. Wegen (II; 5.2) und (II; 5.3) hat man schließlich $H^{\#}(u)$ $= (W^{\#}\, W)^{\#} = W^{\#}\, W^{\#\#} = W^{\#}\, W = H(u)$. Da man ein beliebiges invertierbares Element einer Grundkörpererweiterung von $\mathfrak{A}$ in eine Erweiterung mit algebraisch abgeschlossenem Grundkörper einbetten kann, zeigt Satz 1.4, daß $\mathfrak{A}$ schwach homogen ist.

Wir bezeichnen mit $\Pi(\mathfrak{A})$ die durch die linearen Transformationen $P(u)$ für invertierbare u aus $\mathfrak{A}$ erzeugte Gruppe, die wegen Satz 1.5 b) eine Untergruppe von $\Gamma(\mathfrak{A})$ ist. Aus Satz 1.3 a) entnimmt man die beiden Beziehungen $P(Wu) = WP(u)\, W^{\#}$ und $P(We) = W\, W^{\#}$ für $W \in \Gamma(\mathfrak{A})$. Man eliminiert $W^{\#}$ und schreibt das Ergebnis in der Form $W\, P(u)\, W^{-1}$ $= P(Wu)\, P^{-1}(We)$. *Es ist also* $\Pi(\mathfrak{A})$ *ein Normalteiler in* $\Gamma(\mathfrak{A})$.

5. Unsere Ergebnisse wenden wir nun an auf multiplikative Polynome und die damit definierte eingeschränkte Strukturgruppe $\Lambda(\mathfrak{A})$, die aus den $W \in \Gamma(\mathfrak{A})$ besteht, für die es zu jedem multiplikativen Polynom ω ein μ gibt, so daß $\omega(Wx) = \mu(W)\, \omega(x)$ gilt.

Es sei wieder $\mathfrak{A}$ schwach homogen und ω eine Norm von $\mathfrak{A}$. Wegen Satz 1.5 b) und wegen (N.2) der Definition einer Norm gilt $\omega(P(y)\, x)$ $= \varkappa(P(y))\, \omega(x)$. Spezialisiert man hier $x \to e$ und beachtet $P(y)\, e = y^2$, so folgt $\varkappa(P(y)) = \omega(y^2)$. Man hat also

$$(1.4) \qquad \omega(P(y)\, x) = \omega(y^2)\, \omega(x) \quad \text{für jede Norm } \omega \text{ von } \mathfrak{A}.$$

Ist die Norm überdies multiplikativ, wie das z. B. für die Hauptnorm und die reduzierte Norm der Fall ist, dann gilt sogar $\omega(P(y)\, x)$ $= \omega^2(y)\, \omega(x)$.

Satz 1.7. *Ist ω ein multiplikatives Polynom der schwach homogenen Algebra $\mathfrak{A}$, so gilt*

$$(1.5) \qquad\qquad \omega(P(y)\,x) = \omega^2(y)\,\omega(x)$$

für generisch unabhängige Elemente x, y von $\mathfrak{A}$.

Beweis. Wegen II, Satz 4.5, ist $\omega(P(y)\,x)$ über dem algebraischen Abschluß $\bar{K}$ von K ein Teiler von $HN^t(P(y)\,x) = HN^{2t}(y)\,HN^t(x)$. Die rechte Seite dieser Gleichung ergibt, in irreduzible Faktoren zerlegt, ein Produkt, in dem jeder Faktor entweder ein irreduzibles Polynom von x oder ein irreduzibles Polynom von y ist. Da überdies $\omega(P(e)\,e) = 1$ ist, folgt daß $\omega(P(y)\,x)$ die Form $\varphi(y)\,\psi(x)$ hat, wobei $\varphi(e) = \psi(e) = 1$ gilt, und $\varphi(y)$ ein Polynom in y, $\psi(x)$ ein Polynom in x ist. Spezialisiert man $y \to e$, so folgt $\psi(x) = \omega(x)$. Spezialisiert man $x \to e$, so folgt $\varphi(y) = \omega(y^2) = \omega^2(y)$.

In (1.5) kann man y zu jedem invertierbaren Element u von $\mathfrak{A}$ spezialisieren. Da wegen Satz 1.5 b) die Transformation $P(u)$ zu $\varGamma(\mathfrak{A})$ gehört, liegt $P(u)$ sogar in $\varLambda(\mathfrak{A})$. Damit erhalten wir als Verschärfung den

Satz 1.8. *Für eine schwach homogene Algebra $\mathfrak{A}$ ist die durch die Transformationen $P(u)$ für invertierbare u aus $\mathfrak{A}$ erzeugte Gruppe $\varPi(\mathfrak{A})$ ein Normalteiler in der eingeschränkten Strukturgruppe $\varLambda(\mathfrak{A})$.*

Für eine schwach homogene Algebra $\mathfrak{A}$ gilt also stets $\varPi(\mathfrak{A}) \subset \varLambda(\mathfrak{A}) \subset \varGamma(\mathfrak{A})$.

6. Für W aus der Strukturgruppe einer Erweiterung von $\mathfrak{A}$ hat man wegen Satz 1.3 a) stets $P(Wx) = W\,P(x)\,W^{\#}$. Bildet man hiervon die Determinante, so sieht man, *daß $|P(x)|$ eine Norm von $\mathfrak{A}$ ist.* Wir wollen diese Norm mit der Hauptnorm $HN(x)$ in Verbindung bringen und beweisen zuerst das

Lemma 1.9. *Es ist $|P(x)|$ durch das Quadrat der Hauptnorm $HN(x)$ teilbar.*

Beweis. Es sei m der Grad des Minimalpolynoms $f(\tau; x)$ des generischen Elementes x von $\mathfrak{A}$ (vgl. II, § 4.1), so daß also $e, x, x^2, \ldots, x^{m-1}$ über $\bar{K}$ linear unabhängig sind. Man ergänze diese Elemente zu einer Basis der durch Erweiterung von K zu $\bar{K}$ entstehenden Algebra $\bar{\mathfrak{A}}$. Für $u \in \bar{K}[x]$ haben $L(u)$ und $R(u)$ Kästchenform:

$$L(u) = \begin{pmatrix} L_0(u) & A \\ 0 & B \end{pmatrix}, \qquad R(u) = \begin{pmatrix} R_0(u) & C \\ 0 & D \end{pmatrix},$$

wobei $L_0(u) = R_0(u)$ der Restriktion von $L(u)$ bzw. $R(u)$ auf $\bar{K}[x]$ entsprechen. $P(u)$ hat die gleiche Kästchenform wie $L(u)$ und der $L_0(u)$ entsprechende Teil ist

$$L_0(u)\,[L_0(u) + R_0(u)] - L_0(u^2) = L_0^2(u).$$

Da die Determinante von $P(u)$ die Determinante hiervon als Faktor enthält, ist $|L_0^2(u)| = HN^2(u)$ (vgl. II, § 4.3) ein Teiler von $|P(u)|$.

7. Da wir im nächsten Paragraphen sehen werden (vgl. Korollar zu Satz 2.2), daß jede Norm multiplikativ ist, wenn K eine von zwei verschiedene Charakteristik hat, wollen wir abschließend hieraus einige Folgerungen ziehen:

Satz 1.10. *Ist jede Norm der schwach homogenen Algebra $\mathfrak{A}$ multiplikativ, dann gilt:*

a) *Die Polynome $HN(x)$, $RN(x)$ und $|P(x)|$ haben die gleichen absolut-irreduziblen Teiler.*

b) *Jede Norm ist ein Teiler einer Potenz von $HN(x)$.*

c) *Jede Minimalnorm ist ein Teiler von $RN(x)$.*

Beweis. Wegen II, Satz 4.5, ist jede Norm von $\mathfrak{A}$ ein Teiler einer Potenz von $HN(x)$. Speziell ist also auch $|P(x)|$ ein Teiler einer Potenz von $HN(x)$. Wegen Lemma 1.9 haben also $|P(x)|$ und $HN(x)$ die gleichen absolut-irreduziblen Teiler, die nach Definition der reduzierten Norm genau deren irreduzible Teiler sind. Damit sind die Teile a) und b) bewiesen.

Wegen Teil a) von II, Satz 5.4, ist jede Minimalnorm ω ein Produkt von verschiedenen absolut-irreduziblen Faktoren. Da ω wegen Teil b) in $HN(x)$ aufgeht, ist ω schon ein Teiler von $RN(x)$.

Da nach II, § 5.5, jede Norm ein Potenzprodukt von Minimalnormen ist, bekommt man auf Grund dieses Satzes also eine Übersicht über alle Normen von $\mathfrak{A}$.

§ 2. Der Fall einer Charakteristik ungleich 2

1. Außer der Algebra $\mathfrak{A}$ über dem Körper K der Charakteristik ungleich 2 betrachten wir die kommutative Algebra $\mathfrak{A}^+$, die wie $\mathfrak{A}$ auch strikt potenz-assoziativ ist (vgl. I, § 11). Es ist

$$L^+(u) = \tfrac{1}{2}[L(u) + R(u)]$$

die linksreguläre Darstellung von $\mathfrak{A}^+$ und somit

$$P^+(u) = 2L^{+2}(u) - L^+(u^2)$$

die quadratische Darstellung von $\mathfrak{A}^+$. Für die quadratische Darstellung $P(u)$ von $\mathfrak{A}$ gilt

$$P(u) = L(u)\,[L(u) + R(u)] - L(u^2) = R(u)\,[L(u) + R(u)] - R(u^2).$$

Daher ist $P(u)$ auch gleich der halben Summe der beiden rechts stehenden Ausdrücke, also gleich $P^+(u)$. *Die quadratischen Darstellungen von $\mathfrak{A}$ und $\mathfrak{A}^+$ sind also identisch.* Dann ist aber auch $\Pi(\mathfrak{A}) = \Pi(\mathfrak{A}^+)$, während wir aus II, § 5.6, schon wissen, daß entsprechende Gleichheiten auch für die Strukturgruppen und die eingeschränkten Strukturgruppen gelten.

Eine Charakterisierung der schwach homogenen Algebren gibt der folgende Satz, bei dessen Beweis wir der Vollständigkeit halber ein späteres Ergebnis (nämlich IV, Satz 2.2) verwenden.

Satz 2.1. *Ist $\mathfrak{A}$ eine strikt potenz-assoziative Algebra über einem Körper K der Charakteristik ungleich 2, dann sind die folgenden sechs Aussagen untereinander äquivalent:*

a) *$\mathfrak{A}$ ist schwach homogen.*

b) *$\mathfrak{A}^+$ ist schwach homogen.*

c) *$\mathfrak{A}^+$ ist eine Jordan-Algebra.*

Für jede Grundkörpererweiterung $\mathfrak{B}$ von $\mathfrak{A}$ mit algebraisch abgeschlossenem Grundkörper operiert

d) *die Strukturgruppe $\Gamma(\mathfrak{B})$,*

e) *die eingeschränkte Strukturgruppe $\Lambda(\mathfrak{B})$,*

f) *die Gruppe $\Pi(\mathfrak{B})$*

transitiv auf den invertierbaren Elementen von $\mathfrak{B}$.

Beweis. Wir zeigen die folgende Kette von logischen Abhängigkeiten:

$$\text{b) } \Rightarrow \text{a) } \Rightarrow \text{f) } \Rightarrow \text{e) } \Rightarrow \text{d) } \Rightarrow \text{a) } \Rightarrow \text{b) } \Rightarrow \text{c) } \Rightarrow \text{b).}$$

a) $\Leftrightarrow$ b): Da die Definition von schwach homogen nur auf das Inverse und die Transformation $H(u)$ Bezug nimmt, und da beides in $\mathfrak{A}$ und in $\mathfrak{A}^+$ die gleiche Bedeutung hat, sind a) und b) trivialerweise äquivalent.

a) $\Rightarrow$ f): Es sei $\mathfrak{A}$ schwach homogen und u ein invertierbares Element der Grundkörpererweiterung $\mathfrak{B}$ von $\mathfrak{A}$ mit algebraisch abgeschlossenem Grundkörper. Wegen I, Satz 4.3, gibt es dann ein invertierbares v in $\mathfrak{B}$ mit $u = v^2$. $P(v)$ gehört zur Gruppe $\Pi(\mathfrak{B})$ und es ist $P(v)\, e = v^2 = u$. Aus a) folgt also f).

f) $\Rightarrow$ e) $\Rightarrow$ d): Dies ist eine triviale Folge von $\Pi(\mathfrak{B}) \subset \Lambda(\mathfrak{B}) \subset \Gamma(\mathfrak{B})$.

d) $\Rightarrow$ a): Diese Aussage war bereits in Satz 1.6 bewiesen.

b) $\Rightarrow$ c): Wir wenden Teil b) des Äquivalenz-Lemmas (vgl. II, § 2.5) auf die kommutative und daher flexible Algebra $\mathfrak{A}^+$ an. Da nach Voraussetzung die Eigenschaft (B) erfüllt ist, ist $\mathfrak{A}^+$ eine Jordan-Algebra.

c) $\Rightarrow$ b): Wir werden später (IV, Satz 2.2) sehen, daß jede Jordan-Algebra schwach homogen ist.

Damit ist der Satz bewiesen.

2. Wir zeigen nun, daß jede Norm multiplikativ ist und beweisen dazu den

Satz 2.2. *Es sei $\mathfrak{A}$ eine schwach homogene Algebra über einem Körper K der Charakteristik ungleich 2 und ω eine Norm oder ein multi-*

plikatives Polynom von $\mathfrak{A}$. *Für jede kommutative und assoziative Teilalgebra* $\mathfrak{T}$ *einer Grundkörpererweiterung von* $\mathfrak{A}$ *gilt dann*

$$\omega(u\,v) = \omega(u)\,\omega(v) \quad \textit{für alle} \quad u, v \in \mathfrak{T}.$$

Beweis. Wegen (1.4) bzw. (1.5) gilt in beiden Fällen

$$(2.1) \qquad \omega(P(y)\,x) = \omega(y^2)\,\omega(x)$$

für generisch unabhängige Elemente x, y von $\mathfrak{A}$. Ohne Einschränkung dürfen wir annehmen, daß $\mathfrak{T}$ in einer Grundkörpererweiterung $\mathfrak{B}$ mit algebraisch abgeschlossenem Grundkörper L liegt. Setzen wir zuerst u als invertierbar voraus. Da die durch u und v erzeugte Teilalgebra von $\mathfrak{B}$ wieder kommutativ und assoziativ ist, gilt nach Definition der quadratischen Darstellung $P(w)\,v = w^2\,v$ für alle $w \in L[u]$. Nach I, Satz 4.3, wählen wir wieder $w \in L[u]$ mit $w^2 = u$ und spezialisieren $y \to w$, $x \to v$, in (2.1). Damit ist $\omega(u\,v) = \omega(u)\,\omega(v)$ für invertierbare u bewiesen. Ist u nicht invertierbar, dann ersetzt man in der eben bewiesenen Gleichung u durch $\tau\,e + u$ und setzt anschließend $\tau = 0$.

Da man im Falle einer Norm den Satz auf $\mathfrak{T} = K'[x]$ anwenden kann, erhält man das

Korollar. Jede Norm einer schwach homogenen Algebra über einem Körper der Charakteristik ungleich 2 *ist multiplikativ.*

Es gelten daher alle Aussagen von Satz 1.10 für schwach homogene Algebren im Falle einer Charakteristik ungleich 2 ohne weitere Voraussetzungen.

Wir geben sogleich zwei Anwendungen des Satzes. Es sei dazu ω ein multiplikatives Polynom der schwach homogenen Algebra $\mathfrak{A}$ über K vom Grad m, und es sei die Charakteristik von K nicht 2.

Lemma 2.3. *Gilt für Elemente* u, v *einer Grundkörpererweiterung von* $\mathfrak{A}$ *die Beziehung* $K_1[u]\,K_1[v] = K_1[v]\,K_1[u] = 0$, *dann ist*

$$(2.2) \qquad \tau^m\,\omega\big(\tau\,e - (u + v)\big) = \omega(\tau\,e - u)\,\omega(\tau\,e - v).$$

Beweis. Es liegen $\tau\,e - u$ und $\tau\,e - v$ in der kommutativen und assoziativen Algebra, die von u und v über $K(\tau)$ erzeugt wird. Die rechte Seite von (2.2) ist also wegen Satz 2.2 gleich

$$\omega\big((\tau\,e - u)\,(\tau\,e - v)\big) = \omega\big(\tau^2\,e - \tau(u + v)\big) = \tau^m\,\omega\big(\tau\,e - (u + v)\big).$$

Lemma 2.4. *Liegen* u, w *in einer kommutativen und assoziativen Teilalgebra einer Grundkörpererweiterung von* $\mathfrak{A}$ *und ist* w *nilpotent, dann gilt*

$$\omega\big(\tau\,e - (u + w)\big) = \omega(\tau\,e - u).$$

Beweis. Es ist $\tau\,e - u$ invertierbar. Wegen Satz 2.2 ist daher

$$\omega(\tau\,e - u - w) = \omega(\tau\,e - u)\,\omega\big(e - (\tau\,e - u)^{-1}\,w\big).$$

Da u und w in einer kommutativen und assoziativen Algebra liegen, ist mit w auch $(\tau e - u)^{-1} w$ nilpotent. Es genügt daher, wenn wir $\omega\,(e - v)$ $= 1$ für nilpotentes v nachweisen. Das ist wegen (II; 3.1) aber genau die Aussage des Korollars zu II, Satz 3.1.

3. Die Ergebnisse des letzten Paragraphen sollen jetzt auf primäre Algebren angewendet werden. Wie in I, § 10.**1**, nennen wir eine Algebra $\mathfrak{A}$ mit Einselement e primär, wenn e das einzige Idempotent von $\mathfrak{A}$ oder $\mathfrak{A} = 0$ ist. Wegen I, Lemma 10.1, wissen wir, *daß $\mathfrak{A}$ dann und nur dann primär ist, wenn jedes nicht invertierbare Element von $\mathfrak{A}$ nilpotent ist.* Für ein beliebiges Element w einer primären Algebra sind daher immer zwei der Elemente w, $e + w$, $e - w$ invertierbar, denn aus je zweien von ihnen kann man das Einselement linear kombinieren und jede Linearkombination von zwei nilpotenten Elementen aus $K[w]$ ist nilpotent (vgl. I, Lemma 3.1). Wir zeigen zuerst

Lemma 2.5. *Ist $\mathfrak{A}$ eine primäre und schwach homogene Algebra über einem Körper K der Charakteristik ungleich 2, so liegen alle nilpotenten Elemente von $\mathfrak{A}$ im Bilinearkern jeder semi-normalen Linearform von $\mathfrak{A}$.*

Den Bilinearkern einer assoziativen Linearform hatten wir in I, § 6.**2**, eingeführt und semi-normale Linearformen in I, § 7.**1**, definiert.

Beweis. Da die Elemente der Strukturgruppe $\Gamma(\mathfrak{A})$ wegen Satz 1.3 b) die Menge der invertierbaren Elemente von $\mathfrak{A}$ auf sich abbildet, gilt das gleiche für die komplementäre Menge, d. h. die Menge der nilpotenten Elemente von $\mathfrak{A}$. Für $W \in \Gamma(\mathfrak{A})$ ist daher mit u auch Wu nilpotent.

Nun sei u ein Nilpotent von $\mathfrak{A}$. Für jede semi-normale Linearform λ und jedes $W \in \Gamma(\mathfrak{A})$ gilt daher $\lambda(Wu) = 0$. Für ein invertierbares Element v von $\mathfrak{A}$ gehört $P(v)$ zu $\Gamma(\mathfrak{A})$ (Satz 1.5 b). Wegen $P(v)\,u$ $= u(u\,v + v\,u) - u^2 v$ ist $\lambda(P(v)\,u) = \lambda(v^2\,u)$, d. h., man hat $\lambda(v^2\,u)$ $= 0$ für jedes invertierbare v von $\mathfrak{A}$. Für beliebiges $w \in \mathfrak{A}$ sind immer zwei der Elemente w, $e + w$, $e - w$ invertierbar, d. h., es gelten zwei der Gleichungen

$$\lambda(w^2\,u) = 0, \quad 2\lambda(w\,u) + \lambda(w^2\,u) = 0, \quad 2\lambda(w\,u) - \lambda(w^2\,u) = 0.$$

Hieraus folgt aber $\lambda(w\,u) = 0$. Da dies für alle $w \in \mathfrak{A}$ gilt, ist $u \in Bk_\lambda(\mathfrak{A})$, und das Lemma ist beweisen.

Vergleicht man dieses Lemma mit der Definition von stark primär in I, § 10.**2**, so sieht man, daß im vorliegenden Falle *jede primäre Algebra auch stark primär ist.*

Jetzt können wir die Lemmata 10.1, 10.4 und 10.5 von Kap. I zusammenfassen in

Satz 2.6. *Für eine schwach homogene Algebra $\mathfrak{A}$ über einem Körper der Charakteristik ungleich 2, für die* $\operatorname{Rad}\mathfrak{A} \neq \mathfrak{A}$ *gilt, sind die folgenden*

Aussagen äquivalent:

a) $\mathfrak{A}$ *ist primär, d. h., e ist das einzige Idempotent von* $\mathfrak{A}$.

b) *Jedes nicht invertierbare Element von* $\mathfrak{A}$ *ist nilpotent.*

c) $\mathfrak{A}$ *ist vollständig primär, d. h., die nicht invertierbaren Elemente bilden einen Vektorraum.*

Ist das der Fall, dann ist $\mathrm{Rad}\,\mathfrak{A}$ *sowohl gleich dem Bilinearkern jeder von Null verschiedenen semi-normalen Linearform von* $\mathfrak{A}$ *als auch gleich der Menge der nilpotenten Elemente von* $\mathfrak{A}$.

4. Für flexible Algebren vererbt sich die schwache Homogenität auf gewisse Teilalgebren. Wir erinnern dazu an den zu einem Idempotent c von $\mathfrak{A}$ definierten Teilraum

$$\mathfrak{A}_1(c) = \{u;\ u \in \mathfrak{A},\ c\,u = u\,c = u\}.$$

In I, Satz 12.3, haben wir gesehen, daß $\mathfrak{A}_1(c)$ eine Teilalgebra ist, und außerdem die Vektorräume $\mathfrak{A}_1(c)$ und $\mathfrak{A}_1^+(c)$ übereinstimmen. Daher gilt

$$\mathfrak{A}_1^+(c) = [\mathfrak{A}_1(c)]^+$$

als eine Gleichheit von Algebren. Nun sei $\mathfrak{A}$ schwach homogen. Wegen Satz 2.1 c) ist dann $\mathfrak{A}^+$ eine Jordan-Algebra, also auch $\mathfrak{A}_1^+(c)$ als Teilalgebra hiervon. Erneute Anwendung dieses Satzes zeigt, daß auch $\mathfrak{A}_1(c)$ schwach homogen ist. Wir erhalten

Lemma 2.7. *Es sei* $\mathfrak{A}$ *eine flexible und schwach-homogene Algebra über einem Körper der Charakteristik ungleich* 2. *Für jedes Idempotent* c *von* $\mathfrak{A}$ *ist dann auch* $\mathfrak{A}_1(c)$ *schwach homogen.*

Bei diesem Lemma wurde derjenige Teil von Satz 2.1 verwendet, der auf spätere Ergebnisse Bezug nimmt. Jene Ergebnisse sind unabhängig von den Folgerungen, die wir aus dem Lemma ziehen werden. Unter Verwendung von Teil c) des Äquivalenz-Lemmas (II, § 2.5) kann Lemma 2.7 aber auch direkt verifiziert werden.

Satz 2.8. *Es sei* $\mathfrak{A}$ *eine schwach homogene und nichtausgeartete Algebra über einem Körper* K *der Charakteristik ungleich* 2. *Ist* c *ein absolutprimitives Idempotent von* $\mathfrak{A}$, *so gilt* $\mathfrak{A}_1(c) = Kc$.

Beweis. Wegen I, Satz 6.5 a), ist $\mathfrak{A}$ flexibel. Mit $\mathfrak{A}$ ist auch $\mathfrak{A}_1(c)$ (vgl. I, Lemma 12.7) und jede Grundkörpererweiterung $\mathfrak{A}'$ nichtausgeartet. Wegen Lemma 2.7 und I, Lemma 12.4, ist $\mathfrak{A}_1'(c)$ schwach homogen und primär, nach **3** also stark primär. Jetzt folgt die Behauptung aus I, Satz 10.7.

§ 3. Homogene Algebren

1. Die strikt potenz-assoziative Algebra $\mathfrak{A}$ über K nennen wir *homogen*, wenn für jede Erweiterung $\mathfrak{B}$ von $\mathfrak{A}$ mit algebraisch abgeschlossenem Grundkörper die eingeschränkte Strukturgruppe $\Lambda(\mathfrak{B})$

transitiv auf den invertierbaren Elementen von $\mathfrak{B}$ operiert. Offenbar ist mit $\mathfrak{A}$ auch jede Grundkörpererweiterung wieder homogen.

Da $\Lambda(\mathfrak{B})$ eine Untergruppe der Strukturgruppe $\Gamma(\mathfrak{B})$ ist, ergibt Satz 1.6 sofort den

Satz 3.1. *Jede homogene Algebra ist schwach homogen.*

Es gelten daher für homogene Algebren alle bisher bewiesenen Ergebnisse. Vergleicht man die Aussagen e) und a) von Satz 2.1, so erhält man aus diesem Satz den

Satz 3.2. *Eine Algebra über einem Körper der Charakteristik ungleich 2 ist dann und nur dann homogen, wenn sie schwach homogen ist.*

2. Nun sei $\mathfrak{A}$ eine homogene Algebra über dem Körper K. Wir erinnern an die folgenden Ergebnisse, die in II, § 5.4, hergeleitet wurden:

(3.1) Für jedes multiplikative Polynom ω von $\mathfrak{A}$ gibt es $\mu(V)$, so daß gilt $\omega(Vx) = \mu(V)\,\omega(x)$ für alle V aus $\Lambda(\mathfrak{A})$.

(3.2) Mit V gehört auch $V^{\#}$ zu $\Lambda(\mathfrak{A})$, und es gilt $\mu(V) = \mu(V^{\#})$.

Da ein multiplikatives Polynom von $\mathfrak{A}$ auch multiplikatives Polynom für jede Grundkörpererweiterung von $\mathfrak{A}$ ist, gelten diese Aussagen auch für jede solche Erweiterung.

Es sei ω ein multiplikatives Polynom vom Grad m. Aus der Multiplikativität folgt für ein generisches Element x von $\mathfrak{A}$ sofort

(3.3) $$\omega(x)\,\omega(x^{-1}) = 1.$$

Nun seien x und y generisch unabhängige Elemente von $\mathfrak{A}$, die in einer Grundkörpererweiterung $\mathfrak{B}$ von $\mathfrak{A}$ mit algebraisch abgeschlossenem Grundkörper L liegen. Da das generische Element x invertierbar ist und $\Lambda(\mathfrak{B})$ transitiv auf den invertierbaren Elementen operiert, gibt es $V \in \Lambda(\mathfrak{B})$ mit $x = Ve$. Wir definieren u durch $y = Vu$ und erhalten wegen (3.1)

$$\omega(x) = \mu(V), \qquad \omega(y) = \mu(V)\,\omega(u).$$

Wegen (SG.1′) hat man außerdem

$$x^{-1} = V^{\#\,-1}e, \qquad y^{-1} = V^{\#\,-1}u^{-1}.$$

Aus diesen Formeln erhält man unter mehrfacher Anwendung von (3.1), (3.2) und (3.3)

$$\omega(x)\,\omega(y)\,\omega(x^{-1}+y^{-1}) = \omega(x)\,\omega(y)\,\omega\big(V^{\#\,-1}(e+u^{-1})\big)$$
$$= \omega(x)\,\omega(y)\,\mu(V^{\#\,-1})\,\omega(e+u^{-1}) = \omega(y)\,\omega(e+u^{-1})$$
$$= \omega(y)\,\omega(u^{-1})\,\omega(e+u) = \mu(V)\,\omega(V^{-1}x + V^{-1}y) = \omega(x+y),$$

d. h., man hat

(3.4) $$\omega(x+y) = \omega(x)\,\omega(y)\,\omega(x^{-1}+y^{-1})$$

für generisch unabhängige x, y von $\mathfrak{A}$.

7*

Mit erneuter Anwendung von (3.3) kann man für (3.4) auch

$$\omega(x^{-1})\,\omega(x+y) = \omega(y)\,\omega(y^{-1} + x^{-1})$$

schreiben. Da mit x auch x^{-1} generisch ist, ist gezeigt, daß die rationale Funktion

$$(3.5) \qquad \omega(x, y) := \omega(x)\,\omega(x^{-1} + y)$$

in x und y symmetrisch ist.

Der Definition (3.5) entnimmt man, daß $\omega(x, y)$ ein Polynom in y vom Grade m ist. Da aber $\omega(x, y)$ in y und x symmetrisch ist, ist es auch ein Polynom in x vom gleichen Grad. Also ist $\omega(x, y)$ ein Polynom in x und y. Für Spezialisierungen $x \to u$, $y \to v$ kann allerdings sein Wert nach (3.5) nur berechnet werden, wenn u oder v invertierbar ist.

Da ω homogen ist, entnimmt man der Definition (3.5) die Identität

$$(3.6) \qquad \omega(x, \tau\,y) = \omega(\tau\,x, y)$$

für eine Unbestimmte τ.

3. Entwickeln wir für eine Unbestimmte τ das Polynom $\omega(x, \tau\,y)$ nach Potenzen von τ,

$$(3.7) \qquad \omega(x, \tau\,y) = \sum_{j=0}^{m} a_j(x, y)\,\tau^j,$$

dann ist $a_j(x, y)$ in y homogen vom Grad j. Wegen (3.6) folgt

$$\sum_{j=0}^{m} a_j(x, y)\,\tau^j = \omega(x, \tau\,y) = \omega(y, \tau\,x) = \sum_{j=0}^{m} a_j(y, x)\,\tau^j,$$

d. h., man hat

$$(3.8) \qquad a_j(x, y) = a_j(y, x).$$

Es ist daher $a_j(x, y)$ ein in x und y homogenes Polynom vom Grade j.
Wegen (3.3) hat man nun

$$\omega(x, y) = \omega(x)\,\omega(x^{-1} + y) = \omega(y^{-1})\,\omega(y + x^{-1})\,\omega(x)\,\omega(y)$$

$$= \omega(y^{-1}, x^{-1})\,\omega(x)\,\omega(y),$$

also

$$(3.9) \qquad \omega(x, y) = \omega(x^{-1}, y^{-1})\,\omega(x)\,\omega(y).$$

Diese Identität schreiben wir auf die Koeffizienten $a_j(x, y)$ um; man erhält

$$\sum_{j=0}^{m} a_{m-j}(x, y)\,\tau^j = \tau^m\,\omega(x, \tau^{-1}\,y) = \tau^m\,\omega(x^{-1}, \tau\,y^{-1})\,\omega(x)\,\omega(\tau^{-1}\,y)$$

$$= \omega(x^{-1}, \tau\,y^{-1})\,\omega(x)\,\omega(y) = \sum_{j=0}^{m} a_j(x^{-1}, y^{-1})\,\omega(x)\,\omega(y)\,\tau^j,$$

also

$$(3.10) \qquad a_{m-j}(x, y) = a_j(x^{-1}, y^{-1})\, \omega(x)\, \omega(y).$$

Wegen (3.8) wissen wir, daß a_1 eine symmetrische Bilinearform ist. Ferner gilt

$$(3.11) \qquad a_0(x, y) = 1, \qquad a_m(x, y) = \omega(x)\, \omega(y).$$

Die erste Gleichung erhält man, wenn man $\tau = 0$ in $\omega(x, \tau y)$ einträgt. Die zweite Identität folgt dann aus (3.10) für $j = 0$.

Unsere Ergebnisse über das Polynom $\omega(x, y)$ fassen wir zusammen in

Satz 3.3. *Es sei* $\mathfrak{A}$ *eine homogene Algebra und* ω *ein multiplikatives Polynom von* $\mathfrak{A}$. *Aus* ω *erhält man durch die Definition*

$$\omega(x, y) := \omega(x)\, \omega(x^{-1} + y)$$

ein Polynom in x *und* y, *das in beiden Elementen symmetrisch und vom gleichen Grad wie* ω *ist. Es gilt*

$$\omega(x, y) = \omega(x^{-1}, y^{-1})\, \omega(x)\, \omega(y)$$

und

$$(3.12) \qquad \omega(Vx, y) = \omega(x, V^{\#} y)$$

für alle V *aus der eingeschränkten Strukturgruppe jeder Grundkörpererweiterung von* $\mathfrak{A}$.

Beweis. Es braucht nur noch (3.12) bewiesen zu werden. Wegen (3.1) und (3.2) hat man aber für die angegebenen V

$$\omega(Vx, y) = \omega(Vx)\, \omega(V^{\#-1} x^{-1} + y) = \mu(V)\, \omega(x)\, \mu(V^{\#-1})\, \omega(x^{-1} + V^{\#} y)$$

$$= \omega(x)\, \omega(x^{-1} + V^{\#} y) = \omega(x, V^{\#} y).$$

Aus (3.12) erhält man für die Koeffizienten $a_j(x, y)$ die Beziehung

$$(3.13) \qquad a_j(Vx, y) = a_j(x, V^{\#} y) \quad \text{für alle} \quad V \in \Lambda(\mathfrak{B}).$$

Beim Beweis von (3.12) wurde lediglich (3.1) und (3.2) benötigt. Ist ω daher nicht nur ein multiplikatives Polynom, sondern überdies eine Norm von $\mathfrak{A}$, so erhält man (3.1) für $\varkappa(V)$ an Stelle von $\mu(V)$ sogar für jedes $V \in \Gamma(\mathfrak{A})$.

Da (II; 5.7) unter unseren Voraussetzungen auch für $V \in \Gamma(\mathfrak{A})$ gültig bleibt, wenn man $\mu(V)$ durch $\varkappa(V)$ ersetzt, gilt (3.12) für alle $W \in \Gamma(\mathfrak{A})$. Wir erhalten daher

Satz 3.4. *Es sei* $\mathfrak{A}$ *eine homogene Algebra, die Norm* ω *von* $\mathfrak{A}$ *sei multiplikativ. Dann gelten*

$$\omega(Wx, y) = \omega(x, W^{\#} y) \quad \text{und} \quad a_j(Wx, y) = a_j(x, W^{\#} y)$$

für alle $W \in \Gamma(\mathfrak{A})$.

§ 4. Multiplikativen Polynomen zugeordnete Linearformen

1. Zunächst beweisen wir einen Satz über homogene Algebren für die Charakteristik $p \neq 0$. Wir bezeichnen mit K^{p^-} den im algebraischen Abschluß $\bar{K}$ von K liegenden Erweiterungskörper von K, der aus den p^r-ten Wurzeln der Elemente von K besteht.

Satz 4.1. *Es sei $\mathfrak{A}$ eine homogene Algebra über dem Körper K der Charakteristik $p \neq 0$, und es sei ω ein multiplikatives Polynom von $\mathfrak{A}$, dessen Koeffizienten in einem Erweiterungskörper L von K liegen. Ist $\omega(\tau e - x)$ die p^r-te Potenz eines Polynoms $h(\tau; x)$ in τ mit Koeffizienten aus einem Erweiterungskörper von L, so ist $h(\tau; x)$ ein Polynom in τ und x, dessen Koeffizienten dem Körper $L^{p^{-r}}$ angehören.*

Beweis. Für das zu ω vermöge (3.6) definierte Polynom $\omega(x, y)$ gilt die Entwicklung (3.7). Man hat also wegen (3.6)

$$\omega(\tau u, v) = \sum_{j=0}^{m} a_j(u, v)\, \tau^j$$

für über L generisch unabhängige Elemente

$$u = \varrho_1 b_1 + \varrho_2 b_2 + \cdots + \varrho_n b_n, \quad v = \sigma_1 b_1 + \sigma_2 b_2 + \cdots + \sigma_n b_n.$$

Dabei sind die $a_j(u, v)$ in u und in v homogene Polynome vom Grad j. Wir erhalten hieraus

$$(4.1) \quad \omega(\tau e - x) = \tau^m \omega(\tau^{-1} e, -x) = \sum_{j=0}^{m} (-1)^j a_j(e, x)\, \tau^{m-j}.$$

$\mathfrak{B}$ sei eine Grundkörpererweiterung von $\mathfrak{A}$ mit algebraisch abgeschlossenem Grundkörper, in der die Elemente u und v liegen. Da die Algebra $\mathfrak{A}$ homogen ist, können wir ein $W \in \Lambda(\mathfrak{B})$ finden, so daß $u = We$ gilt. Aus (3.13) erhalten wir daher

$$(4.2) \qquad a_j(u, v) = a_j(e, W^{\#} v), \quad \text{falls} \quad u = We.$$

a) *Wir zeigen zunächst, daß $a_j(u, v) = 0$ gilt für diejenigen j, die nicht durch p^r teilbar sind.* Es ist

$$\omega(\tau e - x) = [h(\tau; x)]^{p^r},$$

also $m = p^r k$, wobei k der Grad von $h(\tau; x)$ in τ ist. Da K die Charakteristik p hat, ist $a_j(e, x) = 0$, wenn p^r kein Teiler von j ist. Aus (4.2) entnehmen wir also auch $a_j(u, v) = 0$.

b) Wir wenden nun das bekannte Verfahren an, das es erlaubt, im Fall der Charakteristik $p \neq 0$ aus jedem Element a jeder Erweiterung von K die p^r-te Wurzel $a^{p^{-r}}$ zu ziehen, so daß die Regeln

$$(a b)^{p^{-r}} = a^{p^{-r}} b^{p^{-r}}, \quad (a + b)^{p^{-r}} = a^{p^{-r}} + b^{p^{-r}},$$

gelten. Man setze

$$(4.3) \qquad c_i(u, v) := \left(a_{i\,p^r}(u, v)\right)^{p^{-r}}.$$

Die $c_i(u, v)$ sind Polynome in $\varrho_\mu^{p^{-r}}$, $\sigma_\nu^{p^{-r}}$, $\nu, \mu = 1, 2, \ldots, n$, mit Koeffizienten aus $L^{p^{-r}}$, und es gilt wegen (4.1)

$$(4.4) \qquad h(\tau; x) = \sum_{i=0}^{k} (-1)^i c_i(e, x) \tau^{k-i}$$

und

$$(4.5) \qquad \omega(u, v) = \left(\sum_{i=0}^{k} c_i(u, v) \right)^{p^r}.$$

c) *Sind u, v, w über L generisch unabhängig, so gilt*

$$(4.6) \qquad \sum_{i=0}^{k} c_i(u, v + w) = \sum_{j=0}^{k} c_j(u, v) \sum_{l=0}^{k} c_l\big((u^{-1} + v)^{-1}, w\big).$$

Zum Beweis gehen wir zurück auf die Definition von $\omega(u, v)$ in (3.5). Man bestätigt

$$\omega(u, v + w) = \omega(u, v)\, \omega\big((u^{-1} + v)^{-1}, w\big)$$

durch Eintragen dieser Definition und Anwendung von (3.3). Zieht man hieraus die p^r-te Wurzel und beachtet (4.5), so ergibt sich (4.6).

d) Es muß noch gezeigt werden, daß die $c_i(u, v)$ nicht nur Polynome in den $\varrho_\mu^{p^{-r}}$, $\sigma_\nu^{p^{-r}}$, sondern sogar Polynome in ϱ_μ, σ_ν sind mit Koeffizienten aus $L^{p^{-r}}$, d. h. also Polynome in u und v über $L^{p^{-r}}$ sind.

Wegen (II; 4.3) gilt

$$x^{-1} = \frac{1}{\beta(x)}\, p(x), \qquad \beta(x) := HN(x),$$

mit einem vektoriellen Polynom $p(x)$.

In (4.6) tragen wir $u \to e$ ein, ersetzen v und w durch τv und τw und verwenden

$$(e + \tau v)^{-1} = \frac{1}{\beta(e + \tau v)}\, p(e + \tau v).$$

Da die c_i in jedem Argument homogen vom Grad i sind, ergibt sich

$$(4.7) \quad \beta^k(e + \tau v) \sum_{l=0}^{k} \tau^l c_l(e, v + w)$$

$$= \sum_{j=0}^{k} \tau^j c_j(e, v) \sum_{l=0}^{k} \beta^{k-l}(e + \tau v)\, \tau^l c_l\big(p(e + \tau v), w\big).$$

Das generische Element w habe die Form

$$w = \eta_1 b_1 + \eta_2 b_2 + \cdots + \eta_n b_n.$$

Unsere Gleichung ist also eine Polynomidentität in τ und den $\sigma_\nu^{p^{-r}}$, $\eta_\mu^{p^{-r}}$ mit Koeffizienten aus $L^{p^{-r}}$.

Aus (4.7) werden wir durch Induktion nach i zeigen, daß $c_i(u, v)$ Polynome in u und v über $L^{p^{-r}}$ sind. Für $i = 0$ ist dies richtig, da $c_0(u, v) = 1$ gilt. Wir nehmen an, es sei dies für $j < i$ bereits gezeigt. Wir vergleichen die Koeffizienten von τ^i in (4.7), hierbei verwenden wir zur Abkürzung das Zeichen $\equiv$ für Polynome in τ, deren Koeffizienten sich additiv nur um Polynome in v und w, d. h. also in den σ_ν, η_μ unterscheiden. Die linke Seite von (4.7) ist nach Induktionsannahme und wegen $\beta(e) = 1$

$$\equiv c_i(e,\, v + w)\, \tau^i + \text{höhere Potenzen in } \tau.$$

Die erste Summe auf der rechten Seite von (4.7) ist ebenfalls nach Annahme

$$\equiv c_i(e,\, v)\, \tau^i + \text{höhere Potenzen in } \tau.$$

Nun ordnen wir $c_l(p\,(e + \tau\,v),\, w)$ nach Potenzen von p^{-r}, diese Entwicklung beginnt wegen $p(e) = e$ mit $c_l(e,\, w)$. Für $l < i$ ist nach Induktionsannahme $c_l(p\,(e + \tau\,v),\, w)$ ein Polynom in τ, v und w. Daher ist die zweite Summe der rechten Seite von (4.7)

$$\equiv c_i(e,\, w)\, \tau^i + \cdots$$

Man erhält zusammen also $c_i(e,\, v + w) \equiv c_i(e,\, v) + c_i(e,\, w)$, d. h., es gilt

$$c_i(e,\, v + w) = c_i(e,\, v) + c_i(e,\, w) + q_i(v,\, w),$$

wobei die $q_i(v,\, w)$ Polynome in v und w mit Koeffizienten aus $L^{p^{-r}}$ sind. Iteration liefert für endliche Summen

$$c_i(e,\, v_1 + v_2 + \cdots) = c_i(e,\, v_1) + c_i(e,\, v_2) + \cdots + q_i(v_1,\, v_2,\, \ldots),$$

also für $v_j = \tau_j\, b_j$, $j = 1,\, 2,\, \ldots,\, n$,

$$c_i(e,\, x) = \sum_{j=1}^{n} c_i(e,\, b_j)\, \tau_j^i + q_i(\tau_1\, b_1,\, \tau_2\, b_2,\, \ldots,\, \tau_n\, b_n).$$

Daher ist $c_i(e,\, x)$ ein Polynom in $\tau_1, \tau_2, \ldots, \tau_n$, d. h. in x.

Da für die a_j die Gln. (4.2) gelten, sind diese auch für c_i gültig, man erhält also $c_i(u,\, v) = c_i(e,\, W^{\#}\, v)$, falls $u = We$. Das zeigt, daß jedes $c_i(u,\, v)$ ein Polynom in v ist. Aus der Symmetrie von $c_i(u,\, v)$ in u und v folgt jetzt, daß $c_i(u,\, v)$ Polynome in u und v sind. Damit ist die Induktion durchgeführt.

Als Anwendung des vorhergehenden Satzes beweisen wir den wichtigen

Satz 4.2. *Es sei $\mathfrak{A}$ eine homogene Algebra über dem algebraisch abgeschlossenen Körper K. Für jedes irreduzible multiplikative Polynom ω von $\mathfrak{A}$ ist $\omega\,(\tau\,e - x)$ als Polynom in τ irreduzibel über $\tilde{K} = K(\tau_1, \tau_2, \ldots, \tau_n)$ und hat lauter einfache Wurzeln.*

Beweis. Es ist $\omega\,(\tau\,e - x)$ homogen in τ, x, könnte also nur in homogene Polynome zerlegt werden, dann jedoch ergäbe das Einsetzen von $\tau = 0$ eine nichttriviale Zerlegung von $\omega(x)$. Also ist $\omega\,(\tau\,e - x)$ irreduzibel über $K[\tau_1, \tau_2, \ldots, \tau_n]$. Nach bekannten Sätzen ist dann auch $\omega(\tau e - x)$ als Polynom in τ irreduzibel über $K(\tau_1, \tau_2, \ldots, \tau_n)$.

Hat K die Charakteristik 0, dann hat $\omega(\tau e - x)$ als Polynom in τ nur einfache Wurzeln.

Hat hingegen K die Charakteristik $p \neq 0$, so sind diese Wurzeln ebenfalls einfach, oder $\omega(\tau e - x)$ ist eine p^r-te Potenz eines Polynoms mit Koeffizienten aus einem Erweiterungskörper von K. In diesem Falle könnte man Satz 4.1 anwenden und $\omega(\tau e - x)$ wäre die p^r-te Potenz eines Polynoms in τ über $K[\tau_1, \tau_2, \ldots, \tau_n]$, denn da K algebraisch abgeschlossen ist, hat man $K = L$ und $K = L^{p^{-r}}$. Das widerspricht aber der Irreduzibilität von $\omega(\tau e - x)$.

2. Nun sei x generisch über K, und es seien $\omega_i(x)$, $i = 1, 2, \ldots, t$, alle verschiedenen absolut irreduziblen multiplikativen Polynome von $\mathfrak{A}$, d. h. alle verschiedenen absolut irreduziblen Faktoren der Hauptnorm $HN(x)$, die noch so normiert sind, daß sie für $x \to e$ den Wert 1 annehmen. Dann ist die reduzierte Norm (vgl. II, § 4.5, und II, § 5.3) definiert durch

$$RN(x) := \prod_{i=1}^{t} \omega_i(x).$$

Im Gegensatz zur Hauptnorm $HN(x)$ liegen die Koeffizienten von $RN(x)$ im algebraischen Abschluß $\bar{K}$ von K. Es ist $RN(x)$ eine Norm und zugleich multiplikativ.

Satz 4.3. *Ist $\mathfrak{A}$ eine homogene Algebra über K und x ein über K generisches Element von $\mathfrak{A}$, dann gilt:*

a) *Es hat $RN(\tau e - x)$ als Polynom in τ lauter einfache Wurzeln.*

b) *Sei K' ein Erweiterungskörper von K und $h(\tau) \in K'[\tau]$. Dann ist $h(x)$ dann und nur dann nilpotent, wenn $h(\tau)$ durch $RN(\tau e - x)$ teilbar ist.*

c) *Ist $\mathfrak{B}$ irgendeine Grundkörpererweiterung von $\mathfrak{A}$, in der x enthalten ist und deren Grundkörper den Körper $\bar{K}$ umfaßt, dann ist $RN(\tau e - x)$ gleich dem in $\mathfrak{B}$ gebildeten reduzierten Minimalpolynom von x.*

Beweis. a) Wegen Satz 4.2 hat jeder Faktor des Polynoms

$$RN(\tau e - x) = \prod_{i=1}^{t} \omega_i(\tau e - x)$$

lauter einfache Wurzeln. Hätten zwei verschiedene $\omega_i(\tau e - x)$ eine gemeinsame Wurzel, so hätten beide als Polynom in τ einen gemeinsamen Faktor. Ist das der Fall, dann ist der größte gemeinsame Teiler jener beiden Polynome als Polynom von τ nicht konstant. Da der größte gemeinsame Teiler von Polynomen mit Koeffizienten aus $\bar{K}[\tau_1, \tau_2, \ldots, \tau_n]$ wieder ein solches Polynom ist, ist dieser Teiler ein

Polynom in τ und x. Nach Eintragen von $\tau = 0$ widerspricht das aber der Teilerfremdheit der $\omega_i(x)$.

b) Wir hatten in II, § 4.**5**, gesehen, daß $h(x)$ dann und nur dann nilpotent ist, wenn eine Potenz von $h(\tau)$ durch $RN(\tau e - x)$ teilbar ist. Da wegen Teil a) das Polynom $RN(\tau e - x)$ nur einfache Wurzeln hat, ist das genau dann der Fall, wenn $h(\tau)$ durch $RN(\tau e - x)$ teilbar ist.

c) Es sei $K' = \bar{K}(\tau_1, \tau_2, \ldots, \tau_n)$ und $\mathfrak{A}'$ die entsprechende Grundkörpererweiterung von $\mathfrak{A}$. Für $h(\tau) = RN(\tau e - x)$ gilt $h(\tau) \in K'[\tau]$. Wegen Teil b) ist daher $h(\tau)$ das Polynom mit minimalem Grad, welches nach Eintragen von x für τ nilpotent ist. Es ist also $h(\tau) = RN(\tau e - x)$ das reduzierte Minimalpolynom von x in $\mathfrak{A}'$. Ist $g(\tau)$ das in einer Grundkörpererweiterung $\mathfrak{B}$ von $\mathfrak{A}'$ gebildete reduzierte Minimalpolynom von x, so ist einerseits $RN(\tau e - x)$ durch $g(\tau)$ teilbar, andererseits aber wegen Teil b) auch $RN(\tau e - x)$ ein Teiler von $g(\tau)$. Damit ist der Satz bewiesen.

Wegen Teil c) des Satzes kann man $RN(\tau e - x)$ das *absolut-reduzierte Minimalpolynom* von x nennen.

3. Wir haben in II, § 4.**6**, den Grad der Algebra $\mathfrak{A}$ als den Grad s des Polynoms $RN(x)$ definiert. Der Grad einer Algebra ist invariant gegenüber Grundkörpererweiterungen. Andererseits verstehen wir unter dem Primitiv-Grad der Algebra $\mathfrak{A}$ die Maximalzahl der Idempotente, die ein vollständiges Orthogonalsystem der Algebra haben kann. In II, Satz 4.6, haben wir gesehen, daß der Primitiv-Grad jeder Grundkörpererweiterung kleiner oder gleich dem Grad s ist.

Es sei L ein algebraisch abgeschlossener Erweiterungskörper von $\bar{K} = K(\tau_1, \ldots, \tau_n)$. Das Polynom $g(\tau) = RN(\tau e - x)$ zerfällt dann wegen Satz 4.3 a) über L in s verschiedene Linearfaktoren. Da $RN(\tau e - x)$ und $HN(\tau e - x)$ die gleichen verschiedenen Wurzeln haben und $HN(\tau e - x)$ das Minimalpolynom von x ist (vgl. II, Satz 4.3), zerfällt auch $HN(\tau e - x)$ über L in Linearfaktoren und hat s verschiedene Wurzeln. Die Minimalzerlegung des Elementes x nach I, Satz 4.2, liefert dann ein vollständiges Orthogonalsystem $c_1, c_2, \ldots, c_s$ von Idempotenten. Also hat die durch Erweiterung von K zu L entstehende Algebra $\mathfrak{B}$ den Primitiv-Grad s. Wegen II, Satz 4.8, sind die c_i absolut-primitiv, falls K eine von 2 verschiedene Charakteristik hat. Wir fassen unser Ergebnis zusammen in

Satz 4.4. *Es sei $\mathfrak{A}$ eine homogene Algebra über K vom Grad s.*

a) *Der Primitiv-Grad jeder durch Grundkörpererweiterung aus $\mathfrak{A}$ entstehenden Algebra ist kleiner oder gleich dem Grad s.*

b) *Ist x ein generisches Element von $\mathfrak{A}$ und $\mathfrak{B}$ eine Grundkörpererweiterung von $\mathfrak{A}$ mit algebraisch abgeschlossenem Grundkörper L, in der* *x liegt, so liefert die Minimalzerlegung*

$$x = \sum_{i=1}^{s} \xi_i \, c_i + v, \qquad \xi_i \in L, \, v \text{ nilpotent aus } L[x],$$

von x ein vollständiges Orthogonalsystem von s Idempotenten $c_1, \ldots, c_s$. *Die Erweiterung* $\mathfrak{B}$ *hat also auch den Primitiv-Grad s. Ist die Charakteristik von K ungleich 2, so sind die* c_i *absolut-primitiv.*

4. In II, § 3.3, hatten wir jedem multiplikativen Polynom ω von $\mathfrak{A}$ eine Linearform χ, d. h. eine lineare Abbildung von $\mathfrak{A}$ in einem Erweiterungskörper von K, zugeordnet. Nach Definition ist $\chi(x)$ das Negative des zweithöchsten Koeffizienten von $\omega(\tau\,e - x)$,

$$\omega(\tau\,e - x) = \tau^m - \chi(x)\,\tau^{m-1} + - \cdots.$$

Nach Definition von $\omega(x, y)$ und wegen (3.6) ist andererseits $\omega(\tau\,e - x)$ $= \tau^m \omega(\tau^{-1}\,e, -x) = \tau^m \omega(e, -\tau^{-1}x)$. Die Entwicklung (3.7) gibt wegen $a_0(x, y) = 1$ daher

$$\omega(\tau\,e - x) = \tau^m - a_1(e, x)\,\tau^{m-1} + - \cdots.$$

Ein Vergleich beider Polynome zeigt

$$(4.8) \qquad\qquad \chi(x) = a_1(e, x).$$

Wir wollen jetzt für eine homogene Algebra $\mathfrak{A}$ die bisherigen Ergebnisse über die den multiplikativen Polynomen zugeordneten Linearformen zusammenstellen: Wegen II, Satz 3.2a), wissen wir

(4.9) $\chi(u) = 0$ für alle nilpotenten Elemente u jeder Grundkörpererweiterung von $\mathfrak{A}$.

Es seien $\chi^{(i)}$ die den absolut irreduziblen multiplikativen Polynomen ω_i, $i = 1, 2, \ldots, t$, zugeordneten Linearformen. Wegen Satz 4.3 a) sind alle Wurzeln der Polynome $\omega_i(\tau\,e - x)$ verschieden. Wir können daher II, Satz 3.3, auf eine Grundkörpererweiterung von $\mathfrak{A}$ anwenden, in der x liegt, und erhalten die lineare Unabhängigkeit der $\chi^{(i)}$ über dem zu dieser Erweiterung gehörenden Grundkörper. Dann gilt aber auch

(4.10) Die Linearformen $\chi^{(i)}$ sind über $\bar{K}$ linear unabhängig.

Die der reduzierten Norm zugeordnete Linearform hatten wir die reduzierte Spur genannt und sie mit RS abgekürzt. Da $RN(x)$ gleich dem Produkt der ω_i ist, erhält man RS als die Summe der $\chi^{(i)}$. Wegen (4.10) folgt daher

(4.11) Die reduzierte Spur RS ist ungleich Null.

5. Die bisherigen Ergebnisse wenden wir auf Algebren an, die zusätzlich flexibel sind.

Lemma 4.5. *Es sei $\mathfrak{A}$ eine flexible und schwach homogene Algebra über dem Körper K der Charakteristik ungleich 2, x ein generisches Element von $\mathfrak{A}$ und K' eine Körpererweiterung von K. Dann gehört jedes nilpotente Element von $K'[x]$ zum Bilinearkern jeder semi-normalen Linearform von $\mathfrak{A}'$.*

Beweis. Wir adjungieren zu K' die Komponenten des generischen Elementes x bezüglich einer Basis von $\mathfrak{A}$ und bilden anschließend den algebraischen Abschluß L. Die aus $\mathfrak{A}$ durch Erweiterung von K zu L entstehende Algebra sei $\mathfrak{B}$. Wegen Satz 4.4 liefert die Minimalzerlegung von x ein vollständiges Orthogonalsystem von absolut primitiven Idempotenten $c_1, c_2, \ldots, c_s \in L[x]$, wobei s gleich dem Grad der Algebra ist. Die Algebren $\mathfrak{B}_1(c_i)$ sind wegen I, Lemma 12.4, primär.

Nun sei v ein nilpotentes Element von $K'[x]$, also auch von $L[x]$; ferner sei λ eine semi-normale Linearform von $\mathfrak{A}'$, also auch von $\mathfrak{B}$. Da man in $L[x]$ assoziativ rechnen kann, ist auch $c_i v$ nilpotent und gehört zu $\mathfrak{B}_1(c_i)$. Nach Lemma 2.7 sind die Algebren $\mathfrak{B}_1(c_i)$ wieder schwach homogen; aus Lemma 2.5 entnehmen wir daher, daß $c_i v \in Bk_\lambda\big(\mathfrak{B}_1(c_i)\big)$ gilt. Da die rechte Seite wegen I, Lemma 12.6, in $Bk_\lambda(\mathfrak{B})$ enthalten ist, folgt $c_i v \in Bk_\lambda(\mathfrak{B})$. Wegen $e = c_1 + c_2 + \cdots + c_s$ gibt eine Summation über i die Behauptung $v \in Bk_\lambda(\mathfrak{B})$.

In I, § 8, hatten wir nichtausgeartete Algebren dadurch definiert, daß es eine normale Linearform gibt, deren zugeordnete Bilinearform nichtausgeartet ist. Für solche Algebren können wir unter Verwendung des vorhergehenden Lemmas folgendes wichtige Resultat beweisen:

Satz 4.6. *Es sei $\mathfrak{A}$ eine nichtausgeartete Algebra über einem Körper K der Charakteristik ungleich 2, ferner sei x ein generisches Element von $\mathfrak{A}$, das in einer Erweiterung $\mathfrak{B}$ mit algebraisch abgeschlossenem Grundkörper L liegt. Dann gilt:*

a) *Für jede Körpererweiterung K' von K enthält $K'[x]$ kein von Null verschiedenes Nilpotent.*

b) *Das in irgendeiner Grundkörpererweiterung von $\mathfrak{A}$ gebildete reduzierte Minimalpolynom von x ist gleich dem Minimalpolynom $HN(\tau e - x)$.*

c) *Die reduzierte Norm RN ist gleich der Hauptnorm HN, die reduzierte Spur RS ist gleich der Hauptspur HS.*

d) *Ist s der Grad der Algebra $\mathfrak{A}$, dann lautet die Minimalzerlegung von x in $\mathfrak{B}$*

$$x = \sum_{i=1}^{s} \xi_i c_i, \quad \xi_i \in L,$$

und die c_i sind absolut-primitive Idempotente von $\mathfrak{B}$.

Beweis. Zuerst ist die Algebra $\mathfrak{A}$ wegen I, Satz 6.5 a), flexibel.

a) Es sei λ eine normale Linearform, bezüglich der $\mathfrak{A}$ nichtausgeartet ist, d. h., für die $Bk_\lambda(\mathfrak{A}) = 0$ gilt. Da dann auch $Bk_\lambda(\mathfrak{A}') = 0$ gilt, folgt die Behauptung aus Lemma 4.5.

b) Sei $\mathfrak{A}'$ eine beliebige Grundkörpererweiterung von $\mathfrak{A}$, die x enthält. Für $h(\tau) \in K'[\tau]$ ist $h(x)$ wegen Teil a) dann und nur dann nilpotent, wenn $h(x) = 0$ gilt. Daher ist das Polynom $h(\tau)$ kleinsten Grades, für das $h(x)$ nilpotent ist, gleich dem Polynom kleinsten Grades, für das $h(x) = 0$ gilt, also gleich dem Minimalpolynom von x. Wir wissen schon, daß dies gleich $HN(\tau e - x)$ ist (vgl. II, Satz 4.3).

c) Da $RN(\tau e - x)$ wegen Satz 4.3c) gleich dem in $\mathfrak{B}$ gebildeten reduzierten Minimalpolynom von x ist, folgt die Behauptung aus Teil b).

d) folgt aus Satz 4.4 b).

§ 5. Stark homogene Algebren

1. Die bisherigen Einschränkungen an die Algebren gelten im Falle der Charakteristik ungleich 2 immer für $\mathfrak{A}$ und für $\mathfrak{A}^+$ gleichzeitig. Nichtkommutative Algebren können daher mit den bisherigen Mitteln nicht hinreichend erfaßt werden.

Es sei $\mathfrak{A}$ eine homogene Algebra. Jedem multiplikativen Polynom ω von $\mathfrak{A}$ ist einerseits die Linearform χ zugeordnet. Andererseits gehören zu ω über das Polynom $\omega(x, y)$ (vgl. Satz 3.3) die Entwicklungskoeffizienten $a_j(x, y)$. Wegen (4.8) gilt hierbei $\chi(x) = a_1(e, x)$.

Die homogene Algebra $\mathfrak{A}$ nennen wir *stark homogen*, wenn für jedes multiplikative Polynom ω jeder Grundkörpererweiterung von $\mathfrak{A}$ die Linearform χ assoziativ ist (vgl. I, § 6.1) und überdies

$$(5.1) \qquad \chi(x\,y) = a_1(x, y)$$

gilt. Ist dies der Fall, so ist χ wegen (4.9) auch semi-normal. Offenbar ist mit $\mathfrak{A}$ auch jede Grundkörpererweiterung stark homogen.

Wir geben zuerst eine hinreichende Bedingung, unter der eine Algebra stark homogen ist.

Satz 5.1. *Es sei $\mathfrak{A}$ eine homogene Algebra. Wir nehmen an, daß es zu jedem invertierbaren Element u jeder Grundkörpererweiterung $\mathfrak{B}$ von $\mathfrak{A}$ mit hinreichend großem Grundkörper endlich viele V_i aus der eingeschränkten Strukturgruppe $\Lambda(\mathfrak{B})$ gibt mit*

$$(5.2) \qquad R(u) = V_1 + V_2 + \cdots \quad und \quad L(u) = V_1^\# + V_2^\# + \cdots.$$

Dann ist $\mathfrak{A}$ stark homogen.

Man beachte, daß mit V auch $V^\#$ zu $\Lambda(\mathfrak{B})$ gehört.

Beweis. Sei ω ein multiplikatives Polynom einer Grundkörpererweiterung $\mathfrak{B}$ von $\mathfrak{A}$. Wegen (3.13) gilt für die zugehörigen Entwicklungskoeffizienten von $\omega(x, y)$

$$(5.3) \qquad a_j(Vx, y) = a_j(x, V^\# y) \quad \text{für alle } V \in \Lambda(\mathfrak{B}).$$

Es ist a_1 linear in x und y. Für ein generisches Element z von $\mathfrak{B}$, für welches x, y, z generisch unabhängig sind, kann man nach Voraussetzung Transformationen V_i aus der eingeschränkten Strukturgruppe einer Grundkörpererweiterung so finden, daß (5.2) für z an Stelle von u gilt. Trägt man für V die V_i in (5.3) ein und summiert für $j = 1$ über i, so erhält man

$$(5.4) \qquad a_1(x\,z, y) = a_1(x, z\,y).$$

Für $y \to e$ folgt $a_1(x, z) = a_1(x\,z, e)$. Wegen (4.8) ist daher (5.1) richtig. Da $a_1(x, z)$ in x und z symmetrisch ist, folgt $\chi(x\,z) = \chi(z\,x)$ aus (5.1). Mit (5.4) erhält man schließlich $\chi([x\,z]\,y) = a_1(x\,z, y) = a_1(x, z\,y) = \chi(x\,[z\,y])$. Die Linearform χ von $\mathfrak{B}$ ist also assoziativ.

2. Für stark homogene Algebren sind die Linearformen χ seminormal. Aus (4.10) und (4.11) erhalten wir den

Satz 5.2. *Es sei $\mathfrak{A}$ eine stark homogene Algebra über dem Körper K, und es sei x ein generisches Element von $\mathfrak{A}$.*

a) *Bezeichnen wir mit $\omega_i(x)$, $\omega_i(e) = 1$, $i = 1, 2, \ldots, t$, die verschiedenen absolut irreduziblen Faktoren von $HN(x)$, dann sind die den multiplikativen Polynomen ω_i zugeordneten Linearformen $\chi^{(i)}$ seminormale Linearformen von $\mathfrak{A}$ mit Werten in $\bar{K}$ und linear unabhängig über $\bar{K}$.*

b) *Die reduzierte Spur RS ist eine von Null verschiedene semi-normale Linearform von $\mathfrak{A}$ mit Werten in $\bar{K}$.*

Über einem algebraisch abgeschlossenen Grundkörper sind also sowohl die Linearformen $\chi^{(i)}$ als auch die reduzierte Spur RS normale Linearformen.

In I, § 7.3, hatten wir das Radikal einer Algebra als den Durchschnitt über die Bilinearkerne

$$Bk_\lambda(\mathfrak{A}) = \{u;\, u \in \mathfrak{A},\, \lambda(u\,v) = 0 \text{ für alle } v \in \mathfrak{A}\}$$

für alle semi-normalen Linearformen λ von $\mathfrak{A}$ definiert. Da für eine Algebra $\mathfrak{A} \neq 0$ mit Einselement $Bk_\lambda(\mathfrak{A}) \neq \mathfrak{A}$ für $\lambda \neq 0$ gilt, erhält man

Satz 5.3. *Für jede stark homogene Algebra $\mathfrak{A}$ gilt $\mathrm{Rad}\,\mathfrak{A} \neq \mathfrak{A}$.*

Aus (5.1) und (3.13) entnimmt man für die Linearformen χ die Gleichung

$$(5.5) \qquad \chi([Vx]\,y) = \chi(x\,[V^\# y]) \quad \text{für alle } V \in \Lambda(\mathfrak{A}).$$

Ist das multiplikative Polynom ω eine Norm, dann gilt diese Gleichung wegen Satz 3.4 sogar für alle $V \in \Gamma(\mathfrak{A})$. Wir erhalten

Satz 5.4. *Ist $\mathfrak{A}$ eine stark homogene Algebra und das multiplikative Polynom ω zugleich eine Norm, dann gilt für die zugeordnete Linearform χ*

$$(5.6) \qquad \chi([Wx]\,y) = \chi(x\,[W^{\#}\,y]) \quad \text{für alle} \quad W \in \Gamma(\mathfrak{A}).$$

Aus II, Satz 5.2, erhalten wir das

Korollar 1. Es gilt (5.6) speziell für $\chi = HS$ und $\chi = RS$.

Korollar 2. Ist die durch $HS(u\,v)$ definierte eigentliche Bilinearform nichtausgeartet, so ist $W^{\#}$ für $W \in \Gamma(\mathfrak{A})$ gleich der (bezüglich HS) adjungierten Transformation von W.

3. Der Hauptnorm einer Algebra, aufgefaßt als multiplikatives Polynom, ist als Linearform die Hauptspur HS zugeordnet. Im Gegensatz zur reduzierten Spur RS ist HS eine eigentliche Linearform. Für stark homogene Algebren ist daher HS eine normale Linearform. Wir werden in Satz 9.3 sehen, daß eine nichtausgeartete stark homogene Algebra immer bezüglich HS nichtausgeartet ist (vgl. I, § 8.1).

Satz 5.5. *Sei $\mathfrak{A}$ eine stark homogene Algebra über K, die bezüglich HS nichtausgeartet ist. Dann gilt:*

a) Eine umkehrbare lineare Transformation W von $\mathfrak{A}$ gehört dann und nur dann zur Strukturgruppe $\Gamma(\mathfrak{A})$, wenn es ein $\varkappa(W) \in K$ gibt, so daß

$$(5.7) \qquad HN(Wx) = \varkappa(W)\,HN(x)$$

erfüllt ist.

b) Gilt für ein Element a einer Grundkörpererweiterung von $\mathfrak{A}$, für die x generisch bleibt, die Identität $HN(x + a) = HN(x)$, so ist $a = 0$.

Beweis. Zur Abkürzung setzen wir $\omega = HN$ und $\chi = HS$. Für $W \in \Gamma(\mathfrak{A})$ gilt (5.7) nach Definition einer Norm. Nun sei umgekehrt (5.7) erfüllt. Die Spezialisierung $x \to W^{-1}\,e$ ergibt $\varkappa(W) \neq 0$. Man hat nun, da ω auch multiplikativ ist,

$$\omega(x^{-1}) = [\omega(x)]^{-1} = \varkappa(W)\,[\omega(Wx)]^{-1} = \varkappa(W)\,\omega([Wx]^{-1}).$$

Für das ω zugeordnete Polynom $\omega(x, y)$ gilt daher

$$\omega(x^{-1}, y) = \omega(x^{-1})\,\omega(x + y) = \omega([Wx]^{-1})\,\omega(Wx + Wy)$$

$$= \omega([Wx^{-1}], Wy).$$

Ein Vergleich der in y linearen Glieder ergibt wegen (5.1)

$$(5.8) \qquad \chi(x^{-1}\,y) = \chi([Wx]^{-1}\,[Wy]).$$

Die durch $\chi(u\,v)$ definierte Bilinearform von $\mathfrak{A}$ ist nach Voraussetzung nichtausgeartet. Da auch $\chi([W^{-1}u]\,[W^{-1}v])$ eine symmetrische eigentliche Bilinearform von $\mathfrak{A}$ ist, gibt es eine umkehrbare lineare Transformation A von $\mathfrak{A}$, so daß $\chi([W^{-1}x]\,[W^{-1}y]) = \chi([Ax]\,y)$ gilt (vgl. I, § 1.5). Ersetzt man x durch Wx^{-1} und y durch Wy, so erhält man $\chi(x^{-1}y) = \chi([AWx^{-1}]\,[Wy])$, und daher wegen (5.8)

$$\chi([Wx]^{-1}\,[Wy]) = \chi([AWx^{-1}]\,[Wy]).$$

Damit folgt $[Wx]^{-1} = AWx^{-1}$. Wegen (SG.1) gehört also W zu $\Gamma(\mathfrak{A})$.

b) Aus der Definition von $\omega(x,y)$ folgt $\omega(x, y+a) = \omega(x,y)$, d. h., man hat für die linearen Glieder wegen (5.1)

$$\chi(x[y+a]) = \chi(x\,y),$$

d. h. $\chi(x\,a) = 0$. Da die Bilinearform χ nichtausgeartet ist, folgt $a = 0$.

4. Wir wollen nun den Fall betrachten, daß der Grundkörper K der stark homogenen Algebra $\mathfrak{A}$ eine von 2 verschiedene Charakteristik hat.

Satz 5.6. *Für eine kommutative strikt potenz-assoziative Algebra über einem Körper der Charakteristik ungleich 2 sind die Begriffe „schwach homogen", „homogen" und „stark homogen" äquivalent.*

Beweis. Da wir in Satz 3.2 schon gesehen haben, daß im vorliegenden Falle eine Algebra dann und nur dann homogen ist, wenn sie schwach homogen ist, braucht nur noch gezeigt zu werden, daß eine homogene kommutative Algebra auch stark homogen ist. Wir gehen von einer Grundkörpererweiterung $\mathfrak{B}$ von $\mathfrak{A}$ mit Grundkörper L aus und dürfen ohne Einschränkung annehmen, daß L unendlich viele Elemente besitzt. Wegen Satz 1.8 gehört die quadratische Darstellung $P(u)$ für jedes invertierbare Element u von $\mathfrak{B}$ zu $\Lambda(\mathfrak{B})$. Für $\varrho \in L$, $\varrho \neq 0$, ist

$$L(u) = \frac{1}{2\varrho}\,(P(\varrho\,e + u) - P(u) - \varrho^2\,Id).$$

Man kann hier $\varrho \neq 0$ wegen Satz 1.2 so wählen, daß mit u auch $\varrho\,e + u$ invertierbar ist. Damit erhält man $L(u)$ als eine Summe dreier Transformationen aus $\Lambda(\mathfrak{B})$. Wegen $L(u) = R(u)$ und $P^{\#}(u) = P(u)$ ist die Voraussetzung (5.2) von Satz 5.1 nachgewiesen, d. h., die Algebra $\mathfrak{A}$ ist stark homogen.

Wegen § 1.**6** ist die Determinante $|P(x)|$ der quadratischen Darstellung eine Norm von $\mathfrak{A}$, deren Koeffizienten schon in K liegen. Nach dem Korollar zu Satz 2.2 ist $|P(x)|$ zugleich ein multiplikatives Polynom, und die zugeordnete semi-normale Linearform ist gemäß II, § 3.3, gleich dem Negativen des Koeffizienten von τ im Polynom

$$|P(e - \tau\,x)| = |Id - \tau[L(x) + R(x)] + \cdots|$$
$$= 1 - \tau\,\operatorname{Spur}\,[L(x) + R(x)] + \cdots.$$

Definieren wir daher eine Linearform Sp von $\mathfrak{A}$ vermöge

$$Sp\,(u) := \tfrac{1}{2}\mathrm{Spur}\,[L\,(u) + R\,(u)],$$

so ist Sp eine eigentliche Linearform, und wir erhalten

Satz 5.7. *Für eine stark homogene Algebra über einem Körper der Charakteristik ungleich 2 ist Sp eine normale Linearform.*

Man beachte jedoch, daß im Fall einer Charakteristik $\neq 0$ diese Linearform gleich Null sein kann.

Für eine einfache stark homogene Algebra $\mathfrak{A}$ ist die Voraussetzung von I, Satz 6.2, wegen Satz 5.2b) erfüllt. *Es gibt daher eine eigentliche assoziative Linearform von $\mathfrak{A}$, für welche die zugeordnete Bilinearform nichtausgeartet ist.* Eine entsprechende Aussage erhält man für eine direkte Summe von einfachen und stark homogenen Algebren.

§ 6. Anwendung auf zentral-einfache Algebren

1. Die bisher gewonnenen Ergebnisse werden nun auf zentral-einfache Algebren (vgl. I, § 5.4) über einem Körper K der Charakteristik ungleich 2 angewendet. Wegen Satz 5.2b) ist die reduzierte Spur RS eine von Null verschiedene semi-normale Linearform der stark homogenen Algebra $\mathfrak{A}$. Aus Satz 4.6c) entnehmen wir, daß die reduzierte Norm RN gleich der Hauptnorm HN, die reduzierte Spur RS gleich der Hauptspur HS ist. Es ist also RS sogar eine normale Linearform von $\mathfrak{A}$. Wir erhalten daher I, Satz 9.2, in neuer Formulierung als

Satz 6.1. *Für eine zentral-einfache und stark homogene Algebra $\mathfrak{A}$ über einem Körper K der Charakteristik ungleich 2 gilt:*

a) *$\mathfrak{A}$ ist nichtausgeartet.*

b) *Jede assoziative Linearform ungleich Null von $\mathfrak{A}$ mit Werten in K ist normal, und $\mathfrak{A}$ ist nichtausgeartet bezüglich jeder solchen Linearform.*

c) *Die reduzierte Spur RS ist eine normale Linearform von $\mathfrak{A}$, die mit der Hauptspur HS übereinstimmt.*

d) *Jede semi-normale Linearform von $\mathfrak{A}$ ist ein Vielfaches der reduzierten Spur.*

Wir zeigen außerdem

Satz 6.2. *Für eine zentral-einfache und stark homogene Algebra $\mathfrak{A}$ über einem Körper K der Charakteristik ungleich 2 gilt:*

a) *Die reduzierte Norm RN von $\mathfrak{A}$ ist absolut-irreduzibel und stimmt mit der Hauptnorm HN überein.*

b) *Jedes multiplikative-Polynom von $\mathfrak{A}$ ist Potenz der Hauptnorm und daher selbst eine Norm.*

c) *Jede Norm von $\mathfrak{A}$ ist multiplikativ und daher eine Potenz der Hauptnorm.*

Beweis. Wir wissen bereits, daß $RN = HN$ gilt (Satz 4.6c). Es seien ω_i, $i = 1, 2, \ldots, t$, die verschiedenen absolut-irreduziblen Faktoren von RN mit $\omega_i(e) = 1$. Wir bezeichnen die zugeordneten Linearformen mit $\chi^{(i)}$. Satz 5.2a) zeigt, daß die $\chi^{(i)}$ semi-normale Linearformen von $\mathfrak{A}$ sind, die über $\bar{K}$ linear unabhängig sind. Nach Teil d) des vorhergehenden Satzes sind sie aber alle proportional zur reduzierten Spur, d. h., es ist $t = 1$. Damit ist $RN(x) = \omega_1(x)$ absolut-irreduzibel. Damit ist Teil a) bewiesen.

Teil b) bzw. Teil c) entnimmt man jetzt aus II, Satz 4.5, bzw. aus dem Korollar zu Satz 2.2.

2. Wegen Teil b) des letzten Satzes gilt $\omega(Wx) = \varkappa(W)\,\omega(x)$ für alle $W \in \Gamma(\mathfrak{A})$ und jedes multiplikative Polynom ω von $\mathfrak{A}$. Die Definition der eingeschränkten Strukturgruppe gibt daher den

Satz 6.3. *Ist $\mathfrak{A}$ eine zentral-einfache und stark homogene Algebra über einem Körper K der Charakteristik ungleich 2, so ist die eingeschränkte Strukturgruppe $\Lambda(\mathfrak{A})$ gleich der Strukturgruppe $\Gamma(\mathfrak{A})$.*

Wir wollen noch Satz 5.5 auf den vorliegenden Fall anwenden. Für $\omega = HN$ ist die zugeordnete Linearform χ gleich der Hauptspur HS. Wegen Satz 6.1c) ist die der Linearform HS zugeordnete Bilinearform von $\mathfrak{A}$ nichtausgeartet. Wir erhalten somit aus Satz 5.5 und dem Korollar 2 zu Satz 5.4 den

Satz 6.4. *Ist $\mathfrak{A}$ eine zentral-einfache und stark homogene Algebra über einem Körper K der Charakteristik ungleich 2, so gehört eine umkehrbare lineare Transformation W von $\mathfrak{A}$ dann und nur dann zur Strukturgruppe $\Gamma(\mathfrak{A})$, wenn es ein $\varkappa(W) \in K$ gibt, so daß $HN(Wx) = \varkappa(W)\,HN(x)$ gilt. Ist dies der Fall, so ist $W^{\#}$ gleich der bezüglich HS adjungierten Transformation von W.*

Die Determinante $|P(x)|$ der quadratischen Darstellung $P(x)$ von $\mathfrak{A}$ ist eine Norm von $\mathfrak{A}$. Wegen Satz 6.2c) ist daher $|P(x)|$ eine Potenz von $HN(x)$. Hat die Algebra $\mathfrak{A}$ den Grad s, so ist $HN(x) = RN(x)$ homogen vom Grad s. Da $|P(x)|$ aber homogen vom Grad $2n$ ist, erhält man

$$(6.1) \qquad |P(x)| = [HN(x)]^{n'} \quad \text{mit} \quad n' = \frac{2n}{s}.$$

Speziell ist also s ein Teiler von $2n$. Wie in § 5.4 bezeichnen wir mit Sp die dem Polynom $|P(x)|$ zugeordnete Linearform. Aus (6.1) folgt dann

$$(6.2) \qquad Sp(x) = \frac{2n}{s}\,HS(x).$$

Wegen Satz 6.4 ist $|W^{\#}| = |W|$, d. h., man hat wegen Satz 1.3a)

$$|P(Wx)| = |W|^2\,|P(x)|, \qquad W \in \Gamma(\mathfrak{A}).$$

Vergleicht man dies mit (6.1), so erhält man in der Bezeichnung von Satz 6.4

$$(6.3) \qquad [\varkappa(W)]^{n'} = |W|^2, \qquad W \in \Gamma(\mathfrak{A}).$$

§ 7. Homogen-zulässige Algebren

1. Die bisher unter verschiedenartigen Voraussetzungen erhaltenen Ergebnisse sollen nun kombiniert werden. Dazu sind einige neue Begriffe erforderlich.

Wir nennen wie in I, § 2.4, jedes Produkt von endlich vielen Unbestimmten zusammen mit einer Klammerung ein Wort in diesen Unbestimmten. Eine endliche Linearkombination von Worten, die sich nur durch Reihenfolge und Klammerung unterscheiden, mit Koeffizienten aus K nennen wir eine Relation über K.

Ist $\mathfrak{A}$ eine Algebra über K und $R = R(\xi_1, \xi_2, \ldots, \xi_r)$ eine Relation über K, so sagen wir, *die Algebra erfüllt die Relation R*, wenn gilt

$$R(u_1, u_2, \ldots, u_r) = 0 \quad \text{für alle} \quad u_1, u_2, \ldots, u_r \in \mathfrak{A}.$$

Offenbar erfüllt mit $\mathfrak{A}$ auch jede Teilalgebra $\mathfrak{B}$ und jede Quotientenalgebra $\mathfrak{A}/\mathfrak{b}$ nach einem Ideal $\mathfrak{b}$ die Relation R. Weiter nennen wir eine Relation R (in bezug auf K) *zulässig*, wenn gilt:

(Z)   Ist $\mathfrak{A}$ eine Algebra über K, die R erfüllt, dann erfüllt jede durch Grundkörpererweiterung oder durch Adjunktion eines Einselementes aus $\mathfrak{A}$ entstehende Algebra die Relation R.

Man überlegt sich ohne Schwierigkeiten das

Lemma 7.1. *Die Relation $R(\xi, \eta) = (\xi\,\eta)\,\xi - \xi(\eta\,\xi)$ der Flexibilität ist zulässig für alle K.*

Es sei $\mathfrak{S}$ eine nichtleere Menge von zulässigen Relationen. Erfüllt dann $\mathfrak{A}$ jede Relation R von $\mathfrak{S}$, dann erfüllt jede Teilalgebra, jede durch Grundkörpererweiterung oder durch Adjunktion eines Einselementes entstehende Algebra und jede Quotientenalgebra nach einem Ideal wieder alle Relationen aus $\mathfrak{S}$.

Ein nichtleeres System von Relationen nennen wir *homogen-zulässig*)*, wenn gilt:

(HZ.1) $\mathfrak{S}$ besteht nur aus zulässigen Relationen,

(HZ.2)   Jede Algebra mit Einselement über K, die alle Relationen $R \in \mathfrak{S}$ erfüllt, ist stark homogen.

---

*) Man müßte hier eigentlich „stark homogen zulässig" sagen.

Schließlich nennen wir eine Algebra $\mathfrak{A}$ über K *homogen-zulässig*)*, wenn gilt:

(AHZ.1) K hat die Charakteristik ungleich 2.

(AHZ.2) $\mathfrak{A}$ ist flexibel und strikt potenz-assoziativ.

(AHZ.3) Es gibt ein homogen-zulässiges System $\mathfrak{S}$ von Relationen über K, so daß $\mathfrak{A}$ jede Relation R aus $\mathfrak{S}$ erfüllt.

Insbesondere ist also jede homogen-zulässige Algebra mit Einselement stark homogen. Wir zeigen sogleich

Satz 7.2. *Ist $\mathfrak{A}$ eine homogen-zulässige Algebra über K, so gilt das gleiche für jede*

 a) *Teilalgebra von $\mathfrak{A}$,*
 b) *durch Grundkörpererweiterung aus $\mathfrak{A}$ entstehende Algebra $\mathfrak{A}'$,*
 c) *durch Adjunktion eines Einselements entstehende Algebra $\hat{\mathfrak{A}}$,*
 d) *Quotientenalgebra $\mathfrak{A}/\mathfrak{b}$ nach einem Ideal $\mathfrak{b}$,*

und jede dieser Algebren ist flexibel und, falls sie ein Einselement enthält, stark homogen.

Beweis. In allen vier Fällen ist (AHZ.1) trivial, während die Flexibilität aus Lemma 7.1 folgt. Daß alle diese Algebren strikt potenz-assoziativ sind, hatten wir bereits in I, § 2.5, gesehen. Ist $\mathfrak{S}$ ein homogen-zulässiges System, so daß $\mathfrak{A}$ jede Relation R von $\mathfrak{S}$ erfüllt, dann haben wir bereits gesehen, daß alle vier Algebren wieder diese Eigenschaft haben. Damit ist der Satz bewiesen.

2. Zur Bequemlichkeit wollen wir einige Ergebnisse für homogenzulässige Algebren zusammenstellen, die im weiteren Verlauf dieses Kapitels benötigt werden. Wir wenden Satz 2.6 auf $\mathfrak{A}_1(c)$ an Stelle von $\mathfrak{A}$ an, beachten Satz 5.3 und I, Lemma 12.4. Danach sind die folgenden Eigenschaften äquivalent:

(7.1) Das Idempotent c von $\mathfrak{A}$ ist primitiv.

(7.2) $\mathfrak{A}_1(c)$ ist primär, d. h., c ist das einzige Idempotent von $\mathfrak{A}_1(c)$.

(7.3) Jedes nicht invertierbare Element von $\mathfrak{A}_1(c)$ ist nilpotent.

(7.4) $\mathfrak{A}_1(c)$ ist vollständig primär, d. h., die nicht invertierbaren Elemente von $\mathfrak{A}_1(c)$ bilden einen Vektorraum.

(7.5) $\mathfrak{A}_1(c)$ ist stark primär, d. h., $\mathfrak{A}_1(c)$ ist primär und die nilpotenten Elemente gehören zum Radikal von $\mathfrak{A}_1(c)$.

Wie bisher wollen wir mit $\bar{K}$ den algebraischen Abschluß des Körpers K und mit $\bar{\mathfrak{A}}$ die aus $\mathfrak{A}$ durch Grundkörpererweiterung von K zu $\bar{K}$

---

entstehende Algebra bezeichnen. Wir benötigen auch

(7.6) Ist c ein absolut-primitives Idempotent von $\mathfrak{A}$, so gilt

$$u = \alpha\, c + v, \quad \alpha \in \bar{K}, \quad v \in \overline{\mathfrak{A}_1(c)}, \quad v \text{ nilpotent,}$$

für alle $u \in \overline{\mathfrak{A}_1(c)} = \overline{\mathfrak{A}_1(c)}$.

Denn dann ist c auch primitives Idempotent von $\overline{\mathfrak{A}}$ und die Behauptung folgt aus I, Satz 10.3.

Wir zeigen schließlich noch

(7.7) $\mathfrak{A}_1(c) = P(c)\,\mathfrak{A}$ für jedes Idempotent c von $\mathfrak{A}$.

Wegen $\mathfrak{A}_1^+(c) = \mathfrak{A}_1(c)$ (vgl. I, Satz 12.3 a) und $P^+(c) = P(c)$ (vgl. § 2.1) darf man ohne Einschränkung annehmen, daß $\mathfrak{A}$ kommutativ ist. Aus I, Lemma 12.1, entnimmt man dann $\mathfrak{A}_1(c) = C_1\,\mathfrak{A}$, und hierbei ist $C_1 = \varphi_1(L(c)) = 2L^2(c) - L(c) = P(c)$.

3. Es sei $\mathfrak{A}$ eine homogen-zulässige Algebra über K mit Einselement e und u ein Element einer Grundkörpererweiterung von $\mathfrak{A}$. Wir hatten in I, § 4.2 ein Element ξ eines Erweiterungskörpers K' von K einen Eigenwert des Elementes u genannt, wenn es $v \in K'[u]$ gibt, so daß

$$u\,v = \xi\,v, \quad v \neq 0,$$

gilt. Wir wissen, daß die Eigenwerte von u genau die Wurzeln des Minimalpolynoms $f(\tau)$ von u sind. Wegen II, Satz 4.4, stimmen also die Eigenwerte auch mit den Wurzeln des Polynoms $RN(\tau\,e - u)$ überein. Wir definieren die *Vielfachheit des Eigenwertes* ξ als diejenige Vielfachheit, mit der ξ Wurzel des Polynoms $RN(\tau\,e - u)$ ist. Bezeichnen wir wieder mit s den Grad der Algebra, so gilt $RN(\tau\,e - e) = (\tau - 1)^s$. Also hat e den Eigenwert 1 in der Vielfachheit s.

Da $K_1'[c] = K'\,c$ für jedes Idempotent c gilt, hat c nur die Eigenwerte 0 und 1, und der Eigenwert 1 tritt mindestens in der Vielfachheit 1 auf. Bezeichnet man diese Vielfachheit mit f, so gilt also

(7.8) $$RN(\tau\,e - c) = \tau^{s-f}(\tau - 1)^f = \tau^s - RS(c)\,\tau^{s-1} + \cdots,$$

d. h. $RS(c) = f$.

Lemma 7.3. *Sind u, v Elemente einer Grundkörpererweiterung von $\mathfrak{A}$ und gilt $K_1[u]\,K_1[v] = K_1[v]\,K_1[u] = 0$, so sind die von Null verschiedenen Eigenwerte von $u + v$ Vereinigung der Eigenwerte von u und v einschließlich ihrer Vielfachheiten.*

Beweis. Da die reduzierte Norm ein multiplikatives Polynom von $\mathfrak{A}$ ist, können wir Lemma 2.3 auf $\omega = RN$ anwenden und erhalten

$$\tau^s\,RN(\tau\,e - (u + v)) = RN(\tau\,e - u)\,RN(\tau\,e - v).$$

Hieraus liest man die Behauptung ab.

Nun seien c_1, c_2 zwei orthogonale Idempotente einer Grundkörpererweiterung von $\mathfrak{A}$. Wir wenden Lemma 7.3 auf c_1, c_2 an und sehen, *daß die Vielfachheit des Eigenwertes* 1 *von* $c_1 + c_2$ *gleich ist der Summe der entsprechenden Vielfachheiten von* c_1 *und* c_2. *Hat daher ein Idempotent c den Eigenwert* 1 *in der Vielfachheit* 1, *so ist c absolut-primitiv.* Wir erhalten weiter, daß in einem vollständigen Orthogonalsystem c_1, c_2, $\ldots$, c_s einer Grundkörpererweiterung *jedes c_i den Eigenwert* 1 *in der Vielfachheit* 1 *hat.*

4. Nun sei $\mathfrak{B}$ eine Grundkörpererweiterung von $\mathfrak{A}$ mit algebraisch abgeschlossenem Grundkörper L und c_1, c_2, $\ldots$, c_s ein vollständiges Orthogonalsystem von absolut-primitiven Idempotenten von $\mathfrak{B}$. Wir wissen aus Satz 4.4b), daß es eine solche Erweiterung $\mathfrak{B}$ gibt. Wegen **3** hat jedes c_i den Eigenwert 1 in der Vielfachheit 1. Ferner sei c irgendein primitives Idempotent von $\overline{\mathfrak{A}}$. Aus (7.7) entnehmen wir $P(c)\, c_i \in \mathfrak{B}_1(c)$. Nun erhalten wir aus (7.6)

$$P(c)\, c_i = \alpha_i\, c + v_i, \quad \alpha_i \in L, \quad v_i \in \mathfrak{B}_1(c) \text{ nilpotent.}$$

Wegen

$$c = P(c)\, e = \sum_{i=1}^{s} P(c)\, c_i = \sum_{i=1}^{s} (\alpha_i\, c + v_i)$$

ist wenigstens ein α_i ungleich Null, denn sonst wäre c eine Summe von nilpotenten Elementen aus $\mathfrak{B}_1(c)$. Wegen (7.3) und (7.4) wäre dann auch c nilpotent, was nicht der Fall ist. Sei etwa

$$P(c)\, c_1 = \alpha_1\, c + v_1, \quad \alpha_1 \neq 0.$$

Da andererseits $P(c_1)\, c \in \mathfrak{B}_1(c_1)$ gilt, hat man entsprechend

$$P(c_1)\, c = \beta\, c_1 + w, \quad \beta \in L, \quad w \in \mathfrak{B}_1(c_1) \text{ nilpotent.}$$

Das Element β kann möglicherweise Null sein.

Zum multiplikativen Polynom $\omega = RN$ und über L generisch unabhängigen Elementen u, v bilden wir gemäß Satz 3.3 das in u, v symmetrische Polynom

$$\omega(u, v) := \omega(u)\, \omega(u^{-1} + v).$$

Offenbar ist $\omega(\tau e - x) = \tau^s \omega(\tau^{-1} e, -x)$. Nach jenem Satz gilt $\omega(Wu, v) = \omega(u, W^{\#} v)$ für alle W aus der eingeschränkten Strukturgruppe $\Lambda(\mathfrak{B})$. Da wegen Satz 1.8 auch $P(x)$ zu $\Lambda(\mathfrak{B})$ gehört und $P^{\#}(x) = P(x)$ gilt, folgt

$$\omega(P(x)\, u, v) = \omega(u, P(x)\, v).$$

Da hier beide Seiten Polynome in x sind, darf man $x \to c$, $u \to \tau^{-1} e$, $v \to -c_1$ spezialisieren, und man erhält wegen $c = P(c)\, e$

$$\omega(\tau^{-1} c, -c_1) = \omega(\tau^{-1} P(c)\, e, -c_1) = \omega(\tau^{-1} e, -P(c)\, c_1)$$

$$= \omega(\tau^{-1} e, -\alpha_1\, c - v_1) = \tau^{-s} \omega(\tau e - \alpha_1\, c - v_1)$$

$$= \tau^{-s} RN(\tau e - (\alpha_1\, c + v_1)).$$

Da c und v_1 in der kommutativen und assoziativen Algebra liegen, die durch c und v_1 erzeugt wird, kann man Lemma 2.4 anwenden und erhält $\tau^{-s} RN(\tau e - \alpha_1 c)$ für die rechte Seite. Damit gilt

$$\omega(\tau^{-1} c, -c_1) = \tau^{-s} RN(\tau e - \alpha_1 c).$$

Eine Vertauschung von c und c_1 gibt analog

$$\omega(\tau^{-1} c_1, -c) = \tau^{-s} RN(\tau e - \beta c_1).$$

Wegen (3.6) sind die linken Seiten identisch, es folgt daher $RN(\tau e - \alpha_1 c)$ $= RN(\tau e - \beta c_1)$ und somit $RN(\tau e - c) = RN\left(\tau e - \dfrac{\beta}{\alpha_1} c_1\right)$. Da beide Seiten nur die Wurzeln 0 und 1 haben, folgt $\beta = \alpha_1$, d. h.

$$RN(\tau e - c) = RN(\tau e - c_1).$$

Mit c_1 hat also auch c den Eigenwert 1 in der Vielfachheit 1. Da c ein beliebiges primitives Idempotent von $\overline{\mathfrak{A}}$ war, haben wir bewiesen, *daß jedes primitive Idempotent von $\overline{\mathfrak{A}}$ den Eigenwert 1 in der Vielfachheit 1 besitzt.*

5. Nun können wir den folgenden Satz beweisen:

Satz 7.4. *Für ein Idempotent c einer homogen-zulässigen Algebra $\mathfrak{A}$ mit Einselement sind gleichbedeutend:*

a) *c ist absolut-primitiv.*

b) *c ist in der durch algebraische Abschließung des Grundkörpers entstehenden Algebra $\overline{\mathfrak{A}}$ primitiv.*

c) *c hat den Eigenwert 1 in der Vielfachheit 1.*

Ist dies der Fall, so gilt für die reduzierte Spur $RS(c) = 1$.

Beweis. a) $\Rightarrow$ b): Trivial.

b) $\Rightarrow$ c): Diese Aussage wurde bereits in **4** gezeigt.

c) $\Rightarrow$ a): Die Behauptung war in **3** bewiesen.
Die fehlende Behauptung entnimmt man nun der Gl. (7.8).

Hat K die Charakteristik Null, so sieht man, daß umgekehrt aus $RS(c) = 1$ folgt, daß c absolut-primitiv ist.

Als Anwendung hiervon zeigen wir

Satz 7.5. *Es sei s der Grad der homogen-zulässigen Algebra $\mathfrak{A}$ mit Einselement. Ein vollständiges Orthogonalsystem Idempotenter $c_1, c_2, \ldots, c_r$ von $\mathfrak{A}$ besteht dann und nur dann aus absolut-primitiven Idempotenten, wenn $r = s$ gilt.*

Beweis. a) Aus $r = s$ hatten wir bereits in II, Satz 4.8, gefolgert, daß die c_i absolut-primitiv sind. Die gleiche Aussage können wir außerdem aus Satz 7.4 entnehmen.

b) Wie in II, Satz 4.6, gezeigt wurde, ist $r \leqq s$. Angenommen, jedes c_i ist in jeder Grundkörpererweiterung primitiv. Aus $e = c_1 + c_2 + \cdots + c_r$ und Lemma 7.3 folgt, daß e den Eigenwert 1 mit der Vielfachheit r hat. Also ist $r = s$.

Korollar 1. Ist der Grundkörper der Algebra algebraisch abgeschlossen, so stimmen Grad und Primitiv-Grad überein.

Beweis. Ist r der Primitiv-Grad (vgl. II, § 4.**6**), so wähle man ein vollständiges Orthogonalsystem von primitiven Idempotenten $e_1, e_2, \ldots, e_r$. Wegen Satz 7.4 sind alle e_i absolut-primitiv, und Satz 7.5 zeigt, daß $\mathfrak{A}$ auch den Grad r hat.

Korollar 2. Ist der Grundkörper der Algebra algebraisch abgeschlossen, so hat jedes vollständige Orthogonalsystem von primitiven Idempotenten die Länge s.

Beweis. Wegen Satz 7.4 sind die Idempotente dann absolut-primitiv, und die Behauptung folgt aus dem Satz.

§ 8. Algebren ohne Einselement und das Radikal

1. Die in den vorhergehenden Paragraphen entwickelten Gedankengänge sollen nun auch für Algebren ohne Einselement nutzbar gemacht werden. Wir bezeichnen wieder mit $\hat{\mathfrak{A}}$ die aus $\mathfrak{A}$ durch Adjunktion eines Einselementes e entstehende Algebra (vgl. I, § 2.3).

Es sei $\mathfrak{A}$ eine homogen-zulässige Algebra über K ohne Einselement. Ist $b_1, b_2, \ldots, b_n$ eine Basis von $\mathfrak{A}$ über K und $x = \tau_1 b_1 + \tau_2 b_2 + \cdots + \tau_n b_n$ ein generisches Element von $\mathfrak{A}$, dann ist für eine weitere Unbestimmte ϱ

$$\hat{x} := \varrho\, e + x$$

ein generisches Element der homogen-zulässigen Algebra $\hat{\mathfrak{A}}$. In der durch Erweiterung von K zu $\tilde{K} = K(\tau_1, \tau_2, \ldots, \tau_n)$ aus $\hat{\mathfrak{A}}$ entstehenden Algebra bilde man das Minimalpolynom $f_x(\tau)$ bzw. das reduzierte Minimalpolynom $g_x(\tau)$ von x. Hierfür gilt

Lemma 8.1. a) *Es ist $f_x(\tau)$ bzw. $g_x(\tau)$ das normierte Polynom niedrigsten Grades ohne konstantes Glied mit Koeffizienten aus K, welches nach Eintragen von x für τ Null bzw. nilpotent wird.*

b) *Für das Minimalpolynom $\hat{f}(\tau; \hat{x})$ bzw. das reduzierte Minimalpolynom $\hat{g}(\tau; \hat{x})$ des generischen Elementes $\hat{x} = \varrho\, e + x$ von $\hat{\mathfrak{A}}$ gilt*

$$\hat{f}(\tau; \hat{x}) = f_x(\tau - \varrho), \quad \hat{g}(\tau; \hat{x}) = g_x(\tau - \varrho).$$

Nach a) können also beide Polynome nicht nur in $\hat{\mathfrak{A}}$, sondern schon in $\mathfrak{A}$ berechnet werden.

Beweis. Wir führen die Überlegungen für das Minimalpolynom durch und vermerken in Klammern die Abweichungen, die das reduzierte

Minimalpolynom betreffen. Da x eine Spezialisierung von $\hat{x}$ ist, hat man $\mathrm{Grad}\, f_x \leqq \mathrm{Grad}\, \hat{f}$. Andererseits ist $\hat{f}(\tau; \hat{x})$ ein Teiler von $f_x(\tau - \varrho)$ denn für $h(\tau) := f_x(\tau - \varrho)$ ist $h(\hat{x}) = f_x(x) = 0$ $(=$ nilpotent$)$. Wegen der Gleichheit der Grade erhält man hieraus $\hat{f}(\tau; \hat{x}) = f_x(\tau - \varrho)$ und Teil b) ist bewiesen.

Es ist $f_x(x) = 0$ bzw. $g_x^m(x) = 0$ für ein geeignetes m. Hätte $f_x(\tau)$ bzw. $g_x(\tau)$ ein von Null verschiedenes konstantes Glied, so würde man eine Darstellung von e erhalten, die in einer Grundkörpererweiterung von $\mathfrak{A}$ liegt. Wegen I, Lemma 5.3, ist das nicht der Fall; es ist daher auch Teil a) bewiesen.

2. Wir bezeichnen mit $\widehat{HN}$ bzw. $\widehat{RN}$ die Hauptnorm bzw. die reduzierte Norm von $\mathfrak{A}$. Wegen II, Satz 4.3, gilt dann

$$(8.1) \qquad \widehat{HN}(\tau\, e - \hat{x}) = \hat{f}(\tau; \hat{x}) = f_x(\tau - \varrho).$$

Nach dem Lemma ist $f_x(\tau - \varrho)$ durch $\tau - \varrho$ teilbar. Das Produkt der verschiedenen absolut irreduziblen Teiler von $\widehat{HN}(\hat{x})$, d. h. die reduzierte Norm $\widehat{RN}(\hat{x})$, hat daher die Form $-\varrho\, \omega_1(\hat{x}) \cdot \cdots \cdot \omega_t(\hat{x})$. Man erhält

$$(8.2) \quad \widehat{RN}(\tau\, e - \hat{x}) = (\tau - \varrho) \prod_{i=1}^{t} \omega_i(\tau\, e - \hat{x}) = (\tau - \varrho) \prod_{i=1}^{t} \omega_i\big((\tau - \varrho)\, e - x\big),$$

wobei für $t = 0$ die beiden Produkte durch 1 zu ersetzen sind. Da $\widehat{RN}(\tau\, e - \hat{x})$ wegen Satz 4.3 a) nur einfache Wurzeln hat, sind die $\omega_i(x)$ für $t \geqq 1$ alle ungleich Null, d. h., alle Wurzeln von $\omega_i(\tau\, e - x)$ sind von Null verschieden.

Es ist $t = 0$ genau dann, wenn $\widehat{RN}(\tau\, e - \hat{x}) = \tau - \varrho$, d. h., wenn $\widehat{HN}(\tau\, e - \hat{x})$ eine Potenz von $\tau - \varrho$ ist. Wegen (8.1) bedeutet dies, daß $f_x(\tau)$ eine Potenz von τ ist, d. h., daß x nilpotent ist. Da man x zu jedem Element jeder Grundkörpererweiterung von $\mathfrak{A}$ spezialisieren kann, erhält man

Lemma 8.2. *In* (8.2) *gilt* $t = 0$ *genau dann, wenn jede Grundkörpererweiterung von* $\mathfrak{A}$ *eine Nilalgebra ist.*

3. Es sei nun nicht jede Grundkörpererweiterung von $\mathfrak{A}$ eine Nilalgebra. Wir definieren die *reduzierte Norm von* $\mathfrak{A}$ vermöge

$$RN(\tau\, e - x) := \prod_{i=1}^{t} \omega_i(\tau\, e - x)$$

und die *reduzierte Spur RS* als das Negative des zweithöchsten Koeffizienten von τ. Die den multiplikativen Polynomen ω_i von $\mathfrak{A}$ zugeordneten Linearformen von $\mathfrak{A}$ werden mit $\chi^{(1)}, \chi^{(2)}, \ldots, \chi^{(t)}$ bezeichnet.

Wegen (8.2) erhält man für die reduzierte Spur von $\hat{\mathfrak{A}}$ bzw. von $\mathfrak{A}$

$$(8.3) \qquad \widehat{RS}(\hat{x}) = \varrho + \sum_{i=1}^{t} \chi^{(i)}(\hat{x}), \qquad RS(x) = \sum_{i=1}^{t} \chi^{(i)}(x),$$

denn man erhält aus einem multiplikativen Polynom $\omega(\hat{x})$ die zugeordnete Linearform als das Negative des zweithöchsten Koeffizienten von $\omega(\tau e - \hat{x})$. Alle Wurzeln von $\omega_i(\tau e - x)$ sind ungleich Null. Nach der Bemerkung zum Beweis von II, Satz 3.3, sind dann die Linearformen $\chi^{(i)}$, $i \doteq 1, 2, \ldots, t$, sogar auf $K_1[x]$ linear unabhängig. Aus (8.3) folgt dann, daß RS auf $\mathfrak{A}$ nicht Null ist. Da RS gleich der Restriktion von $\widehat{RS}$ auf $\mathfrak{A}$ ist, ist RS eine semi-normale Linearform von $\mathfrak{A}$. Wir erhalten

Satz 8.3. *Ist nicht jede Grundkörpererweiterung der homogen-zulässigen Algebra $\mathfrak{A}$ eine Nilalgebra, dann gibt es von Null verschiedene semi-normale Linearformen von $\mathfrak{A}$, z. B. ist die reduzierte Spur eine solche Linearform.*

Korollar 1. *Ist $\mathfrak{A}$ eine Nilalgebra, dann ist jede Grundkörpererweiterung ebenfalls eine Nilalgebra.*

Beweis. In einer Nilalgebra ist jedes Element nilpotent, d. h., jede semi-normale Linearform von $\mathfrak{A}$ ist Null. Wäre nicht jede Körpererweiterung von $\mathfrak{A}$ eine Nilalgebra, dann gäbe es nach dem Satz eine von Null verschiedene semi-normale Linearform.

Korollar 2. *Ist $\mathfrak{A}$ keine Nilalgebra, dann gibt es eine von Null verschiedene eigentliche assoziative Linearform von $\mathfrak{A}$.*

Die Behauptung ergibt sich zusammen mit I, Lemma 6.1, aus dem Satz.

Korollar 3. *$\mathfrak{A}$ sei keine Nilalgebra. Hat $\mathfrak{A}$ nur 0 und sich selbst als Ideale, dann ist $\mathfrak{A}$ eine einfache Algebra mit Einselement.*

Beweis. Es sei λ eine eigentliche assoziative Linearform von $\mathfrak{A}$, wie sie nach dem Korollar 2 existiert. Nehmen wir an, der Bilinearkern von λ sei $\mathfrak{A}$. Dann wäre $\lambda(u\,v) = 0$ für alle $u, v \in \mathfrak{A}$. Es wäre $\mathfrak{B} = \mathfrak{A}\,\mathfrak{A}$ wegen $\lambda \neq 0$ ein echter Teilraum von $\mathfrak{A}$. Wegen $\mathfrak{A}\,\mathfrak{B} \subset \mathfrak{A}\,\mathfrak{A} = \mathfrak{B}$ ist $\mathfrak{B}$ ein Ideal von $\mathfrak{A}$, also müßte $\mathfrak{B} = 0$ sein. Aus $\mathfrak{A}\,\mathfrak{A} = 0$ folgt aber $x^2 = 0$ für generisches x, und dann wäre $\mathfrak{A}$ eine Nilalgebra. Der Bilinearkern von λ ist also 0, d. h., die λ zugeordnete Bilinearform ist nichtausgeartet. Man kann daher I, Lemma 6.3, anwenden, wonach $\mathfrak{A}$ also ein Einselement besitzt.

Wir hatten in I, Satz 5.1, gesehen, daß für eine beliebige Algebra $\mathfrak{A} \neq 0$, deren Ideale nur 0 und $\mathfrak{A}$ sind, genau einer der folgenden drei Fälle eintritt:

a) $\mathfrak{A}$ ist eine eindimensionale Nullalgebra.

b) Null ist das einzige Element des Zentrums von $\mathfrak{A}$.

c) Das Zentrum von $\mathfrak{A}$ ist ein Körper, dessen Einselement zugleich das Einselement von $\mathfrak{A}$ ist.

Da eine einfache Algebra definitionsgemäß keine Nullalgebra ist, zeigt das Korollar 3, daß höchstens für Nilalgebren der Fall b) eintreten kann.

4. Nach unseren Vorbereitungen können wir eine neue Beschreibung des Radikals $\operatorname{Rad}\mathfrak{A}$ von $\mathfrak{A}$ geben. Aus der Definition folgt zuerst

(8.4) $\operatorname{Rad}\mathfrak{A} \subset Bk_\lambda(\mathfrak{A})$ für jede semi-normale Linearform λ von $\mathfrak{A}$.

Da $\mathfrak{A}$ ein Ideal von $\hat{\mathfrak{A}}$ ist, erhält man aus I, Satz 7.1,

(8.5) $Bk_\lambda(\mathfrak{A}) \subset Bk_\lambda(\hat{\mathfrak{A}})$ für jede semi-normale Linearform λ von $\hat{\mathfrak{A}}$.

Nun sei $\mathfrak{A}$ wieder eine homogen-zulässige Algebra (mit oder ohne Einselement). Besitzt $\mathfrak{A}$ schon ein Einselement, so setzen wir $\hat{\mathfrak{A}} = \mathfrak{A}$. Wir wollen zeigen, *daß der Bilinearkern $Bk_{RS}(\mathfrak{A})$ kein Idempotent enthält.*

Sei also c ein Idempotent von $Bk_{RS}(\mathfrak{A})$. Man zerlege c in $\overline{\hat{\mathfrak{A}}}$ nach I, Lemma 12.6, in eine Summe von primitiven orthogonalen Idempotenten $c = c_1 + c_2 + \cdots + c_r$. Es ist $\lambda = \widehat{RS}$ eine semi-normale Linearform von $\hat{\mathfrak{A}}$, deren Restriktion mit RS übereinstimmt. Wegen (8.4) und (I; 1.2) erhält man

$$c_1 = c_1\, c \in c_1\, Bk_\lambda(\mathfrak{A}) \subset c_1\, Bk_\lambda(\hat{\mathfrak{A}}) \subset c_1\, Bk_\lambda\!\left(\overline{\hat{\mathfrak{A}}}\right) \subset Bk_\lambda\!\left(\overline{\hat{\mathfrak{A}}}\right).$$

Es folgt also $\lambda(c_1) = \lambda(c_1\, c) = 0$ im Widerspruch zu Satz 7.4 d).

Damit besteht $Bk_{RS}(\mathfrak{A})$ nur aus nilpotenten Elementen, d. h., es gilt $Bk_{RS}(\mathfrak{A}) \subset Bk_\mu(\mathfrak{A})$ für jede semi-normale Linearform μ von $\mathfrak{A}$. Da das Radikal gleich dem Durchschnitt dieser Bilinearkerne ist, folgt $\operatorname{Rad}\mathfrak{A} = Bk_{RS}(\mathfrak{A})$, und zusammen mit I, Satz 7.5, erhält man

Satz 8.4. *Ist $\mathfrak{A}$ eine homogen-zulässige Algebra (mit oder ohne Einselement), so ist* $\operatorname{Rad}\mathfrak{A}$ *das maximale Nilideal von $\mathfrak{A}$, und es gilt*

$$Bk_{RS}(\mathfrak{A}) = \operatorname{Rad}\mathfrak{A} = \{u;\ u \in \mathfrak{A},\ u,\ uv,\ vu\ \text{nilpotent für alle}\ v \in \mathfrak{A}\}.$$

Wegen Satz 8.4 ist eine homogen-zulässige Algebra dann und nur dann halbeinfach, wenn $Bk_{RS}(\mathfrak{A}) = 0$ gilt. Man beachte, daß hieraus keineswegs folgt, daß die RS zugeordnete Bilinearform von $\hat{\mathfrak{A}}$ nicht-ausgeartet ist.

Ist hingegen der Grundkörper K von $\mathfrak{A}$ algebraisch abgeschlossen, dann ist jede halbeinfache Algebra auch nichtausgeartet. Denn in diesem Fall hat die reduzierte Spur RS Werte in K, die zugehörige eigentliche Bilinearform ist somit nichtausgeartet.

Auf Grund des vorhergehenden Satzes ist $\operatorname{Rad}\mathfrak{A} = Bk_{RS}(\mathfrak{A})$. Wir entnehmen daher dem Korollar 1 zu Satz 5.4 den

Satz 8.5. *Ist $\mathfrak{A}$ eine homogen-zulässige Algebra, so bildet jedes W aus $\Gamma(\mathfrak{A})$ das Radikal von $\mathfrak{A}$ in sich ab.*

5. Nun habe K die Charakteristik 0. Es sei $\omega(\hat{x})$ ein multiplikatives Polynom von $\mathfrak{A}$, das durch $\widehat{RN}(\hat{x})$ teilbar ist, und es sei χ die zugeordnete semi-normale Linearform von $\mathfrak{A}$. Sind $\eta_1, \eta_2, \ldots, \eta_q$ die voneinander und von Null verschiedenen Eigenwerte in $\bar{K}$ eines Elementes $u \in \mathfrak{A}$, so hat man wegen II, Satz 3.2b),

$$\chi(u^m) = \sum_{i=1}^{q} \alpha_i \eta_i^m, \qquad m = 1, 2, \ldots,$$

mit $\alpha_i \neq 0$, die von den Vielfachheiten der Eigenwerte herrühren.

Wenn nun $\chi(u^m) = 0$ für alle genügend großen m gilt, so folgt aus dem Nichtverschwinden der VANDERMONDEschen Determinante der Widerspruch $\alpha_i = 0$, der nur dadurch behoben wird, daß u keine Eigenwerte $\neq 0$ hat, daß also u nilpotent ist.

Es sei $u \in Bk_\chi(\mathfrak{A})$. Für $m \geq 2$ ist dann $\chi(u^m) = \chi(u\,u^{m-1}) = 0$ und folglich u nilpotent. Da $Bk_\chi(\mathfrak{A})$ ein Ideal ist, sind $u\,v$ und $v\,u$ für jedes $v \in \mathfrak{A}$ nilpotent, d. h., u liegt in $\mathrm{Rad}\,\mathfrak{A}$. Es folgt also $Bk_\chi(\mathfrak{A}) \subset \mathrm{Rad}\,\mathfrak{A}$. Wegen (8.4) erhalten wir

Satz 8.6. *Es sei $\mathfrak{A}$ eine homogen-zulässige Algebra über einem Körper der Charakteristik 0. Für jede Linearform χ, die einem durch die reduzierte Norm von $\mathfrak{A}$ teilbaren multiplikativen Polynom zugeordnet ist, gilt* $\mathrm{Rad}\,\mathfrak{A} = Bk_\chi(\mathfrak{A})$.

Zum Beispiel kann also im Falle der Charakteristik 0 das Radikal unter Verwendung der Hauptspur HS oder der Linearform Sp (vgl. II, § 5.4) berechnet werden. Es gilt also z. B.

$$(8.6) \qquad\qquad \mathrm{Rad}\,\mathfrak{A} = Bk_{Sp}(\mathfrak{A})$$

und Sp ist eine normale Linearform von $\mathfrak{A}$.

§ 9. Einfache Algebren

1. Die nichtausgearteten potenz-assoziativen Algebren werden vermöge des Struktursatzes (I, § 8.3) auf die nichtausgearteten *einfachen* Algebren zurückgeführt. Analog konnten wir die halbeinfachen Algebren auf die einfachen Algebren mit Einselement zurückführen (I, § 13.3). Andererseits hatten wir in Satz 6.1 gezeigt, daß zentraleinfache stark homogene Algebren bezüglich der reduzierten Spur nichtausgeartet sind. Da man jede einfache Algebra mit Einselement als zentral-einfache Algebra über dem Zentrum auffassen kann, bleiben einige Zusammenhänge zu klären.

2. Es sei $\mathfrak{A}$ eine einfache homogen-zulässige Algebra mit Einselement e über dem Körper K. Wir bezeichnen mit $Z := \mathfrak{Z}(\mathfrak{A})$ das Zentrum von $\mathfrak{A}$. Dem Korollar 2 zu I, Satz 5.1, entnehmen wir, daß Z ein Körper ist, der Ke als Unterkörper enthält. Wir identifizieren den

Körper Ke mit K. Es gibt einen maximalen separablen Zwischenkörper L,

$$K \subset L \subset Z.$$

Die Erweiterung Z/L ist im Falle der Charakteristik $p > 0$ vollständig inseparabel; es gibt eine kleinste Potenz p^f, so daß $z^{p^f} \in L$ für alle $z \in Z$ gilt. Im Fall der Charakteristik 0 ist $L = Z$; wir wollen dann unter p^f die Zahl 1 verstehen. Nach Konstruktion ist also Z dann und nur dann separabel über K, wenn $p^f = 1$ ist.

Wir fassen nun die Algebra $\mathfrak{A}$ als zentral-einfache Algebra über Z auf. Ist

$$b_1, b_2, \ldots, b_m \text{ eine Basis von } \mathfrak{A} \text{ über } Z$$

und

$$c_1, c_2, \ldots, c_q \text{ eine Basis von } Z \text{ über } K,$$

so ist

$$b_i c_j, \; i = 1, 2, \ldots, m, \quad j = 1, 2, \ldots, q, \quad \text{eine Basis von } \mathfrak{A} \text{ über } K,$$

und $\mathfrak{A}$ hat über K die Dimension $n = mq$.

Es seien ϱ_{ij}, $i = 1, 2, \ldots, m$, $j = 1, 2, \ldots, q$, unabhängige Unbestimmte über K. Die Elemente

$$z_i := \sum_j \varrho_{ij} c_j$$

sind dann generische Elemente von Z, die über K generisch unabhängig sind. Das Element

$$x := \sum_i z_i b_i = \sum_{i,j} \varrho_{ij} b_i c_j$$

ist dann sowohl generisches Element von $\mathfrak{A}$ über Z als auch generisches Element von $\mathfrak{A}$ über K.

Da Normen und Spuren von $\mathfrak{A}$ bezüglich der Körper K, L und Z interessieren, fügen wir den Körper jeweils als Index an. Sind $HN_Z(x)$ bzw. $HS_Z(x)$ die Hauptnorm bzw. die Hauptspur von $\mathfrak{A}$ über Z, so ist also

$$(9.1) \qquad HN_Z(\tau e - x) = \tau^k - HS_Z(x)\, \tau^{k-1} + \cdots$$

das Minimalpolynom des generischen Elementes x von $\mathfrak{A}$ über Z. Wir wissen (vgl. Satz 6.2), daß $HN_Z(x)$ gleich der reduzierten Norm $RN_Z(x)$ ist. Es ist $HN_Z(x)$ absolut irreduzibel. Daher ist $HN_Z(\tau e - x)$ auch absolut irreduzibel als Polynom in τ und x.

Wir bilden das Polynom

$$h(\tau) := [HN_Z(\tau e - x)]^{p^f},$$

dessen Koeffizienten p^f-te Potenzen der Koeffizienten von $HN_Z(\tau e - x)$ sind. Es ist also $h(\tau)$ ein Polynom in τ und den $\varrho_{ij}^{p^f}$ mit Koeffizienten aus L. Aus (9.1) erhalten wir

$$(9.2) \qquad h(\tau) = \tau^{k p^f} - [HS_Z(x)]^{p^f} \tau^{(k-1)\,p^f} + \cdots.$$

Da $HS_Z(x)$ linear in x ist, hat man

$$(9.3) \qquad HS_Z(x) = \sum_i \zeta_i z_i = \sum_{i,j} \zeta_i \varrho_{ij} c_j, \qquad \zeta_i \in Z.$$

Hier ist wenigstens ein ζ_i von Null verschieden, denn für die Algebra $\mathfrak{A}$ über Z stimmt die Hauptspur mit der reduzierten Spur überein und letztere ist von Null verschieden (Satz 5.2b).

Wir zeigen, *daß $h(\tau)$ als Polynom in τ und den ϱ_{ij} über L irreduzibel ist.* Andernfalls gibt es $r < f$, so daß $[HN_Z(\tau e - x)]^{p^r}$ Koeffizienten in L hat. Analog hat dann auch

$$[HS_Z(x)]^{p^r} = \sum_{i,j} \varrho_{ij}^{p^r} \zeta_i^p \, c_j^{p^r}$$

Koeffizienten in L, d. h., es ist $\zeta_i^{p^r} c_j^{p^r} \in L$. Da wenigstens ein ζ_i von Null verschieden ist, folgt $c_j^p \in L$. Die c_j bilden eine Basis von Z über K, man hat also auch $z^{p^r} \in L$ für alle $z \in Z$, was der Minimalität von f widerspricht. Es ist also $h(\tau)$ irreduzibel über L und damit gleich dem Polynom niedrigsten Grades mit höchstem Koeffizienten 1, das Koeffizienten in L hat und für das $h(x) = 0$ gilt. *Daher ist $h(\tau)$ das Minimalpolynom von x über L.* Wegen II, Satz 4.3, folgt

$$(9.4) \qquad HN_L(\tau e - x) = h(\tau) = [HN_Z(\tau e - x)]^{p^f}.$$

Nun sei σ ein Isomorphismus von L in einen Erweiterungskörper von K, der K festläßt, und $h^\sigma(\tau)$ das zugehörige konjugierte Polynom. Es ist dann auch $h^\sigma(\tau)$ irreduzibel über L^σ. Wir dürfen annehmen, daß alle L^σ im algebraischen Abschluß $\bar{K}$ von K enthalten sind. Die Isomorphismen σ setzen wir fort zu Isomorphismen von Z in $\bar{K}$, die wir wieder mit dem gleichen Buchstaben bezeichnen. Es ist dann

$$h^\sigma(\tau) = [HN_Z^\sigma(\tau e - x)]^{p^f}.$$

Nehmen wir nun an, daß $h(\tau)$ und ein $h^\sigma(\tau)$ einen absolut irreduziblen Faktor gemeinsam haben. Wir erhalten $HN_Z^\sigma(\tau e - x) = HN_Z(\tau e - x)$ und wegen (9.1) auch $HS_Z^\sigma(\tau e - x) = HS_Z(\tau e - x)$. Wegen (9.3) bedeutet dies $\zeta_i^\sigma c_j^\sigma = \zeta_i c_j$. Da die c_j eine Basis von Z über K bilden, kann man 1 als Linearkombination hiervon darstellen. Man erhält $\zeta_i^\sigma = \zeta_i$ und da wenigstens eins der ζ_i ungleich Null ist, auch $c_j^\sigma = c_j$, $i = 1$, $2, \ldots, q$. Jetzt folgt $z^\sigma = z$ für alle $z \in Z$, d. h., σ ist die Identität. *Damit sind die konjugierten Polynome h^σ irreduzibel über L^σ und für die verschiedenen Isomorphismen σ verschieden und paarweise teilerfremd über $\bar{K}$.*

Ein durch $h(\tau)$ teilbares Polynom mit Koeffizienten aus K muß also durch das Produkt der konjugierten Polynome teilbar sein. Bezeichnet man die Körpernorm von L über K, d. h. das Produkt der Konjugierten, mit $\mathcal{N}_{L/K}$ und die Körperspur von L über K, d. h. die

Summe der Konjugierten, mit $\mathscr{S}_{L|K}$, so erhält man das Minimalpolynom des generischen Elementes x von $\mathfrak{A}$ über K durch Normbildung. Es gilt daher

Lemma 9.1. *Für das Minimalpolynom eines generischen Elementes x von $\mathfrak{A}$ über K gilt:*

$$HN_K(\tau e - x) = \mathscr{N}_{L|K}\big(HN_L(\tau e - x)\big) = \mathscr{N}_{L|K}\big([HN_Z(\tau e - x)]^{p'}\big).$$

Wir erhalten hier die Hauptnorm, indem wir $\tau = 0$ eintragen. Es ist also

$$(9.5) \qquad HN(x) = HN_K(x) = \mathscr{N}_{L|K}\big([HN_Z(x)]^{p'}\big).$$

Dieses Polynom ist zwar irreduzibel über K, braucht aber nicht absolut irreduzibel zu sein. (9.5) gibt gerade die Zerlegung in absolut irreduzible Faktoren.

Dem Lemma entnimmt man

$$(9.6) \qquad \begin{aligned} &HS(x) = 0, \quad \text{wenn } Z \text{ nicht separabel über } K, \\ &HS(x) = \mathscr{S}_{Z|L}\big(HS_Z(x)\big), \quad \text{wenn } Z \text{ separabel über } K. \end{aligned}$$

Im *separablen* Fall ist $HS \neq 0$, weil unter den Koeffizienten von $HS(x)$ eine Basis von Z über K vorkommt und die Spur nicht für alle Elemente einer Basis verschwindet. Die Hauptspur HS ist die dem multiplikativen Polynom HN zugeordnete Linearform, sie ist daher semi-normal. Da die Koeffizienten von $HS(x)$ aber in K liegen, ist $HS(x)$ eine normale Linearform von $\mathfrak{A}$ über K. Es ist $Bk_{HS}(\mathfrak{A}) \neq \mathfrak{A}$, denn $\mathfrak{A}$ besitzt ein Einselement und es ist $HS \neq 0$. Also ist $Bk_{HS}(\mathfrak{A}) = 0$, d.h., die HS zugeordnete Bilinearform von $\mathfrak{A}$ ist nichtausgeartet. Daher ist $\mathfrak{A}$ nichtausgeartet bezüglich HS.

Im *inseparablen* Fall gibt es keine normalen Linearformen, bezüglich welcher $\mathfrak{A}$ nichtausgeartet ist. Denn wegen Satz 4.6 c) würde sonst HN mit der reduzierten Norm RN übereinstimmen und diese hat im algebraischen Abschluß von K keine mehrfachen Faktoren. In (9.5) treten dagegen echte Potenzen auf.

Wir fassen unsere Ergebnisse zusammen in

Satz 9.2. *Es sei $\mathfrak{A}$ eine einfache homogen-zulässige Algebra über K mit Einselement, $Z = \mathfrak{Z}(\mathfrak{A})$ sei das Zentrum von $\mathfrak{A}$ und HN die Hauptnorm. Dann ist $HN(x)$ über K irreduzibel, aber nur im zentral-einfachen Fall absolut-irreduzibel. Die Zerlegung von $HN(x)$ im algebraischen Abschluß von K wird durch (9.5) gegeben.*

Außerdem sind die folgenden Aussagen äquivalent:

a) *$\mathfrak{A}$ ist nichtausgeartet.*

b) *$\mathfrak{A}$ ist nichtausgeartet bezüglich der Hauptspur HS.*

c) *Hauptspur HS und reduzierte Spur RS sind gleich.*

d) *Z ist eine separable Erweiterung von Ke.*

Beweis. Es braucht nur noch die Äquivalenz der vier Aussagen gezeigt zu werden. Wir zeigen diese in der Form

$$a) \Rightarrow d) \Rightarrow c) \Rightarrow b) \Rightarrow a).$$

a) $\Rightarrow$ d): Wir haben gesehen, daß es im inseparablen Fall keine normalen Linearformen gibt, bezüglich welcher $\mathfrak{A}$ nichtausgeartet ist.

d) $\Rightarrow$ c): Im separablen Fall ist $\mathfrak{A}$ bezüglich HS nichtausgeartet. Wegen Satz 4.6c) stimmen dann HS und RS überein.

c) $\Rightarrow$ b): Wegen Satz 5.2b) ist die Hauptspur nicht Null, also die zugehörige Bilinearform nichtausgeartet.

b) $\Rightarrow$ a): Trivial.

Wegen Teil d) hat man sofort das

Korollar. Jede einfache Algebra mit Einselement über einem vollkommenen Körper ist nichtausgeartet.

3. Man kann nunmehr die nichtausgearteten Algebren auf zweierlei Weise beschreiben:*)

Satz 9.3. *Eine homogen-zulässige Algebra $\mathfrak{A}$ über K ist dann und nur dann nichtausgeartet, wenn $\mathfrak{A}$ nichtausgeartet ist in bezug auf die Hauptspur. Dies ist genau dann der Fall, wenn $\mathfrak{A}$ eine direkte Summe einfacher Algebren ist, deren Zentren separable Eweiterungen von K sind.*

Beweis. Ist $\mathfrak{A}$ nichtausgeartet, so ist $\mathfrak{A}$ nach dem Struktursatz (I, §8.**3**) eine direkte Summe von einfachen nichtausgearteten Algebren. Wegen Satz 9.2 sind deren Zentren separabel über K.

Sind hingegen die Zentren der direkten Summanden von $\mathfrak{A}$ separable Erweiterungen von K, so sind diese Summanden nichtausgeartet in bezug auf die betreffenden Hauptspur. Wegen I, §8.**1**, ist dann auch $\mathfrak{A}$ nichtausgeartet, und erneute Anwendung von Satz 4.6c) zeigt $RS = HS$. Als direkte Summe von halbeinfachen Algebren ist $\mathfrak{A}$ wieder halbeinfach (I, Satz 7.3), und man hat $Bk_{RS}(\mathfrak{A}) = 0$ (Satz 8.4). Daher ist $\mathfrak{A}$ in bezug auf $RS = HS$ nichtausgeartet.

Korollar. Jede halbeinfache Algebra über einem vollkommenen Körper ist nichtausgeartet.

Satz 9.4. *Eine homogen-zulässige Algebra $\mathfrak{A}$ über K bleibt dann und nur dann bei jeder Grundkörpererweiterung halbeinfach, wenn $\mathfrak{A}$ nichtausgeartet ist.*

Beweis. a) Ist $\mathfrak{A}$ nichtausgeartet bezüglich der normalen Linearform λ, so ist jede durch Grundkörpererweiterung aus $\mathfrak{A}$ entstehende Algebra bezüglich der fortgesetzten Linearform nichtausgeartet, also auch halbeinfach.

---

*) Man nennt eine Algebra *separabel*, wenn sie eine der in Satz 9.3 bzw. 9.4 angegebenen Eigenschaften hat.

b) Bleibt $\mathfrak{A}$ bei jeder Grundkörpererweiterung halbeinfach, so ist die durch algebraische Abschließung des Grundkörpers K zu $\bar{K}$ entstehende Algebra $\bar{\mathfrak{A}}$ halbeinfach und daher nichtausgeartet (vgl. § 8.4). Nach dem vorhergehenden Satz ist also $\bar{\mathfrak{A}}$ nichtausgeartet bezüglich der Hauptspur von $\bar{\mathfrak{A}}$. Diese kann durch Fortsetzung der Hauptspur HS von $\mathfrak{A}$ auf $\bar{\mathfrak{A}}$ erhalten werden. Da die Hauptspur von $\mathfrak{A}$ Werte in K hat, ist $\mathfrak{A}$ bezüglich der normalen Linearform HS nichtausgeartet.

4. Wir wollen jetzt die reduzierten Normen der Algebra über K, L und Z bestimmen. Wegen (9.4) ist in der Bezeichnung von **2** zuerst

$$(9.7) \qquad RN_L(x) = RN_Z(x) = HN_Z(x).$$

Bezeichnen wir die Fortsetzungen der von L ausgehenden Isomorphismen auf Z wieder mit σ, so gibt (9.5)

$$HN(x) = \prod_{\sigma} [HN_Z^{\sigma}(x)]^{p'},$$

d. h., es gilt

$$(9.8) \qquad RN(x) = RN_K(x) = \prod_{\sigma} HN_Z^{\sigma}(x).$$

Es sind also $HN_Z^{\sigma}(x)$ die verschiedenen absolut irreduziblen multiplikativen Polynome von $\mathfrak{A}$ über K*).

Aus (9.7) folgt, daß der Grad der Algebra $\mathfrak{A}$ über Z gleich dem Grad von $\mathfrak{A}$ über L ist. Aus (9.8) entnehmen wir dann

Satz 9.5. *Es sei $\mathfrak{A}$ eine einfache homogen-zulässige Algebra über K und $Z = \mathfrak{Z}(\mathfrak{A})$ ihr Zentrum. Dann ist der Grad von $\mathfrak{A}$ über Z ein Teiler des Grades von $\mathfrak{A}$ über K.*

Wir werden in Satz 12.2 sehen, daß jede assoziative Algebra homogen-zulässig ist. Speziell ist dann jeder Erweiterungskörper Z von K eine homogen-zulässige Algebra über K, falls der Körpergrad von Z über K endlich ist. *Man beachte, daß keinesfalls stets der Körpergrad von Z über K gleich dem Grad der Algebra Z über K ist!* Das ist sicher der Fall, wenn Z über K separabel ist. Ist Z über K vollständig inseparabel, so hat Z als *Algebra* über K stets den Grad 1.

§ 10. Normale Algebren

1. Die homogen-zulässige Algebra $\mathfrak{A}$ über K nennen wir *normal*, wenn es eine normale Linearform λ von $\mathfrak{A}$ gibt, für welche

$$(10.1) \qquad \mathrm{Rad}\,\mathfrak{A} = Bk_\lambda(\mathfrak{A})$$

erfüllt ist. Während es stets eine semi-normale Linearform mit dieser Eigenschaft gibt, braucht im allgemeinen keine normale Linearform

---

*) Man beachte hier, daß ein multiplikatives Polynom ω von $\mathfrak{A}$ über K *nicht* notwendig auch multiplikatives Polynom von $\mathfrak{A}$ über Z ist. Denn es ist zwar ein Polynom in den ϱ_{ij}, aber im allgemeinen kein Polynom in den z_i.

dieser Art zu existieren. Trivialerweise ist jede nichtausgeartete Algebra normal.

Hat K die Charakteristik 0, so ist die Linearform Sp wegen (8.6) eine eigentliche Linearform, die (10.1) erfüllt und die wegen Satz 5.7 normal ist. *Jede homogen-zulässige Algebra über einem Körper der Charakteristik 0 ist daher normal.*

Wir haben in I, § 2.5, gesehen, daß zu jedem Ideal $\mathfrak{b}$ von $\mathfrak{A}$ ein Isomorphismus

(10.2) $$\pi: [\mathfrak{A}/\mathfrak{b}]' \to \mathfrak{A}'/\mathfrak{b}'$$

existiert. Dabei bezeichnen $\mathfrak{A}'$ und $[\mathfrak{A}/\mathfrak{b}]'$ die aus den betreffenden Algebren durch die Grundkörpererweiterung von K zu K' entstehenden Algebren. Nach Konstruktion des Isomorphismus gilt

$$\pi(u + \mathfrak{b}) = u + \mathfrak{b}' \quad \text{für} \quad u + \mathfrak{b} \in \mathfrak{A}/\mathfrak{b}.$$

2. Die normalen Algebren können wir jetzt auf zwei weitere Weisen charakterisieren:

Satz 10.1. *Für eine homogen-zulässige Algebra $\mathfrak{A}$ über K sind die folgenden Aussagen äquivalent:*

a) $\mathfrak{A}$ *ist normal.*

b) *Für jede Grundkörpererweiterung von K zu K' gilt*

$$\operatorname{Rad}\mathfrak{A}' = [\operatorname{Rad}\mathfrak{A}] \ .$$

c) $\mathfrak{A}/\operatorname{Rad}\mathfrak{A}$ *ist nichtausgeartet.*

Beweis. Zur Abkürzung setzen wir $\mathfrak{b} := \operatorname{Rad}\mathfrak{A}$ und zeigen der Reihe nach

$$\text{a)} \Rightarrow \text{b)} \Rightarrow \text{c)} \Rightarrow \text{a)}.$$

a) $\Rightarrow$ b): Es sei λ eine normale Linearform, für die (10.1) gilt. Wegen (I; 1.4) hat man

$$\operatorname{Rad}\mathfrak{A}' \subset Bk_\lambda(\mathfrak{A}') = [Bk_\lambda(\mathfrak{A})]' = [\operatorname{Rad}\mathfrak{A}]' = \mathfrak{b}'.$$

Es ist $\mathfrak{b}$ eine Nilalgebra und daher nach dem Korollar 1 zu Satz 8.3 auch $\mathfrak{b}'$ eine Nilalgebra. Da aber $\mathfrak{b}$ ein Ideal von $\mathfrak{A}$ ist, ist $\mathfrak{b}'$ ein Ideal von $\mathfrak{A}'$. Für $v \in \mathfrak{b}'$ gehören daher uv und vu zu $\mathfrak{b}'$ für jedes $u \in \mathfrak{A}'$, d. h., uv und vu sind nilpotent. Das bedeutet aber $v \in \operatorname{Rad}\mathfrak{A}'$, und man erhält $\mathfrak{b}' \subset \operatorname{Rad}\mathfrak{A}'$. Damit ist b) nachgewiesen.

b) $\Rightarrow$ c): Es ist also $\mathfrak{b}' = \operatorname{Rad}\mathfrak{A}'$. Wegen (10.2) existiert ein Isomorphismus $\pi: [\mathfrak{A}/\mathfrak{b}]' \to \mathfrak{A}'/\operatorname{Rad}\mathfrak{A}'$, und wir entnehmen I, Satz 7.6, daß die rechtsstehende Quotientenalgebra halbeinfach ist. Es ist also $[\mathfrak{A}/\mathfrak{b}]'$ halbeinfach, d. h., $\mathfrak{A}/\mathfrak{b}$ bleibt bei jeder Grundkörpererweiterung halbeinfach. Wegen Satz 9.4 ist daher $\mathfrak{A}/\mathfrak{b}$ nichtausgeartet.

c) $\Rightarrow$ a): Da die Quotientenalgebra $\mathfrak{A}/\mathfrak{b}$ nichtausgeartet ist, gibt es eine normale Linearform $\bar{\lambda}: \mathfrak{A}/\mathfrak{b} \to K$, für welche die zugehörige Bilinearform nichtausgeartet ist. Wir erklären eine Linearform $\lambda: \mathfrak{A} \to K$ vermöge

$$\lambda(u) := \bar{\lambda}(u + \mathfrak{b}).$$

Offenbar ist λ eine assoziative Linearform von $\mathfrak{A}$. Ist $v \in \mathfrak{A}$ nilpotent, so ist auch die Restklasse $v + \mathfrak{b}$ in $\mathfrak{A}/\mathfrak{b}$ nilpotent, es folgt daher $\lambda(v) = \bar{\lambda}(v + \mathfrak{b}) = 0$. Es verschwindet also λ auf allen Nilpotenten der Algebra $\mathfrak{A}$. Hieraus entnimmt man $\mathfrak{b} \subset Bk_\lambda(\mathfrak{A})$. Ist umgekehrt $\lambda(u\,v) = 0$ für alle $u \in \mathfrak{A}$, so folgt $\bar{\lambda}([u + \mathfrak{b}][v + \mathfrak{b}]) = 0$ für alle $u + \mathfrak{b} \in \mathfrak{A}/\mathfrak{b}$. Da $\bar{\lambda}$ nichtausgeartet ist, folgt $v + \mathfrak{b} = \mathfrak{b}$, d. h. $v \in \mathfrak{b}$. Das bedeutet $Bk_\lambda(\mathfrak{A}) \subset \mathfrak{b}$, und man bekommt

$$(10.3) \qquad\qquad \mathfrak{b} = Bk_\lambda(\mathfrak{A}).$$

Wegen (I; 1.4) erhält man nun $\mathfrak{b}' = Bk_\lambda(\mathfrak{A}')$ für jede Grundkörpererweiterung.

Nun sei v ein nilpotentes Element einer Grundkörpererweiterung $\mathfrak{A}'$ von $\mathfrak{A}$. Dann ist die Restklasse $v + \mathfrak{b}'$ auch in der Quotientenalgebra $\mathfrak{A}'/\mathfrak{b}'$ nilpotent. Wegen (10.2) ist diese Quotientenalgebra aber vermöge $\pi^{-1}: \mathfrak{A}'/\mathfrak{b}' \to [\mathfrak{A}/\mathfrak{b}]'$ isomorph zur Grundkörpererweiterung $[\mathfrak{A}/\mathfrak{b}]'$ von $\mathfrak{A}/\mathfrak{b}$. Da $\bar{\lambda}$ eine normale Linearform von $\mathfrak{A}/\mathfrak{b}$ ist, gilt $\bar{\lambda}(\pi^{-1}(v + \mathfrak{b}')) = 0$. Nach Konstruktion von π ist $\pi^{-1}(v + \mathfrak{b}') = v + \mathfrak{b}$, und man erhält $\lambda(v) = 0$. Also verschwindet λ auf allen Nilpotenten jeder Grundkörpererweiterung von $\mathfrak{A}$, d. h., λ ist eine normale Linearform von $\mathfrak{A}$. Wegen (10.3) ist dann $\mathfrak{A}$ normal.

Als Anwendung erhalten wir

Satz 10.2. *Jede durch Grundkörpererweiterung aus einer normalen Algebra entstehende Algebra ist wieder normal.*

Beweis. Sei $\mathfrak{A}'$ eine Grundkörpererweiterung von $\mathfrak{A}$. Da jede Grundkörpererweiterung von $\mathfrak{A}'$ durch Grundkörpererweiterung von $\mathfrak{A}$ erhalten werden kann, folgt die Gültigkeit der Aussage b) des vorhergehenden Satzes für $\mathfrak{A}'$ aus der Gültigkeit der gleichen Aussage für $\mathfrak{A}$.

Wie wir sehen werden, sind assoziative, alternative und Jordan-Algebren homogen-zulässig, wenn der Grundkörper eine von 2 verschiedene Charakteristik hat. In allen diesen Fällen gilt der folgende Struktursatz von WEDDERBURN, den wir ohne Beweis angeben:

Ist $\mathfrak{A}$ eine normale Algebra, dann gibt es eine Teilalgebra $\mathfrak{B}$ von $\mathfrak{A}$, so daß gilt $\mathfrak{A} = \mathfrak{B} + \mathrm{Rad}\,\mathfrak{A}$ als eine direkte Summe von Vektorräumen, und $\mathfrak{B}$ ist isomorph zu $\mathfrak{A}/\mathrm{Rad}\,\mathfrak{A}$.

Es ist zu vermuten, daß dieser Satz für homogen-zulässige normale Algebren gültig ist; eine Klärung dieser Frage wäre wünschenswert.

§ 11. Direkte Summen

1. Es sei $\mathfrak{A}$ eine halbeinfache und strikt potenz-assoziative Algebra über dem Körper K der Charakteristik ungleich zwei. Nach dem Struktursatz für halbeinfache Algebren (vgl. I, § 13.2) ist $\mathfrak{A}$ eine direkte Summe

$$(11.1) \qquad \mathfrak{A} = \mathfrak{A}_1 \oplus \mathfrak{A}_2 \oplus \cdots \oplus \mathfrak{A}_q$$

von einfachen Algebren $\mathfrak{A}_i$ mit Einselement e_i, die sich gegenseitig annullieren.

Sind x_i generische Elemente von $\mathfrak{A}_i$, die untereinander generisch unabhängig sind, so ist

$$x = x_1 + x_2 + \cdots + x_q$$

ein generisches Element von $\mathfrak{A}$. Für jedes Polynom $h(\tau) \in K[\tau]$ gilt dann

$$h(x) = h(x_1) + h(x_2) + \cdots + h(x_q),$$

denn die $\mathfrak{A}_i$ annullieren sich gegenseitig. Es ist $h(x) = 0$ dann und nur dann, wenn $h(x_i) = 0$ für alle i gilt.

Wir bezeichnen die Hauptnorm bzw. die reduzierte Norm von $\mathfrak{A}_i$ mit $HN^{(i)}$ bzw. $RN^{(i)}$ und verwenden eine entsprechende Bezeichnung für die zugeordneten Linearformen. Aus II, Satz 4.3, entnehmen wir, daß $HN^{(i)}(\tau e_i - x_i)$ das Minimalpolynom des Elementes x_i ist. Es ist daher $h(x_i) = 0$ genau dann, wenn $HN^{(i)}(\tau e_i - x_i)$ ein Teiler von $h(\tau)$ ist. Die Polynome $HN^{(i)}(\tau e_i - x_i)$ sind paarweise teilerfremd, denn die x_i sind generisch unabhängig. Daher ist $h(x) = 0$ genau dann, wenn $h(\tau)$ durch das Produkt der $HN^{(i)}(\tau e_i - x_i)$ teilbar ist. Dieses Produkt ist somit das Minimalpolynom von x. Erneute Anwendung von II, Satz 4.3, ergibt für die Hauptnorm von $\mathfrak{A}$ die Form

$$(11.2) \qquad HN(x) = HN^{(1)}(x_1)\, HN^{(2)}(x_2) \ldots HN^{(q)}(x_q).$$

Für die Hauptspur gilt daher

$$(11.3) \qquad HS(x) = HS^{(1)}(x_1) + HS^{(2)}(x_2) + \cdots + HS^{(q)}(x_q).$$

Da die Polynome $HN^{(i)}(x_i)$ über dem algebraischen Abschluß von K paarweise teilerfremd sind, erhält man entsprechende Gleichungen für die reduzierte Norm und für die reduzierte Spur. Speziell ist also *der Grad von $\mathfrak{A}$ gleich der Summe der Grade der $\mathfrak{A}_i$.*

Ein Element $u = u_1 + u_2 + \cdots + u_q$ aus $\mathfrak{A}$ ist genau dann invertierbar, wenn jedes u_i in $\mathfrak{A}_i$ invertierbar ist. Es gilt dann

$$(11.4) \qquad u^{-1} = u_1^{-1} + u_2^{-1} + \cdots + u_q^{-1}.$$

2. Für lineare Transformationen W_i von $\mathfrak{A}_i$ in sich ist das direkte Produkt $W = W_1 \times W_2 \times \cdots \times W_q$ definiert durch*)

$$(W_1 \times W_2 \times \cdots \times W_q)\, u := W_1 u_1 + W_2 u_2 + \cdots + W_q u_q.$$

Es sei

$$\Gamma_0(\mathfrak{A}) := \Gamma(\mathfrak{A}_1) \times \Gamma(\mathfrak{A}_2) \times \cdots \times \Gamma(\mathfrak{A}_q)$$

das direkte Produkt der Strukturgruppen $\Gamma(\mathfrak{A}_i)$ von $\mathfrak{A}_i$. Die Elemente von $\Gamma_0(\mathfrak{A})$ sind die linearen Transformationen $W = W_1 \times W_2 \times \cdots \times W_q$ von $\mathfrak{A}$, für die $W_i \in \Gamma(\mathfrak{A}_i)$ gilt. Ein $W \in \Gamma(\mathfrak{A})$ gehört dann und nur dann zu $\Gamma_0(\mathfrak{A})$, wenn W jede Teilalgebra $\mathfrak{A}_i$ in sich abbildet.

Aus der Gl. (11.4) für das generische Element x liest man ab, daß $\Gamma_0(\mathfrak{A})$ eine Untergruppe von $\Gamma(\mathfrak{A})$ ist.

3. Wegen (11.2) erhält man die multiplikativen Polynome ω von $\mathfrak{A}$ genau in der Form

$$(11.5) \qquad \omega(x) = \omega^{(1)}(x_1)\, \omega^{(2)}(x_2) \ldots \omega^{(q)}(x_q),$$

wenn die $\omega^{(i)}$ unabhängig alle multiplikativen Polynome von $\mathfrak{A}_i$ (einschließlich des konstanten Polynoms 1) durchlaufen.

Satz 11.1. *Ist $\mathfrak{A}$ eine homogen-zulässige und nichtausgeartete Algebra, so ist die eingeschränkte Strukturgruppe $\Lambda(\mathfrak{A})$ gleich dem direkten Produkt der eingeschränkten Strukturgruppen $\Lambda(\mathfrak{A}_i)$ der einfachen Ideale $\mathfrak{A}_i$ von $\mathfrak{A}$. Ferner gilt $\Lambda(\mathfrak{A}) \subset \Gamma_0(\mathfrak{A})$.*

Beweis. Die Hauptnorm von $\mathfrak{A}_i$ über K sei $\omega^{(i)}(x_i)$. Wegen Satz 9.3 ist jedes $\mathfrak{A}_i$ nichtausgeartet in bezug auf die zugehörige Hauptspur. Aus Satz 5.5b) entnehmen wir:

$$(11.6) \qquad \text{Es gilt } \ \omega^{(i)}(x_i + a) = \omega^{(i)}(x_i), \qquad a \in \mathfrak{A}_i, \quad \text{nur für} \quad a = 0.$$

Es ist $\omega^{(i)}(x_i)$ ein multiplikatives Polynom von $\mathfrak{A}_i$ über K. Wir zeigen, daß jedes W aus $\Lambda(\mathfrak{A})$ die Algebren $\mathfrak{A}_i$ in sich abbildet. Sei

$$Wx = y_1 + y_2 + \cdots + y_q, \qquad y_i \in \mathfrak{A}_i,$$

und etwa $y_1 = W_1 x_1 + a_1$, wobei a_1 linear in $x_2, \ldots, x_q$ ist und nicht von x_1 abhängt. Setzt man $\omega^{(2)} = \cdots = \omega^{(q)} = 1$ in (11.5) und ersetzt gleichzeitig x durch Wx, so folgt

$$(11.7) \qquad \omega^{(1)}(W_1 x_1 + a_1) = \varkappa(W)\, \omega^{(1)}(x_1), \qquad \varkappa(W) \neq 0.$$

Spezialisiert man $x_2, \ldots, x_q$ zu 0, so wird $a_1 = 0$ und

$$(11.8) \qquad \omega^{(1)}(W_1 x_1) = \varkappa(W)\, \omega^{(1)}(x_1).$$

---

*) Im Gegensatz zu I, § 1.7, schreiben wir hier direkte Produkte an Stelle von Summen, da es auf die Produkte der Strukturgruppen ankommt.

Ist $u_1 \in \mathfrak{A}_1$ mit $W_1 u_1 = 0$ gegeben, so erhält man aus (11.8) sofort $\omega^{(1)}(x_1 + u_1) = \omega^{(1)}(x_1)$, und (11.6) liefert $u_1 = 0$. Die Determinante von W_1 ist daher nicht Null, man kann $a_1 = W_1 b_1$ setzen. Aus (11.7) und (11.8) folgt jetzt

$$\omega^{(1)}(x_1 + b_1) = \omega^{(1)}(x_1).$$

Nun entnimmt man (11.6), daß $b_1 = 0$, d. h. $a_1 = 0$, gilt. Da man entsprechend auch $y_i = W_i x_i$ erhalten kann, bildet W jede Algebra $\mathfrak{A}_i$ in sich ab, und es gilt $W = W_1 \times W_2 \times \cdots \times W_q$. Da eine entsprechende Zerlegung auch für $W^\#$ gilt, entnimmt man (11.4), daß $W_i \in \Gamma(\mathfrak{A}_i)$ gilt.

Aus (11.5) liest man nun ab, daß $W_i \in \Lambda(\mathfrak{A}_i)$ erfüllt ist. Damit ist $\Lambda(\mathfrak{A})$ also im direkten Produkt der $\Lambda(\mathfrak{A}_i)$ enthalten. Die umgekehrte Inklusion entnimmt man ebenfalls (11.5).

§ 12. Assoziative Algebren

1. Wir wollen abschließend zeigen, daß sich die assoziativen Algebren den bisherigen Untersuchungen unterordnen.

Sei $\mathfrak{A}$ eine assoziative Algebra mit Einselement e über dem (beliebigen) Körper K. $\mathfrak{A}$ ist dann strikt potenz-assoziativ. Ist $L(x)$ bzw. $R(x)$ die links- bzw. rechtsreguläre Darstellung von $\mathfrak{A}$, so hat man

$$(12.1) \quad L(xy) = L(x) L(y), \quad R(xy) = R(y) R(x), \quad L(x) R(y) = R(y) L(x).$$

Wegen (II; 2.12) ist

$$P(x) = L(x) R(x)$$

die quadratische Darstellung von $\mathfrak{A}$, und aus (II; 2.8) folgt

$$H(x) = P^{-1}(x).$$

Daher ist $H(x)$ mit $L(x) + R(x)$ vertauschbar, wegen Satz 1.1 ist $\mathfrak{A}$ *schwach homogen*.

Nach Satz 1.3 a) gehört eine umkehrbare lineare Transformation W von $\mathfrak{A}$ genau dann zur Strukturgruppe $\Gamma(\mathfrak{A})$, wenn

$$P(Wx) = W P(x) W^\#$$

gilt. Aus (12.1) entnimmt man, daß dies für $W = L(u)$, $W^\# = R(u)$ erfüllt ist. Da ein Element u von $\mathfrak{A}$ dann und nur dann invertierbar ist, wenn $|P(u)| \neq 0$ gilt (vgl. Satz 1.2), *gehören $L(u)$ und $R(u)$ für invertierbare u von $\mathfrak{A}$ zu $\Gamma(\mathfrak{A})$*, und es gilt

$$(12.2) \qquad\qquad L^\#(u) = R(u).$$

2. Nun sei ω eine Norm von $\mathfrak{A}$. Aus der Definition (N.2) einer Norm entnimmt man $\omega(R(y)\,x) = \varkappa(R(y))\,\omega(x)$. Spezialisiert man hier $x \to e$, so folgt $\varkappa(R(y)) = \omega(y)$, und man erhält

$$(12.3) \qquad \omega(x\,y) = \omega(x)\,\omega(y) \quad \text{für jede Norm } \omega \text{ von } \mathfrak{A}.$$

Jede Norm ist daher multiplikativ. Ganz analog zum Beweis von Satz 1.7 erhalten wir jetzt auch

$$(12.4) \quad \omega(x\,y) = \omega(x)\,\omega(y) \quad \text{für jedes multiplikative Polynom } \omega \text{ von } \mathfrak{A}.$$

Für das Polynom $\omega(x, y)$ (vgl. Satz 3.3) erhält man daher $\omega(x, y) = \omega(e + x\,y)$. Aus Satz 1.10 entnehmen wir dann, daß *die absolut-irreduziblen multiplikativen Polynome genau die absolut-irreduziblen Teiler von $|P(x)|$ sind.*

Vergleicht man (12.4) mit der Definition der eingeschränkten Strukturgruppe $\Lambda(\mathfrak{A})$, so erhält man

Satz 12.1. *Ist $\mathfrak{A}$ eine assoziative Algebra mit Einselement, so gehören $L(u)$ und $R(u)$ für jedes invertierbare u von $\mathfrak{A}$ zur eingeschränkten Strukturgruppe $\Lambda(\mathfrak{A})$.*

Ist daher v invertierbar, so gehört $L(v^{-1})$ zu $\Lambda(\mathfrak{A})$, und es ist $L(v^{-1})\,v = e$. *Daher operiert $\Lambda(\mathfrak{A})$ transitiv auf den invertierbaren Elementen von* $\mathfrak{A}$. Da dies dann auch für jede Grundkörpererweiterung gilt, ist eine assoziative Algebra stets homogen. Wegen (5.2) und Satz 12.1 erhalten wir den

Satz 12.2. *Jede assoziative Algebra mit Einselement ist stark homogen.*

3. Wir betrachten nun die Relation $R(\xi, \eta, \zeta) = \xi(\eta\,\zeta) - (\xi\,\eta)\,\zeta$ der Assoziativität. Offenbar ist R eine zulässige Relation (vgl. § 7.1). Aus Satz 12.2 entnehmen wir, daß $\mathfrak{S} = \{R\}$ ein homogen-zulässiges System von Relationen ist. Es folgt

Satz 12.3. *Jede assoziative Algebra ist homogen-zulässig.*

Es gelten daher im Fall einer Charakteristik ungleich zwei alle bisherigen Ergebnisse für assoziative Algebren. Geht man die Beweise durch, so sieht man, daß alle Sätze im Fall der Charakteristik zwei gültig bleiben. Das liegt z. B. an (12.3) und der Tatsache, daß $\mathfrak{A}$ in jedem Falle eine PEIRCE-Zerlegung besitzt.

4. Bei manchen Untersuchungen nichtassoziativer Algebren treten die sogenannten *quasi-assoziativen* Algebren auf. Zur Definition geht man von einer assoziativen Algebra $\mathfrak{A}$ aus und definiert für gegebenes ϱ aus K (oder aus einem Erweiterungskörper von K) im Vektorraum $\mathfrak{A}$ (oder in einer Grundkörpererweiterung) eine neue Multiplikation vermöge

$$u * v := \varrho\,u\,v + (1 - \varrho)\,v\,u.$$

Die so entstehende Algebra werde mit $\mathfrak{A}(\varrho)$ bezeichnet. Offenbar stimmen die Potenzen in $\mathfrak{A}(\varrho)$ mit denen in $\mathfrak{A}$ überein. Die Teilalgebra $K[u]$ hat daher in $\mathfrak{A}$ und in $\mathfrak{A}(\varrho)$ die gleiche Bedeutung. $\mathfrak{A}(\varrho)$ ist also strikt potenz-assoziativ, außerdem gilt $\Gamma(\mathfrak{A}(\varrho)) = \Gamma(\mathfrak{A})$. Da die multiplikativen Polynome von $\mathfrak{A}(\varrho)$ und $\mathfrak{A}$ übereinstimmen, ist auch $\Lambda(\mathfrak{A}(\varrho)) = \Lambda(\mathfrak{A})$. Bezeichnet man die linksreguläre Darstellung von $\mathfrak{A}(\varrho)$ mit $L^*(u)$, so hat man

$$L^*(u) = \varrho\, L(u) + (1 - \varrho)\, R(u).$$

Da eine entsprechende Gleichung für die rechtsreguläre Darstellung gilt, hat man

Satz 12.4. *Jede quasi-assoziative Algebra mit Einselement ist stark homogen.*

Literatur: N. Jacobson [*21*], [*27*]; M. Koecher [*4*]; K. McCrimmon [*2*]; R. D. Schafer [*16*], [*18*].

Viertes Kapitel

Jordan-Algebren

Obwohl wir später nur kommutative Jordan-Algebren betrachten werden, wollen wir in diesem Kapitel u. a. die sogenannten nicht-kommutativen Jordan-Algebren untersuchen. Gegenüber dem kommutativen Fall bedeutet dies nur eine geringe Erschwerung.

§ 1. Nichtkommutative Jordan-Algebren

1. Es sei $\mathfrak{A}$ eine flexible Algebra über einem Körper K, d. h. eine Algebra, in der $u(v\,u) = (u\,v)\,u$ für alle u, $v \in \mathfrak{A}$ erfüllt ist. Es ist also speziell $u\,u^2 = u^2\,u$. Mit den regulären Darstellungen können wir die Flexibilität auch durch

$$(1.1) \qquad\qquad L(u)\,R(u) = R(u)\,L(u)$$

ausdrücken. Durch Polarisation erhält man hieraus

$$(1.2) \qquad L(u)\,R(v) + L(v)\,R(u) = R(u)\,L(v) + R(v)\,L(u).$$

Wendet man diese Identität auf u an und faßt das Ergebnis als lineare Transformation in v auf, so bekommt man

$$(1.3) \qquad\qquad L(u^2) - R(u^2) = L^2(u) - R^2(u).$$

Satz 1.1. *In einer flexiblen Algebra $\mathfrak{A}$ sind die folgenden vier Relationen untereinander äquivalent:*

$$(\mathrm{J}.1) \qquad L(u)\,L(u^2) = L(u^2)\,L(u), \qquad d.\,h. \qquad u(u^2\,v) = u^2(u\,v),$$

$$(\mathrm{J}.2) \qquad R(u)\,R(u^2) = R(u^2)\,R(u), \qquad d.\,h. \qquad (v\,u^2)\,u = (v\,u)\,u^2,$$

$$(\mathrm{J}.3) \qquad L(u)\,R(u^2) = R(u^2)\,L(u), \qquad d.\,h. \qquad u(v\,u^2) = (u\,v)\,u^2,$$

$$(\mathrm{J}.4) \qquad R(u)\,L(u^2) = L(u^2)\,R(u), \qquad d.\,h. \qquad (u^2\,v)\,u = u^2(v\,u).$$

Beweis. Man trägt $v = u^2$ in (1.2) ein und sieht, daß (J.3) und (J.4) äquivalent sind. Jetzt zeigt (1.3) in Verbindung mit (1.1), daß sowohl (J.1) und (J.4) als auch (J.2) und (J.4) äquivalent sind.

Eine flexible Algebra, in der eine der Relationen (J.1) bis (J.4) und damit dann jede dieser Relationen erfüllt ist, nennen wir eine *J-Algebra*. In einer J-Algebra erzeugen bei festem $u \in \mathfrak{A}$ also die linearen

Transformationen $L(u)$, $R(u)$, $L(u^2)$, $R(u^2)$ eine kommutative und assoziative Algebra $\mathfrak{L}_u(\mathfrak{A})$ von linearen Transformationen.

Wir wollen die Frage prüfen, ob man durch Adjunktion eines Einselementes und durch Grundkörpererweiterung aus einer J-Algebra wieder eine solche Algebra erhält. Zunächst haben wir

Satz 1.2. *Ist $\mathfrak{A}$ eine J-Algebra und entsteht $\hat{\mathfrak{A}}$ durch Adjunktion eines Einselementes aus $\mathfrak{A}$, so ist auch $\hat{\mathfrak{A}}$ eine J-Algebra.*

Beweis. Zum Nachweis von (J.1) für $\hat{\mathfrak{A}}$ ist zuerst $\hat{u}^2(\hat{u}\,e) = \hat{u}(\hat{u}^2\,e)$ für $\hat{u} \in \hat{\mathfrak{A}}$ offensichtlich, so daß nur $\hat{u}^2(\hat{u}\,v) = \hat{u}(\hat{u}^2\,v)$ für $v \in \mathfrak{A}$ gezeigt werden muß. Aber auch dies bestätigt man durch Eintragen von $\hat{u} = \alpha\,e + u$, $u \in \mathfrak{A}$, mühelos.

Dagegen gilt nur*)

Satz 1.3. *Es sei K ein Körper von mindestens drei Elementen und $\mathfrak{A}$ eine J-Algebra über K. Dann ist jede Grundkörpererweiterung von $\mathfrak{A}$ wieder eine J-Algebra.*

Beweis. Es seien $b_1, b_2, \ldots, b_n$ eine Basis von $\mathfrak{A}$, $\tau_1, \tau_2, \ldots, \tau_n$ unabhängige Unbestimmte und $x = \tau_1\,b_1 + \tau_2\,b_2 + \cdots + \tau_n\,b_n$ das zugehörige generische Element von $\mathfrak{A}$. Bei festem $v \in \mathfrak{A}$ bilde man das Polynom $f(\tau_1, \tau_2, \ldots, \tau_n) = x^2(x\,v) - x(x^2\,v)$. Der Koeffizient von τ_i^3 hat den Wert $b_i^2(b_i\,v) - b_i(b_i^2\,v) = 0$, da $\mathfrak{A}$ eine J-Algebra ist. Unser Polynom ist also in jedem τ_i höchstens vom Grad 2. Ferner ist $f(\alpha_1, \alpha_2, \ldots, \alpha_n) = 0$ für jede Wahl von $\alpha_i \in K$. Also ist $f(\tau_1, \tau_2, \ldots, \tau_n)$ das Nullpolynom, und daher ist $f(\alpha_1, \alpha_2, \ldots, \alpha_n) = 0$ für jede Wahl von α_i aus einem beliebigen Erweiterungskörper $\tilde{K}$ von K. Es gilt $u^2(u\,v) = u(u^2\,v)$ für $u \in \tilde{\mathfrak{A}}$ und $v \in \mathfrak{A}$. Wegen der Linearität in v, gilt es auch für $v \in \tilde{\mathfrak{A}}$. Die Flexibilität von $\tilde{\mathfrak{A}}$ erhält man entsprechend.

2. Eine Algebra $\mathfrak{A}$ über einem Körper K (einer beliebigen Charakteristik) nennen wir eine *nichtkommutative Jordan-Algebra***), wenn $\mathfrak{A}$ und jede aus $\mathfrak{A}$ durch Grundkörpererweiterung entstehende Algebra

---

*) Wenn K nur die Elemente 0, 1 besitzt, so braucht die Grundkörpererweiterung $\tilde{\mathfrak{A}}$ keine J-Algebra zu sein. Als Beispiel habe $\mathfrak{A}$ die Basis b_1, b_2, b_3 mit $b_i^2 = b_i$, $b_1\,b_2 = b_3$, $b_2\,b_3 = b_1$, $b_3\,b_1 = b_2$ und $b_i\,b_j = b_j\,b_i$. Da K die Charakteristik 2 hat und $\alpha^2 = \alpha$ für $\alpha \in K$ gilt, folgt $u^2 = u$ für alle $u \in \mathfrak{A}$. Daher ist $\mathfrak{A}$ trivialerweise eine J-Algebra. Nun sei $\tilde{K}$ ein Erweiterungskörper von K, $\alpha \in \tilde{K}$, $\alpha \neq 0, 1$, also $\alpha^2 \neq \alpha$. Man setzt $u = b_1 + \alpha\,b_2$, so daß $u^2 = b_1 + \alpha^2\,b_2$ gilt. Es ist dann

$$u(u^2\,b_3) = \alpha^2\,b_1 + \alpha\,b_2 + (1 + \alpha^3)\,b_3,$$

$$u^2(u\,b_3) = \alpha\,b_1 + \alpha^2\,b_2 + (1 + \alpha^3)\,b_3.$$

Wie man sieht, ist (J.1) nicht erfüllt.

**) Diese sprachlich unschöne Definition ist in der Literatur üblich. Natürlich ist der Fall eingeschlossen, daß $\mathfrak{A}$ kommutativ ist. In diesem Falle heißt $\mathfrak{A}$ eine *Jordan-Algebra*.

eine J-Algebra ist. Wir sagen auch, daß dann die J-Algebra *erweiterungs-fähig* ist. Wegen Satz 1.3 *stimmen die Begriffe „J-Algebra" und „nicht-kommutative Jordan-Algebra" überein, falls der Grundkörper mehr als zwei Elemente enthält*, also zum Beispiel, wenn die Charakteristik von K ungleich 2 ist.

Ist $\mathfrak{A}$ eine nichtkommutative Jordan-Algebra, dann kann man eine Unbestimmte τ zu K adjungieren und daher ohne Einschränkung polarisieren (vgl. I, § 2.4), indem man in der Identität eines der vorkommenden Elemente durch $u + \tau w$ ersetzt und die Koeffizienten von τ vergleicht. Geht man z. B. von (J.1) bzw. (J.2) aus, so erhält man die *Polarisationsformeln:*

$$(1.4) \qquad u([u\,w + w\,u]\,v) + w(u^2\,v) = (u\,w + w\,u)\,(u\,v) + u^2\,(w\,v),$$

$$(1.4') \qquad (v[u\,w + w\,u])\,u + (v\,u^2)\,w = (v\,u)\,(u\,w + w\,u) + (v\,w)\,u^2.$$

Faßt man hier beide Seiten als lineare Transformationen in w auf, so ergibt ein Vergleich beider Seiten

$$(1.5) \qquad R(u^2\,v) = R(u\,v)\,[L(u) + R(u)] + L(u^2)\,R(v) -$$
$$- L(u)\,R(v)\,[L(u) + R(u)],$$

$$(1.5') \qquad L(v\,u^2) = L(v\,u)\,[L(u) + R(u)] + R(u^2)\,L(v) -$$
$$- R(u)\,L(v)\,[L(u) + R(u)].$$

Entsprechend kann man die Polarisationsformeln auch als lineare Transformationen in v auffassen. Schreibt man dann v statt w, so erhält man

$$(1.6) \quad L(u)\,L(u\,v + v\,u) + L(v)\,L(u^2) = L(u\,v + v\,u)\,L(u) + L(u^2)\,L(v),$$

$$(1.6') \quad R(u)\,R(u\,v + v\,u) + R(v)\,R(u^2) = R(u\,v + v\,u)\,R(u) + R(u^2)\,R(v).$$

Für den weiteren Verlauf der Überlegungen ist es *nicht* erforderlich, diese Identitäten erneut zu polarisieren. Wir folgen darin der immer wieder von E. Artin geäußerten Meinung, daß man eine Theorie von überflüssigen Formeln befreien müsse.

3. Zwei Elemente u und v der flexiblen Algebra $\mathfrak{A}$ nennen wir *vertauschbar*, wenn die linearen Transformationen $L(u)$, $R(u)$, $L(v)$, $R(v)$ paarweise vertauschbar sind und $u\,v = v\,u$ gilt. Unter Verwendung des Assoziators ist dies genau dann der Fall, wenn für alle $w \in \mathfrak{A}$ gilt

$$(1.7) \qquad u\,v = v\,u, \quad (u, w, v) = (v, w, u) = 0,$$
$$(u, v, w) = (v, u, w), \quad (w, u, v) = (w, v, u).$$

Wegen Satz 1.1 ist $\mathfrak{A}$ genau dann eine J-Algebra, wenn u und u^2 vertauschbar sind.

Analog zu II, § 2.**4**, betrachten wir auch für nichtkommutative Jordan-Algebren die *quadratische Darstellung*

(1.8) $\quad P(u) = L(u)\,[L(u) + R(u)] - L(u^2) = R(u)\,[L(u) + R(u)] - R(u^2).$

Wegen (1.1) und (1.3) sind die beiden rechtsstehenden Ausdrücke identisch. Aus (1.5) bzw. (1.5') entnimmt man

(1.9) $\quad R(u^2\,v) = R(u\,v)\,[L(u) + R(u)] - P(u)\,R(v)$

$$\text{für vertauschbare } u, v,$$

(1.9') $\quad L(v\,u^2) = L(v\,u)\,[L(u) + R(u)] - P(u)\,L(v)$

$$\text{für vertauschbare } u, v.$$

Entsprechend erhält man aus (1.8)

(1.10) $\quad P(u)\,v = u(v\,u) = (u\,v)\,u = u^2\,v = v\,u^2 \quad$ für vertauschbare u, v.

Satz 1.4. *Es sei $\mathfrak{A}$ eine nichtkommutative Jordan-Algebra. Für $u \in \mathfrak{A}$ und jedes $m \geq 1$ gehören die Transformationen $L(u^m)$ und $R(u^m)$ zu der kommutativen Algebra $\mathfrak{L}_u(\mathfrak{A})$, die durch $L(u)$, $R(u)$, $L(u^2)$ und $R(u^2)$ erzeugt wird.*

Beweis. In $u(v\,u) = (u\,v)\,u$ tragen wir $v = u^{r-1}$, $r \geq 2$, ein und erhalten $u(u^{r-1}\,u) = u^r\,u$. Durch Induktion nach r entnimmt man hieraus $u^{r+1} = u^r\,u$ für alle $r \geq 1$. Der Satz ist trivial für $m = 1, 2$. Für $1 \leq r \leq m$ sei bewiesen, daß $L(u^r)$ und $R(u^r)$ zu $\mathfrak{L}_u(\mathfrak{A})$ gehören. Da dann $L(u^{m-1})$ und $L(u)$ vertauschbar sind, hat man

$$u^{m-1}(u\,u) = u(u^{m-1}\,u) = u(u\,u^{m-1}) = u\,u^m = u^{m+1}.$$

Da man entsprechend für $(u\,u)\,u^{m-1}$ schließen kann, folgt

$$u^2\,u^{m-1} = u^{m-1}\,u^2 = u^{m+1}.$$

Nach Annahme sind u und u^{m-1} vertauschbar. In (1.9) und (1.9') trägt man jetzt $v = u^{m-1}$ ein und erhält

(1.11) $\qquad R(u^{m+1}) = R(u^m)\,[L(u) + R(u)] - P(u)\,R(u^{m-1}),$

(1.11') $\qquad L(u^{m+1}) = L(u^m)\,[L(u) + R(u)] - P(u)\,L(u^{m-1}).$

Also gehören auch $L(u^{m+1})$ und $R(u^{m+1})$ zur Algebra $\mathfrak{L}_u(\mathfrak{A})$. Damit ist der Satz bewiesen.

4. Nun seien u und v vertauschbar. Wir beweisen für diesen Fall

(1.12) $\qquad u^r(u^s\,v) = u^{r+s}\,v, \quad$ für $\quad r \geq 1, \quad s \geq 1.$

Für $r + s = 2$ ist das eine direkte Konsequenz von $L(u)\,R(v) = R(v)\,L(u)$. Da nach dem vorhergehenden Satz $L(u^r)$ mit $R(u)$ vertauschbar ist, hat man

$$u^r(u\,v) = u^r(v\,u) = (u^r\,v)\,u = (u^r\,u)\,v = u^{r+1}\,v.$$

Also ist (1.12) für $s = 1$ richtig. Es sei (1.12) für $r + s \leq m$ bewiesen. Für $r + s = m + 1$ und $s > 1$ erhalten wir wieder aus Satz 1.4

$$u^r(u^s v) = u^r([u\,u^{s-1}]\,v) = u^r(u\,[u^{s-1}\,v]) = u(u^r[u^{s-1}\,v])$$
$$= u(u^{r+s-1}\,v) = u^{r+s-1}(u\,v) = u^{r+s}\,v.$$

Damit ist (1.12) bewiesen.

In (1.12) ersetzt man v durch u und s durch $s - 1$. Man erhält $u^r u^s = u^{r+s}$ für $s \geq 2$. Da dies aber für $s = 1$ auch gilt, ist $\mathfrak{A}$ potenzassoziativ. Die gleiche Aussage gilt dann für jede Grundkörpererweiterung von $\mathfrak{A}$, wir erhalten daher zusammen mit Satz 1.4

Satz 1.5. *Jede nichtkommutative Jordan-Algebra ist eine strikt potenzassoziative Algebra, in der je zwei Potenzen eines Elementes vertauschbar sind.*

Wie wir in I, § 2.5, gesehen haben, folgt aus der Assoziativität der Potenzen, daß der durch u^m, u^{m+1}, ... aufgespannte Teilraum $K_m[u]$ eine kommutative und assoziative Teilalgebra von $\mathfrak{A}$ ist. Aus (1.12) erhält man

$$(1.13) \quad x(y\,v) = (x\,y)\,v \quad \text{für} \quad x, y \in K_m[u], \quad \text{falls } u, v \text{ vertauschbar.}$$

5. In I, § 5.1, hatten wir das Zentrum $\mathfrak{Z}(\mathfrak{A})$ einer Algebra $\mathfrak{A}$ als die Menge der $z \in \mathfrak{A}$ definiert, die

$$[z, \mathfrak{A}] = 0, \quad (z, \mathfrak{A}, \mathfrak{A}) = (\mathfrak{A}, z, \mathfrak{A}) = (\mathfrak{A}, \mathfrak{A}, z) = 0$$

erfüllen. $\mathfrak{Z}(\mathfrak{A})$ ist eine kommutative und assoziative Teilalgebra von $\mathfrak{A}$. Vergleicht man dies mit (1.7), so sieht man, *daß z dann und nur dann zum Zentrum gehört, wenn z mit jedem Element von $\mathfrak{A}$ vertauschbar ist*. Aus $v\,z = z\,v$ bzw. $u(z\,v) = (z\,u)\,v$ folgt dann

$$L(z) = R(z), \quad L(u\,z) = L(u)\,L(z), \quad R(u\,z) = R(u)\,R(z),$$
$$\text{für} \quad z \in \mathfrak{Z}(\mathfrak{A}), \quad u \in \mathfrak{A}.$$

Insbesondere gilt

$$L(z^m) = L^m(z), \quad z \in \mathfrak{Z}(\mathfrak{A}), \quad m \geq 1.$$

Es sei $\bar{K}$ eine Körpererweiterung von K. Für die Grundkörpererweiterung von $\mathfrak{A}$ bzw. $\mathfrak{Z}(\mathfrak{A})$ gilt wegen I, Lemma 5.2,

$$\mathfrak{Z}(\bar{\mathfrak{A}}) = \overline{\mathfrak{Z}(\mathfrak{A})}.$$

Da das Zentrum eine kommutative und assoziative Algebra ist, können wir die Ergebnisse von I, § 3, anwenden. *Speziell hat $\mathfrak{A}$ ein Einselement, wenn eine Grundkörpererweiterung von $\mathfrak{A}$ ein Einselement besitzt* (I, Lemma 5.3).

Lemma 1.6. *Ist eine lineare Transformation A der nichtkommutativen Jordan-Algebra $\mathfrak{A}$ mit Einselement e mit allen Transformationen*

$L(u)$ und $R(u)$, $u \in \mathfrak{A}$, vertauschbar, so gilt $A = L(z) = R(z)$ mit einem $z \in \mathfrak{Z}(\mathfrak{A})$.

Beweis. Nach Voraussetzung gilt $A(uv) = u(Av)$ und $A(vu) = (Av)u$ für alle $u, v \in \mathfrak{A}$. Für $v = e$ faßt man dies als lineare Transformation in u auf und erhält $A = L(z) = R(z)$ mit $z = Ae$. Zusammen mit der Voraussetzung folgt hieraus $z \in \mathfrak{Z}(\mathfrak{A})$.

§ 2. Das Inverse

1. Die nichtkommutative Jordan-Algebra $\mathfrak{A}$ habe ein Einselement e. Mit $K[u]$ bezeichnen wir wie in I, § 2.**5**, den durch die Potenzen e, u, u^2, ... aufgespannten Teilraum von $\mathfrak{A}$. Er ist eine assoziative und kommutative Teilalgebra von $\mathfrak{A}$ und besteht aus allen Polynomen in u mit Koeffizienten aus K. Wegen Satz 1.5 sind je zwei Elemente von $K[u]$ vertauschbar. Aus (1.13) folgt

$$(2.1) \quad x(yv) = (xy)v \quad \text{für} \quad x, y \in K[u], \qquad \text{falls } u, v \text{ vertauschbar.}$$

Im vorliegenden Fall kann man das Inverse eines Elementes auf zwei weitere Weisen charakterisieren. Es gilt

Satz 2.1. *Es sei $\mathfrak{A}$ eine nichtkommutative Jordan-Algebra über K mit Einselement e. Dann sind für $u \in \mathfrak{A}$ die folgenden Aussagen äquivalent:*

a) *u ist invertierbar.*
b) *Es gibt ein mit u vertauschbares $v \in \mathfrak{A}$, so daß $uv = e$ gilt.*
c) *Es gibt ein $v \in \mathfrak{A}$ mit $uv = vu = e$ und $u^2 v = u$.*

Ist dies der Fall, so ist jeweils v eindeutig bestimmt und gleich dem in $K[u]$ liegenden Inversen von u.

Beweis. a) $\Rightarrow$ b): Da $v = u^{-1}$ zu $K[u]$ gehört, erhält man die Vertauschbarkeit von u und v aus Satz 1.5.

b) $\Rightarrow$ c): Für vertauschbare u, v gilt $uv = vu$ und $u^2 v = u(uv)$.

c) $\Rightarrow$ a): Wir zeigen zuerst

$$u^m v = u^{m-1} \quad \text{für} \quad m \geqq 1.$$

Für $m = 1, 2$ ist dies die Voraussetzung. Wir wenden (1.11') auf v an und erhalten $u^{m+1} v = 2u^m - P(u)(u^{m-1} v)$. Eine Induktion ergibt die behauptete Gleichung.

Die Abbildung $R(v) : K_1[u] \to K[u]$ ist daher surjektiv. Für $w = u\,p(u) \in K_1[u]$, $p(\tau) \in K[\tau]$, erhält man $R(v)w = p(u)$, folglich ist $R(v)w = 0$ nur für $w = 0$. Die Abbildung ist somit bijektiv. Der Teilraum $K_1[u]$ von $K[u]$ hat also die gleiche Dimension wie $K[u]$. Es folgt $K[u] = K_1[u]$ und hieraus $e \in K_1[u]$, $v = R(v)e \in K[u]$. Nach Definition ist daher u invertierbar, und es gilt $v = u^{-1}$.

2. Es sei u invertierbar. Da u^{-1} zu $K[u]$ gehört, sind nach Satz 1.4 die Transformationen $L(u^{-1})$ und $R(u^{-1})$ mit $L(u) + R(u)$ vertauschbar. Trägt man hier für u ein generisches Element von $\mathfrak{A}$ ein, so erhält man aus III, Satz 1.1 b), den

Satz 2.2. *Jede nichtkommutative Jordan-Algebra mit Einselement ist schwach homogen.*

Auf Grund dieses Satzes gelten für nichtkommutative Jordan-Algebren mit Einselement alle Ergebnisse von III, § 1. Als Verallgemeinerung der Fundamentformel zeigen wir noch

Satz 2.3. *Für generisch unabhängige Elemente x, y einer nichtkommutativen Jordan-Algebra $\mathfrak{A}$ gilt die*

Fundamentalformel $\quad P(P(y)\,x) = P(y)\,P(x)\,P(y)$,

in der x und y zu beliebigen Elementen von $\mathfrak{A}$ spezialisiert werden können.

Beweis. Besitzt $\mathfrak{A}$ ein Einselement, so ist die Behauptung schon in III, Satz 1.5, gezeigt. Hat also $\mathfrak{A}$ kein Einselement, so sei $\hat{\mathfrak{A}}$ die durch Adjunktion eines Einselementes e aus $\mathfrak{A}$ entstehende Algebra. Es seien $\hat{L}, \hat{R}, \hat{P}$ die zu L, R, P analogen Bildungen in $\hat{\mathfrak{A}}$. Es ist $\hat{L}(\hat{u})$ z. B. die Abbildung von $\hat{\mathfrak{A}}$ in $\hat{\mathfrak{A}}$, die durch $\hat{v} \to \hat{u}\,\hat{v}$ definiert ist. Für $u \in \mathfrak{A}$ wird durch $\hat{L}(u)$ der Teilraum $\mathfrak{A}$ von $\hat{\mathfrak{A}}$ in $\mathfrak{A}$ abgebildet. Man erhält also $L(u)$ aus $\hat{L}(\hat{u})$ durch Einschränkung des Argument- und des Bildraumes $\hat{\mathfrak{A}}$ auf $\mathfrak{A}$. Folglich erhält man auch $P(u)$ aus $\hat{P}(\hat{u})$ durch diese Einschränkung. Da die Fundamentalformel für $\hat{P}$ bewiesen ist, gilt sie auch für P.

Wir machen jetzt einige Anwendungen der Fundamentalformel. Dem Korollar zu III, Satz 1.5, entnimmt man

$$(2.2) \qquad P(u^m) = P^m(u), \qquad m = 1, 2, \ldots.$$

Eine Verallgemeinerung dieser Formel ist

Satz 2.4. *Es sei $\mathfrak{A}$ eine nichtkommutative Jordan-Algebra über einem Körper K der Charakteristik ungleich 2 und $u \in \mathfrak{A}$. Für alle v, w aus $K_1[u]$ gilt dann $P(v\,w) = P(v)\,P(w)$.*

Beweis. Wir dürfen wieder annehmen, daß $\mathfrak{A}$ ein Einselement e besitzt. Da die Elemente von $K[u]$ paarweise vertauschbar sind, erhält man $P(x)\,y^2 = (x\,y)^2$ aus (1.10) für $x, y \in K[u]$, und die Fundamentalformel liefert zusammen mit (2.2)

$$P^2(x\,y) = P(x^2\,y^2) = P(x)\,P(y^2)\,P(x) = P(x)\,P^2(y)\,P(x) = [P(x)\,P(y)]^2.$$

Man hat also

$$(2.3) \qquad [P(x\,y) - P(x)\,P(y)]\,[P(x\,y) + P(x)\,P(y)] = 0.$$

Nun sei τ eine Unbestimmte, $\tilde{K} = K(\tau)$ und $\tilde{\mathfrak{A}}$ die entsprechend erweiterte Algebra. Man setze $x = v + \tau e$, $y = w + \tau e$. Dann sind $x, y \in \tilde{K}[u]$. Die Transformation $P(x\,y) + P(x)\,P(y)$ ist ein Polynom vierten Grades in τ und der Koeffizient von τ^4 ist gleich $2\,Id$. Es ist also $|P(x\,y) + P(x)\,P(y)| \neq 0$, und aus (2.3) folgt $P(x\,y) = P(x)\,P(y)$. Für $\tau = 0$ erhält man die Behauptung.

Wir zeigen nun

Satz 2.5. *Es sei $\mathfrak{A}$ eine nichtkommutative Jordan-Algebra über K und $g \in \mathfrak{A}$ mit $P(g) = Id$ gegeben. Dann ist g^2 das Einselement von $\mathfrak{A}$.*

Ist die Charakteristik von K nicht 2, so gilt: Es ist $P(g) = Id$ genau dann, wenn $g \in \mathfrak{Z}(\mathfrak{A})$ und g^2 das Einselement ist. Wenn also $\mathfrak{Z}(\mathfrak{A})$ ein Körper ist, so erhält man $P(g) = Id$ genau dann, wenn g oder $-g$ das Einselement ist.

Beweis. Wegen $P(g) = Id$ gilt $g^3 = P(g)\,g = g$ und $g^4 = g^2$. Die Formeln (1.11) und (1.11') für $m = 3$ lauten

$$L(u^4) = L(u^3)\,[L(u) + R(u)] - P(u)\,L(u^2),$$

$$R(u^4) = R(u^3)\,[L(u) + R(u)] - P(u)\,R(u^2).$$

Man erhält also für $u = g$

$$L(g^2) = L(g)\,[L(g) + R(g)] - L(g^2) = P(g) = Id$$

und entsprechend $R(g^2) = Id$. Also ist $g^2 = e$ das Einselement von $\mathfrak{A}$.

Ist die Charakteristik nicht 2, so folgt aus $Id = P(g)$ wegen (1.8)

$$L(g)\,[L(g) + R(g)] = 2\,Id = R(g)\,[L(g) + R(g)].$$

Also ist $L(g) = R(g)$ und $L^2(g) = Id$. Das bedeutet

$$g\,v = v\,g, \quad v = g(g\,v), \quad \text{für} \quad v \in \mathfrak{A}.$$

Speziell kann jedes Element von $\mathfrak{A}$ in der Form $g\,v$ geschrieben werden. Nun ergeben (1.6) und (1.6') für $u = g$

$$L(g)\,L(g\,v) = L(g\,v)\,L(g), \quad L(g)\,R(g\,v) = R(g\,v)\,L(g).$$

Es ist also g mit jedem Element von $\mathfrak{A}$ vertauschbar, d. h., g liegt in $\mathfrak{Z}(\mathfrak{A})$.

Ist umgekehrt $g \in \mathfrak{Z}(\mathfrak{A})$ und $g^2 = e$, so ist $Id = L(g^2) = L^2(g)$, $L(g) = R(g)$, und folglich $P(g) = Id$.

Satz 2.6. *Es sei $\mathfrak{A}$ eine nichtkommutative Jordan-Algebra mit Einselement e über einem Körper der Charakteristik ungleich zwei. Gilt dann $P(u) = P(v)$ für invertierbare Elemente u, v von $\mathfrak{A}$, so gibt es ein $g \in \mathfrak{Z}(\mathfrak{A})$, $g^2 = e$, mit $u = g\,v$.*

Korollar. Ist $\mathfrak{A}$ *einfach, dann folgt* $u = \pm v$.

Beweis. In der Grundkörpererweiterung $\widetilde{\mathfrak{A}}$ von $\mathfrak{A}$ mit algebraisch abgeschlossenem Grundkörper wählen wir nach I, Satz 4.3, ein Element w mit $v = w^2$. Wegen (2.2) und der Fundamentalformel erhalten wir $P(v) = P^2(w)$ und $P(P^{-1}(w)\,u) = P^{-1}(w)\,P(u)\,P^{-1}(w) = Id$. Nach dem vorhergehenden Satz gibt es $g \in \mathfrak{Z}(\widetilde{\mathfrak{A}})$ mit $g^2 = e$ und $P^{-1}(w)\,u = g$. Da u und g vertauschbar sind, folgt $u = P(w)\,g = g\,w^2 = g\,v$ aus (1.10). Wegen $u\,v^{-1} = (g\,v)\,v^{-1} = g$ liegt g in $\mathfrak{Z}(\mathfrak{A})$.

Als Anwendung erhalten wir

Satz 2.7. *Enthält die nichtkommutative Jordan-Algebra* $\mathfrak{A}$ *ein Element* u *mit* $|P(u)| \neq 0$, *dann besitzt* $\mathfrak{A}$ *ein Einselement.*

Beweis. Man setze $g := P^{-1}(u)\,u^2$, also $u^2 = P(u)\,g$. Wendet man P darauf an, so folgt aus der Fundamentalformel und aus (2.2) die Beziehung $P^2(u) = P(u^2) = P(u)\,P(g)\,P(u)$. Wegen $|P(u)| \neq 0$ folgt $P(g) = Id$, und Satz 2.5 zeigt, daß g^2 das Einselement von $\mathfrak{A}$ ist.

§ 3. Kommutative Jordan-Algebren

1. Es sei $\mathfrak{A}$ eine *kommutative* Algebra. Da $\mathfrak{A}$ trivialerweise flexibel ist und die Relationen (J.1) bis (J.4) alle das gleiche bedeuten, *ist* $\mathfrak{A}$ *dann und nur dann eine J-Algebra, wenn gilt*

$$(3.1) \qquad L(u)\,L(u^2) = L(u^2)\,L(u), \quad \text{d. h.} \quad u^2(u\,v) = u(u^2\,v).$$

Da mit $\mathfrak{A}$ auch jede durch Adjunktion eines Einselementes und jede durch Grundkörpererweiterung aus $\mathfrak{A}$ entstehende Algebra wieder kommutativ ist, gelten die Sätze 1.2 und 1.3 analog für kommutative J-Algebren.

Die kommutative Algebra $\mathfrak{A}$ heißt eine *Jordan-Algebra*, wenn $\mathfrak{A}$ und jede aus $\mathfrak{A}$ durch Grundkörpererweiterung entstehende Algebra eine J-Algebra ist. *Wieder stimmen die Begriffe „kommutative J-Algebra" und „Jordan-Algebra" überein, falls der Grundkörper mehr als zwei Elemente enthält.*

Ist $\mathfrak{A}$ eine Jordan-Algebra, so reduzieren sich die Identitäten (1.4), (1.5) und (1.6) zu

$$(3.2) \quad 2u(v[u\,w]) + (u^2\,v)\,w = 2(u\,v)(u\,w) + u^2(v\,w), \quad \textit{Polarisationsformel,}$$

$$(3.3) \quad L(u^2\,v) = 2L(u\,v)\,L(u) + L(u^2)\,L(v) - 2L(u)\,L(v)\,L(u),$$

$$(3.4) \quad 2L(u)\,L(u\,v) + L(v)\,L(u^2) = 2L(u\,v)\,L(u) + L(u^2)\,L(v).$$

2. Nun kann die Erweiterungsfähigkeit einer kommutativen J-Algebra im Fall eines Körpers von zwei Elementen genau beschrieben werden. Ist nämlich K ein Körper der Charakteristik 2, so folgt aus (3.4)

$$(3.5) \qquad\qquad L(u^2)\,L(v) = L(v)\,L(u^2),$$

eine Formel, die also in einer erweiterungsfähigen J-Algebra im Falle der Charakteristik 2 gelten muß. Aus ihr folgt (3.1) für $v = u$. Nun ist diese Formel nicht nur in v linear, sondern auch in u, denn es ist $(u + w)^2 = u^2 + w^2$, also $L([u + w]^2) = L(u^2) + L(w^2)$. Gilt also für eine Basis $b_1, b_2, \ldots, b_n$ von $\mathfrak{A}$ über K die Formel $L(b_k^2) L(b_l) = L(b_l) L(b_k^2)$, so gilt (3.5) für beliebige $u, v \in \mathfrak{A}$. Folglich gilt sie auch in jeder Erweiterung $\bar{\mathfrak{A}}$ von $\mathfrak{A}$. Damit also im Fall eines Körpers mit zwei Elementen die Algebra $\mathfrak{A}$ erweiterungsfähig ist, ist (3.5) notwendig und hinreichend. Wir formulieren das Ergebnis als

Satz 3.1. *Eine kommutative Algebra über einem Körper K der Charakteristik* 2 *ist dann und nur dann eine Jordan-Algebra, wenn*

$$L(u^2) L(v) = L(v) L(u^2), \quad d.h. \quad u^2(v\,w) = v(u^2\,w),$$

für alle Elemente der Algebra gilt.

Übrigens ergibt (3.3) im Falle der Charakteristik 2 noch

$$(3.6) \qquad L(u^2\,v) = L(u^2) L(v) = L(v) L(u^2).$$

Wenn im folgenden bei Charakteristik 2 gesonderte Überlegungen erforderlich sind, so werden diese in Kleindruck wiedergegeben.

3. Da für kommutative Algebren stets $(u, w, v) + (v, w, u) = 0$ gilt, reduzieren sich die Bedingungen (1.7) der Vertauschbarkeit von u und v zu

$$(3.7) \quad (u, w, v) = 0, \quad d.h. \quad (u\,w)\,v = u(w\,v) \quad \text{für alle} \quad w \in \mathfrak{A}.$$

Gleichwertig mit der Vertauschbarkeit von u und v ist die Vertauschbarkeit der Transformationen $L(u)$ und $L(v)$.

Aus der Relation (3.4) liest man unmittelbar ab:

Lemma 3.2. *Für Elemente u, v einer Jordan-Algebra sind u und $2u\,v$ genau dann vertauschbar, wenn u^2 und v vertauschbar sind.*

Für Jordan-Algebren erhält man die quadratische Darstellung (1.8) in der Gestalt

$$(3.8) \quad P(u) = 2L^2(u) - L(u^2), \quad d.h. \quad P(u)\,v = 2u(u\,v) - u^2\,v.$$

Aus (1.9) bzw. (1.10) entnimmt man außerdem

$$(3.9) \quad L(u^2\,v) = 2L(u\,v) L(u) - P(u) L(v) \quad \text{für vertauschbare } u, v,$$

$$(3.10) \quad P(u)\,v = u^2\,v \quad \text{für vertauschbare } u, v.$$

Trägt man in der Polarisationsformel $w = v$ ein, so folgt

$$2u(v[v\,u]) + (u^2\,v)\,v = 2(u\,v)^2 + u^2\,v^2.$$

Dies kann unter Verwendung der quadratischen Darstellung in der Form

$$(3.11) \qquad 4(u\,v)^2 = P(u)\,v^2 + P(v)\,u^2 + 2u[P(v)\,u]$$

geschrieben werden. Man entnimmt dieser Formel, daß das dritte Glied auf der rechten Seite in u und v symmetrisch ist.

4. Es sei $\mathfrak{A}$ eine Jordan-Algebra über K mit Einselement. Wir wollen uns nun eine Übersicht über die Menge $K[x, y] = K[x][y]$ der Polynome in y mit Koeffizienten aus $K[x]$ verschaffen und insbesondere prüfen, wann $K[x, y]$ asoziativ ist. Die Elemente von $K[x, y]$ sind offenbar Linearkombinationen von Ausdrücken der Form $x^r y^s$ für $r \geqq 0$ und $s \geqq 0$.

Nehmen wir an, daß $x, y, x y$ paarweise vertauschbar sind. Es gilt dann

Lemma 3.3. *Alle Ausdrücke $x^r, y^s, x y$ sind paarweise vertauschbar, und es gilt $y^q(x^r y^s) = x^r y^{q+s}$, $x^p(x^r y^s) = x^{p+r} y^s$.*

Beweis. Die Charakteristik von K sei nicht 2. Man wende Lemma 3.2 an für $u = x$, $v = y$. Es folgt, daß x^2, y und analog x, y^2 vertauschbar sind. Man wende (3.3) an auf $u = x$, $v = y$. Es folgt, daß $x^2 y$ mit x und y vertauschbar ist. Jetzt wende man Lemma 3.2 an auf $u = y$, $v = x^2$. Es folgt, daß x^2 und y^2 vertauschbar sind. Schließlich setze man $u = x$, $v = x y$ in Lemma 3.2 und beachte $u v = x(x y) = x^2 y$. Es folgt, daß x^2 und $x y$ vertauschbar sind.

Damit ist gezeigt, daß $x^r, y^s, x y$ für $r, s = 0, 1, 2$ paarweise vertauschbar sind. Dies ist trivialerweise auch im Falle der Charakteristik 2 richtig. Da $L(x^r)$, $L(y^s)$ nach Satz 1.4 Polynome in $L(x)$, $L(x^2)$, $L(y)$, $L(y^2)$ sind, folgt die Vertauschbarkeit von $x^r, y^s, x y$. Jetzt erhält man aber z. B.

$$y^q(x^r y^s) = x^r(y^q y^s) = x^r y^{q+s},$$

und das Lemma ist bewiesen.

Unter den gleichen Voraussetzungen wie für dieses Lemma gilt

Lemma 3.4. $L(x^r y^s)$ *ist ein Polynom in $L(x)$, $L(x^2)$, $L(y)$, $L(y^2)$ und $L(x y)$.*

Beweis. a) Das Lemma ist wahr für $L(x)$ und $L(x y)$. Es sei wahr für $L(x y^{s-1})$ und $L(x y^s)$. In (3.3) setzt man $u = y$, $v = x y^{s-1}$ und sieht, daß sich $L(x y^{s+1})$ durch $L(y)$, $L(x y^{s-1})$, $L(y^2)$ und $L(x y^s)$ ausdrücken läßt.

b) Das Lemma ist wahr für $L(y^s)$ und $L(x y^s)$. Es sei wahr für $L(x^{r-1} y^s)$ und $L(x^r y^s)$. Man wende (3.3) an auf $u = x$, $v = x^{r-1} y^s$. $L(x^{r+1} y^s)$ läßt sich durch $L(x)$, $L(x^{r-1} y^s)$, $L(x^2)$ und $L(x^r y^s)$ ausdrücken.

Nach diesen Vorbereitungen kommen wir zu folgenden Sätzen:

Satz 3.5. *Für Elemente x, y einer Jordan-Algebra $\mathfrak{A}$ mit Einselement sind gleichbedeutend:*

a) *$x, y, x y$ sind paarweise vertauschbar.*

b) *$K[x, y]$ ist eine assoziative Algebra, und die Elemente von $K[x, y]$ sind paarweise vertauschbar.*

Beweis. Gilt die Aussage b), dann ist a) trivialerweise richtig, denn $x, y, x y$ gehören zu $K[x, y]$.

Ist umgekehrt a) erfüllt, dann sind x^r und $x^p\,y^q$ nach Lemma 3.4 vertauschbar. Man hat daher mit Lemma 3.2

$$(x^p\,y^q)\,(x^r\,y^s) = x^r([x^p\,y^q]\,x^s) = x^r\,(x^p\,y^{q+s}) = x^{p+r}\,y^{q+s}.$$

$K[x,y]$ ist daher gegenüber der Multiplikation abgeschlossen und offenbar assoziativ.

Satz 3.6. *Es sei $\mathfrak{A}$ eine Jordan-Algebra mit Einselement und x,y aus $\mathfrak{A}$. Sind x,y,xy paarweise vertauschbar, dann ist mit x und y auch xy invertierbar, und es gilt $(xy)^{-1} = x^{-1}\,y^{-1}$.*

Beweis. Wegen $x^{-1} \in K[x]$, $y^{-1} \in K[y]$ gilt $x^{-1}\,y^{-1} \in K[x,y]$, und daher ist $x^{-1}\,y^{-1}$ nach Satz 3.5 mit xy vertauschbar. Da $K[x,y]$ überdies assoziativ ist, hat man $(xy)\,(x^{-1}\,y^{-1}) = e$, und das ist die Behauptung.

Satz 3.7. *Es seien x,y aus einer Jordan-Algebra $\mathfrak{A}$. Sind dann die Elemente x,y,xy paarweise vertauschbar, so gilt $P(xy) = P(x)\,P(y)$.*

Beweis. Man kann annehmen, daß $\mathfrak{A}$ ein Einselement hat, denn man überlegt sich leicht, daß vertauschbare u,v aus $\mathfrak{A}$ auch in der durch ein Einselement erweiterten Algebra $\hat{\mathfrak{A}}$ vertauschbar sind. Man wähle also $u,v \in K[x,y]$. Wegen Satz 3.5 sind alle Elemente von $K[x,y]$ miteinander vertauschbar, speziell gilt $P(u)\,P(v) = P(v)\,P(u)$ und $P(u)\,v^2 = u^2\,v^2$ [vgl. (3.10)]. Im Falle der Charakteristik ungleich 2 schließt man jetzt wörtlich weiter wie im Beweis zu Satz 2.4.

Hat K hingegen die Charakteristik 2, so ist $P(u) = L(u^2)$, und u^2 ist wegen Satz 3.1 mit allen Elementen von $\mathfrak{A}$ vertauschbar. Hieraus folgt der Satz.

Satz 3.8. *Ist $\mathfrak{A}$ eine Jordan-Algebra mit Einselement, dann gilt für invertierbare Elemente u,v von $\mathfrak{A}$*

$$P(u+v) = P(u)\,P(u^{-1}+v^{-1})\,P(v).$$

Beweis. Die Charakteristik von K sei ungleich 2. Wegen Satz 2.2 ist $\mathfrak{A}$ eine schwach homogene Algebra, daher ist $\mathfrak{A}$ wegen III, Satz 3.2, sogar homogen. Bezeichnen wir mit $\overline{\mathfrak{A}}$ die durch Grundkörpererweiterung von K zum algebraischen Abschluß $\overline{K}$ aus $\mathfrak{A}$ entstehende Algebra, so wissen wir, daß die Strukturgruppe $\Gamma(\overline{\mathfrak{A}})$ transitiv auf den invertierbaren Elementen von $\overline{\mathfrak{A}}$ operiert. Wir wählen $W \in \Gamma(\overline{\mathfrak{A}})$ und $w \in \overline{\mathfrak{A}}$, so daß

$$u = We, \qquad v = Ww$$

gilt. Aus der definierenden Gleichung II, (SG.1′), und aus III, Satz 1.3, erhalten wir dann

$$e = e^{-1} = W^{\#}\,u^{-1}, \qquad w^{-1} = W^{\#}\,v^{-1}, \qquad W\,W^{\#} = P(u),$$
$$W\,P(w)\,W^{\#} = P(v).$$

Außerdem gilt wegen Satz 3.7

$$P(e+w) = P(e+w^{-1})\,P(w).$$

Aus diesen Formeln ergibt sich nun nacheinander

$$P(u+v) = P(W[e+w]) = WP(e+w)\,W^{\#} = WP(e+w^{-1})\,P(w)\,W^{\#}$$
$$= W\,P(W^{\#}[u^{-1}+v^{-1}])\,P(w)\,W^{\#}$$
$$= WW^{\#}\,P(u^{-1}+v^{-1})\,W\,P(w)\,W^{\#} = P(u)\,P(u^{-1}+v^{-1})\,P(v).$$

Die Charakteristik von K sei 2. Dann ist $P(u) = L(u^2)$. Man kann, da u^2 im Zentrum der Jordan-Algebra liegt, assoziativ rechnen und so die Formel trivial bestätigen.

§ 4. Mutationen von Jordan-Algebren

1. Es sei $\mathfrak{A}$ eine Jordan-Algebra über K. Neben der quadratischen Darstellung $P(x)$ ist auch der durch Polarisierung daraus entstehende Ausdruck $P(u, v)$ von Bedeutung. Wir definieren

$$(4.1) \qquad P(u, v) := L(u)\,L(v) + L(v)\,L(u) - L(u\,v)$$

und erhalten dann

$$(4.2) \qquad P(u+v) = P(u) + 2P(u, v) + P(v).$$

Wir zeigen, daß

$$(4.3) \qquad P(P(x)\,u, P(x)\,v) = P(x)\,P(u, v)\,P(x)$$

für generisch unabhängige Elemente u, v, x von $\mathfrak{A}$ gilt. Hat K eine von 2 verschiedene Charakteristik, so folgt diese Identität wegen

$$P(u, v) = \tfrac{1}{2}[P(u+v) - P(u) - P(v)]$$

aus der Fundamentalformel.

Hat K die Charakteristik 2, dann ist $P(x) = L(x^2)$, also

$$P(P(x)\,u, P(x)\,v) = L(x^2\,u)\,L(x^2\,v) + L(x^2\,v)\,L(x^2\,u) - L([x^2\,u]\,[x^2\,v]).$$

Da x^2 im Zentrum liegt, kann man $L^2(x^2) = P^2(x)$ ausklammern und erhält die Gültigkeit von (4.3) auch in diesem Falle.

2. Zu gegebenem $f \in \mathfrak{A}$ definieren wir im Vektorraum $\mathfrak{A}$ eine neue Komposition mit der Transformation $P(u, v)$ durch:

$$(4.4) \qquad u \perp v := P(u, v)\,f = u(v\,f) + v(u\,f) - (u\,v)\,f.$$

Wenn eine genaue Angabe des verwendeten f in der Komposition benötigt wird, soll sie mit $\underset{f}{\perp}$ bezeichnet werden. Ersichtlich ist $u \perp v$ eine kommutative und bilineare Komposition von $\mathfrak{A}$. Den Vektorraum $\mathfrak{A}$ zusammen mit der Multiplikation $u \perp v$ bezeichnen wir mit $\mathfrak{A}_f$ und nennen die Algebra $\mathfrak{A}_f$ eine *Mutation**) von $\mathfrak{A}$. Wenn $\mathfrak{A}$ ein Einselement e besitzt, so ist offenbar $\mathfrak{A}_e = \mathfrak{A}$. Wir werden bald sehen, daß $\mathfrak{A}_f$ wieder eine Jordan-Algebra ist. Die zu $u \perp v$ erklärte linksreguläre Darstellung

---

*) In der Literatur wird hierfür auch der Name *Isotop* verwendet.

bezeichnen wir mit $L_f(u)$ und haben daher $L_f(u)\, v = u \perp v$. Der Definition von $u \perp v$ entnimmt man

$$(4.5) \qquad L_f(u) = L(u)\, L(f) - L(f)\, L(u) + L(u\, f).$$

Entsprechend wird

$$P_f(u) = 2 L_f^2(u) - L_f(u \perp u)$$

erklärt.

Zunächst betrachten wir den Fall, daß $\mathfrak{A}$ ein Einselement e besitzt und $f = g^2$ in $\mathfrak{A}$ invertierbar ist. Wir setzen $G := P(g)$ und erhalten

$$Ge = f, \quad G^2 = P(f).$$

Folglich ist wegen (4.4) und (4.3)

$$G(u \perp v) = G\, P(u, v)\, Ge = P(Gu, Gv)\, e = (Gu)(Gv).$$

Die Abbildung $G : \mathfrak{A}_f \to \mathfrak{A}$ ist also ein Isomorphismus der betreffenden Algebren, $\mathfrak{A}_f$ ist daher eine Jordan-Algebra. Es folgt nacheinander

$$L_f(u) = G^{-1}\, L(Gu)\, G, \quad u \perp u = G^{-1}(Gu)^2,$$
$$L_f(u \perp u) = G^{-1}\, L([Gu]^2)\, G$$

und somit

$$P_f(u) = G^{-1}\big[2 L^2(Gu) - L\big((Gu)^2\big)\big]\, G = G^{-1}\, P(Gu)\, G$$
$$= P(u)\, G^2 = P(u)\, P(f).$$

Wir erhalten daher

Lemma 4.1. *Ist das invertierbare Element f von $\mathfrak{A}$ ein Quadrat in $\mathfrak{A}$, $f = g^2$, so ist $P(g) : \mathfrak{A}_f \to \mathfrak{A}$ ein Isomorphismus der Algebren. Ferner gilt dann für die quadratischen Darstellungen*

$$P_f(u) = P(u)\, P(f).$$

3. Wenn $\tilde{\mathfrak{A}}$ aus $\mathfrak{A}$ entweder durch Adjunktion eines Einselementes oder durch Grundkörpererweiterung entsteht, so ist für $f \in \mathfrak{A}$ offenbar $\mathfrak{A}_f$ bezüglich der Multiplikation in $\tilde{\mathfrak{A}}_f$ abgeschlossen. Um nachzuweisen, daß $\mathfrak{A}_f$ eine Jordan-Algebra ist, kann man daher annehmen, daß $\mathfrak{A}$ ein Einselement enthält, und kann außerdem zu Grundkörpererweiterungen übergehen.

Die nachzuweisende Identität $(u \perp u) \perp (u \perp v) = u \perp ([u \perp u] \perp v)$ ist erfüllt, wenn man diese für generisches Element f von $\mathfrak{A}$ bewiesen hat.

Zunächst sei die Charakteristik von K nicht 2. $\mathfrak{A}$ habe also ein Einselement; das generische Element f liege in einer Grundkörpererweiterung $\tilde{\mathfrak{A}}$ von $\mathfrak{A}$ mit algebraisch abgeschlossenem Grundkörper. Dann gibt es nach I, Satz 4.3, ein Element $g \in \tilde{\mathfrak{A}}$ mit $f = g^2$. Wegen Lemma 4.1 ist daher $\tilde{\mathfrak{A}}_f$ eine Jordan-Algebra, d. h., die zu beweisende Identität ist erfüllt.

Im Falle einer Charakteristik 2 kann man direkt vorgehen. Nach (4.4) ist $u \perp u = u^2 f$ und wegen (4.5) gilt $L_f(u \perp u) = L(u^2 f) L(f) - L(f) L(u^2 f) + L([u^2 f] f)$. Da jetzt das Element u^2 mit jedem Element von $\mathfrak{A}$ vertauschbar ist und $L(u^2 v) = L(u^2) L(v)$ gilt, findet man

$$L_f(u \perp u) = L(u^2) L(f^2),$$

und $L_f(u \perp u)$ ist mit jedem $L_f(v)$ vertauschbar. Wieder ist $\mathfrak{A}_f$ eine Jordan-Algebra. Es ist

$$P_f(u) = L_f(u \perp u) = L(u^2) L(f^2) = P(u) P(f).$$

Zusammengefaßt haben wir bewiesen

Satz 4.2. *Es sei $\mathfrak{A}$ eine Jordan-Algebra. Für jedes $f \in \mathfrak{A}$ ist dann die Mutation $\mathfrak{A}_f$ eine Jordan-Algebra. Die quadratische Darstellung $P_f(u)$ von $\mathfrak{A}_f$ hängt mit der quadratischen Darstellung $P(u)$ von $\mathfrak{A}$ zusammen vermöge der Formel $P_f(u) = P(u) P(f)$.*

Wir wollen in Ergänzung zu Lemma 4.1 noch in einem Spezialfall die Isomorphie von $\mathfrak{A}_f$ und $\mathfrak{A}$ nachweisen. Es sei f ein invertierbares Element aus dem Zentrum von $\mathfrak{A}$. Wegen $P(f) = L^2(f)$ entnimmt man III, Satz 1.2, daß die lineare Transformation $L(f)$ umkehrbar ist. Da $L(f)$ mit jedem $L(u)$ vertauschbar ist (vgl. § 3.3), erhält man

$$L(f) (u \perp v) = f(u[v f]) + f(v[u f]) - f([u v] f) = (f u) (f v),$$

d. h., es ist $L(f): \mathfrak{A}_f \to \mathfrak{A}$ ein Isomorphismus. Man hat daher

Satz 4.3. *Es sei $\mathfrak{A}$ eine Jordan-Algebra mit Einselement. Für jedes invertierbare f aus dem Zentrum von $\mathfrak{A}$ sind $\mathfrak{A}_f$ und $\mathfrak{A}$ isomorph.*

4. Die Frage, wann die Mutation $\mathfrak{A}_f$ einer Jordan-Algebra ein Einselement besitzt, wird beantwortet durch

Satz 4.4. *$\mathfrak{A}_f$ hat dann und nur dann ein Einselement, wenn $\mathfrak{A}$ ein Einselement hat und f in $\mathfrak{A}$ invertierbar ist. Es ist dann f^{-1} das Einselement von $\mathfrak{A}_f$.*

Beweis. a) Wenn $\mathfrak{A}_f$ ein Einselement e_f besitzt, so gilt

$$Id = P_f(e_f) = P(e_f) P(f),$$

es folgt daher $|P(f)| \neq 0$, und Satz 2.6 zeigt, daß $\mathfrak{A}$ ein Einselement enthält. Wegen III, Satz 1.2, ist f in $\mathfrak{A}$ invertierbar.

b) $\mathfrak{A}$ enthalte ein Einselement und f sei invertierbar. Dann ist $u \perp f^{-1} = u(f^{-1} f) + (u f) f^{-1} - (u f^{-1}) f$. Hier heben sich die beiden letzten Glieder weg, weil f und f^{-1} vertauschbar sind. Es folgt daher in der Tat $u \perp f^{-1} = u$.

§ 5. Jordan-Algebren einer Charakteristik ungleich 2

1. Die bisher betrachteten (kommutativen bzw. nichtkommutativen) Jordan-Algebren mußten zwar erweiterungsfähig sein, jedoch durfte ausnahmslos der Grundkörper die Charakteristik 2 haben. Wir behandeln nun den Fall einer von 2 verschiedenen Charakteristik. Der Leser wird jeweils bemerken, warum mit wenigen Ausnahmen diese Voraussetzung unumgänglich ist.

Zunächst sei $\mathfrak{A}$ eine Algebra über einem Körper K der Charakteristik ungleich 2. Wir betrachten die kommutative Algebra $\mathfrak{A}^+$ mit der Multiplikation $u \circ v = \frac{1}{2}(u\,v + v\,u)$ und der linksregulären Darstellung $L^+(u) = \frac{1}{2}[L\,(u) + R\,(u)]$.

Satz 5.1. *Eine flexible Algebra $\mathfrak{A}$ über K ist dann und nur dann eine nichtkommutative Jordan-Algebra, wenn $\mathfrak{A}^+$ eine Jordan-Algebra ist.*

Beweis. Wegen (1.3) ist

$$L^+(u^2) = L\,(u^2) + \tfrac{1}{2}[R^2\,(u) - L^2\,(u)].$$

Da nach Voraussetzung $L\,(u)$ und $R\,(u)$ vertauschbar sind, folgt

$$2L^+(u^2)\,L^+(u) - 2L^+(u)\,L^+(u^2)$$
$$= L\,(u^2)\,[L\,(u) + R\,(u)] - [L\,(u) + R\,(u)]\,L\,(u^2).$$

Die Gln. (1.2) und (1.3) ergeben

$$L\,(u^2)\,R\,(u) - R\,(u)\,L\,(u^2) = R\,(u^2)\,L\,(u) - L\,(u)\,R\,(u^2)$$
$$= L\,(u^2)\,L\,(u) - L\,(u)\,L\,(u^2),$$

so daß zusammen

$$L^+(u^2)\,L^+(u) - L^+(u)\,L^+(u^2) = L\,(u^2)\,L\,(u) - L\,(u)\,L\,(u^2)$$

folgt. Folglich ist $\mathfrak{A}$ dann und nur dann eine J-Algebra, wenn $\mathfrak{A}^+$ eine J-Algebra ist. Wegen § 1.2 bedeutet im Fall einer Charakteristik ungleich 2 nichtkommutative Jordan-Algebra und J-Algebra dasselbe.

Wir können nun die früher eingeführten Begriffe *schwach homogen* (III, § 1) und *homogen* (III, § 3) mit dem Begriff einer Jordan-Algebra in Verbindung bringen:

Satz 5.2. *Für eine flexible Algebra $\mathfrak{A}$ mit Einselement über einem Körper K der Charakteristik ungleich 2 sind äquivalent:*

a) $\mathfrak{A}$ *ist eine nichtkommutative Jordan-Algebra.*

b) $\mathfrak{A}$ *ist schwach homogen.*

c) $\mathfrak{A}$ *ist homogen.*

d) $\mathfrak{A}^+$ *ist eine Jordan-Algebra.*

Beweis. Man erhält a) $\Rightarrow$ b) $\Rightarrow$ d) $\Rightarrow$ a) der Reihe nach aus Satz 2.2, III, Satz 2.1, und Satz 5.1, während die Äquivalenz von b) und c) bereits in III, Satz 3.2, bewiesen war.

2. Im weiteren Verlauf dieses Paragraphen sei $\mathfrak{A}$ eine Jordan-Algebra über einem Körper K der Charakteristik ungleich 2. Wegen III, Satz 5.6, erhalten wir

Satz 5.3. *Jede Jordan-Algebra mit Einselement über einem Körper der Charakteristik ungleich 2 ist stark homogen.*

Die Jordan-Relation $R(\xi, \eta) = \xi^2(\xi\eta) - \xi(\xi^2\eta)$ ist wegen Satz 1.2 und Satz 1.3 eine zulässige Relation (vgl. III, § 7.1). Da das gleiche für die Relation $S(\xi, \eta) = \xi\eta - \eta\xi$ der Kommutativität gilt, besteht das System $\mathfrak{S} = \{S, R\}$ aus zulässigen Relationen. Auf Grund des vorhergehenden Satzes ist daher $\mathfrak{S}$ ein homogen-zulässiges System. Wir erhalten somit

Satz 5.4. *Jede Jordan-Algebra über einem Körper der Charakteristik ungleich 2 ist homogen-zulässig.*

Damit gelten für Jordan-Algebren alle Ergebnisse des Kap. III. Wir werden im folgenden diese Ergebnisse verwenden und beim Zitat nicht mehr ausdrücklich auf die Sätze 5.3 und 5.4 Bezug nehmen.

Als Folgerung aus Satz 5.3 erhält man noch: *Es sei $\mathfrak{A}$ eine nichtkommutative Jordan-Algebra über einem Körper der Charakteristik ungleich 2. Dann ist die durch* $Sp(u) := \frac{1}{2}\,\mathrm{Spur}\,[L(u) + R(u)]$ *definierte Linearform von $\mathfrak{A}$ normal.*

Beweis. Da die nilpotenten Elemente von $\mathfrak{A}$ und von $\mathfrak{A}^+$, übereinstimmen, braucht wegen I, Lemma 11.2, und III, Satz 5.7, nur $Sp(uv) = Sp(vu)$ bewiesen zu werden. Aus der Flexibilität von $\mathfrak{A}$ folgt $(u, v, w) + (w, v, u) = 0$, d. h. $(uv)w - u(vw) + (wv)u - w(vu) = 0$ oder $L(uv) - R(vu) = L(u)L(v) - R(u)R(v)$. Man erhält somit

$$2Sp(uv) - 2Sp(vu) = \mathrm{Spur}\,[L(uv) + R(uv) - L(vu) - R(vu)] = 0.$$

3. Wir zeigen zunächst*)

Lemma 5.5. *Für ein Element u aus $\mathfrak{A}$ sind äquivalent:*

a) *u ist nilpotent.*
b) *$L(u)$ ist nilpotent.*
c) *$P(u)$ ist nilpotent.*

Beweis. Daß bei nilpotentem $L(u)$ auch u nilpotent ist, folgt sofort aus der Formel $u^{m+1} = L^m(u)\,u$. Es sei also jetzt u nilpotent. Wir

---

*) Man kann hier auf die Charakteristik ungleich 2 nicht verzichten, wie das folgende Beispiel zeigt: $\mathfrak{A}$ sei eine kommutative, nicht notwendig assoziative Algebra der Charakteristik 2 mit den Basiselementen $b_1, b_2, \ldots, b_n$, für die $b_i^2 = 0$ für $i = 1, 2, \ldots, n$ gilt. Dann ist auch $u^2 = 0$ für jedes $u \in \mathfrak{A}$, so daß $\mathfrak{A}$ trivialerweise eine Jordan-Algebra ist, wie auch immer die Produkte $b_i b_j = b_j b_i$ für $i \neq j$ lauten mögen. Hat man etwa $b_1 b_2 = b_2$, so ist

$$L^r(b_1)\,b_2 = b_2 \quad \text{für alle} \quad r = 1, 2, \ldots.$$

Es ist also $L(b_1)$ nicht nilpotent, obwohl b_1 es ist.

betrachten die kommutative und assoziative Algebra $\mathfrak{L}_u(\mathfrak{A})$, die von $L(u)$ und $L(u^2)$ erzeugt wird (vgl. Satz 1.4). Es sei $u^r = 0$, $r \geq 1$, wir zeigen durch Induktion nach r, daß dann $L(u)$ nilpotent ist. Für $r = 1$ ist dies trivial. Die Aussage sei für r richtig. Ist nun $u^{r+1} = 0$, so ist offenbar $(u^2)^r = 0$ und $(u^3)^r = 0$, so daß nach Induktionsvoraussetzung $L(u^2)$ und $L(u^3)$ nilpotent sind. Setzt man $u = v$ in (3.3), so erhält man

$$(5.1) \qquad 2L^3(u) = 3L(u^2)\,L(u) - L(u^3).$$

Wegen I, Lemma 3.1, ist daher $L^3(u)$ und somit $L(u)$ nilpotent.

Nach dem Korollar zu III, Satz 1.5, hat man $P(u^m) = P^m(u)$ für alle natürlichen Zahlen m. Ist daher u nilpotent, so gilt dies auch für $P(u)$. Ist umgekehrt $P(u)$ nilpotent, so zeigt $u^{2m+1} = P^m(u)\,u$, daß auch u nilpotent ist.

4. Wir hatten in I, § 12, die PEIRCE-Zerlegung einer beliebigen potenz-assoziativen Algebra hergeleitet. Da die Beweise umfangreiche Rechnungen erforderten, wollen wir jetzt für Jordan-Algebren die Ergebnisse erneut beweisen. Wir erhalten nicht nur einen wesentlich einfacheren Beweis, sondern auch schärfere Aussagen über die PEIRCE-Zerlegung.

Es sei c ein Idempotent der Jordan-Algebra $\mathfrak{A}$. Trägt man $u = c$ in (5.1) ein, so erhält man

$$(5.2) \qquad 2L^3(c) - 3L^2(c) + L(c) = 0.$$

Das Minimalpolynom von $L(c)$ ist also ein Teiler des Polynoms $2\tau^3 - 3\tau^2 + \tau$. Dieses Polynom hat die einfachen Wurzeln 0, $\frac{1}{2}$, 1. Den Fall, daß nur die Eigenwerte 0 und 1 vorkommen, kann man genau beschreiben, denn es gilt

Lemma 5.6. *Die Idempotente des Zentrums $\mathfrak{Z}(\mathfrak{A})$ von $\mathfrak{A}$ sind genau diejenigen, für die $L(c)$ nur die Eigenwerte 0 und 1 hat.*

Beweis. a) Es sei $c \in \mathfrak{Z}(\mathfrak{A})$, $c^2 = c$. Dann ist $L(c) = L(c^2) = L^2(c)$. Das Minimalpolynom von $L(c)$ ist folglich ein Teiler von $\tau^2 - \tau$. Also sind 0 und 1 die einzigen möglichen Eigenwerte von $L(c)$.

b) Da man gegebenenfalls zu der Algebra $\mathfrak{A}$ ein Einselement adjungieren kann, darf man ohne Einschränkung annehmen, daß $\mathfrak{A}$ bereits ein Einselement e enthält. Es sei c ein Idempotent und $\frac{1}{2}$ kein Eigenwert von $L(c)$. Dann muß das Minimalpolynom von $L(c)$ ein Teiler von $\tau^2 - \tau$ sein, es ist also $L^2(c) = L(c)$. Für $g = 2c - e$ folgt $g^2 = e$ und $P(g) = 2(2L(c) - Id)^2 - Id = Id$. Wegen Satz 2.5 folgt $g \in \mathfrak{Z}(\mathfrak{A})$, also $c \in \mathfrak{Z}(\mathfrak{A})$.

Wir definieren

$$\mathfrak{A}_\nu(c) := \{u;\ u \in \mathfrak{A},\ c\,u = L(c)\,u = \nu\,u\},$$

$\mathfrak{A}_\nu(c)$ ist also derjenige lineare Teilraum von $\mathfrak{A}$, der aus den Eigenvektoren von $L(c)$ mit Eigenwert ν besteht (vgl. I, § 12.2). Es ist

$$(5.3) \qquad \mathfrak{A} = \mathfrak{A}_0(c) + \mathfrak{A}_{\frac{1}{2}}(c) + \mathfrak{A}_1(c)$$

die PEIRCE-*Zerlegung von* $\mathfrak{A}$ *in bezug auf das Idempotent* c, und es gilt

Satz 5.7. *Ist c ein Idempotent, dann sind $\mathfrak{A}_0(c)$ und $\mathfrak{A}_1(c)$ sich gegenseitig annullierende Teilalgebren von $\mathfrak{A}$. Außerdem gilt*

$$\mathfrak{A}_\nu(c)\,\mathfrak{A}_{\frac{1}{2}}(c) \subset \mathfrak{A}_{\frac{1}{2}}(c) \quad \text{für} \quad \nu = 0, 1\,.$$

$$\mathfrak{A}_{\frac{1}{2}}(c)\,\mathfrak{A}_{\frac{1}{2}}(c) \subset \mathfrak{A}_0(c) + \mathfrak{A}_1(c)\,.$$

Man beachte hier, daß die erste Inklusion schärfer ist, als die entsprechende Aussage in I, Satz 12.2.

Beweis. Wir wenden die Polarisationsformel (3.2) an auf den Fall $u = c$, $v \in \mathfrak{A}_\nu(c)$, $w \in \mathfrak{A}_\mu(c)$ und erhalten

$$(5.4) \qquad (1 - 2\mu)\,(c\,[v\,w] - \nu\,[v\,w]) = 0\,.$$

Im Fall $\nu = \mu = 0$ oder 1 ergibt dies $c\,(v\,w) = \nu\,(v\,w)$, also sind $\mathfrak{A}_0(c)$ und $\mathfrak{A}_1(c)$ Teilalgebren; $\mu = 1$, $\nu = 0$ bzw. $\mu = 0$, $\nu = 1$ zeigen $c\,(v\,w) = 0$ bzw. $c\,(v\,w) = v\,w$, also annullieren $\mathfrak{A}_0(c)$ und $\mathfrak{A}_1(c)$ einander. Für $\mu = 0$ oder 1 und $\nu = \frac{1}{2}$ findet man $\mathfrak{A}_\mu(c)\,\mathfrak{A}_{\frac{1}{2}}(c) \subset \mathfrak{A}_{\frac{1}{2}}(c)$.

Schließlich verwenden wir die Polarisationsformel für $u \in \mathfrak{A}_{\frac{1}{2}}(c)$, $v = w = c$ und erhalten $c\,(c\,u^2) = c\,u^2$. Diese Formel wird auf $u = x + y$ mit $x, y \in \mathfrak{A}_{\frac{1}{2}}(c)$ angewendet. Man findet $c\,(c\,[x\,y]) = c\,(x\,y)$. Man setze $a_0 := x\,y - c\,(x\,y)$, $a_1 := c\,(x\,y)$. Dann ist $x\,y = a_0 + a_1$, $c\,a_0 = 0$, $c\,a_1 = a_1$, also $x\,y \in \mathfrak{A}_0(c) + \mathfrak{A}_1(c)$.

Wir wiederholen außerdem I, Lemma 12.1, bzw. (III; 7.7) als

Lemma 5.8. *Für ein Idempotent c hat man $\mathfrak{A}_1(c) = P(c)\,\mathfrak{A}$. Genauer gilt*

$$P(c)\,(\mathfrak{A}_0(c) + \mathfrak{A}_{\frac{1}{2}}(c)) = 0 \quad und \quad P(c)\,u_1 = u_1 \quad für \quad u_1 \in \mathfrak{A}_1(c)\,.$$

Schließlich erinnern wir daran, daß wegen I, § 12.4, für Grundkörpererweiterungen von K zu $\bar{K}$ gilt

$$(5.5) \qquad \overline{\mathfrak{A}_\nu(c)} = \bar{\mathfrak{A}}_\nu(c) \quad \text{für} \quad \nu = 0, \tfrac{1}{2}, 1\,.$$

5. Der Vollständigkeit halber wiederholen wir auch die in III, § 7.2, als äquivalent erkannten Aussagen (7.1) bis (7.5):

Satz 5.9. *Für ein Idempotent c von $\mathfrak{A}$ sind die folgenden Aussagen äquivalent:*

a) *Das Idempotent c von $\mathfrak{A}$ ist primitiv.*

b) *$\mathfrak{A}_1(c)$ ist primär, d. h., c ist das einzige Idempotent von $\mathfrak{A}_1(c)$.*

c) *Jedes nichtinvertierbare Element von $\mathfrak{A}_1(c)$ ist nilpotent.*

d) $\mathfrak{A}_1(c)$ *ist vollständig primär, d. h., die nichtinvertierbaren Elemente von* $\mathfrak{A}_1(c) \cdot$ *bilden einen Vektorraum.*

e) $\mathfrak{A}_1(c)$ *ist stark primär, d. h.,* $\mathfrak{A}_1(c)$ *ist primär und die nilpotenten Elemente gehören zum Radikal von* $\mathfrak{A}_1(c)$.

Eine Jordan-Algebra $\mathfrak{A}$ über K nennen wir einen *Jordan-Körper*, wenn $\mathfrak{A}$ ein Einselement enthält und jedes von Null verschiedene Element von $\mathfrak{A}$ invertierbar ist. Da für Jordan-Algebren mit Einselement wegen III, Satz 5.3, stets $\operatorname{Rad}\mathfrak{A} \neq \mathfrak{A}$ gilt, erhalten wir aus dem vorhergehenden Satz und aus I, Satz 10.6, den

Satz 5.10. *Eine Jordan-Algebra ist dann und nur dann ein Jordan-Körper, wenn sie primär und einfach ist.*

Ist $\mathfrak{A}$ eine halbeinfache Jordan-Algebra und c ein primitives Idempotent von $\mathfrak{A}$, so ist $\mathfrak{A}_1(c)$ wegen I, Lemma 13.5, einfach. Teil b) von Satz 5.9 zeigt, daß $\mathfrak{A}_1(c)$ auch primär ist, man hat folglich

Satz 5.11. *Ist c ein primitives Idempotent der halbeinfachen Jordan-Algebra $\mathfrak{A}$, so ist $\mathfrak{A}_1(c)$ ein Jordan-Körper.*

Schließlich entnehmen wir III, Satz 2.8, den

Satz 5.12. *Ist c ein absolut primitives Idempotent der nichtausgearteten Jordan-Algebra $\mathfrak{A}$, so gilt $\mathfrak{A}_1(c) = Kc$.*

§ 6. Die Automorphismengruppe $A(\mathfrak{A})$

1. Es sei K ein Körper der Charakteristik ungleich 2 und $\mathfrak{A}$ eine Jordan-Algebra mit Einselement e über K. Die Gruppe der Automorphismen von $\mathfrak{A}$ bezeichnen wir mit $A(\mathfrak{A})$. Für $V \in A(\mathfrak{A})$ gilt $Ve = e$.

Satz 6.1. *Eine umkehrbare lineare Transformation V von $\mathfrak{A}$ ist dann und nur dann ein Automorphismus, wenn $V \in \Gamma(\mathfrak{A})$ und $Ve = e$ gilt. Ist dies der Fall, so gilt $V^{\#} = V^{-1}$.*

Beweis. a) Für $V \in A(\mathfrak{A})$ gilt $V(uv) = (Vu)(Vv)$ und daher auch $P(Vu)\,Vv = VP(u)\,v$. Es folgt $P(Vu) = V\,P(u)\,V^{-1}$, also $V \in \Gamma(\mathfrak{A})$ und $V^{\#} = V^{-1}$.

b) Sei $V \in \Gamma(\mathfrak{A})$ mit $Ve = e$ gegeben. Es ist $e = e^{-1} = V^{\#\,-1}\,e$, d. h. $V^{\#}\,e = e$. Wendet man $P(Vu) = V\,P(u)\,V^{\#}$ auf e an, so folgt $(Vu)^2 = Vu^2$. Da $\mathfrak{A}$ kommutativ ist, gilt $V \in A(\mathfrak{A})$.

Führt man die Gruppe

$$(6.1) \qquad \Gamma_1(\mathfrak{A}) := \{W;\ W \in \Gamma(\mathfrak{A}),\ W^{\#} = W^{-1}\}$$

ein, so gilt also

$$(6.2) \qquad A(\mathfrak{A}) \subset \Gamma_1(\mathfrak{A}) \subset \Gamma(\mathfrak{A}).$$

2. Nun sei $\mathfrak{A}$ überdies halbeinfach und

$$\mathfrak{A} = \mathfrak{A}_1 \oplus \mathfrak{A}_2 \oplus \cdots \oplus \mathfrak{A}_q$$

die Zerlegung von $\mathfrak{A}$ in eine direkte Summe von einfachen Idealen $\mathfrak{A}_i$ mit Einselement e_i (vgl. I, § 13.3). Wir wissen, daß für die Zentren die entsprechende Zerlegung

$$\mathfrak{Z}(\mathfrak{A}) = \mathfrak{Z}(\mathfrak{A}_1) \oplus \mathfrak{Z}(\mathfrak{A}_2) \oplus \cdots \oplus \mathfrak{Z}(\mathfrak{A}_q)$$

gilt, und daß $e = e_1 + e_2 + \cdots + e_q$ ist.

Zu jedem q-Tupel $\varepsilon_1, \varepsilon_2, \ldots, \varepsilon_q$, $\varepsilon_i = \pm 1$, definieren wir eine lineare Transformation U von $\mathfrak{A}$ durch die Festsetzung

$$Uu := \varepsilon_1 u_1 + \cdots + \varepsilon_q u_q, \quad \text{falls } u = u_1 + \cdots + u_q, \quad u_i \in \mathfrak{A}_i.$$

Die Menge der so entstehenden Transformationen U bildet eine Gruppe Σ_q von 2^q Elementen. Wegen $(Ux)^{-1} = Ux^{-1}$ gilt $\Sigma_q \subset \Gamma_1(\mathfrak{A})$.

Für ein Element g von $\mathfrak{A}$ gilt $P(g) = Id$ wegen Satz 2.5 dann und nur dann, wenn $g \in \mathfrak{Z}(\mathfrak{A})$ und $g^2 = e$. Ist $g = g_1 + \cdots + g_q$, $g_i \in \mathfrak{A}_i$, so ist dies mit $g_i \in \mathfrak{Z}(\mathfrak{A}_i)$ und $g_i^2 = e_i$ gleichbedeutend. Da aber die Zentren $\mathfrak{Z}(\mathfrak{A}_i)$ Körper sind, hat man $g_i = \pm e_i$. Damit erhalten wir

Lemma 6.2. *Es ist dann und nur dann $P(g) = Id$, wenn $g = Ue$, $U \in \Sigma_q$.*

Sei $W \in \Gamma_1(\mathfrak{A})$. Auf Grund dieses Lemmas ist $P(We) = WP(e)\, W^{-1} = Id$, d. h., $We = Ue$ mit einem $U \in \Sigma_q$. Zu jedem $W \in \Gamma_1(\mathfrak{A})$ gibt es also $U \in \Sigma_q$, so daß $W \in A(\mathfrak{A})\, U$. Das bedeutet $\Gamma_1(\mathfrak{A}) \subset A(\mathfrak{A})\, \Sigma_q$. Da aber $A(\mathfrak{A})$ und Σ_q Untergruppen von $\Gamma_1(\mathfrak{A})$ sind, folgt

$$(6.3) \qquad\qquad \Gamma_1(\mathfrak{A}) = A(\mathfrak{A})\, \Sigma_q.$$

Ist also $\mathfrak{A}$ eine einfache Algebra, so ist

$$(6.4) \qquad\qquad \Gamma_1(\mathfrak{A}) = \{\pm V; V \in A(\mathfrak{A})\}.$$

Nun sei K algebraisch abgeschlossen. Für $W \in \Gamma(\mathfrak{A})$ ist We invertierbar. Wegen I, Satz 4.3, gibt es ein invertierbares u mit $P(u)\, e = u^2 = We$. Das bedeutet $P^{-1}(u)\, W \in A(\mathfrak{A})$, und man bekommt

Satz 6.3. *Ist der Grundkörper der Jordan-Algebra $\mathfrak{A}$ algebraisch abgeschlossen, so gibt es zu jedem $W \in \Gamma(\mathfrak{A})$ ein invertierbares Element u von $\mathfrak{A}$ und einen Automorphismus V, so daß $W = P(u)\, V$ gilt.*

3. Wir fragen nun, für welche w aus $\mathfrak{A}$ die lineare Transformation $P(w)$ ein Automorphismus von $\mathfrak{A}$ ist. Da $P(w)$ für invertierbares w zur Strukturgruppe $\Gamma(\mathfrak{A})$ gehört, ist dies genau dann der Fall, wenn $P(w)e = e$, d. h. $w^2 = e$ gilt. Da umgekehrt jedes w mit $w^2 = e$ invertierbar ist, ist auch $P(w)$ stets ein Automorphismus. Aus dem

Korollar zu III, Satz 1.5, erhalten wir $P^2(w) = P(w^2) = P(e) = Id$.
Man hat also

Lemma 6.4. *Für* $w \in \mathfrak{A}$ *mit* $w^2 = e$ *ist* $P(w)$ *ein involutorischer Automorphismus von* $\mathfrak{A}$.

Wir bezeichnen mit $A_0(\mathfrak{A})$ die von den $P(w)$, $w^2 = e$, erzeugte Untergruppe der Automorphismengruppe $A(\mathfrak{A})$.

Es ist zweckmäßig, die beiden folgenden Teilmengen von $\mathfrak{A}$ einzuführen:

$$\mathfrak{W} = \mathfrak{W}(\mathfrak{A}) := \{w; w \in \mathfrak{A}, w^2 = e\}, \qquad \mathfrak{J} = \mathfrak{J}(\mathfrak{A}) := \{c; c \in \mathfrak{A}, c^2 = c\}.$$

Es besteht also $\mathfrak{J}$ aus allen Idempotenten von $\mathfrak{A}$ und aus der Null (als uneigentliches Idempotent). Setzt man jetzt

$$c_w := \tfrac{1}{2}(e + w), \qquad w \in \mathfrak{W},$$

so erhält man $c_w^2 = c_w$, d. h., $w \to c_w$ bildet $\mathfrak{W}$ in $\mathfrak{J}$ ab. Da umgekehrt für ein $c \in \mathfrak{J}$ und $w := 2c - e$ auch $w^2 = e$ und $c = c_w$ gilt, ist diese Abbildung surjektiv, d. h., *die Abbildung* $w \to c_w$ *von* $\mathfrak{W}$ *auf* $\mathfrak{J}$ *ist bijektiv*.

Für $V \in A(\mathfrak{A})$ und $w \in \mathfrak{W}$ ist $(Vw)^2 = Vw^2 = Ve = e$, d. h., $V : \mathfrak{W} \to \mathfrak{W}$ ist bijektiv. Eine entsprechende Aussage gilt für $\mathfrak{J}$ an Stelle von $\mathfrak{W}$. Da für $u \in \mathfrak{W}$ nach dem Lemma die Abbildung $P(u)$ zu $A(\mathfrak{A})$ gehört, hat man

$$P(u)\, w \in \mathfrak{W} \quad \text{für} \quad u, w \in \mathfrak{W}.$$

Man kann den Automorphismus $P(w)$ sehr einfach in der Peirce-Zerlegung von $\mathfrak{A}$ in bezug auf c_w beschreiben:

Lemma 6.5. *Ist* $w \in \mathfrak{W}$, *dann gilt* $P(w)\, u = (-1)^{2\nu}\, u$, *falls* $u \in \mathfrak{A}_\nu(c_w)$.

Beweis. Man entnimmt die Behauptung aus $P(w) = P(2c_w - e)$ $= 4P(c_w) - 4L(c_w) + Id$, wenn man dabei Lemma 5.8 beachtet.

4. Es sei c ein Idempotent von $\mathfrak{A}$, für welches $\mathfrak{A}_1(c) = Kc$ gilt. Wegen Satz 5.9 ist dann c primitiv. Da man aus (5.5) für jede Grundkörpererweiterung $\tilde{K}$ von K auch $\tilde{\mathfrak{A}}_1(c) = \tilde{K}c$ erhält, *ist* c *sogar ein absolut-primitives Idempotent von* $\mathfrak{A}$.

Für $u \in \mathfrak{A}$ liegt $P(c)\, u$ wegen Lemma 5.8 in $\mathfrak{A}_1(c)$, d. h., es gibt $\alpha \in K$ mit $P(c)\, u = \alpha\, c$. Hierauf wendet man die reduzierte Spur an. Wir erhalten $RS(c) = 1$ aus III, Satz 7.4, und $RS(P(c)\, u) = RS(c\, u)$ aus der Assoziativität der reduzierten Spur. Es folgt daher

$$(6.5) \qquad P(c)\, u = RS(c\, u)\, c \quad \text{für} \quad u \in \mathfrak{A}, \quad \text{falls} \quad \mathfrak{A}_1(c) = Kc.$$

Nun seien c_1, c_2 Idempotente von $\mathfrak{A}$ mit $\mathfrak{A}_1(c_i) = Kc_i$. Wir setzen $\varrho := RS(c_1 c_2) \in K$ und erhalten aus (6.5)

$$(6.6) \qquad P(c_i)\, c_j = \varrho\, c_i \quad \text{für} \quad i \neq j.$$

Zur Untersuchung der durch c_1 und c_2 erzeugten Teilalgebra von $\mathfrak{A}$ setzen wir $b := c_1 c_2$ und beweisen

$$(6.7) \qquad c_i b = \frac{1}{2}(\varrho c_i + b), \qquad b^2 = \frac{\varrho}{4}(c_1 + c_2 + 2b).$$

Die erste Gleichung folgt sofort aus (6.6). Zum Nachweis der zweiten Beziehung verwendet man (3.11) und setzt dort $u = c_1$, $v = c_2$. Wegen (6.6) erhält man $4(c_1 c_2)^2 = P(c_1)c_2 + P(c_2)c_1 + 2c_1[P(c_2) c_1] = \varrho(c_1 + c_2 + 2c_1 c_2)$.

Die Gln. (6.7) zeigen, daß die durch c_1 und c_2 erzeugte Teilalgebra von $\mathfrak{A}$ die Form $Kc_1 + Kc_2 + Kb$ hat. Hier ist die Summe jedoch nicht in jedem Fall direkt. Wir betrachten den Teilvektorraum $K(c_1 + c_2) + Kb$ und berechnen mit (6.7)

$$c^2 = (\gamma^2 + 2\beta\gamma\varrho + \beta^2\varrho)(c_1 + c_2) + 2(\gamma^2 + 2\beta\gamma + \beta^2\varrho)\, b,$$

$$\text{falls} \quad c = \gamma(c_1 + c_2) + 2\beta\, b.$$

Wir wollen feststellen, wann c ein Idempotent ist mit $RS(c) = 1$. Aus dieser Gleichung und aus $1 = RS(c) = 2(\gamma + \beta\varrho)$ sehen wir, daß dies dann der Fall ist, wenn gilt

$$\gamma^2 + 2\beta\gamma\varrho + \beta^2\varrho = \gamma, \qquad \gamma^2 + 2\beta\gamma + \beta^2\varrho = \beta, \qquad \gamma + \beta\varrho = \tfrac{1}{2}.$$

Durch Eintragen von $\gamma = \tfrac{1}{2} - \beta\varrho$ sieht man, daß dies mit

$$\beta^2(1 - \varrho) + \beta = \frac{1}{4\varrho}, \qquad \gamma + \beta\varrho = \frac{1}{2}, \qquad \varrho \neq 0,$$

und dann auch mit

$$(6.8) \qquad\qquad 4\varrho(\beta + \gamma)^2 = 1, \qquad 2(\gamma + \beta\varrho) = 1$$

äquivalent ist. Wir nehmen an, daß diese Gleichungen in K lösbar sind. Das bedeutet also, daß $\varrho \neq 0$ und ein Quadrat in K ist. Zur Bestimmung von

$$P(2c - e)\, c_1 = [4P(c) - 4L(c) + Id]\, c_1 = 8c(c\, c_1) - 8c\, c_1 + c_1$$

berechnen wir mit Hilfe von (6.7) und (6.8)

$$8c\, c_1 = 4c_1 + 8(\beta + \gamma)\, b, \qquad 8c(c\, c_1) = 2c_1 + 8(\beta + \gamma)\, b + (c_1 + c_2),$$

so daß sich $P(2c - e)\, c_1 = c_2$ ergibt. Für $w = 2c - e$ gilt $w^2 = e$, so daß $P(w)$ ein Automorphismus von $\mathfrak{A}$ ist. Wir fassen unser Ergebnis zusammen in

Lemma 6.6. *Es seien c_1 und c_2 zwei Idempotente von $\mathfrak{A}$ mit $\mathfrak{A}_1(c_i)$ $= Kc_i$. Ist dann $RS(c_1 c_2)$ ungleich Null und ein Quadrat in K, dann gibt es einen Automorphismus aus $A_0(\mathfrak{A})$ der c_1 in c_2 abbildet.*

Wir betrachten nun den Fall $\varrho = 0$. Wegen (6.7) ist dann $c_1 b = c_2 b$ $= \tfrac{1}{2}b$, $b^2 = 0$. Man rechnet nach, daß die Elemente $c_i - \alpha b$, $\alpha \in K$, Idempotente mit $RS(c_i - \alpha b) = 1$ sind. Wir setzen $w_i = 2(c_i - \tfrac{1}{2}b) - e$ und erhalten nach elementarer Rechnung $w_i^2 = e$ und $P(w_i)\, c_i = c_i - b$.

Da die Idempotente $c_1 - b$ und $c_2 - b$ orthogonal sind, folgt aus Lemma 6.4 das

Lemma 6.7. *Es seien c_1 und c_2 zwei Idempotente von $\mathfrak{A}$ mit $\mathfrak{A}_1(c_i)$ $= K c_i$ und $RS(c_1 c_2) = 0$. Dann gibt es Automorphismen $V_i \in A_0(\mathfrak{A})$, so daß $V_1 c_1$ und $V_2 c_2$ absolut-primitive und orthogonale Idempotente von $\mathfrak{A}$ sind.*

5. Nun sei die Algebra $\mathfrak{A}$ nichtausgeartet. Wegen Satz 5.12 gilt dann $\mathfrak{A}_1(c) = Kc$ für jedes absolut-primitive Idempotent c. Wir nehmen an, daß in $\mathfrak{A}$ ein vollständiges Orthogonalsystem $e_1, e_2, \ldots, e_r$ von absolut-primitiven Idempotenten existiert. Wegen III, Satz 7.5, ist das genau der Fall, wenn für $\mathfrak{A}$ Grad und Primitiv-Grad übereinstimmen.

Es sei c ein beliebiges absolut-primitives Idempotent von $\mathfrak{A}$. Wäre $RS(c\, e_i) = 0$ für alle i, dann würde eine Summation über i auch $RS(c) = 0$ ergeben im Widerspruch zu $RS(c) = 1$. Also ist z. B. $RS(c\, e_1) \neq 0$. Wegen Lemma 6.6 gibt es $V \in A_0(\mathfrak{A})$ mit $c = V e_1$. Da die Elemente $d_i = V e_i$ wieder ein vollständiges Orthogonalsystem absolut-primitiver Idempotente darstellen, kann man also jedes c in ein solches System einbetten. Wir erhalten

Satz 6.8. *Es sei $\mathfrak{A}$ eine nichtausgeartete Jordan-Algebra über K, für welche Grad und Primitiv-Grad übereinstimmen. Für je zwei absolut-primitive Idempotente c_1, c_2 sei $RS(c_1 c_2)$ ein Quadrat in K. Dann gibt es zu jedem absolut-primitiven Idempotent c von $\mathfrak{A}$ ein vollständiges Orthogonalsystem von absolut-primitiven Idempotenten, in dem c vorkommt.*

Eine weitere Konsequenz unserer Ergebnisse ist

Satz 6.9. *Es sei $\mathfrak{A}$ eine nichtausgeartete Jordan-Algebra über K. Für je zwei absolut-primitive Idempotente c_1, c_2 sei $RS(c_1 c_2)$ ein Quadrat in K. Gibt es dann ein vollständiges Orthogonalsystem von absolut-primitiven Idempotenten, von denen je zwei durch Automorphismen von $A_0(\mathfrak{A})$ ineinander übergeführt werden können, dann operiert $A_0(\mathfrak{A})$ sogar transitiv auf der Menge aller absolut-primitiven Idempotente von $\mathfrak{A}$.*

Beweis. Das Orthogonalsystem absolut-primitiver Idempotente sei $e_1, e_2, \ldots, e_r$, ferner seien c_1, c_2 zwei beliebige absolut-primitive Idempotente von $\mathfrak{A}$. Wir wählen $V_i \in A_0(\mathfrak{A})$ mit $V_i c_i \in \{e_1, e_2, \ldots, e_r\}$. Im Falle $V_1 c_1 = V_2 c_2$ ist nichts zu beweisen. Anderenfalls darf $V_1 c_1 = e_1$, $V_2 c_2 = e_2$, angenommen werden. Da es aber nach Voraussetzung ein $V \in A_0(\mathfrak{A})$ mit $V e_1 = e_2$ gibt, folgt auch hier die Behauptung.

Literatur: A. A. Albert [1], [6], [7], [16], [33], [34]; A. A. Albert und L. J. Paige [1]; G. Birkhoff und P. M. Whitman [1]; P. M. Cohn [2]; M. Hall [2]; L. R. Harper [1]; U. Hirzebruch [2]; F. D. Jacobson und N. Jacobson [1]; N. Jacobson [6], [10], [12], [13], [14], [15], [17], [18], [21], [25], [27], [28]; P. Jordan [1], [2]; M. Koecher [3], [4]; L. A. Kokoris [9]; H.-P. Lorenzen [1], [2]; I. G. MacDonald [1]; K. McCrimmon [1], [2]; L. J. Paige [3]; R. D. Schafer [12], [14], [15], [17], [21].

Fünftes Kapitel

Mutationen von Jordan-Algebren

In diesem Kapitel wird ausnahmslos vorausgesetzt, daß alle vorkommenden Algebren Jordan-Algebren über einem Körper der Charakteristik ungleich 2 sind.

§ 1. Eine Verallgemeinerung der Strukturgruppe

1. Es seien $\mathfrak{A}^{(1)}$ und $\mathfrak{A}^{(2)}$ Jordan-Algebren mit Einselement über demselben Körper K und von gleicher Dimension. Die zu $\mathfrak{A}^{(i)}$ gehörigen Transformationen L und P werden mit $L^{(i)}$ und $P^{(i)}$ bezeichnet. Es sei e_i das Einselement von $\mathfrak{A}^{(i)}$. Wir betrachten die Menge $\Gamma(\mathfrak{A}^{(1)}, \mathfrak{A}^{(2)})$ aller umkehrbaren linearen Transformationen $W:\mathfrak{A}^{(2)} \to \mathfrak{A}^{(1)}$, für die es eine lineare Transformation $W^{\#}:\mathfrak{A}^{(1)} \to \mathfrak{A}^{(2)}$ gibt, so daß

$$(1.1) \qquad P^{(1)}(Wx) = WP^{(2)}(x)\, W^{\#}$$

für generisches Element x von $\mathfrak{A}^{(2)}$ gilt. Wir bemerken gleich, daß $\Gamma(\mathfrak{A}^{(1)}, \mathfrak{A}^{(2)})$ leer sein kann.

Spezialisiert man $x \to e_2$ in (1.1), so folgt

$$(1.2) \qquad W^{\#} = W^{-1}\, P^{(1)}(We_2).$$

$W^{\#}$ ist also durch W eindeutig bestimmt. Setzt man $x \to W^{-1} e_1$ in (1.1), so ergibt sich $Id = P^{(1)}(e_1) = W\, P^{(2)}(W^{-1} e_1)\, W^{\#}$, woraus folgt, daß auch $W^{\#}$ umkehrbar ist. Aus (1.1) ergibt sich nach Spezialisierung $x \to u \in \mathfrak{A}^{(2)}$ ferner, daß u und Wu gleichzeitig invertierbar sind (vgl. III, Satz 1.2).

Eine andere Charakterisierung von $\Gamma(\mathfrak{A}^{(1)}, \mathfrak{A}^{(2)})$ erhalten wir in

Satz 1.1. *Eine umkehrbare lineare Transformation* $W:\mathfrak{A}^{(2)} \to \mathfrak{A}^{(1)}$ *gehört dann und nur dann zu* $\Gamma(\mathfrak{A}^{(1)}, \mathfrak{A}^{(2)})$, *wenn es eine lineare Transformation* $V:\mathfrak{A}^{(2)} \to \mathfrak{A}^{(1)}$ *gibt, so daß* $(Wx)^{-1} = Vx^{-1}$ *für generisches Element* x *von* $\mathfrak{A}^{(2)}$ *gilt. Ist dies der Fall, so gilt* $V = (W^{\#})^{-1}$.

Beweis. a) Es sei $W \in \Gamma(\mathfrak{A}^{(1)}, \mathfrak{A}^{(2)})$. Da mit x auch Wx generisch ist, hat man wegen (1.1) und III, Satz 1.2,

$$(Wx)^{-1} = [P^{(1)}(Wx)]^{-1}\, Wx = (W^{\#})^{-1}\, P^{(2)}(x^{-1})\, x = (W^{\#})^{-1}\, x^{-1}.$$

b) Es gelte $(Wx)^{-1} = Vx^{-1}$. Man differenziert diese Identität nach x und erhält wegen

$$\frac{\partial y^{-1}}{\partial y} = -P^{-1}(y)$$

[vgl. (III; 1.1)] und der Kettenregel (II; 1.4')

$$\frac{\partial (Wx)^{-1}}{\partial Wx}\,\frac{\partial Wx}{\partial x} = \frac{\partial (Wx)^{-1}}{\partial x} = \frac{\partial Vx^{-1}}{\partial x} = \frac{\partial Vx^{-1}}{\partial x^{-1}}\,\frac{\partial x^{-1}}{\partial x},$$

d. h. $-P^{(1)\,-1}(Wx)\,W = -V\,P^{(2)\,-1}(x)$. Es ist also auch V umkehrbar, man erhält

$$P^{(1)}(Wx) = W\,P^{(2)}(x)\,V^{-1}.$$

Also gehört W zu $\Gamma(\mathfrak{A}^{(1)}, \mathfrak{A}^{(2)})$, und es gilt $V = (W^{\#})^{-1}$.

2. Für eine dritte Algebra $\mathfrak{A}^{(3)}$ über dem Körper K von gleicher Dimension wie $\mathfrak{A}^{(1)}$ und $\mathfrak{A}^{(2)}$ zeigen wir

$$(1.3) \quad W \in \Gamma(\mathfrak{A}^{(1)}, \mathfrak{A}^{(2)}), \quad V \in \Gamma(\mathfrak{A}^{(2)}, \mathfrak{A}^{(3)}) \Rightarrow WV \in \Gamma(\mathfrak{A}^{(1)}, \mathfrak{A}^{(3)}),$$
$$(WV)^{\#} = V^{\#}\,W^{\#}.$$

Diese Behauptung entnimmt man der Formel

$$P^{(1)}(WVx) = W\,P^{(2)}(Vx)\,W^{\#} = WV\,P^{(3)}(x)\,V^{\#}\,W^{\#}.$$

Für generisches Element y von $\mathfrak{A}^{(1)}$ spezialisiert man $x \to W^{-1}y$ in (1.1) und erhält $P^{(2)}(W^{-1}y) = W^{-1}\,P^{(1)}(y)\,(W^{\#})^{-1}$. Hieraus liest man ab

$$(1.4) \quad W \in \Gamma(\mathfrak{A}^{(1)}, \mathfrak{A}^{(2)}) \Rightarrow W^{-1} \in \Gamma(\mathfrak{A}^{(2)}, \mathfrak{A}^{(1)}) \quad \text{und} \quad (W^{-1})^{\#} = (W^{\#})^{-1}.$$

Wegen III, Satz 1.3, stimmt die Menge $\Gamma(\mathfrak{A}^{(i)}, \mathfrak{A}^{(i)})$ mit der Strukturgruppe $\Gamma(\mathfrak{A}^{(i)})$ überein, und es gilt $P^{(i)}(u) \in \Gamma(\mathfrak{A}^{(i)})$, $[P^{(i)}(u)]^{\#} = P^{(i)}(u)$, für jedes invertierbare u von $\mathfrak{A}^{(i)}$. Aus (1.3) entnimmt man jetzt

$$(1.5) \qquad \Gamma(\mathfrak{A}^{(1)})\,\Gamma(\mathfrak{A}^{(1)}, \mathfrak{A}^{(2)})\,\Gamma(\mathfrak{A}^{(2)}) \subset \Gamma(\mathfrak{A}^{(1)}, \mathfrak{A}^{(2)})$$

und

$$(1.5') \quad [P^{(1)}(u^{(1)})\,W\,P^{(2)}(u^{(2)})]^{\#} = P^{(2)}(u^{(2)})\,W^{\#}\,P^{(1)}(u^{(1)}),$$
$$u^{(i)} \in \mathfrak{A}^{(i)} \text{ invertierbar.}$$

Für $W \in \Gamma(\mathfrak{A}^{(1)}, \mathfrak{A}^{(2)})$ ergeben (1.4) und (1.5), daß die rechte Seite von (1.2) zu $\Gamma(\mathfrak{A}^{(2)}, \mathfrak{A}^{(1)})$ gehört. Es ist also $W^{\#} \in \Gamma(\mathfrak{A}^{(2)}, \mathfrak{A}^{(1)})$, und man erhält wegen (1.1) und (1.5')

$$(W^{\#})^{\#} = P^{(1)}(We_2)\,(W^{-1})^{\#} = W\,W^{\#}\,(W^{-1})^{\#} = W.$$

Man hat somit

$$(1.6) \quad W \in \Gamma(\mathfrak{A}^{(1)}, \mathfrak{A}^{(2)}) \Rightarrow W^{\#} \in \Gamma(\mathfrak{A}^{(2)}, \mathfrak{A}^{(1)}) \quad \text{und} \quad (W^{\#})^{\#} = W.$$

3. Die Bedeutung der Menge $\Gamma(\mathfrak{A}^{(1)}, \mathfrak{A}^{(2)})$ liegt in ihrem engen Zusammenhang mit den Mutationen. In IV, § 4, hatten wir zu jedem f aus der Jordan-Algebra $\mathfrak{A}$ die Mutation $\mathfrak{A}_f$ von $\mathfrak{A}$ definiert als die Algebra mit der neuen Multiplikation

$$u \perp v = u(v f) + v(u f) - (u v) f.$$

Wegen IV, Satz 4.2, ist jede Mutation wieder eine Jordan-Algebra. Nach IV, Satz 4.4, wissen wir, daß $\mathfrak{A}_f$ dann und nur dann ein Einselement enthält, wenn $\mathfrak{A}$ ein Einselement besitzt und f in $\mathfrak{A}$ invertierbar ist. Es ist dann f^{-1} das Einselement von $\mathfrak{A}_f$. Ferner ist die quadratische Darstellung von $\mathfrak{A}_f$ durch die Formel

$$(1.7) \qquad P_f(u) = P(u) P(f)$$

mit der quadratischen Darstellung von $\mathfrak{A}$ verbunden.

Wir beweisen nun den

Satz 1.2.

a) *Es sei* $W \in \Gamma(\mathfrak{A}^{(1)}, \mathfrak{A}^{(2)})$ *und* $f := W^{\#} e_1$. *Dann ist* W *ein Isomorphismus von* $\mathfrak{A}_f^{(2)}$ *auf* $\mathfrak{A}^{(1)}$.

b) *Ist* $W : \mathfrak{A}_f^{(2)} \to \mathfrak{A}^{(1)}$ *ein Isomorphismus, so ist* $W \in \Gamma(\mathfrak{A}^{(1)}, \mathfrak{A}^{(2)})$, *und es gilt* $f = W^{\#} e_1$.

Beweis.

a) Man wendet (1.1) nach der Spezialisierung $x \to u \in \mathfrak{A}^{(2)}$ auf e_1 an und erhält

$$(W u)^2 = P^{(1)}(W u) e_1 = W P^{(2)}(u) f = W(u \perp u).$$

Da $\mathfrak{A}^{(1)}$ und $\mathfrak{A}_f^{(2)}$ kommutativ sind, ist $W : \mathfrak{A}_f^{(2)} \to \mathfrak{A}^{(1)}$ ein Isomorphismus.

b) Sei $W : \mathfrak{A}_f^{(2)} \to \mathfrak{A}^{(1)}$ ein Isomorphismus. Dann hat $\mathfrak{A}_f^{(2)}$ ein Einselement, d. h., f ist in $\mathfrak{A}^{(2)}$ invertierbar. Wegen $W(u \perp v) = (W u)(W v)$ hat man auch

$$W(2u \perp [u \perp v] - [u \perp u] \perp v) = 2(W u)\,[(W u)\,(W v)] - (W u)^2\,(W v),$$

woraus man $W P_f^{(2)}(u) = P^{(1)}(W u)\, W$ abliest. Wegen (1.7) folgt

$$W P^{(2)}(u)\, W^{\#} = P^{(1)}(W u) \quad \text{mit} \quad W^{\#} := P^{(2)}(f)\, W^{-1}.$$

Also ist $W \in \Gamma(\mathfrak{A}^{(1)}, \mathfrak{A}^{(2)})$. Da $W f^{-1} = e_1$ gilt, ergibt Satz 1.1 auch $f = W^{\#} e_1$.

4. Die Menge der Isomorphismen von $\mathfrak{A}^{(2)}$ auf $\mathfrak{A}^{(1)}$ bezeichnen wir mit $A(\mathfrak{A}^{(1)}, \mathfrak{A}^{(2)})$. Es ist $A(\mathfrak{A}) = A(\mathfrak{A}, \mathfrak{A})$ die Gruppe der Automorphismen von $\mathfrak{A}$ (vgl. IV, § 6). Auf Grund von Satz 1.2 haben wir

$$A(\mathfrak{A}^{(1)}, \mathfrak{A}^{(2)}) \subset \Gamma(\mathfrak{A}^{(1)}, \mathfrak{A}^{(2)}),$$

und zwar besteht $A(\mathfrak{A}^{(1)}, \mathfrak{A}^{(2)})$ aus denjenigen Elementen $W \in \Gamma(\mathfrak{A}^{(1)}, \mathfrak{A}^{(2)})$, für die $W^{\#} e_1 = e_2$ ist. Wegen Satz 1.1 und (1.4) folgt $(W e_2)^{-1} = W^{\#\,-1} e_2$, so daß $W^{\#} e_1 = e_2$ mit $W e_2 = e_1$ gleichwertig ist. Man hat

Satz 1.3. *Die Elemente von* $A(\mathfrak{A}^{(1)}, \mathfrak{A}^{(2)})$, *d. h. die Isomorphismen von* $\mathfrak{A}^{(2)}$ *auf* $\mathfrak{A}^{(1)}$, *sind genau die* $W \in \Gamma(\mathfrak{A}^{(1)}, \mathfrak{A}^{(2)})$, *für die* $W e_2 = e_1$ *gilt. Ist dies der Fall, so gilt* $W^{\#} = W^{-1}$.

Dabei folgt die letzte Aussage direkt aus (1.2).

§ 2. Anwendungen auf Mutationen

1. Es seien $\mathfrak{A}^{(1)}$ und $\mathfrak{A}^{(2)}$ zwei Jordan-Algebren mit Einselement über dem Körper K von gleicher Dimension.

Satz 2.1. *Sind f bzw. g invertierbare Elemente von $\mathfrak{A}^{(1)}$ bzw. $\mathfrak{A}^{(2)}$, dann gilt $\Gamma(\mathfrak{A}_f^{(1)}, \mathfrak{A}_g^{(2)}) = \Gamma(\mathfrak{A}^{(1)}, \mathfrak{A}^{(2)})$.*

Beweis. Für $W \in \Gamma(\mathfrak{A}_f^{(1)}, \mathfrak{A}_g^{(2)})$ gilt $P_f^{(1)}(Wx) = W P_g^{(2)}(x) W^*$, wobei der Stern die Zuordnung bezüglich $\Gamma(\mathfrak{A}_f^{(1)}, \mathfrak{A}_g^{(2)})$ ausdrückt. Wegen (1.7) hat man daher

$$P^{(1)}(Wx) = W P^{(2)}(x) W^{\#} \quad \text{mit} \quad W^{\#} := P^{(2)}(g) W^* P^{(1)}(f^{-1}).$$

Wie man sieht, gehört W zu $\Gamma(\mathfrak{A}^{(1)}, \mathfrak{A}^{(2)})$, d. h., man hat

$$\Gamma(\mathfrak{A}_f^{(1)}, \mathfrak{A}_g^{(2)}) \subset \Gamma(\mathfrak{A}^{(1)}, \mathfrak{A}^{(2)})$$

bewiesen, und zwar auch im Falle, daß die linke Seite leer ist. Ebenso beweist man die umgekehrte Inklusion.

Korollar. Für ein invertierbares Element f von $\mathfrak{A}$ stimmen die Strukturgruppen $\Gamma(\mathfrak{A})$ und $\Gamma(\mathfrak{A}_f)$ überein.

Dieser Satz hat mehrere Anwendungen: Wir fragen uns zunächst, wann $\mathfrak{A}_f^{(1)}$ und $\mathfrak{A}_g^{(2)}$ isomorph sind. Wegen Satz 1.3 ist das genau dann der Fall, wenn es ein W aus $\Gamma(\mathfrak{A}_f^{(1)}, \mathfrak{A}_g^{(2)}) = \Gamma(\mathfrak{A}^{(1)}, \mathfrak{A}^{(2)})$ gibt, welches das Einselement g^{-1} von $\mathfrak{A}_g^{(2)}$ in das Einselement f^{-1} von $\mathfrak{A}_f^{(1)}$ abbildet. $Wg^{-1} = f^{-1}$ ist aber nach Satz 1.1 gleichwertig mit $g = W^{\#} f$. Damit ist gezeigt der

Satz 2.2. *Für invertierbare $f \in \mathfrak{A}^{(1)}$, $g \in \mathfrak{A}^{(2)}$ sind die Mutationen $\mathfrak{A}_f^{(1)}$ und $\mathfrak{A}_g^{(2)}$ der Algebren $\mathfrak{A}^{(1)}$ und $\mathfrak{A}^{(2)}$ genau dann isomorph, wenn es ein $W \in \Gamma(\mathfrak{A}^{(1)}, \mathfrak{A}^{(2)})$ gibt, mit $g = W^{\#} f$. Jedes solche W vermittelt einen Isomorphismus von $\mathfrak{A}_g^{(1)}$ auf $\mathfrak{A}_f^{(2)}$.*

Eine weitere Anwendung von Satz 2.1 machen wir in

Satz 2.3. $\mathfrak{A}$ *sei eine beliebige Jordan-Algebra und f, g beliebige Elemente aus $\mathfrak{A}$. Dann ist die iterierte Mutation $(\mathfrak{A}_f)_g$ gleich der einmaligen Mutation $\mathfrak{A}_{P(f)g}$.*

Beweis. Die Behauptung, daß zwei Elemente u und v in $(\mathfrak{A}_f)_g$ und in $\mathfrak{A}_{P(f)g}$ das gleiche Produkt haben, ist eine Polynomidentität in f und g. Diese ist erfüllt, wenn sie für generisch unabhängige Elemente f und g richtig ist. Zum Nachweis darf man annehmen, daß $\mathfrak{A}$ ein Einselement besitzt. Da jedes generische Element invertierbar ist, genügt es, wenn man die Gleichheit von $(\mathfrak{A}_f)_g$ und $\mathfrak{A}_{P(f)g}$ für invertierbare Elemente von $\mathfrak{A}$ nachweist. Zweimalige Anwendung von Satz 2.1 gibt dann

$$\Gamma((\mathfrak{A}_f)_g, \mathfrak{A}_{P(f)g}) = \Gamma(\mathfrak{A}_f, \mathfrak{A}_e) = \Gamma(\mathfrak{A}, \mathfrak{A}) = \Gamma(\mathfrak{A}).$$

Als Gruppe enthält $\Gamma(\mathfrak{A})$ die Identität. Wegen Satz 1.3 ist daher die Identität genau dann ein Isomorphismus von $\mathfrak{A}_{P(f)g}$ auf $(\mathfrak{A}_f)_g$, wenn sie das Einselement $(P(f)\,g)^{-1} = P(f^{-1})\,g^{-1}$ von $\mathfrak{A}_{P(f)g}$ auf das Einselement von $(\mathfrak{A}_f)_g$ abbildet (vgl. III, Satz 1.5 c), wenn also das Einselement von $(\mathfrak{A}_f)_g$ gleich $P(f^{-1})\,g^{-1}$ ist. Das Einselement von $(\mathfrak{A}_f)_g$ ist das Inverse von g in $\mathfrak{A}_f$, also das Element

$$P_f^{-1}(g)\,g = P^{-1}(f)\,P^{-1}(g)\,g = P(f^{-1})\,g^{-1}.$$

Korollar 1. $\mathfrak{A}$ *sei eine Jordan-Algebra mit Einselement und* f *sei ein invertierbares Element von* $\mathfrak{A}$. *Dann ist* $\mathfrak{A}$ *eine Mutation von* $\mathfrak{A}_f$, *nämlich gleich* $(\mathfrak{A}_f)_{f^{-2}}$.

Da $P(f)$ für invertierbares f zu $\Gamma(\mathfrak{A})$ gehört, zeigt Satz 2.2, daß $\mathfrak{A}_{P(f)g}$ mit $\mathfrak{A}_g$ isomorph ist. Es gilt daher das

Korollar 2. *Für eine Algebra* $\mathfrak{A}$ *mit Einselement sind* $(\mathfrak{A}_f)_g$ *und* $\mathfrak{A}_g$ *sicher dann isomorph, wenn* f *und* g *invertierbar sind.*

Bezeichnen wir wieder mit $\Pi(\mathfrak{A})$ die von den $P(u)$, $|P(u)| \neq 0$, erzeugte Untergruppe von $\Gamma(\mathfrak{A})$, so gilt offenbar $\Pi(\mathfrak{A}_f) \subset \Pi(\mathfrak{A})$, falls f invertierbar ist. Aus dem Korollar 1 folgt daher das

Korollar 3. *Ist* f *ein invertierbares Element der Jordan-Algebra* $\mathfrak{A}$, *so gilt* $\Pi(\mathfrak{A}_f) = \Pi(\mathfrak{A})$.

2. Wir hatten in § 1.4 und in IV, § 6, gesehen, daß die Automorphismengruppe $A(\mathfrak{A})$ einer Jordan-Algebra eine Untergruppe von $\Gamma(\mathfrak{A})$ ist. Die konjugierten Untergruppen $V^{-1}A(\mathfrak{A})\,V$ für V aus $\Gamma(\mathfrak{A})$ stellen sich nunmehr als die Automorphismengruppen $A(\mathfrak{A}_f)$ mit $f = V^{\#}\,e$ heraus. Es besteht nämlich $A(\mathfrak{A}_f)$ aus denjenigen $W \in \Gamma(\mathfrak{A})$, für die $Wf^{-1} = f^{-1}$ gilt. Wegen $f^{-1} = (V^{\#}\,e)^{-1} = V^{-1}\,e$ bedeutet dies $WV^{-1}\,e = V^{-1}\,e$, d. h. $VWV^{-1}\,e = e$. Das besagt $VWV^{-1} \in A(\mathfrak{A})$. Wir haben also bewiesen:

Satz 2.4. *Für* $V \in \Gamma(\mathfrak{A})$ *und* $f := V^{\#}\,e$ *gilt* $A(\mathfrak{A}_f) = V^{-1}A(\mathfrak{A})\,V$.

3. Über das Zentrum einer Mutation von $\mathfrak{A}$ beweisen wir den folgenden

Satz 2.5. *Es sei* $\mathfrak{A}$ *eine Jordan-Algebra mit Einselement* e, $f \in \mathfrak{A}$ *invertierbar und* $\mathfrak{Z}$ *bzw.* $\mathfrak{Z}_f$ *das Zentrum von* $\mathfrak{A}$ *bzw.* $\mathfrak{A}_f$. *Die Abbildung* $z \to z\,f^{-1}$ *bildet* $\mathfrak{Z}$ *isomorph auf* $\mathfrak{Z}_f$ *ab; insbesondere sind die Vektorräume* $\mathfrak{Z}_f$ *und* $\mathfrak{Z}\,f^{-1}$ *einander gleich.*

Beweis. Es sei $z \in \mathfrak{Z}$. Wir erinnern an die Regeln (vgl. IV, § 1.5)

$$z\,(u\,v) = u\,(z\,v) = (u\,z)\,v \quad \text{für alle} \quad u,\,v \in \mathfrak{A}$$

und

$$L\,(u\,z) = L\,(u)\,L\,(z) = L\,(z)\,L\,(u) \quad \text{für alle} \quad u \in \mathfrak{A}.$$

Man hat daher wegen (IV; 4.5)

$$L_f(z\,f^{-1}) = L\,(z\,f^{-1})\,L\,(f) - L\,(f)\,L\,(z\,f^{-1}) + L\,(f\,[z\,f^{-1}]) = L\,(z).$$

Es ist also $L_f(z\, f^{-1})$ mit jedem $L(u)$, also auch mit jedem $L_f(u)$ vertauschbar, so daß $z\, f^{-1} \in \mathfrak{Z}_f$ folgt. Die Abbildung $z \to z\, f^{-1}$ ist eine Injektion von $\mathfrak{Z}$ in $\mathfrak{Z}_f$, denn aus $z\, f^{-1} = 0$ folgt $0 = (z\, f^{-1})\, f = (f\, f^{-1})\, z = z$.

Für $z_1, z_2 \in \mathfrak{Z}$ gehören $z_1\, f^{-1}$ und $z_2\, f^{-1}$ zu $\mathfrak{Z}_f$, folglich hat man

$$L_f([z_1\, f^{-1}] \perp [z_2\, f^{-1}]) = L_f(z_1\, f^{-1})\, L_f(z_2\, f^{-1}) = L(z_1)\, L(z_2)$$
$$= L(z_1\, z_2) = L_f([z_1\, z_2]\, f^{-1}).$$

Anwendung auf das Einselement von $\mathfrak{A}_f$ zeigt $(z_1\, f^{-1}) \perp (z_2\, f^{-1}) = (z_1\, z_2)\, f^{-1}$, so daß $z \to z\, f^{-1}$ ein injektiver Homomorphismus von $\mathfrak{Z}$ in $\mathfrak{Z}_f$ ist.

Nach dem Korollar 1 zu Satz 2.3 ist umgekehrt auch $\mathfrak{A}$ eine Mutation von $\mathfrak{A}_f$, folglich gibt es auch eine injektive Abbildung von $\mathfrak{Z}_f$ in $\mathfrak{Z}$. Die beiden Vektorräume haben daher die gleiche Dimension, so daß $z \to z\, f^{-1}$ ein Isomorphismus von $\mathfrak{Z}$ auf $\mathfrak{Z}_f$ ist.

4. Bevor wir eine Anwendung dieses Satzes auf einfache Algebren bringen, betrachten wir den Fall, daß der Grundkörper algebraisch abgeschlossen ist. Da dann jedes invertierbare Element von $\mathfrak{A}$ ein Quadrat ist, zeigt IV, Lemma 4.1, daß die Algebren $\mathfrak{A}$ und $\mathfrak{A}_f$ isomorph sind. Wir haben damit

Satz 2.6. *Ist $\mathfrak{A}$ eine Jordan-Algebra mit Einselement über einem algebraisch abgeschlossenen Körper, so ist für invertierbares f die Mutation $\mathfrak{A}_f$ zu $\mathfrak{A}$ isomorph.*

Da das Produkt $u \perp v$ in einer Mutation linear in u und v ist, erhält man für $f \in \mathfrak{A}$ die Mutation $\widetilde{\mathfrak{A}}_f$ einer Grundkörpererweiterung $\widetilde{\mathfrak{A}}$ von $\mathfrak{A}$ als Grundkörpererweiterung $\widetilde{\mathfrak{A}_f}$ der Mutation $\mathfrak{A}_f$ von $\mathfrak{A}$, in Formel

$$(2.1) \qquad\qquad \widetilde{\mathfrak{A}_f} = \widetilde{\mathfrak{A}}_f.$$

Da der Grad der Algebra (II, § 4.**6**) invariant ist gegenüber Grundkörpererweiterungen, stimmen für invertierbares f wegen Satz 2.6 die Grade von $\mathfrak{A}$ und $\mathfrak{A}_f$ überein. Wir erhalten

Satz 2.7. *Für eine Jordan-Algebra $\mathfrak{A}$ mit Einselement ist der Grad jeder mit invertierbarem f gebildeten Mutation $\mathfrak{A}_f$ gleich dem Grad von $\mathfrak{A}$.*

Als Anwendung der vorhergehenden Sätze zeigen wir nun

Satz 2.8. *Es sei $\mathfrak{A}$ eine Jordan-Algebra mit Einselement und f ein invertierbares Element von $\mathfrak{A}$. Die Mutation $\mathfrak{A}_f$ ist dann und nur dann einfach (zentral-einfach), wenn $\mathfrak{A}$ einfach (zentral-einfach) ist.*

Beweis. a) Nach dem Korollar 1 zu Satz 2.3 ist $\mathfrak{A}$ wieder eine Mutation von $\mathfrak{A}_f$, folglich brauchen die Aussagen des Satzes nur in einer Richtung bewiesen zu werden.

b) Sei zunächst $\mathfrak{A}$ zentral-einfach. $\tilde{\mathfrak{A}}$ entstehe aus $\mathfrak{A}$ durch Erweiterung von K zu einem algebraisch abgeschlossenen Körper $\tilde{K}$. Dann ist $\tilde{\mathfrak{A}}$ nach I, Satz 5.5, zentral-einfach, also ist wegen Satz 2.6 auch $\tilde{\mathfrak{A}}_f$ zentral-einfach. Da $\tilde{\mathfrak{A}}_f$ durch Grundkörpererweiterung aus $\mathfrak{A}_f$ entsteht, ist wieder nach I, Satz 5.5, auch $\mathfrak{A}_f$ zentral-einfach.

c) Nun sei $\mathfrak{A}$ einfach. Faßt man $\mathfrak{A}$ als Algebra über dem Zentrum $\mathfrak{Z}$ auf, so ist $\mathfrak{A}$ zentral-einfach. Nach b) ist daher $\mathfrak{A}_f$ zentral-einfach als Algebra über $\mathfrak{Z} f^{-1}$. Folglich ist $\mathfrak{A}_f$ einfach als Algebra über K (vgl. I, Satz 5.6).

5. Schließlich betrachten wir noch den Fall einer primären Algebra $\mathfrak{A}$ über K, d. h., das Einselement e ist das einzige Idempotent von $\mathfrak{A}$. Wegen III, Satz 2.6, ist dies genau dann der Fall, wenn die nichtinvertierbaren Elemente einen Vektorraum bilden.

Es sei f in $\mathfrak{A}$ invertierbar. Wegen (1.7) und III, Satz 1.2, stimmen die in $\mathfrak{A}_f$ invertierbaren (bzw. nichtinvertierbaren) Elemente mit den in $\mathfrak{A}$ invertierbaren (bzw. nichtinvertierbaren) Elementen überein. Man erhält also

Satz 2.9. *Für ein invertierbares Element f der Jordan-Algebra $\mathfrak{A}$ mit Einselement ist $\mathfrak{A}_f$ dann und nur dann primär (ein Jordankörper), wenn $\mathfrak{A}$ primär (ein Jordan-Körper) ist.*

§ 3. Assoziierte Linearformen und multiplikative Polynome

1. Es sei λ eine assoziative Linearform der Jordan-Algebra $\mathfrak{A}$. Dann ist λ nicht notwendig assoziativ auf einer Mutation $\mathfrak{A}_f$ von $\mathfrak{A}$. Um die Assoziativität zu erzwingen, wird einer Mutation $\mathfrak{A}_f$ *die mit λ assoziierte Linearform λ_f* vermöge

$$\lambda_f(u) := \lambda(u\,f)$$

zugeordnet. Wir zeigen sogleich

Satz 3.1. *Ist λ auf $\mathfrak{A}$ assoziativ, so ist λ_f assoziativ auf $\mathfrak{A}_f$. Die mit λ_f assoziierte Linearform $(\lambda_f)_g$ von $(\mathfrak{A}_f)_g = \mathfrak{A}_{P(f)g}$ ist $\lambda_{P(f)g}$.*

Beweis. Besitzt $\mathfrak{A}$ kein Einselement, so sei $\hat{\mathfrak{A}}$ die durch Adjunktion eines Einselementes entstehende Algebra. Man setze λ fort zu einer Linearform $\hat{\lambda}$ von $\hat{\mathfrak{A}}$ durch die Festsetzung $\hat{\lambda}(\alpha\, e + u) := \lambda(u)$ für alle $u \in \mathfrak{A}$. Man rechnet trivial nach, daß $\hat{\lambda}$ auf $\hat{\mathfrak{A}}$ assoziativ ist. Für $u, f \in \mathfrak{A}$ ist ferner $\hat{\lambda}_f(u) = \lambda_f(u)$. Wir können also annehmen, daß $\mathfrak{A}$ ein Einselement besitzt. Ebenso kann man noch beliebige Körpererweiterungen vornehmen, also annehmen, daß K algebraisch abgeschlossen ist. Schließlich sind die zu beweisenden Identitäten Polynomidentitäten, wir können also, wie mehrfach ausgeführt, annehmen, daß f invertierbar ist.

Da λ assoziativ auf $\mathfrak{A}$ ist, hat man $\lambda(u\,[P(w)\,v]) = \lambda([P(w)\,u]\,v)$. Man wählt nun $h \in \mathfrak{A}$ mit $f = h^2$ und setzt $G := P(h)$. Es ist $f = Ge$ und wegen IV, Lemma 4.1, gilt

$$u \perp v = G^{-1}([Gu]\,[Gv])\,,$$

wobei $u \perp v$ die Multiplikation von $\mathfrak{A}_f$ bezeichnet. Damit erhält man

$$\lambda_f(u) = \lambda(u\,f) = \lambda(u\,[Ge]) = \lambda([Gu]\,e) = \lambda(Gu)$$

und

$$(u \perp v) \perp w = G^{-1}(([Gu][Gv])(Gw))\,.$$

Man erhält daher

$$\lambda_f([u \perp v] \perp w) = \lambda(([Gu][Gv])(Gw)) = \lambda_f(u \perp [v \perp w])\,,$$

d. h. die Assoziativität von λ_f. Ebenso ist

$$(\lambda_f)_g(u) = \lambda_f(u \perp g) = \lambda([Gu][Gg]) = \lambda(u\,[G^2\,g]) = \lambda(u\,[P(f)\,g])$$
$$= \lambda_{P(f)g}(u)\,.$$

Damit ist der Satz bewiesen.

2. Wir betrachten nun normale Linearformen und zeigen

Satz 3.2. *Es sei $\mathfrak{A}$ eine Jordan-Algebra mit Einselement und f ein invertierbares Element von $\mathfrak{A}$. Ist dann λ eine normale Linearform von $\mathfrak{A}$, so ist λ_f eine normale Linearform von $\mathfrak{A}_f$.*

Beweis. Es muß nur gezeigt werden, daß λ_f für alle nilpotenten Elemente jeder Körpererweiterung $\tilde{\mathfrak{A}}_f$ von $\mathfrak{A}_f$ verschwindet. Die zugehörige Erweiterung des Grundkörpers kann man als algebraisch abgeschlossen voraussetzen. In der obigen Bezeichnung ist dann $G: \tilde{\mathfrak{A}}_f \to \tilde{\mathfrak{A}}$ ein Isomorphismus. Ist also u nilpotent in $\tilde{\mathfrak{A}}_f$, so ist Gu nilpotent in $\tilde{\mathfrak{A}}$. Folglich ist $\lambda_f(u) = \lambda(Gu) = 0$.

Satz 3.3. *Es sei $\mathfrak{A}$ nichtausgeartet bezüglich der normalen Linearform λ und f ein invertierbares Element von $\mathfrak{A}$. Dann ist $\mathfrak{A}_f$ nichtausgeartet bezüglich λ_f.*

Beweis. Da $\mathfrak{A}$ nichtausgeartet ist, hat $\mathfrak{A}$ ein Einselement e (I, Lemma 6.3). Wegen des vorhergehenden Satzes ist also λ_f auf $\mathfrak{A}_f$ normal. Man hat wegen Satz 3.1

$$\lambda_f(u \underset{f}{\perp} v) = (\lambda_f)_v(u) = \lambda_{P(f)v}(u) = \lambda(u[P(f)\,v])\,.$$

Aus $\lambda_f(u \underset{f}{\perp} v) = 0$ für alle $u \in \mathfrak{A}_f$ folgt $P(f)\,v = 0$. Da f invertierbar ist, folgt $v = 0$, d. h., die λ_f zugeordnete Bilinearform ist nichtausgeartet.

3. Wir hatten in II, § 3.1, den Begriff des multiplikativen Polynoms eingeführt. Danach hieß ein Polynom $\omega(x)$ in dem generischen Element x von $\mathfrak{A}$ ein multiplikatives Polynom, wenn $\omega(e) = 1$ und für jede Grundkörpererweiterung K' von K und alle $u,\,v \in K'[x]$ gilt $\omega(u)\,\omega(v) = \omega(u\,v)$.

Wegen II, Satz 4.5, wissen wir, daß diese Eigenschaft dann und nur dann erfüllt ist, wenn ω ein Teiler einer Potenz der Hauptnorm $HN(x)$ ist.

Die entsprechenden Begriffe sollen nun für Mutationen betrachtet werden. Es sei $\omega(x)$ ein multiplikatives Polynom von $\mathfrak{A}$ und f ein invertierbares Element von $\mathfrak{A}$. Wir definieren als *assoziiertes Polynom* für $\mathfrak{A}_f$ den Ausdruck

$$\omega_f(x) := \omega(x)\,\omega(f).$$

Zunächst ergibt sich für das Einselement f^{-1} von $\mathfrak{A}_f$, daß $\omega_f(f^{-1}) = 1$ gilt.

Da man die multiplikativen Polynome übersieht, wenn man die Hauptnorm kennt, wollen wir zunächst die Hauptnorm oder, was wegen II, Satz 4.3, damit gleichbedeutend ist, das Minimalpolynom eines generischen Elementes von $\mathfrak{A}_f$ bestimmen. Um das Minimalpolynom von x in $\mathfrak{A}_f$ zu berechnen, kann man zum algebraischen Abschluß des Grundkörpers übergehen, da sich das Minimalpolynom bei Grundkörpererweiterung nicht ändert. Setzt man dann $f = h^2$, $G = P(h)$, so ist $G : \mathfrak{A}_f \to \mathfrak{A}$ ein Isomorphismus. Das Minimalpolynom von x in $\mathfrak{A}_f$ ist also das Minimalpolynom von Gx in $\mathfrak{A}$. Das gesuchte Polynom ist daher

$$HN(\tau\,e - Gx) = HN(G[\tau\,f^{-1} - x]).$$

Wegen III, Satz 1.7, ist die rechte Seite gleich $HN(\tau\,f^{-1} - x)\,HN^2(h)$ $= HN(\tau\,f^{-1} - x)\,HN(f)$. Dies ist also das Minimalpolynom von x in $\mathfrak{A}_f$. Da man für $\tau = 0$ bis auf das Vorzeichen die Hauptnorm erhält, ist $HN(x)\,HN(f)$ die Hauptnorm von $\mathfrak{A}_f$, und man hat

Satz 3.4. *Für invertierbares f ist die Hauptnorm von $\mathfrak{A}_f$ durch das zu $HN(x)$ assoziierte Polynom $HN_f(x)$ gegeben.*

Da die multiplikativen Polynome genau die normierten Teiler einer Potenz der Hauptnorm sind, ist für ein multiplikatives Polynom ω von $\mathfrak{A}$ das assoziierte Polynom ω_f ein Teiler der Hauptnorm von $\mathfrak{A}_f$. Es folgt das

Korollar 1. Ist ω ein multiplikatives Polynom von $\mathfrak{A}$ und f in $\mathfrak{A}$ invertierbar, dann ist das assoziierte Polynom ω_f ein multiplikatives Polynom von $\mathfrak{A}_f$. Man erhält auf diese Weise alle multiplikativen Polynome von $\mathfrak{A}_f$.

Es unterscheiden sich also die multiplikativen Polynome von $\mathfrak{A}_f$ nur um eine Konstante von denen von $\mathfrak{A}$. Aus der Definition der eingeschränkten Strukturgruppe (vgl. II, § 5.4) erhält man daher das

Korollar 2. Für invertierbares f stimmen die eingeschränkten Strukturgruppen von $\mathfrak{A}$ und $\mathfrak{A}_f$ überein.

4. Jedem multiplikativen Polynom ω von $\mathfrak{A}$ war eine Linearform χ zugeordnet, nämlich das Negative des zweithöchsten Koeffizienten von $\omega(\tau\,e - x)$,

$$\omega(\tau\,e - x) = \tau^m - \chi(x)\,\tau^{m-1} + \cdots.$$

Außerdem hatten wir in III, § 3.2, das Polynom

$$(3.1) \qquad \omega(x, y) = \omega(x)\,\omega(x^{-1} + y) = \sum_{j=0}^{m} a_j(x, y)$$

eingeführt, wobei $a_j(x, y)$ in x und y homogen vom Grad j war. Hier gilt außerdem

$$(3.2) \qquad \chi(x) = a_1(x, e), \quad \chi(x\,y) = a_1(x, y).$$

Für das assoziierte Polynom ω_f sollen die zugehörigen Ausdrücke durch einen unteren Index f gekennzeichnet werden.

Satz 3.5. *Es sei f ein invertierbares Element und ω ein multiplikatives Polynom von $\mathfrak{A}$ mit zugeordneter Linearform χ. Dann gilt für die entsprechenden Ausdrücke von $\mathfrak{A}_f$*

$$\omega_f(x, y) = \omega(x, P(f)\,y),$$
$$(a_j)_f(x, y) = a_j(x, P(f)\,y),$$
$$\chi_f(x) = \chi(x\,f), \quad \chi_f(x \perp y) = \chi(x\,[P(f)\,y]).$$

Insbesondere ist also χ_f die im Sinne von **1** *mit χ assoziierte Linearform.*

Beweis. Will man die Definitionsgleichung (3.1) für ω_f anwenden, so muß dort x^{-1} durch das Inverse von x in $\mathfrak{A}_f$, also durch $P_f^{-1}(x)\,x = P(f^{-1})\,x^{-1}$ ersetzt werden. Nunmehr hat man

$$\omega_f(x, y) = \omega_f(x)\,\omega_f\big(P(f^{-1})\,x^{-1} + y\big)$$
$$= \omega(x)\,\omega^2(f)\,\omega\big(P(f^{-1})\,x^{-1} + y\big)$$
$$= \omega(x)\,\omega^2(f)\,\omega\big(P(f^{-1})\,[x^{-1} + P(f)\,y]\big).$$

Wegen III, Satz 1.7, ist die rechte Seite gleich

$$\omega(x)\,\omega\big(x^{-1} + P(f)\,y\big) = \omega(x, P(f)\,y).$$

Die Terme vom Grade j in y ergeben gerade die zweite Behauptung. Die ω_f zugeordnete Linearform χ_f ist nach (3.2) durch $(a_1)_f\,(x, f^{-1})$ gegeben, denn f^{-1} ist das Einselement von $\mathfrak{A}_f$. Folglich ist

$$\chi_f(x) = a_1\big(x, P(f)\,f^{-1}\big) = a_1(x, f) = \chi(x\,f).$$

Schließlich ist

$$\chi_f(x \perp y) = (a_1)_f\,(x, y) = a_1\big(x, P(f)\,y\big) = \chi(x\,[P(f)\,y]).$$

Wendet man diesen Satz auf die reduzierte Norm an, so erhält man $RS_f(x \perp y) = RS(x\,[P(f)\,y])$. Wegen $|P(f)| \neq 0$ sind daher die Bilinearkerne von RS und von RS_f gleichzeitig Null oder nicht Null. Wegen III, Satz 8.4, erhält man

Satz 3.6. *Ist f ein invertierbares Element von $\mathfrak{A}$, so ist $\mathfrak{A}_f$ dann und nur dann halbeinfach, wenn $\mathfrak{A}$ halbeinfach ist.*

§ 4. Das Verhalten der multiplikativen Polynome bei Abbildungen aus $\Gamma(\mathfrak{A}^{(1)}, \mathfrak{A}^{(2)})$

1. Es seien $\mathfrak{A}^{(1)}$, $\mathfrak{A}^{(2)}$ zwei Jordan-Algebren mit Einselement über demselben Körper K und von gleicher Dimension. Wir nehmen an, daß die in § 1.1 definierte Menge $\Gamma(\mathfrak{A}^{(1)}, \mathfrak{A}^{(2)})$ nicht leer ist. Eine umkehrbare Transformation $W : \mathfrak{A}^{(2)} \to \mathfrak{A}^{(1)}$ gehört genau dann zu dieser Menge, wenn

$$P^{(1)}(Wx) = W\, P^{(2)}(x)\, W^{\#}$$

für generisches x von $\mathfrak{A}^{(2)}$ gilt. Mit $\varkappa = |WW^{\#}|$ hat man daher auch

$$(4.1) \qquad |P^{(1)}(Wx)| = \varkappa\, |P^{(2)}(x)|.$$

Nun sei y ein generisches Element von $\mathfrak{A}^{(1)}$ und $\omega^{(2)}(x)$ ein multiplikatives Polynom von $\mathfrak{A}^{(2)}$. Wegen III, Satz 1.10, sind bis auf einen konstanten Faktor die multiplikativen Polynome genau die Teiler einer Potenz der Determinante der quadratischen Darstellung. Daher ist $\omega^{(2)}(W^{-1}y)$ ein Teiler einer Potenz von $|P^{(2)}(W^{-1}y)| = \dfrac{1}{\varkappa}\,|P^{(1)}(y)|$, und es gibt somit ein durch $\omega^{(2)}$ und W wohlbestimmtes multiplikatives Polynom $\omega^{(1)} = \omega_W^{(1)}$ von $\mathfrak{A}^{(1)}$ mit

$$\omega^{(2)}(W^{-1}y) = \beta\, \omega^{(1)}(y).$$

Hiermit gleichwertig ist die Definitionsgleichung

$$(4.2) \qquad \omega^{(2)}(x) = \beta\, \omega^{(1)}(Wx).$$

Wir nennen $\omega^{(1)}$ das *Bild von $\omega^{(2)}$ bei der Abbildung W*, die $\omega^{(1)}$ zugeordnete Linearform $\chi^{(1)}$ nennen wir analog das *Bild von $\chi^{(2)}$ bei W*. Es ist dann $\omega^{(2)}$ das Bild von $\omega^{(1)}$ bei W^{-1}; ebenso bestätigt man sofort für drei Algebren, daß sich die Bilder entsprechend zusammensetzen.

Sind $f \in \mathfrak{A}^{(1)}$, $g \in \mathfrak{A}^{(2)}$ invertierbare Elemente, so unterscheiden sich die assoziierten multiplikativen Polynome $\omega_f^{(1)}$ und $\omega_g^{(2)}$ nur um einen konstanten Faktor, das Bild von $\omega_g^{(2)}$ bei W ist also $\omega_f^{(1)}$, wie auch immer f und g gewählt werden.

2. Betrachten wir zunächst den speziellen Fall, daß W ein Isomorphismus von $\mathfrak{A}^{(2)}$ auf $\mathfrak{A}^{(1)}$ ist. Spezialisiert man $x \to e_2$ in (4.2) und beachtet $We_2 = e_1$, so folgt $\beta = 1$, also

$$\omega^{(2)}(x) = \omega^{(1)}(Wx).$$

Wir berechnen $\omega^{(2)}(x, y)$ und beachten, daß bei einem Isomorphismus $Wx^{-1} = (Wx)^{-1}$ gilt. Man findet

$$\omega^{(2)}(x, y) = \omega^{(2)}(x)\, \omega^{(2)}(x^{-1} + y) = \omega^{(1)}(Wx)\, \omega^{(1)}([Wx]^{-1} + Wy)$$

$$= \omega^{(1)}(Wx, Wy).$$

Für die homogenen Bestandteile hat man daher ebenfalls $a_j^{(2)}(x, y)$ $= a_j^{(1)}(Wx, Wy)$. Im Falle $j = 1$, $y = e_2$, erhält man die zugeordneten Linearformen $\chi^{(i)}$ von $\omega^{(i)}$, d. h., es gilt

$$\chi^{(2)}(x) = \chi^{(1)}(Wx).$$

Nun sei W ein beliebiges Element von $\Gamma(\mathfrak{A}^{(1)}, \mathfrak{A}^{(2)})$. Für invertierbares f aus $\mathfrak{A}^{(1)}$ werde $g := W^\# f \in \mathfrak{A}^{(2)}$ gesetzt. Wegen Satz 2.2 erhalten wir einen Isomorphismus

$$W : \mathfrak{A}_g^{(2)} \to \mathfrak{A}_f^{(1)}.$$

Da wir gesehen haben, daß das Bild von $\omega_g^{(2)}$ gleich $\omega_f^{(1)}$ ist, können wir das Ergebnis über Isomorphismen anwenden und erhalten

$$\omega_g^{(2)}(x) = \omega_f^{(1)}(Wx), \qquad \chi_g^{(2)}(x) = \chi_f^{(1)}(Wx).$$

Wegen Satz 3.5 ergibt sich dann

$$\chi^{(2)}(x\, g) = \chi^{(1)}(f[Wx]), \qquad g = W^\# f.$$

Diese Gleichung ist zunächst für invertierbare f von $\mathfrak{A}^{(1)}$ bewiesen, sie gilt dann aber auch für generisches f von $\mathfrak{A}^{(1)}$. Damit haben wir

Satz 4.1. *Für $W \in \Gamma(\mathfrak{A}^{(1)}, \mathfrak{A}^{(2)})$ und ein multiplikatives Polynom $\omega^{(2)}$ von $\mathfrak{A}^{(2)}$ bezeichne $\omega^{(1)}$ das Bild bei W und $\chi^{(1)}$, $\chi^{(2)}$ die zugeordneten Linearformen. Man hat dann $\chi^{(2)}(x[W^\# y]) = \chi^{(1)}([Wx]\,y)$ für generische Elemente x von $\mathfrak{A}^{(2)}$, y von $\mathfrak{A}^{(1)}$.*

3. Wenn $\omega^{(2)}$ ein absolut-irreduzibles multiplikatives Polynom ist, dann ist auch das Bild bei jedem W absolut-irreduzibel. Verschiedene W können jedoch bei gleichem $\omega^{(2)}$ verschiedene Bilder ergeben. Da die absolut-irreduziblen multiplikativen Polynome genau die absolut-irreduziblen Faktoren der Hauptnorm sind, ist das Bild jedes solchen Faktors $\omega^{(2)}$ von $HN^{(2)}$ bei einem $W \in \Gamma(\mathfrak{A}^{(1)}, \mathfrak{A}^{(2)})$ ein konstantes Vielfaches eines absolut-irreduziblen Faktors $\omega^{(1)}$ von $HN^{(1)}$. Verschiedene $\omega^{(2)}$ ergeben verschiedene $\omega^{(1)}$ und wegen **1** kommt jedes $\omega^{(1)}$ vor. Da das Produkt der absolut-irreduziblen Faktoren der Hauptnorm gleich der reduzierten Norm ist, hat man

$$(4.3) \qquad RN^{(1)}(Wx) = \varkappa_1(W)\, RN^{(2)}(x) \quad \text{für} \quad W \in \Gamma(\mathfrak{A}^{(1)}, \mathfrak{A}^{(2)}).$$

Es ist also die reduzierte Norm von $\mathfrak{A}^{(1)}$ das Bild der reduzierten Norm von $\mathfrak{A}^{(2)}$ bei jedem $W \in \Gamma(\mathfrak{A}^{(1)}, \mathfrak{A}^{(2)})$. Eine analoge Beziehung gilt wegen (4.1) auch für $|P^{(i)}(x)|$.

Ist $f \in \mathfrak{A}^{(1)}$ invertierbar und $g = W^\# f$, so ist W ein Isomorphismus von $\mathfrak{A}_g^{(2)}$ auf $\mathfrak{A}_f^{(1)}$. Das Minimalpolynom $HN^{(2)}(\tau\, g^{-1} - x)$ von x stimmt daher mit dem Minimalpolynom des Bildes Wx von x überein, woraus man

$$HN_g^{(2)}(\tau\, g^{-1} - x) = HN_f^{(1)}(\tau\, f^{-1} - Wx)$$

entnimmt. Für $\tau = 0$ erhält man $HN_g^{(2)}(x) = HN_f^{(1)}(Wx)$. Da sich $HN_g^{(2)}$ bzw. $HN_f^{(1)}$ wegen Satz 3.4 von $HN^{(2)}$ bzw. $HN^{(1)}$ nur um einen konstanten Faktor unterscheiden, ist also auch $HN^{(2)}$ das Bild von $HN^{(1)}$ bei W, d. h., es gilt

$$(4.4) \qquad HN^{(1)}(Wx) = \varkappa_2(W)\, HN^{(2)}(x) \quad \text{für} \quad W \in \Gamma(\mathfrak{A}^{(1)}, \mathfrak{A}^{(2)}).$$

Da die den multiplikativen Polynomen RN bzw. HN oder $|P(x)|$ zugeordneten Linearformen gleich RS bzw. HS oder Sp sind (vgl. III, § 5.4), erhält man aus Satz 4.1 den

Satz 4.2. *Für zwei Algebren $\mathfrak{A}^{(1)}$ und $\mathfrak{A}^{(2)}$ gilt*

$$\lambda^{(2)}(x\,[W \# y]) = \lambda^{(1)}([Wx]\,y)$$

für alle $W \in \Gamma(\mathfrak{A}^{(1)}, \mathfrak{A}^{(2)})$, falls die Linearformen $\lambda^{(i)}$ gleich einer der Formen $RS^{(i)}$, $HS^{(i)}$ oder $Sp^{(i)}$ sind.

4. Für nichtausgeartete Algebren kann man in Analogie zu III, Satz 5.5, eine weitere Charakterisierung der Menge $\Gamma(\mathfrak{A}^{(1)}, \mathfrak{A}^{(2)})$ geben:

Satz 4.3. *Es seien $\mathfrak{A}^{(1)}$ und $\mathfrak{A}^{(2)}$ zwei Algebren über K mit Einselement, $\mathfrak{A}^{(1)}$ sei nichtausgeartet. Dann besteht $\Gamma(\mathfrak{A}^{(1)}, \mathfrak{A}^{(2)})$ aus denjenigen umkehrbaren linearen Transformationen $W : \mathfrak{A}^{(2)} \to \mathfrak{A}^{(1)}$, für die es ein $\varkappa \in K$ gibt, so daß*

$$HN^{(1)}(Wx) = \varkappa(W)\, HN^{(2)}(x)$$

für generisches x von $\mathfrak{A}^{(2)}$ gilt.

Die gleiche Aussage gilt für $|P^{(i)}(x)|$, falls die der Linearform $Sp^{(1)}$ zugeordnete Bilinearform nichtausgeartet ist.

Beweis. Wir führen den Beweis nur für die Hauptnorm aus, da er für die Determinante der quadratischen Darstellung genauso verläuft. Zur Abkürzung sei $\omega^{(i)} := HN^{(i)}, \chi^{(i)} := HS^{(i)}$. Für $W \in \Gamma(\mathfrak{A}^{(1)}, \mathfrak{A}^{(2)})$ gilt

$$(4.5) \qquad\qquad \omega^{(1)}(Wx) = \varkappa\, \omega^{(2)}(x),$$

denn $\omega^{(1)}$ ist das Bild von $\omega^{(2)}$ bei W.

Nun sei umgekehrt (4.5) erfüllt. Trägt man in (4.5) die Spezialisierung $x \to W^{-1}e_1$ ein, so folgt $\varkappa \neq 0$. Nun hat man

$$\omega^{(2)}(x^{-1}) = [\omega^{(2)}(x)]^{-1} = \varkappa[\omega^{(1)}(Wx)]^{-1} = \varkappa\, \omega^{(1)}([Wx]^{-1})$$

und daher

$$\omega^{(2)}(x^{-1}, y) = \omega^{(2)}(x^{-1})\, \omega^{(2)}(x + y) = \omega^{(1)}([Wx]^{-1})\, \omega^{(1)}(Wx + Wy)$$

$$= \omega^{(1)}([Wx]^{-1}, Wy).$$

Ein Vergleich der linearen Glieder ergibt

$$(4.6) \qquad\qquad \chi^{(2)}(x^{-1}y) = \chi^{(1)}([Wx]^{-1}[Wy]).$$

Die $\chi^{(1)}$ zugeordnete Bilinearform ist nach Voraussetzung nichtausgeartet. Da auch $\chi^{(2)}([W^{-1}x][W^{-1}y])$ eine symmetrische Bilinearform von $\mathfrak{A}^{(1)}$ definiert, gibt es eine lineare Transformation A von $\mathfrak{A}^{(1)}$, so daß $\chi^{(2)}([W^{-1}x][W^{-1}y]) = \chi^{(1)}([Ax]y)$ gilt. Ersetzt man x durch Wx^{-1}, y durch Wy, so erhält man $\chi^{(2)}(x^{-1}y) = \chi^{(1)}([AWx^{-1}][Wy])$, und daher wegen (4.6)

$$\chi^{(1)}([AWx^{-1}][Wy]) = \chi^{(1)}([Wx]^{-1}[Wy]).$$

Damit folgt $[Wx]^{-1} = AWx^{-1}$. Wegen Satz 1.1 gehört dann W zu $\Gamma(\mathfrak{A}^{(1)}, \mathfrak{A}^{(2)})$.

5. Da die Sätze 4.2 und 4.3 neue Charakterisierungen der Isomorphismen zweier Jordan-Algebren geben, fassen wir unsere Ergebnisse hierüber zusammen in

Satz 4.4. *Es seien $\mathfrak{A}^{(1)}$ und $\mathfrak{A}^{(2)}$ zwei Algebren über K mit Einselement, $\mathfrak{A}^{(1)}$ sei nichtausgeartet. Für eine lineare Transformation $W : \mathfrak{A}^{(2)} \to \mathfrak{A}^{(1)}$ sind äquivalent:*

a) *W ist ein Isomorphismus von $\mathfrak{A}^{(2)}$ auf $\mathfrak{A}^{(1)}$.*
b) *$W \in \Gamma(\mathfrak{A}^{(1)}, \mathfrak{A}^{(2)})$ und $We_2 = e_1$.*
c) *$HN^{(2)}(\tau e - x) = HN^{(1)}(\tau e - Wx)$.*
d) *$W \in \Gamma(\mathfrak{A}^{(1)}, \mathfrak{A}^{(2)})$ und $HS^{(2)}(x) = HS^{(1)}(Wx)$.*

Ist dies der Fall, so gilt $W^{\#} = W^{-1}$.

Ist $\mathfrak{A}^{(1)}$ bezüglich $Sp^{(1)}$ nichtausgeartet, so gilt die gleiche Aussage, wenn man die Hauptnorm durch die Determinante der quadratischen Darstellung ersetzt.

Beweis. a) $\Longleftrightarrow$ b): Diese Äquivalenz war bereits in Satz 1.3 bewiesen.

a) $\Rightarrow$ c): Das Minimalpolynom $HN^{(2)}(\tau e - x)$ von x ist gleich dem Minimalpolynom des Bildes Wx von x, also gleich $HN^{(1)}(\tau e - Wx)$.

c) $\Rightarrow$ d): Man setzt in c) einerseits $\tau = 0$ und vergleicht andererseits den Koeffizienten der zweithöchsten Potenz von τ, wobei man Satz 4.3 verwendet.

d) $\Rightarrow$ b): In Satz 4.2 spezialisiert man $y \to e_1$. Aus der zweiten Gleichung von d) erhält man daher

$$HS^{(2)}(x[W^{\#}e_1]) = HS^{(1)}(Wx) = HS^{(2)}(x) = HS^{(2)}(e_2 x).$$

Da man dem Satz 4.2 außerdem entnimmt, daß die durch $HS^{(2)}(xy)$ definierte Bilinearform von $\mathfrak{A}^{(2)}$ nichtausgeartet ist, folgt $W^{\#}e_1 = e_2$, was wiederum mit $e_1 = We_2$ gleichbedeutend ist.

Ist die durch Spur $L^{(1)}(xy)$ definierte Bilinearform nichtausgeartet, so kann man für die Determinante der quadratischen Darstellung analog schließen.

§ 5. Ähnlichkeitsklassen

1. Zwei Jordan-Algebren $\mathfrak{A}^{(1)}$, $\mathfrak{A}^{(2)}$ mit Einselement über demselben Körper K werden *ähnlich* genannt, wenn $\mathfrak{A}^{(1)}$ isomorph zu einer Mutation $\mathfrak{A}_f^{(2)}$ von $\mathfrak{A}^{(2)}$ ist.

Da dann $\mathfrak{A}_f^{(2)}$ auch ein Einselement besitzt, ist f in $\mathfrak{A}^{(2)}$ invertierbar (IV, Satz 4.4). Jeder solche Isomorphismus von $\mathfrak{A}_f^{(2)}$ auf $\mathfrak{A}^{(1)}$ heißt eine *Ähnlichkeitstransformation*. Wegen Satz 1.2 besteht $\Gamma(\mathfrak{A}^{(1)}, \mathfrak{A}^{(2)})$ genau aus diesen Ähnlichkeitstransformationen, und $\mathfrak{A}^{(1)}$, $\mathfrak{A}^{(2)}$ sind dann und nur dann ähnlich, wenn $\Gamma(\mathfrak{A}^{(1)}, \mathfrak{A}^{(2)})$ nicht leer ist.

Wegen $\mathfrak{A}^{(1)} = \mathfrak{A}_{e_1}^{(1)}$ ist die Ähnlichkeitsbeziehung reflexiv. Die Formeln (1.4) bzw. (1.3) zeigen, daß sie auch symmetrisch und transitiv ist. Es liegt also eine Äquivalenzrelation vor.

Entstehen $\tilde{\mathfrak{A}}^{(i)}$ aus $\mathfrak{A}^{(i)}$ durch Grundkörpererweiterung von K zu $\tilde{K}$, so gilt

$$(5.1) \qquad \Gamma(\mathfrak{A}^{(1)}, \mathfrak{A}^{(2)}) \subset \Gamma(\tilde{\mathfrak{A}}^{(1)}, \tilde{\mathfrak{A}}^{(2)}),$$

denn ein generisches Element von $\mathfrak{A}^{(2)}$ kann als generisches Element von $\tilde{\mathfrak{A}}^{(2)}$ gewählt werden. Aus (5.1) erhält man

Satz 5.1. *Sind $\mathfrak{A}^{(1)}$ und $\mathfrak{A}^{(2)}$ ähnlich, so sind auch die durch Grundkörpererweiterung entstehenden Algebren $\tilde{\mathfrak{A}}^{(1)}$ und $\tilde{\mathfrak{A}}^{(2)}$ ähnlich.*

Isomorphe Algebren sind stets ähnlich, die Umkehrung hiervon gilt jedoch nicht. Man vergleiche hierzu VI, § 3.4. Der Satz 2.6 ergibt jedoch

Satz 5.2. *Ähnliche Algebren über algebraisch abgeschlossenem Grundkörper sind isomorph.*

Wir wollen einige unserer Ergebnisse mit dem Ähnlichkeitsbegriff formulieren: Aus den Sätzen 2.7 bis 2.9 und 3.3 sowie 3.6 entnimmt man, daß die Begriffe

Grad der Algebra,

einfach,

zentral-einfach,

halbeinfach,

primär,

nichtausgeartet

Invarianten der Ähnlichkeitsklassen sind. Wir werden später (X, Satz 2.3) sehen, daß auch der Primitiv-Grad eine solche Invariante ist.

2. Um unsere Ergebnisse noch auf eine andere Weise deuten zu können, greifen wir auf einen Begriff der Formentheorie zurück. Wir betrachten dazu Formen, d. h. homogene Polynome φ bzw. ψ im generischen Element x von $\mathfrak{A}^{(2)}$ bzw. y von $\mathfrak{A}^{(1)}$. Man nennt die Formen φ und ψ *ähnlich*, wenn es eine umkehrbare lineare Transformation

$W:\mathfrak{A}^{(2)} \to \mathfrak{A}^{(1)}$ und ein $\varkappa \neq 0$ aus K so gibt, daß $\psi(Wx) = \varkappa\,\varphi(x)$ gilt. Die Ähnlichkeit der Formen ist wieder eine Äquivalenzrelation.

Einer Jordan-Algebra $\mathfrak{A}$ mit Einselement ordnen wir nun die Ähnlichkeitsklasse $\mathfrak{F}(\mathfrak{A})$ der Formen zu, in der die Form $\psi(x) = HN(x)$ liegt. Die Elemente von $\mathfrak{F}(\mathfrak{A})$ sind also die Formen

$$\varkappa \cdot HN(Wy), \qquad \varkappa \neq 0,$$

wobei W alle umkehrbaren Transformationen durchläuft, bei welchen das Bild $\mathfrak{A}$ ist.

Für zwei Algebren $\mathfrak{A}^{(1)}$ und $\mathfrak{A}^{(2)}$ über K bedeutet die Gleichheit der Ähnlichkeitsklassen $\mathfrak{F}(\mathfrak{A}^{(1)})$ und $\mathfrak{F}(\mathfrak{A}^{(2)})$ die Existenz einer umkehrbaren linearen Abbildung $W:\mathfrak{A}^{(2)} \to \mathfrak{A}^{(1)}$, so daß

$$(5.2) \qquad\qquad HN^{(1)}(Wx) = \varkappa \cdot HN^{(2)}(x)$$

mit einem $\varkappa \neq 0$ aus K gilt. *Die Gleichheit der Klassen $\mathfrak{F}(\mathfrak{A}^{(1)})$ und $\mathfrak{F}(\mathfrak{A}^{(2)})$ ist also mit der Ähnlichkeit der Hauptnormen äquivalent.*

Ist daher die Algebra $\mathfrak{A}^{(1)}$ nichtausgeartet, so ist (5.2) wegen Satz 4.3 mit $W \in \Gamma(\mathfrak{A}^{(1)}, \mathfrak{A}^{(2)})$ gleichbedeutend. Nun besagt Satz 1.2, daß die Algebren $\mathfrak{A}^{(1)}$ und $\mathfrak{A}^{(2)}$ ähnlich sind. Wir erhalten somit

Satz 5.3. *Es seien $\mathfrak{A}^{(1)}$, $\mathfrak{A}^{(2)}$ Algebren über K mit Einselement, und es sei $\mathfrak{A}^{(1)}$ nichtausgeartet. Die Algebren sind dann und nur dann ähnlich, wenn $\mathfrak{F}(\mathfrak{A}^{(1)}) = \mathfrak{F}(\mathfrak{A}^{(2)})$ gilt, wenn also die Formen $HN^{(1)}$ und $HN^{(2)}$ ähnlich sind.*

Die Ähnlichkeitsklasse $\mathfrak{F}(\mathfrak{A})$ ist also bei nichtausgeartetem $\mathfrak{A}$ eine Invariante für die Ähnlichkeit, welche die Ähnlichkeitsklasse von $\mathfrak{A}$ vollständig beschreibt (und sie auch gegen ausgeartete Algebren abgrenzt).

3. Auch für die Isomorphieklassen von Jordan-Algebren gilt ein analoger Satz. Wir nennen zwei geordnete Formenpaare $\{\varphi_1(x),\,\varphi_2(x)\}$ und $\{\psi_1(y),\,\psi_2(y)\}$ *simultan ähnlich*, wenn es eine umkehrbare lineare Transformation W gibt, so daß $\varphi_1(Wy) = \psi_1(y)$, $\varphi_2(Wy) = \psi_2(y)$ gültig sind.

Der Jordan-Algebra $\mathfrak{A}$ wird die Äquivalenzklasse $\mathfrak{G}(\mathfrak{A})$ zugeordnet, in der alle zu $\{HN(x),\,HS(x^2)\}$ simultan ähnlichen Paare liegen.

Satz 5.4. *Es seien $\mathfrak{A}^{(1)}$, $\mathfrak{A}^{(2)}$ Algebren über K mit Einselement und es sei $\mathfrak{A}^{(1)}$ nichtausgeartet. Die Algebren sind dann und nur dann isomorph, wenn $\mathfrak{G}(\mathfrak{A}^{(1)}) = \mathfrak{G}(\mathfrak{A}^{(2)})$ gilt.*

Beweis. a) Für einen Isomorphismus von $\mathfrak{A}^{(2)}$ auf $\mathfrak{A}^{(1)}$ liest man wegen Satz 4.4 ohne weiteres die simultane Ähnlichkeit ab.

b) Es sei $\mathfrak{G}(\mathfrak{A}^{(1)}) = \mathfrak{G}(\mathfrak{A}^{(2)})$. Man hat also eine umkehrbare lineare Transformation $W:\mathfrak{A}^{(2)} \to \mathfrak{A}^{(1)}$, so daß gilt

$$(5.3) \qquad HN^{(1)}(Wx) = HN^{(2)}(x), \qquad HS^{(1)}([Wx]^2) = HS^{(2)}(x^2).$$

Nach dem vorhergehenden Satz zieht die erste Gleichung die Ähnlichkeiten von $\mathfrak{A}^{(1)}$ und $\mathfrak{A}^{(2)}$ nach sich, und zwar wird die Ähnlichkeit von W vermittelt. Da $HN^{(1)}$ das Bild von $HN^{(2)}$ ist, zeigt Satz 4.2

$$HS^{(2)}(x[W^{\#}\,y]) = HS^{(1)}([Wx]\,y).$$

Durch Polarisieren der zweiten Gleichung von (5.3) erhält man daher

$$HS^{(1)}([Wx][Wy]) = HS^{(2)}(x\,y) = HS^{(1)}([Wx][W^{\#\,-1}\,y]).$$

Da $HS^{(1)}$ nach Voraussetzung nichtausgeartet ist, folgt $Wy = W^{\#-1}\,y$, d. h. $W^{\#}\,W = Id = WW^{\#}$. Für $f := We_2 \in \mathfrak{A}^{(1)}$ erhält man daher

$$P^{(1)}(f) = W\,P^{(2)}(e_2)\,W^{\#} = Id.$$

Wegen IV, Satz 2.5, ist dann f ein Element des Zentrums von $\mathfrak{A}^{(1)}$. Es ist $W : \mathfrak{A}^{(2)} \to \mathfrak{A}_f^{(1)}$ wegen Satz 2.2 ein Isomorphismus. Da wir IV, Satz 4.3, entnehmen, daß $\mathfrak{A}_f^{(1)}$ und $\mathfrak{A}^{(1)}$ isomorph sind, ist die Isomorphie von $\mathfrak{A}^{(1)}$ und $\mathfrak{A}^{(2)}$ nachgewiesen.

Literatur: L. R. HARPER [*1*]; N. JACOBSON [*15*], [*17*], [*25*], [*26*]; M. KOECHER [*2*], [*3*], [*4*]; H.-P. LORENZEN [*1*], [*2*]; K. MEYBERG [*2*].

Sechstes Kapitel

Beispiele von Jordan-Algebren

§ 1. Spezielle Jordan-Algebren

1. Es sei $\mathfrak{B}$ eine assoziative Algebra über einem Körper K der Charakteristik ungleich 2 mit Einselement e. Im Vektorraum von $\mathfrak{B}$ betrachten wir die kommutative Algebra $\mathfrak{B}^+$ mit der Multiplikation

$$u \circ v := \tfrac{1}{2}(u\,v + v\,u).$$

Wir hatten in I, § 11, gesehen, daß es gleichgültig ist, ob man die Potenzen in $\mathfrak{B}$ oder in $\mathfrak{B}^+$ bildet. Man sieht sofort, daß $\mathfrak{B}^+$ eine Jordan-Algebra ist. Da auch die Invertierbarkeit in $\mathfrak{B}$ und in $\mathfrak{B}^+$ dasselbe bedeutet, wissen wir, daß die folgenden Begriffe

> Strukturgruppe,
> eingeschränkte Strukturgruppe,
> Minimalpolynom
> reduziertes Minimalpolynom
> Hauptnorm,
> reduzierte Norm,
> Idempotent,
> Nilpotent,
> primär

in $\mathfrak{B}$ und in $\mathfrak{B}^+$ übereinstimmen (vgl. I, § 11). Ferner wissen wir, daß mit $\mathfrak{B}$ auch $\mathfrak{B}^+$ nichtausgeartet ist.

Eine Jordan-Algebra $\mathfrak{A}$ nennt man *speziell*, wenn es eine endlich-dimensionale assoziative Algebra $\mathfrak{B}$ gibt, so daß $\mathfrak{A}$ zu einer Teilalgebra von $\mathfrak{B}^+$ isomorph ist. Offenbar vererbt sich dieser Begriff auf direkte Summen und auf Teilalgebren. Außerdem gilt

Satz 1.1. *Gibt es zu einer Jordan-Algebra $\mathfrak{A}$ über K eine assoziative Algebra $\mathfrak{C}$ über K (von endlicher oder unendlicher Dimension), so daß $\mathfrak{A}$ eine Teilalgebra von $\mathfrak{C}^+$ ist, dann ist $\mathfrak{A}$ speziell.*

Beweis. Ist $\mathfrak{B}$ die von den Elementen von $\mathfrak{A}$ in der Multiplikation von $\mathfrak{C}$ über K erzeugte assoziative Algebra, dann ist $\mathfrak{A}$ eine Teilalgebra von $\mathfrak{B}^+$. Wir zeigen, daß $\mathfrak{B}$ eine endliche Dimension über K hat. Es sei $b_1, b_2, \ldots, b_n$ eine Basis von $\mathfrak{A}$ über K. Wir schreiben die Produkte in $\mathfrak{B}$ als $u\,v$ und die Produkte in $\mathfrak{A}$ als $u \circ v = \frac{1}{2}(u\,v + v\,u)$. Ein beliebiges Element von $\mathfrak{B}$ ist Linearkombination von Produkten der Form $b_{i_1} b_{i_2} \ldots b_{i_m}$, $1 \leqq i_1, i_2, \ldots, i_m \leqq n$. Man braucht hier nur solche Produkte zuzulassen, bei denen aufeinanderfolgende Indizes jeweils verschieden sind, da man das Quadrat eines Basiselementes über K linear durch die Basis ausdrücken kann. $\mathfrak{B}$ hat eine endliche Dimension über K. Es genügt zu zeigen, daß die Produkte $b_{i_1} b_{i_2} \ldots b_{i_m}$ für $1 \leqq i_1 < i_2 < \cdots < i_m \leqq n$ ein Erzeugendensystem des Vektorraumes $\mathfrak{B}$ über K bilden. Ist zum Beispiel $i_1 > i_2$, so trägt man $2\,b_{i_1} \circ b_{i_2} - b_{i_2} b_{i_1}$ für $b_{i_1} b_{i_2}$ ein. Da sich $b_{i_1} \circ b_{i_2}$ wieder durch die Basis ausdrücken läßt und man das Verfahren fortsetzen kann, bilden die angegebenen Produkte ein Erzeugendensystem von $\mathfrak{B}$ über K.

Korollar. Eine Jordan-Algebra $\mathfrak{A}$ ist dann und nur dann speziell, wenn jede Grundkörpererweiterung von $\mathfrak{A}$ speziell ist.

2. Für eine spezielle Jordan-Algebra $\mathfrak{A}$ können wir also eine assoziative Algebra $\mathfrak{B}$ so finden, daß $\mathfrak{A}$ eine Teilalgebra von $\mathfrak{B}^+$ ist. Hier ist jedoch $\mathfrak{B}$ nicht eindeutig bestimmt. Hat $\mathfrak{A}$ ein Einselement e, so braucht dies keineswegs das Einselement von $\mathfrak{B}$ zu sein. In diesem Falle kann man jedoch eine minimale Algebra $\mathfrak{B}_1$ wie folgt konstruieren: Es ist e ein Idempotent von $\mathfrak{B}$, wir setzen

$$\mathfrak{B}_1 = \mathfrak{B}_1(e) = \{u;\ u \in \mathfrak{B},\ u\,e = e\,u = u\}$$

(vgl. I, § 12.3). Es ist $\mathfrak{B}_1$ eine Teilalgebra von $\mathfrak{B}$ mit Einselement e. Für $u \in \mathfrak{A}$ gilt $u\,e + e\,u = 2u$, durch Links- bzw. Rechtsmultiplikation mit e erhält man hieraus $e\,u = e\,u\,e = u\,e$. Also ist $u\,e = e\,u = u$, d. h., $\mathfrak{A}$ ist eine Teilalgebra von $\mathfrak{B}_1^+$.

Man nennt $\mathfrak{B}_1$ eine *Einhüllende* von $\mathfrak{A}$. Da jetzt für $u \in \mathfrak{A}$ die Teilalgebra $K[u]$ sowohl in $\mathfrak{A}$ als auch in $\mathfrak{B}_1$ dasselbe bedeutet, *ist ein Element u genau dann in $\mathfrak{A}$ invertierbar, wenn es in $\mathfrak{B}_1$ invertierbar ist.*

3. Nun sei $\mathfrak{A}$ eine spezielle Jordan-Algebra mit Einselement. Ohne Einschränkung dürfen wir annehmen, daß $\mathfrak{A}$ eine Teilalgebra einer Algebra $\mathfrak{B}^+$ ist, wobei $\mathfrak{B}$ assoziativ ist. Für $u, v \in \mathfrak{A}$ rechnet man sofort nach, daß

$$(1.1) \qquad\qquad P(u)\,v = u\,v\,u$$

gilt (vgl. III, § 12). Bezeichnen wir mit $L(x)$ bzw. $R(x)$ die regulären Darstellungen von $\mathfrak{B}$, so ist also $P(u)$ gleich der Restriktion von $L(u)\,R(u) = R(u)\,L(u)$ auf den Teilraum $\mathfrak{A}$ von $\mathfrak{B}$. Die Strukturgruppe $\Gamma(\mathfrak{A})$

besteht wegen (1.1) genau aus den umkehrbaren linearen Transformationen von $\mathfrak{A}$ in sich, für die bei generisch unabhängigen x, y von $\mathfrak{A}$ gilt

$$[Wx]\, y\, [Wx] = W\, (x\, [W^{\#}\, y]\, x)\,.$$

Ist $\mathfrak{A}$ gleich $\mathfrak{B}^{+}$, so wissen wir (III, Satz 12.1), daß $L\,(u)$ und $R\,(u)$ für invertierbares u von $\mathfrak{A}$ zu $\Gamma(\mathfrak{A})$ gehören; ist $\mathfrak{A}$ von $\mathfrak{B}^{+}$ verschieden, dann kann man nicht schließen, daß die Restriktion von $L\,(u)$ oder $R\,(u)$ auf $\mathfrak{A}$ zu $\Gamma(\mathfrak{A})$ gehört.

Die Strukturgruppen von $\mathfrak{B}$ und von $\mathfrak{B}^{+}$ stimmen überein. Wegen III, § 12.2, erhalten wir daher

Lemma 1.2. *Ist $\mathfrak{B}$ eine assoziative Algebra mit Einselement e, so gibt es zu jedem invertierbaren u aus $\mathfrak{B}^{+}$ ein W aus $\Gamma(\mathfrak{B}^{+})$ mit $Wu = e$.*

Man beachte hierbei, daß u dann auch in $\mathfrak{B}$ invertierbar ist.

4. Was bedeutet nun die Vertauschbarkeit zweier Elemente u, v in $\mathfrak{A}$? Wegen

$$u \circ (v \circ x) - v \circ (u \circ x) = \tfrac{1}{4}\,([u\,v - v\,u]\,x - x\,[u\,v - v\,u])$$

*sind u, v in $\mathfrak{A}$ dann und nur dann vertauschbar, wenn $u\,v - v\,u$ mit allen Elementen von $\mathfrak{A}$ in der Multiplikation von $\mathfrak{B}$ vertauschbar ist.**)

Für die Teilmenge $\mathfrak{A}$ der assoziativen Algebra $\mathfrak{B}$ sei $\mathfrak{Z}(\mathfrak{A}; \mathfrak{B})$ die Menge der u aus $\mathfrak{A}$, für die $u\,a = a\,u$ für alle $a \in \mathfrak{A}$ gilt. Es ist $\mathfrak{Z}(\mathfrak{A}; \mathfrak{B})$ eine Teilalgebra von $\mathfrak{B}$. Die Vertauschbarkeit der Elemente u, v von $\mathfrak{A}$ ist also gleichwertig mit

$$u\,v - v\,u \in \mathfrak{Z}(\mathfrak{A}; \mathfrak{B})\,.$$

Untersuchen wir nun den Fall, wann $u, v, u \circ v$ paarweise vertauschbar sind. Das ist genau dann der Fall, wenn es z, z_1, z_2 in $\mathfrak{Z}(\mathfrak{A}; \mathfrak{B})$ gibt mit

$$u\,v - v\,u = z\,,$$
$$2\,(u\,[u \circ v] - [u \circ v]\,u) = u^2\,v - v\,u^2 = 2z_1\,,$$
$$2\,(v\,[u \circ v] - [u \circ v]\,v) = v^2\,u - u\,v^2 = 2z_2\,.$$

Multipliziert man die erste Gleichung von links und von rechts mit u und addiert die entstehenden Gleichungen, so erhält man $u^2\,v - v\,u^2$

---

*) Auch im Falle $\mathfrak{A} = \mathfrak{B}^{+}$ kann man selbst für eine einfache Algebra $\mathfrak{B}$ nicht auf $u\,v = v\,u$ schließen, wie das folgende Beispiel zeigt: Es sei K der Primkörper der Charakteristik 3, $\mathfrak{B}$ die assoziative Algebra der dreireihigen Matrizen über K und $\mathfrak{A} = \mathfrak{B}^{+}$ die zugeordnete Jordan-Algebra. Für

$$u = \begin{pmatrix} 1 & 1 & 0 \\ 0 & 1 & 1 \\ 0 & 0 & 1 \end{pmatrix}, \qquad v = \begin{pmatrix} 0 & 0 & 0 \\ 1 & 0 & 0 \\ 0 & 2 & 0 \end{pmatrix}$$

ist $u\,v - v\,u$ die dreireihige Einheitsmatrix. Es sind daher u und v in $\mathfrak{A}$ vertauschbar, dies gilt aber nicht in $\mathfrak{B}$.

$= 2 z u$. Man erhält also

$$z_1 = z u \quad \text{und entsprechend} \quad z_2 = - z v.$$

Nach Multiplikation von $u v - v u = z$ mit z bekommt man noch $z^2 = 0$.

Sind umgekehrt u, v aus $\mathfrak{A}$ und $z \in \mathfrak{Z}(\mathfrak{A}; \mathfrak{B})$ gegeben, so daß

$$u v - v u = z, \quad z u \in \mathfrak{Z}(\mathfrak{A}; \mathfrak{B}), \quad z v \in \mathfrak{Z}(\mathfrak{A}; \mathfrak{B})$$

gilt, dann sind $u, v, u \circ v$ in $\mathfrak{A}$ paarweise vertauschbar. Zuerst ist klar, daß u und v vertauschbar sind. Weiter hat man

$$2 (u [u \circ v] - [u \circ v] u) = u (u v) - (v u) u$$

$$= u (z + v u) - (u v - z) u = 2 u z,$$

d. h., u und $u \circ v$ sind vertauschbar. Entsprechend folgt die Vertauschbarkeit von v und $u \circ v$.

Zusammengefaßt erhalten wir

Lemma 1.3. *Es sei $\mathfrak{B}$ eine assoziative Algebra und $\mathfrak{A}$ eine Teilalgebra von $\mathfrak{B}^{+}$. Für $u, v \in \mathfrak{A}$ sind $u, v, u \circ v$ genau dann in $\mathfrak{A}$ paarweise vertauschbar, wenn das Element $z := u v - v u$ und die Elemente $z u$ und $z v$ mit allen Elementen von $\mathfrak{A}$ in der Multiplikation von $\mathfrak{B}$ vertauschbar sind. In diesem Falle ist $z^2 = 0$.*)*

5. Wir untersuchen nun die Jordan-Algebra

$$\mathfrak{A} = \mathfrak{B}^{+},$$

wobei $\mathfrak{B}$ eine assoziative *halbeinfache* Algebra über K ist.

---

*) Auch in diesem Falle kann man nicht auf $u v = v u$ schließen. Man betrachte dazu die Algebra $\mathfrak{B}$ der dreireihigen Matrizen über K. Es sei $\mathfrak{A}$ die Jordan-Algebra der Matrizen

$$u = \begin{pmatrix} u_1 & u_3 & u_4 \\ 0 & u_2 & u_5 \\ 0 & 0 & u_1 \end{pmatrix}, \quad u_i \in K.$$

Setzen wir

$$e = \begin{pmatrix} 1 & 0 & 0 \\ 0 & 1 & 0 \\ 0 & 0 & 1 \end{pmatrix}, \quad z = \begin{pmatrix} 0 & 0 & 1 \\ 0 & 0 & 0 \\ 0 & 0 & 0 \end{pmatrix},$$

so rechnet man leicht nach, daß $\mathfrak{Z}(\mathfrak{A}; \mathfrak{B})$ genau aus den Matrizen $\alpha e + \beta z$, $\alpha, \beta \in K$, besteht. Offenbar ist $z u \in \mathfrak{Z}(\mathfrak{A}; \mathfrak{B})$ für alle $u \in \mathfrak{A}$. Für die Elemente

$$v = \begin{pmatrix} 1 & 0 & 0 \\ 0 & 1 & 1 \\ 0 & 0 & 1 \end{pmatrix}, \quad u = \begin{pmatrix} 1 & 1 & 1 \\ 0 & 1 & 0 \\ 0 & 0 & 1 \end{pmatrix}$$

prüft man $u v - v u = z$ nach. Es sind also $u, v, u \circ v$ paarweise vertauschbar, aber es gilt nicht $u v = v u$.

Lemma 1.4. *Ist die Charakteristik von K größer als die Dimension n von $\mathfrak{B}$ über K, so sind zwei Elemente u, v dann und nur dann in $\mathfrak{B}^+$ vertauschbar, wenn sie in $\mathfrak{B}$ vertauschbar sind.*

Wir haben schon in einem Beispiel*) gesehen, daß man hier auf die Einschränkung der Charakteristik nicht verzichten kann.

Beweis. Als halbeinfache Algebra ist $\mathfrak{B}$ eine direkte Summe von einfachen Algebren

$$\mathfrak{B} = \mathfrak{B}_1 \oplus \mathfrak{B}_2 \oplus \cdots \oplus \mathfrak{B}_q,$$

und man hat offenbar

$$\mathfrak{B}^+ = \mathfrak{B}_1^+ \oplus \mathfrak{B}_2^+ \oplus \cdots \oplus \mathfrak{B}_q^+.$$

Da sich die Vertauschbarkeit in beiden Algebren auf die Vertauschbarkeit in den einzelnen direkten Summanden reduziert, darf man ohne Einschränkung annehmen, daß $\mathfrak{B}$ sogar einfach ist. Da andererseits die Vertauschbarkeit von u und v erhalten bleibt, wenn man $\mathfrak{B}$ und $\mathfrak{B}^+$ als Algebren über dem Zentrum von $\mathfrak{B}$ auffaßt, kann $\mathfrak{B}$ als zentral-einfach vorausgesetzt werden. Wir wissen, daß u, v genau dann in $\mathfrak{B}^+$ vertauschbar sind, wenn $uv - vu$ mit allen Elementen von $\mathfrak{B}$ vertauschbar ist, also im Zentrum von $\mathfrak{B}$ liegt. Ist e das Einselement von $\mathfrak{B}$, so gibt es also $\varrho \in K$ mit $uv - vu = \varrho\, e$. Bildet man hiervon die linksreguläre Darstellung von $\mathfrak{B}$ und geht zur Spur über, so erhält man $0 = \varrho\, n$, d. h. $\varrho = 0$.

Lemma 1.5. *Es sind u, v, $u \circ v$ dann und nur dann in $\mathfrak{B}^+$ paarweise vertauschbar, wenn u und v in $\mathfrak{B}$ vertauschbar sind.*

Beweis. Sind u, v, $u \circ v$ in $\mathfrak{B}^+$ paarweise vertauschbar, so gibt es wegen Lemma 1.3 ein z aus dem Zentrum von $\mathfrak{B}$ mit $uv - vu = z$, $z^2 = 0$. Da $\mathfrak{B}$ halbeinfach ist, ist das Zentrum von $\mathfrak{B}$ eine direkte Summe von Körpern, folglich ist $z = 0$. Es sind also u und v in $\mathfrak{B}$ vertauschbar. Die Umkehrung ist trivial.

Lemma 1.6. *Für eine halbeinfache Algebra $\mathfrak{B}$ ist das Zentrum von $\mathfrak{B}^+$ gleich dem Zentrum von $\mathfrak{B}$.*

Beweis. a) Für $z \in \mathfrak{Z}(\mathfrak{B})$ gilt trivialerweise $z \in \mathfrak{Z}(\mathfrak{B}^+)$. Man vergleiche hierzu I, § 11.1.

b) Es sei $z \in \mathfrak{Z}(\mathfrak{B}^+)$ und u beliebiges Element von $\mathfrak{B}^+$. Es sind sowohl z und u als auch z und $u \circ z$ in $\mathfrak{B}^+$ vertauschbar. Bezeichnet $L^+(u)$ die linksreguläre Darstellung von $\mathfrak{B}^+$, so ist $L^+(z \circ u) = L^+(z)\, L^+(u)$, und daher sind auch u und $z \circ u$ vertauschbar. Nach dem vorhergehenden Lemma folgt also $uz = zu$ für alle $u \in \mathfrak{B}$, d. h., es gilt $z \in \mathfrak{Z}(\mathfrak{B})$.

c) Es ist somit die Gleichheit von $\mathfrak{Z}(\mathfrak{B}^+)$ und $\mathfrak{Z}(\mathfrak{B})$ als Vektorräume nachgewiesen; dann sind aber auch die Algebren gleich.

---

*) Siehe Fußnote auf S. 180.

Nach diesen Vorbereitungen kommen wir zum Beweis von

Satz 1.7. *Es sei* $\mathfrak{B}$ *eine assoziative Algebra über* K. $\mathfrak{B}^+$ *ist dann und nur dann halbeinfach (bzw. einfach bzw. zentral-einfach), wenn* $\mathfrak{B}$ *halbeinfach (bzw. einfach bzw. zentral-einfach) ist.*

Beweis. a) Als assoziative Algebra ist $\mathfrak{B}$ homogen-zulässig. Wegen III, Satz 8.4, enthält ihr Radikal kein Idempotent. Die Aussage des Satzes, welche die Halbeinfachheit betrifft, folgt daher aus I, Satz 11.1.

b) Nun sei $\mathfrak{B}^+$ einfach. Da jedes zweiseitige Ideal von $\mathfrak{B}$ trivialerweise ein Ideal von $\mathfrak{B}^+$ ist, folgt die Einfachheit von $\mathfrak{B}$.

Umgekehrt sei $\mathfrak{B}$ einfach. Wegen Teil a) ist dann $\mathfrak{B}^+$ halbeinfach. Aus Lemma 1.6 entnehmen wir, daß das Zentrum von $\mathfrak{B}^+$ gleich dem Zentrum von $\mathfrak{B}$, also ein Körper ist. Nach dem Korollar 2 zum Struktursatz für halbeinfache Algebren (I; § 13.2) ist dann auch $\mathfrak{B}^+$ einfach.

c) Die fehlende Aussage entnimmt man jetzt Lemma 1.6 und Teil b).

Da die Invertierbarkeit in $\mathfrak{B}$ und in $\mathfrak{B}^+$ das gleiche bedeutet, erhalten wir noch

Satz 1.8. *Es sei* $\mathfrak{B}$ *eine assoziative Algebra mit Einselement. Es ist* $\mathfrak{B}^+$ *dann und nur dann ein Jordan-Körper, wenn* $\mathfrak{B}$ *ein Schiefkörper ist.*

6. Trivialerweise ist jedes Orthogonalsystem von $\mathfrak{B}$ wieder ein Orthogonalsystem von $\mathfrak{B}^+$. Sei umgekehrt $e_1, e_2, \ldots, e_r$ ein Orthogonalsystem von $\mathfrak{B}^+$, d. h., es gilt $e_i e_j + e_j e_i = 0$ für $i \neq j$. Links- bzw. Rechtsmultiplikation mit e_j bzw. e_i gibt $e_j e_i e_j + e_j e_i = 0$ bzw. $e_i e_j e_i + e_j e_i = 0$. Vertauscht man in der zweiten Gleichung i und j, so folgt $e_j e_i = e_i e_j = 0$. Jedes Orthogonalsystem von $\mathfrak{B}^+$ ist also auch ein Orthogonalsystem von $\mathfrak{B}$. Es haben also $\mathfrak{B}$ und $\mathfrak{B}^+$ den gleichen Primitiv-Grad. Da sich der Grad einer Algebra bei Grundkörpererweiterungen nicht ändert und es Grundkörpererweiterungen gibt, für die Grad und Primitiv-Grad übereinstimmen (III, Satz 4.4b), bekommt man

Satz 1.9. *Es sei* $\mathfrak{B}$ *eine assoziative Algebra mit Einselement. Dann haben die Algebren* $\mathfrak{B}$ *und* $\mathfrak{B}^+$ *gleichen Grad und gleichen Primitiv-Grad.*

7. Nun sei $\mathfrak{A}$ wieder eine Teilalgebra der Jordan-Algebra $\mathfrak{B}^+$ und $\mathfrak{B}$ hierbei eine assoziative Algebra mit Einselement e. Für $f \in \mathfrak{A}$ bilden wir die Mutation $\mathfrak{A}_f$ mit der Multiplikation $u \perp v = P(u, v) f$. Aus (1.1) entnimmt man daher

$$(1.2) \qquad u \perp v = \tfrac{1}{2}(u f v + v f u),$$

und man sieht, daß $\mathfrak{A}_f$ eine Teilalgebra von $(\mathfrak{B}^+)_f$ ist.

Satz 1.10. *Es sei* $\mathfrak{B}$ *eine assoziative Algebra mit Einselement. Dann ist jede für invertierbares* f *gebildete Mutation von* $\mathfrak{B}^+$ *isomorph zu* $\mathfrak{B}^+$.

Beweis. Man hat $f(u \perp v) = \frac{1}{2}(f\,u\,f\,v + f\,v\,f\,u) = (f\,u) \circ (f\,v)$, d. h., $L(f):(\mathfrak{B}^+)_f \to \mathfrak{B}^+$ ist ein Homomorphismus. Für invertierbares f ist diese Abbildung aber bijektiv.

Korollar. Ist $\mathfrak{A}$ eine spezielle Jordan-Algebra, dann ist für invertierbares $f \in \mathfrak{A}$ die Mutation $\mathfrak{A}_f$ wieder speziell.

Denn man kann $\mathfrak{A}$ in eine Einhüllende $\mathfrak{B}_1$ einbetten (vgl. **2**), und f ist dann auch in $\mathfrak{B}_1$ invertierbar.

§ 2. Algebren mit Involution

1. Wir gehen von einer beliebigen Algebra $\mathfrak{B}$ über K aus und nehmen an, daß $\mathfrak{B}$ eine *Involution* $u \to \bar{u}$ besitzt. Es ist also $u \to \bar{u}$ eine lineare Transformation von $\mathfrak{B}$ in sich, für die

$$\bar{\bar{u}} = u, \qquad \overline{u\,v} = \bar{v}\,\bar{u}$$

gilt. Offenbar ist dann $u \to \bar{u}$ eine bijektive Abbildung von $\mathfrak{B}$ auf sich, und es gilt $\bar{e} = e$, falls $\mathfrak{B}$ ein Einselement e besitzt.

Wir bezeichnen mit $\mathfrak{H}(\mathfrak{B})$ den Teilraum von $\mathfrak{B}$, der aus den Elementen $u \in \mathfrak{B}$ besteht, für die $\bar{u} = u$ gilt. Besitzt $\mathfrak{B}$ ein Einselement e, dann gilt $e \in \mathfrak{H}(\mathfrak{B})$.

Es sei $\mathfrak{Z}(\mathfrak{B})$ das Zentrum von $\mathfrak{B}$. Offenbar ist $\mathfrak{Z}(\mathfrak{B})$ bei der Involution stabil, jedoch gilt keineswegs stets $\mathfrak{Z}(\mathfrak{B}) \subset \mathfrak{H}(\mathfrak{B})$. Wir setzen

$$L := \mathfrak{Z}(\mathfrak{B}) \cap \mathfrak{H}(\mathfrak{B}).$$

Für eine einfache Algebra $\mathfrak{B}$ mit Einselement ist $\mathfrak{Z}(\mathfrak{B})$ nach dem Korollar 2 zu I, Satz 5.1, ein endlicher Erweiterungskörper von Ke. Da L multiplikativ abgeschlossen ist, gilt das gleiche für L.

Satz 2.1. *Ist $\mathfrak{B}$ eine einfache Algebra mit Involution über einem Körper K der Charakteristik ungleich 2, die ein Einselement enthält, so tritt einer der beiden folgenden Fälle ein:*

a) *Es ist $L = \mathfrak{Z}(\mathfrak{B})$, d. h., es gilt $\mathfrak{Z}(\mathfrak{B}) \subset \mathfrak{H}(\mathfrak{B})$.*

b) *Es ist $\mathfrak{Z}(\mathfrak{B})$ ein quadratischer Erweiterungskörper von L.*

Beweis. Wir nehmen an, daß der Fall a) nicht vorliegt. Dann ist L echt in $\mathfrak{Z}(\mathfrak{B})$ enthalten. Folglich gibt es ein $z \in \mathfrak{Z}(\mathfrak{B})$ mit $\bar{z} = -z$, $z \neq 0$. Da sich jedes Element von $\mathfrak{Z}(\mathfrak{B})$ eindeutig in der Form $w = u + v$, $\bar{u} = u$, $\bar{v} = -v$, schreiben läßt, kann man es auch als $w = u + v\,z$, $u, v \in L$, schreiben. Es ist also $\mathfrak{Z}(\mathfrak{B})$ eine quadratische Erweiterung von L.

2. Nun sei $\mathfrak{B}$ eine assoziative Algebra über K und c ein Idempotent von $\mathfrak{B}$. Aus der Zerlegung

$$(2.1) \quad u = u_{11} + u_{10} + u_{01} + u_{00} = c\,u\,c + (c\,u - c\,u\,c) +$$
$$+ (u\,c - c\,u\,c) + (u - c\,u - u\,c + c\,u\,c)$$

eines beliebigen Elementes $u \in \mathfrak{B}$ entnehmen wir die assoziative PEIRCE-Zerlegung*)

$$\mathfrak{B} = \mathfrak{B}_{11} + \mathfrak{B}_{10} + \mathfrak{B}_{01} + \mathfrak{B}_{00}.$$

Hierbei sind die Teilräume $\mathfrak{B}_{ij}$ für $i, j = 0,1$ definiert durch

$$\mathfrak{B}_{ij} := \{u;\, u \in \mathfrak{B},\, c\,u = i\,u,\, u\,c = j\,u\}.$$

Der Darstellung (2.1) entnimmt man die Kompositionsregeln

$$(2.2) \qquad\qquad \mathfrak{B}_{ij}\, \mathfrak{B}_{kl} \subset \delta_{jk}\, \mathfrak{B}_{il}.$$

Wir nehmen nun an, daß $u \to \bar{u}$ eine Involution von $\mathfrak{B}$ ist. Die Zerlegung (2.1) zeigt dann

$$(2.3) \qquad\qquad \overline{\mathfrak{B}_{ij}} \subset \mathfrak{B}_{ji} \quad \text{falls} \quad \bar{c} = c.$$

Lemma 2.2. *Es sei* $\mathfrak{B}$ *eine assoziative Algebra mit Involution* $u \to \bar{u}$ *und* c *ein Idempotent von* $\mathfrak{B}$ *mit* $\bar{c} = c$. *Gilt dann*

$$\mathfrak{H}(\mathfrak{B}) \subset \mathfrak{B}_{11} + \mathfrak{B}_{00},$$

so ist $\mathfrak{B}_{11}$ *ein von Null verschiedenes Ideal von* $\mathfrak{B}$.

Beweis. Für zwei Elemente u, v haben wir nach Voraussetzung

$$u\,v + \overline{u\,v} = u\,v + \bar{v}\,\bar{u} \in \mathfrak{B}_{11} + \mathfrak{B}_{00}.$$

Für $u = u_{11} \in \mathfrak{B}_{11}$, $v = v_{10} \in \mathfrak{B}_{10}$, erhält man wegen (2.2)

$$u\,v + \overline{u\,v} = u_{11}\,v_{10} + \overline{u_{11}\,v_{10}} \in \mathfrak{B}_{10} + \overline{\mathfrak{B}_{10}}.$$

Wegen (2.3) erhält man $u_{11}\,v_{10} = 0$. Da man entsprechend auch $u_{01}\,v_{11} = 0$ schließen kann, hat man $\mathfrak{B}_{11}\,\mathfrak{B}_{10} = \mathfrak{B}_{01}\,\mathfrak{B}_{11} = 0$. Folglich ist $\mathfrak{B}_{11}$ ein (zweiseitiges) Ideal von $\mathfrak{B}$.

3. Wir erinnern zunächst an den Begriff einer Quaternionen-Algebra: Es sei L ein Körper der Charakteristik ungleich 2. Die direkte Summe der Vektorräume

$$\mathfrak{Q} := Lb_1 + Lb_2 + Lb_3 + Lb_4$$

wird vermöge der Multiplikationstabelle der Basiselemente

$$b_1\,b_i = b_i\,b_1 = b_i, \quad b_2^2 = \lambda\,b_1, \quad b_3^2 = \varkappa\,b_1, \quad b_4^2 = -\varkappa\,\lambda\,b_1,$$
$$b_2\,b_3 = b_4 = -b_3\,b_2, \quad b_3\,b_4 = -\varkappa\,b_2 = -b_4\,b_3, \quad b_4\,b_2 = -\lambda\,b_3 = -b_2\,b_4$$

zu einer assoziativen Algebra über L, die b_1 als Einselement hat. Es sind $\varkappa$, λ gegebene von Null verschiedene Elemente von L, die zusammen mit L die Algebra eindeutig bestimmen. $\mathfrak{Q}$ heißt eine *Quaternionen-*

---

*) Diese PEIRCE-Zerlegung darf nicht mit der PEIRCE-Zerlegung von $\mathfrak{B}$ in bezug auf c nach I, § 12.3, verwechselt werden. Es gilt vielmehr

$$\mathfrak{B}_0(c) = \mathfrak{B}_{00}, \quad \mathfrak{B}_{\frac{1}{2}}(c) = \mathfrak{B}_{10} + \mathfrak{B}_{01}, \quad \mathfrak{B}_1(c) = \mathfrak{B}_{11}.$$

algebra über L. In $\mathfrak{Q}$ ist eine kanonische Involution $u \to \bar{u}$ vermöge

$$(2.4) \quad u = \xi_1 b_1 + \xi_2 b_2 + \xi_3 b_3 + \xi_4 b_4 \to \bar{u} = \xi_1 b_1 - \xi_2 b_2 - \xi_3 b_3 - \xi_4 b_4$$

erklärt. Da dann und nur dann $\bar{u} = u$ gilt, wenn $u = \xi_1 b_1$, $\xi_1 \in L$, erfüllt ist, sind $\mathfrak{H}(\mathfrak{Q})$ und L isomorph, d. h., $\mathfrak{H}(\mathfrak{Q})$ ist ein Körper. Für $u \in \mathfrak{Q}$ gehört $u\,\bar{u}$ zu $\mathfrak{H}(\mathfrak{Q})$, d. h., es gibt eine Abbildung $N : \mathfrak{Q} \to L$, so daß $u\,\bar{u} = N(u)\,b_1$ gilt. Offenbar ist u genau dann invertierbar, wenn $N(u) \neq 0$ gilt. Man rechnet nach, daß für ein Element u der Form (2.4)

$$(2.5) \qquad N(u) = \xi_1^2 - \lambda\,\xi_2^2 - \varkappa\,\xi_3^2 + \varkappa\,\lambda\,\xi_4^2$$

gilt. Die Algebra $\mathfrak{Q}$ heißt eine *Split-Quaternionenalgebra über* L, wenn $\mathfrak{Q}$ kein Schiefkörper ist, d. h., wenn es von Null verschiedene, nichtinvertierbare Elemente gibt. Das ist äquivalent damit, daß das Polynom (2.5) über L in nichttrivialer Weise die Null darstellt.

4. Wir wollen uns nun eine Übersicht über die assoziativen Algebren $\mathfrak{B}$ verschaffen, für die jedes von Null verschiedene Element von $\mathfrak{H}(\mathfrak{B})$ invertierbar ist.

Es sei K ein Körper der Charakteristik ungleich 2.

Lemma 2.3. *Es sei $\mathfrak{B}$ eine einfache assoziative Algebra über K mit Involution. Dann ist genau dann jedes von Null verschiedene Element von $\mathfrak{H}(\mathfrak{B})$ invertierbar, wenn $\mathfrak{B}$ entweder ein Schiefkörper endlichen Grades über K oder eine Split-Quaternionenalgebra über einem Erweiterungskörper L von endlichem Grad über K ist. Im zweiten Falle ist die kanonische Involution der Quaternionenalgebra gleich der Involution von $\mathfrak{B}$.*

Beweis. a) Ist $\mathfrak{B}$ ein Schiefkörper, so ist sogar jedes von Null verschiedene Element von $\mathfrak{B}$ invertierbar. Im zweiten Falle hatten wir schon gesehen, daß $\mathfrak{H}(\mathfrak{B})$ ein Körper ist.

b) Es sei $\mathfrak{B}$ kein Schiefkörper. Dann ist $\mathfrak{B}$ isomorph zu einer vollen Matrixalgebra über einem Schiefkörper L von endlichem Grad über K. Wir dürfen also annehmen, daß $\mathfrak{B}$ gleich der Algebra der s-reihigen Matrizen mit Elementen aus L ist und $s > 1$ voraussetzen.

Für $\alpha \in L$ bezeichne $c_{ij}(\alpha)$ diejenige Matrix, bei der in der i-ten Zeile und j-ten Spalte das Element α und sonst Nullen stehen. Man hat offenbar

$$c_{ij}(\alpha)\,c_{kl}(\beta) = \delta_{jk}\,c_{il}(\alpha\,\beta).$$

Es sind $c_{ij} = c_{ij}(1)$ die üblichen Matrixeinheiten. Das Element $c_{ii}(\alpha)\,\overline{c_{ii}(\alpha)}$ ist nicht invertierbar, denn der erste Faktor ist es nicht, gehört aber zu $\mathfrak{H}(\mathfrak{B})$. Das Element ist also gleich Null. Speziell ist $c_{11}\,\overline{c_{11}} = 0$ und daher $c_{11} + \overline{c_{11}}$ gleich Null oder ein Idempotent in

$\mathfrak{H}(\mathfrak{B})$. Der Fall $c_{11} = -\overline{c_{11}}$ kann wegen

$$-c_{11} = \overline{c_{11}} = \overline{(c_{11})^2} = (\overline{c_{11}})^2 = (-c_{11})^2 = c_{11}$$

nicht eintreten. Es ist $c_{11} + \overline{c_{11}}$ das Einselement von $\mathfrak{B}$, denn anderenfalls wäre $e - c_{11} - \overline{c_{11}}$ ein nichtinvertierbares Idempotent in $\mathfrak{H}(\mathfrak{B})$. Das bedeutet

$$\overline{c_{11}} = c_{22} + c_{33} + \cdots + c_{ss}.$$

Analog erhält man

$$\overline{c_{22}} = c_{11} + c_{33} + \cdots + c_{ss}.$$

Da das Produkt der linken Seiten Null ist, würde man im Falle $s > 2$ den Widerspruch $0 = c_{33} + \cdots + c_{ss}$ erhalten. Es ist also $s = 2$ und

$$\overline{c_{11}} = c_{22}, \qquad \overline{c_{22}} = c_{11}.$$

Die Rechenregel $c_{11} c_{12}(\alpha) = c_{12}(\alpha) c_{22} = c_{12}(\alpha)$ ergibt $\overline{c_{12}(\alpha)} c_{22}$ $= c_{11} \overline{c_{12}(\alpha)} = \overline{c_{12}(\alpha)}$, d. h., man erhält $\overline{c_{12}(\alpha)} = c_{12}(f(\alpha))$ mit einer linearen Transformation $\alpha \to f(\alpha)$ von L über K. Da $\overline{c_{12}(\alpha)} + c_{12}(\alpha)$ $= c_{12}(f(\alpha) + \alpha)$ nicht invertierbar ist, jedoch zu $\mathfrak{H}(\mathfrak{B})$ gehört, erhält man $f(\alpha) = -\alpha$. Da man analog für $c_{21}(\alpha)$ schließen kann, hat man

$$(2.6) \qquad \overline{c_{12}(\alpha)} = c_{12}(-\alpha), \qquad \overline{c_{21}(\alpha)} = c_{21}(-\alpha).$$

Aus den Formeln $c_{11}(\alpha) c_{11} = c_{11}(\alpha)$ und $c_{11}(\alpha) c_{12} = c_{12}(\alpha)$ folgt $c_{22} \overline{c_{11}(\alpha)} = \overline{c_{11}(\alpha)}$ und $c_{12} \overline{c_{11}(\alpha)} = c_{12}(\alpha)$, d. h., man hat

$$(2.7) \qquad \overline{c_{11}(\alpha)} = c_{22}(\alpha), \qquad \overline{c_{22}(\alpha)} = c_{11}(\alpha).$$

Nun erhält man für $\alpha, \beta \in L$

$$c_{22}(\alpha\beta) = \overline{c_{11}(\alpha\beta)} = \overline{c_{11}(\beta)} \, \overline{c_{11}(\alpha)} = c_{22}(\beta) c_{22}(\alpha) = c_{22}(\beta\alpha),$$

also $\alpha\beta = \beta\alpha$. Der Körper L ist also kommutativ.

Aus (2.6) und (2.7) entnimmt man jetzt

$$\bar{u} = \begin{pmatrix} \delta & -\beta \\ -\gamma & \alpha \end{pmatrix} \quad \text{falls} \quad u = \begin{pmatrix} \alpha & \beta \\ \gamma & \delta \end{pmatrix} \in \mathfrak{B}.$$

Wir fassen $\mathfrak{B}$ als Algebra über L auf und definieren die Basiselemente $b_1 = c_{11} + c_{22}$, $\quad b_2 = c_{12} - c_{21}$, $\quad b_3 = c_{12} + c_{21}$, $\quad b_4 = c_{11} - c_{22}$. Hieraus gewinnt man die Multiplikationstabelle

$$(2.8) \quad \begin{aligned} b_1^2 &= b_1, & b_2^2 &= -b_1, & b_3^2 &= b_4^2 = b_1, \\ b_2 b_3 &= b_4 = -b_3 b_2, & b_3 b_4 &= -b_2 = -b_4 b_3, & b_4 b_2 &= b_3 = -b_2 b_4. \end{aligned}$$

Es ist $\mathfrak{B}$ eine Quaternionenalgebra, die sicher kein Schiefkörper ist. Wegen $\overline{b_1} = b_1$, $\overline{b_i} = -b_i$ für $i = 2, 3, 4$ stimmt die gegebene Involution mit der kanonischen Involution der Quaternionenalgebra überein.

Geht man hier von einer beliebigen einfachen Split-Quaternionenalgebra $\mathfrak{Q}$ aus, so erhält man in jedem Falle die spezielle Multiplikationstabelle (2.8). Folglich gilt das

Korollar. Jede einfache Split-Quaternionenalgebra ist isomorph zu einer solchen, deren Multiplikationstabelle die Gestalt (2.8) *hat.*

5. Es sei wieder $\mathfrak{B}$ eine assoziative Algebra über K mit Involution $u \to \bar{u}$. Wegen der Linearität kann man $u \to \bar{u}$ als Involution auf jede durch Grundkörpererweiterung aus $\mathfrak{B}$ entstehende Algebra fortsetzen. Ist für den Augenblick $Ju := \bar{u}$, dann gilt $(Jx)^{-1} = Jx^{-1}$ für ein generisches Element x von $\mathfrak{B}$. Nach Definition gehört daher J zur Strukturgruppe $\Gamma(\mathfrak{B})$ von $\mathfrak{B}$, und es ist $J^{\#} = J$. Für jede Norm ω von $\mathfrak{B}$ (vgl. II, § 5.2) unterscheidet sich daher $\omega(Jx)$ von $\omega(x)$ nur um einen konstanten Faktor. Die Spezialisierung $x \to e$ zeigt daher $\omega(Jx) = \omega(x)$. Da sowohl die Hauptnorm HN als auch die reduzierte Norm RN je eine Norm ist, folgt

$$(2.9) \qquad HN(\bar{x}) = HN(x), \qquad RN(\bar{x}) = RN(x).$$

Wir erhalten hieraus

Lemma 2.4. *Ist $\mathfrak{B}$ eine assoziative Algebra über K mit Einselement und Involution $u \to \bar{u}$, so gilt für die reduzierte Spur von $\mathfrak{B}$ die Gleichung* $RS(\bar{u}) = RS(u)$.

Korollar 1. Das Radikal von $\mathfrak{B}$ geht bei der Involution in sich über.

Denn da $\mathfrak{B}$ als assoziative Algebra homogen-zulässig ist, zeigt III, Satz 8.4, daß das Radikal von $\mathfrak{B}$ gleich dem Bilinearkern der reduzierten Spur ist.

Korollar 2. Ist $\mathfrak{B}$ halbeinfach, so gibt es zu jedem $u \neq 0$ aus $\mathfrak{B}$ ein $v \in \mathfrak{B}$ mit $uv + \overline{uv} \neq 0$.

Denn anderenfalls wäre $RS(uv) = 0$ für alle $v \in \mathfrak{B}$, folglich $u \in \mathrm{Rad}\,\mathfrak{B} = 0$.

§ 3. Die Jordan-Algebren $\mathfrak{H}(\mathfrak{B})$

1. Es sei K ein Körper der Charakteristik ungleich 2. Zur Algebra $\mathfrak{B}$ über K mit Involution $u \to \bar{u}$ bilden wir den Teilraum $\mathfrak{H}(\mathfrak{B})$ der bei der Involution invarianten Elemente. Offenbar ist $\mathfrak{H}(\mathfrak{B})$ eine Teilalgebra der kommutativen Algebra $\mathfrak{B}^{+}$.

Nehmen wir nun an, daß $\mathfrak{B}$ assoziativ ist. Es ist $\mathfrak{H}(\mathfrak{B})$ eine Jordan-Algebra. Besitzt $\mathfrak{B}$ ein Einselement e, so ist e gleichzeitig das Einselement von $\mathfrak{H}(\mathfrak{B})$. Man sieht, daß dann $\mathfrak{B}$ eine Einhüllende von $\mathfrak{H}(\mathfrak{B})$ ist.

Ist λ eine assoziative Linearform von $\mathfrak{B}$, so haben wir in I, § 11.3, gesehen, daß λ dann auch assoziative Linearform von $\mathfrak{B}^{+}$ ist. Gilt außerdem $\lambda(\bar{u}) = \lambda(u)$ für alle $u \in \mathfrak{B}$, so hat man für $u \in \mathfrak{H}(\mathfrak{B})$ und $v \in \mathfrak{B}$

$$2\lambda(u\,v) = \lambda(u\,v) + \lambda(\overline{u\,v}) = \lambda(u\,[v + \bar{v}]).$$

Da $v + \bar{v}$ in $\mathfrak{H}(\mathfrak{B})$ liegt, liest man hieraus

$$(3.1) \qquad Bk_\lambda(\mathfrak{H}(\mathfrak{B})) \subset Bk_\lambda(\mathfrak{B})$$

ab. Es folgt daher das

Lemma 3.1. *Es sei $\mathfrak{B}$ eine bezüglich der normalen Linearform λ nichtausgeartete assoziative Algebra mit Involution $u \to \bar{u}$. Gilt $\lambda(\bar{u})$ $= \lambda(u)$ für $u \in \mathfrak{B}$, so ist auch die Jordan-Algebra $\mathfrak{H}(\mathfrak{B})$ bezüglich der Restriktion von λ nichtausgeartet.*

Wegen III, Satz 9.3, ist $\mathfrak{B}$ nichtausgeartet in bezug auf die Hauptspur HS. Da man aus (2.9) auch $HS(\bar{u}) = HS(u)$ erhält, folgt das

Korollar. Ist $\mathfrak{B}$ eine nichtausgeartete assoziative Algebra mit Involution, dann ist auch $\mathfrak{H}(\mathfrak{B})$ nichtausgeartet.

2. Nach diesen Vorbereitungen kommen wir zum Beweis von

Satz 3.2. *Ist $\mathfrak{B}$ eine halbeinfache (bzw. einfache bzw. zentral-einfache) assoziative Algebra über K mit Involution, dann ist die Jordan-Algebra $\mathfrak{H}(\mathfrak{B})$ halbeinfach (bzw. einfach bzw. zentral-einfach).*

Beweis. a) Es sei $\mathfrak{B}$ halbeinfach. Da $\mathfrak{B}$ als assoziative Algebra homogenzulässig ist, zeigt III, Satz 8.4, daß der Bilinearkern der reduzierten Spur von $\mathfrak{B}$ gleich Null ist. Wegen (3.1) ist daher für $\lambda = RS$ auch $Bk_\lambda(\mathfrak{H}(\mathfrak{B})) = 0$, d. h., $\mathfrak{H}(\mathfrak{B})$ ist halbeinfach.

b) Nun sei $\mathfrak{B}$ einfach und $\mathfrak{a}_1 \neq 0$ ein Ideal von $\mathfrak{H}(\mathfrak{B})$. Da wegen Teil a) die Algebra $\mathfrak{H}(\mathfrak{B})$ halbeinfach ist, enthält $\mathfrak{a}_1$ ein Einselement c (vgl. I, Satz 13.1), und wir erhalten eine direkte Zerlegung $\mathfrak{H}(\mathfrak{B}) = \mathfrak{a}_1 \oplus \mathfrak{a}_0$, wobei $c \circ u = \nu u$ für $u \in \mathfrak{a}_\nu$ und $\nu = 0,1$ gilt. Durch Links- und Rechtsmultiplikation mit c erhält man $c\,u\,c = (2\nu - 1)\,c\,u = (2\nu - 1)\,u\,c$ und folglich $c\,u = u\,c = \nu\,u$.

Zum Idempotent $\bar{c} = c$ von $\mathfrak{B}$ bilden wir die Peirce-Zerlegung gemäß § 2.2. Es ist $\mathfrak{a}_\nu \subset \mathfrak{B}_{\nu\nu}$ für $\nu = 0,1$, d. h., es gilt $\mathfrak{H}(\mathfrak{B}) \subset \mathfrak{B}_{11} + \mathfrak{B}_{00}$. Wegen Lemma 2.2 ist dann $\mathfrak{B}_{11}$ ein von Null verschiedenes zweiseitiges Ideal von $\mathfrak{B}$. Da $\mathfrak{B}$ einfach ist, folgt $\mathfrak{B}_{11} = \mathfrak{B}$, d. h. $c = e$ und $\mathfrak{a}_1 = \mathfrak{H}(\mathfrak{B})$. Mit $\mathfrak{B}$ ist daher auch $\mathfrak{H}(\mathfrak{B})$ einfach.

c) Jetzt sei $\mathfrak{B}$ zentral-einfach und $\widetilde{\mathfrak{B}}$ eine beliebige Grundkörpererweiterung von $\mathfrak{B}$ mit fortgesetzter Involution. Wegen b) ist $\mathfrak{H}(\widetilde{\mathfrak{B}})$ wieder einfach. Da man $\mathfrak{H}(\widetilde{\mathfrak{B}})$ als Grundkörpererweiterung $\widetilde{\mathfrak{H}(\mathfrak{B})}$ von $\mathfrak{H}(\mathfrak{B})$ erhält, ist jede Grundkörpererweiterung von $\mathfrak{H}(\mathfrak{B})$ einfach, d. h., $\mathfrak{H}(\mathfrak{B})$ ist zentral-einfach (vgl. das Korollar zu I, Satz 5.5).

Aus Lemma 2.3 erhält man ferner den

Satz 3.3. *Es sei $\mathfrak{B}$ eine einfache assoziative Algebra über K mit Involution. Dann ist $\mathfrak{H}(\mathfrak{B})$ genau dann ein Jordan-Körper, wenn $\mathfrak{B}$ entweder ein Schiefkörper endlichen Grades über K oder eine Split-Quaternionenalgebra über einem Erweiterungskörper L von endlichem Grad über K ist. Im zweiten Falle ist die kanonische Involution der Quaternionenalgebra gleich der Involution von $\mathfrak{B}$.*

3. Zu jedem $u \in \mathfrak{B}$ kann man eine lineare Transformation $W(u)$ von $\mathfrak{B}$ erklären durch

$$(3.2) \qquad\qquad W(u)\,v = u\,v\,\bar{u}.$$

Es stimmen also die Transformationen $W(u)$ und $P(u)$ für $u \in \mathfrak{H}(\mathfrak{B})$ überein. Offenbar *ist $W(u)$ dann und nur dann umkehrbar, wenn u in $\mathfrak{B}$ invertierbar ist, und es gilt dann $W^{-1}(u) = W(u^{-1})$.* Außerdem hat man $W(u)\,W(v) = W(u\,v)$ für $u,\,v \in \mathfrak{B}$, und für invertierbare Elemente u und v gilt

$$[W(u)\,v]^{-1} = W^{-1}(\bar{u})\,v^{-1}.$$

Da diese Beziehung auch für ein generisches Element v gilt, *gehört $W(u)$ für jedes invertierbare u von $\mathfrak{B}$ zur Strukturgruppe $\Gamma(\mathfrak{H}(\mathfrak{B}))$, und es ist $W^{\#}(u) = W(\bar{u})$.*

4. Wir hatten in (1.2) gesehen, daß die Multiplikation in der mit dem Element f gebildeten Mutation von $\mathfrak{H}(\mathfrak{B})$ gegeben ist durch $u \perp v = \frac{1}{2}(u\,f\,v + v\,f\,u)$. Im Gegensatz zur Jordan-Algebra $\mathfrak{B}^{+}$ sind im vorliegenden Fall keineswegs zwei Mutationen stets isomorph.*)

§ 4. Die Algebren $\mathfrak{H}_r(\mathfrak{C})$

1. Es sei wieder K ein Körper der Charakteristik ungleich 2 und $\mathfrak{C}$ eine Algebra über K. Für eine natürliche Zahl r betrachten wir die Menge $\mathfrak{M}_r(\mathfrak{C})$ der quadratischen Matrizen von r Zeilen und Spalten mit Elementen aus $\mathfrak{C}$:

$$\boldsymbol{u} = (u_{ij}), \qquad u_{ij} \in \mathfrak{C}.$$

---

*) Man wähle als Beispiel für $\mathfrak{B}$ die Algebra der zweireihigen quadratischen Matrizen über den reellen Zahlen und als Involution den Übergang zur transponierten Matrix. Die Jordan-Algebra $\mathfrak{H}(\mathfrak{B})$ der symmetrischen rellen Matrizen enthält keine von Null verschiedenen nilpotenten Elemente. Bildet man aber die Mutation zum Element

$$f = \begin{pmatrix} 1 & 0 \\ 0 & -1 \end{pmatrix},$$

so sieht man, daß

$$u = \begin{pmatrix} 1 & 1 \\ 1 & 1 \end{pmatrix}$$

ein nilpotentes Element von $[\mathfrak{H}(\mathfrak{B})]_f$ ist.

Ist t die Dimension von $\mathfrak{C}$ über K, so ist $\mathfrak{M}_r(\mathfrak{C})$ mit der üblichen Matrixmultiplikation eine Algebra über K der Dimension $r^2 t$.

Ist $\mathfrak{C}$ eine Algebra mit Involution $u \to \bar{u}$, so definiert

$$(4.1) \qquad\qquad u \to \bar{u} := (\overline{u_{ji}})$$

eine Involution von $\mathfrak{M}_r(\mathfrak{C})$. Neben der Algebra $\mathfrak{B} = \mathfrak{M}_r(\mathfrak{C})$ betrachten wir die kommutative Algebra $\mathfrak{B}^+ = \mathfrak{M}_r^+(\mathfrak{C})$ und deren Teilalgebra

$$\mathfrak{H}_r(\mathfrak{C}) := \mathfrak{H}(\mathfrak{B}), \qquad \mathfrak{B} = \mathfrak{M}_r(\mathfrak{C}),$$

die aus den Matrizen u besteht, die bei der Involution (4.1) festbleiben, d. h. welche die Form

$$u = (u_{ij}), \qquad u_{ii} \in \mathfrak{H}(\mathfrak{C}), \qquad \overline{u_{ij}} = u_{ji},$$

haben. Die Dimension von $\mathfrak{H}_r(\mathfrak{C})$ über K ist daher gleich $r\,d + \dfrac{r(r-1)}{2}\,t$, wenn $\mathfrak{H}(\mathfrak{C})$ die Dimension d über K hat.

Ist $\mathfrak{C}$ eine assoziative Algebra, so ist $\mathfrak{B} = \mathfrak{M}_r(\mathfrak{C})$ ebenfalls assoziativ. Die Algebra $\mathfrak{H}_r(\mathfrak{C})$ ist dann eine spezielle Jordan-Algebra, für welche $\mathfrak{M}_r(\mathfrak{C})$ eine Einhüllende ist.

Wir bestimmen in diesem Falle die Menge $\mathfrak{Z}(\mathfrak{H}_r(\mathfrak{C}); \mathfrak{M}_r(\mathfrak{C}))$ (vgl. § 1.4). Sei c das Einselement von $\mathfrak{C}$ und e das Einselement von $\mathfrak{M}_r(\mathfrak{C})$. Da $\mathfrak{H}_r(Kc)$ ein Unterring von $\mathfrak{H}_r(\mathfrak{C})$ ist, zeigt man für $r > 1$ unter Benutzung der üblichen Matrixeinheiten sofort, daß sowohl jene Menge als auch das Zentrum von $\mathfrak{H}_r(\mathfrak{C})$ aus den Elementen

$$(4.2) \qquad \begin{pmatrix} z & 0 & \cdots & 0 \\ 0 & z & & \vdots \\ \vdots & & \ddots & 0 \\ 0 & \cdots & 0 & z \end{pmatrix}, \qquad z \in \mathfrak{Z}(\mathfrak{C}) \cap \mathfrak{H}(\mathfrak{C}),$$

besteht. Wegen Lemma 1.3 sind daher die Elemente u, v, $u \circ v$ von $\mathfrak{H}_r(\mathfrak{C})$ dann und nur dann paarweise vertauschbar, wenn $u\,v - v\,u$ die Form (4.2) hat und $z^2 = 0$ gilt. Ist daher $\mathfrak{C}$ eine einfache Algebra, so ist $\mathfrak{Z}(\mathfrak{C})$ ein Körper, und es folgt $z = 0$. Wir erhalten

Lemma 4.1. *Ist $\mathfrak{C}$ eine einfache assoziative Algebra mit Involution, so sind für $r > 1$ die Elemente u, v, $u \circ v$ von $\mathfrak{H}_r(\mathfrak{C})$ genau dann paarweise vertauschbar, wenn u und v in $\mathfrak{M}_r(\mathfrak{C})$ vertauschbar sind.*

2. Für eine assoziative Algebra $\mathfrak{C}$ können wir die in (3.2) definierten linearen Transformationen $W(u)$ von $\mathfrak{H}_r(\mathfrak{C})$ bilden. Wie üblich sagen wir, daß $W(u)\,v = u\,v\,\bar{u}$ aus v durch *Transformation* mit u hervorgeht. Wir wollen zeigen, daß man ein gegebenes v von $\mathfrak{H}_r(\mathfrak{C})$ in eine Diagonalmatrix transformieren kann, falls $\mathfrak{C}$ eine halbeinfache Algebra und $\mathfrak{H}(\mathfrak{C})$ ein Jordan-Körper ist. Wir gehen von v aus $\mathfrak{H}_r(\mathfrak{C})$ aus. Ist ein

Diagonalelement von v ungleich Null, so können wir dies durch Transformation von v mit einer geeigneten Permutationsmatrix an die erste Stelle der Diagonale bringen. Sind hingegen alle Diagonalelemente gleich Null, so dürfen wir annehmen, daß in der ersten Zeile, z. B. an der Stelle $(1, i)$ ein von Null verschiedenes Element $a \in \mathfrak{C}$ steht. Durch Transformation von v mit der Dreiecksmatrix $\boldsymbol{u}$, die sich von der Einheitsmatrix nur an der Stelle $(1, i)$ unterscheidet und dort das Element $\bar{b}$ besitzt, erhalten wir aus v eine Matrix v_1, deren erstes Diagonalelement gleich $a\,b + \overline{a\,b}$ ist. Nach dem Korollar 2 zu Lemma 2.4 gibt es ein $b \in \mathfrak{C}$, so daß $a\,b + \overline{a\,b}$ ungleich Null, also in $\mathfrak{H}(\mathfrak{C})$ invertierbar ist.

Wir dürfen also in jedem Falle von einer Matrix v_1 ausgehen, deren erstes Diagonalelement α_1 invertierbar ist. Nun transformieren wir v_1 mit der Dreiecksmatrix $\boldsymbol{u}_1$, die sich von der Einheitsmatrix nur in den nicht in der Diagonale stehenden Elementen der ersten Spalte unterscheidet und dort die von rechts mit α_1^{-1} multiplizierten entsprechenden Elemente von v_1 besitzt. Wir erhalten eine Matrix $\boldsymbol{u}_2$ der Form

$$\boldsymbol{u}_2 = \begin{pmatrix} \alpha_2 & 0 \\ 0 & \boldsymbol{u}_3 \end{pmatrix}, \qquad \boldsymbol{u}_3 \in \mathfrak{H}_{r-1}(\mathfrak{C}).$$

Eine Induktion nach r gibt nun die behauptete Transformierbarkeit von v in eine Diagonalmatrix. Wir erhalten den

Satz 4.2. *Es sei $\mathfrak{C}$ eine halbeinfache assoziative Algebra über K mit Involution, für die $\mathfrak{H}(\mathfrak{C})$ ein Jordan-Körper ist. Dann gibt es zu jedem $\boldsymbol{u}$ aus $\mathfrak{H}_r(\mathfrak{C})$, $r > 1$, ein W aus der Strukturgruppe $\Gamma(\mathfrak{H}_r(\mathfrak{C}))$, so daß $W\boldsymbol{u}$ eine Diagonalmatrix ist.*

3. Wir sind nun in der Lage, die Isomorphieklassen der Mutationen von Jordan-Algebren $\mathfrak{H}_r(\mathfrak{C})$, $r > 1$, für solche Algebren $\mathfrak{C}$ anzugeben, für welche der vorhergehende Satz gilt. Zu einem invertierbaren $f \in \mathfrak{H}_r(\mathfrak{C})$ wählen wir W aus der Strukturgruppe, so daß $W^{\#}f = g$ eine Diagonalmatrix ist. Wegen V, Satz 2.2, sind dann die Mutationen $[\mathfrak{H}_r(\mathfrak{C})]_f$ und $[\mathfrak{H}_r(\mathfrak{C})]_g$ isomorph. Da die Invertierbarkeit in $\mathfrak{H}_r(\mathfrak{C})$ und in $\mathfrak{M}_r(\mathfrak{C})$ das gleiche bedeutet, ist die Abbildung

$$D : [\mathfrak{H}_r(\mathfrak{C})]_g \to \mathfrak{M}_r^+(\mathfrak{C}),$$

welche durch $D\boldsymbol{u} := g\,\boldsymbol{u}$ definiert ist, injektiv. Ferner ist wegen (1.2)

$$D\left(\boldsymbol{u} \underset{g}{\perp} v\right) = \tfrac{1}{2} g(\boldsymbol{u}\,g\,v + v\,g\,\boldsymbol{u}) = (g\boldsymbol{u}) \circ (gv) = (D\,\boldsymbol{u}) \circ (D\,v),$$

d. h., D ist ein Homomorphismus.

Da g bei der Involution (4.1) festbleibt, ist

$$\boldsymbol{u} \to \boldsymbol{u}^* := g\,\bar{\boldsymbol{u}}\,g^{-1}$$

offenbar eine Involution von $\mathfrak{M}_r(\mathbb{C})$. Die Teilmenge $\mathfrak{H}_r(\mathbb{C}; g)$ der $u \in \mathfrak{M}_r(\mathbb{C})$, für die $u^* = u$ gilt, ist eine Teilalgebra von $\mathfrak{M}_r^+(\mathbb{C})$. Für $u \in \mathfrak{H}_r(\mathbb{C})$ ist $(Du)^* = (gu)^* = g\,(\overline{gu})\,g^{-1} = gu = Du$, und umgekehrt folgt aus $(Du)^* = Du$ auch $u \in \mathfrak{H}_r(\mathbb{C})$. Es ist also $\mathfrak{H}_r(\mathbb{C}; g)$ das Bild bei D, und man erhält

Satz 4.3. *Es sei $\mathbb{C}$ eine halbeinfache assoziative Algebra über K mit Involution, für die $\mathfrak{H}(\mathbb{C})$ ein Jordan-Körper ist. Jede für invertierbares f gebildete Mutation von $\mathfrak{H}_r(\mathbb{C})$ ist isomorph zu einer Algebra $\mathfrak{H}_r(\mathbb{C}; g)$ mit einer Diagonalmatrix g.*

§ 5. Die Jordan-Algebren $[X; \mu, e]$

1. Es sei X ein Vektorraum der Dimension $n \geq 2$ über dem Körper K von beliebiger Charakteristik. Wir wollen in X eine Jordan-Multiplikation definieren, für die ein gegebenes Element $e \neq 0$ von X das Einselement wird. Mit Hilfe einer eigentlichen Linearform λ und einer eigentlichen symmetrischen Bilinearform μ von X definieren wir eine kommutative Multiplikation in X vermöge

$$(5.1) \qquad u\,v := \lambda(u)\,v + \lambda(v)\,u - \mu(u, v)\,e.$$

Man sieht, daß das Element e genau dann das Einselement dieser Multiplikation ist, wenn $[1 - \lambda(e)]\,u = [\lambda(u) - \mu(u, e)]\,e$ für $u \in X$ gilt, d. h., wenn

$$\lambda(u) = \mu(u, e), \qquad \lambda(e) = \mu(e, e) = 1$$

erfüllt ist.

Für eine eigentliche symmetrische Bilinearform μ und ein Element e mit $\mu(e, e) = 1$ setzen wir $\lambda(u) := \mu(u, e)$ und bilden die Multiplikation (5.1). Im Vektorraum X erhalten wir eine Algebra, die wir mit $[X; \mu, e]$ bezeichnen. Nach Konstruktion *ist e das Einselement der Algebra $\mathfrak{A} = [X; \mu, e]$.* Wegen

$$(5.2) \qquad u^2 = 2\lambda(u)\,u - \mu(u, u)\,e$$

ist $L(u^2)$ eine Linearkombination von $L(u)$ und $L(e) = Id$. Es sind daher $L(u^2)$ und $L(u)$ stets vertauschbar. Da überdies im Falle einer Charakteristik 2 noch $L(u^2) = \mu(u, u)\,Id$ gilt, ist $\mathfrak{A} = [X; \mu, e]$ *eine Jordan-Algebra über K.* Wendet man die Linearform λ auf die Gl. (5.1) an, so erhält man wegen $\lambda(e) = 1$

$$(5.3) \qquad \mu(u, v) = 2\lambda(u)\,\lambda(v) - \lambda(u\,v).$$

2. Wir erklären in X eine lineare Transformation vermöge

$$u \to \bar{u} := 2\lambda(u)\,e - u.$$

Man hat offenbar

$$\lambda(\bar{u}) = \lambda(u), \quad \bar{e} = e, \quad \bar{\bar{u}} = u.$$

Durch Eintragen von $\bar{u}$, $\bar{v}$ in die Bilinearform μ prüft man außerdem $\mu(\bar{u}, \bar{v}) = \mu(u, v)$ nach. Wegen (5.1) folgt dann aber $\overline{u\,v} = \bar{u}\,\bar{v}$, d. h., $u \to \bar{u}$ ist eine Involution von $\mathfrak{A}$. Die Gl. (5.2) kann man nun in der Form

$$(5.4) \qquad\qquad u\,\bar{u} = \mu(u, u)\,e$$

schreiben.

Lemma 5.1. *Ein u aus $\mathfrak{A} = [X; \mu, e]$ ist genau dann invertierbar, wenn $\mu(u, u) \neq 0$ gilt. In diesem Falle hat man $u^{-1} = \dfrac{1}{\mu(u, u)}\,\bar{u}$.*

Beweis. Ist u invertierbar, so folgt aus (5.4) sofort $\bar{u} = \mu(u, u)\,u^{-1}$. Es ist also $\mu(u, u) \neq 0$ und u^{-1} hat die behauptete Form. Ist umgekehrt $\mu(u, u) \neq 0$, dann zeigt (5.4) die Invertierbarkeit, denn $\bar{u}$ liegt in $K[u]$.

Als nächstes wollen wir sowohl die idempotenten als auch die nilpotenten Elemente beschreiben:

Lemma 5.2. *Ein Element $c \neq e$ von $\mathfrak{A} = [X; \mu, e]$ ist genau dann ein Idempotent, wenn gilt $2\lambda(c) = 1$, $\mu(c, c) = 0$.*

Beweis. Da ein von e verschiedenes Idempotent c nicht invertierbar ist, hat man $\mu(c, c) = 0$. Aus (5.2) folgt nun $2\lambda(c) = 1$. Die Umkehrung entnimmt man ebenfalls der Gl. (5.2).

Im Fall der Charakteristik 2 kann es also kein von e verschiedenes Idempotent geben, d. h., man erhält das

Korollar. Hat K die Charakteristik 2, so ist $\mathfrak{A}$ primär.

Lemma 5.3. *Für ein Element u von $\mathfrak{A} = [X; \mu, e]$ sind äquivalent:*

a) *u ist nilpotent,*
b) *$u^2 = 0$,*
c) *$2\lambda(u) = 0$ und $\mu(u, u) = 0$.*

Beweis. Sei u nilpotent und m so gewählt, daß $u^m = 0$ aber $u^{m-1} \neq 0$ gilt. Wegen (5.2) hat man $0 = u^m = 2\lambda(u)\,u^{m-1}$, denn wegen Lemma 5.1 ist $\mu(u, u) = 0$. Es folgt also $2\lambda(u) = 0$, d. h., aus a) folgt c). Aus c) folgt wegen (5.2) aber $u^2 = 0$, also b) und dann auch a).

3. Aus der Definition (5.1) berechnet man den Assoziator für drei Elemente wie folgt:

$$(5.5) \quad (u, w, v) = (u\,w)\,v - u\,(w\,v) = [\mu(v, w) - \lambda(v)\,\lambda(w)]\,u -$$
$$- [\mu(u, w) - \lambda(u)\,\lambda(w)]\,v + [\lambda(v)\,\mu(u, w) - \lambda(u)\,\mu(v, w)]\,e.$$

Wendet man hier auf beiden Seiten die Linearform λ an, so ergibt sich, daß λ auf jedem Assoziator verschwindet. *Es ist also λ eine assoziative Linearform der Algebra $\mathfrak{A}$.*

Wegen (5.3) liegt ein Element u dann im Bilinearkern $Bk_\lambda(\mathfrak{A})$ von $\mathfrak{A}$, wenn $\mu(u, v) = 2\lambda(u)\,\lambda(v)$ für alle v gilt. Für $v = e$ folgt $\lambda(u) = 0$ und daher auch $\mu(u, v) = 0$. Ist umgekehrt $\mu(u, v) = 0$ für alle v, so gibt (5.3) auch $\lambda(u\,v) = 2\lambda(u)\,\lambda(v)$ für alle v. Für $v = e$ folgt wieder $\lambda(u) = 0$ und daher $\lambda(u\,v) = 0$. Man erhält

$$(5.6) \qquad Bk_\lambda(\mathfrak{A}) = Bk_\mu(\mathfrak{A}) = \{u;\ u \in \mathfrak{A},\ \mu(u, v) = 0 \text{ für alle } v\}.$$

Daher ist mit λ auch μ nichtausgeartet und umgekehrt. Hat K eine Charakteristik ungleich 2, so verschwindet λ wegen Lemma 5.3 auf allen Nilpotenten der Algebra.

4. Es sei $\tilde{K}$ ein Erweiterungskörper von K. Bezeichnet man die zugehörige Grundkörpererweiterung von X mit $\tilde{X}$ und die Fortsetzung von λ und μ auf $\tilde{X}$ wieder mit den gleichen Buchstaben, so ist

$$\tilde{\mathfrak{A}} = [\tilde{X}; \mu, e]$$

die aus $\mathfrak{A} = [X; \mu, e]$ durch Grundkörpererweiterung von K zu $\tilde{K}$ entstehende Algebra. Alle Ergebnisse gelten daher für jede durch Grundkörpererweiterung entstehende Algebra. *Im Falle einer Charakteristik ungleich 2 ist daher λ eine normale Linearform von $\mathfrak{A}$.*

Zur Bestimmung der Strukturgruppe $\Gamma(\mathfrak{A})$ von $\mathfrak{A}$ wählen wir ein generisches Element x von $\mathfrak{A}$. Nach Definition gehört eine umkehrbare lineare Transformation W von $\mathfrak{A}$ genau dann zur Gruppe $\Gamma(\mathfrak{A})$, wenn es eine umkehrbare Transformation $W^{\#}$ von $\mathfrak{A}$ so gibt, daß

$$(5.7) \qquad (Wx)^{-1} = W^{\#\,-1}\,x^{-1}$$

erfüllt ist. Wegen Lemma 5.1 ist diese Identität äquivalent mit $\mu(x, x)\,\overline{Wx} = \mu(Wx, Wx)\,W^{\#\,-1}\,\bar{x}$. Bezeichnen wir $Jx := \bar{x}$, dann gilt $J^2 = Id$. Die Gleichung (5.7) ist äquivalent mit

$$(5.8) \qquad \mu(x, x)\,W^{\#}\,JWx = \mu(Wx, Wx)\,Jx.$$

Nun sei $W \in \Gamma(\mathfrak{A})$. Man wählt eine Linearform σ von $\mathfrak{A}$, so daß die Polynome $\mu(x, x)$ und $\sigma(Jx)$ teilerfremd sind. Da $\mu(x, x)$ dann ein Teiler von $\mu(Wx, Wx)\,\sigma(Jx)$ ist, folgt

$$(5.9) \qquad \mu(Wx, Wx) = \varrho(W)\,\mu(x, x), \quad \varrho(W) \in K, \quad \varrho(W) \neq 0,$$

und damit dann

$$(5.10) \qquad W^{\#}\,JW = \varrho(W)\,J.$$

Ist umgekehrt eine lineare Transformation W von $\mathfrak{A}$ mit (5.9) gegeben, so definiere man $W^{\#}$ durch (5.10). Dann gilt (5.8) und daher auch (5.7), d. h., W gehört zu $\Gamma(\mathfrak{A})$. Zusammengefaßt erhalten wir

Satz 5.4. *Eine umkehrbare lineare Transformation W von $\mathfrak{A}$ gehört genau dann zur Gruppe $\Gamma(\mathfrak{A})$, wenn es ein von Null verschiedenes $\varrho(W)$ aus K gibt, so daß $\mu(Wx, Wx) = \varrho(W)\,\mu(x, x)$ gilt. Es ist dann $W^{\#}$ durch $\varrho(W)\,JW^{-1}\,J$ gegeben.*

Für $f \in \mathfrak{A}$ wollen wir die Mutation $\mathfrak{A}_f$ bestimmen. Eine elementare Rechnung gibt für das Produkt $u \perp v$ in $\mathfrak{A}_f$

$$(5.11) \qquad u \perp v = \mu(u, \bar{f}) \, v + \mu(v, \bar{f}) \, u - \mu(u, v) \, \bar{f}.$$

Setzt man daher für invertierbares f

$$\mu_f(u, v) := \mu(u, v) \, \mu(f, f),$$

so erhält man wegen Lemma 5.1

$$\mu_f(u, f^{-1}) = \mu(u, \bar{f}).$$

Die rechte Seite von (5.11) ist gleich dem in $[X; \mu_f, f^{-1}]$ gebildeten Produkt von u mit v. Für invertierbares f erhält man daher

$$\mathfrak{A}_f = [X; \mu, e]_f = [X; \mu_f, f^{-1}].$$

5. Da die Gl. (5.2) auch für generisches x gilt, hat man $x^2 - 2\lambda(x)\,x + \mu(x, x)\,e = 0$. Es ist also das Minimalpolynom und dann auch das reduzierte Minimalpolynom von x ein Teiler des Polynoms $\tau^2 - 2\lambda(x)\,\tau + \mu(x, x)$. *Die Algebra* $\mathfrak{A} = [X; \mu, e]$ *hat also entweder den Grad* 1 *oder* 2. Eine entsprechende Aussage gilt dann auch für den Primitiv-Grad der Algebra.

Im ersten Falle ist die reduzierte Norm linear in x, es ist $RN(\tau\,e - x) = \tau - RN(x)$ das reduzierte Minimalpolynom von x in einer geeigneten Grundkörpererweiterung, d. h., $x - RN(x)\,e$ ist nilpotent, aber ungleich Null. Daher ist $\tau^2 - 2\lambda(x)\,\tau + \mu(x, x)$ das Minimalpolynom von x und $\mu(x, x) = RN^2(x)$ die Hauptnorm von $\mathfrak{A}$. Zerfällt umgekehrt $\mu(x, x)$ über einem Erweiterungskörper in ein Quadrat einer Linearform α, so erhält man durch Polarisation $2\lambda(x) = 2\alpha(x)$ und (5.1) ergibt $[x - \alpha(x)\,e]^2 = 0$, d. h., $\tau - \alpha(x)$ ist das reduzierte Minimalpolynom von x in einer geeigneten Grundkörpererweiterung. Dann hat aber die reduzierte Norm den Grad 1, und wir erhalten

Satz 5.5. *Die Algebra* $\mathfrak{A} = [X; \mu, e]$ *hat dann und nur dann den Grad* 1, *wenn das Polynom* $\mu(x, x)$ *über einem Erweiterungskörper von* K *gleich dem Quadrat einer Linearform ist.*

6. *Wir nehmen nun an, daß die Charakteristik von* K *nicht* 2 *ist und das Polynom* $\mu(x, x)$ *nicht zerfällt.* Es hat also $\mathfrak{A} = [X; \mu, e]$ den Grad 2, und es ist $\tau^2 - 2\lambda(x)\,\tau + \mu(x, x)$ gleich dem Minimalpolynom von x. Folglich ist $\mu(x, x)$ die Hauptnorm von $\mathfrak{A}$, die entweder absolut-irreduzibel oder gleich dem Produkt zweier verschiedener Linearfaktoren ist. In beiden Fällen ist die reduzierte Norm ebenfalls gleich $\mu(x, x)$, so erhalten wir:

$$HN(x) = RN(x) = \mu(x, x), \qquad HS(x) = RS(x) = 2\lambda(x).$$

Wir entnehmen jetzt aus III, Satz 8.4, daß

$$\operatorname{Rad}\mathfrak{A} = Bk_\lambda(\mathfrak{A}) = Bk_\mu(\mathfrak{A})$$

gilt. Da μ Werte in K hat, sehen wir, daß die folgenden Aussagen äquivalent sind:

1. $\mathfrak{A}$ ist halbeinfach
2. $\mathfrak{A}$ ist nichtausgeartet
3. Die Bilinearform μ ist nichtausgeartet.

Für $n \geqq 3$ werden wir diese Äquivalenz verschärfen. Zuvor untersuchen wir im Fall, daß μ nichtausgeartet ist, wann zwei Elemente u, v in $\mathfrak{A}$ vertauschbar sind. Sind u, v, e linear abhängig, so ist dies der Fall, denn dann liegt u in $K[v]$ oder v in $K[u]$. Sind u, v vertauschbar und u, v, e linear unabhängig, so gibt (5.5) die Gleichungen $\mu(u, w) = \lambda(u)\,\lambda(w)$, $\mu(v, w) = \lambda(v)\,\lambda(w)$ für alle w. Da dies aber $\mu(u - \lambda(u)\,e, w) = \mu(v - \lambda(v)\,e, w) = 0$ bedeutet, würde man $u = \lambda(u)\,e$, $v = \lambda(v)\,e$ im Widerspruch zur linearen Unabhängigkeit erhalten. Daher gilt

Lemma 5.6. *Ist μ nichtausgeartet, so sind u, v in $\mathfrak{A} = [X; \mu, e]$ dann und nur dann vertauschbar, wenn u, v und e linear abhängig sind.*

Korollar. Die Algebra $[X; \mu, e]$ ist dann und nur dann assoziativ, wenn $n = 2$ ist. In diesem Fall ist die Algebra entweder ein quadratischer Erweiterungskörper von K oder isomorph zu $K \oplus K$.

Da die Elemente des Zentrums $\mathfrak{Z}$ von $\mathfrak{A}$ mit allen Elementen von $\mathfrak{A}$ vertauschbar sind, erhält man $\mathfrak{Z} = Ke$ falls $n \geqq 3$ ist. Als halbeinfache Algebra ist dann aber $\mathfrak{A}$ einfach, folglich auch zentral-einfach. Wir fassen unser Ergebnis zusammen in

Satz 5.7. *Es sei $\mathfrak{A} = [X; \mu, e]$ und $n \geqq 3$. Dann ist jede der Eigenschaften von $\mathfrak{A}$*

zentral-einfach, einfach, halbeinfach, nichtausgeartet,

damit äquivalent, daß die Bilinearform μ nichtausgeartet ist.

Die Algebra ist wegen Lemma 5.1 genau dann ein Jordan-Körper, wenn die quadratische Form $\mu(u, u)$ die Null nur trivial darstellt.

7. Die Algebra $\mathfrak{A} = [X; \mu, e]$ habe den Primitiv-Grad 2. Sei c ein von e verschiedenes Idempotent. Wegen III, Satz 7.5, sind dann die Idempotente c und $e - c$ absolut-primitiv. Wir wollen die Peirce-Zerlegung von $\mathfrak{A}$ in bezug auf c aufstellen: Für $\nu = 0,1$ gilt für $u \in \mathfrak{A}_\nu(c)$

$$\nu u = c u = \lambda(c)\,u + \lambda(u)\,c - \mu(u, c)\,e,$$

d. h., wegen Lemma 5.2 ist $u = \alpha c + \beta(e - c)$ mit $\alpha, \beta \in K$. Dann ist $u \in \mathfrak{A}_\nu(c)$ aber mit $\nu\alpha = \alpha$, $\nu\beta = 0$ gleichwertig, d. h., es gilt $\mathfrak{A}_1(c) = Kc$, $\mathfrak{A}_0(c) = K(e - c)$. Die Peirce-Zerlegung lautet also

$$\mathfrak{A} = Kc + K(e - c) + \mathfrak{A}_{\frac{1}{2}}(c).$$

Es liegt w dann und nur dann in $\mathfrak{A}_{\frac{1}{2}}(c)$, wenn gilt $\frac{1}{2}w = c\,w = \lambda(c)\,w + \lambda(w)\,c - \mu(w, c)\,e$. Wegen Lemma 5.2 ist dies mit $\lambda(w) = \mu(w, c) = 0$ äquivalent. Es folgt

$$\mathfrak{A}_{\frac{1}{2}}(c) = \{w;\ \lambda(w) = \mu(w, c) = 0\}.$$

Die Formeln werden übersichtlicher wenn man das vollständige Orthogonalsystem $e_1 = c$, $e_2 = e - c$, einführt. Die PEIRCE-Zerlegung lautet dann

$$(5.12) \qquad \mathfrak{A} = Ke_1 + Ke_2 + \mathfrak{N}$$

mit $\mathfrak{N} = \mathfrak{A}_{\frac{1}{2}}(e_1) = \mathfrak{A}_{\frac{1}{2}}(e_2)$. Wegen (5.3) ist $\lambda(w) = \mu(w, c) = 0$ mit $\lambda(e_i\,w) = 0$ für $i = 1, 2$ gleichbedeutend. Es ist daher

$$(5.13) \qquad \mathfrak{N} = \{w;\ \lambda(e_i\,w) = 0 \text{ für } i = 1, 2\}.$$

8. Wir beweisen nun

Satz 5.8. *Es sei μ nichtausgeartet, außerdem habe die Algebra $\mathfrak{A} = [X;\ \mu, e]$ den Primitiv-Grad 2. Dann gibt es zu jedem vollständigen Orthogonalsystem e_1, e_2 von $\mathfrak{A}$ und jedem $u \in \mathfrak{A}$ invertierbare Elemente $v, w \in \mathfrak{A}$ mit $P(w)\,P(v)\,u \in Ke_1 + Ke_2$.*

Korollar. Zu jedem $u \in \mathfrak{A}$ gibt es ein $W \in \Gamma(\mathfrak{A})$ mit $Wu \in Ke_1 + Ke_2$.

Beweis. Im Fall $n = 2$ folgt $\mathfrak{A} = Ke_1 + Ke_2$ aus (5.12), und es ist nichts zu beweisen. Wir dürfen also $n \geq 3$ und $u \neq 0$ annehmen. Eine leichte Rechnung ergibt zuerst

$$(5.14) \quad P(v)u = 2v(v\,u) - v^2\,u = 2\lambda(u\,v)\,v + \mu(v, v)\,u - 2\mu(v, v\,u)e.$$

Zunächst zeigen wir

(5.15) Es gibt ein invertierbares $v \in \mathfrak{A}$, so daß die in Ke_1 liegende Komponente von $P(v)u$ nicht Null ist.

Da man e_1 und e_2 vertauschen darf, können wir ohne Einschränkung $u \in \mathfrak{N}$ annehmen. Setzen wir voraus, daß die Behauptung falsch ist. Aus Symmetriegründen gilt dann

$$(5.16) \qquad P(v)\,u \in \mathfrak{N} \quad \text{für alle} \quad v \in \mathfrak{A} \quad \text{mit} \quad \mu(v, v) \neq 0.$$

Man erhält $\lambda(u\,v)\,v - \mu(v, v\,u)\,e \in \mathfrak{N}$ wegen (5.14) und (5.16).

Setzt man $v = \alpha_1\,e_1 + \alpha_2\,e_2 + v_0$, $v_0 \in \mathfrak{N}$, so folgt wegen (5.13)

$$\lambda(u\,v_0)\,(\alpha_1\,e_1 + \alpha_2\,e_2) = \mu(v, v\,u)\,e \quad \text{für} \quad \mu(v, v) \neq 0.$$

Wegen (5.3) ist $\mu(v, v) = 2\alpha_1\,\alpha_2\,\mu(e_1, e_2) + \mu(v_0, v_0) = \alpha_1\,\alpha_2 - \lambda(v_0^2)$. Bei gegebenem v_0 gibt es daher $\alpha_1 \neq \alpha_2$ aus K mit $\mu(v, v) \neq 0$, und man erhält $\lambda(u\,v_0) = 0$ für alle $v_0 \in \mathfrak{N}$. Wegen $u\,v_0 = -\mu(u, v_0)\,e = \lambda(u\,v_0)\,e = 0$ ist dann Ku ein Ideal von $\mathfrak{A}$. Da $\mathfrak{A}$ wegen Satz 5.7 einfach ist, folgt $u = 0$ im Widerspruch zur Annahme.

Zum Beweis des Satzes können wir wegen (5.15) ohne Einschränkung annehmen, daß $u = \beta_1 e_1 + \beta_2 e_2 + u_0$, $\beta_1 \neq 0$, $u_0 \in \Re$, erfüllt ist. Wir setzen $w := \alpha_1 e_1 + \alpha_2 e_2 + u_0$ und erhalten aus (5.14) die Beziehung $P(w) u - [2\lambda(u\,w) + \mu(w,\,w)] u_0 \in Ke_1 + Ke_2$. Der Satz ist daher bewiesen, wenn wir α_1 und α_2 aus K so bestimmen können, daß

$$(5.17) \qquad 2\lambda(u\,w) + \mu(w,\,w) = 0, \qquad \mu(w,\,w) \neq 0,$$

gilt. Eine elementare Rechnung ergibt

$$2\lambda(u\,w) + \mu(w,\,w) = \alpha_1 \beta_1 + \alpha_2 \beta_2 + \alpha_1 \alpha_2 + \lambda(u_0^2),$$
$$\mu(w,\,w) = \alpha_1 \alpha_2 - \lambda(u_0^2).$$

Im Falle $\lambda(u_0^2) \neq 0$ wählt man $\alpha_2 = 0$, $\alpha_1 = -\dfrac{1}{\beta_1}\,\lambda(u_0^2)$ und bekommt (5.17). Ist hingegen $\lambda(u_0^2) = 0$, so hat man $\alpha_1,\,\alpha_2 \in K$ so zu bestimmen, daß $\alpha_1 \beta_1 + \alpha_2 \beta_2 + \alpha_1 \alpha_2 = 0$, $\alpha_1 \alpha_2 \neq 0$ gilt. Da K wenigstens 3 Elemente enthält und $\beta_1 \neq 0$ ist, ist das möglich. Damit ist der Satz bewiesen.

Mit Hilfe dieses Satzes kann man wieder die Isomorphieklassen der Mutationen $\mathfrak{A}_f$ von $\mathfrak{A}$ übersehen. Zu einem invertierbaren $f \in \mathfrak{A}$ wählt man $W \in \Gamma(\mathfrak{A})$ wie im Satz angegeben. Da jedes Vielfache der Identität zu $\Gamma(\mathfrak{A})$ gehört, gibt es also auch $W \in \Gamma(\mathfrak{A})$ mit $Wf = g$, $g = e_1 + \alpha\,e_2$, $\alpha \in K$. Da man g noch durch $P(e_1 + \beta\,e_2)\,g$ ersetzen kann, sieht man, daß nur die Quadratklasse von α durch f eindeutig bestimmt ist. Wegen V, Satz 2.2, sind dann die Algebren $\mathfrak{A}_f$ und $\mathfrak{A}_g$ isomorph. Nach **4** ist $\mathfrak{A}_g = [X;\,\mu_g,\,g^{-1}]$, und man rechnet nach, daß $\mu_g(u,\,v) = \alpha\,\mu(u,\,v)$ gilt.

§ 6. Clifford-Algebren

In diesem Paragraphen werden wir nachweisen, daß die Jordan-Algebren $[X;\,\mu,\,e]$ mit nichtausgearteter Bilinearform μ spezielle Algebren sind (vgl. § 1.1). Wir benötigen dazu die sogenannten Clifford-Algebren, die wir zuerst einführen wollen.

1. Es sei m eine natürliche Zahl und $\Re$ die Menge aller Teilmengen von $E = \{1,\,2,\,\ldots,\,m\}$ einschließlich der leeren Menge $\emptyset$. Die Menge $\Re$ besteht also aus 2^m Elementen. Für $M,\,N$ aus $\Re$ definieren wir

$$M + N := M \cup N - M \cap N,$$

also ist $M + N$ die Menge der Zahlen $1,\,2,\,\ldots,\,m$, die *entweder* in M *oder* in N liegen. Es ist bekannt und man prüft es ohne Schwierigkeiten nach, *daß $\Re$ bezüglich der Verknüpfungen $M + N$ als Addition und $M \cap N$ als Multiplikation ein kommutativer und assoziativer Ring ist,* in dem $\emptyset$ das Nullelement und E das Einselement ist. $\Re$ hat die Charakteristik 2, denn es gilt offenbar $M + M = \emptyset$. Außerdem ist jedes $M \neq \emptyset$ idempotent.

Nun sei K ein beliebiger Körper und $v_1, v_2, \ldots, v_m$ gegebene Elemente von K. Wir fixieren für alle ganzen Zahlen k ein Vorzeichen $\varepsilon(k)$ mit den Eigenschaften

1. $\varepsilon(k) = \pm 1$,

2. $\varepsilon(k) + \varepsilon(-k) = 0$ für $k \neq 0$,

3. $\varepsilon(0) = -1$ *).

Damit definieren wir für $M, N \in \mathfrak{R}$ ein Vorzeichen durch

$$\varepsilon(M, N) := \prod_{i \in M, j \in N} \varepsilon(i - j), \quad \varepsilon(M, \emptyset) = \varepsilon(\emptyset, N) = 1,$$

und ein Element von K durch

$$\alpha(M) := \prod_{i \in M} v_i, \quad \alpha(\emptyset) = 1.$$

Wir zeigen sogleich

$$(6.1) \quad \varepsilon(M + N, P) = \varepsilon(M, P)\varepsilon(N, P), \quad \varepsilon(P, M + N) = \varepsilon(P, M)\varepsilon(P, N).$$

Im Produkt $\varepsilon(M, P)\,\varepsilon(N, P)$ kommt offenbar für jedes $j \in P$ die Zahl $\varepsilon(i - j)$, $i \in M \cap N$, zweimal vor. Wegen $\varepsilon^2(i - j) = 1$ erhält man die erste Gleichung von (5.1). Die zweite Gleichung folgt entsprechend.

Es gilt ferner

$$(6.2) \quad \alpha(M \cap N)\,\alpha([M + N] \cap P) = \alpha(P \cap N)\,\alpha([P + N] \cap M).$$

Da die Mengen $M \cap N$ und $[M + N] \cap P = M \cap P + N \cap P$ disjunkt sind und da

$$(M \cap N) \cup (M \cap P + N \cap P) = (M \cap N) \cup (M \cap P) \cup (N \cap P)$$

gilt, ist die linke Seite von (6.2) gleich $\alpha([M \cap N] \cup [M \cap P] \cup [N \cap P])$, d. h. insbesondere symmetrisch in M und P. Das bedeutet aber gerade (6.2).

Wir konstruieren nun einen Vektorraum $C(v_1, \ldots, v_m)$ über K der Dimension 2^m mit den Basiselementen e_M, $M \in \mathfrak{R}$, und erklären darin eine Multiplikation vermöge

$$(6.3) \qquad e_M \times e_N := \varepsilon(M, N)\,\alpha(M \cap N)\,e_{M+N}.$$

Die Gln. (6.1) und (6.2) zeigen, daß $C(v_1, \ldots, v_m)$ hierdurch zu einer *assoziativen Algebra mit Einselement* $e_\emptyset$ wird.

Speziell entnimmt man (6.3) die Formeln

$$(6.4') \qquad e_M \times e_N = \varepsilon(M, N)\,e_{M \cup N}, \quad \text{falls} \quad M \cap N = \emptyset,$$

$$(6.4'') \qquad e_M \times e_M = \varepsilon(M, M)\,\alpha(M)\,e_\emptyset.$$

---

*) Diese letzte Normierung wird erstmals in (6.5″) gebraucht.

Bestehen also M und N aus nur je einem Element, so erhält man

$$(6.5') \qquad e_{\{i\}} \times e_{\{j\}} + e_{\{j\}} \times e_{\{i\}} = 0 \quad \text{für} \quad i \neq j,$$

$$(6.5'') \qquad e_{\{i\}} \times e_{\{i\}} = -v_i \, e_\varnothing.$$

2. V sei ein m-dimensionaler Vektorraum über einem Körper K der Char. $\neq 2$ und v eine nichtausgeartete symmetrische Bilinearform von V (mit Werten in K). Wir wählen eine Orthogonalbasis $b_1, \ldots, b_m$ von V und setzen $v_i := v(b_i, b_i)$, also $v(b_i, b_j) = \delta_{ij} \, v_i$.

Die in **1** konstruierte Algebra $C(v_1, \ldots, v_m)$ nennt man die Clifford-*Algebra $C(V, v)$ von V in bezug auf v*. Man kann zeigen, daß diese Algebra von der Wahl der Orthogonalbasis unabhängig ist, wir benötigen dies jedoch nicht. Wir wissen also, daß $C(V, v)$ eine assoziative Algebra der Dimension 2^m über K ist.

Für ein weiteres Element e bilden wir die direkte Summe $Ke + V$ und definieren für Elemente

$$x = \xi e + u, \quad y = \eta e + v, \quad u = \sum_i \xi_i \, b_i \in V, \quad v = \sum_j \eta_j \, b_j \in V,$$

eine Abbildung $\varphi: Ke + V \to C(V, v)$ und eine Bilinearform μ von $Ke + V$ vermöge

$$\varphi(x) := \xi e_\varnothing + \sum_i \xi_i \, e_{\{i\}}, \quad \mu(x, y) := \xi \eta + v(u, v).$$

Es ist φ ein injektiver Homomorphismus, und es gilt

$$\varphi(x) \times \varphi(x) = \xi^2 e_\varnothing + 2 \xi \, \varphi(u) + \sum_{i, j} \xi_i \, \xi_j \, e_{\{i\}} \times e_{\{j\}}.$$

Wegen (6.5') und (6.5'') folgt

$$\varphi(x) \times \varphi(x) = 2 \xi \, \varphi(x) - \xi^2 \, e_\varnothing - \sum \xi_i^2 \, v_i \, e_\varnothing.$$

Da der letzte Summand gleich $-v(u, u) \, e_\varnothing$ ist, folgt

$$(6.6) \qquad \varphi(x) \times \varphi(x) = 2 \xi \, \varphi(x) - \mu(x, x) \, e_\varnothing, \quad x \in Ke + V.$$

3. Nun sei eine Algebra $[X; \mu, e]$ gegeben, für die die zugehörige Bilinearform μ nichtausgeartet ist. Man bezeichnet mit V den Teilraum der $u \in X$ mit $\lambda(u) = 0$ und erhält $X = Ke + V$. Für die Restriktion v von μ auf V erhält man offenbar

$$\mu(x, y) = \xi \eta + v(u, v), \quad \text{falls} \quad x = \xi e + u, \quad y = \eta e + v, \quad u, v \in V,$$

und daher ist v eine nichtausgeartete Bilinearform von V. Wir können somit die Clifford-Algebra $C(V, v)$ bilden. Bezeichnet man die Multiplikation von $[X; \mu, e]$ wieder mit xy, so ergibt (6.6)

$$\varphi(x) \times \varphi(x) = \varphi(2 \xi x - \mu(x, x) e) = \varphi(x^2),$$

denn es ist $\xi = \lambda(x) = \mu(x, e)$. Das bedeutet aber, daß

$$\varphi: [X; \mu, e] \to [C(V, v)]^+$$

ein Homomorphismus der betreffenden Jordan-Algebren ist. Da φ injektiv war, erhalten wir

Satz 6.1. *Ist μ eine nichtausgeartete Bilinearform und die Charakteristik von K nicht 2, so ist die Jordan-Algebra $[X; \mu, e]$ speziell.*

§ 7. Jordan-Algebren vom Grad 1 und 2

1. Es sei K ein Körper der Charakteristik ungleich 2. Wir betrachten eine einfache Jordan-Algebra über K vom Grad 1 und fassen $\mathfrak{A}$ auf als Algebra über ihrem Zentrum $Z := \mathfrak{Z}(\mathfrak{A})$. Wegen III, Satz 9.5, hat dann auch $\mathfrak{A}$ über Z den Grad 1 und ist nichtausgeartet. Nun erhält man $\mathfrak{A} = Z$ aus II, Satz 6.2. Hierbei ist Z also ein Erweiterungskörper von K, der als Jordan-Algebra über K den Grad 1 hat. Wir haben in III, § 9.4, gesehen, daß im Fall der Charakteristik $p > 0$ durchaus $Z \neq K$ gelten kann. Trotzdem ist $\mathfrak{A}$ eine *spezielle Jordan-Algebra*.

2. Nun sei $\mathfrak{A}$ eine nichtausgeartete Jordan-Algebra über K vom Grad 2. Wegen III, Satz 4.6c), stimmt dann die reduzierte Norm $RN(x)$ eines generischen Elementes x von $\mathfrak{A}$ mit der Hauptnorm $HN(x)$ überein, und es ist

$$f(\tau; x) = HN(\tau e - x) = \tau^2 - HS(x)\,\tau + HN(x)$$

das Minimalpolynom von x. Die Koeffizienten von

$$\lambda(x) := \tfrac{1}{2}HS(x) \quad \text{und} \quad \mu(x) := HN(x)$$

liegen im Körper K.

Es ist $\mu(x)$ eine quadratische Form von $\mathfrak{A}$, es gibt daher eine symmetrische Bilinearform μ, so daß $\mu(x) = \mu(x, x)$ gilt. Durch Polarisieren von $u^2 - 2\lambda(u)\,u + \mu(u)\,e = 0$ erhält man

$$u\,v = \lambda(u)\,v + \lambda(v)\,u - \mu(u, v)\,e \quad \text{für} \quad u, v \in \mathfrak{A}.$$

Für $v = e$ erhält man hieraus

$$\lambda(u) = \mu(u, e), \quad \lambda(e) = \mu(e, e) = 1.$$

Bezeichnet man den zu $\mathfrak{A}$ gehörigen Vektorraum mit X, so ist $\mathfrak{A}$ also gleich der Algebra $[X; \mu, e]$ (vgl. § 5). Da $\mathfrak{A}$ als nichtausgeartet vorausgesetzt war, zeigt § 5.6, daß die Bilinearform μ nichtausgeartet ist. Wir erhalten aus dem Korollar zu Lemma 5.6 und dem Satz 5.7 den

Satz 7.1. *Eine nichtausgeartete Jordan-Algebra über K vom Grad 2 ist entweder eine zentral-einfache Algebra $[X; \mu, e]$ oder ein quadratischer Erweiterungskörper von K oder isomorph zur Algebra $K \oplus K$.*

Wegen Satz 6.1 erhalten wir das

Korollar. Jede nichtausgeartete Jordan-Algebra über K vom Grad 2 ist speziell.

3. Schließlich sei $\mathfrak{A}$ eine einfache Jordan-Algebra über K vom Grad 2. Sei $Z := \mathfrak{Z}(\mathfrak{A})$ das Zentrum von $\mathfrak{A}$. Faßt man $\mathfrak{A}$ als zentraleinfache Algebra über Z auf, so hat $\mathfrak{A}$ über Z wegen III, Satz 9.5, den Grad 1 oder 2. Ist der Grad gleich 2, so ist $\mathfrak{A}$ über Z nichtausgeartet, also gleich einer der in Satz 7.1 angegebenen Algebren. In beiden Fällen ist $\mathfrak{A}$ als Algebra über Z speziell. Dann ist aber $\mathfrak{A}$ auch eine spezielle Algebra als Algebra über K. Zusammen mit **1** hat man

Satz 7.2. *Jede einfache Jordan-Algebra über K vom Grad $\leqq 2$ ist speziell.*

§ 8. ω-Bereiche

1. Es sei X ein Vektorraum der Dimension n über einem Körper K der Charakteristik ungleich 2, ferner $x = \tau_1 b_1 + \tau_2 b_2 + \cdots + \tau_n b_n$ ein generisches Element von X und $\tilde{K} := K(\tau_1, \tau_2, \ldots, \tau_n)$. Wir betrachten ein Paar (Y, ω) mit folgenden Eigenschaften:

(1) Es ist Y eine nichtleere Teilmenge von X. Zu jeder von Null verschiedenen rationalen Funktion $\varphi(x)$ gibt es ein $u \in Y$ mit $\varphi(u) \neq 0$.*)

(2) Es ist $\omega = \omega(x)$ eine von Null verschiedene homogene rationale Funktion in dem generischen Element x, in der x zu jedem Element u von Y spezialisiert werden kann.

Da $\omega(x)$ rational in x ist, können wir die Differentialoperatoren Δ_x^u darauf anwenden (vgl. II, § 1) und den Ausdruck

$$(8.1) \qquad \sigma_x(u, v) := -\Delta_x^u \Delta_x^v \log \omega(x)$$

bilden. Hier ist natürlich $\Delta_x^v \log \omega(x)$ durch $\dfrac{1}{\omega(x)} \Delta_x^v \omega(x)$ definiert. Die rechte Seite von (8.1) ist in u und v linear und symmetrisch, ferner rational in x mit dem gleichen Definitionsbereich wie $\omega(x)$. Wegen (2) können wir daher in $\sigma_x(u, v)$ das Element x zu jedem Element von Y spezialisieren. Für $a \in Y$ definiert somit $(u, v) \to \sigma_a(u, v)$ eine eigentliche symmetrische Bilinearform σ_a von X. Wir fordern nun von dem Paar (Y, ω) weiter

(3) Es gibt ein $e \in Y$, so daß die Bilinearform $\sigma = \sigma_e$ nichtausgeartet ist.

Da die weiteren Ergebnisse von der Wahl des Punktes e abhängen werden, wollen wir (Y, ω, e) an Stelle von (Y, ω) schreiben. Da $\sigma = \sigma_e$ nichtausgeartet ist, kann σ als nichtausgeartete Bilinearform auf jeden

---

*) Dies ist erfüllt, wenn Y eine in der ZARISKI-Topologie offene nichtleere Menge enthält.

durch Grundkörpererweiterung aus X entstehenden Vektorraum fortgesetzt werden. Wenn wir diese Fortsetzung wieder mit σ bezeichnen, so ist also σ auch nichtausgeartet auf dem durch Erweiterung von K zu $\tilde{K}$ entstehenden Vektorraum $\tilde{X}$. Wegen (8.1) ist σ_x eine symmetrische Bilinearform von $\tilde{X}$, es gibt also eine lineare Transformation $Q(x)$ von $\tilde{X}$ in sich mit

$$(8.2) \qquad \sigma_x(u, v) = \sigma(Q(x)\, u,\, v) = -\Delta_x^u\, \Delta_x^v\, \log \omega(x).$$

$Q(x)$ ist rational in x und selbstadjungiert bezüglich σ. Nach Konstruktion von σ gilt

$$Q(e) = Id.$$

Es ist daher $|Q(x)| \neq 0$.

Da $u \to \Delta_x^u \log \omega(x)$ eine Linearform von $\tilde{X}$ definiert, gibt es ein $x^{\#} \in \tilde{X}$ mit

$$\Delta_x^u \log \omega(x) = \sigma(x^{\#},\, u).$$

Es ist $x^{\#}$ rational in x und hat den gleichen Definitionsbereich wie $\omega(x)$. Wegen (II; 1.6') können wir auch

$$x^{\#} = \left(\frac{\partial}{\partial x} \log \omega(x)\right)^{*}$$

schreiben und erhalten aus (II; 1.9)

$$Q(x) = -\frac{\partial}{\partial x}\left(\frac{\partial}{\partial x} \log \omega(x)\right)^{*} = -\frac{\partial x^{\#}}{\partial x}.$$

Hierbei ist der Stern bezüglich der Bilinearform σ gebildet. Da $\omega(x)$ homogen ist, ist $x^{\#}$ homogen vom Grad -1. Die EULERschen Differentialgleichungen (II; 1.5) ergeben daher $\frac{\partial x^{\#}}{\partial x}\, x = -x^{\#}$, d. h., es gilt

$$(8.3) \qquad x^{\#} = Q(x)\, x.$$

2. Wir wollen dem Tripel (Y, ω, e) eine Algebra im Vektorraum X zuordnen und bilden dazu die Trilinearform

$$\lambda(u, v, w) := \tfrac{1}{2}\Delta_x^u\, \Delta_x^v\, \Delta_x^w\, \log \omega(x)\big|_{x \to e},$$

die in u, v, w symmetrisch ist. Bei festem $u \in X$ ist daher $\lambda(u, v, w)$ eine symmetrische Bilinearform von X. Es gibt also eine selbstadjungierte lineare Transformation $L(u)$ mit

$$\lambda(u, v, w) = \sigma(L(u)\, v,\, w).$$

Die lineare Transformation $L(u)$ ist linear in u, wir können also im Vektorraum X eine Multiplikation durch $u\, v := L(u)\, v$ erklären. Die hierdurch entstehende Algebra bezeichnen wir mit $\mathfrak{A}(Y, \omega, e)$. Da $\lambda(u, v, w)$ in u und v symmetrisch und σ nichtausgeartet ist, erhält man $L(u)\, v = L(v)\, u$, d. h., die Algebra $\mathfrak{A}(Y, \omega, e)$ *ist kommutativ*. Es ist $L(v)$ bezüglich σ selbstadjungiert, d. h., es gilt

$$\sigma(u\,v,\,w) = \sigma(u,\,v\,w),$$

und σ *ist daher eine assoziative Bilinearform der Algebra.*

Wir wollen $L(u)$ noch auf eine andere Weise darstellen. Wegen (8.2) erhalten wir aus der Definition von λ

$$\lambda(u,\,v,\,w) = -\tfrac{1}{2}\Delta^u_x\,\sigma(Q(x)\,v,\,w)|_{x\to e} = -\tfrac{1}{2}\sigma(\Delta^u_x\,Q(x)\,v,\,w)|_{x\to e}.$$

Führen wir daher die Abkürzungen

$$Q(x;\,u) = \Delta^u_x\,Q(x), \qquad Q(x;\,u,\,v) = \Delta^u_x\,\Delta^v_x\,Q(x)$$

ein, so folgt

$$L(u) = -\tfrac{1}{2}Q(e;\,u).$$

Aus (8.3) erhalten wir durch Anwendung von Δ^u_x sofort $\Delta^u_x\,x^{\#} = Q(x;\,u)\,x$ $+ Q(x)\,u$. Die linke Seite ist gleich $\dfrac{\partial x^{\#}}{\partial x}\,u = -Q(x)\,u$. Für $x \to e$ folgt daher $Q(e;\,u)\,e = -2u$, also $u\,e = u$. *Also ist e das Einselement der Algebra* $\mathfrak{A}(Y,\,\omega,\,e)$.

3. Es bezeichne $\Sigma = \Sigma(\omega)$ die Menge der umkehrbaren linearen Transformationen W von X, für die es ein $\varkappa(W) \in K$ gibt, so daß

$$\omega(Wx) = \varkappa(W)\,\omega(x)$$

gilt. Da mit x auch Wx generisch ist, ist $\varkappa(W)$ durch W eindeutig bestimmt und ungleich Null. Offenbar hängt Σ nicht von Y und der Wahl des Punktes e ab. Da ω homogen ist, gehört ϱId zu Σ. Man sieht leicht, daß Σ eine *Gruppe* ist.

Lemma 8.1. *Für* $W \in \Sigma$ *gilt* $(Wx)^{\#} = W^{*\,-1}\,x^{\#}$ *und* $W^*\,Q(Wx)\,W$ $= Q(x)$.

Beweis. Unter Verwendung der Kettenregel (II; 1.4) hat man

$$\sigma(x^{\#},\,u) = \Delta^u_x\,\log\omega(x) = \Delta^u_x\,\log\omega(Wx) = \Delta^{Wu}_{Wx}\,\log\omega(Wx)$$
$$= \sigma([Wx]^{\#},\,Wu) = \sigma(W^*[Wx]^{\#},\,u).$$

Da σ nichtausgeartet ist, erhält man die erste Behauptung. Die zweite schließt man analog.

4. Wir nennen Y einen *ω-Bereich*, wenn das Tripel $(Y,\,\omega,\,e)$ die Forderungen (1), (2), (3) und außerdem die folgende Bedingung (4) erfüllt:

(4)   Für jedes $u \in Y$ gehört $Q(u)$ zu Σ.

Eine hinreichende Bedingung dafür, daß Y ein ω-Bereich ist, beweisen wir in

Satz 8.2. *Für das Tripel* $(Y,\,\omega,\,e)$ *seien* (1), (2) *und* (3) *erfüllt. Es sei* Σ_0 *die Untergruppe der* $W \in \Sigma$, *die* Y *auf sich abbilden und für die* $W^* \in \Sigma$ *gilt. Operiert dann* Σ_0 *transitiv auf* Y, *dann ist* Y *ein ω-Bereich.*

Beweis. Für $u \in Y$ gibt es nach Voraussetzung ein $W \in \Sigma_0$ mit $Wu = e$. Wegen Lemma 8.1 wird $Q(u) = W^* Q(Wu) W = W^* W$, und die rechte Seite liegt in Σ.

Man kann diesen Satz auch wie folgt formulieren: Es ist Σ allein durch ω gegeben. Sei Σ^* die Gruppe der W^* für $W \in \Sigma$. *Jeder Transitivitätsbereich Y von $\Sigma \cap \Sigma^*$ in X, der* (1), (2) *und* (3) *erfüllt, ist ein ω-Bereich.*

5. Nun sei Y ein ω-Bereich. Für ein generisches Element y, für das x und y generisch unabhängig sind, bilden wir die in y rationale Funktion $F(y) := Q(y) Q(Q(y) x) Q(y) - Q(x)$. Für $u \in Y$ ist $Q(u)$ selbstadjungiert und gehört zu Σ. Aus der zweiten Gleichung von Lemma 8.1 erhält man für $W = Q(u)$ daher $F(u) = 0$. Da die Komponenten von $F(y)$ bezüglich einer Basis von X rational in y sind, erhält man $F(y) = 0$ aus (1). Man hat daher

$$(8.4) \qquad Q(y) Q(Q(y) x) Q(y) = Q(x).$$

Aus (8.3) folgt daher

$$[Q(y) x]^{\#} = Q^{-1}(y) x^{\#}.$$

In beiden Identitäten spezialisiert man $y \to x$ und verwendet erneut (8.3). Es folgt wegen $|Q(x)| \neq 0$

$$Q(x^{\#}) Q(x) = Id, \qquad (x^{\#})^{\#} = x.$$

Wir definieren nun eine lineare Transformation $P(x)$ durch

$$P(x) := Q^{-1}(x), \quad \text{also} \quad P(e) = Id,$$

und setzen wieder

$$P(x; u) = \Delta_x^u P(x), \quad P(x; u, v) = \Delta_x^u \Delta_x^v P(x),$$
$$P(x; u, v, w) = \Delta_x^u \Delta_x^v \Delta_x^w P(x).$$

Diese Ausdrücke sind jeweils linear in u bzw. v, w. Aus $Q(x) P(x) = Id$ folgt $Q(x; u) P(x) + Q(x) P(x; u) = 0$, und $x \to e$ gibt wegen $Q(e; u) = -2L(u)$

$$P(e; u) = 2L(u).$$

Aus (8.4) erhalten wir $P(y) P(P^{-1}(y) x) P(y) = P(x)$. Wenn man also x durch $P(y) x$ ersetzt, so folgt

$$P(P(y) x) = P(y) P(x) P(y).$$

Hierauf wenden wir Δ_x^u und auf das Ergebnis Δ_y^v an. Wir bekommen

$$P(P(y) x; P(y) u) = P(y) P(x; u) P(y),$$
$$P(P(y) x; P(y) u, P(y; v) x) + P(P(y) x; P(y; v) u)$$
$$= P(y; v) P(x; u) P(y) + P(y) P(x; u) P(y; v).$$

Man spezialisiert zuerst $y \to e$ und dann $x \to e$: Es ergibt sich

$$(8.5) \qquad P(x; u, v\,x) = L(v)\,P(x; u) + P(x; u)\,L(v) - P(x; u\,v)$$

und

$$P(e; u, v) = 2P(u, v) \quad \text{mit} \quad P(u, v) = L(u)\,L(v) + L(v)\,L(u) - L(u\,v).$$

Schließlich wird $\varDelta_x^w$ auf (8.5) angewendet und $x \to e$ spezialisiert:

$$P(e; u, v, w) + P(e; u, v\,w)$$
$$= L(v)\,P(e; u, w) + P(e; u, w)\,L(v) - P(e; u\,v, w).$$

Da hier die linke Seite in v und w symmetrisch ist, erhält man nach Eintragen von $P(e; u, w) = P(u, w)$

$$L(v)\,P(u, w) + P(u, w)\,L(v) - P(u\,v, w)$$
$$= L(w)\,P(u, v) + P(u, v)\,L(w) - P(u\,w, v).$$

Für $v = u$ wendet man diese Identität von linearen Transformationen auf u an. Berücksichtigt man dabei $P(u, v)\,w = u(v\,w) + v(u\,w) - (u\,v)\,w$, so gibt eine leichte Rechnung $3\,u(u^2\,w) = w\,u^3 + 2u(u[u\,w])$. Als lineare Transformation von w bedeutet dies $3\,L(u)\,L(u^2) = L(u^3) + 2L^3(u)$. Da $L(u)$ bezüglich σ selbstadjungiert ist, ist hiervon die rechte Seite selbstadjungiert. Das bedeutet $3\,L(u)\,L(u^2) = 3\,L(u^2)\,L(u)$. Zusammengefaßt haben wir bewiesen

Satz 8.3. *Ist Y ein ω-Bereich über einem Körper der Charakteristik ungleich $2, 3$, dann ist $\mathfrak{A}(Y, \omega, e)$ eine Jordan-Algebra mit e als Einselement.*

Literatur: A. A. Albert [6], [34]; E. Artin [1]; P. M. Cohn [1], [2]; B. Harris [1]; I. N. Herstein [1], [3], [4]; N. Jacobson [15], [21], [28]; N. Jacobson und L. J. Paige [1]; G. K. Kalisch [1]; M. Koecher [4]; K. McCrimmon [1]; A. I. Shirshov [1].

Siebentes Kapitel

Alternative Algebren und nichtspezielle Jordan-Algebren

Außer den im vorhergehenden Kapitel aufgeführten Beispielen von Jordan-Algebren gibt es einen weiteren Typ von Jordan-Algebren. Es handelt sich dabei um nichtspezielle Algebren, die mit Hilfe von gewissen alternativen Algebren konstruiert werden können.

§ 1. Grundlegende Eigenschaften von alternativen Algebren

1. Eine Algebra $\mathfrak{A}$ über einem Körper K (einer beliebigen Charakteristik) heißt *alternativ*, wenn der Assoziator $(u, v, w) := (u\,v)\,w - u\,(v\,w)$ verschwindet, falls zwei seiner Argumente übereinstimmen. Von diesen drei Relationen

$$(u, u, v) = 0, \quad (u, v, u) = 0, \quad (v, u, u) = 0$$

ziehen jedoch schon zwei die dritte nach sich. Man ersetze zum Beweis lediglich u durch $u + v$. Die Algebra $\mathfrak{A}$ ist daher dann und nur dann alternativ, wenn zwei der drei Relationen

$$(1.1) \qquad u\,(u\,v) = u^2\,v, \quad u\,(v\,u) = (u\,v)\,u, \quad (v\,u)\,u = v\,u^2$$

für alle u, v aus $\mathfrak{A}$ gelten. Die dritte Relation ist dann eine Folge der beiden anderen. Jede alternative Algebra ist also *flexibel*; wir dürfen abkürzen

$$u\,v\,u := u\,(v\,u) = (u\,v)\,u.$$

Trägt man in die Argumente des Assoziators die möglichen Kombinationen von $u + v$, $u + v$, w ein, so sieht man, daß für alternatives $\mathfrak{A}$ und u, v, w aus $\mathfrak{A}$ gilt

$$(1.2) \qquad (u, v, w) = -(v, u, w),$$

$$(1.2') \qquad (u, v, w) = -(w, v, u),$$

$$(1.2'') \qquad (u, v, w) = -(u, w, v).$$

Für eine Permutation π der drei Elemente u, v, w hat man daher

$$(\pi u, \pi v, \pi w) = \text{sign}\,\pi \cdot (u, v, w).$$

Offenbar ziehen wieder je zwei der obigen Relationen die dritte nach sich.*)

In einer alternativen Algebra $\mathfrak{A}$ hat man für den Nukleus $\mathfrak{N}(\mathfrak{A})$ und das Zentrum $\mathfrak{Z}(\mathfrak{A})$ (vgl. I, § 5.1) die Beschreibung:

$$\mathfrak{N}(\mathfrak{A}) = \{u;\ u \in \mathfrak{A},\ (u, \mathfrak{A}, \mathfrak{A}) = 0\},$$

$$\mathfrak{Z}(\mathfrak{A}) = \{u;\ u \in \mathfrak{A},\ [u, \mathfrak{A}] = 0,\ (u, \mathfrak{A}, \mathfrak{A}) = 0\}.$$

Man nennt zwei Elemente u, v aus $\mathfrak{A}$ *vertauschbar*, wenn $[u, v] = 0$ und $(u, v, \mathfrak{A}) = 0$ gilt, d. h. wenn

$$u\,v = v\,u, \quad (u\,v)\,w = u(v\,w) \quad \text{für alle} \quad w \in \mathfrak{A}$$

erfüllt ist. In dieser Bezeichnung ist dann das Zentrum die Menge der Elemente, die mit jedem Element von $\mathfrak{A}$ vertauschbar sind.

2. Entsteht $\tilde{\mathfrak{A}}$ aus $\mathfrak{A}$ durch Grundkörpererweiterung von K zum Erweiterungskörper $\tilde{K}$, dann ist mit $\mathfrak{A}$ auch $\tilde{\mathfrak{A}}$ alternativ. Zum Beweis drückt man $u, v \in \tilde{\mathfrak{A}}$ als Linearkombination einer Basis $b_1, b_2, \ldots, b_n$ von $\mathfrak{A}$ über K aus. Die Koeffizienten gehören dann also zu $\tilde{K}$. In (u, u, v) haben die Terme (b_i, b_j, b_k) und (b_j, b_j, b_k) gleiche Koeffizienten, d. h., nach (1.2) ist $(u, u, v) = 0$. Analog folgt $(u, v, u) = 0$.

Es entstehe $\hat{\mathfrak{A}}$ aus $\mathfrak{A}$ durch Adjunktion eines Einselementes e (vgl. I, § 2.3). Wegen $(u + \alpha\,e, v + \beta\,e, w + \gamma\,e) = (u, v, w)$ ist $\hat{\mathfrak{A}}$ wieder alternativ.

Wegen $u\,(u^2\,v) = u(u[u\,v]) = u^2\,(u\,v)$ ist jede alternative Algebra $\mathfrak{A}$ eine J-Algebra (vgl. IV, § 1.1). Da die gleiche Aussage auch für jede Grundkörpererweiterung gilt, *ist jede alternative Algebra $\mathfrak{A}$ eine nichtkommutative Jordan-Algebra.* Offenbar stimmt der in **1** eingeführte Vertauschbarkeitsbegriff mit dem überein, der in IV, § 1.3, gegeben wurde. Wegen IV, Satz 1.5, *ist eine alternative Algebra stets strikt potenzassoziativ.* Für diesen Sachverhalt werden wir in Satz 1.2 einen weiteren direkten Beweis geben.

3. Sehr häufig macht man in alternativen Algebren von den MOU-FANG-Identitäten Gebrauch. Man kann diese durch wiederholte Anwendung von (1.2) ableiten, indem man ausgeht von

$$(1.3) \qquad (w, u^2, v) = (w, u, u\,v) + (w\,u, u, v).$$

---

*) Hat der Körper K eine Charakteristik ungleich 3, so entnimmt man (1.2) und (1.2″), daß jede kommutative und alternative Algebra assoziativ ist.

Dies erhält man aus $(w, u^2, v) - (w, u, u\,v) = (w\,u^2)\,v - w\,(u^2\,v) - (w\,u)(u\,v) + w(u\,(u\,v)) = (w\,u, u, v)$. Aus (1.3) ergibt sich

$$(u, v, w\,u) = (w\,u, u, v) = (w, u^2, v) - (w, u, u\,v)$$
$$= (u^2, v, w) - (u, u\,v, w)$$
$$= (u^2\,v)\,w - u^2\,(v\,w) - (u\,[u\,v])\,w + u([u\,v]\,w)$$
$$= u([u\,v]\,w) - u(u\,[v\,w]) = u(u, v, w) = u(v, w, u),$$

also

(1.4)
$$u(v, w, u) = (u, v, w\,u).$$

Analog beweist man

(1.4′)
$$(u, w, v)\,u = (u\,w, v, u),$$

und durch Eintragen in (1.3) folgt

(1.3′)
$$(w, u^2, v) = u(w, u, v) + (w, u, v)\,u.$$

Aus (1.4) erhält man

(1.5)
$$(u\,v)(w\,u) = u(v\,w)\,u$$

vermöge

$$(u\,v)(w\,u) = (u, v, w\,u) + u(v\,[w\,u]) - u([v\,w]\,u) + u([v\,w]\,u)$$
$$= (u, v, w\,u) - u(v, w, u) + u(v\,w)\,u.$$

Wir zeigen schließlich

(1.5′)
$$(u\,w\,u)\,v = u(w\,[u\,v]), \quad v(u\,w\,u) = ([v\,u]\,w)\,u.$$

Wegen (1.4) haben wir nämlich

$$(u\,w\,u)\,v - u(w\,[u\,v]) = (u\,w\,u)\,v - u([w\,u]\,v) + u([w\,u]\,v) -$$
$$- u(w\,[u\,v]) = (u, w\,u, v) + u(w, u, v) = 0.$$

Die zweite Gleichung folgt wieder analog.

4. Eine Teilmenge M der alternativen Algebra $\mathfrak{A}$ nennen wir *stark-assoziativ*, wenn $(M, M, \mathfrak{A}) = 0$ gilt; M heißt *assoziativ*, wenn $(M, M, M) = 0$ erfüllt ist. Offenbar ist M genau dann stark-assoziativ, wenn $L(u\,v) = L(u)\,L(v)$ für alle $u, v \in M$ gilt. Wir zeigen

Satz 1.1. *Es sei $\mathfrak{A}$ eine alternative Algebra über K und $M \subset \mathfrak{A}$.*

a) *Ist M stark-assoziativ, dann ist die durch die Elemente von M erzeugte Teilalgebra von $\mathfrak{A}$ stark-assoziativ.*

b) *Ist M assoziativ und hat der Körper K nicht die Charakteristik 3, dann ist die durch die Elemente von M erzeugte Teilalgebra von $\mathfrak{A}$ assoziativ.*

Beweis. a) Es genügt, wenn wir die folgende Aussage zeigen: *Ist M starkassoziativ und $u, v \in M$, so ist auch $M' := M \cup \{u\,v\}$ stark-assoziativ.*

Sei also $(M, M, \mathfrak{A}) = 0$. Zum Nachweis von $(M', M', \mathfrak{A}) = 0$ braucht nur nachgewiesen zu werden, daß für beliebiges $w \in M$ und $x \in \mathfrak{A}$ stets $(u\,v, w, x) = 0$ gilt. Ersetzt man in der Viereridentität (I, § 5.1) x, y, z, w durch u, v, x, w, so erhält man

$$(1.6) \quad (u\,v, x, w) = (u, v\,x, w) - (u, v, x\,w) + u(v, x, w) + (u, v, x)\,w.$$

Da auf der rechten Seite alle Terme verschwinden, folgt $(u\,v, w, x) = 0$.

b) Es genügt, wenn gezeigt wird: *Ist M assoziativ, so ist für $u, v \in M$ auch $M' := M \cup \{u\,v\}$ assoziativ.* Sei $(M, M, M) = 0$. Zum Nachweis von $(M', M', M') = 0$ braucht wieder nur nachgewiesen zu werden, daß $(u\,v, w, w') = 0$ für $u, v, w, w' \in M$ gilt. Wegen (1.4), (1.4') und (1.3) hat man

$$(u, v\,w, w) = 0, \quad (u, w\,v, w) = 0, \quad (u, v, w^2) = 0.$$

Durch Polarisieren erhält man hieraus die folgende Aussage: Enthält ein Assoziator vier Elemente von M, so ändert er sein Vorzeichen, wenn man zwei dieser Elemente vertauscht. Folglich hat man

$$(u, v\,w', w) = -(u, w'\,v, w) = (w', u\,v, w) = -(u\,v, w', w),$$

$$-(u, v, w'\,w) = (w', v, u\,w) = -(w', w, u\,v) = -(u\,v, w', w).$$

Man trägt dies in die Viereridentität (1.6) ein, nachdem man dort x durch w' ersetzt hat. Es folgt $3\,(u\,v, w', w) = 0$.

Für ein u aus $\mathfrak{A}$ wenden wir Teil a) des Satzes auf die Menge M an, die nur aus dem Element u besteht. Da die Potenzen von u zu der von M erzeugten Teilalgebra gehören, erhält man

$$(1.7) \qquad\qquad (u^i, u^j, \mathfrak{A}) = 0.$$

Speziell gilt also $(u^i\,u^j)\,u^k = u^i(u^j\,u^k)$ für natürliche Zahlen i, j, k. Für $i = k = 1$ entnimmt man hieraus durch Induktion nach j, daß $u^j\,u = u\,u^j = u^{j+1}$ gilt. Wählt man nun lediglich $i = 1$, so erhält man $u^{j+1}\,u^k = u(u^j\,u^k)$. Jetzt zeigt eine Induktion nach $j + k$, daß $u^j\,u^k = u^{j+k}$ gilt. Die Algebra $\mathfrak{A}$ ist daher potenz-assoziativ. Wegen **2** hat man den

Satz 1.2. *Jede alternative Algebra ist strikt potenz-assoziativ.*

Die Gl. (1.7) zeigt, daß für x, y aus der Teilalgebra $K_1[u]$ stets $(x, y, \mathfrak{A}) = 0$ gilt. Da dann auch $(x, \mathfrak{A}, y) = 0$ und $(\mathfrak{A}, x, y) = 0$ erfüllt ist, bekommt man

$$(1.8) \quad (x\,y)\,v = x(y\,v), \quad (x\,v)\,y = x(v\,y), \quad (v\,x)\,y = v(x\,y),$$

$$x, y \in K_1[u], \quad v \in \mathfrak{A}.$$

Hat $\mathfrak{A}$ ein Einselement, so gilt dies für $K[u]$ an Stelle von $K_1[u]$. Unter Verwendung der links- bzw. rechtsregulären Darstellung von $\mathfrak{A}$ kann man (1.8) auch in der Form

$$(1.8')\quad L(xy) = L(x)L(y), \quad R(y)L(x) = L(x)R(y), \quad R(xy) = R(y)R(x),$$
$$\text{für}\quad x, y \in K_1[u],$$

schreiben. Hieraus folgt speziell

$$(1.9)\qquad\qquad L(u^i) = L^i(u), \quad R(u^i) = R^i(u).$$

Es seien u, v aus $\mathfrak{A}$. Da die Menge, die aus den Elementen u, v besteht, wegen (1.1) sicher assoziativ ist, ergibt Satz 1.1b) den

Satz 1.3. *Es sei $\mathfrak{A}$ eine Algebra über einem Körper K der Charakteristik ungleich 3. Dann ist $\mathfrak{A}$ genau dann alternativ, wenn jede von zwei Elementen erzeugte Teilalgebra assoziativ ist.*

§ 2. Alternative Algebren als homogen-zulässige Algebren

1. Es sei $\mathfrak{A}$ eine alternative Algebra über K mit Einselement e. Wir betrachten den Fall, daß es zu gegebenem $u \in \mathfrak{A}$ ein $v \in \mathfrak{A}$ mit $uv = e$ gibt. Ist u in $K[u]$ invertierbar, dann gibt es $u^{-1} \in K[u]$, und (1.8) ergibt $u^{-1} = u^{-1}(uv) = (u^{-1}u)v = v$. Wäre hingegen u nicht in $K[u]$ invertierbar, dann gibt es wegen I, Lemma 4.1, ein $w \in K[u]$ mit $wu = 0$, $w \neq 0$, und (1.8) würde einen Widerspruch ergeben. Da man analog für $vu = e$ schließen kann, erhält man:

Lemma 2.1. *Zu $u \in \mathfrak{A}$ gibt es dann und nur dann ein $v \in \mathfrak{A}$ mit $uv = e$ (bzw. $vu = e$), wenn u in $K[u]$ invertierbar ist. Es ist dann $v = u^{-1}$ das in $K[u]$ gebildete Inverse von u.*

Außer den in I, § 4.2, bewiesenen Gleichungen für das Inverse gelten im vorliegenden Falle wegen (1.8) weiter

$$(2.1)\quad u^i(u^j v) = u^{i+j}v, \quad u^i(v u^j) = (u^i v)u^j, \quad (v u^i)u^j = v u^{i+j}$$

für alle u, v aus $\mathfrak{A}$ und alle ganzzahligen i, j. Das bedeutet speziell $L(u^{-1})L(u) = R(u^{-1})R(u) = Id$, falls u invertierbar ist, d. h., es gilt dann $|L(u)| \neq 0$ und $|R(u)| \neq 0$. Ist umgekehrt z. B. $|L(u)| \neq 0$, dann gibt es $v \in \mathfrak{A}$ mit $uv = e$, und u ist invertierbar. Wir erhalten damit

Lemma 2.2. *Ein Element u von $\mathfrak{A}$ ist dann und nur dann invertierbar, wenn $|L(u)| \neq 0$ (bzw. $|R(u)| \neq 0$) gilt. In diesem Falle hat man*

$$(2.2)\qquad L(u^{-1}) = L^{-1}(u) \quad \text{und} \quad R(u^{-1}) = R^{-1}(u).$$

Man vergleiche hierzu auch III, Satz 1.2.

2. Zur alternativen Algebra $\mathfrak{A}$ können wir die quadratische Darstellung

$$P(u) := L(u)[L(u) + R(u)] - L(u^2) = R(u)[L(u) + R(u)] - R(u^2)$$

bilden (vgl. II, § 2.**4**, und IV, § 1.**3**). Wegen (1.1) ist $L(u^2) = L^2(u)$ und $R(u^2) = R^2(u)$, so daß man

$$P(u) = L(u)\,R(u) = R(u)\,L(u)$$

erhält. Wir haben in § 1.**2** gesehen, daß $\mathfrak{A}$ eine nichtkommutative Jordan-Algebra ist. Wegen IV, Satz 2.2, ist daher $\mathfrak{A}$ schwach homogen. Folglich gilt für die quadratische Darstellung die Fundamentalformel $P(P(x)\,y) = P(x)\,P(y)\,P(x)$ (vgl. IV, Satz 2.3). Ferner gehört eine umkehrbare lineare Transformation W von $\mathfrak{A}$ wegen III, Satz 1.3, genau dann zur Strukturgruppe $\varGamma(\mathfrak{A})$, wenn es eine Transformation $W^{\#}$ gibt, so daß

$$(2.3) \qquad P(Wx) = W\,P(x)\,W^{\#}$$

gilt. Die alternativen Algebren können nun in der folgenden Weise charakterisiert werden:

Satz 2.3. *Eine strikt potenz-assoziative Algebra $\mathfrak{A}$ mit Einselement e ist dann und nur dann alternativ, wenn für generisch unabhängige Elemente x, y von $\mathfrak{A}$ gilt*

$$(2.4) \quad P(x\,y) = L(x)\,P(y)\,R(x) \quad bzw. \quad P(x\,y) = R(y)\,P(x)\,L(y).$$

Wegen (2.3) erhalten wir daher das

Korollar. Eine strikt potenz-assoziative Algebra $\mathfrak{A}$ mit Einselement e ist dann und nur dann alternativ, wenn für jedes invertierbare Element u jeder Grundkörpererweiterung $\bar{\mathfrak{A}}$ von $\mathfrak{A}$ die Transformation $L(u)$ (bzw. $R(u)$) zur Strukturgruppe $\varGamma(\bar{\mathfrak{A}})$ gehört und $L^{\#}(u) = R(u)$ (bzw. $R^{\#}(u) = L(u)$) gilt.

Beweis. a) Es sei $\mathfrak{A}$ alternativ. Wegen (1.5) und (1.5′) erhalten wir $R(y)\,P(x)\,L(y)\,w = (x\,[\,yw\,]\,x)\,y = ([x\,y]\,[w\,x])\,y = x\,(y\,[w\,x]\,y) = L(x)\,P(y)\,R(x)\,w$, also

$$R(y)\,P(x)\,L(y) = L(x)\,P(y)\,R(x).$$

Nun bekommen wir unter Verwendung von (1.5′), (1.5) und $P^2(x) = P(x^2)$:

$$L(x)\,P(x\,y)\,R(x)\,w = x\big([[(x\,y)\,(w\,x)]\,[x\,y]]\big) = (x\,[(x\,y)(w\,x)]\,x)\,y$$

$$= (x\,[x\,(y\,w)\,x]\,x)\,y = R(y)\,P^2(x)\,L(y)\,w = R(y)\,P(x^2)\,L(y)\,w.$$

Mit der bereits bewiesenen Gleichung folgt hieraus

$$L(x)\,P(x\,y)\,R(x) = R(y)\,P(x^2)\,L(y) = L(x^2)\,P(y)\,R(x^2)$$

$$= L(x)\,L(x)\,P(y)\,R(x)\,R(x).$$

Man multipliziert diese Identität von links mit $L^{-1}(x)$ und von rechts mit $R^{-1}(x)$; es folgt die erste Gleichung von (2.4). Wir hatten aber schon gesehen, daß die rechte Seite hiervon in x und y symmetrisch ist.

b) Man spezialisiert in der ersten Gleichung von (2.4) das Element y zu e und bekommt $P(x) = L(x)\,R(x)$. Man trägt dies in die erste Gleichung von (2.4) ein und wendet diese Gleichung auf e an. Es folgt $(x\,y)^2 = x(y[x\,y])$. Hier ersetzt man x durch $e + x$ bzw. y durch $e + y$ und erhält $(x\,y)\,y = x\,y^2$ und $(x\,y)\,x = x(y\,x)$. Die Algebra $\mathfrak{A}$ ist also alternativ. Da man mit der zweiten Gleichung von (2.4) entsprechend verfahren kann, ist der Satz bewiesen.

3. Es sei wieder $\mathfrak{A}$ eine alternative Algebra mit Einselement e und x ein generisches Element von $\mathfrak{A}$. Wir wählen eine Grundkörpererweiterung $\tilde{\mathfrak{A}}$ von $\mathfrak{A}$, in der x enthalten ist. Nach dem vorhergehenden Satz ist $L(x) \in \Gamma(\tilde{\mathfrak{A}})$ und $L^{\#}(x) = R(x)$.

Nun sei ω eine Norm von $\mathfrak{A}$. Aus der Definition einer Norm (vgl. II, § 5.2) entnimmt man $\omega(L(x)\,y) = \varkappa(L(x))\,\omega(y)$, wenn y ein generisches Element von $\tilde{\mathfrak{A}}$ ist. Die Spezialisierung $y \to e$ gibt $\varkappa(L(x)) = \omega(x)$, und man erhält

$$(2.5) \qquad \omega(x\,y) = \omega(x)\,\omega(y) \quad \text{für jede Norm } \omega \text{ von } \mathfrak{A}.$$

Jede Norm ist daher multiplikativ. Analog zum Beweis von III, Satz 1.7, erhalten wir jetzt auch

$$(2.6) \qquad \omega(x\,y) = \omega(x)\,\omega(y) \quad \text{für jedes multiplikative Polynom } \omega \text{ von } \mathfrak{A}.$$

Vergleicht man (2.6) mit der Definition der eingeschränkten Strukturgruppe (vgl. II, § 5.4), so erhält man

Satz 2.4. *Ist $\mathfrak{A}$ eine alternative Algebra mit Einselement, so gehören $L(u)$ und $R(u)$ für jedes invertierbare u von $\mathfrak{A}$ zur eingeschränkten Strukturgruppe $\Lambda(\mathfrak{A})$.*

Ist daher v invertierbar, so gehört $L(v^{-1})$ zu $\Lambda(\mathfrak{A})$, und es ist $L(v^{-1})\,v = e$. *Daher operiert $\Lambda(\mathfrak{A})$ transitiv auf den invertierbaren Elementen von $\mathfrak{A}$.* Da dies dann auch für jede Grundkörpererweiterung gilt, ist eine alternative Algebra stets *homogen.* Aus III, Satz 5.1, und Satz 2.4 erhalten wir den

Satz 2.5. *Jede alternative Algebra mit Einselement ist stark homogen.*

Es ist jede der drei Relationen (1.1) eine zulässige Relation im Sinne von III, § 7.1. Der Satz 2.5 zeigt daher, daß diese Relationen ein homogen-zulässiges System von Relationen darstellen. Es folgt somit

Satz 2.6. *Jede alternative Algebra ist homogen-zulässig.*

Es gelten daher im Fall einer Charakteristik ungleich zwei alle Ergebnisse von Kapitel III für alternative Algebren. Vergleicht man diesen Paragraphen mit den entsprechenden Überlegungen für assoziative Algebren (III, § 12), so sieht man, daß nach den Vorbereitungen in § 1 die Schlüsse völlig gleich verlaufen.

Wegen IV, Satz 5.1, erhalten wir schließlich noch den

Satz 2.7. *Ist $\mathfrak{A}$ eine alternative Algebra über einem Körper der Charakteristik ungleich 2, so ist $\mathfrak{A}^+$ eine Jordan-Algebra.*

§ 3. Quadratische Algebren

1. Es sei K ein Körper der Charakteristik ungleich 2. Eine Algebra $\mathfrak{C}$ über K mit Einselement e heißt eine *quadratische Algebra*, wenn es eine eigentliche Linearform λ und eine eigentliche symmetrische Bilinearform μ von $\mathfrak{C}$ gibt, so daß

$$(3.1) \qquad u^2 - 2\lambda(u)\,u + \mu(u, u)\,e = 0$$

für alle $u \in \mathfrak{C}$ gilt. Wir zeigen sogleich, *daß jede quadratische Algebra potenz-assoziativ ist.* Für $\lambda(u) = 0$ ist trivialerweise $u^m u^k = u^{m+k}$; es gilt folglich $[u - \lambda(u)\,e]^m\,[u - \lambda(u)\,e]^k = [u - \lambda(u)\,e]^{m+k}$ für beliebige u. Nach Ausmultiplikation gibt eine Induktion nach $m + k$, daß $u^m u^k = u^{m+k}$ uneingeschränkt gültig ist.

Durch Polarisation von (3.1) erhält man für das Produkt $u \circ v$ der kommutativen Algebra $\mathfrak{C}^+$ die Darstellung

$$(3.2) \qquad u \circ v = \lambda(u)\,v + \lambda(v)\,u - \mu(u, v)\,e.$$

Für $v = e$ folgt daher $\lambda(u) = \mu(u, e)$, $\lambda(e) = \mu(e, e) = 1$. Bezeichnet man den zu $\mathfrak{C}$ gehörigen Vektorraum mit X, so stimmt also die Algebra $\mathfrak{C}^+$ mit der in VI, § 5, eingeführten Jordan-Algebra $[X; \mu, e]$ überein. Es ist dann wegen (VI; 5.3)

$$(3.3) \qquad \mu(u, v) = 2\lambda(u)\,\lambda(v) - \lambda(u \circ v).$$

Ist umgekehrt $\mathfrak{C}^+$ eine Algebra $[X; \mu, e]$, so ist $\mathfrak{C}$ eine quadratische Algebra. Wir erhalten daher

Lemma 3.1. *Eine Algebra $\mathfrak{C}$ mit Einselement e ist dann und nur dann eine quadratische Algebra, wenn $\mathfrak{C}^+$ eine Algebra $[X; \mu, e]$ ist.*

Ist $\tilde{K}$ ein Erweiterungskörper von K, so erhält man die durch Grundkörpererweiterung von K zu $\tilde{K}$ aus $[X; \mu, e]$ entstehende Algebra $[\tilde{X}; \mu, e]$ (vgl. VI, § 5.4). Da aber $\widetilde{\mathfrak{C}^+} = \tilde{\mathfrak{C}}^+$ gilt, ist auch $\tilde{\mathfrak{C}}$ wieder eine quadratische Algebra. Man erhält daher

Korollar 1. Jede Grundkörpererweiterung einer quadratischen Algebra ist wieder eine quadratische Algebra.

Korollar 2. Jede quadratische Algebra ist strikt potenz-assoziativ.

Da die Grade der Algebren $\mathfrak{C}$ und $\mathfrak{C}^+$ gleich sind, entnehmen wir VI, § 5.**5**, daß $\mathfrak{C}$ den Grad 1 oder 2 hat. *Es hat $\mathfrak{C}$ genau dann den Grad 2, wenn das Polynom $\mu(x, x)$ über keinem Erweiterungskörper von K gleich dem Quadrat einer Linearform von x ist.*

2. Nun sei $\mathfrak{C}$ eine quadratische Algebra über K. In VI, § 5.**2**, haben wir gesehen, daß die Abbildung

$$u \to \bar{u} = 2\lambda(u)\, e - u$$

eine Involution von $\mathfrak{C}^+ = [X; \mu, e]$ ist. Es gilt also $\bar{\bar{u}} = u$ und $\overline{u \circ v} = \bar{u} \circ \bar{v}$; ferner hat man

$$\lambda(\bar{u}) = \lambda(u), \quad \mu(\bar{u}, \bar{v}) = \mu(u, v).$$

Man hat jetzt für $u, v \in \mathfrak{C}$ wegen (3.2)

$$\overline{u\,v} - \bar{v}\,\bar{u} = 2\lambda(u\,v)\, e - u\,v - [2\lambda(v)\, e - v]\,[2\lambda(u)\, e - u]$$

$$= [2\lambda(u\,v) - 4\lambda(u)\,\lambda(v)]\, e - 2u \circ v + 2\lambda(v)\, u + 2\lambda(u)\, v$$

$$= 2[\mu(u, v) - 2\lambda(u)\,\lambda(v) + \lambda(u\,v)]\, e.$$

Wegen (3.3) erhält man somit

$$(3.4) \qquad \overline{u\,v} - \bar{v}\,\bar{u} = [\lambda(u\,v) - \lambda(v\,u)]\, e.$$

Man entnimmt hieraus

Lemma 3.2. *Die Abbildung $u \to \bar{u} = 2\lambda(u)\, e - u$ ist dann und nur dann eine Involution der quadratischen Algebra $\mathfrak{C}$, wenn $\lambda(u\,v) = \lambda(v\,u)$ gilt.*

Für $u, v \in \mathfrak{C}$ hat man offenbar $u(v\,u) - (u\,v)\,u = u \circ (v\,u) - u \circ (u\,v) + u(u \circ v) - (u \circ v)\,u$. Hier trägt man die Produkte gemäß (3.2) ein und erhält $u(v\,u) - (u\,v)\,u = \lambda(v\,u - u\,v)\,u + \mu(u,\, u\,v - v\,u)\, e$. Wegen (3.3) kann man hierfür aber

$$(3.5) \quad u(v\,u) - (u\,v)\,u = \lambda(u\,v - v\,u)\,\bar{u} - \lambda(u[u\,v] - u[v\,u])\, e$$

schreiben.

Lemma 3.3. *Eine quadratische Algebra $\mathfrak{C}$ ist dann und nur dann flexibel, wenn λ eine assoziative Linearform von $\mathfrak{C}$ ist. In diesem Fall ist $u \to \bar{u} = 2\lambda(u)\, e - u$ eine Involution von $\mathfrak{C}$.*

Beweis. a) Es sei $\mathfrak{C}$ flexibel. Wir zeigen zuerst $\lambda(u\,v) = \lambda(v\,u)$ und dürfen dabei annehmen, daß die Dimension von $\mathfrak{C}$ über K größer als Eins ist. Die Gleichung ist richtig, wenn u ein Vielfaches von e ist. Im anderen Falle folgt sie aus (3.5). Nach dem vorhergehenden Lemma ist $u \to \bar{u}$ dann eine Involution.

Wegen VI, § 5.4, ist λ eine normale Linearform von $\mathfrak{C}^+$, also insbesondere eine assoziative Linearform von $\mathfrak{C}^+$. Aus I, Lemma 11.2, entnehmen wir jetzt, daß λ auch eine assoziative Linearform der Algebra $\mathfrak{C}$ ist.

b) Ist λ assoziativ, so zeigt (3.5), daß $\mathfrak{C}$ flexibel ist.

Ist die Abbildung $u \to \bar{u} = 2\lambda(u)\, e - u$ eine Involution von $\mathfrak{C}$, so folgt nicht, daß $\mathfrak{C}$ flexibel ist.*)

Wir kommen zum Beweis von

Satz 3.4. *Eine quadratische Algebra $\mathfrak{C}$ ist dann und nur dann nichtausgeartet, wenn λ eine assoziative Linearform von $\mathfrak{C}$ und die Bilinearform μ nichtausgeartet ist. In diesem Falle ist $\mathfrak{C}$ flexibel, bezüglich der normalen Linearform λ nichtausgeartet und besitzt $u \to \bar{u} = 2\lambda(u)\, e - u$ als Involution.*

Beweis. a) Ist $\lambda(u\, v) = \lambda(v\, u)$, so gilt $Bk_\lambda(\mathfrak{C}) = Bk_\lambda(\mathfrak{C}^+)$. Wegen (VI; 5.6) gilt daher $Bk_\lambda(\mathfrak{C}) = Bk_\mu(\mathfrak{C})$.

b) Nun sei λ assoziativ und μ nichtausgeartet. Da die Nilpotenten von $\mathfrak{C}$ und von $\mathfrak{C}^+$ übereinstimmen und da λ auch normale Linearform von $\mathfrak{C}^+$ ist, gilt das gleiche für $\mathfrak{C}$. Wegen Teil a) ist $Bk_\lambda(\mathfrak{C}) = Bk_\mu(\mathfrak{C}) = 0$, d. h., $\mathfrak{C}$ ist nichtausgeartet bezüglich λ.

c) Ist $\mathfrak{C}$ nichtausgeartet, so gibt es eine normale Linearform von $\mathfrak{C}$, für welche die zugeordnete Bilinearform nichtausgeartet ist. Wegen I, Satz 6.5 a), ist dann $\mathfrak{C}$ flexibel. Nach dem vorhergehenden Lemma ist λ eine normale Linearform und $u \to \bar{u}$ eine Involution von $\mathfrak{C}$. Da wir andererseits wissen, daß mit $\mathfrak{C}$ auch $\mathfrak{C}^+$ nichtausgeartet ist (vgl. I, § 11.3), entnehmen wir VI, § 5.6, daß die Bilinearform μ nichtausgeartet ist. Wegen $\lambda(u\, v) = \lambda(v\, u)$ folgt $Bk_\lambda(\mathfrak{C}) = Bk_\mu(\mathfrak{C}) = 0$ aus Teil a). Es ist also wieder $\mathfrak{C}$ bezüglich λ nichtausgeartet. Damit ist der Satz bewiesen.

In I, § 11.1, hatten wir gesehen, daß mit $\mathfrak{C}^+$ auch die Algebra $\mathfrak{C}$ zentral-einfach ist. Da wir VI, Satz 5.7, entnehmen, daß die Jordan-Algebra $\mathfrak{C}^+ = [X;\mu, e]$ für $n \geq 3$ zentral-einfach ist, falls die Bilinearform μ nichtausgeartet ist, können wir den vorhergehenden Satz anwenden und erhalten

Satz 3.5. *Jede nichtausgeartete quadratische Algebra der Dimension $n \geq 3$ ist zentral-einfach über dem Grundkörper.*

---

*) Man nehme als Beispiel die 4-dimensionale Algebra $\mathfrak{C}$ mit den Basiselementen $e = $ Einselement, b_1, b_2, b_3 und der Multiplikation $b_1^2 = b_2^2 = b_3^2 = e$, $b_1 b_2 = b_3 = -b_2 b_1$, $b_1 b_3 = b_2 b_3 = b_3 b_2 = b_3 b_1 = 0$. Für $u = \xi\, e + \xi_1 b_1 + \xi_2 b_2 + \xi_3 b_3$ ist $\lambda(u) = \xi$, $\mu(u, u) = \xi^2 - \xi_1^2 - \xi_2^2 - \xi_3^2$. Es ist $\mathfrak{C}$ eine quadratische Algebra, für die $\lambda(u\, v) = \lambda(v\, u)$ für alle $u, v \in \mathfrak{C}$ gilt. Wegen Lemma 3.2 ist daher $u \to \bar{u} = 2\lambda(u)\, e - u$ eine Involution, $\mathfrak{C}$ ist jedoch nicht flexibel, denn es ist $(b_1, b_2, b_3) + (b_3, b_2, b_1) = 2e$. Man kann zeigen, daß $\mathfrak{C}$ einfach ist.

3. Es sei $\mathfrak{C}$ eine quadratische Algebra über K mit zugehöriger Linearform λ und Bilinearform μ. Wie bisher setzen wir $\bar{u} = 2\lambda(u)\,e - u$. Für ein $\varkappa \in K$ definieren wir eine Algebra $(\mathfrak{C}, \varkappa)$ wie folgt: Wir bilden die direkte Summe des zu $\mathfrak{C}$ gehörigen Vektorraumes X mit sich selbst und schreiben die Elemente dieser Summe eindeutig in der Form $w = u + j\,v$, $u, v \in \mathfrak{C}$. Die direkte Summe von X mit sich selbst schreiben wir dann auch $X + j\,X$ und erklären hierin die Algebra $(\mathfrak{C}, \varkappa)$ durch die Produktdefinition

$$(3.6) \quad (u_1 + j\,v_1)(u_2 + j\,v_2) := (u_1 u_2 + \varkappa\,v_2\,\bar{v}_1) + j\,(\bar{u}_1 v_2 + u_2 v_1).$$

Offenbar ist $\mathfrak{C}$ eine Teilalgebra von $(\mathfrak{C}, \varkappa)$; das Einselement e von $\mathfrak{C}$ ist zugleich das Einselement von $(\mathfrak{C}, \varkappa)$. Wir setzen $j := j\,e$ und erhalten $j^2 = \varkappa\,e$. Sind $w_i = u_i + j\,v_i$, $i = 1, 2, 3$, Elemente aus $(\mathfrak{C}, \varkappa)$, so gibt eine elementare Rechnung

$$(3.7) \quad (w_1 w_2)\,w_3 = (u_1 u_2)\,u_3 + \varkappa\,(v_2\,\bar{v}_1)\,u_3 + \varkappa\,v_3\big(\overline{\bar{u}_1 v_2}\big) + \varkappa\,v_3\big(\overline{u_2 v_1}\big) +$$
$$+ j\big\{(\overline{u_1 u_2})\,v_3 + \varkappa\big(\overline{v_2\,\bar{v}_1}\big)\,v_3 + u_3\,(\bar{u}_1 v_2) + u_3\,(u_2 v_1)\big\},$$

$$(3.7') \quad w_1(w_2 w_3) = u_1(u_2 u_3) + \varkappa\,u_1(v_3\,\bar{v}_2) + \varkappa\,(\bar{u}_2 v_3)\,\bar{v}_1 + \varkappa\,(u_3 v_2)\,\bar{v}_1 +$$
$$+ j\big\{\bar{u}_1(\bar{u}_2 v_3) + \bar{u}_1(u_3 v_2) + (u_2 u_3)\,v_1 + \varkappa\,(v_3\,\bar{v}_2)\,v_1\big\}.$$

Wir beweisen jetzt

Satz 3.6. *Es sei $\mathfrak{C}$ eine quadratische Algebra über K und $\varkappa \in K$, $\varkappa \neq 0$. Dann gilt:*

a) *Es ist $(\mathfrak{C}, \varkappa)$ eine quadratische Algebra über K, für welche die zugehörige Linearform λ bzw. Bilinearform μ definiert ist durch*

$$\lambda(u + j\,v) := \lambda(u), \quad \mu(u_1 + j\,v_1, u_2 + j\,v_2) := \mu(u_1, u_2) - \varkappa \cdot \mu(v_1, v_2).$$

b) *Gilt eine der Aussagen*

(1) $\lambda(u\,v) = \lambda(v\,u)$,
(2) $u \to \bar{u}$ *ist Involution von $\mathfrak{C}$,*
(3) λ *ist assoziative Linearform von $\mathfrak{C}$,*
(4) $\mathfrak{C}$ *ist flexibel,*
(5) μ *ist nichtausgeartet,*
(6) $\mathfrak{C}$ *ist nichtausgeartet*

für die Algebra $\mathfrak{C}$, so gilt die entsprechende Aussage für $(\mathfrak{C}, \varkappa)$.

Gilt also z. B. (2) für $\mathfrak{C}$, so ist $u + j\,v \to \bar{u} - j\,v$ die Involution von $(\mathfrak{C}, \varkappa)$.

Beweis. a) Aus (3.6) und (3.1) entnimmt man für $w = u + j\,v$

$$w^2 = u^2 + \varkappa\,v\,\bar{v} + j\,[2\lambda(u)\,v] = 2\lambda(u)\,w - [\mu(u, u) - \varkappa \cdot \mu(v, v)]\,e.$$

Man liest ab, daß Teil a) richtig ist.

b) Wegen Lemma 3.2 sind jeweils die Aussagen (1) und (2) äquivalent. Gilt also (1) für $\mathfrak{C}$, so ist $u \to \bar{u}$ eine Involution von $\mathfrak{C}$, und wegen $\lambda(\bar{u}) = \lambda(u)$ folgt $\lambda(v_2 \bar{v}_1) = \lambda(v_1 \bar{v}_2)$. Aus (3.6) entnimmt man jetzt die Gültigkeit von (1) für $(\mathfrak{C}, \varkappa)$.

Ist λ eine assoziative Linearform von $\mathfrak{C}$, so ist speziell (1) erfüllt und $u \to \bar{u}$ daher eine Involution von $\mathfrak{C}$. Aus den Formeln (3.7) und (3.7') liest man ab, daß die Linearform λ von $(\mathfrak{C}, \varkappa)$ assoziativ ist. Es vererbt sich also auch (3) von $\mathfrak{C}$ auf $(\mathfrak{C}, \varkappa)$.

Wegen Lemma 3.3 ist $\mathfrak{C}$ genau dann flexibel, wenn (2) und (3) erfüllt sind. Mit $\mathfrak{C}$ ist daher auch $(\mathfrak{C}, \varkappa)$ flexibel.

Da $\varkappa \neq 0$ gilt, entnimmt man Teil a), daß die Bilinearform μ von $(\mathfrak{C}, \varkappa)$ nichtausgeartet ist, wenn das gleiche für die Bilinearform von $\mathfrak{C}$ gilt.

Wegen Satz 3.4 ist die quadratische Algebra $\mathfrak{C}$ dann und nur dann nichtausgeartet, wenn (3) und (5) erfüllt sind. Daher ist mit $\mathfrak{C}$ auch $(\mathfrak{C}, \varkappa)$ nichtausgeartet.

Damit ist der Satz vollständig bewiesen.

Auf Grund dieses Satzes ist mit $\mathfrak{C}$ auch stets $(\mathfrak{C}, \varkappa)$ flexibel. Die Flexibilität ist jedoch die einzige bekannte Relation, die sich immer von $\mathfrak{C}$ auf $(\mathfrak{C}, \varkappa)$ vererbt. Wir werden im nächsten Paragraphen sehen, daß beim Übergang von $\mathfrak{C}$ zu $(\mathfrak{C}, \varkappa)$ wesentliche algebraische Eigenschaften verloren gehen.

§ 4. Alternative quadratische Algebren

1. Es sei wieder K ein Körper der Charakteristik ungleich 2. *Eine Algebra mit Involution ist dann und nur dann alternativ, wenn eine der beiden Relationen $u(u\,v) = u^2\,v$, $(v\,u)\,u = v\,u^2$ erfüllt ist.* Denn durch Anwendung der Involution erhält man aus der einen Beziehung die andere.

Nun sei $\mathfrak{C}$ eine quadratische alternative Algebra über K. Da $\mathfrak{C}$ dann flexibel ist, wissen wir wegen Lemma 3.3, daß $u \to \bar{u} = 2\lambda(u)\,e - u$ eine Involution von $\mathfrak{C}$ und λ eine normale Linearform von $\mathfrak{C}$ ist. Außer den in § 3.1 hergeleiteten Regeln gilt wegen (1.1) noch

$$(4.1) \qquad \bar{u}\,(u\,v) = u\,(\bar{u}\,v) = \mu(u, u)\,v = (v\,\bar{u})\,u = (v\,u)\,\bar{u}.$$

Über die Struktur der Algebra $(\mathfrak{C}, \varkappa)$ beweisen wir den

Satz 4.1. *Es sei $\mathfrak{C}$ eine quadratische Algebra und $\varkappa \in K$, $\varkappa \neq 0$. Dann gelten die folgenden Äquivalenzen:*

    a) $(\mathfrak{C}, \varkappa)$ *alternativ* $\iff \mathfrak{C}$ *assoziativ,*

    b) $(\mathfrak{C}, \varkappa)$ *assoziativ* $\iff \mathfrak{C}$ *assoziativ und kommutativ,*

    c) $(\mathfrak{C}, \varkappa)$ *kommutativ* $\iff \mathfrak{C} = Ke$.

Beweis. a) Man darf ohne Einschränkung annehmen, daß $\mathfrak{C}$ alternativ ist, denn dies ist sowohl für assoziatives $\mathfrak{C}$ als auch für die Teilalgebra $\mathfrak{C}$ der alternativen Algebra $(\mathfrak{C}, \varkappa)$ der Fall. Vergleicht man (3.7) und (3.7') für $w_2 = w_1$, so erhält man, wenn man (4.1) beachtet,

$$w_1^2 \, w_3 - w_1 (w_1 \, w_3) = \varkappa \{ v_3 (\bar{v}_1 \, u_1) + v_3 (\bar{v}_1 \, \bar{u}_1) - u_1 (v_3 \, \bar{v}_1) - (\bar{u}_1 \, v_3) \, \bar{v}_1 \} +$$
$$+ j \{ u_3 (\bar{u}_1 \, v_1) + u_3 (u_1 \, v_1) - \bar{u}_1 (u_3 \, v_1) - (u_1 \, u_3) \, v_1 \}.$$

Durch Eintragen von $\bar{u}_1$ erhält man für die rechte Seite $\varkappa (u_1, v_3, \bar{v}_1)$ $- j (u_1, u_3, v_1)$. Hieraus liest man ab, daß die linke Seite genau dann verschwindet, wenn $\mathfrak{C}$ assoziativ ist. Damit ist Teil a) bewiesen.

b) Ist nun $(\mathfrak{C}, \varkappa)$ assoziativ, so ist auch $\mathfrak{C}$ als Teilalgebra assoziativ. Man wählt $u_i = 0$, $v_2 = e$ in (3.7) und (3.7') und subtrahiert beide Gleichungen. Es folgt $0 = \varkappa (v_1 \, v_3 - v_3 \, v_1)$, d. h., $\mathfrak{C}$ ist kommutativ. Ist umgekehrt $\mathfrak{C}$ assoziativ und kommutativ, so ergibt ein Vergleich vom (3.7) und (3.7'), daß $(\mathfrak{C}, \varkappa)$ assoziativ ist.

c) Ist $\mathfrak{C} = Ke$, so ist die Involution von $\mathfrak{C}$ die Identität. Man entnimmt dann (3.6), daß $(\mathfrak{C}, \varkappa)$ kommutativ ist. Umgekehrt setzt man $u_1 = u_2 = 0$ in (3.6) ein und erhält $(j \, v_1)(j \, v_2) = \varkappa \, v_2 \, \bar{v}_1$. Ist also $(\mathfrak{C}, \varkappa)$ kommutativ, dann folgt $v_2 \, \bar{v}_1 = v_1 \, \bar{v}_2$. Jetzt zeigt $v_2 = e$, daß die Involution die Identität, also $\mathfrak{C} = Ke$ ist.

2. Wir können nun eine *echt-alternative*, d. h., eine alternative aber nicht assoziative Algebra konstruieren. Wir beginnen mit dem Körper K und wählen von Null verschiedene Elemente $\varkappa_1, \varkappa_2, \varkappa_3$ aus K. Der Körper K hat die Identität als Involution und $u \, v$ als zugeordnete nichtausgeartete Bilinearform. Wegen Satz 4.1 ist

$$\mathfrak{C}_1 := (K, \varkappa_1) = K + j_1 K$$

eine kommutative und assoziative Algebra über K der Dimension 2, deren Involution nicht die Identität ist. Wegen Satz 3.6 ist $\mathfrak{C}_1$ nichtausgeartet. Nun wird

$$\mathfrak{C}_2 := (\mathfrak{C}_1, \varkappa_2) = \mathfrak{C}_1 + j_2 \, \mathfrak{C}_1$$

eine assoziative und nichtkommutative quadratische Algebra über K der Dimension 4 und schließlich

$$\mathfrak{C}_3 := (\mathfrak{C}_2, \varkappa_3) = \mathfrak{C}_2 + j_3 \, \mathfrak{C}_2$$

eine echt alternative quadratische Algebra über K der Dimension 8. Alle drei Algebren sind wegen Satz 3.6 nichtausgeartet. Wir benutzen noch die Abkürzungen $(K, \varkappa_1, \varkappa_2) := (\mathfrak{C}_1, \varkappa_2)$, $(K, \varkappa_1, \varkappa_2, \varkappa_3) := (\mathfrak{C}_2, \varkappa_3)$. Wir diskutieren diese Fälle einzeln, wobei wir beachten, daß die Involution von $(\mathfrak{B}, \varkappa)$ ein Element $u + j \, v$ in $\bar{u} - j \, v$ abbildet.

Ist $\varkappa_1$ kein Quadrat in K, dann ist wegen $j_1^2 = \varkappa_1$ die Algebra $(K, \varkappa_1)$ ein quadratischer Erweiterungskörper von K, deren Involution mit der kanonischen Involution dieses Körpers übereinstimmt.

Ist $\varkappa_1 = \dfrac{1}{\alpha^2}$ ein Quadrat in K, so sind offenbar $e_1 = \dfrac{1}{2}(1 + \alpha\,j)$ und $e_2 = \dfrac{1}{2}(1 - \alpha\,j)$ zwei orthogonale Idempotente von $(K, \varkappa_1)$, d. h., es ist $(K, \varkappa_1) = Ke_1 \oplus Ke_2$. Man sieht, daß die kanonische Involution von $(K, \varkappa_1)$ die Teilkörper Ke_1 und Ke_2 vertauscht.

Die Algebra $(K, \varkappa_1, \varkappa_2)$ ist eine *Quaternionenalgebra über* K (vgl. VI, § 2.3) mit den Basiselementen $b_1 = 1$, $b_2 = j_1$, $b_3 = j_2$, $b_4 = -j_2 j_1$ $= j_1 j_2$ und den Strukturkonstanten $\lambda = \varkappa_1$, $\varkappa = \varkappa_2$. Die Involution von $(K, \varkappa_1, \varkappa_2)$,

$$u = \xi_1\,b_1 + \xi_2\,b_2 + \xi_3\,b_3 + \xi_4\,b_4 = \xi_1 + \xi_2\,j_1 + j_2(\xi_3 - \xi_4\,j_1)$$

$$\rightarrow \bar{u} = \xi_1 - \xi_2\,j_1 - j_2(\xi_3 - \xi_4\,j_1) = \xi_1\,b_1 - \xi_2\,b_2 - \xi_3\,b_3 - \xi_4\,b_4,$$

stimmt mit der kanonischen Involution der Quaternionenalgebra überein. Es ist

$$\mu(u, u) = \xi_1^2 - \varkappa_1\,\xi_2^2 - \varkappa_2\,\xi_3^2 + \varkappa_1\,\varkappa_2\,\xi_4^2$$

die zugeordnete quadratische Form. Für $\varkappa_1 = \varkappa_2 = -1$ erhält man die Standard-Quaternionen-Algebra $(K, -1, -1)$.

Wir nennen $(K, \varkappa_1, \varkappa_2, \varkappa_3)$ eine *CAYLEY-Algebra über* K. Die Elemente

$$b_1 = 1, \quad b_2 = j_1, \quad b_3 = j_2, \quad b_4 = -j_2 j_1 = j_1 j_2, \quad b_5 = j_3,$$

$$b_6 = -j_3 j_1 = j_1 j_3, \quad b_7 = -j_3 j_2 = j_2 j_3, \quad b_8 = j_3 j_2 j_1 = j_1 j_2 j_3$$

bilden eine Basis der Algebra, in der ein beliebiges Element also die Form hat

$$u = \sum_{i=1}^{8} \xi_i\,b_i = \xi_1 + \xi_2\,j_1 + j_2(\xi_3 - \xi_4\,j_1) + j_3(\xi_5 - \xi_6\,j_1 - j_2(\xi_7 - \xi_8\,j_1)).$$

Bei der Involution von $(K, \varkappa_1, \varkappa_2, \varkappa_3)$ geht dieses Element daher in $\xi_1\,b_1 - \sum_{i=2}^{8} \xi_i\,b_i$ über. Diese Abbildung nennen wir die *kanonische Involution* der CAYLEY-Algebra. Für die zugeordnete quadratische Form erhält man

$$\mu(u, u) = \xi_1^2 - \varkappa_1\,\xi_2^2 - \varkappa_2\,\xi_3^2 + \varkappa_1\,\varkappa_2\,\xi_4^2 - \varkappa_3\,\xi_5^2 + \varkappa_1\,\varkappa_3\,\xi_6^2 + \varkappa_2\,\varkappa_3\,\xi_7^2 -$$

$$- \varkappa_1\,\varkappa_2\,\varkappa_3\,\xi_8^2.$$

Für $\varkappa_1 = \varkappa_2 = \varkappa_3 = -1$ erhält man die Standard-CAYLEY-Algebra $(K, -1, -1, -1)$. In $(K, -1, -1)$ und $(K, -1, -1, -1)$ ist genau dann jedes von Null verschiedene Element invertierbar, wenn sich in K die Null nur trivial als Summe von Quadraten schreiben läßt.

Auf Grund von (3.6) ergibt sich für eine CAYLEY-Algebra $(K, \varkappa_1, \varkappa_2, \varkappa_3)$ die im weiteren Verlauf nicht benötigte Multiplikationstabelle

	b_2	b_3	b_4	b_5	b_6	b_7	b_8
b_2	$\varkappa_1 b_1$	b_4	$\varkappa_1 b_3$	b_6	$\varkappa_1 b_5$	$-b_8$	$-\varkappa_1 b_7$
b_3	$-b_4$	$\varkappa_2 b_1$	$-\varkappa_2 b_2$	b_7	b_8	$\varkappa_2 b_5$	$\varkappa_2 b_6$
b_4	$-\varkappa_1 b_3$	$\varkappa_2 b_2$	$-\varkappa_1 \varkappa_2 b_1$	b_8	$\varkappa_1 b_7$	$-\varkappa_2 b_6$	$-\varkappa_1 \varkappa_2 b_5$
b_5	$-b_6$	$-b_7$	$-b_8$	$\varkappa_3 b_1$	$-\varkappa_3 b_2$	$-\varkappa_3 b_3$	$-\varkappa_3 b_4$
b_6	$-\varkappa_1 b_5$	$-b_8$	$-\varkappa_1 b_7$	$\varkappa_3 b_2$	$-\varkappa_1 \varkappa_3 b_1$	$\varkappa_3 b_4$	$\varkappa_1 \varkappa_3 b_3$
b_7	b_8	$-\varkappa_2 b_5$	$\varkappa_2 b_6$	$\varkappa_3 b_3$	$-\varkappa_3 b_4$	$-\varkappa_2 \varkappa_3 b_1$	$-\varkappa_2 \varkappa_3 b_2$
b_8	$\varkappa_1 b_7$	$-\varkappa_2 b_6$	$\varkappa_1 \varkappa_2 b_5$	$\varkappa_3 b_4$	$-\varkappa_1 \varkappa_3 b_3$	$\varkappa_2 \varkappa_3 b_2$	$\varkappa_1 \varkappa_2 \varkappa_3 b_1$

Mit dieser Tabelle verifiziert man leicht, daß die folgenden sieben Quadrupel in der angegebenen Reihenfolge jeweils Basis einer Quaternionenalgebra sind:

$$(b_1, b_2, b_3, b_4), \qquad (b_1, b_2, b_5, b_6), \qquad (b_1, b_2, b_7, b_8), \qquad (b_1, b_3, b_6, b_8),$$

$$(b_1, b_3, b_5, -b_7), \qquad (b_1, b_4, b_5, b_8), \qquad (b_1, b_4, b_6, b_7).$$

Eine einprägsame Beschreibung dieser Multiplikationstabelle ist die folgende: Durch die Permutation $\pi = \begin{pmatrix} 1 & 2 & 3 & 4 & 5 & 6 & 7 & 8 \\ 1 & 2 & 3 & 7 & 4 & 5 & 6 & 8 \end{pmatrix}$ geht die Basis b_i von $(K, \varkappa_1, \varkappa_2, \varkappa_3)$ über in eine Basis $e_i := b_{\pi_i}$. Die Quadrupel $e_1, e_i, e_{i+1}, e_{i+3}$, $2 \leqq i \leqq 8$, $i + 1 \,(\mathrm{mod}\,7)$, $i + 3 \,(\mathrm{mod}\,7)$, bilden jeweils die Basis einer Quaternionenalgebra.

Nach Konstruktion gehen Quaternionenalgebren und CAYLEY-Algebren bei Grundkörpererweiterung in Algebren vom gleichen Typ über. Aus den Sätzen 3.5, 3.6 und 4.1 erhalten wir

Satz 4.2. *Jede* CAYLEY-*Algebra* $(K, \varkappa_1, \varkappa_2, \varkappa_3)$ *ist eine echt-alternative, zentral-einfache, nichtausgeartete und quadratische Algebra mit Involution* $u \to \bar{u}$ *der Dimension 8 über* K.

3. Nun sei $\mathfrak{C}$ eine nichtausgeartete, alternative und quadratische Algebra über K. Wegen Satz 3.4 ist dann die zugehörige Bilinearform μ nichtausgeartet und λ eine normale Linearform von $\mathfrak{C}$.

Wir gehen von einer Teilalgebra $\mathfrak{B}$ von $\mathfrak{C}$ aus, die das Einselement e von $\mathfrak{C}$ enthält und für welche die Restriktion der Bilinearform μ auf $\mathfrak{B}$ nichtausgeartet ist. Offenbar bildet die Involution $u \to \bar{u}$ von $\mathfrak{C}$ die Algebra $\mathfrak{B}$ auf sich ab. Wir bilden das orthogonale Komplement $\mathfrak{B}^\perp$ der $v \in \mathfrak{C}$, für die $\mu(u, v) = 0$ für alle $u \in \mathfrak{B}$ gilt. Da μ auf $\mathfrak{B}$ nichtausgeartet ist, hat man $\mathfrak{B} \cap \mathfrak{B}^\perp = 0$.

In $\mathfrak{B}^\perp$ gibt es Elemente v mit $\mu(v, v) \neq 0$. Denn anderenfalls wäre $\mu(u, v) = 0$ für alle $u, v \in \mathfrak{B}^\perp$, d. h., $\mathfrak{B}^\perp$ wäre in $(\mathfrak{B}^\perp)^\perp = \mathfrak{B}$ enthalten. Wir wählen ein $j \in \mathfrak{B}^\perp$ mit

$$\varkappa := -\mu(j, j) \neq 0.$$

Da e zu $\mathfrak{B}$ gehört, erhält man nacheinander

$$\mu(u, j) = 0 \quad \text{für} \quad u \in \mathfrak{B}, \quad \lambda(j) = 0, \quad \bar{j} = -j, \quad j^2 = \varkappa\, e.$$

Wegen (3.2) folgt $j \circ u = \lambda(u)\, j$ für $u \in \mathfrak{B}$. Dies bedeutet

$$(4.2) \qquad\qquad u\, j = j\, \bar{u} \quad \text{für} \quad u \in \mathfrak{B}.$$

Wir zeigen außerdem

$$(4.3) \qquad (j\, v)\, u = j\, (u\, v), \quad u\, (j\, v) = j\, (\bar{u}\, v) \quad \text{für} \quad u, v \in \mathfrak{B}.$$

Wegen (4.1) ist $(\bar{v}\, \bar{u})\, u = \mu(u, u)\, \bar{v}$, d. h., es gilt auch $(\bar{v}\, \bar{u})\, w + (\bar{v}\, \bar{w})\, u$ $= 2\mu(u, w)\, \bar{v}$. Für $w = j$ ergibt dies $(\bar{v}\, \bar{u})\, j = (\bar{v}\, j)\, u$, d. h., mit (4.2) folgt $j\, (u\, v) = (\overline{u\, v})\, j = (\bar{v}\, \bar{u})\, j = (\bar{v}\, j)\, u = (j\, v)\, u$. Zum Nachweis der zweiten Gleichung hat man wegen $u\, (\bar{u}\, v) = \mu(u, u)\, v$ auch $u\, (\bar{w}\, v)$ $+ w\, (\bar{u}\, v) = 2\mu(u, w)\, v$. Nun ergibt $w = j$ die Behauptung.

Da aus $j\, u = 0$, $u \in \mathfrak{B}$, auch $0 = j\, (j\, u) = j^2\, u = \varkappa\, u$, also $u = 0$ folgt, ist die Abbildung $u \to j\, u$ von $\mathfrak{B}$ auf $j\, \mathfrak{B}$ ein Vektorraumisomorphismus. Für $u \in \mathfrak{B} \cap j\, \mathfrak{B}$ gilt $u = j\, v$ mit $v \in \mathfrak{B}$, d. h., für $w \in \mathfrak{B}$ hat man wegen (3.3)

$$\mu(u, w) = 2\lambda(j\, v)\, \lambda(w) - \lambda([j\, v]\, w) = 2\lambda(j\, v)\, \lambda(w) - \lambda(j\, [v\, w]).$$

Da für $b \in \mathfrak{B}$ aber $\lambda(j\, b) = 2\lambda(j)\, \lambda(b) - \mu(b, j) = 0$ gilt, folgt $\mu(u, w)$ $= 0$. Folglich ist $u = 0$, denn μ ist auf $\mathfrak{B}$ nichtausgeartet. Es ist somit $\mathfrak{B} \cap j\, \mathfrak{B} = 0$, d. h., die Summe $\mathfrak{B} + j\, \mathfrak{B}$ ist direkt. Nach § 3.3 bilden wir jetzt die quadratische Algebra $(\mathfrak{B}, \varkappa)$ mit der Multiplikation (3.6). Für $u, v \in \mathfrak{B}$ ist wegen der MOUFANG-Identität (1.5) und wegen (4.2) in der Multiplikation von $\mathfrak{C}$

$$(j\, v_1)(j\, v_2) = (j\, v_1)(\bar{v}_2\, j) = j\, ([v_1\, \bar{v}_2]\, j) = j\, (j\, [v_2\, \bar{v}_1]) = \varkappa\, v_2\, \bar{v}_1.$$

Nun erhält man mit (4.3)

$$(u_1 + j\, v_1)(u_2 + j\, v_2) = u_1\, u_2 + (j\, v_1)(j\, v_2) + (j\, v_1)\, u_2 + u_1\, (j\, v_2)$$

$$= u_1\, u_2 + \varkappa\, v_2\, \bar{v}_1 + j\, (\bar{u}_1\, v_2 + u_2\, v_1).$$

Daher stimmt die Multiplikation von $\mathfrak{C}$ für Elemente der Teilmenge $\mathfrak{B} + j\, \mathfrak{B}$ mit der Multiplikation (3.6) von $(\mathfrak{B}, \varkappa)$ überein. Es ist also $\mathfrak{B} + j\, \mathfrak{B} = (\mathfrak{B}, \varkappa)$ eine Teilalgebra von $\mathfrak{C}$. Wegen Satz 3.6a) stimmt die der Algebra $(\mathfrak{B}, \varkappa)$ zugeordnete Bilinearform mit der Restriktion von μ auf $(\mathfrak{B}, \varkappa)$ überein; die Aussage (5) von Teil b) des gleichen Satzes zeigt, daß diese Restriktion auf $(\mathfrak{B}, \varkappa)$ nichtausgeartet ist. Wir fassen das Ergebnis zusammen in

Lemma 4.3. *Es sei $\mathfrak{C}$ eine nichtausgeartete, alternative und quadratische Algebra über K mit Bilinearform μ. Ist $\mathfrak{B}$ eine Teilalgebra von $\mathfrak{C}$, die*

das Einselement von $\mathfrak{C}$ enthält, für welche die Restriktion von μ auf $\mathfrak{B}$ nichtausgeartet ist, so gibt es $\varkappa \neq 0$ aus K, so daß $(\mathfrak{B}, \varkappa)$ eine Teilalgebra von $\mathfrak{C}$ ist, für welche ebenfalls die Restriktion von μ nichtausgeartet ist. Die Involution von $\mathfrak{C}$ bildet das Element $u + j\,v$ auf $\bar{u} - j\,v$ ab.

4. Nach diesen Vorbereitungen kommen wir zum Beweis von

Satz 4.4. *Es sei $\mathfrak{C}$ eine nichtausgeartete, alternative und quadratische Algebra der Dimension t über K. Dann sind nur die Fälle $t = 1, 2, 4, 8$ möglich. Diese Dimensionen entsprechen genau den folgenden Fällen:*

a) $\mathfrak{C} = Ke$,

b) $\mathfrak{C}$ *ist Erweiterungskörper von K vom Grad 2 oder isomorph zu* $K \oplus K$,

c) $\mathfrak{C}$ *ist eine Quaternionenalgebra über K*,

d) $\mathfrak{C}$ *ist eine* CAYLEY-*Algebra über K*.

In den Fällen b) *bis* d) *ist die Involution von $\mathfrak{C}$ jeweils die kanonische Involution.*

Beweis. Es ist $\mathfrak{B} = Ke$ eine Teilalgebra von $\mathfrak{C}$, auf der μ nichtausgeartet ist. Liegt also nicht der Fall a) vor, so ist $\mathfrak{C} \neq Ke$, und es gibt nach dem Lemma ein $\varkappa_1 \in K$, so daß $\mathfrak{B}_1 = (Ke, \varkappa_1)$ eine Teilalgebra mit der gleichen Eigenschaft ist. Liegt also wieder nicht Fall b) vor, so kann man das Lemma erneut anwenden und erhält eine Teilalgebra $(Ke, \varkappa_1, \varkappa_2)$ von $\mathfrak{C}$. Im Falle $\mathfrak{C} \neq (Ke, \varkappa_1, \varkappa_2)$ findet man auf die gleiche Weise eine CAYLEY-Algebra $(Ke, \varkappa_1, \varkappa_2, \varkappa_3)$ in $\mathfrak{C}$. Wäre aber jetzt $\mathfrak{B}_3 = (Ke, \varkappa_1, \varkappa_2, \varkappa_3)$ echt in $\mathfrak{C}$ enthalten, so könnte man das Lemma erneut anwenden. Man würde eine Teilalgebra $\mathfrak{B}_4 = (\mathfrak{B}_3, \varkappa_4)$ von $\mathfrak{C}$ erhalten. Als Teilalgebra von $\mathfrak{C}$ wäre $\mathfrak{B}_4$ alternativ, wegen Satz 4.1 wäre also die CAYLEY-Algebra $\mathfrak{B}_3$ assoziativ, im Widerspruch zu Satz 4.2. Liegt also keiner der Fälle a), b) oder c) vor, so ist $\mathfrak{C}$ eine CAYLEY-Algebra.

§ 5. Die Algebren $\mathfrak{H}_r(\mathfrak{C})$ für quadratische Algebren $\mathfrak{C}$

1. Es sei K ein Körper der Charakteristik ungleich 2 und $\mathfrak{C}$ eine Algebra über K mit Involution $u \to \bar{u}$. Wie in VI, § 4.1, bilden wir die Matrixalgebra $\mathfrak{M}_r(\mathfrak{C})$ der Matrizen $\boldsymbol{u} = (u_{ij})$, $u_{ij} \in \mathfrak{C}$, in welcher die Involution $\boldsymbol{u} \to \bar{\boldsymbol{u}} = (\overline{u_{ji}})$ gegeben ist. Die Menge $\mathfrak{H}_r(\mathfrak{C})$ der $\boldsymbol{u} \in \mathfrak{M}_r(\mathfrak{C})$ mit $\bar{\boldsymbol{u}} = \boldsymbol{u}$ wird zu einer kommutativen Algebra über K, wenn man die Multiplikation durch $\boldsymbol{u} \circ \boldsymbol{v} = \frac{1}{2}(\boldsymbol{u}\,\boldsymbol{v} + \boldsymbol{v}\,\boldsymbol{u})$ definiert.

Nun sei $\mathfrak{C}$ eine nichtausgeartete quadratische Algebra über K. Wegen Satz 3.4 ist die Linearform λ von $\mathfrak{C}$ normal und $\mathfrak{C}$ nichtausgeartet bezüglich λ. Identifizieren wir K mit Ke, so ist 1 das Einselement von $\mathfrak{C}$ und die Involution von $\mathfrak{C}$ durch $\bar{u} = 2\lambda(u) - u$ gegeben. Wir wiederholen die Rechenregeln, die für $u, v \in \mathfrak{C}$ benötigt werden (vgl. § 3.2):

$$(5.1) \qquad \lambda(\bar{u}) = \lambda(u), \quad \lambda(u\,v) = \lambda(v\,u), \quad \bar{u}\,u = u\,\bar{u} = \lambda(u\,\bar{u}),$$

$$(5.2) \qquad \mu(u, v) = 2\lambda(u)\,\lambda(v) - \lambda(u\,v).$$

Wir wissen, daß die Bilinearform μ nichtausgeartet ist.

Da die Diagonalelemente einer Matrix $u \in \mathfrak{H}_r(\mathfrak{C})$ bei der Involution $u \to \bar{u}$ festbleiben, gilt $u_{ii} \in K$. Die Linearform

$$\sigma(u) := \sum_i u_{ii}$$

von $\mathfrak{H}_r(\mathfrak{C})$ hat somit Werte in K. Sie induziert eine symmetrische Bilinearform

$$\sigma(u \circ v) = \tfrac{1}{2} \sum_{i,j} (u_{ij}\,v_{ji} + v_{ij}\,u_{ji}).$$

Wegen $\bar{u}_{ij} = u_{ji}$ kann man das allgemeine Glied der Summe auch in der Form $u_{ij}\,\bar{v}_{ij} + v_{ij}\,\bar{u}_{ij}$ schreiben. Durch Polarisation der dritten Gleichung von (5.1) sieht man, daß dies gleich $2\lambda(u_{ij}\,\bar{v}_{ij})$ ist. Man bekommt daher

$$(5.3) \qquad \sigma(u \circ v) = \sum_{i,j} \lambda(u_{ij}\,\bar{v}_{ij}).$$

Da die λ zugeordnete Bilinearform nichtausgeartet ist, sieht man, daß die Bilinearform σ von $\mathfrak{H}_r(\mathfrak{C})$ nichtausgeartet ist.

Zum Nachweis der Assoziativität der Linearform σ hat man wegen (5.3) und der Assoziativität von λ

$$\sigma(u \circ [v \circ w]) - \sigma([u \circ v] \circ w)$$

$$= \tfrac{1}{2} \sum_{i,j,k} \lambda(u_{ij}[\overline{v_{ik}\,w_{kj}} + \overline{w_{ik}\,v_{kj}}] - [u_{ij}\,v_{jk} + v_{ij}\,u_{jk}]\,\overline{w}_{ik})$$

$$= \tfrac{1}{2} \sum_{i,j,k} \lambda(u_{ij}[w_{jk}\,v_{ki}] + u_{ij}[v_{jk}\,w_{ki}] - [u_{ij}\,v_{jk}]\,w_{ki} - [v_{ij}\,u_{jk}]\,w_{ki})$$

$$= \tfrac{1}{2} \sum_{i,j,k} \lambda(u_{ij}[w_{jk}\,v_{ki}] - [v_{ij}\,u_{jk}]\,w_{ki}).$$

Ersetzt man im zweiten Summanden i, j, k durch k, i, j, so sieht man, daß die Summe Null ist. Wir erhalten somit: *Ist $\mathfrak{C}$ eine nichtausgeartete quadratische Algebra über K, so ist σ für $r \geqq 1$ eine assoziative Linearform von $\mathfrak{H}_r(\mathfrak{C})$, deren zugeordnete Bilinearform nichtausgeartet ist.*

2. Der Fall $r = 1$ ist trivial, denn es ist $\mathfrak{H}_1(\mathfrak{C}) = K$. Betrachten wir nun den Fall $r = 2$. Ist X der zu $\mathfrak{C}$ gehörige Vektorraum, so bilden wir die direkte Summe

$$X^* := Ke_1 + Ke_2 + X$$

mit zwei neuen Basiselementen e_1 und e_2. Man definiert für $u \in X^*$

$$\varphi(u) := \begin{pmatrix} \alpha_1 & u_1 \\ \bar{u}_1 & \alpha_2 \end{pmatrix}, \quad \text{falls} \quad u = \alpha_1 e_1 + \alpha_2 e_2 + u_1 \in X^*,$$

und erhält einen Vektorraumisomorphismus $\varphi : X^* \to \mathfrak{H}_2(\mathfrak{C})$. Wir setzen $e^* = e_1 + e_2$. Vermöge

$$\lambda^*(u) := \tfrac{1}{2}(\alpha_1 + \alpha_2),$$
$$\mu^*(u, u) := \alpha_1 \alpha_2 - \mu(u_1, u_1)$$

definieren wir eine Linearform λ^* und eine nichtausgeartete Bilinearform μ^* von X^*. Es ist $\lambda^*(u) = \mu^*(u, e^*)$, $\lambda^*(e^*) = 1$. Damit ist nach VI, § 5.1, eine Jordan-Algebra $[X^*; \mu^*, e^*]$ im Vektorraum X^* definiert. Das Quadrat eines Elementes u in dieser Algebra ist definitionsgemäß

$$\begin{aligned}
u^2 &= 2\lambda^*(u) u - \mu^*(u, u) e^* \\
&= (\alpha_1 + \alpha_2)(\alpha_1 e_1 + \alpha_2 e_2 + u_1) - (\alpha_1 \alpha_2 - \mu(u_1, u_1)) e^* \\
&= [\alpha_1^2 - \mu(u_1, u_1)] e_1 + [\alpha_2^2 - \mu(u_1, u_1)] e_2 + (\alpha_1 + \alpha_2) u.
\end{aligned}$$

Damit erhalten wir

$$\varphi(u^2) = \begin{pmatrix} \alpha_1^2 - \mu(u_1, u_1) & (\alpha_1 + \alpha_2) u \\ (\alpha_1 + \alpha_2) \bar{u} & \alpha_2^2 - \mu(u_1, u_1) \end{pmatrix} = \varphi(u) \circ \varphi(u).$$

Es ist also

$$\varphi : [X^*; \mu^*, e^*] \to \mathfrak{H}_2(\mathfrak{C})$$

ein Isomorphismus der Algebren, und $\mathfrak{H}_2(\mathfrak{C})$ *ist für eine nichtausgeartete quadratische Algebra $\mathfrak{C}$ stets eine (zentral-einfache) Jordan-Algebra eines bereits untersuchten Typs.*

3. Wir werden später (VIII, Lemma 8.2) sehen, daß für eine nichtausgeartete quadratische Algebra $\mathfrak{C}$ die Algebra $\mathfrak{H}_r(\mathfrak{C})$ im Falle $r \geq 3$ höchstens dann eine Jordan-Algebra ist, wenn gilt:

$$\mathfrak{C} \text{ ist alternativ für } r = 3,$$
$$\mathfrak{C} \text{ ist assoziativ für } r > 3.$$

Wir haben in VI, § 4, schon gesehen, daß für eine assoziative Algebra $\mathfrak{C}$ stets $\mathfrak{H}_r(\mathfrak{C})$ eine spezielle Jordan-Algebra ist. Im nächsten Paragraphen werden wir daher $\mathfrak{H}_3(\mathfrak{C})$ für eine echt-alternative quadratische Algebra $\mathfrak{C}$ untersuchen und später (VIII, Satz 8.3) zeigen, daß diese Algebra *nicht* speziell ist.

Wir bemerken noch, daß $\mathfrak{H}_r(\mathfrak{C})$ für $r > 3$ und eine nichtausgeartete quadratische Algebra $\mathfrak{C}$, die nicht assoziativ ist, nicht einmal potenzassoziativ ist. Denn da σ eine nichtausgeartete assoziative Bilinearform definiert, würde anderenfalls das Korollar 1 zu I, Satz 6.5, ergeben, daß $\mathfrak{H}_r(\mathfrak{C})$ doch eine Jordan-Algebra wäre. Hierbei muß allerdings angenommen werden, daß die Charakteristik von K nicht 5 ist.

§ 6. Die Jordan-Algebra $\mathfrak{H}_3(\mathfrak{C})$

1. Zur Untersuchung der Algebra $\mathfrak{H}_3(\mathfrak{C})$ nehmen wir an, daß $\mathfrak{C}$ eine nichtausgeartete, quadratische und alternative Algebra über einem Körper K der Charakteristik ungleich 2 ist. Wir wissen, daß die $\mathfrak{C}$ zugeordnete Linearform λ assoziativ ist. Man kann also im Argument von λ bei drei Faktoren auf die Klammerung verzichten, wenn man auf die Reihenfolge achtet.

Zur Vereinfachung der Schreibweise ändern wir die Bezeichnung des letzten Paragraphen und bezeichnen Elemente $u, v \in \mathfrak{H}_3(\mathfrak{C})$ wie folgt:

$$u = \begin{pmatrix} \xi_1 & u_3 & \bar{u}_2 \\ \bar{u}_3 & \xi_2 & u_1 \\ u_2 & \bar{u}_1 & \xi_3 \end{pmatrix}, \qquad v = \begin{pmatrix} \eta_1 & v_3 & \bar{v}_2 \\ \bar{v}_3 & \eta_2 & v_1 \\ v_2 & \bar{v}_1 & \eta_3 \end{pmatrix}.$$

Hier sind die ξ_i und η_i beliebige Elemente aus K und u_i, v_i aus $\mathfrak{C}$. Außerdem identifizieren wir u mit dem Vektor

$$(\xi_1, \xi_2, \xi_3, u_1, u_2, u_3).$$

Es ist $e = (1, 1, 1, 0, 0, 0)$ das Einselement von $\mathfrak{H}_3(\mathfrak{C})$.

Als erstes wollen wir das Produkt

$$u \circ v = (\zeta_1, \zeta_2, \zeta_3, w_1, w_2, w_3)$$

berechnen. Wir werden dabei mehrfach die Formel $u_i \bar{v}_i + v_i \bar{u}_i = 2\lambda(u_i \bar{v}_i)$ verwenden, die sich aus (5.1) durch Polarisieren ergibt. Mit Hilfe der Menge

$$P_3 := \{(1, 2, 3), (2, 3, 1), (3, 1, 2)\}$$

von Tripeln, die sich auseinander durch zyklische Vertauschung ergeben, erhält man nach elementarer Rechnung für die Komponenten von $u \circ v$ die gemeinsamen Formeln

$$(6.1) \quad \left\{ \begin{aligned} \zeta_i &= \xi_i \eta_i + \lambda(u_j \bar{v}_j) + \lambda(u_k \bar{v}_k), \\ 2w_i &= (\xi_j + \xi_k) v_i + (\eta_j + \eta_k) u_i + \bar{u}_k \bar{v}_j + \bar{v}_k \bar{u}_j, \end{aligned} \right\}, \quad (i, j, k) \in P_3.$$

Für unsere weiteren Untersuchungen müssen wir

$$u^2 = (\alpha_1, \alpha_2, \alpha_3, a_1, a_2, a_3), \qquad u^3 = (\beta_1, \beta_2, \beta_3, b_1, b_2, b_3),$$

berechnen. Mit der Abkürzung $\mu(u_i) = \lambda(u_i \bar{u}_i) = \mu(u_i, u_i)$ erhalten wir aus (6.1) sofort

$$(6.2) \quad \alpha_i = \xi_i^2 + \mu(u_j) + \mu(u_k), \qquad a_i = (\xi_j + \xi_k) u_i + \bar{u}_k \bar{u}_j, \quad (i, j, k) \in P_3.$$

Nun trägt man dies in (6.1) für v ein und erhält $\beta_i = \xi_i[\xi_i^2 + \mu(u_j) + \mu(u_k)] + \lambda(u_j[(\xi_k + \xi_i)\bar{u}_j + u_k u_i]) + \lambda(u_k[(\xi_i + \xi_j)\bar{u}_k + u_i u_j])$, d. h.

$$(6.3) \quad \beta_i = \xi_i^3 + (2\xi_i + \xi_k)\mu(u_j) + (2\xi_i + \xi_j)\mu(u_k) + 2\lambda(u_i u_j u_k)$$

für $(i, j, k) \in P_3$. Entsprechend ist

$$4\,b_i = (\xi_j + \xi_k)\,[(\xi_j + \xi_k)\,u_i + \bar{u}_k\,\bar{u}_j] +$$
$$+ [\xi_j^2 + \mu(u_k) + \mu(u_i) + \xi_k^2 + \mu(u_i) + \mu(u_j)]\,u_i +$$
$$+ \bar{u}_k[(\xi_k + \xi_i)\,\bar{u}_j + u_k\,u_i] + [(\xi_i + \xi_j)\,\bar{u}_k + u_i\,u_j]\,\bar{u}_j\,,$$

woraus man unter Verwendung von (4.1)

$$(6.4) \quad 2\,b_i = [\xi_j^2 + \xi_j\,\xi_k + \xi_k^2 + \mu(u_i) + \mu(u_j) + \mu(u_k)]\,u_i$$
$$+ (\xi_i + \xi_j + \xi_k)\,\bar{u}_k\,\bar{u}_j\,, \quad (i, j, k) \in P_3\,,$$

erhält.

2. Nun wird vorausgesetzt, daß die Charakteristik von K auch nicht 3 ist. Mit Hilfe der assoziativen nichtausgearteten Bilinearform σ von $\mathfrak{H}_3(\mathfrak{C})$, die in § 5.1 durch die Spur von $u \circ v$ definiert wurde, bilden wir

$$\delta_3(u, v, w) := \tfrac{1}{3}\sigma(u \circ v \circ w) - \tfrac{1}{6}[\sigma(u \circ v)\,\sigma(w) + \sigma(v \circ w)\,\sigma(u) +$$
$$+ \sigma(w \circ u)\,\sigma(v) - \sigma(u)\,\sigma(v)\,\sigma(w)]\,,$$
$$\delta_2(u, v) := \delta_3(u, v, e) = \tfrac{1}{6}[\sigma(u)\,\sigma(v) - \sigma(u \circ v)]\,,$$
$$\delta_1(u) := \delta_3(u, e, e) = \tfrac{1}{3}\sigma(u)\,.$$

Es ist $\delta_3(u, v, w)$ eine symmetrische Trilinearform von $\mathfrak{H}_3(\mathfrak{C})$ und daher

$$(6.5) \quad \delta(u) := \delta_3(u, u, u) = \tfrac{1}{3}\sigma(u^3) - \tfrac{1}{2}\sigma(u^2)\,\sigma(u) + \tfrac{1}{6}\sigma^3(u)$$

ein homogenes Polynom vom Grade 3 in u. Mit diesen Bezeichnungen erhält man für eine Unbestimmte τ

$$(6.6) \qquad \delta(\tau\,e - u) = \tau^3 - 3\,\delta_1(u)\,\tau^2 + 3\,\delta^2(u, u)\,\tau - \delta(u)\,.$$

Trägt man die Formeln (6.2), (6.3) in (6.5) ein, so erhält man nach einer elementaren Rechnung

$$(6.5') \quad \delta(u) = \xi_1\,\xi_2\,\xi_3 - \xi_1\,\mu(u_1) - \xi_2\,\mu(u_2) - \xi_3\,\mu(u_3) + 2\lambda(u_1\,u_2\,u_3)\,.$$

3. Betrachten wir jetzt ein $u \in \mathfrak{H}_3(\mathfrak{C})$, für das $\sigma(u) = 0$ gilt. In unserer Bezeichnung bedeutet das $\xi_1 + \xi_2 + \xi_3 = 0$, so daß $(\xi_1 + \xi_2)^3 + \xi_3^3 = 0$ und daher auch

$$\xi_1^3 + \xi_2^3 + \xi_3^3 = -3\,\xi_1^2\,\xi_2 - 3\,\xi_1\,\xi_2^2 = -3\,\xi_1\,\xi_2(\xi_1 + \xi_2) = 3\,\xi_1\,\xi_2\,\xi_3$$

gilt. Wegen (6.2) folgt nun

$$\sigma(u^2) = \alpha_1 + \alpha_2 + \alpha_3 = \xi_1^2 + \xi_2^2 + \xi_3^2 + 2\mu(u_1) + 2\mu(u_2) + 2\mu(u_3)\,.$$

Hiermit berechnen wir

$$u^3 - \tfrac{1}{2}\sigma(u^2)\,u = (\gamma_1, \gamma_2, \gamma_3, c_1, c_2, c_3)$$

und erhalten wegen (6.4)

$$2c_i = [\xi_j^2 + \xi_j\,\xi_k + \xi_k^2 + \mu(u_1) + \mu(u_2) + \mu(u_3)]\,u_i - \tfrac{1}{2}[\xi_1^2 + \xi_2^2 +$$
$$+ \xi_3^2 + 2\mu(u_1) + 2\mu(u_2) + 2\mu(u_3)]\,u_i = \tfrac{1}{2}[(\xi_j + \xi_k)^2 - \xi_i^2]\,u_i = 0.$$

Entsprechend folgt aus (6.3)

$$\gamma_i = \xi_i^3 + (2\,\xi_i + \xi_k)\,\mu(u_j) + (2\,\xi_i + \xi_j)\,\mu(u_k) + 2\lambda(u_1\,u_2\,u_3) -$$
$$- \tfrac{1}{2}[\xi_1^2 + \xi_2^2 + \xi_3^2 + 2\mu(u_1) + 2\mu(u_2) + 2\mu(u_3)]\,\xi_i$$
$$= \xi_i^3 - \xi_i\,\mu(u_i) - \xi_j\,\mu(u_j) - \xi_k\,\mu(u_k) - \tfrac{1}{2}(\xi_1^2 + \xi_2^2 + \xi_3^2)\,\xi_i + 2\lambda(u_1\,u_2\,u_3).$$

Wegen $2\,\xi_i^3 = \xi_i^3 + \xi_i(\xi_j + \xi_k)^2 = \xi_i(\xi_i^2 + \xi_j^2 + \xi_k^2) + 2\,\xi_i\,\xi_j\,\xi_k$ erhält man

$$\gamma_i = \xi_1\,\xi_2\,\xi_3 - \xi_1\,\mu(u_1) - \xi_2\,\mu(u_2) - \xi_3\,\mu(u_3) + 2\lambda(u_1\,u_2\,u_3).$$

Es hängt also γ_i nicht vom Index i ab; wegen $c_i = 0$ ist daher
$u^3 - \tfrac{1}{2}\sigma(u^2)\,u = \gamma_1\,e$.

Für $\sigma(u) = 0$ ist $\tfrac{1}{3}\sigma(u^3) = \delta(u)$ wegen (6.5). Nach (6.5') ist $\tfrac{1}{3}\sigma(u^3)$
also gleich γ_1. Damit haben wir $u^3 - \tfrac{1}{2}\sigma(u^2)\,u = \tfrac{1}{3}\sigma(u^3)\,e$ für $\sigma(u) = 0$
gezeigt. Für beliebiges $u \in \mathfrak{H}_3(\mathbb{C})$ wenden wir diese Formel auf $\tilde{u} := 3\,u$
$- \sigma(u)\,e$ an. Wegen $\sigma(\tilde{u}) = 0$ ist das erlaubt, man erhält

$$\sigma(\tilde{u}^2) = 9\sigma(u^2) - 3\sigma^2(u),$$
$$\tfrac{1}{3}\sigma(\tilde{u}^3) = 9\sigma(u^3) - 9\sigma(u)\,\sigma(u^2) + 2\sigma^3(u),$$

und daher gilt

$$27\,u^3 - 27\sigma(u)\,u^2 + 9\sigma^2(u)\,u - \sigma^3(u)\,e - \tfrac{1}{2}[9\sigma(u^2) - 3\sigma^2(u)][3\,u - \sigma(u)\,e]$$
$$= [9\sigma(u^3) - 9\sigma(u)\,\sigma(u^2) + 2\sigma^3(u)]\,e.$$

Das bedeutet aber nach einer elementaren Umformung

$$u^3 - \sigma(u)\,u^2 + \tfrac{1}{2}[\sigma(u^2) - \sigma^2(u)]\,u = [\tfrac{1}{3}\sigma(u^3) - \tfrac{1}{2}\sigma(u)\,\sigma(u^2) + \tfrac{1}{6}\sigma^3(u)]\,e.$$

Verwendet man schließlich die Abkürzungen von **2**, so erhält man

> **Lemma 6.1.** *Für u aus $\mathfrak{H}_3(\mathbb{C})$ gilt*
> $$u^3 - 3\,\delta_1(u)\,u^2 + 3\,\delta_2(u,\,u)\,u - \delta(u)\,e = 0.$$

4. Wir können jetzt zeigen, daß $\mathfrak{H}_3(\mathbb{C})$ eine Jordan-Algebra ist.
Dazu polarisieren wir die Gleichung von Lemma 6.1 und erhalten

$$u^2 \circ v + 2\,u \circ (u \circ v) - 6\,\delta_1(u)\,u \circ v - 3\,\delta_1(v)\,u^2 + 3\,\delta_2(u,\,u)\,v +$$
$$+ 6\,\delta_2(u,\,v)\,u - 3\,\delta(u,\,u,\,v)\,e = 0.$$

Da die Jordan-Identität $u^2 \circ (u \circ v) = u \circ (u^2 \circ v)$, sobald sie für u
gilt, dann auch für $u + \alpha\,e$, $\alpha \in K$, erfüllt ist, dürfen wir zum Nachweis
dieser Gleichung wieder $\sigma(u) = 0$ annehmen. Die vorhergehende Formel
vereinfacht sich dann wegen

$$\delta_1(u) = 0, \qquad \delta_2(u,\,v) = -\tfrac{1}{6}\sigma(u \circ v),$$
$$\delta_3(u,\,u,\,v) = \tfrac{1}{3}\sigma(u^2 \circ v) - \tfrac{1}{6}\sigma(u^2)\,\sigma(v)$$

zu

$$u^2 \circ v + 2u \circ (u \circ v) - \sigma(v)\, u^2 - \tfrac{1}{2}\sigma(u^2)\, v - \sigma(u \circ v)\, u - [\sigma(u^2 \circ v) -$$
$$- \tfrac{1}{2}\sigma(u^2)\, \sigma(v)]\, e = 0.$$

Multipliziert man diese Gleichung einmal mit u und ersetzt zum anderen v durch $u \circ v$, so folgt

$$u \circ (u^2 \circ v) + 2u \circ [u \circ (u \circ v)] - \sigma(v)\, u^3 - \tfrac{1}{2}\sigma(u^2)\, u \circ v - \sigma(u \circ v)\, u^2$$
$$= [\sigma(u^2 \circ v) - \tfrac{1}{2}\sigma(u^2)\, \sigma(v)]\, u,$$

$$u^2 \circ (u \circ v) + 2u \circ [u \circ (u \circ v)] - \sigma(u \circ v)\, u^2 - \tfrac{1}{2}\sigma(u^2)\, u \circ v - \sigma(u^2 \circ v)\, u$$
$$= [\sigma(u^3 \circ v) - \tfrac{1}{2}\sigma(u^2)\, \sigma(u \circ v)]\, e.$$

Nach Subtraktion erhält man

$$u \circ (u^2 \circ v) - u^2 \circ (u \circ v) = -\sigma(v)\, [u^3 - \tfrac{1}{2}\sigma(u^2)\, u] +$$
$$+ \sigma([u^3 - \tfrac{1}{2}\sigma(u^2)\, u]\, v)\, e.$$

Da wir in **3.** gerade $u^3 - \tfrac{1}{2}\sigma(u^2)\, u = \tfrac{1}{3}\sigma(u^3)\, e$ für $\sigma(u) = 0$ gezeigt haben, ist die rechte Seite Null. *Es ist also* $\mathfrak{H}_3(\mathfrak{C})$ *eine Jordan-Algebra.*

5. Ist $\tilde{K}$ ein Erweiterungskörper von K und $\widetilde{\mathfrak{C}}$ die aus $\mathfrak{C}$ entstehende zugehörige Grundkörpererweiterung, so ist die aus $\mathfrak{H}_3(\mathfrak{C})$ durch Grundkörpererweiterung entstehende Algebra gleich $\widetilde{\mathfrak{H}_3(\mathfrak{C})} = \mathfrak{H}_3(\widetilde{\mathfrak{C}})$. Da mit $\mathfrak{C}$ auch $\widetilde{\mathfrak{C}}$ alternativ, nichtausgeartet und quadratisch ist, gelten alle Formeln auch für jede Grundkörpererweiterung. Wegen Lemma 6.1 ist insbesondere für ein generisches Element x von $\mathfrak{H}_3(\mathfrak{C})$

$$x^3 - 3\,\delta_1(x)\, x^2 + 3\,\delta_2(x, x)\, x - \delta(x)\, e = 0.$$

Das Minimalpolynom von x ist daher ein Teiler des Polynoms

$$(6.7) \qquad \delta(\tau e - x) = \tau^3 - 3\,\delta_1(x)\, \tau^2 + 3\,\delta_2(x, x)\, \tau - \delta(x).$$

Die Hauptnorm und dann auch die reduzierte Norm ist somit ein Teiler von $\delta(x)$, d. h., der Grad der Algebra $\mathfrak{H}_3(\mathfrak{C})$ ist kleiner oder gleich 3.

Da andererseits die Elemente $(1, 0, 0, 0, 0, 0)$, $(0, 1, 0, 0, 0, 0)$ und $(0, 0, 1, 0, 0, 0)$ ein vollständiges Orthogonalsystem der Länge 3 bilden, hat $\mathfrak{H}_3(\mathfrak{C})$ einen Primitiv-Grad $\geqq 3$. Da wegen II, Satz 4.6, der Primitiv-Grad den Grad einer Algebra nicht überschreitet, *sind für* $\mathfrak{H}_3(\mathfrak{C})$ *Grad und Primitiv-Grad beide gleich* 3. *Es ist also* $\delta(\tau e - x)$ *das Minimalpolynom* (*und reduzierte Minimalpolynom*) *des generischen Elementes* x, *und* $\delta(x)$ *ist die Hauptnorm* (*und reduzierte Norm*). Wegen (6.6) ist schließlich σ *die Hauptspur* (*und reduzierte Spur*) *von* $\mathfrak{H}_3(\mathfrak{C})$, deren zugehörige Bilinearform wegen § 5.1 nichtausgeartet ist. $\mathfrak{H}_3(\mathfrak{C})$ ist somit eine nichtausgeartete Jordan-Algebra.

6. Es bezeichne $\mathfrak{Z}$ das Zentrum von $\mathfrak{H}_3(\mathfrak{C})$. Für ein Element $a = (\alpha_1, \alpha_2, \alpha_3, a_1, a_2, a_3)$ aus $\mathfrak{Z}$ ist definitionsgemäß $a \circ (u \circ v) = u \circ (a \circ v)$ für alle $u, v \in \mathfrak{H}_3(\mathfrak{C})$. Für $u = (0, 1, 0, 0, 0, 0)$ und

$v = (1, 0, 0, 0, 0, 0)$ folgt $u \circ (a \circ v) = 0$. Wegen (6.2) ist

$$a \circ v = \tfrac{1}{2}(2\alpha_1, 0, 0, 0, a_2, a_3), \qquad u \circ (a \circ v) = \tfrac{1}{4}(0, 0, 0, 0, 0, a_3),$$

d. h., man hat $a_3 = 0$. Entsprechend erhält man $a_1 = a_2 = 0$. Speziell ist also $\mathfrak{Z}$ eine Teilmenge der Teilalgebra $\mathfrak{H}_3(K)$ und daher im Zentrum von $\mathfrak{H}_3(K)$ enthalten. Da dies gleich Ke ist, hat man $\mathfrak{Z} = Ke$, d. h., $\mathfrak{H}_3(\mathbb{C})$ ist zentral. Als nichtausgeartete Algebra ist $\mathfrak{H}_3(\mathbb{C})$ halbeinfach und daher nach dem Korollar 2 zum Struktursatz für halbeinfache Algebren (I, § 13.**3**) auch einfach.

Wir fassen unsere Ergebnisse zusammen in

Satz 6.2. *Für eine alternative, nichtausgeartete und quadratische Algebra $\mathbb{C}$ über einem Körper K der Charakteristik ungleich 2, 3 ist $\mathfrak{H}_3(\mathbb{C})$ eine zentral-einfache Jordan-Algebra über K, für die Grad und Primitiv-Grad gleich 3 sind.*

Wegen III, Satz 6.2a), wissen wir dann, daß *das Polynom $\delta(x)$ absolut-irreduzibel ist.*

7. Wir definieren für ein generisches Element x von $\mathfrak{H}_3(\mathbb{C})$

$$p(x) := x^2 - 3\,\delta_1(x)\,x + 3\,\delta_2(x, x)\,e = x^2 - \sigma(x)\,x + \tfrac{1}{2}\,[\sigma^2(x) - \sigma(x^2)]\,e.$$

Es ist $p(x) \in K[x]$; wegen Lemma 6.1 gilt

$$(6.8) \qquad\qquad x \circ p(x) = \delta(x)\,e,$$

d. h., das Inverse ist durch die universelle Formel

$$(6.9) \qquad\qquad x^{-1} = \frac{1}{\delta(x)}\,p(x)$$

gegeben. Wendet man σ auf (6.8) an, so erhält man die Hauptnorm $\delta(x)$ in der einfacheren Gestalt

$$(6.10) \qquad\qquad \delta(x) = \tfrac{1}{3}\sigma\big(x \circ p(x)\big).$$

Wegen II, § 4.**4**, ist ein Element $u \in \mathfrak{H}_3(\mathbb{C})$ genau dann invertierbar, wenn $\delta(u) \neq 0$ gilt. Das Inverse von u erhält man dann durch die Spezialisierung $x \to u$ aus (6.9)

Wir geben schließlich noch eine Charakterisierung der nilpotenten Elemente in

Lemma 6.3. *Für ein Element u von $\mathfrak{H}_3(\mathbb{C})$ sind äquivalent:*

a) *u ist nilpotent,*
b) *$u^3 = 0$,*
c) *$\sigma(u) = \sigma(u^2) = \delta(u) = 0$.*

Beweis. Sei u nilpotent und m so gewählt, daß $u^m = 0$, $u^{m-1} \neq 0$ gilt. Die Gleichung von Lemma 6.1 multipliziert man mit u^{m-2} und u^{m-3}. Wegen $\delta(u) = 0$ erhält man

$$-3\,\delta_1(u)\,u^{m-1} + 3\,\delta_2(u, u)\,u^{m-2} = 0, \qquad \delta_2(u, u)\,u^{m-1} = 0.$$

Folglich ist $\delta_2(\boldsymbol{u}, \boldsymbol{u}) = \delta_1(\boldsymbol{u}) = 0$. Es ist also $\sigma(\boldsymbol{u}) = 0$ und $\sigma(\boldsymbol{u}^2) = 0$. Aus a) folgt daher c). Wegen Lemma 6.1 ergibt aber c) sofort b) und somit auch a).

§ 7. Über die Strukturgruppe der Algebra $\mathfrak{H}_3(\mathfrak{C})$

1. Es sei wieder $\mathfrak{C}$ eine alternative, nichtausgeartete und quadratische Algebra über einem Körper der Charakteristik ungleich 2, 3. Wir wollen die Strukturgruppe $\Gamma := \Gamma(\mathfrak{H}_3(\mathfrak{C}))$ betrachten. Da $\mathfrak{H}_3(\mathfrak{C})$ zentral-einfach ist, entnehmen wir III, Satz 6.3, daß Γ mit der eingeschränkten Strukturgruppe von $\mathfrak{H}_3(\mathfrak{C})$ übereinstimmt. Aus III, Satz 6.4, folgt außerdem, daß *eine umkehrbare lineare Transformation W von $\mathfrak{H}_3(\mathfrak{C})$ genau dann zur Strukturgruppe Γ gehört, wenn es ein $\varkappa(W) \in K$ gibt, so daß gilt*

$$(7.1) \qquad \delta(W\boldsymbol{x}) = \varkappa(W)\, \delta(\boldsymbol{x}).$$

Es ist $\sigma(\boldsymbol{x}) = 3\,\delta_1(\boldsymbol{x})$ wegen (6.6) die Hauptspur von $\mathfrak{H}_3(\mathfrak{C})$ und die zugeordnete Bilinearform ist nichtausgeartet. Wir bezeichnen mit A^* die adjungierte Transformation von A bezüglich σ, d. h., es gilt definitionsgemäß $\sigma(A\boldsymbol{x} \circ \boldsymbol{y}) = \sigma(\boldsymbol{x} \circ A^*\boldsymbol{y})$. Aus III, Satz 6.4, entnehmen wir noch $W^{\#} = W^*$ für jedes $W \in \Gamma$.

Die charakterisierende skalare Identität dritten Grades (7.1) kann durch eine vektorielle Identität zweiten Grades ersetzt werden:

Satz 7.1. *Eine umkehrbare lineare Transformation W gehört genau dann zur Gruppe Γ, wenn gilt*

$$(7.2) \qquad W^*\, \boldsymbol{p}(W\boldsymbol{x}) = \varkappa(W)\, \boldsymbol{p}(\boldsymbol{x}), \quad \varkappa(W) \in K.$$

Beweis. a) Nach der Definition der Strukturgruppe gilt für $W \in \Gamma$

$$(W\boldsymbol{x})^{-1} = W^{*-1}\, \boldsymbol{x}^{-1}.$$

Trägt man hier die Formel (6.9) ein und verwendet (7.1), so folgt (7.2).

b) Ist umgekehrt (7.2) erfüllt, so hat man wegen (6.10)

$$\delta(W\boldsymbol{x}) = \tfrac{1}{3}\sigma\big(W\boldsymbol{x} \circ \boldsymbol{p}(W\boldsymbol{x})\big) = \tfrac{1}{3}\sigma\big(\boldsymbol{x} \circ [W^*\, \boldsymbol{p}(W\boldsymbol{x})]\big) = \frac{\varkappa(W)}{3}\, \sigma\big(\boldsymbol{x} \circ \boldsymbol{p}(\boldsymbol{x})\big)$$
$$= \varkappa(W)\, \delta(\boldsymbol{x}),$$

d. h., W gehört zu Γ.

2. Wir geben nun einige Abbildungen an, die der Strukturgruppe Γ angehören. Die Elemente von $\mathfrak{H}_3(\mathfrak{C})$ schreiben wir als Vektoren (vgl. § 6.1)

$$\boldsymbol{u} = (\xi_1, \xi_2, \xi_3, u_1, u_2, u_3), \quad \xi_i \in K, \quad u_i \in \mathfrak{C},$$

und erinnern an die Formel (6.5′)

$$(7.3) \quad \delta(\boldsymbol{u}) = \xi_1\,\xi_2\,\xi_3 \quad \xi_1\,\mu(u_1) - \xi_2\,\mu(u_2) - \xi_3\,\mu(u_3) + 2\lambda(u_1\,u_2\,u_3).$$

Ist π eine *zyklische* Permutation der Zahlen $1, 2, 3$, so definiert

$$(\xi_1, \xi_2, \xi_3, u_1, u_2, u_3) \to (\xi_{\pi_1}, \xi_{\pi_2}, \xi_{\pi_3}, u_{\pi_1}, u_{\pi_2}, u_{\pi_3})$$

eine Abbildung V_π, für die wegen der Assoziativität von λ gilt $\delta(V_\pi \boldsymbol{u})$ $= \delta(\boldsymbol{u})$. Wegen (7.1) ist daher $V_\pi \in \Gamma$. Wegen $\lambda(\bar{u}) = \lambda(u)$ gehört aus dem gleichen Grunde die durch

$$(\xi_1, \xi_2, \xi_3, u_1, u_2, u_3) \to (\xi_3, \xi_2, \xi_1, \bar{u}_3, \bar{u}_2, \bar{u}_1)$$

definierte Abbildung V_0 zu Γ. Beide Abbildungen sind sogar Automorphismen von $\mathfrak{H}_3(\mathfrak{C})$.

Für $a \in \mathfrak{C}$ setzen wir

$$\boldsymbol{w} = \boldsymbol{w}(a) := \begin{pmatrix} 1 & 0 & 0 \\ a & 1 & 0 \\ 0 & 0 & 1 \end{pmatrix} \in \mathfrak{M}_3(\mathfrak{C}).$$

Es sei $\boldsymbol{x} \to \bar{\boldsymbol{x}}$ die in (VI; 4.1) definierte Involution von $\mathfrak{M}_3(\mathfrak{C})$ und

$$W[a]\,\boldsymbol{u} := \boldsymbol{w}\,\boldsymbol{u}\,\overline{\boldsymbol{w}}, \quad \boldsymbol{w} = \boldsymbol{w}(a).$$

Man prüft leicht nach, daß die rechte Seite für die Matrizen $\boldsymbol{w} = \boldsymbol{w}(a)$ nicht von der Klammerung abhängt. Für $W[a]\,\boldsymbol{u} = (\zeta_1, \zeta_2, \zeta_3, z_1, z_2, z_3)$ verifiziert man bei Berücksichtigung von (5.1)

$$(7.4) \quad \begin{aligned} \zeta_1 &= \xi_1, \quad \zeta_2 = \xi_1\,\mu(a) + 2\lambda(a\,u_3) + \xi_2, \quad \zeta_3 = \xi_3, \\ z_1 &= a\,\bar{u}_2 + u_1, \quad z_2 = u_2, \quad z_3 = \xi_1\,\bar{a} + u_3. \end{aligned}$$

Aus der Assoziativität von λ, den Formeln $\lambda(\bar{u}) = \lambda(u)$, $u\,\bar{u} = \mu(u)$ $= \lambda(u\,\bar{u})$, $u \in \mathfrak{C}$, und (4.1) folgt nach elementarer Rechnung $\delta(W[a]\,\boldsymbol{u})$ $= \delta(\boldsymbol{u})$. Wegen (7.1) *gehört also* $W[a]$, $a \in \mathfrak{C}$, *zur Strukturgruppe* Γ. An Stelle von $\boldsymbol{w}(a)$ kann man natürlich jede Matrix nehmen, bei der das Element a an einer anderen Stelle außerhalb der Hauptdiagonalen steht. Man erhält analog, daß die entsprechend gebildete Transformation zu Γ gehört.

3. In Analogie zur Hauptachsentransformation der symmetrischen Matrizen beweisen wir

Satz 7.2. *Zu jedem Element $\boldsymbol{u}$ von $\mathfrak{H}_3(\mathfrak{C})$ gibt es ein W aus der Strukturgruppe Γ, so daß $W\boldsymbol{u}$ eine Diagonalmatrix ist.*

Beweis. Wir dürfen $\boldsymbol{u} = (\xi_1, \xi_2, \xi_3, u_1, u_2, u_3) \neq 0$ annehmen.

1. *Es gibt ein $W \in \Gamma$, so daß das erste Diagonalelement von $W\boldsymbol{u}$ ungleich Null ist.* Ist nämlich ein Diagonalelement von Null verschieden, so kann man dies mit einer Transformation V_π an die erste Stelle bringen. Sind alle Diagonalelemente gleich Null, so kann man ebenso $u_3 \neq 0$ erreichen. Das zweite Diagonalelement von $W[a]\,\boldsymbol{u}$ ist dann nach (7.4) gleich $2\lambda(a\,u_3)$. Da $\mathfrak{C}$ bezüglich λ nichtausgeartet ist, gibt es $a \in \mathfrak{C}$, so daß $2\lambda(a\,u_3) \neq 0$ gilt. Nun kann man dieses zweite Diagonalelement wieder an die erste Stelle bringen.

2. *Ist* $\xi_1 \neq 0$, *so gibt es ein* $a \in \mathfrak{C}$ *mit* $W[a]\boldsymbol{u} = (\xi_1, \zeta_2, \xi_3, a\,\bar{u}_2 + u_1, u_2, 0)$. Man erhält dies, indem man $a = -\dfrac{1}{\xi_1}\,\bar{u}_3$ in (7.4) einträgt.

3. Wegen 1. und 2. können wir jetzt $\xi_1 \neq 0$ und $u_3 = 0$ annehmen. Für die Permutation $\pi = \begin{pmatrix} 1 & 2 & 3 \\ 2 & 3 & 1 \end{pmatrix}$ gilt

$$V_0 V_\pi \boldsymbol{u} = V_0(\xi_2, \xi_3, \xi_1, u_2, 0, u_1) = (\xi_1, \xi_3, \xi_2, \bar{u}_1, 0, \bar{u}_2).$$

Nach 2. gibt es daher ein $a \in \mathfrak{C}$ mit

$$\boldsymbol{v} := W[a]\, V_0 V_\pi \boldsymbol{u} = (\xi_1, \zeta_2, \xi_2, z_1, 0, 0).$$

Nun folgt $V_0 \boldsymbol{v} = (\xi_2, \zeta_2, \xi_1, 0, 0, \bar{z}_1)$. Ist also $\xi_2 \neq 0$, so ergibt 2. die Behauptung des Satzes. Im Falle $\xi_2 = 0$ kann man wie unter 1. ein $b \in \mathfrak{C}$ finden, so daß

$$\boldsymbol{w} := W[b]\, V_0 \boldsymbol{v} = (0, \eta_2, \xi_1, 0, 0, \bar{z}_3), \qquad \eta_2 \neq 0,$$

gilt. Nun folgt

$$V_0 V_\pi^{-1} \boldsymbol{w} = V_0(\xi_1, 0, \eta_2, \bar{z}_3, 0, 0) = (\eta_2, 0, \xi_1, 0, 0, z_3),$$

und hieraus wegen 2. die Behauptung.

4. Wie in VI, § 4.**3**, sind wir nun in der Lage, die Isomorphieklassen der Mutationen von $\mathfrak{H}_3(\mathfrak{C})$ anzugeben. Zu einem invertierbaren $\boldsymbol{f} \in \mathfrak{H}_3(\mathfrak{C})$ nehmen wir ein $W \in \Gamma$, so daß $W^*\boldsymbol{f} = \boldsymbol{g}$ eine Diagonalmatrix ist. Wegen V, Satz 2.2, sind die Mutationen $[\mathfrak{H}_3(\mathfrak{C})]_{\boldsymbol{f}}$ und $[\mathfrak{H}_3(\mathfrak{C})]_{\boldsymbol{g}}$ isomorph. Die im Nukleus von $\mathfrak{M}_3(\mathfrak{C})$ liegende Diagonalmatrix $\boldsymbol{g}$ induziert eine Involution $\boldsymbol{u} \to \boldsymbol{u}^* := \boldsymbol{g}\,\bar{\boldsymbol{u}}\,\boldsymbol{g}^{-1}$ von $\mathfrak{M}_3(\mathfrak{C})$. Mit $\mathfrak{H}_3(\mathfrak{C}; \boldsymbol{g})$ sei die Teilalgebra von $\mathfrak{M}_3^+(\mathfrak{C})$ bezeichnet, die aus den $\boldsymbol{u} \in \mathfrak{M}_3(\mathfrak{C})$ besteht, für die $\boldsymbol{u}^* = \boldsymbol{u}$ gilt. Man kann nun wie in VI, § 4.**3**, schließen und erhält

Satz 7.3. *Jede für invertierbares* $\boldsymbol{f}$ *gebildete Mutation von* $\mathfrak{H}_3(\mathfrak{C})$ *ist isomorph zu einer Algebra* $\mathfrak{H}_3(\mathfrak{C}; \boldsymbol{g})$ *mit einer Diagonalmatrix* $\boldsymbol{g}$.

Literatur: A. A. ALBERT [*1*], [*2*], [*7*], [*11*], [*12*], [*15*], [*22*], [*24*], [*28*], [*34*]; A. A. ALBERT und N. JACOBSON [*1*]; F. VAN DER BLIJ [*1*]; R. H. BRUCK und E. KLEINFELD [*1*]; A. CAYLEY [*1*]; L. E. DICKSON [*1*]; H. FREUDENTHAL [*1*]; N. JACOBSON [*1*], [*5*], [*12*], [*15*], [*16*], [*18*], [*19*], [*21*], [*28*]; P. JORDAN, J. VON NEUMANN und E. WIGNER [*1*]; E. KLEINFELD [*2*], [*3*], [*8*]; R. MOUFANG [*1*], [*2*]; J. VON NEUMANN [*1*]; G. PICKERT [*1*]; R. D. SCHAFER [*1*], [*3*], [*4*], [*8*], [*9*], [*11*], [*19*], [*21*]; L. A. SKORNYAKOV [*2*]; M. F. SMILEY [*1*]; T. A. SPRINGER [*1*], [*2*], [*4*], [*6*]; J. TITS [*3*]; C. STÖCKER [*1*]; M. ZORN [*1*], [*2*], [*3*], [*4*].

Achtes Kapitel

Die Peirce-Zerlegung von Jordan-Algebren in bezug auf ein vollständiges Orthogonalsystem

In diesem Kapitel setzen wir ausnahmslos voraus, daß alle vorkommenden Körper eine von zwei verschiedene Charakteristik haben. Wenn es nicht anders gesagt wird, sind alle Algebren Jordan-Algebren über einem Körper K.

§ 1. Vollständige Orthogonalsysteme Idempotenter

1. Es sei $\mathfrak{A}$ eine Jordan-Algebra über K und $e_1, e_2, \ldots, e_r$ ein Orthogonalsystem Idempotenter von $\mathfrak{A}$. Wendet man IV, Lemma 3.2, auf $u = e_i$, $v = e_k$ an, so sieht man, daß e_i und e_k für $i \neq k$ vertauschbar sind. Die linearen Transformationen $L(e_i)$, $i = 1, 2, \ldots, r$, sind also paarweise miteinander vertauschbar, erzeugen also über K eine Algebra $\mathfrak{L}$, die assoziativ und kommutativ ist. Wir führen die folgenden linearen Transformationen C_{ki} ein:

$$(1.1) \qquad C_{kk} := P(e_k); \quad C_{ki} = C_{ik} := 4L(e_k) L(e_i), \quad k \neq i.$$

Wir beweisen sogleich

Lemma 1.1. *Die von Null verschiedenen C_{ki} sind orthogonale Idempotente der Algebra $\mathfrak{L}$.*

Beweis. Setzt man in (IV; 3.3) $u = e_k$, $v = e_i$, so ergibt sich

$$(1.2) \qquad P(e_k) L(e_i) = 0, \quad i \neq k; \quad P(e_k) L(e_k) = P(e_k).$$

Für $k \neq i$ folgt

$$(1.3) \qquad 2L^2(e_k) L(e_i) = L(e_k) L(e_i), \quad k \neq i.$$

Multipliziert man dies mit $8L(e_i)$, so ergibt sich $C_{ki}^2 = C_{ki}$. Trivialerweise ist $C_{kk}^2 = C_{kk}$.

Sind k, i, j drei paarweise verschiedene Indizes, so sind $e_k + e_j$ und e_i orthogonal, und man kann (1.3) auf $e_k + e_j$ statt e_k anwenden. Bei erneuter Verwendung von (1.3) erhält man

$$(1.4) \qquad L(e_k) L(e_j) L(e_i) = 0.$$

Aus (1.2) folgt für $k \neq i$

$$C_{kk}\, C_{ii} = P(e_k)\,(2L^2(e_i) - L(e_i)) = 0 \quad\text{und}\quad C_{kk}\, C_{ij} = 0 \quad\text{für}\quad i \neq j.$$

Endlich ist wegen (1.4) auch $C_{kl}\, C_{ij} = 0$ für $k \neq l$, $i \neq j$, falls nur die Indexmengen $\{k, l\}$ und $\{i, j\}$ verschieden sind.

Man sieht leicht, daß die C_{ki} primitive Idempotente von $\mathfrak{L}$ sind. Sie sind jedoch nicht notwendig alle primitiven Idempotente von $\mathfrak{L}$, nicht einmal für $r = 1$, wo außer $P(e_1)$ noch $2(L(e_1) - P(e_1))$ zu nehmen wäre.

2. Unter stärkeren Voraussetzungen gilt jedoch

Satz 1.2. *Die Algebra $\mathfrak{A}$ habe ein Einselement e und $e_1, e_2, \ldots, e_r$ sei ein vollständiges Orthogonalsystem Idempotenter von $\mathfrak{A}$. Es sei $\mathfrak{L}$ die von den $L(e_1), L(e_2), \ldots, L(e_r)$ erzeugte assoziative und kommutative Algebra. Dann sind die von Null verschiedenen unter den C_{ki} orthogonal und sind alle primitiven Idempotente der Algebra $\mathfrak{L}$. Überdies gilt*

$$(1.5) \qquad\qquad L(e_k) = C_{kk} + \tfrac{1}{2}\sum_{i \neq k} C_{ki}.$$

Beweis. Wegen $e = e_1 + e_2 + \cdots + e_r$ ist

$$L(e_k) = L(e_k)\,L(e) = \sum_i L(e_k)\,L(e_i) = L^2(e_k) + \sum_{i \neq k} \tfrac{1}{4} C_{ki}$$

$$= \tfrac{1}{2} C_{kk} + \tfrac{1}{2} L(e_k) + \tfrac{1}{4}\sum_{i \neq k} C_{ki}.$$

Man bestimmt hieraus $L(e_k)$ und erhält (1.5). Summiert man in (1.5) noch über k, so tritt C_{ki} für $k \neq i$ zweimal auf, und es folgt

$$(1.6) \qquad\qquad Id = \sum_{k \leq i} C_{ki}.$$

Aus (1.5) und (1.6) folgt, daß sich jedes Element von $\mathfrak{L}$ linear durch die C_{ki} ausdrücken läßt, und zwar eindeutig durch die von Null verschiedenen C_{ki}, wie aus der Orthogonalität der C_{ki} ersichtlich ist.

Man findet $C_{ki}\, \mathfrak{L} = K\, C_{ki}$, folglich ist C_{ki} primitiv, wenn es von Null verschieden ist.

Wir bemerken noch, daß $C_{kk} \neq 0$ ist. Dies folgt aus $C_{kk}\, e = e_k^2 = e_k \neq 0$. Später werden wir sehen (Korollar zu Satz 3.4), daß für eine einfache Algebra $\mathfrak{A}$ alle C_{ki} von Null verschieden sind.

3. Ein Element ξ eines Erweiterungskörpers $\tilde{K}$ von K hatten wir in I, § 4.2, einen Eigenwert von $u \in \mathfrak{A}$ genannt, wenn es $v \in \tilde{K}[u]$ gibt, so daß $u\,v = \xi\,v$, $v \neq 0$, gilt. Wir wissen, daß die Eigenwerte von u genau die Wurzeln des Minimalpolynoms von u sind. Wegen II, Satz 4.4, sind dann die Eigenwerte von u genau die Wurzeln von $HN(\tau\,e - u)$ und auch von $RN(\tau\,e - u)$.

Ist $h(\tau)$ das Minimalpolynom von $L(u)$, dann folgt $0 = h(L(u))\,e = h(u)$. Folglich ist das Minimalpolynom von u ein Teiler von $h(\tau)$.

Insbesondere ist jeder Eigenwert von u auch Eigenwert von $L(u)$. Die Umkehrung gilt nicht. Wir wollen jetzt die Eigenwerte von $L(u)$ und $P(u)$ bestimmen.

Unter der Annahme, daß das Minimalpolynom von u über K in Linearfaktoren zerfällt, bestimmen wir irgendeine Zerlegung

$$(1.7) \qquad u = \sum_i \eta_i\, e_i + v, \qquad v \in K[u] \text{ nilpotent,}$$

bezüglich eines vollständigen Orthogonalsystems $e_1, e_2, \ldots, e_r$, z. B. die Minimalzerlegung (I; 4.2). Entwickeln wir $(u - v)^m$ für $m = 1, 2, \ldots$, so finden wir $(u - v)^m = u^m - v_m$ mit nilpotentem $v_m \in K[u]$ und erhalten

$$(1.8) \qquad u^m - v_m = \sum_i \eta_i^m\, e_i,$$

also

$$L(u^m) - L(v_m) = \sum_i \eta_i^m\, L(e_i).$$

Tragen wir für $L(e_i)$ den Ausdruck (1.5) ein, so ergibt sich

$$(1.9) \qquad L(u^m) - L(v_m) = \sum_{i \leqq j} \tfrac{1}{2}(\eta_i^m + \eta_j^m)\, C_{ij}.$$

Auch für $P(u)$ läßt sich ein entsprechender Ausdruck finden. Quadrieren wir (1.9) für $m = 1$ und beachten, daß $L(v_1)$ mit $L(u)$ vertauschbar und nilpotent ist, so folgt

$$L^2(u) - V_1 = \sum_{i \leqq j} \tfrac{1}{4}(\eta_i + \eta_j)^2\, C_{ij},$$

wobei V_1 nilpotent und mit $L(u)$ und $L(u^2)$ vertauschbar ist. Zusammen mit (1.9) für $m = 2$ folgt jetzt

$$(1.10) \qquad P(u) - V = \sum_{i \leqq j} \eta_i\,\eta_j\, C_{ij}, \qquad V \text{ nilpotent.}$$

Es seien A und V vertauschbare lineare Transformationen, V nilpotent. *Wir zeigen, daß dann A und $A + V$ dieselben Eigenwerte haben.* Man kann dies einmal aus III, Lemma 2.4, entnehmen, indem man dieses Lemma auf die Algebra der linearen Transformationen anwendet und als ω die reduzierte Norm dieser Algebra nimmt. Man kann es aber auch direkt wie folgt sehen: Sei $w \neq 0$ ein Eigenvektor von $A + V$ zum Eigenwert λ. Dann ist $(A + V)\,w = \lambda\,w$, was in der Form $(\lambda\,Id - A)\,w = Vw$ geschrieben werden kann. Wir wählen eine nichtnegative ganze Zahl t, so daß $y = V^t w \neq 0$, aber $V^{t+1} w = 0$ gilt. Dann ist wegen der Vertauschbarkeit $(\lambda\,Id - A)\,y = V^t(\lambda\,Id - A)\,w = V^{t+1} w = 0$, und das zeigt, daß λ auch Eigenwert von A ist. Ersetzt man A durch $A + V$ und V durch $-V$, so folgt, daß A und $A + V$ dieselben Eigenwerte haben.

Hat man ein Element B der durch die $L(e_1)$, $L(e_2)$, ..., $L(e_r)$ erzeugten Algebra $\mathfrak{L}$ in der Form

$$B = \sum_{i \leq j} \eta_{ij}\, C_{ij}$$

geschrieben, dann folgt aus Satz 1.2, daß das Minimalpolynom von B als Wurzeln genau diejenigen η_{ij} hat, für die C_{ij} ungleich Null ist. Diese η_{ij} sind dann die Eigenwerte von B.

Wendet man diese Ergebnisse auf (1.9) und (1.10) an, so erhält man

Satz 1.3. *Das Minimalpolynom von $u \in \mathfrak{A}$ zerfalle über K in Linearfaktoren, und es sei (1.7) eine Zerlegung von u in bezug auf ein vollständiges Orthogonalsystem. Dann hat $L(u)$ als Eigenwerte genau diejenigen $\frac{1}{2}(\eta_i + \eta_j)$ und $P(u)$ als Eigenwerte genau diejenigen $\eta_i \eta_j$, für die $C_{ij} \neq 0$ ist. Wegen $C_{ii} \neq 0$ kommen sicher alle η_i bzw. η_i^2 vor.*

§ 2. Die PEIRCE-Zerlegung in bezug auf ein vollständiges Orthogonalsystem

1. Es sei $\mathfrak{A}$ eine Jordan-Algebra über K mit Einselement e. Zur Bequemlichkeit des Lesers stellen wir zuerst die in IV, § 5.4, gewonnenen Ergebnisse über die PEIRCE-Zerlegung in bezug auf ein Idempotent zusammen:

Es sei c ein Idempotent der Algebra $\mathfrak{A}$ und

$$\mathfrak{A} = \mathfrak{A}_0(c) + \mathfrak{A}_{\frac{1}{2}}(c) + \mathfrak{A}_1(c), \qquad \mathfrak{A}_\nu(c) := \{u;\ u \in \mathfrak{A},\ c\,u = \nu\,u\},$$

die PEIRCE-Zerlegung von $\mathfrak{A}$ in bezug auf c. Es sind $\mathfrak{A}_0(c)$ und $\mathfrak{A}_1(c)$ sich gegenseitig annullierende Teilalgebren, und es gelten die Kompositionsregeln

$$(2.1) \qquad \begin{aligned} \mathfrak{A}_\nu(c)\, \mathfrak{A}_{\frac{1}{2}}(c) &\subset \mathfrak{A}_{\frac{1}{2}}(c) \quad \text{für} \quad \nu = 0,1, \\ \mathfrak{A}_{\frac{1}{2}}(c)\, \mathfrak{A}_{\frac{1}{2}}(c) &\subset \mathfrak{A}_0(c) + \mathfrak{A}_1(c). \end{aligned}$$

Aus IV, Lemma 5.8, entnehmen wir

$$(2.2) \quad P(c)\big(\mathfrak{A}_0(c) + \mathfrak{A}_{\frac{1}{2}}(c)\big) = 0, \qquad P(c)\, u_1 = u_1 \quad \text{für} \quad u_1 \in \mathfrak{A}_1(c).$$

Bei einer Grundkörpererweiterung von K zu $\tilde{K}$ gilt außerdem

$$(2.3) \qquad \overline{\mathfrak{A}_\nu(c)} = \tilde{\mathfrak{A}}_\nu(c) \quad \text{für} \quad \nu = 0, \tfrac{1}{2}, 1.$$

Wir brauchen später das folgende

Lemma 2.1. *Es sei c ein vom Einselement e verschiedenes Idempotent von $\mathfrak{A}$. Ist ein Element $u \in \mathfrak{A}_{\frac{1}{2}}(c)$ invertierbar, so gilt $u^{-1} \in \mathfrak{A}_{\frac{1}{2}}(c)$.*

Beweis. Wegen (III; 1.2) ist $P(u)(c\,u^{-1}) = P(u)\,L(u^{-1})\,c = L(u)\,c = u\,c$, man hat daher $P(u)(c\,u^{-1} - \frac{1}{2}u^{-1}) = u\,c - \frac{1}{2}u = 0$. Da für invertierbares u die Determinante von $P(u)$ nicht Null ist, folgt die Behauptung.

2. Nun sei $e_1, e_2, \ldots, e_r$, $r \geq 2$, ein vollständiges Orthogonalsystem Idempotenter von $\mathfrak{A}$. Für die linearen Transformationen

$$C_{ii} = P(e_i), \quad C_{ij} = C_{ji} = 4L(e_i)\,L(e_j), \quad i \neq j,$$

hat man wegen Satz 1.2 die Regeln

$$(2.4) \quad \begin{aligned} &C_{ij}\,C_{kl} = 0, \quad \text{falls die Mengen } \{i, j\} \text{ und } \{k, l\} \text{ verschieden sind,} \\ &C_{ij}\,C_{ij} = C_{ij}. \end{aligned}$$

Wir setzen

$$\mathfrak{A}_{ij} := C_{ij}\,\mathfrak{A} = \mathfrak{A}_{ji}.$$

Wenden wir (1.6) auf irgendein $u \in \mathfrak{A}$ an, so folgt

$$(2.5) \qquad u = \sum_{i \leqq j} u_{ij}, \quad u_{ij} := C_{ij}\,u \in \mathfrak{A}_{ij},$$

und daher

$$(2.6) \qquad \mathfrak{A} = \sum_{i \leqq j} \mathfrak{A}_{ij}.$$

Ist $v_{ij} \in \mathfrak{A}_{ij}$, etwa $v_{ij} = C_{ij}\,v$, so gilt wegen (2.4)

$$C_{kl}\,v_{ij} = C_{kl}\,C_{ij}\,v = \begin{cases} v_{ij}, & \text{falls} \quad \{i, j\} = \{k, l\}, \\ 0, & \text{sonst} \end{cases}.$$

Man entnimmt hieraus, daß die Summe in (2.6) eine direkte Summe der Vektorräume ist. Die Darstellung (2.6) nennt man die *Peirce-Zerlegung von $\mathfrak{A}$ in bezug auf das vollständige Orthogonalsystem $e_1, e_2, \ldots, e_r$.*

3. Für $u_{ij} \in \mathfrak{A}_{ij}$ hat man $e_k\,u_{ij} = L(e_k)\,C_{ij}\,u_{ij}$. Wegen (1.2) ist also

$$e_i\,u_{ii} = u_{ii}, \quad e_k\,u_{ii} = 0 \quad \text{für} \quad i \neq k.$$

Für paarweise verschiedene i, j, k gibt (1.4)

$$e_k\,u_{ij} = 0,$$

wogegen für $i \neq j$ aus (1.3) folgt $e_i\,u_{ij} = 4L^2(e_i)\,L(e_j)\,u_{ij} = 2L(e_i)\,L(e_j)\,u_{ij} = \tfrac{1}{2}C_{ij}\,u_{ij} = \tfrac{1}{2}u_{ij}$, also

$$e_i\,u_{ij} = \tfrac{1}{2}u_{ij} \quad \text{für} \quad i \neq j.$$

In jedem Fall ist daher $e_k\,u_{ij} \in \mathfrak{A}_{ij}$. Aus der Direktheit von (2.6) folgt, daß dann und nur dann $u \in \mathfrak{A}_\nu(e_k)$ ist, wenn alle Komponenten u_{ij} der Zerlegung (2.5) in $\mathfrak{A}_\nu(e_k)$ liegen. Man liest also aus den Formeln ab:

$$(2.7) \qquad \mathfrak{A}_0(e_k) = \sum_{i, j \neq k} \mathfrak{A}_{ij}, \quad \mathfrak{A}_{\frac{1}{2}}(e_k) = \sum_{i \neq k} \mathfrak{A}_{ik},$$

$$(2.8) \qquad \mathfrak{A}_{ii} = \mathfrak{A}_1(e_i), \quad \mathfrak{A}_{ij} = \mathfrak{A}_{\frac{1}{2}}(e_i) \cap \mathfrak{A}_{\frac{1}{2}}(e_j) \quad \text{für} \quad i \neq j.$$

Für $i \neq j$ sind $L(e_i)$ und $L(e_j)$ vertauschbar, man erhält daher $P(e_i + e_j) = C_{ii} + C_{ij} + C_{jj}$. Da $e_i + e_j$ ein Idempotent von $\mathfrak{A}$ ist, entnimmt man (2.2)

$$(2.9) \qquad \mathfrak{A}_1(e_i + e_j) = P(e_i + e_j)\,\mathfrak{A} = \mathfrak{A}_{ii} + \mathfrak{A}_{ij} + \mathfrak{A}_{jj}.$$

Entsprechend gilt

$$(2.9') \quad \mathfrak{A}_1(e_i + e_j + e_k) = \mathfrak{A}_{ii} + \mathfrak{A}_{jj} + \mathfrak{A}_{kk} + \mathfrak{A}_{ij} + \mathfrak{A}_{ik} + \mathfrak{A}_{jk},$$

falls i, j, k verschieden sind.

4. Zur Bestimmung der Kompositionsregeln für die $\mathfrak{A}_{ij}$ sind Fallunterscheidungen nötig.

a) Die Indexmengen $\{k, l\}$ und $\{i, j\}$ mögen keine Ziffer gemeinsam haben. Für $i = j$ wird bei Anwendung von (2.1)

$$\mathfrak{A}_{kl}\,\mathfrak{A}_{ii} \subset \mathfrak{A}_0(e_i)\,\mathfrak{A}_1(e_i) = 0.$$

Für $i \neq j$ kann auch $k \neq l$ vorausgesetzt werden, und dann ist

$$\mathfrak{A}_{kl}\,\mathfrak{A}_{ij} \subset \mathfrak{A}_0(e_i)\,\mathfrak{A}_{\frac{1}{2}}(e_i) \subset \mathfrak{A}_{\frac{1}{2}}(e_i).$$

Aus Symmetriegründen ist dann

$$\mathfrak{A}_{kl}\,\mathfrak{A}_{ij} \subset \mathfrak{A}_{\frac{1}{2}}(e_k) \cap \mathfrak{A}_{\frac{1}{2}}(e_l) \cap \mathfrak{A}_{\frac{1}{2}}(e_i) \cap \mathfrak{A}_{\frac{1}{2}}(e_j) \subset \mathfrak{A}_{kl} \cap \mathfrak{A}_{ij} = 0.$$

b) Nun wird $\mathfrak{A}_{ij}\,\mathfrak{A}_{ik}$ für $j \neq k$ betrachtet. Es kann $k \neq i$ vorausgesetzt werden, denn man kann nötigenfalls j und i vertauschen. Dann erhält man aus (2.1)

$$\mathfrak{A}_{ij}\,\mathfrak{A}_{ik} \subset \mathfrak{A}_0(e_k)\,\mathfrak{A}_{\frac{1}{2}}(e_k) \subset \mathfrak{A}_{\frac{1}{2}}(e_k).$$

Sollte $i \neq j$ gelten, so folgt aus Symmetriegründen $\mathfrak{A}_{ij}\,\mathfrak{A}_{ik} \subset \mathfrak{A}_{\frac{1}{2}}(e_j)$. Sollte hingegen $i = j$ sein, so gilt dies auch, denn man hat $\mathfrak{A}_{jj}\,\mathfrak{A}_{jk} \subset \mathfrak{A}_1(e_j)\,\mathfrak{A}_{\frac{1}{2}}(e_j) \subset \mathfrak{A}_{\frac{1}{2}}(e_j)$. Es gilt also

$$\mathfrak{A}_{ij}\,\mathfrak{A}_{ik} \subset \mathfrak{A}_{\frac{1}{2}}(e_j) \cap \mathfrak{A}_{\frac{1}{2}}(e_k) = \mathfrak{A}_{jk} \quad \text{für} \quad j \neq k.$$

c) Wir haben noch $\mathfrak{A}_{ij}\,\mathfrak{A}_{ij}$ zu betrachten. Für $i \neq j$ ist wegen (2.9)

$$\mathfrak{A}_{ij}\,\mathfrak{A}_{ij} \subset \mathfrak{A}_1(e_i + e_j)\,\mathfrak{A}_1(e_i + e_j) = \mathfrak{A}_1(e_i + e_j),$$

also

$$\mathfrak{A}_{ij}\,\mathfrak{A}_{ij} \subset \mathfrak{A}_{ii} + \mathfrak{A}_{ij} + \mathfrak{A}_{jj}.$$

Weiter ist für $i \neq j$

$$\mathfrak{A}_{ij}\,\mathfrak{A}_{ij} \subset \mathfrak{A}_{\frac{1}{2}}(e_i)\,\mathfrak{A}_{\frac{1}{2}}(e_i) \subset \mathfrak{A}_0(e_i) + \mathfrak{A}_1(e_i).$$

Da $\mathfrak{A}_{ii} \subset \mathfrak{A}_1(e_i)$, $\mathfrak{A}_{jj} \subset \mathfrak{A}_0(e_i)$, $\mathfrak{A}_{ij} \subset \mathfrak{A}_{\frac{1}{2}}(e_i)$ gilt, ergibt ein Vergleich mit der letzten Formel $\mathfrak{A}_{ij}\,\mathfrak{A}_{ij} \subset \mathfrak{A}_{ii} + \mathfrak{A}_{jj}$. Dies ist aber auch noch für $i = j$ richtig, denn es ist

$$\mathfrak{A}_{ii}\,\mathfrak{A}_{ii} \subset \mathfrak{A}_1(e_i)\,\mathfrak{A}_1(e_i) \subset \mathfrak{A}_1(e_i) = \mathfrak{A}_{ii} = \mathfrak{A}_{ii} + \mathfrak{A}_{jj}.$$

Insgesamt haben wir bewiesen

Satz 2.2. *Für die* $\mathfrak{A}_{ij}$ *einer* PEIRCE-*Zerlegung in bezug auf ein vollständiges Orthogonalsystem* $e_1, e_2, \ldots, e_r$ *von* $\mathfrak{A}$ *gelten die Kompositionsregeln:*

$$(2.10) \quad \mathfrak{A}_{ij}\,\mathfrak{A}_{kl} = 0\,, \quad \textit{falls die Indexpaare keine Ziffer gemeinsam haben,}$$

$$(2.10') \qquad\qquad \mathfrak{A}_{ij}\,\mathfrak{A}_{ik} \subset \mathfrak{A}_{jk}\,, \quad \textit{falls}\ \ j \neq k\,,$$

$$(2.10'') \qquad\qquad \mathfrak{A}_{ij}\,\mathfrak{A}_{ij} \subset \mathfrak{A}_{ii} + \mathfrak{A}_{jj}\,.$$

5. Für den weiteren Verlauf dieses Paragraphen sei ein vollständiges Orthogonalsystem $e_1, e_2, \ldots, e_r$ gegeben und (2.6) die PEIRCE-Zerlegung von $\mathfrak{A}$ in bezug auf dieses System. Als erste Anwendung beweisen wir

Lemma 2.3. *Für* $u_i \in \mathfrak{A}_{ii}$ *ist*

$$u = \sum_i u_i$$

dann und nur dann in $\mathfrak{A}$ *invertierbar, wenn jedes* u_i *in* $\mathfrak{A}_{ii}$ *invertierbar ist. In diesem Falle gilt*

$$u^{-1} = \sum_i u_i^{-1}\,,$$

wobei u_i^{-1} *das Inverse von* u_i *in* $\mathfrak{A}_{ii}$ *bezeichnet.*

Beweis. a) Ist u invertierbar, so liegt das Inverse u^{-1} in $K[u]$. Da sich die Teilalgebren $\mathfrak{A}_{ii}$ gegenseitig annullieren, erhält man eine Darstellung von u^{-1} in der angegebenen Form, wobei u_i^{-1} Polynome in u_i sind. Speziell sind diese Elemente mit u_i vertauschbar und gleich den Inversen von u_i.

b) Sei $p(\tau) \in K[\tau]$ mit $u\,p(u) = 0$ gegeben. Da sich die Teilalgebren $\mathfrak{A}_{ii}$ gegenseitig annullieren, hat man

$$p(u) = \sum_i p_i\,,$$

wobei die p_i in der von e_i und den Potenzen von u_i aufgespannten assoziativen Algebra K_i liegen. Man hat also $u_i\,p_i = 0$. Da u_i als invertierbares Element kein Nullteiler in K_i ist, folgt $p_i = 0$, d. h. $p(u) = 0$. Es ist also u kein Nullteiler in $K[u]$, d. h., u ist in $\mathfrak{A}$ invertierbar.

Für eine weitere Anwendung der PEIRCE-Zerlegung setzen wir für Teilmengen $\mathfrak{U}, \mathfrak{V}$ von $\mathfrak{A}$

$$P(\mathfrak{U})\mathfrak{V} := \{P(u)\,v;\, u \in \mathfrak{U},\, v \in \mathfrak{V}\}$$

und zeigen das

Lemma 2.4. *Für* $i \neq j$ *gilt*

a) $P(\mathfrak{U})\mathfrak{V} = 0$, *falls* $\mathfrak{U} = \mathfrak{A}_{ii} + \mathfrak{A}_{ij} + \mathfrak{A}_{jj}$ *und* $\mathfrak{V}$ *nur Elemente enthält, deren in* $\mathfrak{U}$ *liegende Komponenten Null sind.*

b) $P(\mathfrak{A}_{ij})\,\mathfrak{A}_{ij} \subseteq \mathfrak{A}_{ij}$.

c) $P(\mathfrak{A}_{ij})\,\mathfrak{A}_{ii} \subseteq \mathfrak{A}_{jj}$, $\ P(\mathfrak{A}_{ii})\,\mathfrak{A}_{ij} = 0$.

Beweis. a) Wegen (2.9) ist $e_i + e_j$ das Einselement der Teilalgebra $\mathfrak{U}$. Für $u \in \mathfrak{U}$ und beliebiges v ist daher nach der Fundamentalformel

$$P(u)\,v = P(P(e_i + e_j)\,u)\,v = P(e_i + e_j)\,P(u)\,P(e_i + e_j)\,v.$$

Wegen $P(e_i + e_j) = C_{ii} + C_{ij} + C_{jj}$ ist $P(e_i + e_j)\,v = 0$ für $v \in \mathfrak{V}$.

b) Diese Inklusion folgt sofort aus (2.10′) und (2.10″).

c) Ebenfalls wegen (2.10′) und (2.10″) hat man zuerst $P(\mathfrak{A}_{ij})\,\mathfrak{A}_{ii}$ $\subseteq \mathfrak{A}_{ii} + \mathfrak{A}_{jj}$. Da $P(e_i)$ wegen (2.2) auf $\mathfrak{A}_{ii}$ die Identität und auf $\mathfrak{A}_{ij}$ die Nullabbildung ist, folgt die erste Inklusion aus

$$P(e_i)\,P(\mathfrak{A}_{ij})\,\mathfrak{A}_{ii} = P(e_i)\,P(\mathfrak{A}_{ij})\,P(e_i)\,\mathfrak{A}_{ii} = P(P(e_i)\,\mathfrak{A}_{ij})\,\mathfrak{A}_{ii} = 0.$$

Für die zweite Inklusion hat man aus den gleichen Gründen

$$P(\mathfrak{A}_{ii})\,\mathfrak{A}_{ij} = P(P(e_i)\,\mathfrak{A}_{ii})\,\mathfrak{A}_{ij} = P(e_i)\,P(\mathfrak{A}_{ii})\,P(e_i)\,\mathfrak{A}_{ij} = 0.$$

6. Wir betrachten jetzt den Fall, daß die Idempotente e_i primitive Idempotente von $\mathfrak{A}$ sind. Wegen IV, Satz 5.9, *sind dann die Teilalgebren $\mathfrak{A}_{ii}$ von $\mathfrak{A}$ primäre Algebren.* Aus IV, Satz 5.11, entnehmen wir außerdem, *daß die Algebren $\mathfrak{A}_{ii}$ Jordan-Körper sind, wenn die e_i primitiv sind und die Algebra $\mathfrak{A}$ halbeinfach ist.*

Die Algebra $\mathfrak{A}$ über K habe den Grad $s \geq 2$. Es sei $\bar{K}$ der algebraische Abschluß von K und $\overline{\mathfrak{A}}$ die aus $\mathfrak{A}$ durch die Grundkörpererweiterung von K zu $\bar{K}$ entstehende Algebra. Da der Grad einer Algebra sich bei Grundkörpererweiterungen nicht ändert, hat auch $\overline{\mathfrak{A}}$ den Grad s. Wir wählen gemäß I, Lemma 12.5, ein vollständiges Orthogonalsystem von primitiven Idempotenten von $\overline{\mathfrak{A}}$. Dem Korollar 2 zu III, Satz 7.5, bzw. diesem Satz entnehmen wir nun, daß dieses System $e_1, e_2, \ldots, e_s$ die Länge s hat und aus lauter absolut-primitiven Idempotenten besteht. Die Teilalgebren $\overline{\mathfrak{A}}_{ii} = \overline{\mathfrak{A}}_1(e_i)$ von $\overline{\mathfrak{A}}$ sind primär, so daß wegen I, Satz 10.3, jedes $u_{ii} \in \overline{\mathfrak{A}}_{ii}$ in der Form

$$(2.11) \qquad u_{ii} = \alpha_i\,e_i + v_i, \qquad v_i \in \overline{\mathfrak{A}}_{ii} \ \text{ nilpotent,}$$

geschrieben werden kann. Nun sei u ein beliebiges Element von $\mathfrak{A}$ und

$$u = \sum_{i \leq j} u_{ij}$$

die zugehörige Peirce-Zerlegung in bezug auf $e_1, e_2, \ldots, e_s$. Ist λ eine semi-normale Linearform von $\mathfrak{A}$, so ist einerseits $\lambda(u_{ii}) = \alpha_i\,\lambda(e_i)$, denn λ verschwindet auf allen Nilpotenten von $\mathfrak{A}$, und andererseits ist $\lambda(u_{ij}) = 0$ $(i \neq j)$ wegen (2.8) und I, Lemma 12.7b). Man erhält also

$$\lambda(u) = \sum_i \alpha_i\,\lambda(e_i).$$

Wendet man dies speziell auf die reduzierte Spur RS von $\mathfrak{A}$ an, so folgt wegen III, Satz 7.4d),

Satz 2.5. *Hat die Algebra $\mathfrak{A}$ den Grad s, so gilt für jedes vollständige Orthogonalsystem $e_1, e_2, \ldots, e_s$ von $\mathfrak{A}$ und jedes $u \in \mathfrak{A}$*

$$RS(u) = \sum_i \alpha_i,$$

wobei die $\alpha_i \in \bar{K}$ durch (2.11) gegeben sind.

§ 3. Einfache Algebren

1. Es sei $\mathfrak{A}$ eine halbeinfache Jordan-Algebra über K, die ein vom Einselement e verschiedenes Idempotent enthält. Es gibt dann in $\mathfrak{A}$ ein vollständiges Orthogonalsystem $e_1, e_2, \ldots, e_r$, $r \geq 2$, von primitiven Idempotenten e_i. Es ist hier die Zahl r kleiner oder gleich dem Primitiv-Grad der Algebra (vgl. II, § 4.**6**). Obwohl man stets ein Orthogonalsystem finden kann, für welches r gleich dem Primitiv-Grad ist, wollen wir dies vorläufig nicht annehmen. Wir haben schon in § 2.**6** gesehen, daß in der zugehörigen PEIRCE-Zerlegung

$$\mathfrak{A} = \sum_{i \leq j} \mathfrak{A}_{ij}$$

die Teilalgebren $\mathfrak{A}_{ii} = \mathfrak{A}_1(e_i)$ Jordan-Körper sind. In $\mathfrak{A}_{ii}$ ist also jedes von Null verschiedene Element invertierbar.

2. Betrachten wir nun die Teilalgebra

$$\mathfrak{A}_1(e_i + e_j) = \mathfrak{A}_{ii} + \mathfrak{A}_{ij} + \mathfrak{A}_{jj}, \quad i \neq j,$$

die nach dem Korollar zu I, Satz 12.8, wieder halbeinfach ist. Darüber hinaus zeigen wir

Lemma 3.1. *Die Algebra $\mathfrak{A}_{ii} + \mathfrak{A}_{ij} + \mathfrak{A}_{jj}$ ist dann und nur dann einfach, wenn $\mathfrak{A}_{ij} \neq 0$ gilt.*

Beweis. Ist diese Algebra einfach, dann ist $\mathfrak{A}_{ij} \neq 0$, denn sonst wäre $\mathfrak{A}_{ii}$ ein Ideal von $\mathfrak{A}_{ii} + \mathfrak{A}_{ij} + \mathfrak{A}_{jj}$.

Sei also umgekehrt $\mathfrak{A}_{ij} \neq 0$ und $\mathfrak{a} \neq 0$ ein einfaches Ideal der Algebra. $\mathfrak{a}$ enthält nach dem Struktursatz für halbeinfache Algebren (I, § 13.**3**) ein Einselement c, das dem Zentrum von $\mathfrak{U} = \mathfrak{A}_{ii} + \mathfrak{A}_{ij} + \mathfrak{A}_{jj}$ angehört, und für welches $\mathfrak{a} = c\,\mathfrak{U}$ gilt. Es sei $c = c_i + c_{ij} + c_j$ die Zerlegung von c in $\mathfrak{U}$. Da c im Zentrum von $\mathfrak{U}$ liegt, hat man $e_i(e_i c) = c(e_i e_i) = c\,e_i$, und das ergibt $c_{ij} = 0$. Aus dem gleichen Grunde ist

$$(e_i c)^2 = e_i c, \quad (e_j c)^2 = e_j c.$$

Wegen $c = e_i c + e_j c$ sind $e_i c$ und $e_j c$ nicht gleichzeitig Null. Sei also z. B. $e_i c \neq 0$. Da das Idempotent $e_i c$ in der primären Algebra $\mathfrak{A}_{ii}$ liegt, hat man $e_i c = c_i = e_i$. Wäre $e_j c = 0$, dann würde sich $c = e_i$

ergeben. Wegen IV, Lemma 5.6, hätte dann $L(e_i)$ nur die Eigenwerte 0 und 1, was $\mathfrak{A}_{ij} = \mathfrak{U}_{\frac{1}{2}}(e_i) = 0$ nach sich ziehen würde. Es ist also $e_j\, c \neq 0$, und wie oben erhält man $e_j\, c = c_j = e_j$. Jetzt folgt aber $c = e_i + e_j$ und $\mathfrak{a} = \mathfrak{U}$. Das Lemma ist damit bewiesen.

3. Wir beweisen jetzt zwei Folgerungen, die sich aus der Tatsache ergeben, daß jedes $\mathfrak{A}_{ii}$ ein Jordan-Körper ist.

Lemma 3.2. *Es sei* $a \in \mathfrak{A}_{ii}$, $a \neq 0$. *Gilt dann* $a\, b = 0$ *für* $b \in \mathfrak{A}_{ij}$, *so ist* $b = 0$, *d. h., die Abbildung* $L(a): \mathfrak{A}_{ij} \to \mathfrak{A}_{ij}$ *ist bijektiv.*

Beweis. Wegen Lemma 2.4c) haben wir $P(a)\, b = 0$. Aus $a\, b = 0$ folgt daher $a^2\, b = 0$. Da $L(a^m)$ ein Polynom in $L(a)$ und $L(a^2)$ ist, folgt $a^m\, b = 0$ für alle $m = 1, 2, \ldots$ Dann ist aber auch $u\, b = 0$ für alle $u \in K_1[a]$. Wegen $a \neq 0$ ist a in $\mathfrak{A}_{ii}$ invertierbar und somit nicht nilpotent. Nach I, Lemma 3.2, enthält $K_1[a]$ ein Idempotent, das mit e_i übereinstimmen muß, da $\mathfrak{A}_{ii}$ primär ist. Es folgt $b = 2e_i\, b = 0$.

Lemma 3.3. *Ist* $\mathfrak{A}_{ij} \neq 0$, *dann gibt es Elemente in* $\mathfrak{A}_{ij}$, *die in der Teilalgebra* $\mathfrak{A}_{ii} + \mathfrak{A}_{ij} + \mathfrak{A}_{jj}$ *invertierbar sind.*

Beweis. Es ist nicht $v^2 = 0$ für jedes $v \in \mathfrak{A}_{ij}$, denn anderenfalls hätte man $\mathfrak{A}_{ij}\, \mathfrak{A}_{ij} = 0$ und $\mathfrak{A}_{ii} + \mathfrak{A}_{ij}$ wäre ein echtes Ideal in der Algebra $\mathfrak{A}_{ii} + \mathfrak{A}_{ij} + \mathfrak{A}_{jj}$, die nach Lemma 3.1 einfach ist.

Wir wählen ein $v \in \mathfrak{A}_{ij}$ mit $v^2 \neq 0$. Wegen (2.10'') hat man

$$v^2 = u_i + u_j \quad \text{mit} \quad u_i \in \mathfrak{A}_{ii}, \quad u_j \in \mathfrak{A}_{jj}.$$

Wäre hier u_i oder u_j gleich Null, also etwa $u_j = 0$, so hätte man wegen Lemma 2.4c) auch $v^5 = P(v^2)\, v = P(u_i)\, v = 0$. Daher wäre auch $u_i^4 = v^8 = 0$ im Widerspruch dazu, daß u_i als ein von Null verschiedenes Element invertierbar ist.

Es sind also u_i und u_j beide ungleich Null und daher in $\mathfrak{A}_{ii}$ bzw. $\mathfrak{A}_{jj}$ invertierbar. Wegen Lemma 2.3 ist somit $u_i + u_j = v^2$ und daher auch v selbst in der Teilalgebra $\mathfrak{A}_{ii} + \mathfrak{A}_{ij} + \mathfrak{A}_{jj}$ invertierbar.

4. Nach diesen Vorbereitungen kommen wir zum Beweis von

Satz 3.4. *Ist* $\mathfrak{A}$ *einfach, dann sind alle* $\mathfrak{A}_{ij}$ *ungleich Null.*
Wegen $\mathfrak{A}_{ij} = C_{ij}\, \mathfrak{A}$ erhalten wir hieraus das

Korollar. Ist $\mathfrak{A}$ *einfach, dann sind alle* C_{ij} *ungleich Null.*
Beweis. Wir zeigen zuerst für verschiedene i, j, k:

$$(3.1) \qquad \text{Aus} \quad \mathfrak{A}_{ij} \neq 0, \quad \mathfrak{A}_{ik} \neq 0 \quad \text{folgt} \ \mathfrak{A}_{jk} \neq 0.$$

Nach Lemma 3.3 wählen wir ein $u \in \mathfrak{A}_{ij}$, das in $\mathfrak{A}_{ii} + \mathfrak{A}_{ij} + \mathfrak{A}_{jj}$ invertierbar ist. In der Zerlegung $u^2 = u_i + u_j$, $u_i \in \mathfrak{A}_{ii}$, $u_j \in \mathfrak{A}_{jj}$, ist dann $u_i \neq 0$. Es sei $w \in \mathfrak{A}_{ik}$. Dann ist $u\, w \in \mathfrak{A}_{jk}$ und wir nehmen an, daß $u\, w = 0$ gilt. Tragen wir $v = e_i$ in die Polarisationsformel (IV; 3.2) ein, so erhalten wir $u^2(e_i\, w) = (u^2 e_i)\, w$, d. h. $\frac{1}{2}u_i\, w = \frac{1}{2}(u_i + u_j)\, w = u_i\, w$. Es folgt also $u_i\, w = 0$ und nach Lemma 3.2 dann $w = 0$. Für $w \neq 0$ ist also $u\, w \neq 0$, so daß (3.1) bewiesen ist.

Wir nehmen nun an, daß $\mathfrak{A}_{ij} = 0$ für ein Paar $i \neq j$ gilt. Zuerst ist klar, daß nicht $\mathfrak{A}_{ij} = 0$ für alle j mit $j \neq i$ gelten kann, denn dann wäre $\mathfrak{A}_{ii}$ ein Ideal von $\mathfrak{A}$. Nach eventueller Umnumerierung der Idempotente $e_1, e_2, \ldots, e_r$ dürfen wir annehmen, daß gilt

$$(3.2) \quad \mathfrak{A}_{12} \neq 0, \quad \mathfrak{A}_{13} \neq 0, \ldots, \mathfrak{A}_{1t} \neq 0, \mathfrak{A}_{1,\,t+1} = \cdots = \mathfrak{A}_{1r} = 0,$$

mit $2 \leqq t < r$. Wäre jetzt $\mathfrak{A}_{kl} \neq 0$ für ein Paar k, l mit

$$(3.3) \qquad\qquad k \neq l, \quad t < k \leqq r, \quad 1 \leqq l \leqq t,$$

dann wäre also $\mathfrak{A}_{1l} \neq 0$ und $\mathfrak{A}_{kl} \neq 0$. Aus (3.1) könnten wir dann $\mathfrak{A}_{1k} \neq 0$ schließen, was ein Widerspruch zur Wahl von t ist. Es sind also alle $\mathfrak{A}_{kl} = 0$, für deren Indizes (3.3) gilt. Dann ist

$$\sum_{i \leqq j \leqq t} \mathfrak{A}_{ij}$$

ein von $\mathfrak{A}$ verschiedenes Ideal von $\mathfrak{A}$. Die Annahme (3.2) ist also falsch, d. h., es sind alle $\mathfrak{A}_{ij}$ ungleich Null.

Als eine Anwendung hiervon beweisen wir

Satz 3.5. *Es sei $\mathfrak{A}$ eine einfache Jordan-Algebra mit Einselement und c ein Idempotent von $\mathfrak{A}$. Dann ist die Teilalgebra $\mathfrak{A}_1(c)$ einfach.*

Beweis. Wir wissen aus dem Korollar zu I, Satz 12.8, daß die Algebra $\mathfrak{B} = \mathfrak{A}_1(c)$ halbeinfach ist. Wäre $\mathfrak{B}$ nicht einfach, dann gäbe es Idempotente $c', c'' = c - c'$ in $\mathfrak{B}$ mit

$$\mathfrak{B} = \mathfrak{B}_1(c') \oplus \mathfrak{B}_1(c''), \quad \mathfrak{B}_1(c'') = \mathfrak{B}_0(c'), \quad \mathfrak{B}_{\frac{1}{2}}(c') = 0.$$

Man zerlege c', c'' und $e - c$ in Summen primitiver Idempotente gemäß I, Lemma 12.5:

$$c' = e_1 + \cdots + e_p, \quad c'' = e_{p+1} + \cdots + e_q, \quad e - c = e_{q+1} + \cdots + e_r.$$

Es ist $e_1, e_2, \ldots, e_r$ ein vollständiges Orthogonalsystem primitiver Idempotente von $\mathfrak{A}$. Wegen $\mathfrak{A}_{p,\,p+1} \subset \mathfrak{B}_{\frac{1}{2}}(c') = 0$ erhält man einen Widerspruch zu Satz 3.4.

§ 4. Reguläre Algebren

1. Es sei wieder $e_1, e_2, \ldots, e_r$, $r \geqq 2$, ein vollständiges Orthogonalsystem der Algebra $\mathfrak{A}$ über K und

$$\mathfrak{A} = \sum_{i \leqq j} \mathfrak{A}_{ij}$$

die zugehörige PEIRCE-Zerlegung. Zur Abkürzung wollen wir nun vereinbaren, daß (wenn nicht ausdrücklich anders angegeben) verschiedene Indexbuchstaben $i, j, k, \ldots$ stets *verschiedene* Ziffern der Reihe $1, 2, \ldots, r$ bedeuten mögen. Außerdem seien $u_i, v_i, \ldots$ Elemente von $\mathfrak{A}_{ii}$ und $u_{ij}, v_{ij}, \ldots$ Elemente von $\mathfrak{A}_{ij}$. Formeln, in denen drei oder mehr verschiedene Indizes auftreten, sind für $r = 2$ inhaltslos.

Die folgenden Rechnungen basieren weitgehend auf sechs *Vertauschungsregeln*, die wir zuerst herleiten wollen. Da diese sehr häufig angewendet werden, kennzeichnen wir sie durch eine besondere Numerierung.

Wegen Lemma 2.4a) hat man $P(u_{ij})\, w_{ik} = 0$ und erhält durch Polarisation hieraus

$$\textbf{(V.1)} \qquad u_{ij}(v_{ij}\, w_{ik}) + v_{ij}(u_{ij}\, w_{ik}) = (u_{ij}\, v_{ij})\, w_{ik}.$$

Da nach (2.9′) die Abbildung $P(e_i + e_j + e_k)$ auf der Algebra $\mathfrak{A}_1(e_i + e_j + e_k)$ die Identität ist, hat man nach der Fundamentalformel

$$P(v_{ik},\, u_{ij})\, w_{kl} = P(e_i + e_j + e_k)\, P(v_{ik},\, u_{ij})\, P(e_i + e_j + e_k)\, w_{kl}.$$

Da hier $P(e_i + e_j + e_k)\, w_{kl} = 0$ und $v_{ik}(u_{ij}\, w_{kl}) = 0$ gilt, folgt

$$\textbf{(V.2)} \qquad u_{ij}(v_{ik}\, w_{kl}) = (u_{ij}\, v_{ik})\, w_{kl}.$$

Wählt man $\mathfrak{U} = \mathfrak{A}_{ii} + \mathfrak{A}_{ij} + \mathfrak{A}_{jj}$, $\mathfrak{B} = \mathfrak{A}_{ik}$, in Lemma 2.4a), so erhält man

$$0 = P(u_{ij},\, x_i)\, w_{ik} = u_{ij}(x_i\, w_{ik}) + x_i(u_{ij}\, w_{ik}) - (u_{ij}\, x_i)\, w_{ik},$$

$$0 = P(u_{ij},\, x_j)\, w_{ik} = u_{ij}(x_j\, w_{ik}) + x_j(u_{ij}\, w_{ik}) - (u_{ij}\, x_j)\, w_{ik}.$$

Da rechts der zweite bzw. erste Summand gleich Null ist, folgt

$$\textbf{(V.3)} \qquad u_{ij}(w_{ik}\, x_i) = w_{ik}(u_{ij}\, x_i),$$

$$\textbf{(V.4)} \qquad (u_{ij}\, w_{ik})\, x_j = w_{ik}(u_{ij}\, x_j).$$

Die letzten beiden Vertauschungsregeln kann man sich wie folgt einprägen: Es stimmen jeweils diejenigen Klammerungen der drei Faktoren überein, bei denen keine Ausdrücke entstehen, die trivialerweise Null sind.

Wegen Lemma 2.4c) ist $P(x_i)\, u_{ij} = 0$, d. h., es gilt

$$\textbf{(V.5)} \qquad x_i(y_i\, u_{ij}) + y_i(x_i\, u_{ij}) = (x_i\, y_i)\, u_{ij}.$$

Nach dem gleichen Lemma ist $P(u_{ij})\, x_i \in \mathfrak{A}_{jj}$, d. h., wenn man $P(e_i)$ auf die linke Seite anwendet, erhält man Null. Durch Polarisieren folgt somit

$$\textbf{(V.6)} \qquad P(e_i)\,[u_{ij}(v_{ij}\, x_i) + v_{ij}(u_{ij}\, x_i)] = (u_{ij}\, v_{ij})\, x_i.$$

(Auf der rechten Seite kann $P(e_i)$ weggelassen werden, da diese von selbst in $\mathfrak{A}_{ii}$ liegt.)

Außer diesen Vertauschungsregeln benötigen wir noch die Polarisationsformel in der Form (IV; 3.11):

$$(4.1) \qquad 4(u\, v)^2 = P(u)\, v^2 + P(v)\, u^2 + 2u\,[P(v)\, u].$$

Man entnimmt dieser Formel, daß das dritte Glied auf der rechten Seite symmetrisch in u und v ist. Wegen **(V.1)** ist $P(v_{ik})\,u_{ij} = 0$, man erhält

$$(4.2) \qquad 4\,(u_{ij}\,v_{ik})^2 = P(u_{ij})\,v_{ik}^2 + P(v_{ik})\,u_{ij}^2.$$

Hier liegen die einzelnen Summanden wegen Lemma 2.4 in $\mathfrak{A}_{jj} + \mathfrak{A}_{kk}$, $\mathfrak{A}_{jj}$ bzw. $\mathfrak{A}_{kk}$. Wendet man daher $P(e_j)$ auf die Gleichung an, so erhält man die in $\mathfrak{A}_{jj}$ liegenden Anteile, d. h., man bekommt

$$(4.3) \qquad 4\,P(e_j)(u_{ij}\,v_{ik})^2 = P(u_{ij})\,v_{ik}^2.$$

2. Für unsere weiteren Überlegungen erweist es sich als zweckmäßig, einen neuen Begriff einzuführen. Eine Jordan-Algebra $\mathfrak{A}$ mit Einselement e nennen wir *regulär in bezug auf das vollständige Orthogonalsystem* $e_1, e_2, \ldots, e_r$, wenn es in jedem $\mathfrak{A}_{1i}, i = 2, 3, \ldots, r$, ein Element e_{1i} gibt, so daß

$$e_{1i}^2 = 4\,(e_1 + e_i)$$

gilt. Da $e_1 + e_i$ als Einselement der Teilalgebra $\mathfrak{A}_{11} + \mathfrak{A}_{1i} + \mathfrak{A}_{ii}$ invertierbar ist, ist e_{1i} in dieser Teilalgebra invertierbar. Im folgenden Lemma zeigen wir, daß diese Eigenschaft in gewisser Weise schon die Regularität nach sich zieht:

Lemma 4.1. *Es sei* $e_1, e_2, \ldots, e_r$ *ein vollständiges Orthogonalsystem von* $\mathfrak{A}$. *Jedes* $\mathfrak{A}_{1i}$, $i = 2, 3, \ldots, r$, *enthalte ein in der Teilalgebra* $\mathfrak{U}_i := \mathfrak{A}_{11} + \mathfrak{A}_{1i} + \mathfrak{A}_{ii}$ *invertierbares Element. Dann gibt es eine für invertierbares* f *gebildete Mutation* $\mathfrak{A}_f$ *von* $\mathfrak{A}$, *die in bezug auf ein vollständiges Orthogonalsystem* $c_1, c_2, \ldots, c_r$ *von* $\mathfrak{A}_f$ *regulär ist und für welche die Algebren*

$$\mathfrak{A}_{11} = \mathfrak{A}_1(e_1) \quad und \quad (\mathfrak{A}_f)_{11} = (\mathfrak{A}_f)_1(c_1)$$

gleich sind. Insbesondere ist $e_1 = c_1$.

Beweis. Es sei $s_{1i} \in \mathfrak{A}_{1i}$ in der Algebra $\mathfrak{U}_i$ invertierbar und es sei t_{1i} das Inverse, das wegen Lemma 2.1 und (2.8) wieder in $\mathfrak{A}_{1i}$ liegt. Dann ist t_{1i}^2 das Inverse von s_{1i}^2 in $\mathfrak{U}_i$ und die Elemente $s_{1i}, t_{1i}, s_{1i}^2, t_{1i}^2$ sind in $\mathfrak{U}_i$ paarweise vertauschbar.

Wir definieren Elemente $c_i, d_i \in \mathfrak{A}_{ii}$ vermöge $c_1 = d_1 = e_1$ und

$$s_{1i}^2 = a_1^{(i)} + c_i, \qquad t_{1i}^2 = b_1^{(i)} + d_i, \qquad a_1^{(i)}, b_1^{(i)} \in \mathfrak{A}_{11},$$

für $i = 2, 3, \ldots, r$. Es ist also $c_i = e_i\,s_{1i}^2$, $d_i = e_i\,t_{1i}^2$. Wendet man Lemma 2.3 auf die Algebra $\mathfrak{U}_i$ an, so sieht man, daß d_i das Inverse von c_i in $\mathfrak{A}_{ii}$ ist. Wegen Lemma 2.3 für die Algebra $\mathfrak{A}$ ist dann

$$f := \sum_i d_i$$

in $\mathfrak{A}$ invertierbar, und es gilt

$$f^{-1} = \sum_i c_i.$$

Wir bilden nun die Mutation $\mathfrak{A}_f$ mit Einselement f^{-1} und der Multiplikation (vgl. IV, § 4.2)

$$u \perp v = u(v\,f) + v(u\,f) - (u\,v)\,f = P(u,\,v)\,f.$$

Wegen $c_i\,f = e_i$ hat man $c_i \perp c_i = c_i\,e_i + c_i\,e_i - c_i^2\,d_i = c_i$, $c_i \perp c_j = c_i\,e_j + c_j\,e_i - (c_i\,c_j)\,f = 0$. Die c_i bilden also ein vollständiges Orthogonalsystem von $\mathfrak{A}_f$.

Da die Potenzen von s_{1i} und t_{1i} paarweise vertauschbar sind, erhält man

$$s_{1i}\,c_i = s_{1i}(s_{1i}^2\,e_i) = s_{1i}^2(s_{1i}\,e_i) = \tfrac{1}{2}s_{1i}^3,$$
$$s_{1i}\,d_i = s_{1i}(t_{1i}^2\,e_i) = t_{1i}^2(s_{1i}\,e_i) = \tfrac{1}{2}t_{1i},$$
$$(s_{1i}\,c_i)\,d_i - (s_{1i}\,d_i)\,c_i = \tfrac{1}{2}s_{1i}^3(t_{1i}^2\,e_i) - \tfrac{1}{2}t_{1i}(s_{1i}^2\,e_i)$$
$$= \tfrac{1}{2}t_{1i}^2(s_{1i}^3\,e_i) - \tfrac{1}{2}s_{1i}^2(t_{1i}\,e_i) = \tfrac{1}{4}(t_{1i}^2\,s_{1i}^3 - s_{1i}^2\,t_{1i}) = 0.$$

Da s_{1i} und $s_{1i}f$ in $\mathfrak{A}_{1i}$ liegen, hat man $s_{1i} \perp c_1 = s_{1i}\,e_1 + e_1(s_{1i}\,f) - (e_1\,s_{1i})\,f = \tfrac{1}{2}s_{1i}$ und unter Verwendung der vorhergehenden Formel $s_{1i} \perp c_i = s_{1i}\,e_i + c_i(s_{1i}f) - (s_{1i}\,c_i)\,f = \tfrac{1}{2}s_{1i} + c_i(s_{1i}\,d_i) - (s_{1i}\,c_i)\,d_i = \tfrac{1}{2}s_{1i}$. Bezeichnet man daher mit

$$\mathfrak{A}_f = \sum_{i \leq j} (\mathfrak{A}_f)_{ij}$$

die Peirce-Zerlegung von $\mathfrak{A}_f$ in bezug auf $c_1, c_2, \ldots, c_r$, so gilt

$$s_{1i} \in (\mathfrak{A}_f)_{1i}.$$

Schließlich ist mit den obigen Formeln

$$s_{1i} \perp s_{1i} = P(s_{1i})\,f = P(s_{1i})\,e_1 + P(s_{1i})\,d_i$$
$$= s_{1i}^2 - s_{1i}^2\,e_1 + 2s_{1i}(s_{1i}\,d_i) - s_{1i}^2\,d_i$$
$$= c_i + s_{1i}\,t_{1i} - c_i\,d_i = c_1 + c_i.$$

Setzt man daher $e_{1i} := 2s_{1i}$, so hat man die Regularität von $\mathfrak{A}_f$ in bezug auf $c_1, c_2, \ldots, c_r$ gezeigt.

Nun betrachten wir die Teilalgebra $(\mathfrak{A}_f)_1(c_1) = (\mathfrak{A}_f)_{11}$. Für

$$f = e_1 + f_0, \qquad f_0 \in \mathfrak{A}_0(e_1),$$

und

$$u = u_1 + u_{\frac{1}{2}} + u_0, \qquad u_\nu \in \mathfrak{A}_\nu(e_1),$$

hat man

$$e_1 \perp u = e_1(u_1 + \tfrac{1}{2}u_{\frac{1}{2}} + f_0\,u_{\frac{1}{2}} + f_0\,u_0) + u\,e_1 - (u_1 + \tfrac{1}{2}u_{\frac{1}{2}})(e_1 + f_0)$$
$$= u_1 + \tfrac{1}{4}u_{\frac{1}{2}} + \tfrac{1}{2}f_0\,u_{\frac{1}{2}} + u_1 + \tfrac{1}{2}u_{\frac{1}{2}} - u_1 - \tfrac{1}{4}u_{\frac{1}{2}} - \tfrac{1}{2}f_0\,u_{\frac{1}{2}}$$
$$= u_1 + \tfrac{1}{2}u_{\frac{1}{2}}.$$

Es ist daher $u \in \mathfrak{A}_1(e_1)$ und $u \in (\mathfrak{A}_f)_1(c_1)$ gleichbedeutend, und es ist für u, v aus dieser Teilalgebra $u \perp v = u\,v$. Damit ist das Lemma bewiesen.

3. Wir nehmen nun an, daß $\mathfrak{A}$ in bezug auf das vollständige Orthogonalsystem $e_1, e_2, \ldots, e_r$, $r \geqq 2$, regulär ist.

Lemma 4.2. *Es gibt Elemente* $e_{ij} = e_{ji}$ *in* $\mathfrak{A}_{ij}$ *mit folgenden Eigenschaften:*

$$(4.4) \qquad e_{ij}^2 = 4(e_i + e_j), \qquad e_{ij}\,e_{jk} = e_{ik},$$

$$(4.5) \qquad e_{ij}(e_{ij}\,w_{ik}) = w_{ik},$$

$$(4.6) \qquad e_{ij}(e_{ik}\,w_{kl}) = e_{jk}\,w_{kl}.$$

Beweis. Im Falle $r = 2$ stimmt die erste Aussage von (4.4) mit der Definition der Regularität überein, während alle anderen Aussagen des Lemmas inhaltslos sind. Wir dürfen also $r \geqq 3$ annehmen. Da $\mathfrak{A}$ nach Voraussetzung regulär ist, gibt es $e_{1i} \in \mathfrak{A}_{1i}$, $i = 2, \ldots, r$, so daß $e_{1i}^2 = 4(e_1 + e_i)$ gilt. Man definiert für $i \neq 1$, $j \neq 1$,

$$e_{ij} := e_{1i}\,e_{1j} \in \mathfrak{A}_{ij}.$$

Wegen (4.2) folgt

$$e_{ij}^2 = (e_{1i}\,e_{1j})^2 = \tfrac{1}{4}P(e_{1i})\,e_{1j}^2 + \tfrac{1}{4}P(e_{1j})\,e_{1i}^2$$
$$= P(e_{1i})\,(e_1 + e_j) + P(e_{1j})\,(e_1 + e_i).$$

Man hat $P(e_{1i})\,e_j = 0$ und $P(e_{1i})\,e_1 = e_{1i}^2 - e_{1i}^2\,e_1 = 4e_i$, so daß man die erste Aussage von (4.4) erhält. Nach **(V.1)** folgt nun

$$e_{1j}\,e_{jk} = e_{1j}(e_{1j}\,e_{1k}) = \tfrac{1}{2}e_{1j}^2\,e_{1k} = 2(e_1 + e_j)\,e_{1k} = e_{1k}.$$

Zum Nachweis der zweiten Gleichung von (4.4) darf also angenommen werden, daß i, j, k ungleich 1 sind. Wegen **(V.2)** erhält man dann

$$e_{ij}\,e_{jk} = (e_{1i}\,e_{1j})\,e_{jk} = e_{1i}(e_{1j}\,e_{jk}) = e_{1i}\,e_{1k} = e_{ik},$$

und (4.4) ist bewiesen.

Wegen **(V.1)** hat man $2e_{ij}(e_{ij}\,w_{ik}) = e_{ij}^2\,w_{ik} = 4(e_i + e_j)\,w_{ik} = 2w_{ik}$, also (4.5). Die Beziehung (4.6) ist eine Konsequenz von **(V.2)** und (4.4).

Kürzt man für $i \neq j$

$$L_{ij} = L_{ji} := L(e_{ij})$$

ab, so zeigt (2.10′), daß $L_{ij}\colon \mathfrak{A}_{ik} \to \mathfrak{A}_{jk}$ ein Homomorphismus der Vektorräume ist. Da diese Abbildung wegen (4.5) bijektiv ist, erhält man das wichtige

Korollar. Die Abbildung $L_{ij}\colon \mathfrak{A}_{ik} \to \mathfrak{A}_{jk}$ *ist ein Isomorphismus der Vektorräume. Insbesondere haben alle* $\mathfrak{A}_{ij}$ *über* K *die gleiche Dimension.*

4. Neben der Abbildung L_{ij} betrachten wir noch die Abbildung

$$P_{ij} = P_{ji} := \tfrac{1}{4}P(e_{ij})$$

von $\mathfrak{A}$ in sich. Man hat speziell

$$P_{ij}\,e_i = e_j, \qquad P_{ij}\,e_{ij} = e_{ij}.$$

Wegen Lemma 2.4 hat man $P_{ij}\,\mathfrak{A}_{jj} \subset \mathfrak{A}_{ii}$, $P_{ij}\,\mathfrak{A}_{ij} \subset \mathfrak{A}_{ij}$. Das Korollar zu III, Satz 1.5, ergibt

$$P_{ij}^2 = \frac{1}{16}\,P^2(e_{ij}) = \frac{1}{16}\,P(e_{ij}^2) = P(e_i + e_j),$$

d. h., P_{ij}^2 ist auf der Teilalgebra

$$\mathfrak{U} = \mathfrak{A}_1(e_i + e_j) = \mathfrak{A}_{ii} + \mathfrak{A}_{ij} + \mathfrak{A}_{jj}$$

die Identität. P_{ij} selbst ist somit auf $\mathfrak{U}$ bijektiv, und speziell sind

$$(4.7) \qquad\qquad P_{ij} : \mathfrak{A}_{jj} \to \mathfrak{A}_{ii}, \qquad P_{ij} : \mathfrak{A}_{ij} \to \mathfrak{A}_{ij},$$

bijektive Abbildungen. Darüber hinaus zeigen wir

Lemma 4.3. *Es ist* $P_{ij} : \mathfrak{U} \to \mathfrak{U}$ *ein Automorphismus der Algebra* $\mathfrak{U}$.

Beweis. Wegen IV, Lemma 4.1, wissen wir, daß für $f \in \mathfrak{U}$ die Abbildung $P(f)$ ein Isomorphismus der Mutation $\mathfrak{U}_g$, $g = f^2$, in $\mathfrak{U}$ ist. Wir wenden dies für $f = e_{ij}$, $g = 4(e_i + e_j)$ an und erhalten

$$P(e_{ij})(w \underset{g}{\perp} w) = [P(e_{ij})\,w]^2, \qquad w \in \mathfrak{U}.$$

Da $\tfrac{1}{4}g$ das Einselement von $\mathfrak{U}$ ist, hat man $w \perp w = 4w^2$ und daher $P_{ij}\,w^2 = (P_{ij}\,w)^2$. Es ist also P_{ij} ein Homomorphismus von $\mathfrak{U}$ in sich.

Nach diesem Lemma ist dann auch $P_{ij} : \mathfrak{A}_{jj} \to \mathfrak{A}_{ii}$ ein Isomorphismus, und wir erhalten das

Korollar. Die Abbildung $P_{ij} : \mathfrak{A}_{jj} \to \mathfrak{A}_{ii}$ *ist ein Isomorphismus der betreffenden Algebren. Insbesondere sind alle Teilalgebren* $\mathfrak{A}_{ii}$ *untereinander isomorph.*

5. Mit diesem Korollar können wir nun zeigen, daß es zu jeder einfachen Algebra eine reguläre Mutation mit zusätzlichen Eigenschaften gibt:

Satz 4.4. *Es sei* $\mathfrak{A}$ *eine einfache Jordan-Algebra mit Einselement* e *vom Primitiv-Grad* $r \geq 2$. *Dann gibt es eine für invertierbares* f *gebildete Mutation* $\mathfrak{A}_f$, *die in bezug auf ein vollständiges Orthogonalsystem primitiver Idempotente* $c_1, c_2, \ldots, c_r$ *regulär ist.*

Beweis. Wir wählen ein vollständiges Orthogonalsystem primitiver Idempotente $e_1, e_2, \ldots, e_r$ von $\mathfrak{A}$. Wegen Satz 3.4 sind in der PEIRCE-Zerlegung alle $\mathfrak{A}_{ij}\,(i \neq j)$ von Null verschieden und enthalten daher wegen Lemma 3.3 ein in der Teilalgebra $\mathfrak{A}_{ii} + \mathfrak{A}_{ij} + \mathfrak{A}_{jj}$ invertierbares Element. Insbesondere sind damit die Voraussetzungen von Lemma 4.1 erfüllt. Es gibt also ein vollständiges Orthogonalsystem $c_1 = e_1, c_2, \ldots, c_r$ einer Mutation $\mathfrak{A}_f$ von $\mathfrak{A}$ und es ist

$$\mathfrak{A}_1(e_1) = (\mathfrak{A}_f)_1(c_1) = (\mathfrak{A}_f)_{11}.$$

Die Algebra $\mathfrak{A}_f$ ist regulär in bezug auf dieses Orthogonalsystem. Nach dem vorhergehenden Korollar sind alle $(\mathfrak{A}_f)_{ii}$ zu $(\mathfrak{A}_f)_{11}$, also zu $\mathfrak{A}_1(e_1)$ isomorph. Mit $\mathfrak{A}_1(e_1)$ sind also alle $(\mathfrak{A}_f)_{ii}$ primäre Algebren. Wegen IV, Satz 5.9, ist eine Algebra $\mathfrak{A}_1(c)$ dann und nur dann primär, wenn das Idempotent c primitiv ist. Folglich sind die Idempotente c_i von $\mathfrak{A}_f$ primitiv.

Von diesem Satz geben wir eine einfache aber wichtige Anwendung: Die einfache Jordan-Algebra $\mathfrak{A}$ mit Einselement e habe den Grad s und den Primitiv-Grad r. Besitzt $\mathfrak{A}$ wenigstens ein von e verschiedenes Idempotent, so ist $r \geq 2$. Nach dem Satz gibt es dann eine für invertierbares f gebildete Mutation $\mathfrak{A}_f$, die regulär ist in bezug auf ein vollständiges Orthogonalsystem $c_1, c_2, \ldots, c_r$ von primitiven Idempotenten. Wir setzen $\mathfrak{B} = \mathfrak{A}_f$ und bilden die Algebra $\overline{\mathfrak{B}}$, die aus $\mathfrak{B}$ durch die Grundkörpererweiterung von K zum algebraischen Abschluß $\overline{K}$ entsteht. Es ist auch $\overline{\mathfrak{B}}$ in bezug auf $c_1, c_2, \ldots, c_r$ regulär. Da nach dem Korollar zu Lemma 4.3 die Teilalgebren $\overline{\mathfrak{B}}_{ii} = \overline{\mathfrak{B}}_1(c_i)$ untereinander isomorph sind, sind entweder alle c_i auch in $\overline{\mathfrak{B}}$ primitiv oder jedes c_i zerfällt in die gleiche Zahl k von absolut-primitiven Idempotenten. In $\overline{\mathfrak{B}}$ gibt es daher ein vollständiges Orthogonalsystem von kr absolut-primitiven Idempotenten. Wegen III, Satz 7.5, ist also der Grad von $\overline{\mathfrak{B}}$ gleich kr. Da sich der Grad bei Grundkörpererweiterung nicht ändert, hat auch $\mathfrak{B} = \mathfrak{A}_f$ den Grad kr. Nun entnehmen wir V, Satz 2.7, daß auch $\mathfrak{A}$ den Grad kr hat, d. h., es gilt $s = kr$. Wir erhalten

Satz 4.5. *Für eine einfache Jordan-Algebra $\mathfrak{A}$ mit Einselement e ist der Primitiv-Grad r ein Teiler des Grades s.*

Korollar. Die einfache Jordan-Algebra $\mathfrak{A}$ mit Einselement e habe eine Primzahl s als Grad. Dann ist $\mathfrak{A}$ entweder ein Jordan-Körper (und hat e als einziges Idempotent) oder die Algebra $\mathfrak{A}$ hat den Primitiv-Grad s und es gibt ein vollständiges Orthogonalsystem der Länge s von absolut-primitiven Idempotenten.

§ 5. Die Teilalgebren $\mathfrak{U}$ von $\mathfrak{A}$

1. Es sei wieder $\mathfrak{A}$ eine Jordan-Algebra über K, die in bezug auf das vollständige Orthogonalsystem $e_1, e_2, \ldots, e_r$, $r \geq 2$, regulär ist. Neben den Abbildungen

$$L_{ij} = L_{ji} = L(e_{ij}), \qquad P_{ij} = P_{ji} = \tfrac{1}{4} P(e_{ij}),$$

definieren wir eine Abbildung S_{ij} von $\mathfrak{A}$ in sich vermöge

$$S_{ij}\, w := \tfrac{1}{4} e_i(e_{ij}\, w), \qquad \text{d. h. } S_{ij} = \tfrac{1}{4} L(e_i)\, L_{ij}.$$

Man beachte, daß S_{ij} in i und j nicht symmetrisch ist!

Vorerst untersuchen wir diese Abbildungen auf der Teilalgebra

$$\mathfrak{U} := \mathfrak{A}_1(e_i + e_j) = \mathfrak{A}_{ii} + \mathfrak{A}_{ij} + \mathfrak{A}_{jj}$$

von $\mathfrak{A}$. Es ist $e_i + e_j$ das Einselement von $\mathfrak{U}$. Die Beschränkung dieser Abbildungen auf Teilmengen von $\mathfrak{U}$ unterscheiden wir nicht in der Bezeichnung. Wegen (2.10′) und (2.10″) hat man

(5.1) $S_{ij}\,\mathfrak{A}_{ii} \subset \mathfrak{A}_{ij}, \quad S_{ij}\,\mathfrak{A}_{jj} \subset \mathfrak{A}_{ij}, \quad S_{ij}\,\mathfrak{A}_{ij} \subset \mathfrak{A}_{ii},$

und speziell gilt

$$S_{ij}\,e_{ij} = e_i, \quad S_{ij}\,e_i = S_{ij}\,e_j = \frac{1}{16}\,e_{ij}.$$

Da $\frac{1}{4}L(e_{ij}^2) = L(e_i + e_j)$ auf $\mathfrak{U}$ die Identität ist, entnimmt man der Definition von P_{ij} sofort

(5.2) $P_{ij} = \frac{1}{2}L_{ij}^2 - Id.$

Trägt man in (IV; 3.9) für u und v das Element e_{ij} ein, so erhält man aus dem gleichen Grunde

(1) $L_{ij}\,P_{ij} = L_{ij} = P_{ij}\,L_{ij}.$

Wir werden Formeln wie diese, die später häufig benötigt werden, der besseren Kennzeichnung wegen besonders numerieren. Multipliziert man (5.2) mit L_{ij} und verwendet **(1)**, so bekommt man

(5.3) $L_{ij}^3 = 4L_{ij}.$

In der Polarisationsformel (IV; 3.2) setzen wir $u = e_{ij}$ und $v = e_i$ und erhalten für $w \in \mathfrak{U}$ die Beziehung $e_{ij}(e_{ij}w) = 2e_{ij}(e_i[e_{ij}w])$. Wegen der Symmetrie der linken Seite in i und j bedeutet dies

(2) $L_{ij}^2 = 8L_{ij}\,S_{ij} = 8L_{ij}\,S_{ji}.$

Die Gl. (5.2) schreibt sich damit in der Form

(3) $P_{ij} = 4L_{ij}\,S_{ij} - Id.$

Multipliziert man die erste Gleichung von **(1)** von links mit $\frac{1}{4}L(e_i)$, so erhält man

(4) $S_{ij}\,P_{ij} = S_{ij}.$

Wegen **(2)** hat man außerdem $S_{ij}\,L_{ij} = \frac{1}{4}L(e_i)\,L_{ij}^2 = 2L(e_i)\,L_{ij}\,S_{ij}$. Vertauscht man hier i und j und addiert beide Gleichungen, so bekommt man

(5) $S_{ij}\,L_{ij} + S_{ji}\,L_{ij} = 2L_{ij}\,S_{ij},$

denn die rechte Seite ist in i und j symmetrisch und $L(e_i + e_j)$ ist die Identität auf $\mathfrak{U}$. Aus **(5)** und **(3)** folgt für $u_i \in \mathfrak{A}_{ii}$

$$S_{ij}\,L_{ij}\,u_i + S_{ji}\,L_{ij}\,u_i = \frac{1}{2}(u_i + P_{ij}\,u_i).$$

Wegen (4.7) und (5.1) liegt auf beiden Seiten der erste Summand in $\mathfrak{A}_{ii}$ und der zweite Summand in $\mathfrak{A}_{jj}$. Es folgt also

(5a) $\qquad 2S_{ij}L_{ij}u_i = u_i$ $\qquad$ **(5b)** $\quad 2S_{ji}L_{ij}u_i = P_{ji}u_i.$

Wegen (5.2), **(2)** und (5.3) hat man schließlich

$$P_{ij}S_{ji} = \frac{1}{2}L_{ij}^2 S_{ji} - S_{ji} = \frac{\cdot 1}{16}L_{ij}^3 - S_{ji} = \frac{1}{4}L_{ij} - S_{ji}$$

$$= \frac{1}{4}\left(L_{ij} - L(e_j)L_{ij}\right).$$

Da $L(e_i) + L(e_j)$ auf $\mathfrak{U}$ die Identität ist, erhält man für die rechte Seite $\frac{1}{4}L(e_i)L_{ij} = S_{ij}$. Damit folgt

(6) $\qquad\qquad\qquad P_{ij}S_{ji} = S_{ij}.$

2. Das Element $g = \frac{1}{4}e_{ij}$ ist in der Algebra $\mathfrak{U}$ invertierbar und es ist $g^{-1} = e_{ij}$. Wir bilden die Mutation $\mathfrak{U}_g$ von $\mathfrak{U}$ mit der Multiplikation

(5.4) $\qquad\qquad 4u \perp v = (u\,e_{ij})\,v + (v\,e_{ij})\,u - (u\,v)\,e_{ij}$

(vgl. IV, § 4). Es ist $\mathfrak{U}_g$ eine Jordan-Algebra mit Einselement e_{ij}. Für $u, v \in \mathfrak{A}_{ij}$ liegt auch $u \perp v$ in $\mathfrak{A}_{ij}$, d. h. $\mathfrak{A}_{ij}$ ist eine Teilalgebra von $\mathfrak{U}_g$. Diese Teilalgebra, d. h. den Vektorraum $\mathfrak{A}_{ij}$ zusammen mit dem Produkt $u \perp v$ bezeichnen wir mit $\mathfrak{A}^{ij}$. *Es ist also $\mathfrak{A}^{ij}$ eine Jordan-Algebra mit Einselement e_{ij}.*

3. Wir setzen zur Abkürzung

$$\overline{w} := P_{ij}w, \qquad w \in \mathfrak{U}.$$

Die Abbildung $w \to \overline{w}$ ändert sich nicht, wenn man i und j vertauscht. Wegen Lemma 4.3 und $P_{ij}^2 = Id$ ist $w \to \overline{w}$ ein involutorischer Automorphismus von $\mathfrak{U}$, der das Element e_{ij} festläßt. Wegen (4.7) bildet er $\mathfrak{A}_{ij}$ in sich ab und vertauscht $\mathfrak{A}_{ii}$ mit $\mathfrak{A}_{jj}$. Aus **(3)** entnehmen wir

(3′) $\qquad \overline{w} = 4L_{ij}S_{ij}w - w = 4(S_{ij}w)\,e_{ij} - w, \qquad w \in \mathfrak{U}.$

Lemma 5.1. *Für $w \in \mathfrak{U}$ gilt dann und nur dann $w = \overline{w}$, wenn*

$$w = u_i + v_i\,e_{ij} + \bar{u}_i, \qquad u_i, v_i \in \mathfrak{A}_{ii},$$

erfüllt ist. Speziell ist dann $\bar{v}_i\,e_{ij} = v_i\,e_{ij}$.

Beweis. Wegen **(1)** bleiben die Elemente w der angegebenen Form sicher bei der Abbildung $w \to \overline{w}$ fest. Nun sei ein Element $w = u_i + u_{ij} + u_j$ mit $\overline{w} = w$ gegeben. Es folgt $u_j = \bar{u}_i$ und $\bar{u}_{ij} = u_{ij}$. Da $S_{ij}u_{ij}$ zu $\mathfrak{A}_{ii}$ gehört, zeigt **(3′)**, daß $u_{ij} = v_i\,e_{ij}$ mit $v_i \in \mathfrak{A}_{ii}$ erfüllt ist.

Wegen (5.4) ist $w \to \overline{w}$ auch ein involutorischer Automorphismus von $\mathfrak{U}_g$ und damit von $\mathfrak{A}^{ij}$. Es bezeichne $\mathfrak{H}(\mathfrak{A}^{ij})$ die Menge der $w \in \mathfrak{A}^{ij}$ mit $\overline{w} = w$, also

$$\mathfrak{H}(\mathfrak{A}^{ij}) = L_{ij}\mathfrak{A}_{ii}.$$

Dieser Vektorraum ist gegenüber der Multiplikation $u \perp v$ von $\mathfrak{A}^{ij}$ abgeschlossen. *Damit ist $\mathfrak{H}(\mathfrak{A}^{ij})$ eine Teilalgebra von $\mathfrak{A}^{ij}$.*

Lemma 5.2.

a) *Die Abbildung $S_{ij}: \mathfrak{A}_{ij} \to \mathfrak{A}_{ii}$ ist surjektiv.*

b) *Die Abbildung $S_{ij}: \mathfrak{H}(\mathfrak{A}^{ij}) \to \mathfrak{A}_{ii}$ ist ein Isomorphismus der betreffenden Jordan-Algebren.*

Beweis. a) Die Behauptung folgt sofort aus **(5a)**, und zwar sieht man gleichzeitig, daß die Restriktion auf $\mathfrak{H}(\mathfrak{A}^{ij})$ bijektiv ist.

b) Sei $u = u_i\,e_{ij}$ aus $\mathfrak{H}(\mathfrak{A}^{ij})$. Wegen **(5a)** ist dann $u_i = 2S_{ij}\,u$. Es ist $2u\,e_{ij} = 2(u_i\,e_{ij})\,e_{ij} = P(e_{ij})\,u_i + e_{ij}^2\,u_i = 4(\bar{u}_i + u_i)$. Wegen **(V.5)** und Lemma 5.1 hat man

$$\bar{u}_i\,u = \bar{u}_i(\bar{u}_i\,e_{ij}) = \tfrac{1}{2}\bar{u}_i^2\,e_{ij} = \tfrac{1}{2}u_i^2\,e_{ij} = u_i(u_i\,e_{ij}) = u_i\,u,$$

so daß sich

$$2u(u\,e_{ij}) = 4\bar{u}_i\,u + 4u_i\,u = 4u_i^2\,e_{ij}$$

ergibt. Trägt man $v = e_{ij}$, $u = u_i$ in (4.1) ein, so folgt

$$4(e_{ij}\,u_i)^2 = P(e_{ij})\,u_i^2 + P(u_i)\,e_{ij}^2 + 2u_i[P(e_{ij})\,u].$$

Da der letzte Summand gleich $8u_i\,\bar{u}_i$, also gleich Null ist, erhält man $u^2 = (e_{ij}\,u_i)^2 = \overline{u_i^2} + u_i^2$ und somit

$$u^2\,e_{ij} = \overline{u_i^2}\,e_{ij} + u_i^2\,e_{ij} = 2u_i^2\,e_{ij}.$$

Das Produkt $4u \perp u = 2u(u\,e_{ij}) - u^2\,e_{ij}$ kann daher in der Form

$$u \perp u = 2(S_{ij}\,u)^2\,e_{ij}$$

geschrieben werden. Wegen **(5a)** folgt hieraus $S_{ij}(u \perp u) = (S_{ij}\,u)^2$, d. h., S_{ij} ist ein Homomorphismus der Algebren.

4. Zur Untersuchung der durch L_{ij}, P_{ij}, S_{ij} erzeugten Algebra von linearen Transformationen von $\mathfrak{U}$, insbesondere zur Klärung der Frage, welche weiteren Relationen zwischen diesen Abbildungen bestehen, wählen wir die Abkürzungen

$$I := Id, \quad L := L_{ij}, \quad P := P_{ij}, \quad S := 4S_{ij}, \quad T := 4S_{ji}.$$

Der Definition von S und T entnimmt man die Relation

(5.6) $$L = S + T.$$

Da man i und j vertauschen darf, lauten die Regeln **(4)** und **(6)**

(5.7) $$SP = S, \quad TP = T, \quad PS = T, \quad PT = S.$$

Wegen **(2)** hat man $L^2 = 2LS = 2LT$ und daher $SL = L(e_i)\,L^2 = 2L(e_i)\,LS = 2L(e_i)\,LT$, d. h.

(5.8) $$SL = 2S^2 = 2ST, \quad TL = 2T^2 = 2TS.$$

Wegen (5.2) ist $P + I = \tfrac{1}{2}L^2 = LS = S^2 + TS = S^2 + T^2$, d. h.

(5.9) $$S^2 + T^2 = I + P.$$

Multipliziert man diese Gleichung mit S und beachtet $ST^2 = STT = S^2T = S^3$, so erhält man

$$(5.10) \qquad S^3 = S \quad \text{und analog} \quad T^3 = T.$$

Wir bezeichnen mit $\mathfrak{T}$ den durch die linearen Transformationen I, P, S, S^2, T aufgespannten Vektorraum über K. Aus den Relationen (5.6) bis (5.10) erhält man ohne Schwierigkeiten die Multiplikationstabelle

(5.11)

	P	S	S^2	T
P	I	T	$I + P - S^2$	S
S	S	S^2	S	S^2
S^2	S^2	S	S^2	S
T	T	$I + P - S^2$	T	$I + P - S^2$

Es ist also $\mathfrak{T}$ gegenüber der Multiplikation abgeschlossen, d. h. eine assoziative Algebra. Wegen (5.6) gehört L zu $\mathfrak{T}$.

Die Algebra $\mathfrak{T}$ hat die Dimension 5 über K. Zum Nachweis wende man eine Linearkombination der Erzeugenden von $\mathfrak{T}$ auf e_i und auf e_{ij} an. Eine elementare Rechnung zeigt, daß höchstens die Relation $S^2 = I$ bestehen könnte. Wegen (5.8) und (5.9) ist dies aber nicht möglich.

Die Struktur der Algebra $\mathfrak{T}$ ist leicht angebbar. Man definiert die Elemente

$$c_1 := \tfrac{1}{2}(e_i + e_j) + \tfrac{1}{4}e_{ij}, \qquad c_2 := \tfrac{1}{2}(e_i + e_j) - \tfrac{1}{4}e_{ij}.$$

Da $e_i + e_j$ das Einselement von $\mathfrak{U}$ ist, bilden c_1, c_2 ein vollständiges Orthogonalsystem von $\mathfrak{U}$. Offenbar ist die von $L(c_1)$ und $L(c_2)$ erzeugte Algebra in $\mathfrak{T}$ enthalten. Wegen Satz 1.2 ist dann

$$C_1 := P(c_1), \qquad C_2 := P(c_2), \qquad C_3 := 4L(c_1)L(c_2) = \tfrac{1}{2}(I - P),$$

ein vollständiges Orthogonalsystem von $\mathfrak{T}$. Führt man die weiteren Elemente

$$R_1 := S - T, \qquad R_2 := 2S^2 - I - P,$$

ein, so ist C_1, C_2, C_3, R_1, R_2 wieder eine Basis von $\mathfrak{T}$, denn durch die ersten vier Elemente kann man I, P, S, T ausdrücken. Eine elementare Rechnung ergibt an Stelle von (5.11) die neue Multiplikationstabelle

(5.12)

	C_1	C_2	C_3	R_1	R_2
C_1	C_1	0	0	0	0
C_2	0	C_2	0	0	0
C_3	0	0	C_3	R_1	R_2
R_1	$\tfrac{1}{2}(R_1 + R_2)$	$\tfrac{1}{2}(R_1 + R_2)$	0	0	0
R_2	$\tfrac{1}{2}(R_1 + R_2)$	$\tfrac{1}{2}(R_2 - R_1)$	0	0	0

Damit hat $\mathfrak{T}$ ein zweidimensionales Radikal, und der halbeinfache Anteil ist isomorph zu $K \oplus K \oplus K$.

§ 6. Die Algebren $\mathfrak{C}^{ij}$

1. Es sei die Jordan-Algebra $\mathfrak{A}$ in bezug auf das vollständige Orthogonalsystem e_1, e_2, $\ldots$, e_r regulär, und es sei

$$r \geqq 3.$$

Im Vektorraum $\mathfrak{A}_{ij}$ definieren wir eine neue Multiplikation durch

$$u \cdot v = u \underset{(i,j)}{\cdot} v := (e_{ik} u)(e_{jk} v) \in \mathfrak{A}_{ij}.$$

Es bezeichne $\mathfrak{C}^{ij}$ die hierdurch im Vektorraum $\mathfrak{A}_{ij}$ induzierte Algebra. Die Multiplikation von $\mathfrak{C}^{ij}$ geht bei Vertauschung von i und j in die anti-isomorphe Multiplikation über. Während also $\mathfrak{A}_{ij}$ und $\mathfrak{A}_{ji}$ übereinstimmen, sind $\mathfrak{C}^{ij}$ und $\mathfrak{C}^{ji}$ anti-isomorph.

Wir zeigen zuerst, daß die Multiplikation in $\mathfrak{C}^{ij}$ nicht von der Wahl von k abhängt. Im Fall $r = 3$ ist dabei nichts zu beweisen, denn k ist dann durch i und j eindeutig festgelegt. Für $r > 3$ sei $x_{jk} = e_{ik} u$, $y_{il} = e_{jl} v$. Wegen (4.6) und **(V.2)** hat man

$$(e_{il} u)(e_{jl} v) = (e_{kl} x_{jk}) y_{il} = (y_{il} e_{kl}) x_{kj}.$$

Erneute Verwendung von (4.6) gibt $e_{kl} y_{il} = e_{kl}(e_{jl} v) = e_{jk} v$, und daher zeigt $(e_{il} u)(e_{jl} v) = (e_{ik} u)(e_{jk} v)$ die behauptete Unabhängigkeit von k.

Es ist e_{ij} das Einselement der Algebra $\mathfrak{C}^{ij}$. Trägt man in der Definition von $u \cdot v$ für u das Element e_{ij} ein, so erhält man mit (4.4) sofort $e_{ij} \cdot v = e_{jk}(e_{jk} v)$. Wegen (4.5) ist dies aber gleich v. Entsprechend erhält man $u \cdot e_{ij} = u$.

2. Als nächstes beweisen wir für $u, v \in \mathfrak{C}^{ij}$:

$$(6.1) \qquad u \cdot (w_i v) = w_i(u \cdot v), \qquad (w_j u) \cdot v = w_j(u \cdot v).$$

Zum Nachweis der ersten Gleichung verwendet man zweimal die Relation **(V.4)** und erhält

$$u \cdot (w_i v) = (e_{ik} u)(e_{jk}[w_i v]) = (e_{ik} u)(w_i[e_{jk} v])$$
$$= w_i([e_{ik} u]\,[e_{jk} v]) = w_i(u \cdot v).$$

Wegen der Anti-Isomorphie von $\mathfrak{C}^{ij}$ und $\mathfrak{C}^{ji}$ gilt daher

$$(w_j u) \cdot v = v \underset{(j,\,i)}{\cdot} (w_j u) = w_j(v \underset{(j,\,i)}{\cdot} u) = w_j(u \cdot v),$$

d. h., (6.1) ist bewiesen.

Wir zeigen nun

$$(6.2) \qquad u \cdot (w_j v) = (w_i u) \cdot v, \qquad w_j \in \mathfrak{A}_{jj}, \qquad w_i = P_{ij} w_j,$$

und

$$(7) \qquad\qquad P_{ik} P_{kj} w_j = P_{ij} w_j, \qquad w_j \in \mathfrak{A}_{jj}.$$

Mit den Abkürzungen $w_k = P_{kj} w_j$, $w_i = P_{ik} w_k = P_{ik} P_{kj} w_j$ erhalten wir aus Lemma 5.1 oder aus **(1)**

$$w_k e_{jk} = w_j e_{jk}, \qquad w_k e_{ik} = w_i e_{ik}.$$

Mit diesen Beziehungen ergeben **(V.3)** und **(V.4)**

$$e_{jk}(w_j v) = v(e_{jk} w_j) = v(w_k e_{jk}) = w_k(e_{jk} v)$$

und durch Vertauschung von i und j auch $e_{ik}(w_i u) = w_k(e_{ik} u)$. Erneute Anwendung von **(V.3)** gibt nun

$$u \cdot (w_j v) = (e_{ik} u)(e_{jk}[w_j v]) = (e_{ik} u)(w_k[e_{jk} v])$$
$$= (w_k[e_{ik} u])(e_{jk} v) = (e_{ik}[w_i u])(e_{jk} v) = (w_i u) \cdot v.$$

Wir haben also $u \cdot (w_j v) = (w_i u) \cdot v$ für $w_i = P_{ik} P_{kj} w_j$ bewiesen. Hier ersetzen wir u und v durch das Einselement e_{ij} und erhalten $w_j e_{ij} = w_i e_{ij}$. Wegen **(5a)** und **(5b)** folgt hieraus $w_i = P_{ij} w_j$, so daß (6.2) und **(7)** bewiesen sind.

Die hergeleiteten Formeln erlauben die Berechnung eines Produktes $u \cdot v$ für den Fall, daß ein Faktor die Gestalt $w_i e_{ij}$ hat.

In § 5.3 haben wir die lineare Transformation $w \to \overline{w}$ des Vektorraums $\mathfrak{C}^{ij}$ erklärt durch

$$\overline{w} = P_{ij} w = 4 L_{ij} S_{ij} w - w.$$

Es ist $\overline{\overline{w}} = w$. Wir bezeichnen mit $\mathfrak{H}(\mathfrak{C}^{ij})$ den Untervektorraum von $\mathfrak{C}^{ij}$, der aus den w von $\mathfrak{C}^{ij}$ mit $\overline{w} = w$ besteht. Im allgemeinen ist $\mathfrak{H}(\mathfrak{C}^{ij})$ *keine* Teilalgebra von $\mathfrak{C}^{ij}$. Wegen Lemma 5.1 hat man

$$\mathfrak{H}(\mathfrak{C}^{ij}) = L_{ij} \mathfrak{A}_{ii} = L_{ij} \mathfrak{A}_{jj}.$$

Setzt man in den Formeln (6.1) und (6.2) für u bzw. v das Einselement e_{ij} von $\mathfrak{C}^{ij}$ ein, so erhält man

Lemma 6.1. *Für* $u \in \mathfrak{C}^{ij}$ *gilt*

$$u \cdot (w_i e_{ij}) = w_i u, \qquad (w_j e_{ij}) \cdot u = w_j u,$$
$$u \cdot (w_j e_{ij}) = \overline{w}_j u, \qquad (w_i e_{ij}) \cdot u = \overline{w}_i u.$$

Eine weitere Konsequenz unserer Formeln ist

Lemma 6.2. *Es liegt* $\mathfrak{H}(\mathfrak{C}^{ij})$ *im Nukleus von* $\mathfrak{C}^{ij}$, *d. h., es gilt*

$$u \cdot (v \cdot w) = (u \cdot v) \cdot w, \qquad w \cdot (u \cdot v) = (w \cdot u) \cdot v, \qquad u \cdot (w \cdot v) = (u \cdot w) \cdot v$$

für alle $u, v \in \mathfrak{C}^{ij}$ *und* $w \in \mathfrak{H}(\mathfrak{C}^{ij})$.

Korollar. Das Produkt von je drei Elementen aus $\mathfrak{H}(\mathfrak{C}^{ij})$ *ist assoziativ.*

Beweis. Man hat für $w = w_i e_{ij}$ wegen (6.1) und Lemma 6.1 nämlich $u \cdot (v \cdot w) = u \cdot (w_i v) = w_i(u \cdot v) = (u \cdot v) \cdot w$ und entsprechend $w \cdot (u \cdot v) = (w \cdot u) \cdot v$. Zum Nachweis der letzten Gleichung verwenden wir (6.2) und erhalten $u \cdot (w \cdot v) = u \cdot (w_j v) = (w_i u) \cdot v = (u \cdot w) \cdot v$.

3. Als Ergänzung der in § 5 hergeleiteten Relationen gelten auf $\mathfrak{C}^{ij}$

(8a) $\qquad S_{jk} L_{ik} = S_{ji}$, $\qquad$ **(8b)** $\quad S_{kj} L_{ik} = P_{ki} S_{ij}$.

Zum Beweis müssen wir erneut auf die Polarisationsformel in der Form (4.3) zurückgehen. Man ersetzt dort i, j, k durch k, i, j und erhält, da $P(e_i)$ und $L(e_i)$ auf $\mathfrak{A}_{ii} + \mathfrak{A}_{jj}$ übereinstimmen, $4 e_i(u_{ik} v_{jk})^2 = P(u_{ik}) v_{jk}^2$. Man ersetzt u_{ik} durch e_{ik} und v_{jk} durch $e_{jk} + v_{jk}$. Ein Vergleich der in v_{jk} linearen Glieder ergibt wegen $e_{ik}e_{jk} = e_{ij}$

$$e_i(e_{ij}[e_{ik}v_{jk}]) = P_{ik}(e_{jk}v_{jk}).$$

Für $w \in \mathfrak{C}^{ij}$ setzt man hier $v_{jk} = e_{ik}w$ und erhält wegen (4.5) zuerst $e_i(e_{ij}w) = P_{ik}(e_{jk}[e_{ik}w])$, d. h. $S_{ij}w = P_{ik}S_{kj}L_{ik}w$. Wendet man hier auf beiden Seiten P_{ik} an, so ergibt sich **(8b)**. Aus **(8b)** und **(7)** erhält man nun $P_{jk}S_{kj}L_{ik} = P_{jk}P_{ki}S_{ij} = P_{ji}S_{ij}$. Die Beziehung **(6)** auf beiden Seiten verwendet, ergibt nun **(8a)**.

4. Wir hatten im Korollar zu Lemma 4.2 gesehen, daß die Abbildung $L_{ij} : \mathfrak{A}_{ik} \to \mathfrak{A}_{jk}$ ein Vektorraumisomorphismus ist. Hiervon können wir jetzt die folgende Verschärfung zeigen:

Lemma 6.3. *Die Abbildungen*

$$L_{ij} : \mathfrak{C}^{kj} \to \mathfrak{C}^{ki} \quad und \quad L_{ij} : \mathfrak{C}^{jk} \to \mathfrak{C}^{ik}$$

sind Isomorphismen der betreffenden Algebren.

Beweis. Es ist nur noch zu zeigen, daß beide Abbildungen Algebrenhomomorphismen sind. Wir schreiben

$$e_{ik}u_{ik} = z_i + z_k, \quad z_i = 4S_{ik}u_{ik},$$
$$e_{ij}[e_{jk}u_{ik}] = w_i + w_j, \quad w_i = 4S_{ij}L_{jk}u_{ik},$$

und erhalten $w_i = z_i$ wegen **(8a)**. Nun folgt mit (4.5) und **(V.1)**

$$(e_{ij}u_{ik})_{\underset{(k,\,j)}{\bullet}}(e_{ij}v_{ik}) = (e_{ik}[e_{ij}u_{ik}])(e_{ij}[e_{ij}v_{ik}])$$
$$= ([e_{ik}u_{ik}]e_{ij} - u_{ik}[e_{ij}e_{ik}])v_{ik} = (z_i e_{ij} - e_{jk}u_{ik})v_{ik}.$$

Andererseits ist wieder wegen **(V.1)**

$$u_{ik}{}_{\underset{(k,\,i)}{\bullet}}v_{ik} = (e_{jk}u_{ik})(e_{ij}v_{ik})$$
$$= (e_{ij}[e_{jk}u_{ik}])v_{ik} - e_{ij}(v_{ik}[e_{jk}u_{ik}])$$
$$= w_i v_{ik} - e_{ij}([e_{jk}u_{ik}]v_{ik}).$$

Wegen $w_i = z_i$, **(V.3)** und (4.5) hat man daher

$$e_{ij}\left(u_{ik}{}_{\underset{(k,\,i)}{\bullet}}v_{ik}\right) = v_{ik}(z_i e_{ij} - e_{jk}u_{ik}).$$

Vergleicht man dies mit dem obigen Ergebnis, so bekommt man

$$L_{ij}\left(u_{ik}{}_{\underset{(k,\,i)}{\bullet}}v_{ik}\right) = (L_{ij}u_{ik})_{\underset{(k,\,j)}{\bullet}}(L_{ij}v_{ik}),$$

also die erste der behaupteten Homomorphien. Die zweite ergibt sich nun aus der Anti-Isomorphie von $\mathfrak{C}^{kj}$ und $\mathfrak{C}^{jk}$.

5. Nun untersuchen wir die bereits definierte lineare Transformation

$$u \to \bar{u} = P_{ij}u = 4u_i e_{ij} - u, \quad u_i = S_{ij}u,$$

von $\mathfrak{C}^{ij}$ in sich.

Lemma 6.4. *Die Abbildung* $u \to \bar{u}$ *stimmt mit dem durch*

$$(6.3) \qquad \mathfrak{C}^{ij} \xrightarrow{L_{jk}} \mathfrak{C}^{ik} \xrightarrow{L_{ij}} \mathfrak{C}^{jk} \xrightarrow{L_{ki}} \mathfrak{C}^{ji}$$

gebildeten Isomorphismus von $\mathfrak{C}^{ij}$ *auf* $\mathfrak{C}^{ji}$ *überein. Es ist* $u \to \bar{u}$ *eine Involution der Algebra* $\mathfrak{C}^{ij}$, *d. h., es gilt für* $u, v \in \mathfrak{C}^{ij}$

$$\overline{\underset{(i,\,j)}{u \cdot v}} = \bar{u} \underset{(j,\,i)}{\cdot} \bar{v} = \bar{v} \underset{(i,\,j)}{\cdot} \bar{u} \quad und \quad \bar{\bar{u}} = u.$$

Beweis. Zur Bestimmung der Abbildung (6.3) hat man wegen **(V.1)**

$$e_{ik}(e_{ij}[e_{jk}\,u]) = (e_{ik}[e_{jk}\,u])\,e_{ij} - (e_{jk}\,u)\,(e_{ik}\,e_{ij})$$
$$= 4\,e_{ij}\,S_{ik}(e_{jk}\,u) - e_{jk}(e_{jk}\,u).$$

Wegen **(8a)** ist $S_{ik}\,L_{jk} = S_{ij}$ und wegen (4.5) ist der zweite Summand gleich $-u$. Die Abbildung (6.3) stimmt also mit $u \to \bar{u}$ überein. Da alle L_{ij} Isomorphismen sind, ist auch $u \to \bar{u}$ ein Isomorphismus von $\mathfrak{C}^{ij}$ auf $\mathfrak{C}^{ji}$, d. h. eine Involution der Algebra $\mathfrak{C}^{ij}$.

Bei den Isomorphismen der Algebren $\mathfrak{C}^{ij}$ werden die jeweiligen Involutionen aufeinander bezogen, d. h., es gilt

$$(6.4) \qquad \overline{L_{ij}\,u_{kj}} = L_{ij}\,\bar{u}_{kj},$$

wobei die Involution links in $\mathfrak{C}^{ik}$, rechts aber in $\mathfrak{C}^{kj}$ zu bilden ist. Diese Behauptung folgt einfach aus

$$\overline{L_{ij}\,u_{kj}} = L_{ij}\,L_{ki}\,L_{kj}\,L_{ij}\,u_{kj} = L_{ij}\,\bar{u}_{kj}.$$

Wegen (4.5) ist $e_{ij}(e_{jk}\,u) = L_{ik}\,L_{ik}\,L_{ij}\,L_{jk}\,u$, so daß wir aus dem Lemma

$$(6.5) \qquad e_{ij}(e_{jk}\,u) = e_{ik}\,\bar{u}, \qquad u \in \mathfrak{C}^{ij},$$

erhalten.

Wir kommen jetzt zum Beweis von

Lemma 6.5. *Für* $u, v \in \mathfrak{C}^{ij}$ *gilt* $S_{ij}(u \cdot v) = \tfrac{1}{4}e_i(\bar{u}\,v)$.
Beweis. Wegen Lemma 6.3, (6.5) und (4.5) ist

$$L_{jk}(u \cdot v) = (e_{jk}\,u) \underset{(i,\,k)}{\cdot} (e_{jk}\,v) = (e_{ij}[e_{jk}\,u])(e_{kj}[e_{kj}\,v]) = (e_{ik}\,\bar{u})\,v$$

und wegen **(8a)** daher

$$S_{ij}(u \cdot v) = S_{ik}\,L_{jk}(u \cdot v) = S_{ik}([e_{ik}\,\bar{u}]\,v).$$

In der Polarisationsformel (IV; 3.2) ersetzt man u, v, w durch $e_{ik}, v, \bar{u}$ und erhält

$$2\,(e_{ik}\,v)(e_{ik}\,\bar{u}) + e_{ik}^2(\bar{u}\,v) = 2\,e_{ik}(v[e_{ik}\,\bar{u}]) + \bar{u}\,(e_{ik}^2\,v),$$

d. h.

$$2\,(e_{ik}\,v)(e_{ik}\,\bar{u}) + 4\,e_i(\bar{u}\,v) = 2\,e_{ik}(v[e_{ik}\,\bar{u}]) + 2\,\bar{u}\,v.$$

17*

Nach Multiplikation mit e_i folgt, da das erste Glied auf der linken Seite in $\mathfrak{A}_{jj} + \mathfrak{A}_{kk}$ liegt,

$$4e_i(\bar{u}\,v) = 8S_{ik}(v\,[e_{ik}\,\bar{u}]) + 2e_i(\bar{u}\,v).$$

Ein Vergleich mit der obigen Formel ergibt die Behauptung.

6. In § 5.2, hatten wir für die Algebra $\mathfrak{U} = \mathfrak{A}_{ii} + \mathfrak{A}_{ij} + \mathfrak{A}_{jj}$ die Mutation $\mathfrak{U}_g$, $g = \frac{1}{4}e_{ij}$, mit der Multiplikation

$$u \perp v = \tfrac{1}{4}P(u,v)\,e_{ij} = \tfrac{1}{4}(u\,e_{ij})\,v + \tfrac{1}{4}(v\,e_{ij})\,u - \tfrac{1}{4}(u\,v)\,e_{ij}$$

gebildet und gesehen, daß der Vektorraum $\mathfrak{A}_{ij}$ als Teilalgebra $\mathfrak{A}^{ij}$ der Jordan-Algebra $\mathfrak{U}_g$ aufgefaßt werden kann. Wir bringen nun diese Algebra in Verbindung mit der kommutativen Algebra $(\mathfrak{C}^{ij})^+$, deren Multiplikation durch $\frac{1}{2}(u \cdot v + v \cdot u)$ gegeben ist.

Lemma 6.6. *Für* $u \in \mathfrak{C}^{ij}$ *gilt*

$$u \cdot u = 4\,(S_{ij}\,u)\,u - \tfrac{1}{2}\,(e_i\,u^2)\,e_{ij} = \tfrac{1}{4}P(u)\,e_{ij} = u \perp u;$$

insbesondere stimmen daher die Algebren $\mathfrak{A}^{ij}$ *und* $(\mathfrak{C}^{ij})^+$ *überein.*

Beweis. Da $u \to \bar{u}$ eine Involution von $\mathfrak{C}^{ij}$ ist, bleibt $\bar{u} \cdot u$ bei dieser Abbildung fest. Wegen Lemma 5.1 gilt daher $\bar{u} \cdot u = v_i\,e_{ij}$. Nach **(5a)** und Lemma 6.5 ist $v_i = 2S_{ij}(\bar{u} \cdot u) = \frac{1}{2}e_i\,u^2$, so daß man

$$\bar{u} \cdot u = \tfrac{1}{2}\,(e_i\,u^2)\,e_{ij}$$

erhält. Eintragen von $\bar{u} = 4\,(S_{ij}\,u)\,e_{ij} - u$ und Anwendung von Lemma 6.1 gibt die erste Gleichung für $u \cdot u$.

In (4.1) setzen wir $v = e_{ik} + \tau\,e_{jk}$ und vergleichen die in τ linearen Glieder. Man erhält

$$4u \cdot u - P(u)\,e_{ij} = P(e_{ik}, e_{jk})\,u^2 + 2u[P(e_{ik}, e_{jk})\,u].$$

Für $u^2 = v_i + v_j$ bekommt man mit **(V.4)**

$$\begin{aligned}
P(e_{ik}, e_{jk})\,u^2 &= e_{ik}(e_{jk}\,v_j) + e_{jk}(e_{ik}\,v_i) - e_{ij}\,u^2 \\
&= e_{ij}\,v_j + e_{ij}\,v_i - e_{ij}\,u^2 = 0.
\end{aligned}$$

Da $w = P(e_{ik}, e_{jk})\,u$ in $\mathfrak{A}_{ii} + \mathfrak{A}_{jj} + \mathfrak{A}_{kk}$ liegt, ist $u\,w = u([e_i + e_j]\,w)$. Man erhält wegen **(8a)**

$$\begin{aligned}
(e_i + e_j)\,w &= e_i(e_{ik}[e_{jk}\,u]) + e_j(e_{jk}[e_{ik}\,u]) - e_{ij}\,u \\
&= 4S_{ik}(e_{jk}\,u) + 4S_{jk}(e_{ik}\,u) - e_{ij}\,u \\
&= 4S_{ij}\,u + 4S_{ji}\,u - e_{ij}\,u = 0.
\end{aligned}$$

Damit ist $u \cdot u = \frac{1}{4}P(u)\,e_{ij} = u \perp u$ bewiesen. Da $\mathfrak{A}^{ij}$ und $(\mathfrak{C}^{ij})^+$ kommutativ sind, stimmen beide Algebren überein.

Die Menge der $u \in \mathfrak{A}_{ij}$, für die $\bar{u} = u$ gilt, hatten wir in § 5.2 mit $\mathfrak{H}(\mathfrak{A}^{ij})$ bezeichnet und gesehen, daß $\mathfrak{H}(\mathfrak{A}^{ij})$ eine Teilalgebra von $\mathfrak{A}^{ij}$ ist. Andererseits ist dieser Vektorraum auch gegenüber der Multiplikation

$\frac{1}{2}(u \cdot v + v \cdot u)$ von $(\mathfrak{C}^{ij})^+$ abgeschlossen. Es ist also $\mathfrak{H}(\mathfrak{C}^{ij})$ eine Teilalgebra von $(\mathfrak{C}^{ij})^+$ (vgl. VI, § 3). Da aber nach dem vorhergehenden Lemma $\mathfrak{A}^{ij} = (\mathfrak{C}^{ij})^+$ ist, hat man auch

$$\mathfrak{H}(\mathfrak{A}^{ij}) = \mathfrak{H}(\mathfrak{C}^{ij}).$$

Aus Lemma 5.2 erhalten wir daher das

Lemma 6.7. *Es ist* $S_{ij} : \mathfrak{H}(\mathfrak{C}^{ij}) \to \mathfrak{A}_{ii}$ *ein Isomorphismus der beiden Jordan-Algebren.*

7. Abschließend zeigen wir über die Struktur der wegen Lemma 6.3 untereinander isomorphen Algebren $\mathfrak{C}^{ij}$ das

Lemma 6.8. *Die Algebren* $\mathfrak{C}^{ij}$ *sind assoziativ, wenn* $r \geq 4$, *und wenigstens alternativ, wenn* $r = 3$.

Die Definition einer alternativen Algebra hatten wir in VII, § 1, gegeben.

Beweis. a) Für $x, y, z \in \mathfrak{C}^{ij}$ hat man wegen der Unabhängigkeit der Multiplikation vom dritten Index

$$(x \cdot y) \cdot z = \left[e_{ik}([e_{il}\, x][e_{jl}\, y]) \right] [e_{jk}\, z].$$

Wiederholte Anwendung der Vertauschungsregel

(V.2) $$u_{ij}(v_{ik}\, w_{kl}) = (u_{ij}\, v_{ik})\, w_{kl}$$

gibt

$$\begin{aligned}
(x \cdot y) \cdot z &= \left[(e_{ik}[e_{jl}\, y])(e_{il}\, x) \right] (e_{jk}\, z) \\
&= \left[(e_{ik}[e_{jl}\, y])(e_{jk}\, z) \right] (e_{il}\, x) = (e_{il}\, x) \left[([e_{ik}\, y]\, e_{jl})(e_{jk}\, z) \right] \\
&= (e_{il}\, x) \left[e_{jl}([e_{ik}\, y][e_{jk}\, z]) \right] = x \cdot (y \cdot z).
\end{aligned}$$

b) Im Fall $r = 3$ ist der Beweis der Behauptung nicht mehr so einfach. Wir betrachten $\mathfrak{C}^{12}$ und zeigen zuerst für $x, y \in \mathfrak{C}^{12}$

(6.6) $$(e_{13}\, x)([e_{13}\, x]\, y) = \tfrac{1}{2}(e_2\, x^2)\, y.$$

Da $e_{13}\, x$ in $\mathfrak{A}_{23}$ liegt, hat man wegen **(V.1)**

$$2(e_{13}\, x)\,([e_{13}\, x]\, y) = (e_{13}\, x)^2\, y = (e_2[e_{13}\, x]^2)\, y.$$

Trägt man $i = 1, j = 2, k = 3$ in (4.3) ein, so erhält man für die rechte Seite

$$\tfrac{1}{4}[P(x)\, e_{13}^2]\, y = [P(x)\, e_1]\, y = [x^2 - x^2\, e_1]\, y = [e_2\, x^2]\, y.$$

Damit ist (6.6) bewiesen. Nun erhält man wegen **(V.1)** und (4.5)

$$\begin{aligned}
x \cdot (x \cdot y) &= (e_{13}\, x) \left[e_{23}([e_{13}\, x]\,[e_{23}\, y]) \right] \\
&= (e_{13}\, x) \left[(e_{23}[e_{13}\, x])(e_{23}\, y) - (e_{13}\, x)\,(e_{23}[e_{23}(e_{23}\, y)]) \right] \\
&= (e_{13}\, x) \left[4S_{32}(e_{13}\, x)(e_{23}\, y) - (e_{13}\, x)\, y \right].
\end{aligned}$$

Hier ist wegen **(8 b)**

$$S_{32}(e_{13}\, x) = P_{31}\, x_1, \qquad x_1 := S_{12}\, x,$$

und wegen **(V.3)** und (6.6) folgt

$$x \cdot (x \cdot y) = 4\,(e_{13}\, x)\,([P_{31}\, x_1]\,[e_{23}\, y]) - \tfrac{1}{2}\,(e_2\, x^2)\, y$$
$$= 4\,(e_{23}\, y)\,([P_{31}\, x_1]\,[e_{13}\, x]) - \tfrac{1}{2}\,(e_2\, x^2)\, y.$$

In der zweiten Klammer geben die Regeln **(V.4)**, **(1)** und **(V.3)**

$$[P_{31}\, x_1]\,[e_{13}\, x] = ([P_{31}\, x_1]\, e_{13})\, x = (x_1\, e_{13})\, x = e_{13}(x_1\, x).$$

Wegen Lemma 6.1 wird also

$$x \cdot (x \cdot y) = 4\,(x_1\, x) \cdot y - \tfrac{1}{2}\,([e_2\, x^2]\, e_{12}) \cdot y.$$

Die rechte Seite ist nach Lemma 6.6 aber $(x \cdot x) \cdot y$. Wir haben somit $x \cdot (x \cdot y) = (x \cdot x) \cdot y$ bewiesen. Da $\mathfrak{C}^{12}$ aber eine Involution besitzt, folgt hieraus schon, daß $\mathfrak{C}^{12}$ alternativ ist (vgl. VII, § 4.**1**).

§ 7. Eine Anwendung auf assoziative Linearformen

1. Wie im letzten Paragraphen sei $\mathfrak{A}$ eine Jordan-Algebra, die in bezug auf das vollständige Orthogonalsystem $e_1, e_2, \ldots, e_r$, $r \geq 3$, regulär ist. Jeder Linearform λ von $\mathfrak{A}$ mit Werten in einem Erweiterungskörper von K ordnen wir eine Linearform λ_{ij} von $\mathfrak{C}^{ij}$ zu vermöge

$$\lambda_{ij}(u) := \tfrac{1}{4}\lambda(e_{ij}\, u), \qquad u \in \mathfrak{C}^{ij}.$$

Ist λ assoziativ, dann gilt für $u, v \in \mathfrak{C}^{ij}$ wegen (6.5)

$$4\,\lambda_{ij}(u \cdot v) = \lambda\big(e_{ij}\,[(e_{ik}\, u)(e_{jk}\, v)]\big) = \lambda\big([e_{ij}\,(e_{ik}\, u)][e_{jk}\, v]\big)$$
$$= \lambda([e_{jk}\, \bar{u}][e_{jk}\, v]) = \lambda\big(\bar{u}\,[e_{jk}\,(e_{jk}\, v)]\big).$$

Da rechts die eckige Klammer wegen (4.5) gleich v ist, hat man

$$(7.1) \qquad \lambda_{ij}(u \cdot v) = \tfrac{1}{4}\lambda(\bar{u}\, v), \qquad u, v \in \mathfrak{C}^{ij}.$$

Aus $\bar{u} = P_{ij}\, u = \tfrac{1}{4}P(e_{ij})\, u$ folgt $\lambda(\bar{u}) = \lambda(u)$ für $u \in \mathfrak{C}^{ij}$. Die rechte Seite von (7.1) ist daher in u und v symmetrisch, d. h.

$$(7.2) \qquad \lambda_{ij}(u \cdot v) = \lambda_{ij}(v \cdot u), \qquad u, v \in \mathfrak{C}^{ij}.$$

Für die Teilalgebra $\mathfrak{U} = \mathfrak{A}_1(e_i + e_j) = \mathfrak{A}_{ii} + \mathfrak{A}_{ij} + \mathfrak{A}_{jj}$ von $\mathfrak{A}$ bilden wir die Mutation $\mathfrak{U}_g$ für $g = \tfrac{1}{4}e_{ij}$. Die Restriktion von λ auf $\mathfrak{U}$, die wieder mit λ bezeichnet wird, ist eine assoziative Linearform von $\mathfrak{U}$. Der Mutation $\mathfrak{U}_g$ ist dann die mit λ assoziierte Linearform λ_g zugeordnet, die durch $\lambda_g(u) := \lambda(u\, g)$ definiert ist (vgl. V, § 3.**1**). Aus V, Satz 3.1 und Satz 3.2, entnehmen wir, daß λ_g eine assoziative Linearform von $\mathfrak{U}_g$ ist, und daß mit λ auch λ_g semi-normal bzw. normal ist. Die Restriktion von λ_g auf die Teilalgebra $\mathfrak{A}^{ij}$ von $\mathfrak{U}_g$ stimmt mit λ_{ij} überein. Wir erhalten somit: *Ist λ eine assoziative (bzw. semi-normale bzw. normale)*

Linearform von $\mathfrak{A}$, *dann ist* λ_{ij} *eine assoziative (bzw. semi-normale bzw. normale) Linearform von* $\mathfrak{A}^{ij}$.

Wegen Lemma 6.6 stimmen die Algebren $\mathfrak{A}^{ij}$ und $(\mathfrak{C}^{ij})^+$ überein. Da wir in Lemma 6.8 gesehen haben, daß die Algebra $\mathfrak{C}^{ij}$ flexibel ist und da $\lambda_{ij}(u \cdot v)$ wegen (7.2) in u und v symmetrisch ist, können wir I, Lemma 11.2, auf $\mathfrak{C}^{ij}$ anwenden. Berücksichtigt man, daß die nilpotenten Elemente von $\mathfrak{A}^{ij}$ und von $(\mathfrak{C}^{ij})^+$ die gleichen sind, so folgt

Satz 7.1. *Es sei* $\mathfrak{A}$ *eine Jordan-Algebra, die in bezug auf das vollständige Orthogonalsystem* $e_1, e_2, \ldots, e_r$, $r \geqq 3$, *regulär ist. Ist dann* λ *eine assoziative (bzw. semi-normale bzw. normale) Linearform von* $\mathfrak{A}$, *so ist* λ_{ij} *eine assoziative (bzw. semi-normale bzw. normale) Linearform von* $\mathfrak{C}^{ij}$.

2. Nach Lemma 6.3 ist $L_{jk}:\mathfrak{C}^{ij} \to \mathfrak{C}^{ik}$ ein Isomorphismus der betreffenden Algebren. Dabei werden die jeweiligen Linearformen λ_{ij} aufeinander bezogen, denn es ist für $u \in \mathfrak{C}^{ij}$

$$\lambda_{ik}(L_{jk}\,u) = \tfrac{1}{4}\lambda(e_{ik}[e_{jk}\,u]) = \tfrac{1}{4}\lambda(e_{ij}\,u) = \lambda_{ij}(u).$$

Bezeichnet man die Bilinearkerne von $\mathfrak{C}^{ij}$ bezüglich λ_{ij} mit Bk_{ij}, so folgt hieraus $L_{jk}\,Bk_{ij} = Bk_{ik}$.

Wir zeigen nun

$$(7.3) \qquad\qquad Bk_{ij} = \mathfrak{C}^{ij} \cap Bk_\lambda(\mathfrak{A}).$$

Wegen (7.1) ist $Bk_{ij} = Bk_\lambda(\mathfrak{C}^{ij}) = Bk_\lambda(\mathfrak{A}_{ij})$. Ein beliebiges Element $u \in \mathfrak{A}$ schreiben wir in der PEIRCE-Zerlegung als

$$u = \sum_{k \leqq l} u_{kl}, \qquad u_{kl} = C_{kl}\,u \in \mathfrak{A}_{kl} = C_{kl}\,\mathfrak{A},$$

(vgl. § 2.2). Es ist $\lambda(u[C_{kl}\,v]) = \lambda([C_{kl}\,u]\,v)$, und daher bekommt man für $v \in \mathfrak{A}_{ij}$

$$\lambda(u\,v) = \lambda(u[C_{ij}\,v]) = \lambda([C_{ij}\,u]\,v) = \lambda(u_{ij}\,v).$$

Daher ist $v \in Bk_\lambda(\mathfrak{A}_{ij})$ mit $v \in Bk_\lambda(\mathfrak{A})$ gleichbedeutend und somit (7.3) bewiesen.

Da man das Radikal von $\mathfrak{A}$ als Bilinearkern einer semi-normalen Linearform (z. B. der reduzierten Spur) darstellen kann, erhält man für eine halbeinfache Algebra $\mathfrak{A}$ aus (7.3) auch $Bk_{ij} = 0$. Es gibt also eine semi-normale Linearform von $\mathfrak{C}^{ij}$, nämlich λ_{ij}, für welche der Bilinearkern Null ist. Das bedeutet aber $\mathrm{Rad}\,\mathfrak{C}^{ij} = 0$, d. h., auch $\mathfrak{C}^{ij}$ ist halbeinfach. Da man für nichtausgeartete Algebren analog schließen kann, folgt

Satz 7.2. *Es sei* $\mathfrak{A}$ *eine Jordan-Algebra, die in bezug auf das vollständige Orthogonalsystem* $e_1, e_2, \ldots, e_r$, $r \geqq 3$, *regulär ist. Dann ist mit* $\mathfrak{A}$ *auch* $\mathfrak{C}^{ij}$ *halbeinfach bzw. nichtausgeartet.*

Im Gegensatz dazu ist es *nicht* richtig, daß mit $\mathfrak{A}$ auch $\mathfrak{C}^{ij}$ einfach ist.

§ 8. Ausnahme-Algebren

1. Wir betrachten jetzt eine in bezug auf das vollständige Orthogonalsystem $e_1, e_2, \ldots, e_r$ reguläre Jordan-Algebra $\mathfrak{A}$, von der wir außerdem annehmen, daß sie eine spezielle Algebra (vgl. VI, § 1) ist. $\mathfrak{A}$ ist also isomorph zu einer Teilalgebra von $\mathfrak{B}^+$ für eine geeignete assoziative Algebra $\mathfrak{B}$. Ohne Einschränkung können wir annehmen, daß $\mathfrak{A}$ als Vektorraum in $\mathfrak{B}$ eingebettet und das Einselement von $\mathfrak{A}$ auch das Einselement von $\mathfrak{B}$ ist. Bezeichnen wir die assoziative Multiplikation von $\mathfrak{B}$ mit $u \times v$, so ist also

$$u\,v = \tfrac{1}{2}(u \times v + v \times u) \quad \text{für} \quad u, v \in \mathfrak{A},$$

und die Potenzen eines Elementes u aus $\mathfrak{A}$ stimmen mit den jeweiligen Potenzen in $\mathfrak{B}$ überein.

Es sei c ein Idempotent von $\mathfrak{A}$. Für $u \in \mathfrak{A}_\nu(c)$, $\nu = 0,1$, multipliziert man die Gleichung $2\nu\,u = 2u\,c = u \times c + c \times u$ einmal von links und einmal von rechts mit c. Wegen $c \times c = c^2 = c$ folgt $(2\nu - 1)\,c \times u = c \times u \times c = (2\nu - 1)\,u \times c$. Es ist also $c \times u = u \times c$ und somit $u \times c = c \times u = \nu\,u$. Bezeichnet man die Menge der $u \in \mathfrak{B}$, welche diese Eigenschaft haben, mit $\mathfrak{B}_\nu(c)$, so folgt also

$$(8.1) \qquad\qquad \mathfrak{A}_\nu(c) \subset \mathfrak{B}_\nu(c) \quad \text{für} \quad \nu = 0, 1.$$

Von dieser Beziehung werden wir öfters in der Form Gebrauch machen, daß wir aus $u\,c = 0$ auf $u \times c = c \times u = 0$ schließen.

Da e_i in $\mathfrak{A}_0(e_j)$ liegt, hat man daher $e_i \times e_j = 0$ für $i \neq j$. *Die e_i, $i = 1, 2, \ldots, r$, bilden daher ein vollständiges Orthogonalsystem von $\mathfrak{B}$.* Es sei

$$\mathfrak{A} = \sum_{i \leqq j} \mathfrak{A}_{ij}$$

die Peirce-Zerlegung von $\mathfrak{A}$ in bezug auf $e_1, e_2, \ldots, e_r$. Wendet man (8.1) auf $c = e_i + e_j$ an, so folgt

$$(8.2) \quad u \times (e_i + e_j) = (e_i + e_j) \times u = u \quad \text{für} \quad u \in \mathfrak{A}_1(e_i + e_j).$$

Wegen (4.5) hat man für $u \in \mathfrak{A}_{ik}$

$$\begin{aligned}
4u &= 4e_{ij}(e_{ij}\,u) = e_{ij} \times e_{ij} \times u + 2e_{ij} \times u \times e_{ij} + u \times e_{ij} \times e_{ij} \\
&= e_{ij}^2 \times u + 2e_{ij} \times u \times e_{ij} + u \times e_{ij}^2 \\
&= 4(e_i + e_j) \times u + 2e_{ij} \times u \times e_{ij} + 4u \times (e_i + e_j) \\
&= 4(e_i \times u + u \times e_i) + 2e_{ij} \times u \times e_{ij},
\end{aligned}$$

wenn man (8.1) beachtet. Die erste Klammer ist aber gleich $8e_i\,u = 4u$, d. h., es folgt

$$(8.3) \qquad\qquad e_{ij} \times u \times e_{ij} = 0 \quad \text{für} \quad u \in \mathfrak{A}_{ik}.$$

Die Gleichung $2e_{ij} = 2e_{ik}\,e_{kj} = e_{ik} \times e_{kj} + e_{kj} \times e_{ik}$ multipliziert man von rechts mit e_{ik} und erhält bei Beachtung von (8.3) und (8.1)

$$2e_{ij} \times e_{ik} = e_{jk} \times e_{ik} \times e_{ik} = e_{jk} \times e_{ik}^2 = 4e_{jk} \times e_k.$$

Da man entsprechend $e_{ij} \times e_{ik} = 2e_j \times e_{jk}$ erhält, folgt

$$(8.4) \qquad\qquad e_{ij} \times e_{ik} = 2e_{jk} \times e_k = 2e_j \times e_{jk}.$$

2. Wir erklären jetzt eine Abbildung

$$T_{ij}:\mathfrak{C}^{ij} \to \mathfrak{B} \quad \text{durch} \quad T_{ij}\,u := \tfrac{1}{4}e_{ij} \times u \times e_i, \quad u \in \mathfrak{C}^{ij}.$$

Für das Produkt $u \cdot v = (e_{ik}\,u)(e_{jk}\,v)$ von $\mathfrak{C}^{ij}$ bekommt man

$$4u \cdot v = 2(e_{ik}\,u) \times (e_{jk}\,v) + 2(e_{jk}\,v) \times (e_{ik}\,u).$$

Da $e_{ik}\,u$ in $\mathfrak{A}_{jk}$ liegt, ist $(e_{ik}\,u) \times e_i = 0$ nach (8.1). Es wird also

$$\begin{aligned}
4(u \cdot v) \times e_i &= 2(e_{ik}\,u) \times (e_{jk}\,v) \times e_i \\
&= (e_{ik}\,u) \times (e_{jk} \times v + v \times e_{jk}) \times e_i \\
&= (e_{ik}\,u) \times e_{jk} \times v \times e_i \\
&= \tfrac{1}{2}u \times e_{ik} \times e_{jk} \times v \times e_i + \tfrac{1}{2}e_{ik} \times u \times e_{jk} \times v \times e_i \\
&= u \times e_i \times e_{ij} \times v \times e_i + \tfrac{1}{2}e_{ik} \times u \times e_{jk} \times v \times e_i,
\end{aligned}$$

wobei man (8.1) und (8.4) verwendet hat. Multipliziert man die letzte Gleichung von links mit e_{ij}, so sieht man, daß $T_{ij}(u \cdot v) - T_{ij}\,u \times T_{ij}\,v$ das Element $w = e_{ij} \times e_{ik} \times u$ als Faktor enthält. Wegen (8.4) und (8.1) ist aber $w = 2e_{jk} \times e_k \times u = 0$. Man hat somit $T_{ij}(u \cdot v) = T_{ij}\,u \times T_{ij}\,v$ bewiesen, d. h., T_{ij} *ist ein Homomorphismus von* $\mathfrak{C}^{ij}$ *in die assoziative Algebra* $\mathfrak{B}$. Diese Abbildung ist nicht trivial, denn es gilt $T_{ij}\,e_{ij} = e_i$.

Nun sei $\mathfrak{C}^{ij}$ eine einfache Algebra. Da der Kern von T_{ij} ein Ideal von $\mathfrak{C}^{ij}$ ist, besteht der Kern nur aus der Null, d. h., T_{ij} ist injektiv. Dann ist aber $\mathfrak{C}^{ij}$ isomorph zu einer Teilalgebra von $\mathfrak{B}$, also selbst assoziativ. Wegen Lemma 6.8 ist das aber nur im Falle $r = 3$ eine Bedingung. Wir formulieren das Ergebnis als

Lemma 8.1. *Ist die Jordan-Algebra* $\mathfrak{A}$ *in bezug auf ein vollständiges Orthogonalsystem* e_1, e_2, e_3 *regulär und sind die Algebren* $\mathfrak{C}^{ij}$ *einfache echt-alternative Algebren, so ist* $\mathfrak{A}$ *nicht speziell.*

3. Nun sei $\mathfrak{C}$ eine Algebra über K mit Einselement c und Involution $u \to \bar{u}$. Wie in VI, § 4.1, bilden wir die Matrix-Algebra $\mathfrak{H}_r(\mathfrak{C})$, der r-reihigen Matrizen $\boldsymbol{u}$, die in bezug auf die induzierte Involution

$$\boldsymbol{u} = (u_{ij}) \to \bar{\boldsymbol{u}} = (\bar{u}_{ji})$$

von $\mathfrak{M}_r(\mathfrak{C})$ festbleiben. Es ist $\boldsymbol{u} \circ \boldsymbol{v} = \tfrac{1}{2}(\boldsymbol{u}\,\boldsymbol{v} + \boldsymbol{v}\,\boldsymbol{u})$ das Produkt von $\mathfrak{H}_r(\mathfrak{C})$. Wir nehmen $r \geqq 3$ an und setzen voraus, daß $\mathfrak{A} := \mathfrak{H}_r(\mathfrak{C})$ eine Jordan-Algebra ist.

Bezeichnet $e_{ii}(u)$ $i = 1, 2, \ldots, r$, die Diagonalmatrix, die nur an der i-ten Stelle das Element $u = \bar{u} \in \mathfrak{C}$ und sonst Nullen hat, und setzt man $e_i := e_{ii}(c)$, dann ist $e_1, e_2, \ldots, e_r$ ein vollständiges Orthogonalsystem von $\mathfrak{A}$. Sei ferner für $i < j$ das Element $e_{ij}(u)$, $u \in \mathfrak{C}$, definiert als die Matrix, bei der an der Stelle (i, j) das Element u und an der Stelle (j, i) das Element $\bar{u}$ steht. Für die Peirce-Zerlegung von $\mathfrak{A}$ in bezug auf $e_1, e_2, \ldots, e_r$ erhält man jetzt

$$\mathfrak{A}_{ii} = \{e_{ii}(u), \; u = \bar{u} \in \mathfrak{C}\}, \qquad \mathfrak{A}_{ij} = \{e_{ij}(u), \; u \in \mathfrak{C}\}.$$

Wir setzen $e_{ij} := 2e_{ij}(c)$ und erhalten $e_{ij}^2 = 4(e_i + e_j)$. Wenn also $\mathfrak{A} = \mathfrak{H}_r(\mathfrak{C})$ eine Jordan-Algebra ist, dann ist sie in bezug auf $e_1, e_2, \ldots e_r$ regulär. In $\mathfrak{A}$ bilden wir nun die Algebren $\mathfrak{C}^{ij}$ und berechnen das Produkt $u \cdot v$ von $\mathfrak{C}^{21}$. Für $u = e_{12}(u)$, $v = e_{12}(v)$ gibt eine leichte Rechnung

$$u \cdot v = [e_{23} \circ e_{12}(u)] \circ [e_{13} \circ e_{12}(v)] = e_{13}(u) \circ e_{23}(\bar{v}) = \tfrac{1}{2} e_{12}(u\,v).$$

Die Abbildung $u \to 2e_{12}(u)$ von $\mathfrak{C}$ auf $\mathfrak{C}^{21}$ ist also ein Isomorphismus der Algebren. Wir fassen das Ergebnis zusammen in

Lemma 8.2. *Es sei $\mathfrak{C}$ eine Algebra über K mit Einselement und Involution, und es sei $\mathfrak{A} = \mathfrak{H}_r(\mathfrak{C})$, $r \geq 3$, eine Jordan-Algebra. Dann gilt:*

a) $\mathfrak{A}$ *ist in bezug auf $e_1, e_2, \ldots, e_r$ regulär, und die Algebren $\mathfrak{C}^{ij}$ sind isomorph zu $\mathfrak{C}$.*

b) *Es ist $\mathfrak{C}$ assoziativ, wenn $r \geq 4$, und wenigstens alternativ, wenn $r = 3$.*

Dabei ist Teil b) eine Konsequenz von Lemma 6.8.

4. Als Anwendung betrachten wir für eine Cayley-Algebra über K (vgl. VII, § 4.**2**) die Jordan-Algebra $\mathfrak{H}_3(\mathfrak{C})$ (vgl. VII, § 6). Es ist $\mathfrak{C}$ eine echt-alternative und zentral-einfache Algebra über K. Teil a) des vorhergehenden Lemmas zeigt, daß die Algebren $\mathfrak{C}^{ij}$ ebenfalls echt-alternativ und einfach sind. Wegen Lemma 8.1 ist daher $\mathfrak{H}_3(\mathfrak{C})$ nicht speziell. Zusammen mit VII, Satz 6.2, erhalten wir

Satz 8.3. *Für eine Cayley-Algebra $\mathfrak{C}$ über einem Körper K der Charakteristik ungleich 2,3 ist $\mathfrak{H}_3(\mathfrak{C})$ eine zentral-einfache und nichtspezielle Jordan-Algebra über K, für die Grad und Primitiv-Grad gleich 3 sind.*

Die nichtspeziellen Algebren $\mathfrak{H}_3(\mathfrak{C})$ nennt man auch *Ausnahme-Algebren*.

§ 9. Reduzierte Algebren

1. Eine Jordan-Algebra $\mathfrak{A}$ über K mit Einselement e nennt man *reduziert*, wenn Grad und Primitiv-Grad von $\mathfrak{A}$ übereinstimmen. Hat also die Algebra den Grad r, so ist sie genau dann reduziert, wenn ein vollständiges Orthogonalsystem $e_1, e_2, \ldots, e_r$ in $\mathfrak{A}$ existiert. Wegen

III, Satz 7.5, *besteht jedes solche Orthogonalsystem aus absolut-primitiven Idempotenten.* Nach dem Korollar 1 zum gleichen Satz *ist eine Jordan-Algebra mit Einselement über einem algebraisch abgeschlossenen Grundkörper eine reduzierte Algebra.*

Da der Grad einer Algebra bei Grundkörpererweiterungen invariant ist und der Primitiv-Grad dabei nicht kleiner wird, *ist mit $\mathfrak{A}$ auch jede Grundkörpererweiterung von $\mathfrak{A}$ reduziert.*

Satz 9.1. *Es sei $\mathfrak{A}$, eine nichtausgeartete einfache und reduzierte Algebra über K vom Grad $r > 1$ und $e_1, e_2, \ldots, e_r$ ein vollständiges Orthogonalsystem von $\mathfrak{A}$. Dann gilt für die Peirce-Zerlegung von $\mathfrak{A}$ in bezug auf dieses System:*

a) $\mathfrak{A}_{ii} = K e_i$ *für* $i = 1, 2, \ldots, r$.

b) *Für* $i \neq j$ *gibt es eine symmetrische nichtausgeartete Bilinearform $v = v_{ij}$ von $\mathfrak{A}_{ij}$ mit Werten in K, so daß gilt*

$$u\,v = 4\,v\,(u, v)\,(e_i + e_j) \quad \text{für alle} \quad u, v \in \mathfrak{A}_{ij}.$$

c) *Es ist* $\mathfrak{A}_1(e_i + e_j) = \mathfrak{A}_{ii} + \mathfrak{A}_{ij} + \mathfrak{A}_{jj}$ *eine reduzierte zentral-einfache Algebra vom Grad 2.*

d) *Es gibt ein invertierbares Element $f = \alpha_1 e_1 + \alpha_2 e_2 + \cdots + \alpha_r e_r$, $\alpha_i \in K$, von $\mathfrak{A}$, so daß die nichtausgeartete einfache und reduzierte Mutation $\mathfrak{A}_f$ in bezug auf ein vollständiges Orthogonalsystem $c_1, c_2, \ldots, c_r$ von $\mathfrak{A}_f$ regulär ist.*

e) *Ist K algebraisch abgeschlossen, so ist $\mathfrak{A}$ in bezug auf $e_1, e_2, \ldots, e_r$ regulär.*

Beweis. a) Da wir bereits wissen, daß die Idempotente e_i absolut-primitiv sind, erhält man $\mathfrak{A}_{ii} = \mathfrak{A}_1(e_i) = K e_i$ aus IV, Satz 5.12.

b) Die Kompositionsregel $\mathfrak{A}_{ij}\,\mathfrak{A}_{ij} \subset \mathfrak{A}_{ii} + \mathfrak{A}_{jj}$ zeigt, daß es zu jedem $u \in \mathfrak{A}_{ij}$ Elemente μ_i und μ_j aus K gibt, so daß gilt $u^2 = \mu_i e_i + \mu_j e_j$. Trägt man $v = e_i - e_j$ in $u^2(u\,v) = u(u^2\,v)$ ein, so erhält man

$$0 = (\mu_i e_i + \mu_j e_j)\,(u\,e_i - u\,e_j) = u\,([\mu_i e_i + \mu_j e_j]\,[e_i - e_j])$$

$$= \tfrac{1}{2}\,(\mu_i - \mu_j)\,u.$$

Es gilt also $\mu_i = \mu_j = \mu$ und somit $u^2 = \mu\,(e_i + e_j)$, Daher gibt es eine symmetrische Bilinearform $v(u, v)$ von $\mathfrak{A}_{ij}$ mit Werten in K, für die $u\,v = 4\,v\,(u, v)\,(e_i + e_j)$ gilt. Wäre v ausgeartet, so gäbe es $v \in \mathfrak{A}_{ij}$, $v \neq 0$, so daß $u\,v = 0$ für alle $u \in \mathfrak{A}_{ij}$ erfüllt wäre. Die Menge Kv wäre dann aber ein echtes Ideal in der Algebra $\mathfrak{A}_1(e_i + e_j)$, die wegen Satz 3.5 einfach ist.

c) Definiert man nun eine symmetrische Bilinearform μ und eine Linearform λ durch

$$\mu\,(u, u) = \alpha_i \alpha_j - 4\,v\,(u_{ij}, u_{ij}), \quad \lambda\,(u) = \tfrac{1}{2}\,(\alpha_i + \alpha_j) = \mu\,(u, e_i + e_j),$$

wobei $u = \alpha_i\, e_i + \alpha_j\, e_j + u_{ij}$ gesetzt ist, so wird

$$u^2 = \alpha_i^2\, e_i + \alpha_j^2\, e_j + (\alpha_i + \alpha_j)\, u_{ij} + 4\,v\,(u_{ij},\, u_{ij})\,(e_i + e_j)$$

$$= 2\,\lambda\,(u)\, u - \mu\,(u,\, u)\,(e_i + e_j).$$

Bezeichnet man daher den Vektorraum von $\mathfrak{U} := \mathfrak{A}_{ii} + \mathfrak{A}_{ij} + \mathfrak{A}_{jj}$ mit X, so stimmt diese Algebra mit der Algebra $[X;\ \mu,\ e_i + e_j]$ überein (vgl. VI, § 5). Es ist $\mathfrak{A}_{ij} \neq 0$, folglich ist die Dimension dieser Algebra über K wenigstens gleich 3. Da μ nichtausgeartet ist, zeigt VI, Satz 5.7, daß $\mathfrak{U}$ zentral-einfach ist. Offenbar ist $\mathfrak{U}$ reduziert.

d) Da v nichtausgeartet ist, gibt es $u \in \mathfrak{A}_{1i}$, $i \neq 1$, mit $v(u,\, u) \neq 0$. Nach Teil b) ist daher das Element u in $\mathfrak{A}_{11} + \mathfrak{A}_{1i} + \mathfrak{A}_{ii}$ invertierbar. Wir können daher Lemma 4.1 anwenden, wonach es ein invertierbares f gibt, so daß $\mathfrak{A}_f$ in bezug auf ein vollständiges Orthogonalsystem c_1, $c_2, \ldots, c_r$ regulär ist. Dem Beweis dieses Lemmas entnimmt man $f \in \mathfrak{A}_{11} + \mathfrak{A}_{22} + \cdots + \mathfrak{A}_{rr}$, so daß f wegen a) die beschriebene Form hat. Da $\mathfrak{A}$ und $\mathfrak{A}_f$ den gleichen Grad haben (V, Satz 2.7), ist auch $\mathfrak{A}_f$ reduziert. Aus V, Satz 2.8 und Satz 3.3, ergibt sich nun, daß $\mathfrak{A}_f$ nichtausgeartet und einfach ist.

e) Wir wählen wieder $u \in \mathfrak{A}_{ij}$ mit $v(u,\, u) \neq 0$. Ist K algebraisch abgeschlossen, so können wir $v(u,\, u) = 1$ erreichen und sehen, daß $\mathfrak{A}$ regulär ist.

Korollar. Jede einfache Jordan-Algebra mit Einselement vom Grad $r > 1$ über einem algebraisch abgeschlossenen Körper K ist in bezug auf jedes vollständige Orthogonalsystem der Länge r regulär.

Denn die Algebra ist dann reduziert, zentral-einfach und daher wegen III, Satz 6.1, nichtausgeartet. Teil e) des Satzes gibt daher das Korollar.

2. Wir wollen nun unsere Ergebnisse auf zentral-einfache Algebren anwenden. Es sei $\mathfrak{A}$ eine zentral-einfache Algebra über K vom Grad $r > 1$. Wegen III, Satz 6.1, ist $\mathfrak{A}$ eine nichtausgeartete Algebra.

Im Fall $r = 2$ ist dann $\mathfrak{A}$ wegen VI, Satz 7.1, eine zentral-einfache Algebra $[X;\ \mu,\ e]$ (vgl. VI, § 5).

Ohne Einschränkung dürfen wir also $r \geq 3$ annehmen. Wir betrachten zuerst den Fall, daß $\mathfrak{A}$ reduziert und in bezug auf $e_1, e_2, \ldots, e_r$ regulär ist. Wir bilden die zugehörige PEIRCE-Zerlegung

$$\mathfrak{A} = \sum_{i \leq j} \mathfrak{A}_{ij}$$

und in den Vektorräumen $\mathfrak{A}_{ij}$ die Algebren $\mathfrak{C}^{ij}$, von denen wir wissen, daß sie untereinander isomorph sind. Nach dem vorhergehenden Satz ist $\mathfrak{A}_{ii} = Ke_i$; es gibt daher Linearformen $\sigma = \sigma_{ij}$ von $\mathfrak{A}_{ij}$ mit Werten in K, so daß gilt*)

(9.1) $$S_{ij}\,u = \sigma(u)\,e_i, \qquad u \in \mathfrak{A}_{ij}.$$

Hier darf man i und j vertauschen, ohne daß sich σ ändert. Denn wegen **(6)** ist $S_{ji}\,u = P_{ij}\,S_{ij}\,u = P_{ij}(\sigma(u)\,e_i) = \sigma(u)\,e_j$.

Trägt man (9.1) in Lemma 6.6 ein, so erhält man für das Quadrat $u \cdot u$ von u in $\mathfrak{C}^{ij}$

(9.2) $$u \cdot u = 2\sigma(u)\,u - \nu(u,\,u)\,e_{ij}, \qquad u \in \mathfrak{C}^{ij},$$

wenn man hier $u^2 = 4\nu(u,\,u)\,(e_i + e_j)$ beachtet. *Es ist also $\mathfrak{C}^{ij}$ eine quadratische Algebra* (vgl. VII, § 3.1). Die Involution $u \to \bar{u}$ von $\mathfrak{C}^{ij}$ schreibt sich wegen **(3′)** in der Form

(9.3) $$\bar{u} = 2\sigma(u)\,e_{ij} - u, \qquad u \in \mathfrak{C}^{ij}.$$

Sie stimmt also mit der für quadratische Algebren definierten entsprechenden Abbildung überein.

Aus Satz 7.2 (oder aus VII, Satz 3.4) entnehmen wir jetzt, daß $\mathfrak{C}^{ij}$ nichtausgeartet ist. Da $\mathfrak{C}^{ij}$ wegen Lemma 6.8 wenigstens alternativ ist, können wir VII, Satz 4.4, auf $\mathfrak{C} = \mathfrak{C}^{ij}$ anwenden. Wir fassen das Ergebnis zusammen in

Satz 9.2. *Es sei $\mathfrak{A}$ eine zentral-einfache reduzierte Jordan-Algebra über einem Körper K vom Grad $r \geq 3$, die in bezug auf das vollständige Orthogonalsystem $e_1, e_2, \ldots, e_r$ regulär ist. Ist d die Dimension der untereinander isomorphen Algebren $\mathfrak{C}^{ij}$, so sind nur die Fälle $d = 1, 2, 4, 8$ möglich. Diese Dimensionen entsprechen für $\mathfrak{C} = \mathfrak{C}^{ij}$ genau den folgenden Fällen:*

- a) $\mathfrak{C} = Ke$,
- b) $\mathfrak{C}$ *ist Erweiterungskörper von K vom Grad 2 oder isomorph zu $K \oplus K$,*
- c) $\mathfrak{C}$ *ist eine Quaternionenalgebra über K,*
- d) $\mathfrak{C}$ *ist eine Cayley-Algebra über K.*

Wir haben in Lemma 8.2 gesehen, daß diese Fälle alle möglich sind. Allerdings folgt aus Lemma 6.8, daß $d = 8$ nur für $r = 3$ möglich ist. Nach dem vorhergehenden Korollar sind alle Voraussetzungen des Satzes für zentral-einfache Algebren über algebraisch abgeschlossenem Grundkörper erfüllt.

3. Ist $\mathfrak{A}$ eine beliebige zentral-einfache Jordan-Algebra vom Grade $r > 1$, so können wir $\mathfrak{A}$ eine weitere Invariante zuordnen. Es sei $n = n(\mathfrak{A})$ die Dimension und $r = r(\mathfrak{A})$ der Grad von $\mathfrak{A}$. Für $r \leq 2$ setzen wir $d = d(\mathfrak{A}) := n - 2$. Ist $r \geq 3$, so gehen wir zur Algebra $\overline{\mathfrak{A}}$ über, die aus

---

*) Geht man die Beweise der §§ 4 und 5 noch einmal durch, so sieht man, daß diese sich bei Benutzung von (9.1) wesentlich vereinfachen.

$\mathfrak{A}$ durch die Grundkörpererweiterung von K zum algebraischen Abschluß $\bar{K}$ entsteht. Dann ist $\bar{\mathfrak{A}}$ zentral-einfach und reduziert. Wir bezeichnen mit $d = d(\mathfrak{A})$ die Dimension von $\mathfrak{C}^{ij}$ gemäß Satz 9.2. Es ist also $d = 1, 2, 4, 8$, falls $r \geq 3$. Man entnimmt dem Satz, daß

$$(9.4) \qquad n = r + \frac{r(r-1)}{2}\,d\,,$$

wenigstens für $r \geq 3$ gilt. Im Falle $r \leq 2$ ist dies aber trivial. Man überlegt sich leicht, daß wegen (9.4) je zwei der Zahlen n, r, d die dritte eindeutig bestimmen. Da n und r sich sowohl bei Grundkörpererweiterungen als auch beim Übergang zu Mutationen bezüglich invertierbarer Elemente nicht ändern, gilt das gleiche für d.

4. Für eine zentral-einfache Algebra $\mathfrak{A}$ bezeichnen wir zur Abkürzung die reduzierte Spur RS mit λ. Wegen III, Satz 6.1, ist λ eine normale Linearform, und die zugeordnete Bilinearform ist nichtausgeartet. Wir beweisen die folgende *Spurformel*

Satz 9.3. *Es sei* $\mathfrak{A}$ *eine zentral-einfache Jordan-Algebra über dem Körper* K *und* λ *die reduzierte Spur von* $\mathfrak{A}$. *Für die quadratische Darstellung* $P(u)$ *von* $\mathfrak{A}$ *gilt dann*

$$\operatorname{Spur} P(u) = \left(1 - \frac{d}{2}\right) \lambda(u^2) + \frac{d}{2}\,\lambda^2(u)\,.$$

Beweis. Da sich weder die Voraussetzungen noch die behauptete Gleichung ändern, wenn man von $\mathfrak{A}$ zu einer Grundkörpererweiterung übergeht, dürfen wir ohne Einschränkung annehmen, daß K algebraisch abgeschlossen ist. Es sei r der Grad von $\mathfrak{A}$.

Im Falle $r = 1$ ist $\mathfrak{A} = K$ (vgl. II, Satz 6.2), und daher gilt $n = 1$ und $d = 0$. Wegen $\operatorname{Spur} P(u) = u^2 = \lambda(u^2)$ ist die Behauptung richtig.

Nun sei $r > 1$. Wir setzen für $u, v \in \mathfrak{A}$

$$\pi(u, v) := \operatorname{Spur} P(u, v) - \left(1 - \frac{d}{2}\right) \lambda(uv) - \frac{d}{2}\,\lambda(u)\,\lambda(v)\,.$$

Da K algebraisch abgeschlossen ist, können wir für $u \in \mathfrak{A}$ die Minimalzerlegung (vgl. I, § 4.3)

$$u = a + v, \qquad a = \sum_i \eta_i\, c_i, \qquad \eta_i \in K, \; v \text{ nilpotent,}$$

bestimmen. Es sind η_i die verschiedenen Eigenwerte von u, ferner liegen c_i, a und v in $K[u]$, und die c_i bilden ein vollständiges Orthogonalsystem von $\mathfrak{A}$. Wir erhalten $\pi(u, u) = \pi(a, a) + 2\pi(a, v) + \pi(v, v)$. Wegen IV, Lemma 5.5, ist mit v auch $L(v)$ und $P(v)$ nilpotent. Da die Spur einer nilpotenten linearen Transformation gleich Null und λ normal ist, folgt $\pi(v, v) = 0$. Da a und v in der Teilalgebra $K[u]$ liegen, ist auch av nilpotent und $L(a)$ und $L(v)$ sind vertauschbar. Damit ist jeder Summand von $P(a, v) = L(a) L(v) + L(v) L(a) - L(a v)$ nil-potent, d. h., es gilt Spur $P(a, v) = 0$. Wegen $\lambda(a v) = \lambda(v) = 0$ folgt also auch $\pi(a, v) = 0$, und wir erhalten $\pi(u, u) = \pi(a, a)$. Zum Nachweis von $\pi(u, u) = 0$ brauchen wir also nur noch $\pi(c_i, c_j) = 0$ für alle i, j nachzuweisen. Wir zerlegen jedes Idempotent c_i in eine Summe von absolut-primitiven Idempotenten und erhalten durch Zusammenfassung ein vollständiges Orthogonalsystem von absolut-primitiven Idempotenten. Die Länge dieses Systems ist wegen III, Satz 7.5, gleich r. Es genügt daher, wenn wir $\pi(e_i, e_j) = 0$ für alle i, j und jedes vollständige Orthogonalsystem von absolut-primitiven Idempotenten $e_1, e_2, \ldots, e_r$ nachweisen. Wir bilden die linearen Transformationen

$$C_{ii} = P(e_i), \qquad C_{ij} = 4L(e_i) L(e_j) \quad (i < j)$$

(vgl. § 1.1). Wegen III, Satz 7.4d), ist $\lambda(e_i) = 1$, wir erhalten folglich

$$\pi(e_i, e_i) = \operatorname{Spur} C_{ii} - 1, \qquad 2\pi(e_i, e_j) = \operatorname{Spur} C_{ij} - d \quad (i < j).$$

In der PEIRCE-Zerlegung von $\mathfrak{A}$ in bezug auf $e_1, e_2, \ldots, e_r$ ist $\mathfrak{A}_{ij} = C_{ij} \mathfrak{A}$. Es ist C_{ij}, $i \leq j$, ein vollständiges Orthogonalsystem von linearen Transformationen, und C_{ij} ist die Projektion von $\mathfrak{A}$ auf $\mathfrak{A}_{ij}$. Folglich ist Spur C_{ij} gleich der Dimension von $\mathfrak{A}_{ij}$ über K. Wegen $\mathfrak{A}_{ii} = Ke_i$ ist daher $\pi(e_i, e_i) = 0$.

Für $r = 2$ ist die Dimension von $\mathfrak{A}_{ij} = \mathfrak{A}_{12}$ gleich $n - 2 = d$, folglich gilt $\pi(e_1, e_2) = 0$.

Im Falle $r \geq 3$ folgt $\pi(e_i, e_j) = 0$ für $i \neq j$ aus Satz 9.2

5. Mit Hilfe dieser Spurformel können wir die durch Spur $L(u)L(v)$ definierte *Killing-Form* von $\mathfrak{A}$ berechnen. Offenbar ist diese Killing-Form für eine beliebige Algebra eine symmetrische eigentliche Bilinearform. Es ist Spur $P(u) = 2 \operatorname{Spur} L^2(u) - \operatorname{Spur} L(u^2)$. Da die durch $Sp(u) = \operatorname{Spur} L(u)$ definierte Linearform wegen III, Satz 5.7, normal ist, ergibt III, Satz 6.1, sofort $Sp(u) = \varrho \lambda(u)$. Für $u = e$ erhält man $\varrho = \dfrac{n}{r}$. Damit folgt Spur $P(u) = 2 \operatorname{Spur} L^2(u) - \dfrac{n}{r} \lambda(u^2)$. Trägt man dies in die Spurformel ein, so folgt $2 \operatorname{Spur} L^2(u) = \left(1 - \dfrac{d}{2} + \dfrac{n}{r}\right) \lambda(u^2) + \dfrac{d}{2} \lambda^2(u)$. Wegen (9.4) ist der Koeffizient von $\lambda(u^2)$ gleich $2 + (r - 2)\dfrac{d}{2}$. Man polarisiert diese Formel und erhält

Satz 9.4. *Es sei $\mathfrak{A}$ eine zentral-einfache Jordan-Algebra über K vom Grad r und λ die reduzierte Spur von $\mathfrak{A}$. Dann ist die Killing-Form von $\mathfrak{A}$ gegeben durch*

$$\operatorname{Spur} L(u) L(v) = \alpha \cdot \lambda(u v) + \frac{d}{4} \lambda(u) \lambda(v), \qquad \alpha := 1 + (r - 2)\frac{d}{4}.$$

Insbesondere ist die Killing-Form nichtausgeartet, falls

$$\alpha = 1 + (r - 2)\frac{d}{4} \neq 0 \quad \text{und} \quad \beta = \frac{n}{r} \neq 0.$$

Die Aussage, daß die Killing-Form nichtausgeartet ist, folgt sofort aus der Darstellung $\alpha \cdot \lambda\,(u\,v) + \dfrac{d}{4}\,\lambda\,(u)\,\lambda\,(v)$ und $\alpha \neq 0$ und $\beta = \alpha + \dfrac{d\,r}{4} \neq 0$. Wegen (9.4) ist $\beta = \dfrac{n}{r}$.

Wir wollen eine einfache hinreichende Bedingung dafür angeben, daß die Killing-Form nichtausgeartet ist. Es sei p die Charakteristik von K. Wegen $p \neq 2$ ist $\alpha \neq 0$ mit $4\alpha = 4 + (r - 2)\,d \neq 0$ äquivalent. Für $r \geqq 3$ sind nur die Fälle $d = 1, 2, 4, 8$ möglich und $d = 8$ nur im Falle $r = 3$. Für 4α erhält man daher die Möglichkeiten $r + 2$, $2r$, $4\,(r - 1)$ und 12, so daß $4\alpha \neq 0$ für $p > r + 2$ folgt. Da im Falle $r \leqq 2$ trivialerweise $\alpha \neq 0$ gilt, erhalten wir:

$$(9.5) \qquad\qquad \text{Es ist } \alpha \neq 0, \text{ falls } p > r + 2.$$

Entsprechend erhalten wir für $2\beta = 2 + (r - 1)\,d$ im Falle $r \geqq 3$ die Möglichkeiten $r + 1$, $2r$, $2\,(2r - 1)$ und 18, so daß $p > 2r - 1$ sicher $\beta \neq 0$ nach sich zieht. Ist $r = 2$, so ist $2\beta = n$. Es folgt also:

(9.6) Es ist $\beta = 0$, falls $p > 2r - 1$ bzw. $p > n$ im Falle $r = 2$.

Damit erhalten wir das

Korollar. Die Killing-Form einer zentral-einfachen Jordan-Algebra über K vom Grad r ist sicher dann nichtausgeartet, wenn die Charakteristik von K größer als $2r - 1$ (bzw. n im Falle $r = 2$) ist.

6. Wir geben noch eine weitere Anwendung der Ergebnisse. In IV, § 6.**3**, hatten wir die Untergruppe $A_0\,(\mathfrak{A})$ der Automorphismengruppe von $\mathfrak{A}$ betrachtet, die von den $P(w)$, $w^2 = e$, erzeugt wird.

Satz 9.5. *Es sei $\mathfrak{A}$ eine nichtausgeartete, einfache und reduzierte Algebra über K, die in bezug auf ein vollständiges Orthogonalsystem von absolut-primitiven Idempotenten regulär ist. Für je zwei absolut-primitive Idempotente c_1, c_2 sei $RS\,(c_1\,c_2)$ ein Quadrat in K. Dann operiert $A_0\,(\mathfrak{A})$ transitiv auf der Menge aller absolut-primitiven Idempotente von $\mathfrak{A}$.*

Beweis. Es sei r der Grad von $\mathfrak{A}$ und $\mathfrak{A}$ regulär in bezug auf e_1, $e_2, \ldots, e_r$. Da für $r = 1$ nichts zu beweisen ist, dürfen wir gleich $r > 1$ annehmen. Wir wählen e_{ij}, $i \neq j$, gemäß Lemma 4.2. Für $P_{ij} = \tfrac{1}{4} P(e_{ij})$ ist dann $P_{ij}\,e_i = e_j$. Es sei $e_0 = \sum\limits_{k \neq i,\,j} e_k$ und $w = \tfrac{1}{2} e_{ij} + e_0$. Man findet $w^2 = e$ und $P(w)\,e_i = [P_{ij} + P\,(e_{ij}, e_0) + P\,(e_0)]\,e_i = e_j$, denn es ist $e_0\,e_i = e_0\,e_{ij} = 0$. Es gibt also eine Abbildung aus $A_0\,(\mathfrak{A})$, die e_i in e_j abbildet. Nun folgt die Behauptung aus IV, Satz 6.9.

Korollar. Ist $\mathfrak{A}$ eine einfache Algebra über einem algebraisch abgeschlossenen Körper, dann operiert $A_0\,(\mathfrak{A})$ transitiv auf der Menge der primitiven Idempotente von $\mathfrak{A}$.

Denn dann ist $\mathfrak{A}$ nichtausgeartet und reduziert, ferner nach dem Korollar zu Satz 9.1 regulär in bezug auf jedes vollständige Orthogonalsystem maximaler Länge. Schließlich stimmen die Begriffe primitiv und absolut-primitiv überein.

Als weitere Konsequenzen erhalten wir

Satz 9.6. *Es sei $\mathfrak{A}$ eine einfache Jordan-Algebra über einem algebraisch abgeschlossenen Körper vom Grad r. Dann gibt es zu je zwei vollständigen Orthogonalsystemen $e_1, e_2, \ldots, e_r$ und $c_1, c_2, \ldots, c_r$ ein $V \in A_0(\mathfrak{A})$ mit $Vc_i = e_i$ für $i = 1, 2, \ldots, r$.*

Beweis. Für $r = 1$ ist nichts zu beweisen. Im Falle $r > 1$ beweisen wir die Behauptung durch Induktion nach r. Nach dem vorhergehenden Korollar wählen wir $V \in A_0(\mathfrak{A})$ mit $Vc_1 = e_1$ und setzen $d_i = Vc_i$. Es ist $d_1 = e_1$ und $e_1 e_i = e_1 d_i = 0$ für $i > 1$, d. h., $e_2, \ldots, e_r$ und $d_2, \ldots, d_r$ bilden je ein vollständiges Orthogonalsystem von $\mathfrak{A}_0(e_1) = \mathfrak{A}_1(e - e_1)$. Wegen Satz 3.5 ist $\mathfrak{A}_0(e_1)$ einfach und daher zentral-einfach. Nach Induktionsannahme gibt es ein $W_0 \in A_0(\mathfrak{A}_0(e_1))$ mit $W_0 d_i = e_i$ für $i > 1$. Sei $P_0(u)$ die Restriktion von $P(u)$ auf $\mathfrak{A}_0(e_1)$ und $W_0 = P_0(w_1) \cdots P_0(w_k)$ mit $w_j \in \mathfrak{A}_0(e_1)$, $w_j^2 = e - e_1$. Die Abbildungen $P(w_j + e_1)$ stimmen auf $\mathfrak{A}_0(e_1)$ mit $P_0(w_j)$ überein, so daß für $W := P(w_1 + e_1) \cdots P(w_k + e_1)$ auch $Wd_i = e_i$, $i > 1$, gilt. Andererseits ist $W \in A_0(\mathfrak{A})$, und es gilt $We_1 = e_1$. Man erhält also $WVc_i = e_i$ für alle i.

Satz 9.7. *Es sei $\mathfrak{A}$ eine einfache Jordan-Algebra über einem algebraisch abgeschlossenen Körper K und $e_1, e_2, \ldots, e_r$ ein vollständiges Orthogonalsystem von primitiven Idempotenten von $\mathfrak{A}$. Zu jedem $u \in \mathfrak{A}$ gibt es dann ein $V \in A_0(\mathfrak{A})$, so daß gilt*

$$Vu = \sum_i \xi_i e_i + v, \quad \xi_i \in K, \quad v \text{ nilpotent.}$$

Beweis. Wieder darf $r > 1$ angenommen werden. Nach der Minimalzerlegung von u haben wir eine Darstellung

$$u = \sum_i \xi_i c_i + w, \quad w \text{ nilpotent,}$$

und wir dürfen gleich annehmen, daß die c_i primitiv sind, denn anderenfalls könnten wir sie weiter zerlegen. Nun folgt die Behauptung aus dem vorhergehenden Satz.

Literatur: A. A. ALBERT [7], [15]; A. A. ALBERT und L. J. PAIGE [1]; U. HIRZEBRUCH [2]; N. JACOBSON [15], [26], [28]; K. MEYBERG [1]; R. D. SCHAFER [21].

Neuntes Kapitel

Derivationen von Jordan-Algebren

Auch in diesem Kapitel setzen wir ausnahmslos voraus, daß alle vorkommenden Körper eine von zwei verschiedene Charakteristik haben.

§ 1. Eine Beziehung zwischen nichtausgearteten Bilinearformen und linearen Transformationen

1. Es sei X ein Vektorraum über einem Körper K (der Charakteristik ungleich 2) und σ eine eigentliche symmetrische und nichtausgeartete Bilinearform von X. Für jede eigentliche Linearform λ von X und jedes $u \in X$ definieren wir eine lineare Transformation $u\,\lambda$ durch $(u\,\lambda)\,w := \lambda(w)\,u$. Ersichtlich ist $u\,\lambda$ sowohl in u als auch in λ linear. In I, § 1.5, hatten wir gesehen, daß man jedem $v \in X$ eine Linearform v^* durch $v^*(w) := \sigma(v, w)$ zuordnen kann. Für $u, v \in X$ ist daher eine lineare Transformation $u\,v^*$ von X erklärt, und zwar gilt definitionsgemäß

$$(1.1) \qquad\qquad (u\,v^*)\,w = \sigma(v, w)\,u.$$

Beachtet man hier $\sigma(v, w) = v^*(w)$, so kann man (1.1) auch als Assoziativgesetz $(u\,v^*)\,w = u(v^*\,w)$, $v^*\,w = \sigma(v, w)$ schreiben. Offenbar ist $u\,v^*$ linear in u und in v.

Für eine lineare Transformation A von X bezeichnen wir wieder mit A^* die bezüglich σ adjungierte Transformation und beweisen für die durch (1.1) definierte Transformation

Lemma 1.1. *Für beliebige Transformationen A, B von X und u, v, x, y aus X gilt:*

a) $(Au)(Bv)^* = A\,(u\,v^*)\,B^*$,
b) $(u\,v^*)^* = v\,u^*$,
c) $(u\,v^*)(x\,y^*) = \sigma(v, x)\,u\,y^*$,
d) $\operatorname{Spur} u\,v^* = \sigma(u, v)$.

Beweis. a) Nach (1.1) haben wir $(Au)(Bv)^*\,w = \sigma(Bv, w)\,Au = A\,\sigma(v, B^*w)\,u = A\,(u\,v^*)\,B^*\,w$.

b) Es gilt $\sigma((u\,v^*)^*\,w,\,x) = \sigma(w,\,(u\,v^*)\,x) = \sigma(v,\,x)\,\sigma(w,\,u)$
$= \sigma(\sigma(u,\,w)\,v,\,x)$. Da σ nichtausgeartet ist, folgt die Behauptung.

c) Man setze $A = Id$ und $B^* = x\,y^*$ in Teil a). Wegen (1.1) folgt die Behauptung dann aus Teil b).

d) Ist $b_1, b_2, \ldots, b_n$ eine Basis von X über K und $u = \xi_1\,b_1 + \xi_2\,b_2 + \cdots + \xi_n\,b_n$, dann folgt

$$(u\,v^*)\,b_i = \sigma(v,\,b_i)\,u = \sum_j \sigma(\xi_j\,b_i,\,v)\,b_j.$$

Man erhält hieraus

$$\mathrm{Spur}\,u\,v^* = \sum_i \sigma(\xi_i\,b_i,\,v) = \sigma(u,\,v).$$

Wir beweisen zunächst eine für die weiteren Überlegungen sehr nützliche Eigenschaft der Transformation (1.1):

Lemma 1.2.

a) *Jede lineare Transformation A von X läßt sich darstellen in der Form $A = \sum_i u_i\,v_i^*$ mit gewissen von A abhängigen u_i, v_i aus X.*

b) *Jede bezüglich σ selbstadjungierte Transformation B hat die Form $B = \frac{1}{2} \sum_i \pm\,u_i\,u_i^*$.*

Beweis.

a) Ist $u_1, u_2, \ldots, u_n$ eine Basis von X, dann ist $Aw = \sum_i \alpha_i(w)\,u_i$.
Die α_i sind eigentliche Linearformen von X, so daß es wegen I, § 1.5, Elemente $v_i \in X$ gibt mit $\alpha_i(w) = \sigma(v_i,\,w)$. Wir erhalten daher

$$Aw = \sum_i \sigma(v_i,\,w)\,u_i = \sum_i (u_i\,v_i^*)\,w.$$

b) Es ist $B = \frac{1}{2}(B + B^*)$, so daß die Behauptung wegen $u\,v^* + (u\,v^*)^* = u\,v^* + v\,u^* = (u + v)(u + v)^* - u\,u^* - v\,v^*$ aus Teil a) folgt.

2. Nun sei $\mathfrak{A}$ eine kommutative Algebra mit Einselement e im Vektorraum X über K und σ eine eigentliche nichtausgeartete und assoziative Bilinearform von $\mathfrak{A}$ (vgl. I, § 6.1). Die Assoziativität von σ bedeutet $L^*(u) = L(u)$.

Die Bedeutung der quadratischen Darstellung (II; 2.13)

$$P(u) = 2L^2(u) - L(u^2)$$

für homogene Algebren legt es nahe, die quadratische Form $\mathrm{Spur}\,P(u)$ zu untersuchen. Betrachten wir gleich eine Verallgemeinerung hiervon: Für eine lineare Transformation A von $\mathfrak{A}$ ist $\mathrm{Spur}\,AP(u)$ ebenfalls eine quadratische Form von $\mathfrak{A}$. Da σ nichtausgeartet und symmetrisch ist, gibt es eine bezüglich σ selbstadjungierte Transformation $Q(A)$, so daß

$$(1.2) \qquad\qquad \mathrm{Spur}\,AP(u) = \sigma(Q(A)\,u,\,u)$$

gilt (vgl. I, § 1.**5**). Offenbar ist $Q(A)$ linear in A, d. h., $A \to Q(A)$ ist eine lineare Abbildung der linearen Transformationen von $\mathfrak{A}$ in sich. Aus der Definition von $P(u)$ entnimmt man, daß $P(u)$ selbstadjungiert ist. Wegen (1.2) ergibt das $Q(A^*) = Q(A)$.

Lemma 1.3.

a) $Q(u\,u^*) = P(u)$.

b) *Für* $A = \sum_i u_i v_i^*$ *gilt* $Q(A) = \sum_i P(u_i, v_i)$.

Dabei ist wieder $P(u, v) = L(u)\,L(v) + L(v)\,L(u) - L(u\,v)$ abgekürzt.

Beweis. a) Wir erhalten aus (1.2) und Lemma 1.1

$$\sigma\big(Q(u\,u^*)\,v,\,v\big) = \operatorname{Spur}(u\,u^*)\,P(v) = \operatorname{Spur}u\,[P(v)\,u]^* = \sigma\big(u,\,P(v)\,u\big)$$

$$= \sigma\big(u,\,2v(v\,u) - v^2\,u\big) = \sigma\big(2u(u\,v) - u^2\,v,\,v\big) = \sigma\big(P(u)\,v,\,v\big).$$

Da $Q(u\,u^*)$ und $P(u)$ selbstadjungiert sind, folgt Teil a).

b) Wegen $Q(A^*) = Q(A)$ folgt $Q(u\,v^*) = Q(v\,u^*)$, so daß man durch Polarisation $Q(u\,v^*) = P(u, v)$ erhält. Hiermit erhält man Teil b) durch eine entsprechende Summation.

Neben der quadratischen Form Spur $AP(u)$ betrachten wir noch die Linearform Spur $AL(u)$ von $\mathfrak{A}$. Nach I, § 1.**5**, gibt es ein $q(A) \in \mathfrak{A}$ mit

$$(1.3) \qquad\qquad \operatorname{Spur} AL(u) = \sigma\big(q(A),\,u\big).$$

Es ist $q(A)$ linear in A, und es gilt $q(A^*) = q(A)$. Ersetzt man u durch $e + u$ in (1.2) und vergleicht die linearen Glieder, so folgt

$$(1.4) \qquad\qquad q(A) = Q(A)\,e.$$

Umgekehrt erhält man $\sigma\big(Q(A)\,u,\,v\big) = \sigma\big(q(AL(u)) + q(L(u)\,A) - u\,q(A),\,v\big)$ aus der Definition von $P(u)$, so daß sich

$$(1.5) \qquad Q(A)\,u = q(AL(u)) + q(L(u)\,A) - u\,q(A)$$

ergibt. Wegen (1.4) und Lemma 1.3 folgt

Lemma 1.4.

a) $q(u\,u^*) = u^2$.

b) *Für* $A = \sum_i u_i v_i^*$ *gilt* $q(A) = \sum_i u_i v_i$.

3. Die lineare Transformation $u \to q(L(u))$ von $\mathfrak{A}$ bezeichnen wir mit $C = C_\sigma$ und nennen C *den Casimir-Operator von* $\mathfrak{A}$ *in bezug auf* σ. Definitionsgemäß erhalten wir also

$$(1.6) \quad \operatorname{Spur} L(u)\,L(v) = \sigma(Cu,\,v), \quad q(L(u)) = Cu, \quad C^* = C.$$

Lemma 1.5. *Ist $u_1, u_2, \ldots, u_n$ und $v_1, v_2, \ldots, v_n$ ein Paar bezüglich σ dualer Basen von $\mathfrak{A}$, dann ist der Casimir-Operator von $\mathfrak{A}$ in bezug auf σ gegeben durch $C = \sum_i L(v_i)\, L(u_i)$.*

Beweis. Da u_i und v_i duale Basen von $\mathfrak{A}$ sind, gilt $w = \sum_i \sigma(v_i, w)\, u_i$ für jedes $w \in \mathfrak{A}$. Das bedeutet aber $Id = \sum_i u_i\, v_i^*$ und man erhält mit Lemma 1.1a)

$$\operatorname{Spur} L(u)\, L(v) = \operatorname{Spur} \sum_i L(u)\, (u_i\, v_i^*)\, L(v) = \sum_i \operatorname{Spur} (u\, u_i)(v\, v_i)^*$$

$$= \sum_i \sigma(u\, u_i,\, v\, v_i) = \sum_i \sigma\big(L(v_i)\, L(u_i)\, u,\, v\big).$$

Da σ nichtausgeartet ist, folgt die Behauptung.

§ 2. Derivationen

1. Es sei $\mathfrak{A}$ eine Algebra über K. Für lineare Transformationen A, B von $\mathfrak{A}$ verwenden wir das Kommutatorprodukt $[A, B] := AB - BA$. Wir betrachten Derivationen D von $\mathfrak{A}$ (vgl. I, § 14.1), d. h. lineare Transformationen D, für die

$$(2.1) \qquad D(u\, v) = (Du)\, v + u\,(Dv), \qquad u, v \in \mathfrak{A},$$

gilt. In den regulären Darstellungen von $\mathfrak{A}$ bedeutet dies

$$(2.1') \quad L(Du) = [D, L(u)], \qquad R(Du) = [D, R(u)], \qquad u \in \mathfrak{A}.$$

Die Menge $\mathfrak{D}(\mathfrak{A})$ der Derivationen von $\mathfrak{A}$ ist mit dem Kommutatorprodukt eine Lie-Algebra.

Wir betrachten Algebren $\mathfrak{A}$ über K, für die folgende Voraussetzung erfüllt ist:

(A) Es gibt eine eigentliche, symmetrische, assoziative und nichtausgeartete Bilinearform σ von $\mathfrak{A}$, so daß gilt

$$\operatorname{Spur} L(Du)\, L(v) = \sigma(Du, v)$$

für alle $D \in \mathfrak{D}(\mathfrak{A})$ und $u, v \in \mathfrak{A}$.

Diese Voraussetzung ist z. B. für Algebren erfüllt, für die Spur $L(u)\, L(v)$ assoziativ und nichtausgeartet ist. Für solche Algebren können wir die Derivationen beschreiben durch den

Satz 2.1. *Ist (A) für die Algebra $\mathfrak{A}$ erfüllt, so ist jede Derivation von $\mathfrak{A}$ eine Summe von gewissen $L(a)\, L(b) - R(b)\, R(a)$, $a, b \in \mathfrak{A}$.*

Beweis. Nach Lemma 1.2 können wir D darstellen als $D = \sum_i u_i\, v_i^*$, wobei sich der Stern auf σ bezieht. Beachten wir jetzt (2.1'), Lemma 1.1

und $L^*(u) = R(u)$, so folgt

$$\sigma(Du, v) = \operatorname{Spur} L(Du) L(v) = \operatorname{Spur}[DL(u) L(v) - L(u) DL(v)]$$
$$= \sum_i \operatorname{Spur}\{u_i([v_i\, u]\, v)^* - (u\, u_i)\, (v_i\, v)^*\}$$
$$= \sum_i \{\sigma(u_i, (v_i\, u)\, v) - \sigma(u\, u_i, v_i\, v)\}$$
$$= \sum_i \sigma([L(u_i) L(v_i) - R(v_i) R(u_i)]\, u, v).$$

Da σ nichtausgeartet ist, folgt die Behauptung.

Man beachte hier aber, daß keineswegs jede Transformation $L(a) L(b) - R(b) R(a)$ eine Derivation zu sein braucht.

2. Wir nehmen nun an, daß $\mathfrak{A}$ kommutativ ist, (A) erfüllt ist und daß gilt:

(B)　Für $u, v \in \mathfrak{A}$ ist $D(u, v) := L(u) L(v) - L(v) L(u)$ eine Derivation von $\mathfrak{A}$.

Man hat $\operatorname{Spur} DD(u, v) = \operatorname{Spur}[D, L(u)] L(v) = \operatorname{Spur} L(Du) L(v)$, so daß wegen (A)

$$(2.2) \qquad \operatorname{Spur} DD(u, v) = \sigma(Du, v), \quad u, v \in \mathfrak{A}.$$

Eine nützliche Hilfsbetrachtung formulieren wir als

Lemma 2.2. *Sind* (A) *und* (B) *für die kommutative Algebra* $\mathfrak{A}$ *erfüllt, dann gilt*

a) $D^* = -D$ *für* $D \in \mathfrak{D}(\mathfrak{A})$, *wenn* D^* *die bezüglich* σ *adjungierte Transformation zu* D *bezeichnet.*

b) *Es gibt je eine Basis* D_i, E_i *von* $\mathfrak{D}(\mathfrak{A})$ *mit folgenden Eigenschaften:*

$$(2.3) \qquad\qquad\qquad \operatorname{Spur} D_i E_j = \delta_{ij},$$

$$(2.4) \qquad\qquad D(u, v) = \sum_i \sigma(E_i\, u, v)\, D_i,$$

$$(2.5) \qquad L(u) L(v) - L(u\, v) = \sum_i (E_i\, v)(D_i\, u)^*.$$

Wegen (2.3) erhält man sofort das

Korollar. Die durch Spur UV, $U, V \in \mathfrak{D}(\mathfrak{A})$, definierte Bilinearform ist nichtausgeartet.

Beweis. Wegen Satz 2.1 ist jedes $D \in \mathfrak{D}(\mathfrak{A})$ eine Linearkombination von Transformationen $D(u, v)$, und jedes $D(u, v)$ gehört wegen (B) zu $\mathfrak{D}(\mathfrak{A})$. Es gibt daher eine Basis $D_i = D(u_i, v_i)$ von $\mathfrak{D}(\mathfrak{A})$. Man hat insbesondere

$$D(u, v) = \sum_i \alpha_i(u, v)\, D_i.$$

Die α_i sind eigentliche Bilinearformen von $\mathfrak{A}$. Es gibt daher nach I, § 1.**5**, lineare Transformationen E_i, so daß $\alpha_i(u, v) = \sigma(E_i\, u, v)$ gilt.

Damit ist (2.4) richtig. Wegen $D(u, v) = -D(v, u)$ folgt $E_i^* = -E_i$, außerdem ist

$$(2.6) \qquad\qquad \sigma(E_i u_j, v_j) = \delta_{ij}.$$

Hieraus folgt speziell, daß die E_i linear unabhängig sind. Wir erhalten also für $u, v, x, y \in \mathfrak{A}$ wegen Lemma 1.1

$$\text{Spur}\, D(u, v)\, x\, y^* = \text{Spur} \sum_i \sigma(E_i u, v)\, D_i\, x\, y^* = \sum_i \sigma(\dot{E}_i u, v)\, \sigma(D_i x, y).$$

Andererseits ist wegen der Assoziativität von σ

$$\text{Spur}\, D(u, v)\, x\, y^* = \sigma(D(u, v)\, x, y) = \sigma(u(v\,x) - v(u\,x), y)$$
$$= \sigma(x(y\,u) - y(x\,u), v) = \sigma(D(x, y)\, u, v).$$

Ein Vergleich beider Formeln liefert

$$(2.7) \qquad\qquad D(x, y) = \sum_i \sigma(D_i x, y)\, E_i.$$

Da die durch Spur AB auf den linearen Transformationen von $\mathfrak{A}$ definierte Bilinearform nichtausgeartet ist, gibt es Transformationen B_j mit Spur $D_i B_j = \delta_{ij}$. Wegen Lemma 1.2 haben wir $B_j = \sum_k a_{jk}\, b_{jk}^*$, so daß folgt

$$\sum_k D(a_{jk}, b_{jk}) = \sum_{i,k} \sigma(D_i a_{jk}, b_{jk})\, E_i = \sum_{i,k} [\text{Spur}\,(D_i a_{jk})\, b_{jk}^*]\, E_i$$

$$= \sum_{i,k} [\text{Spur}\, D_i (a_{jk}\, b_{jk}^*)]\, E_i = \sum_i [\text{Spur}\, D_i B_j]\, E_i = E_j.$$

Wegen (B) gehört daher E_j zu $\mathfrak{D}(\mathfrak{A})$. Wir hatten bereits gesehen, daß die E_i linear unabhängig sind. Nach (2.7) und Satz 2.1 ist dann E_i eine Basis von $\mathfrak{D}(\mathfrak{A})$. Damit ist auch a) gezeigt.

In (2.2) ersetzen wir D durch E_j und $D(u, v)$ durch D_i. Wegen (2.6) folgt Spur $E_j D_i = \sigma(E_j u_i, v_i) = \delta_{ij}$. Die fehlende Behauptung (2.5) erhalten wir, indem wir (2.7) auf v anwenden und die entstehende Gleichung als lineare Transformation in y auffassen.

Damit ist das Lemma bewiesen.

Wir behalten die Voraussetzungen bei und bilden die Spur von (2.5). Es folgt

$$\text{Spur}\, L(u)\, L(v) - \text{Spur}\, L(u\,v) = \sum_i \sigma(E_i v, D_i u) = -\sum_i \sigma(D_i E_i v, u).$$

Unter Verwendung des Casimir-Operators können wir für die linke Seite $\sigma(Cu, v) - \sigma(u(Ce), v)$ schreiben. Wir erhalten also

$$(2.8) \qquad\qquad L(Ce) - C = \sum_i D_i E_i.$$

Wegen (2.3) folgt durch Spurbildung

Lemma 2.3. *Sind* (A) *und* (B) *für die kommutative Algebra* $\mathfrak{A}$ *über* K *erfüllt und hat* K *die Charakteristik Null, so ist die Dimension der Derivationsalgebra* $\mathfrak{D}(\mathfrak{A})$ *gleich Spur* $[L(Ce) - C]$.

3. Da für die Bestimmung der Struktur der Lie-Algebra $\mathfrak{D}(\mathfrak{A})$ die Kenntnis der Killing-Form von $\mathfrak{D}(\mathfrak{A})$ nützlich ist, wollen wir hier einen ersten Schritt zu ihrer Berechnung tun. Zur besseren Unterscheidung bezeichnen wir die links-reguläre Darstellung eines $D \in \mathfrak{D}(\mathfrak{A})$ mit *ad D*, also

$$(ad\,D_1)\,D_2 := [D_1,\,D_2].$$

Die Killing-Form von $\mathfrak{D}(\mathfrak{A})$ ist dann gegeben durch Spur *ad* D_1 *ad* D_2. Zu ihrer Berechnung genügt es, Spur *ad* $D(u,\,v)$ *ad* $D(x,\,y)$ zu bestimmen.

Lemma 2.4. *Sind* (A) *und* (B) *für die kommutative Algebra* $\mathfrak{A}$ *erfüllt, so gilt*

Spur *ad* $D(u,\,v)$ *ad* $D(x,\,y)$

$$= 2\,\text{Spur}\{[L(x)\,L(v) - L(v\,x)]\,[L(u)\,L(y) - L(u\,y)] -$$
$$- [L(y)\,L(v) - L(y\,v)]\,[L(u)\,L(x) - L(u\,x)]\}.$$

Beweis. Wir wählen die Basen D_i und E_i von $\mathfrak{D}(\mathfrak{A})$ gemäß Lemma 2.2. Aus (2.4) erhalten wir

$$\big(ad\,D(u,\,v)\big)\,D_i = D(u,\,v)\,D_i - D_i\,D(u,\,v) = D(v,\,D_i\,u) - D(u,\,D_i\,v)$$
$$= \sum_j \{\sigma(E_j\,v,\,D_i\,u) - \sigma(E_j\,u,\,D_i\,v)\}\,D_j$$

Hieraus ersieht man

Spur *ad* $D(u,\,v)$ *ad* $D(x,\,y)$

$$= \sum_{i,j} \{\sigma(E_i\,v,\,D_j\,u) - \sigma(E_i\,u,\,D_j\,v)\}\,\{\sigma(E_j\,y,\,D_i\,x) - \sigma(E_j\,x,\,D_i\,y)\}.$$

Wegen Lemma 1.1 ist Spur $(u\,v^*)(x\,y^*) = \sigma(v,\,x)\,\sigma(u,\,y)$. Man erhält daher für die rechte Seite

$$\text{Spur} \sum_{i,j} \{(E_i\,v)(D_i\,x)^*\,(E_j\,y)(D_j\,u)^* - (E_i\,v)(D_i\,y)^*\,(E_j\,x)(D_j\,u)^* -$$

$$- (E_i\,u)(D_i\,x)^*\,(E_j\,y)(D_j\,v)^* + (E_i\,u)(D_i\,y)^*\,(E_j\,x)(D_j\,v)^*\}.$$

Nun folgt die Behauptung aus (2.5).

§ 3. Anwendungen auf Jordan-Algebren

1. Es sei $\mathfrak{A}$ nun eine Jordan-Algebra über K. Vertauscht man in der Polarisationsformel (IV; 3.2)

$$(3.1)\qquad\qquad 2u\,(v\,[w\,u]) + (u^2\,v)\,w = 2\,(u\,v)(u\,w) + u^2\,(v\,w)$$

v und w und subtrahiert das Ergebnis von (3.1), so folgt $2u\,[D\,(v,\,w)\,u]$ $= D\,(v,\,w)\,u^2$. Durch Polarisation folgt, *daß jedes $D\,(u,\,v)$ eine Derivation von* $\mathfrak{A}$ *ist.* Für eine Jordan-Algebra ist somit (B) stets erfüllt. Jede Linearkombination von Derivationen der Form $D\,(u,\,v)$ nennen wir eine *innere Derivation*.

Nun sei $\mathfrak{A}$ eine zentral-einfache Jordan-Algebra vom Grad r und der Dimension n. Mit $d = d\,(\mathfrak{A})$ bezeichnen wir die in VIII, § 9.**3**, eingeführte Invariante von $\mathfrak{A}$, so daß also

$$n = r + \frac{r\,(r-1)}{2}\,d$$

gilt. Aus VIII, Satz 9.4, erhalten wir

$$(3.2)\quad \operatorname{Spur} L\,(u)\,L\,(v) = \alpha\,RS\,(u\,v) + \frac{d}{4}\,RS\,(u)\,RS\,(v),\quad \alpha := 1 + (r-2)\,\frac{d}{4}\,.$$

Ist $\sigma\,(u,\,v) := \alpha\,RS\,(u\,v)$, so ist σ genau dann nichtausgeartet, wenn $\alpha \neq 0$ gilt. Wegen (VIII; 9.5) ist das sicher dann der Fall, wenn die Charakteristik von K gleich Null oder größer als $r + 2$ ist.

Da $\mathfrak{A}$ nichtausgeartet ist, entnehmen wir I, Satz 14.5, daß $RS\,(Du) = 0$ für jede Derivation D von $\mathfrak{A}$ gilt. Aus (3.2) erhalten wir somit

$$(3.3)\qquad\qquad \operatorname{Spur} L\,(Du)\,L\,(v) = \sigma\,(Du,\,v),\quad\quad u,\,v \in \mathfrak{A},$$

d. h., (A) ist erfüllt.

Satz 3.1. *Es sei $\mathfrak{A}$ eine nichtausgeartete Jordan-Algebra über K vom Grad r. Ist dann die Charakteristik von K gleich Null oder größer als $r + 2$, dann besitzt $\mathfrak{A}$ nur innere Derivationen.*

Beweis. a) Zuerst sei $\mathfrak{A}$ zentral-einfach. Es ist $\alpha \neq 0$, so daß (3.3) mit nichtausgeartetem σ gilt. Die Behauptung folgt daher aus Satz 2.1.

b) Nun sei $\mathfrak{A}$ eine einfache Jordan-Algebra und $Z = \mathfrak{Z}\,(\mathfrak{A})$ ihr Zentrum. Wegen III, Satz 9.2d), ist Z separabel über K. Wir haben in I, Lemma 14.2, gesehen, daß Z derivationsinvariant ist. Die Restriktion einer Derivation D von $\mathfrak{A}$ auf Z ist somit eine Derivation von Z. Jetzt entnehmen wir $Dz = 0$ für alle $z \in Z$ aus I, § 14.**4**, so daß für $u \in \mathfrak{A}$ folgt $D\,(z\,u) = z(Du)$. Man kann daher D als Derivation von $\mathfrak{A}$ als Algebra über Z auffassen. Es ist $\mathfrak{A}$ über Z eine zentral-einfache Algebra von einem Grad r', der wegen III, Satz 9.5, ein Teiler von r ist. Wir können daher Teil a) anwenden und sehen, daß D eine innere Derivation von $\mathfrak{A}$ über Z und daher auch von $\mathfrak{A}$ über K ist.

c) Schließlich sei $\mathfrak{A}$ nichtausgeartet. Nach dem Struktursatz in I, § 8.**3**, ist $\mathfrak{A}$ eine direkte Summe von einfachen nichtausgearteten Algebren, $\mathfrak{A} = \mathfrak{A}_1 \oplus \mathfrak{A}_2 \oplus \cdots \oplus \mathfrak{A}_k$. Es ist der Grad r von $\mathfrak{A}$ gleich der Summe der Grade r_i von $\mathfrak{A}_i$, d. h., die Charakteristik von K ist größer als $r_i + 2$, falls sie nicht Null ist. Wegen Teil b) besitzt jedes $\mathfrak{A}_i$ nur innere Derivationen. Ein $D \in \mathfrak{D}(\mathfrak{A})$ kann als $D = D_1 + D_2 + \cdots + D_k$ geschrieben werden, und die D_i liegen in $\mathfrak{D}(\mathfrak{A}_i)$ (vgl. I, Lemma 2.2). Mit D_i ist dann auch D eine innere Derivation.

Als Anwendung zeigen wir

Lemma 3.2. *Es sei $\mathfrak{A}$ eine nichtausgeartete Jordan-Algebra über K vom Grad r, und die Charakteristik von K sei Null oder größer als $r + 2$. Dann ist die durch Spur UV, U, $V \in \mathfrak{D}(\mathfrak{A})$ auf $\mathfrak{D}(\mathfrak{A})$ definierte Bilinearform nichtausgeartet.*

Beweis. Wie im Beweis des vorhergehenden Satzes können wir annehmen, daß $\mathfrak{A}$ zentral-einfach ist. Da in diesem Fall (A) und (B) erfüllt sind, folgt die Behauptung aus dem Korollar zu Lemma 2.2.

2. Wir schreiben (3.2) in der Form

$$\operatorname{Spur} L(u)\, L(v) = \sigma(u, v) + \frac{d}{4\alpha^2}\, \sigma(e, u)\, \sigma(e, v)$$

und entnehmen hieraus, daß der durch Spur $L(u)\, L(v) = \sigma(Cu, v)$ definierte Casimir-Operator gegeben ist durch

$$(3.4) \qquad\qquad C = Id + \frac{d}{4\alpha^2}\, e\, e^*,$$

wobei sich der Stern auf σ bezieht. Wegen $\sigma(e, e) = \alpha\, r$ erhält man hieraus $Ce = \left(1 + \dfrac{d r}{4\alpha}\right) e$ und daher

$$(3.5) \qquad\qquad L(Ce) - C = \frac{d}{4\alpha}\left(r\, Id - \frac{1}{\alpha}\, e\, e^*\right).$$

Die Spur dieser Transformation ist gleich $\dfrac{d r}{4\alpha}\,(n - 1)$. Wir erhalten daher aus Lemma 2.3 den

Satz 3.3. *Es sei $\mathfrak{A}$ eine zentral-einfache Jordan-Algebra vom Grad r über K. Ist dann die Charakteristik von K Null, so ist die Dimension der Derivations-Algebra $\mathfrak{D}(\mathfrak{A})$ gleich* $\dfrac{d r(n - 1)}{4 + (r - 2)\, d} = d\, \dfrac{r(r - 1)}{2}\, \dfrac{2 + r\, d}{4 + (r - 2)\, d}$.

Wegen VIII, § 9.**3**, sind für d im Falle $r \geq 3$ nur die Fälle $d = 1, 2, 4, 8$ (und 8 nur für $r = 3$) möglich, wir erhalten daher die folgende Tabelle für $r \geq 3$

d	1	2	4	8
$\dim \mathfrak{D}(\mathfrak{A})$	$\dfrac{r(r-1)}{2}$	$r^2 - 1$	$r(2r + 1)$	$52\ (r = 3)$

3. Zur Bestimmung der Killing-Form von $\mathfrak{D}(\mathfrak{A})$ müssen wir auf die in § 1.**2** definierte Abbildung $A \to q(A)$ zurückgreifen. Wegen Lemma 1.4b) ist $q(u\, v^*) = u\, v$. Die einzelnen Terme der Polarisationsformel (3.1)

können wir unter Verwendung von Lemma 1.1 wie folgt auf zwei Weisen schreiben:

$$2q(u\,u^*\,L(w)\,L(v)) = 2u\,(v\,[w\,u]) \quad = 2u\,q(v\,w^*\,L(u)),$$

$$w(v\,q(u\,u^*)) = w(u^2\,v) \qquad = q(w\,v^*\,L(u^2)),$$

$$2q(L(v)\,u\,u^*\,L(w)) = 2(u\,v)(u\,w) \quad = 2q(L(u)\,w\,v^*\,L(u)),$$

$$(v\,w)\,q(u\,u^*) = u^2\,(v\,w) \qquad = L(u^2)\,q(w\,v^*).$$

Eine geeignete Summation über u bzw. v und w ergibt wegen Lemma 1.2

$$(3.6) \quad 2q(BL(w)\,L(v)) + w(v\,q(B)) = 2q(L(v)\,BL(w)) + (v\,w)\,q(B),$$

$$(3.7) \quad 2u\,q(A^*L(u)) + q(AL(u^2)) = 2q(L(u)\,AL(u)) + L(u^2)\,q(A)$$

für jede bezüglich σ selbstadjungierte Transformation B und beliebige Transformation A von $\mathfrak{A}$. Für $B = L(u)$, $A = Id$ erhalten wir daher, wenn wir $q(A^*) = q(A)$ und $q(L(u)) = Cu$ berücksichtigen,

$$(3.6') \qquad 2q(L(v)\,D(w,\,u)) = (w\,v)\,Cu - w(v\,Cu),$$

$$2q(L^2(u)) = 2u\,Cu + Cu^2 - u^2\,c,$$

wobei wir $c := Ce$ abgekürzt haben. Aus der letzten Gleichung entsteht durch Polarisation

$$(3.7') \qquad 2q(L(u)\,L(v)) = u\,Cv + v\,Cu + C(u\,v) - (u\,v)\,c.$$

Als eine erste Anwendung zeigen wir

Lemma 3.4. *Für den Casimir-Operator C in bezug auf die nicht-ausgeartete assoziative Bilinearform σ gilt*

$$D(v,\,w)\,C = CD(v,\,w) = D(Cv,\,w),$$

und das Element $c = Ce$ gehört zum Zentrum von $\mathfrak{A}$.

Beweis. Wegen $q(A^*) = q(A)$ gilt

$$q(L(v)\,D(w,\,u) - L(w)\,D(v,\,u)) = q(L(u)\,D(w,\,v)),$$

so daß man $-w(v\,Cu) + v(w\,Cu) = (w\,u)\,Cv - w(u\,Cv)$ aus $(3.6')$ erhält. Als lineare Transformation in u bedeutet dies $D(v,\,w)\,C = D(Cv,\,w)$. Man geht hier zur adjungierten Transformation über und beachtet $D^*(v,\,w) = -D(v,\,w)$, $C^* = C$. Wendet man die entstehende Gleichung $CD(v,\,w) = D(v,\,w)\,C$ auf e an, so folgt $D(v,\,w)\,c = 0$, d. h. $v(w\,c) = w(v\,c)$, also $L(v\,c) = L(v)\,L(c)$. Da $L(u)$ selbstadjungiert ist, sind $L(v)$ und $L(c)$ vertauschbar, d. h., c liegt im Zentrum der Algebra.

Aus dem Lemma entnimmt man, daß die Abbildung $D \to DC$ eine lineare Transformation der inneren Derivationen von $\mathfrak{A}$ ist.

4. Den in Lemma 2.4 angegebenen Ausdruck für die Killing-Form Spur $ad\,D(u,v)\,ad\,D(x,y)$ von $\mathfrak{D}(\mathfrak{A})$ können wir nach Ausmultiplikation in der Form $\sigma(z,y)$ schreiben, wobei für z gilt

$$z = 2q\big(L(x)\,D(v,u)\big) - 2u\,q\big(L(x)\,L(v)\big) + 2v\,q\big(L(u)\,L(x)\big) -$$
$$- 2q\big(L(v\,x)\,L(u)\big) + 2q\big(L(u\,x)\,L(v)\big) + 2u\,q\big(L(v\,x)\big) - 2v\,q\big(L(u\,x)\big).$$

Hier trägt man (3.6') und (3.7') ein:

$$z = (x\,v)\,Cu - v\,(x\,Cu) - u\,(x\,Cv + v\,Cx + C(v\,x) - (v\,x)\,c) +$$
$$+ v\big(u\,Cx + x\,Cu + C(u\,x) - (u\,x)\,c\big) -$$
$$- (v\,x)\,Cu - u\,C(v\,x) - C(u\,[v\,x]) + c\,(u\,[v\,x]) +$$
$$+ (u\,x)\,Cv + v\,C(u\,x) + C(v\,[u\,x]) - c\,(v\,[u\,x]) +$$
$$+ 2u\,C(v\,x) - 2v\,C(u\,x)$$
$$= v\,(u\,Cx) - u\,(v\,Cx) - u\,(x\,Cv) + (u\,x)\,Cv - C(u\,[v\,x]) + C(v\,[u\,x])$$
$$+ u\,(c\,[v\,x]) - v\,(c\,[u\,x]) + c\,(u\,[v\,x]) - c\,(v\,[u\,x]).$$

Setzt man daher $z = Ax$ und beachtet, daß $c = Ce$ im Zentrum der Algebra liegt, so erhält man

$$A = D(v,u)\,C + D(Cv,u) + CD(v,u) - 2L(c)\,D(v,u).$$

Wir setzen zur Abkürzung $F := 2L(c) - 3C$, wegen Lemma 3.4 wird dann

$$A = D(Fu,v) = D(u,v)\,F, \quad F = 2L(c) - 3C.$$

Zusammengefaßt haben wir also für die Killing-Form den Ausdruck

$$\sigma(z,y) = \sigma(Ax,y) = \sigma\big(D(Fu,v)\,x,y\big) = \operatorname{Spur}D(Fu,v)\,D(x,y)$$
$$= \operatorname{Spur}D(u,v)\,FD(x,y),$$

wenn wir (2.2) beachten.

Aus Satz 3.1 folgt daher nach einer geeigneten Summation über u,v bzw. x,y das

Lemma 3.5. *Es sei* (A) *für die nichtausgeartete Jordan-Algebra* $\mathfrak{A}$ *vom Grad* r *erfüllt. Die Charakteristik von* K *sei Null oder größer als* $r+2$. *Dann gilt für die Killing-Form von* $\mathfrak{D}(\mathfrak{A})$

$$\operatorname{Spur} ad\,U\,ad\,V = \operatorname{Spur} U[2L(c) - 3C]\,V, \quad U,V \in \mathfrak{D}(\mathfrak{A}).$$

Nun sei $\mathfrak{A}$ wieder zentral-einfach. Wir hatten in **1** gesehen, daß dann (A) erfüllt ist für $\sigma(u,v) = \alpha \cdot RS(u\,v)$, $4\alpha = 4 + (r-2)\,d$. Wegen (3.4) wird $c = \left(1 + \dfrac{d\,r}{4\alpha}\right)e$ und $2L(c) - 3C = \left(\dfrac{2\,d\,r}{4\alpha} - 1\right)Id$ $- \dfrac{3d}{4\alpha^2}\,e\,e^*$. Für eine Derivation D ist $De = 0$ und daher $De\,e^* = 0$.

Aus dem Lemma folgt somit bei Berücksichtigung von $4\alpha = 4 + (r - 2)\,d$ der

Satz 3.6. *Es sei* $\mathfrak{A}$ *eine zentral-einfache Jordan-Algebra vom Grad* r *über* K. *Ist dann die Charakteristik von* K *gleich Null oder größer als* $r + 2$, *so gilt für die Killing-Form von* $\mathfrak{D}(\mathfrak{A})$

$$\text{Spur}\,ad\,U\,ad\,V = \frac{(r + 2)\,d - 4}{(r - 2)\,d + 4}\,\text{Spur}\,UV\,, \qquad U,\,V \in \mathfrak{D}(\mathfrak{A})\,.$$

Nach dem Korollar zu Lemma 2.2 ist die durch Spur UV auf $\mathfrak{D}(\mathfrak{A})$ definierte Bilinearform nichtausgeartet. Man prüft leicht nach, daß der im Satz vorkommende Faktor nur Null wird, wenn $r = 2$ und $d = 1$ gilt. Wegen $n = r + \dfrac{r\,(r - 1)}{2}\,d$ kann dies wiederum nur für $n = 3$ eintreten. Es folgt somit das

Korollar. Es sei $\mathfrak{A}$ *eine zentral-einfache Jordan-Algebra vom Grad* r *und der Dimension ungleich 3 über* K. *Ist dann die Charakteristik von* K *gleich Null oder größer als* $r + 2$, *dann ist die Killing-Form von* $\mathfrak{D}(\mathfrak{A})$ *nichtausgeartet.*

Denn im Falle $n = 1$ ist $\mathfrak{A} = Ke$ und daher $\mathfrak{D}(\mathfrak{A}) = 0$.

5. Bei der Definition des Radikals einer Algebra (vgl. I, § 7.3) hatten wir schon darauf hingewiesen, daß diese Definition für anti-kommutative Algebren, also speziell für Lie-Algebren, nicht sinnvoll ist. Wir erinnern an einige Begriffe und Sätze aus der Theorie der Lie-Algebren. Für eine Lie-Algebra $\mathfrak{L}$ ist das *Radikal* von $\mathfrak{L}$ definiert als das maximale auflösbare Ideal von $\mathfrak{L}$. Man nennt $\mathfrak{L}$ *halbeinfach*, wenn das Radikal von $\mathfrak{L}$ gleich Null ist. Es gilt der Satz, daß eine Lie-Algebra $\neq 0$ über einem Körper der Charakteristik Null dann und nur dann halbeinfach ist, wenn sie eine direkte Summe von einfachen Idealen ist. Nach dem Kriterium von KILLING und CARTAN ist dies genau dann der Fall, wenn ihre KILLING-Form nichtausgeartet ist.

Nach dem vorhergehenden Korollar ist daher $\mathfrak{D}(\mathfrak{A})$ eine halbeinfache Lie-Algebra, wenn $\mathfrak{A}$ eine von 3 verschiedene Dimension hat und $\mathfrak{A}$ zentral-einfach ist. Zur Untersuchung von $\mathfrak{D}(\mathfrak{A})$ für eine nichtausgeartete Jordan-Algebra kann man sich wie im Beweis zu Satz 3.1 auf den zentral-einfachen Fall beschränken. Da im Fall der Charakteristik Null die Begriffe nichtausgeartet und halbeinfach übereinstimmen, bekommt man den

Satz 3.7. *Es sei* $\mathfrak{A}$ *eine halbeinfache Jordan-Algebra über einem Körper der Charakteristik Null, die kein einfaches Ideal der Dimension 3 über seinem Zentrum besitzt. Dann ist die Derivations-Algebra* $\mathfrak{D}(\mathfrak{A})$ *eine halbeinfache Lie-Algebra.*

Für eine zentral-einfache Algebra $\mathfrak{A}$ ist die Lie-Algebra $\mathfrak{D}(\mathfrak{A})$ mit Ausnahme der Fälle $r = 2$, $n = 3,5$ und $r = 4$, $d = 1$, stets eine einfache Algebra.

§ 4. Anwendungen auf die Strukturgruppe

1. Es sei $\mathfrak{A}$ eine nichtausgeartete Jordan-Algebra über K mit Einselement e. Mit λ bezeichnen wir wieder die reduzierte Spur von $\mathfrak{A}$. Wegen III, Satz 4.6c), stimmt die reduzierte Spur mit der Hauptspur HS überein. Nach III, Satz 9.3, ist $\mathfrak{A}$ also nichtausgeartet in bezug auf λ.

Für eine lineare Transformation A von $\mathfrak{A}$ bezeichnet wieder A^* die bezüglich der durch $\lambda(u\,v)$ definierten Bilinearform gebildete adjungierte Transformation. Nach dem Korollar 2 zu III, Satz 5.4, gilt $W^\# = W^*$ für jedes W aus der Strukturgruppe $\Gamma(\mathfrak{A})$ von $\mathfrak{A}$. Wegen III, Satz 1.3a), gehört eine umkehrbare lineare Transformation W von $\mathfrak{A}$ genau dann zu $\Gamma(\mathfrak{A})$, wenn $P(Wu) = W\,P(u)\,W^*$ für alle $u \in \mathfrak{A}$ gilt.

Wir wollen die durch

$$(4.1) \qquad \operatorname{Spur} AP(u) = \lambda([Q(A)\,u]\,u), \quad u \in \mathfrak{A},$$

auf der Menge der linearen Transformationen von $\mathfrak{A}$ definierte Abbildung Q untersuchen [vgl. (1.2)]. Wir bezeichnen mit $\mathfrak{P}$ den von den quadratischen Darstellungen $P(v)$, $v \in \mathfrak{A}$, aufgespannten Raum von linearen Transformationenen und mit $\mathfrak{S}$ den Raum der bezüglich λ selbstadjungierten Transformation von $\mathfrak{A}$. Wegen Lemma 1.3b) ist $Q:\mathfrak{S} \to \mathfrak{P}$ eine lineare Abbildung der betreffenden Vektorräume.

Tragen wir in (4.1) für u das Element Wu, $W \in \Gamma(\mathfrak{A})$, ein, so erhalten wir

Lemma 4.1. *Eine umkehrbare lineare Transformation W von $\mathfrak{A}$ gehört dann und nur dann zu $\Gamma(\mathfrak{A})$, wenn*

$$Q(WAW^*) = W\,Q(A)\,W^*$$

für alle $A \in \mathfrak{S}$ gilt.
Da $Q(A)$ linear in A ist, braucht man hier nur endlich viele A aus $\mathfrak{S}$ zur Beschreibung von $\Gamma(\mathfrak{A})$.

2. Die assoziative Algebra der linearen Transformationen von $\mathfrak{A}$ bezeichnen wir mit $\mathfrak{E}(\mathfrak{A})$. Die Abbildung $A \to A^*$ ist eine Involution von $\mathfrak{E}(\mathfrak{A})$ und der Unterraum $\mathfrak{H}(\mathfrak{E}(\mathfrak{A}))$ (vgl. VI, § 3.1) derjenigen A, die hierbei festbleiben, stimmt mit $\mathfrak{S}$ überein. Daher ist $\mathfrak{S}$ eine Teilalgebra der Jordan-Algebra $\mathfrak{E}^+(\mathfrak{A})$.

Für $W \in \mathfrak{E}(\mathfrak{A})$ sei $\mathfrak{W}(W)$ die durch $\mathfrak{W}(W)\,A = WAW^*$ definierte Transformation von $\mathfrak{S}$. $\mathfrak{W}(W)$ ist genau dann umkehrbar, wenn dies für W gilt, und $\mathfrak{W}(W)$ gehört zur Strukturgruppe $\Gamma(\mathfrak{S})$ von $\mathfrak{S}$ (vgl. VI, § 3.3).

Die Gruppe der invertierbaren Elemente von $\mathfrak{E}(\mathfrak{A})$, d. h. der umkehrbaren Transformationen von $\mathfrak{A}$, bezeichnen wir mit $GL(\mathfrak{A})$. Die Abbildung $W \to \mathfrak{W}(W)$ ist ein Homomorphismus von $GL(\mathfrak{A})$ in die Strukturgruppe $\Gamma(\mathfrak{S})$. Nach Lemma 4.1 gehört eine umkehrbare Transformation

W genau dann zu $\Gamma(\mathfrak{A})$, wenn $\mathfrak{W}(W)\,Q = Q\,\mathfrak{W}(W)$ gilt. Es ist also $W \to \mathfrak{W}(W)$ ein Homomorphismus von $\Gamma(\mathfrak{A})$ auf die Gruppe der V aus $\mathfrak{W}(GL(\mathfrak{A}))$ mit $VQ = QV$. Man erhält daher

$$(4.2) \qquad \Gamma(\mathfrak{A})/\pm Id \cong \{V; V \in \mathfrak{W}(GL(\mathfrak{A})),\ VQ = QV\}.$$

3. Nun sei $\mathfrak{A}$ wieder eine zentral-einfache Jordan-Algebra über K vom Grad r und d die ihr zugeordnete Invariante. In VIII, Satz 9.3, haben wir

$$\operatorname{Spur} P(u) = \left(1 - \frac{d}{2}\right)\lambda(u^2) + \frac{d}{2}\lambda^2(u)$$

bewiesen. In der Bezeichnung von § 1.1 erhalten wir hieraus

$$(4.3) \qquad Q(Id) = \left(1 - \frac{d}{2}\right)Id + \frac{d}{2}\,e\,e^*,$$

wobei sich der Stern auf die Bilinearform λ bezieht.

Wir berechnen nun $Q(P(u))$. Nehmen wir zunächst an, daß u invertierbar ist. Nach I, Satz 4.3, gibt es in der Erweiterung $\overline{\mathfrak{A}}$ mit algebraisch abgeschlossenem Grundkörper $\overline{K}$ ein invertierbares v mit $v^2 = u$. Es gehört $P(v)$ zur Strukturgruppe $\Gamma(\overline{\mathfrak{A}})$. In Lemma 4.1 setzen wir $A = Id$, $W = P(v)$, und erhalten wegen $P^*(v) = P(v)$, $P(u) = P^2(v)$,

$$Q(P(u)) = Q(P^2(v)) = P(v)\,Q(Id)\,P(v).$$

Hier tragen wir $Q(Id)$ aus (4.3) ein und bekommen dann

$$(4.4) \qquad Q(P(u)) = \left(1 - \frac{d}{2}\right)P(u) + \frac{d}{2}\,u\,u^*.$$

Diese Gleichung gilt wieder nach den üblichen Schlüssen für alle $u \in \mathfrak{A}$. Nach Lemma 1.2b) läßt sich $A \in \mathfrak{S}$ in der Form $A = \frac{1}{2}\sum_i \pm u_i\,u_i^*$ darstellen, nach Lemma 1.3b) gilt dann für diese Transformation $Q(A) = \frac{1}{2}\sum_i \pm P(u_i)$. Wenn wir nun in (4.4) geeignet summieren, dann haben wir bewiesen

Lemma 4.2. *Für die Abbildung* $Q:\mathfrak{S} \to \mathfrak{P}$ *gilt*

$$Q(Q(A)) = \left(1 - \frac{d}{2}\right)Q(A) + \frac{d}{2}\,A$$

für alle $A \in \mathfrak{S}$.

Eine unmittelbare Konsequenz aus diesem Lemma gibt der

Satz 4.3. *Ist* $\mathfrak{A}$ *eine zentral-einfache Jordan-Algebra über* K, *dann wird der Raum der bezüglich* λ *selbstadjungierten Transformationen von den* $P(u)$, $u \in \mathfrak{A}$, *aufgespannt.*

Beweis. Es ist $\mathfrak{P} \subset \mathfrak{S}$. Nach Lemma 4.2 ist die Abbildung $Q:\mathfrak{S} \to \mathfrak{P}$ injektiv, daraus folgt $\dim\mathfrak{S} \leq \dim\mathfrak{P}$ und hieraus die Behauptung.

Das Lemma 4.2 gestattet auch eine Anwendung für die Strukturgruppe $\Gamma(\mathfrak{A})$. Aus dem Lemma folgt, daß das Minimalpolynom der linearen Transformation Q ein Teiler des Polynoms $p(\tau) = \tau^2 + \left(\dfrac{d}{2} - 1\right)\tau - \dfrac{d}{2} = (\tau - 1)\left(\tau + \dfrac{d}{2}\right)$ ist. Offensichtlich führt aber $Q(A) = \alpha A$, $\alpha \in K$, für alle $A \in \mathfrak{S}$ für $r > 1$ zu einem Widerspruch, so daß $p(\tau)$ *für* $r > 1$ *das Minimalpolynom von* Q *ist.* Für $r = 1$ ist $Q = Id$. Also hat Q nur die Eigenwerte 1 und $-\dfrac{d}{2}$. Bei einer zentral-einfachen Algebra können wir also Q durch eine Diagonalmatrix

$$T = \operatorname{diag}\left\{1, \ldots, 1, -\frac{d}{2}, \ldots, -\frac{d}{2}\right\}$$

repräsentieren. Wegen (4.2) ist dann $\Gamma(\mathfrak{A})/\pm Id$ isomorph zu der Gruppe der Elemente von $\mathfrak{W}(GL(\mathfrak{A}))$, die mit der zu T gehörigen linearen Transformation vertauschbar sind. Es sei vermerkt, daß man die Vielfachheiten der Eigenwerte 1 und $-\dfrac{d}{2}$ von Q bestimmen kann.

§ 5. Die Lie-Algebra der Strukturgruppe

1. Wir betrachten eine Gruppe Γ von umkehrbaren linearen Transformationen eines Vektorraums X über einem Körper K. Man nennt Γ eine (über K definierte) *algebraische Gruppe*, wenn es (endlich oder unendlich viele) Polynome $\pi_i(Z)$ in dem generischen Element Z des Vektorraums der linearen Transformationen von X gibt, so daß eine umkehrbare lineare Transformation W von X genau dann zu Γ gehört, wenn $\pi_i(W) = 0$ für alle i gilt.

Da die Automorphismengruppe $A(\mathfrak{A})$ einer Algebra $\mathfrak{A}$ genau aus den umkehrbaren Transformationen W besteht, für die $W(u\,v) = (Wu)(Wv)$ gilt, ist $A(\mathfrak{A})$ eine algebraische Gruppe.

Eine lineare Transformation T von X nennt man eine *infinitesimale Transformation von* Γ, wenn

$$(5.1) \qquad \Delta_Z^T\,\pi_i(Z)\big|_{Z \to Id} = 0$$

gilt (vgl. II, § 1.4). Da die Abbildung $T \to \Delta_Z^T\,\pi_i(Z)$ linear in T ist, bilden die infinitesimalen Transformationen von Γ einen Unterraum $\mathfrak{L}_\Gamma$ aller linearen Transformationen von X.

Zur Bestimmung des Raumes $\mathfrak{L}_{A(\mathfrak{A})}$ der Automorphismengruppe $A(\mathfrak{A})$ einer beliebigen Algebra $\mathfrak{A}$ über K berechnen wir

$$\Delta_Z^T[Z(u\,v) - (Zu)(Zv)]\big|_{Z \to Id} = T(u\,v) - (Tu)\,v - u(Tv).$$

Die infinitesimalen Transformationen der Automorphismengruppe von $\mathfrak{A}$ sind daher genau die Derivationen von $\mathfrak{A}$, d. h., es gilt $\mathfrak{L}_{A(\mathfrak{A})} = \mathfrak{D}(\mathfrak{A})$. Speziell ist also $\mathfrak{L}_{A(\mathfrak{A})}$ eine Lie-Algebra von linearen Transformationen.

2. Nun sei $\mathfrak{A}$ eine beliebige Jordan-Algebra über K mit Einselement e. Eine umkehrbare lineare Transformation W von $\mathfrak{A}$ gehört genau dann zur Strukturgruppe $\Gamma(\mathfrak{A})$, wenn es ein $W^{\#}$ gibt mit

$$P(Wu) = W P(u) W^{\#}$$

für alle u aus $\mathfrak{A}$. Setzen wir $u = e$ ein, so folgt $P(We) = WW^{\#}$ und daraus $W^{\#} = W^{-1} P(We)$. W gehört also genau dann zu $\Gamma(\mathfrak{A})$, wenn $P(Wu) = W P(u) W^{-1} P(We)$ für alle $u \in \mathfrak{A}$ gilt. Da

$$\pi_u(Z) := |Z| \, [P(Zu) - Z P(u) Z^{-1} P(Ze)]$$

bei festem $u \in \mathfrak{A}$ ein Polynom in Z definiert und W dann und nur dann zu $\Gamma(\mathfrak{A})$ gehört, wenn $\pi_u(W) = 0$ für alle $u \in \mathfrak{A}$ gilt, ist $\Gamma(\mathfrak{A})$ eine algebraische Gruppe. Wir wollen die infinitesimalen Transformationen von $\Gamma(\mathfrak{A})$, d. h. den Vektorraum $\mathfrak{L}_{\Gamma(\mathfrak{A})}$ bestimmen.

Satz 5.1. *Ist $\mathfrak{A}$ eine Jordan-Algebra mit Einselement über K, dann ist $\mathfrak{L}_{\Gamma(\mathfrak{A})}$ eine Lie-Algebra von linearen Transformationen, und zwar gilt*

$$\mathfrak{L}_{\Gamma(\mathfrak{A})} = \mathfrak{D}(\mathfrak{A}) + L(\mathfrak{A}), \qquad L(\mathfrak{A}) := \{L(u);\, u \in \mathfrak{A}\},$$

als direkte Summe der Vektorräume. Für die beiden Teilräume $\mathfrak{D}(\mathfrak{A})$ und $L(\mathfrak{A})$ gelten die Kompositionsregeln:

$$[\mathfrak{D}(\mathfrak{A}),\, \mathfrak{D}(\mathfrak{A})] \subset \mathfrak{D}(\mathfrak{A}), \quad [\mathfrak{D}(\mathfrak{A}),\, L(\mathfrak{A})] \subset L(\mathfrak{A}), \quad [L(\mathfrak{A}),\, L(\mathfrak{A})] \subset \mathfrak{D}(\mathfrak{A}).$$

Beweis. Nach (5.1) haben wir

$$\Delta_Z^T [|Z|(P(Zu) - Z P(u) Z^{-1} P(Ze))]|_{Z \to Id} = 0$$

auszuwerten. Dies ergibt

$$[\Delta_Z^T |Z|_{Z \to Id}]\, [P(Zu) - Z P(u) Z^{-1} P(Ze)]|_{Z \to Id} +$$
$$+ |Id|\, [2P(Tu,\, u) - \{T P(u) - P(u) T + 2P(u) P(Te,\, e)\}] = 0,$$

bzw.

(5.2) $$2P(Tu,\, u) = [T,\, P(u)] + 2P(u) P(Te,\, e).$$

Eine lineare Transformation T von $\mathfrak{A}$ gehört also genau dann zu $\mathfrak{L}_{\Gamma(\mathfrak{A})}$, wenn (5.2) für alle $u \in \mathfrak{A}$ erfüllt ist.

Ersetzt man in der Fundamentalformel $P(P(v)\, u) = P(v) P(u) P(v)$ das Element v durch $e + v$ und vergleicht die in v linearen Glieder, so erhält man $2P(L(v)\, u,\, u) = L(v) P(u) + P(u) L(v)$. Man entnimmt hieraus $2P(u) P(L(v)\, e,\, e) = 2P(u) L(v)$, so daß man die vorhergehende Gleichung in der Form

$$2P(L(v)\, u,\, u) = [L(v),\, P(u)] + 2P(u) P(L(v)\, e,\, e)$$

schreiben kann. Aus (5.2) folgt daher $L(v) \in \mathfrak{L}_{\Gamma(\mathfrak{A})}$ für alle $v \in \mathfrak{A}$. Für $T \in \mathfrak{L}_{\Gamma(\mathfrak{A})}$ sei $v := Te$ und $D := T - L(v)$. Es gilt $De = 0$ und D gehört zu $\mathfrak{L}_{\Gamma(\mathfrak{A})}$. Aus (5.2) folgt daher $2P(Du,\, u) = [D,\, P(u)]$. Wendet man dies auf e an, so ergibt sich $2u(Du) = Du^2$, also ist D eine Derivation von $\mathfrak{A}$.

Für jedes $T \in \mathfrak{L}_{\Gamma(\mathfrak{A})}$ gilt also $T = D + L(v)$ mit $D \in \mathfrak{D}(\mathfrak{A})$ und $v \in \mathfrak{A}$.

Umgekehrt gehört jede solche Transformation zu $\mathfrak{L}_{\Gamma(\mathfrak{A})}$: Dazu ist nur noch zu zeigen, daß jede Derivation D von $\mathfrak{A}$ zu $\mathfrak{L}_{\Gamma(\mathfrak{A})}$ gehört. Wegen $De = 0$ heißt das $2P(Du, u) = [D, P(u)]$, und dies folgt aus $L(Du) = [D, L(u)]$.

Die Summe $\mathfrak{D}(\mathfrak{A}) + L(\mathfrak{A})$ ist direkt, denn aus $D + L(v) = 0$ folgt $0 = De + L(v)\, e = v$ und somit auch $D = 0$. Von den Kompositionsregeln ist $[\mathfrak{D}(\mathfrak{A}), \mathfrak{D}(\mathfrak{A})] \subset \mathfrak{D}(\mathfrak{A})$ richtig, denn $\mathfrak{D}(\mathfrak{A})$ ist eine Lie-Algebra. Die Beziehung $[\mathfrak{D}(\mathfrak{A}), L(\mathfrak{A})] \subset L(\mathfrak{A})$ folgt aus $[D, L(u)] = L(Du)$. Schließlich ist $[L(\mathfrak{A}), L(\mathfrak{A})] \subset \mathfrak{D}(\mathfrak{A})$, denn $[L(u), L(v)] = D(u, v)$ ist wegen § 3.1 eine Derivation von $\mathfrak{A}$. Diese Kompositionsregeln zeigen auch, daß $\mathfrak{L}_{\Gamma(\mathfrak{A})}$ gegenüber dem Kommutatorprodukt abgeschlossen, also eine Lie-Algebra ist.

3. Bevor wir einen Ausdruck für die KILLING-Form von $\mathfrak{L}_{\Gamma(\mathfrak{A})}$ angeben können, wollen wir einige Hilfsbetrachtungen für Lie-Algebren durchführen. Wir gehen dazu von einer Lie-Algebra $\mathfrak{L}$ über K aus, für welche eine direkte Zerlegung

$$\mathfrak{L} = \mathfrak{a} + \mathfrak{b}$$

in Teilvektorräume $\mathfrak{a}$, $\mathfrak{b}$ gegeben ist. Wir nehmen an, daß in Analogie zu Satz 5.1 die Kompositionsregeln

$$(5.3) \qquad [\mathfrak{a}, \mathfrak{a}] \subset \mathfrak{a}, \qquad [\mathfrak{a}, \mathfrak{b}] \subset \mathfrak{b}, \qquad [\mathfrak{b}, \mathfrak{b}] \subset \mathfrak{a}$$

gelten. Die linksreguläre Darstellung eines Elementes T von $\mathfrak{L}$ bezeichnen wir wieder mit $ad\, T$, d. h., es gilt definitionsgemäß $(ad\, T)\, A = [T, A]$ für $T, A \in \mathfrak{L}$. Mit $ad_+\, T$ (bzw. $ad_-\, T$) wird diejenige lineare Transformation von $\mathfrak{L}$ bezeichnet, die auf $\mathfrak{a}$ (bzw. $\mathfrak{b}$) mit $ad\, T$ übereinstimmt und auf $\mathfrak{b}$ (bzw. $\mathfrak{a}$) die Nullabbildung ist. Es gilt dann

$$ad\, T = ad_+\, T + ad_-\, T \quad \text{und} \quad (ad_+\, T)\, \mathfrak{b} = (ad_-\, T)\, \mathfrak{a} = 0.$$

Bei gegebenem $T \in \mathfrak{a}$ oder $T \in \mathfrak{b}$ definiert $B \to [T, [T, B]]$ wegen (5.3) eine lineare Transformation von $\mathfrak{b}$ in sich, die wir mit $M(T)$ bezeichnen wollen. $M(T)$ ist für die angegebenen T also gleich der Restriktion von $(ad\, T)^2$ auf $\mathfrak{b}$.

Es sei β die KILLING-Form der Lie-Algebra $\mathfrak{L}$, also

$$\beta(T, T) = \operatorname{Spur}(ad\, T)^2.$$

Die KILLING-Form der Teilalgebra $\mathfrak{a}$ von $\mathfrak{L}$ werde mit $\beta_{\mathfrak{a}}$ bezeichnet.

Lemma 5.2.

a) *Die Unterräume $\mathfrak{a}$ und $\mathfrak{b}$ von $\mathfrak{L}$ sind bezüglich der Killing-Form β von $\mathfrak{L}$ orthogonal.*

b) *Für $T \in \mathfrak{L}$ gilt*

$$\beta(T, T) = \beta_\mathfrak{a}(A, A) + \operatorname{Spur} M(A) + 2 \operatorname{Spur} M(B),$$

wenn $T = A + B$, $A \in \mathfrak{a}$, $B \in \mathfrak{b}$, gesetzt wird.

Beweis. a) Für $A \in \mathfrak{a}$, $B \in \mathfrak{b}$, hat man wegen (5.3)

$$(ad\, A\, ad\, B)\, \mathfrak{a} \subset (ad\, A)\, \mathfrak{b} \subset \mathfrak{b}, \qquad (ad\, A\, ad\, B)\, \mathfrak{b} \subset (ad\, A)\, \mathfrak{a} \subset \mathfrak{a}.$$

Daher ist $\beta(A, B) = \operatorname{Spur} ad\, A\, ad\, B = 0$.

b) Wir zeigen zuerst für $A \in \mathfrak{a}$ und $B \in \mathfrak{b}$

$$(5.5) \quad (ad\, A)^2 = (ad_+\, A)^2 + (ad_-\, A)^2, \qquad (ad\, B)^2 = (ad_+\, B)(ad_-\, B) +$$
$$+ (ad_-\, B)(ad_+\, B).$$

Wegen (5.4) und (5.3) hat man

$$(ad_+\, A\, ad_-\, A)\, \mathfrak{a} = 0, \qquad (ad_+\, A\, ad_-\, A)\, \mathfrak{b} \subset (ad_+\, A)\, \mathfrak{b} = 0,$$

so daß $ad_+\, A\, ad_-\, A = 0$ gilt. Da man entsprechend

$$ad_-\, A\, ad_+\, A = 0, \qquad (ad_+\, B)^2 = 0, \qquad (ad_-\, B)^2 = 0,$$

erhält, ist (5.5) richtig.

Die lineare Transformation $(ad_+\, A)^2$ ist Null auf $\mathfrak{b}$ und auf $\mathfrak{a}$ gleich dem Quadrat der linksregulären Darstellung von A in der Teilalgebra $\mathfrak{a}$, also

$$\operatorname{Spur}(ad_+\, A)^2 = \beta_\mathfrak{a}(A, A).$$

Die lineare Transformation $(ad_-\, A)^2$ ist Null auf $\mathfrak{a}$ und gleich $M(A)$ auf $\mathfrak{b}$. Die in $\mathfrak{L}$ gebildete Spur von $(ad_-\, A)^2$ ist somit gleich der in $\mathfrak{b}$ gebildeten Spur von $M(A)$, also

$$\operatorname{Spur}(ad_-\, A)^2 = \operatorname{Spur} M(A).$$

Aus der ersten Gleichung von (5.5) erhalten wir daher

$$\beta(A, A) = \beta_\mathfrak{a}(A, A) + \operatorname{Spur} M(A).$$

Die zweite Gleichung von (5.5) behandeln wir entsprechend. Zuerst ist $\beta(B, B) = 2 \operatorname{Spur} ad_+\, B\, ad_-\, B$. Die lineare Transformation $ad_+\, B\, ad_-\, B$ ist Null auf $\mathfrak{a}$ und gleich $M(B)$ auf $\mathfrak{b}$, also

$$\beta(B, B) = 2 \operatorname{Spur} M(B).$$

Wegen a) ist $\beta(T, T) = \beta(A, A) + \beta(B, B)$, falls $T = A + B$. Damit ist das Lemma bewiesen.

4. Nun sei $\mathfrak{A}$ wieder eine Jordan-Algebra mit Einselement. Wir können das vorhergehende Lemma auf $\mathfrak{L} = \mathfrak{L}_{\Gamma(\mathfrak{A})}$, $\mathfrak{a} = \mathfrak{D}(\mathfrak{A})$, $\mathfrak{b} = L(\mathfrak{A})$, anwenden. Ist β wieder die Killing-Form von $\mathfrak{L}_{\Gamma(\mathfrak{A})}$ und $\beta_\mathfrak{D}$ die Killing-Form der Derivationsalgebra $\mathfrak{D}(\mathfrak{A})$, so erhalten wir für $T = D + L(w)$, $D \in \mathfrak{D}(\mathfrak{A})$, $w \in \mathfrak{A}$,

$$\beta(T, T) = \beta_\mathfrak{D}(D, D) + \operatorname{Spur} M(D) + 2 \operatorname{Spur} M(L(w)).$$

19*

Nach Definition von $M(D)$ und wegen $[D, L(u)] = L(Du)$ ist

$$M(D) L(u) = [D, [D, L(u)]] = [D, L(Du)] = L(D^2 u).$$

Trägt man hier für u eine Basis von $\mathfrak{A}$ ein, so liest man

$$\operatorname{Spur} M(D) = \operatorname{Spur} D^2$$

ab. Entsprechend erhält man, da $D(u, w) = [L(u), L(w)]$ eine Derivation von $\mathfrak{A}$ ist,

$$\begin{aligned}
M(L(w)) L(u) &= [L(w), [L(w), L(u)]] = [[L(u), L(w)], L(w)] \\
&= [D(u, w), L(w)] = L(D(u, w) w) = L(w^2 u - w(w u)) \\
&= L([L(w^2) - L^2(w)] u).
\end{aligned}$$

Nach Eintragen einer Basis erhält man hieraus

$$\operatorname{Spur} M(L(w)) = \operatorname{Spur} [L(w^2) - L^2(w)].$$

Insgesamt bekommen wir

Satz 5.3. *Es sei $\mathfrak{A}$ eine Jordan-Algebra über K mit Einselement. Ist β die Killing-Form der Lie-Algebra $\mathfrak{L}_{\Gamma(\mathfrak{A})}$ und $\beta_{\mathfrak{D}}$ die Killing-Form der Lie-Algebra $\mathfrak{D}(\mathfrak{A})$, so gilt*

$$\beta(T, T) = \beta_{\mathfrak{D}}(D, D) + \operatorname{Spur} D^2 + 2 \operatorname{Spur} [L(w^2) - L^2(w)],$$

falls $T = D + L(w)$, $D \in \mathfrak{D}(\mathfrak{A})$, $w \in \mathfrak{A}$, gesetzt wird.

5. Betrachten wir nun eine zentral-einfache Jordan-Algebra $\mathfrak{A}$ vom Grad r über K. Die Charakteristik von K sei Null oder größer als $r + 2$. Nach Satz 3.6 ist für $D \in \mathfrak{D}(\mathfrak{A})$:

$$\beta_{\mathfrak{D}}(D, D) = \frac{(r + 2) d - 4}{(r - 2) d + 4} \operatorname{Spur} D^2$$

und nach VIII, Satz 9.4,

$$\operatorname{Spur} L^2(w) = \alpha \, \lambda(w^2) + \frac{d}{4} \lambda^2(w),$$

wobei λ die reduzierte Spur der Algebra bezeichnet und $\alpha = 1 + (r - 2) \dfrac{d}{4}$ ist. Wegen $\operatorname{Spur} L(w^2) = \dfrac{n}{r} \lambda(w^2)$ folgt daher durch eine einfache Rechnung

Satz 5.4. *Sei $\mathfrak{A}$ eine zentral-einfache Jordan-Algebra vom Grad r über K. Ist die Charakteristik von K gleich Null oder größer als $r + 2$, so gilt für die Killing-Form β von $\mathfrak{L}_{\Gamma(\mathfrak{A})}$*

$$\beta(T, T) = \frac{2 d r}{4 \alpha} \operatorname{Spur} D^2 + \frac{d}{2} (r \, \lambda(w^2) - \lambda^2(w)), \qquad 4\alpha = 4 + (r - 2) d,$$

wobei $T = D + L(w)$ gesetzt ist und λ die reduzierte Spur von $\mathfrak{A}$ bezeichnet.

Nach dem Korollar zu Lemma 2.2 definiert hier der erste Summand in der KILLING-Form eine nichtausgeartete Bilinearform von $\mathfrak{D}(\mathfrak{A})$.

Die dem zweiten Summanden zugeordnete Bilinearform $\frac{d}{2}\big(r\,\lambda(u\,v)$ $-\,\lambda(u)\,\lambda(v)\big)$ von $\mathfrak{A}$ ist hingegen ausgeartet, und zwar besteht ihr Bilinearkern genau aus den skalaren Vielfachen von e.

Wir betrachten daher die Teilmenge $\mathfrak{L}^0_{\Gamma(\mathfrak{A})}$ der $T = D + L(w)$ aus $\mathfrak{L}_{\Gamma(\mathfrak{A})}$, für die $\lambda(w) = 0$ gilt. Es ist dann $\mathfrak{L}_{\Gamma(\mathfrak{A})} = \mathfrak{L}^0_{\Gamma(\mathfrak{A})} + K \cdot Id$. Unter den Voraussetzungen des Satzes ist dann die Restriktion der KILLING-Form von $\mathfrak{L}_{\Gamma(\mathfrak{A})}$ auf $\mathfrak{L}^0_{\Gamma(\mathfrak{A})}$ eine nichtausgeartete Bilinearform.

Für $T_i = D_i + L(w_i)$ ist $[T_1, T_2] = [D_1, D_2] + D(w_1, w_2) + L(D_1 w_2 - D_2 w_1)$. Wegen I, Satz 14.5, ist $\lambda(D_1 w_2 - D_2 w_1) = 0$, so daß $\mathfrak{L}^0_{\Gamma(\mathfrak{A})}$ gegenüber dem Kommutatorprodukt abgeschlossen, also selbst eine Lie-Algebra ist. Man sieht leicht, daß $\mathfrak{L}^0_{\Gamma(\mathfrak{A})}$ gleich dem Vektorraum $\mathfrak{L}_{\Gamma_0(\mathfrak{A})}$ ist, der aus den infinitesimalen Transformationen der Gruppe $\Gamma_0(\mathfrak{A}) = \{W; W \in \Gamma(\mathfrak{A}), |W| = 1\}$ besteht.

Da die Restriktion der KILLING-Form von $\mathfrak{L}_{\Gamma(\mathfrak{A})}$ auf $\mathfrak{L}^0_{\Gamma(\mathfrak{A})}$ gleich der KILLING-Form von $\mathfrak{L}^0_{\Gamma(\mathfrak{A})}$ ist, erhalten wir somit das

Korollar. Ist $\mathfrak{A}$ eine zentral-einfache Jordan-Algebra über K vom Grad r und ist die Charakteristik von K gleich Null oder größer als $r + 2$, dann ist die Killing-Form der Lie-Algebra $\mathfrak{L}^0_{\Gamma(\mathfrak{A})}$ nichtausgeartet.

Unter Verwendung des Kriteriums von KILLING und CARTAN folgt daher

Satz 5.5. *Es sei $\mathfrak{A}$ eine zentral-einfache Jordan-Algebra der Dimension ungleich 1 über einem Körper der Charakteristik Null. Dann ist $\mathfrak{L}^0_{\Gamma(\mathfrak{A})}$ eine halbeinfache Lie-Algebra.*

Für $r \geq 3$ erhält man aus der Tabelle in § 3.2 die folgenden Dimensionen:

d	1	2	4	8
$\dim \mathfrak{L}^0_{\Gamma(\mathfrak{A})}$	$r^2 - 1$	$2(r^2 - 1)$	$(2r)^2 - 1$	$78\ (r = 3)$

Man kann zeigen, daß diese Lie-Algebra im Falle $d = 1, 4, 8$ einfach und im Falle $d = 2$ eine direkte Summe von zwei isomorphen einfachen Algebren ist.

Literatur: C. CHEVALLEY und R. D. SCHAFER [1]; B. HARRIS [2]; N. JACOBSON [8], [21], [22], [23], [24]; M. KOECHER [4]; K. MEYBERG [1], [3]; R. D. SCHAFER [21].

Zehntes Kapitel

Die Klassifikation der einfachen Jordan-Algebren

§ 1. Ein Isomorphiesatz

1. Wir knüpfen an die Überlegungen von VIII, §§ 4 bis 6, an. Es sei $\mathfrak{A}$ eine Jordan-Algebra über K, die in bezug auf das vollständige Orthogonalsystem $e_1, e_2, \ldots, e_r$, $r \geqq 3$, regulär ist (vgl. VIII, § 4.2). Ist

$$\mathfrak{A} = \sum_{i \leqq j} \mathfrak{A}_{ij}$$

die PEIRCE-Zerlegung von $\mathfrak{A}$ in bezug auf $e_1, e_2, \ldots, e_r$, dann gibt es also $e_{ij} \in \mathfrak{A}_{ij}(i \neq j)$, so daß $e_{ij}^2 = 4(e_i + e_j)$ gilt. Wegen (VIII; 4.5) ist

$$(1.1) \qquad e_{ij}(e_{ij}\, u_{ik}) = u_{ik} \quad \text{für} \quad u_{ik} \in \mathfrak{A}_{ik}, \quad k \neq i, j.$$

Im Vektorraum $\mathfrak{A}_{ij}(i \neq j)$ ist eine Algebra $\mathfrak{C}^{ij}$ mit dem Produkt

$$. \ u \cdot v := (e_{ik}\, u)(e_{jk}\, v), \quad u, v \in \mathfrak{C}^{ij}, \quad k \neq i, j,$$

definiert (vgl. VIII, § 6.1). Es ist

$$(1.2) \qquad u \to \bar{u} = P_{ij}\, u = 4(S_{ij}\, u)\, e_{ij} - u$$

eine Involution von $\mathfrak{C}^{ij}$ (vgl. VIII, § 6.5). Wir wissen, daß die Abbildungen

$$L_{ij} : \mathfrak{C}^{kj} \to \mathfrak{C}^{ki}, \quad L_{ij} : \mathfrak{C}^{jk} \to \mathfrak{C}^{ik}, \quad k \neq i, j,$$

$$S_{ij} : \mathfrak{H}(\mathfrak{C}^{ij}) \to \mathfrak{A}_{ii},$$

$$P_{ij} : \mathfrak{A}_{ii} \to \mathfrak{A}_{jj}, \quad P_{ij} : \mathfrak{C}^{ij} \to \mathfrak{C}^{ji}$$

Isomorphismen der betreffenden Algebren sind (vgl. VIII, Lemma 6.3, Lemma 6.7, Korollar zu Lemma 4.3). Diese Abbildungen sind dabei definiert durch

$$L_{ij} := L(e_{ij}), \quad P_{ij} := \tfrac{1}{4} P(e_{ij}), \quad S_{ij} := \tfrac{1}{4} L(e_i)\, L_{ij}.$$

Zur Abkürzung bedeute noch L_{ii} und P_{ii} die Identität.

Es bezeichnen $u_{ij}, v_{ij}, \ldots$ stets Elemente aus $\mathfrak{C}^{ij}$, und $x_i, y_i, \ldots$ Elemente aus $\mathfrak{A}_{ii}$. Wir erinnern an die in VIII, § 4.1, bewiesenen Vertauschungsregeln

(V.2) $\qquad u_{ij}(v_{ik}\,w_{kl}) = (u_{ij}\,v_{ik})\,w_{kl}, \qquad i,j,k,l$ verschieden,

(V.6) $\qquad P(e_i)\,[u_{ij}(v_{ij}\,x_i) + v_{ij}(u_{ij}\,x_i)] = (u_{ij}\,v_{ij})\,x_i, \qquad i \neq j,$

und wiederholen einige der in VIII, § 5 und § 6, bewiesenen Identitäten: In der Algebra $\mathfrak{C}^{ij}$ gelten

(1) $\qquad L_{ij}\,P_{ij} = L_{ij} = P_{ij}\,L_{ij},$

(4) $\qquad S_{ij}\,P_{ij} = S_{ij},$

(6) $\qquad P_{ij}\,S_{ji} = S_{ij},$

(8a) $\qquad S_{jk}\,L_{ki} = S_{ji}, \qquad$ **(8b)** $\quad S_{kj}\,L_{ik} = P_{ki}\,S_{ij}, \qquad k \neq i,j.$

Ferner hat man für $u_i \in \mathfrak{A}_{ii}$

(5a) $\ 2S_{ij}\,L_{ij}\,u_i = u_i, \qquad$ **(5b)** $\quad 2S_{ji}\,L_{ij}\,u_i = P_{ji}\,u_i,$

(7) $\qquad P_{jk}\,P_{ki}\,u_i = P_{ji}\,u_i, \qquad k \neq i,j.$

Wir zeigen zunächst

$(1.3)\qquad\qquad L_{ik}\,L_{kl} = L_{il} \quad$ auf $\ \mathfrak{A}_{jl}, \quad$ falls $\ j \neq i,k,l.$

Das bedeutet, daß die beiden folgenden Diagramme kommutativ sind:

$(1.3')$

Die Behauptung (1.3) ist in den Fällen $k = i$ oder $k = l$ trivial, sie folgt für $l = i$ aus (1.1). Man darf daher annehmen, daß i,j,k,l paarweise verschieden sind. In diesem Falle erhält man die Behauptung aber aus **(V.2)**.

2. Unter den isomorphen Algebren $\mathfrak{C}^{ij}$ wählen wir den Repräsentanten

$$\mathfrak{C} := \mathfrak{C}^{21}$$

und definieren Abbildungen

$$F_{ij}:\mathfrak{C} \to \mathfrak{C}^{ji}, \qquad F_{ii}:\mathfrak{H}(\mathfrak{C}) \to \mathfrak{A}_{ii}$$

vermöge

$$F_{ij} := \begin{cases} L_{i1}\,L_{j2}, & \text{falls } j \neq 1 \\ L_{i2}\,P_{12}, & \text{falls } j = 1 \end{cases} (i \neq j), \qquad F_{ii} := P_{i2}\,S_{21}.$$

Offenbar sind die F_{ij} Isomorphismen der betreffenden Algebren. Speziell ist F_{12} die Identität, F_{21} der Isomorphismus P_{21} von $\mathfrak{C}^{21}$ auf $\mathfrak{C}^{12}$ und $F_{22} = S_{21}$. Wegen **(6)** ist außerdem $F_{11} = S_{12}$.

Wir beweisen zunächst eine Relation für diese Abbildungen.

Lemma 1.1. *Sind i,j,k verschieden, so gilt $F_{ij} = L_{ik}\,F_{kj} = L_{kj}\,F_{ik}$.*

Beweis. a) Die erste Gleichung bedeutet

$$L_{i1} L_{j2} = L_{ik} L_{k1} L_{j2} \quad (j \neq 1) \quad \text{bzw.} \quad L_{i2} P_{12} = L_{ik} L_{k2} P_{12} \quad (j = 1).$$

Wendet man (1.3) einmal für $l = 1$ und zum anderen für $i, 1, k, 2$ an Stelle von i, j, k, l an, so sieht man die Richtigkeit dieser Beziehungen.

b) Zum Nachweis der zweiten Gleichung $F_{ij} = L_{kj} F_{ik}$ unterscheiden wir die folgenden drei Fälle:

1. $j \neq 1, k \neq 1$: In diesem Falle ist $L_{i1} L_{j2} = L_{kj} L_{i1} L_{k2}$ zu zeigen. Für $i = 1$ folgt dies aus (1.3). Es darf also $i, j, k \neq 1$ angenommen werden. Mit der Abkürzung $u_{1k} = L_{2k} x$, $x \in \mathfrak{C}^{21}$, hat man wegen **(V.2)**

$$L_{kj} L_{i1} L_{k2} x = e_{kj}(e_{i1} u_{1k}) = e_{i1}(e_{kj} u_{1k}) = L_{i1} L_{kj} L_{k2} x.$$

Wegen (1.3) ist aber $L_{kj} L_{k2} x = L_{2j} x$, und daher ist auch in diesem Fall die Behauptung richtig.

2. $j = 1, k \neq 1$: Die Behauptung bedeutet

$$(1.4) \qquad L_{i2} P_{12} = L_{k1} L_{i1} L_{k2} \quad \text{auf} \quad \mathfrak{C}^{21}.$$

Im Falle $i = 2$ ist $k \neq 2$ und wegen VIII, Lemma 6.4, ist

$$(1.5) \qquad P_{12} = L_{k1} L_{21} L_{k2} = L_{k2} L_{12} L_{k1}, \quad k \neq 1, 2,$$

d. h., (1.4) ist richtig. Im Falle $k = 2$ ist $i \neq 2$ und man hat für die rechte Seite von (1.4) unter Verwendung von (1.1) und (1.5)

$$L_{21} L_{i1} = L_{i2} L_{i2} L_{21} L_{i1} = L_{i2} P_{12}.$$

Auch jetzt gilt also (1.4). Man darf daher annehmen, daß $1, 2, i, k$ paarweise verschieden sind. Wegen **(V.2)** folgt dann für $x \in \mathfrak{C}^{21}$

$$L_{k1} L_{i1} L_{k2} x = e_{k1}(e_{i1}[e_{k2} x]) = e_{k1}(e_{k2}[e_{i1} x]) = (e_{k1} e_{k2})(e_{i1} x)$$
$$= e_{12}(e_{i1} x) = L_{12} L_{i1} x.$$

Andererseits ist wegen (1.5) und (1.1)

$$(1.6) \qquad L_{i2} P_{12} x = L_{i2} L_{i2} L_{12} L_{i1} x = L_{12} L_{i1} x, \quad i \neq 1, 2.$$

Damit ist (1.4) bewiesen.

3. $j \neq 1, k = 1$: Hier ist $L_{i1} L_{j2} = L_{1j} L_{i2} P_{12}$ zu zeigen. Im Falle $i = 2$ hat man wegen (1.5)

$$L_{1j} L_{i2} P_{12} = L_{1j} L_{j1} L_{12} L_{j2} = L_{12} L_{j2} = L_{i1} L_{j2}.$$

Ist hingegen $i \neq 2$, so geben (1.6) und (1.3)

$$L_{1j} L_{i2} P_{12} = L_{1j} L_{12} L_{i1} = L_{2j} L_{i1}.$$

Die verbleibende Behauptung $L_{i1} L_{j2} = L_{j2} L_{i1}$ ist für $j = 2$ trivial, und sie folgt im Falle $j \neq 2$ aus **(V.2)**.

Lemma 1.2. *Für* $i \neq j$ *und* $x \in \mathfrak{C}$ *gilt* $\overline{F_{ij}(x)} = F_{ij}(\bar{x}) = F_{ji}(x)$.

Beweis. Man wendet zunächst (VIII; 6.4) an. Im Falle $j \neq 1$ hat man

$$\overline{F_{ij}(x)} = \overline{L_{i1} L_{j2} x} = L_{i1} L_{j2} \bar{x} = F_{ij}(\bar{x}),$$

und entsprechend für $j = 1$

$$\overline{F_{i1}(x)} = \overline{L_{i2} P_{12} x} = L_{i2} \overline{P_{12} x} = L_{i2} x = L_{i2} P_{12} \bar{x} = F_{i1}(\bar{x}).$$

Zum Nachweis von $F_{ij}(\bar{x}) = F_{ji}(x)$ betrachten wir zuerst die Fälle $i = 1$ oder $j = 1$. Es wird

$$F_{1j}(\bar{x}) = L_{j2} \bar{x} = L_{j2} P_{12} x = F_{j1}(x),$$

d. h., wir dürfen $i, j \neq 1$ annehmen. Nun hat man mit Lemma 1.1

$$F_{ij} = L_{1j} F_{i1} = L_{1j} L_{i2} P_{12} = F_{ji} P_{12},$$

d. h. $F_{ij}(x) = F_{ji}(\bar{x})$.

Lemma 1.3. *Für* $i \neq j$ *und* $x \in \mathfrak{H}(\mathfrak{C})$ *gilt* $F_{ii}(x) = S_{ij} F_{ij}(x)$.

Beweis. Wegen Lemma 1.1 und **(8a)** hat man $S_{ij} F_{ij} = S_{ij} L_{kj} F_{ik}$ $= S_{ik} F_{ik}$, d. h., $S_{ij} F_{ij}$ ist von j unabhängig. Nach dem gleichen Lemma und wegen **(8b)** hat man andererseits

$$S_{ij} F_{ij} = S_{ij} L_{ik} F_{kj} = P_{ki} S_{kj} F_{kj}.$$

Nun sei $i \neq 1, 2$. Man erhält mit diesen Ergebnissen und mit **(7)**

$$S_{ij} F_{ij} = S_{i2} F_{i2} = P_{1i} S_{12} F_{12} = P_{1i} S_{12} = P_{i2} P_{12} S_{12}.$$

Wegen **(6)** ist $P_{i2} P_{12} S_{12} = P_{i2} S_{21} = F_{ii}$. Im Falle $i = 1$ ist die Behauptung trivial, da man $j = 2$ wählen kann. Im Falle $i = 2$ wählt man $j = 1$ und erhält $S_{2j} F_{2j} = S_{21} F_{21} = S_{21} P_{21} = S_{21}$ wegen **(4)**. Andererseits ist $F_{22} = P_{21} S_{12} = S_{21}$ wegen **(6)**.

Lemma 1.4. *Für* $i \neq j$ *und* $x, y \in \mathfrak{C}$ *gilt*

$$F_{ij}(x \cdot y) = \begin{cases} 2 F_{ii}(x) F_{ij}(y), & \text{falls} \quad x = \bar{x}, \\ 2 F_{jj}(y) F_{ij}(x), & \text{falls} \quad y = \bar{y}. \end{cases}$$

Beweis. Wir zeigen zuerst

$$(1.7) \qquad F_{ij}(u) = 2 F_{ii}(u) e_{ij} = 2 F_{jj}(u) e_{ij} \quad \text{für} \quad u = \bar{u}.$$

Da wegen Lemma 1.2 die linke Seite in i und j symmetrisch ist, braucht nur die erste Gleichung bewiesen zu werden. Aus dem gleichen Lemma in Verbindung mit VIII, Lemma 5.1, entnimmt man

$$F_{ij}(u) = w_i e_{ij} \quad \text{mit} \quad w_i \in \mathfrak{A}_{ii}.$$

Wegen **(5a)** und Lemma 1.3 hat man aber $w_i = 2 S_{ij}(w_i e_{ij}) = 2 S_{ij} F_{ij}(u)$ $= 2 F_{ii}(u)$, d. h., (1.7) ist richtig.

Da F_{ij} ein Isomorphismus ist, hat man zuerst

$$F_{ij}(x \cdot y) = F_{ij}(x) \underset{(j,\,i)}{\cdot} F_{ij}(y).$$

Im Falle $x = \bar{x}$ verwendet man die erste Beziehung von (1.7) und erhält die Behauptung aus VIII, Lemma 6.1. Im Falle $y = \bar{y}$ schließt man entsprechend, verwendet aber die zweite Gleichung von (1.7).

Lemma 1.5. *Für $i \neq j$ und $x \in \mathfrak{C}$ gilt $F_{ii}(x \cdot \bar{x}) = \tfrac{1}{4} e_i [F_{ij}(x)]^2$.*

Beweis. Zuerst hat man wegen Lemma 1.3 und der Isomorphie-Eigenschaft der F_{ij}

$$F_{ii}(x \cdot \bar{x}) = S_{ij}\, F_{ij}(x \cdot \bar{x}) = S_{ij}\Big(F_{ij}(x) \underset{(j,\,i)}{\cdot} F_{ij}(\bar{x})\Big)$$
$$= S_{ij}\Big(\overline{F_{ij}(x)} \underset{(i,\,j)}{\cdot} F_{ij}(x)\Big).$$

Im letzten Schritt wurde dabei Lemma 1.2 und die Anti-Isomorphie von $\mathfrak{C}^{ij}$ und $\mathfrak{C}^{ji}$ verwendet. Nun folgt die Behauptung aus VIII, Lemma 6.5.

3. Für $x \in \mathfrak{A}$ bezeichnen wir mit x_{ij} die in $\mathfrak{A}_{ij}$ liegende Komponente von x, d. h., wir schreiben

$$x = \sum_{i \leq j} x_{ij}, \qquad x_{ij} \in \mathfrak{A}_{ij}.$$

Lemma 1.6. *Für $x \in \mathfrak{A}$ gilt*

$$(1.8) \qquad x^2 = \sum_{i \leq j} x_{ij}^2 + 2 \sum_{i < j}\Big(\sum_{k} x_{ik}\, x_{kj}\Big),$$

d. h., man hat

$$(1.8') \qquad (x^2)_{ij} = 2 \sum_{k} x_{ik}\, x_{kj}, \quad \textit{falls} \;\; i \neq j,$$

$$(1.8'') \qquad (x^2)_{ii} = x_{ii}^2 + \tfrac{1}{2} e_i \sum_{j \neq i} x_{ij}^2.$$

Beweis. Wir führen den Beweis durch Induktion nach r. Im Falle $r = 2$ ist

$$x^2 = (x_{11} + x_{22} + x_{12})^2 = x_{11}^2 + x_{22}^2 + x_{12}^2 + 2 x_{11}\, x_{12} + 2 x_{22}\, x_{12},$$

und die Behauptung ist daher richtig.

Für $r > 2$ sei $c_1 := e_1$, $c_2 := e_2 + \cdots + e_r$ und

$$y_{11} := x_{11}, \qquad y_{12} := \sum_{1 < i} x_{1i}, \qquad y_{22} := \sum_{1 < i \leq j} x_{ij}.$$

Es ist $x = y_{11} + y_{12} + y_{22}$ die Peirce-Zerlegung von x bezüglich des vollständigen Orthogonalsystems c_1, c_2 von $\mathfrak{A}$. Nach Induktionsvoraussetzung gilt die Aussage des Lemmas für y_{22}^2. Es folgt nun

$$y_{11}^2 + y_{12}^2 + y_{22}^2 = x_{11}^2 + \sum_{1<j} x_{1j}^2 + 2 \sum_{1<i<j} x_{1i} x_{1j} +$$
$$+ \sum_{1<i\leq j} x_{ij}^2 + 2 \sum_{1<i<j} \sum_{1<k} x_{ik} x_{kj}$$
$$= \sum_{i\leq j} x_{ij}^2 + 2 \sum_{1<i<j} \sum_{k} x_{ik} x_{kj},$$
$$y_{11} y_{12} + y_{22} y_{12} = \sum_{1<j} x_{11} x_{1j} + \sum_{1<i\leq j} \sum_{1<k} x_{1k} x_{ij}$$
$$= \sum_{1<j} x_{11} x_{1j} + \sum_{1<j} \sum_{1<k} x_{1k} x_{kj},$$

denn in der Doppelsumme erhält man nur einen Beitrag, wenn $i = k$ oder $j = k$ ist. Es folgt daher

$$y_{11} y_{12} + y_{22} y_{12} = \sum_{1<j} \Big(\sum_{k} x_{1k} x_{kj} \Big),$$

und beide Ergebnisse zusammen zeigen, daß x^2 gleich der rechten Seite von (1.8) ist.

4. Wie bisher sei $\mathfrak{C} := \mathfrak{C}^{21}$. Wir bilden die Algebra $\mathfrak{H}_r(\mathfrak{C})$ über K, die aus den r-reihigen quadratischen Matrizen

$$x = (x^{(i,\,j)}), \quad x^{(i,\,i)} \in \mathfrak{H}(\mathfrak{C}), \quad \overline{x^{(i,\,j)}} = x^{(j,\,i)} \in \mathfrak{C},$$

besteht (vgl. VI, § 4). Da wir das Produkt von $\mathfrak{C}$ mit $x \cdot y$ bezeichnen, wollen wir auch das übliche Matrizenprodukt mit $x \cdot y$ bezeichnen. Es ist $\mathfrak{H}_r(\mathfrak{C})$ eine kommutative Algebra bezüglich des Produktes $x \circ y = \frac{1}{2}(x \cdot y + y \cdot x)$.

Wir definieren nun eine Abbildung

$$F : \mathfrak{H}_r(\mathfrak{C}) \to \mathfrak{A}$$

vermöge

$$F(x) := \sum_i F_{ii}(x^{(i,\,i)}) + \frac{1}{2} \sum_{i<j} F_{ij}(x^{(i,\,j)}).$$

Da $F_{ii} : \mathfrak{H}(\mathfrak{C}) \to \mathfrak{A}_{ii}$, $F_{ij} : \mathfrak{C} \to \mathfrak{C}^{ji}$, Isomorphismen sind, *ist F ein Isomorphismus der betreffenden Vektorräume.* Wir beweisen nun den wichtigen

1. Isomorphiesatz

Es sei $\mathfrak{A}$ eine Jordan-Algebra über K, die in bezug auf das vollständige Orthogonalsystem $e_1, e_2, \ldots, e_r$ regulär ist. Ist dann $r \geq 3$, so ist $F : \mathfrak{H}_r(\mathfrak{C}) \to \mathfrak{A}$ ein Isomorphismus der betreffenden Algebren. Es ist $\mathfrak{C} = \mathfrak{C}^{21}$ eine Algebra mit Involution über K, die assoziativ ist, falls $r > 3$, und die wenigstens alternativ ist, falls $r = 3$.

Beweis. Da sowohl $\mathfrak{A}$ als auch $\mathfrak{H}_r(\mathfrak{C})$ kommutativ ist, braucht nur $F(x \cdot x) = F(x) F(x)$ bewiesen zu werden, denn die anderen Behauptungen sind schon gezeigt (vgl. VIII, Lemma 6.8). Für $\boldsymbol{x} = (x^{(i,\,j)})$ ist

$$F(\boldsymbol{x}) = \sum_{i \leq j} z_{ij} \quad \text{mit} \quad z_{ij} := \varepsilon_{ij}\, F_{ij}(x^{(i,\,j)}), \quad \varepsilon_{ij} = \begin{cases} 1, & \text{für} \quad i = j, \\ \tfrac{1}{2}, & \text{für} \quad i \neq j. \end{cases}$$

Man beachte, daß z_{ij} wegen Lemma 1.2 in i und j symmetrisch ist. Wegen

$$\boldsymbol{x} \cdot \boldsymbol{x} = (y^{(i,\,j)}), \quad y^{(i,\,j)} := \sum_k x^{(i,\,k)} \cdot x^{(k,\,j)},$$

hat man

$$(1.9) \qquad F(\boldsymbol{x} \cdot \boldsymbol{x}) = \sum_i F_{ii}(y^{(i,\,i)}) + \tfrac{1}{2} \sum_{i < j} F_{ij}(y^{(i,\,j)})$$

$$= \sum_{i,\,k} u_i^{(k)} + \sum_{i < j} \sum_k v_{ij}^{(k)},$$

wenn man die folgenden Abkürzungen verwendet:

$$u_i^{(k)} := F_{ii}(x^{(i,\,k)} \cdot x^{(k,\,i)}), \quad v_{ij}^{(k)} := \tfrac{1}{2} F_{ij}(x^{(i,\,k)} \cdot x^{(k,\,j)}).$$

Wir zeigen zuerst

$$(1.10) \qquad v_{ij}^{(k)} = 2 z_{ik}\, z_{kj}, \quad i \neq j.$$

Zum Nachweis sei vorerst k von i und j verschieden. Es ist $F_{ij} : \mathfrak{C} \to \mathfrak{C}^{ji}$ ein Isomorphismus der Algebren. Nach Definition des Produktes in $\mathfrak{C}^{ji}$ und wegen Lemma 1.1 hat man

$$v_{ij}^{(k)} = \tfrac{1}{2} F_{ij}(x^{(i,\,k)}) \underset{(j,\,i)}{\cdot} F_{ij}(x^{(k,\,j)})$$

$$= \tfrac{1}{2} [e_{jk}\, F_{ij}(x^{(i,\,k)})]\, [e_{ki}\, F_{ij}(x^{(k,\,j)})]$$

$$= \tfrac{1}{2} [F_{ik}(x^{(i,\,k)})]\, [F_{kj}(x^{(k,\,j)})] = \frac{1}{2 \varepsilon_{ik}\, \varepsilon_{kj}}\, z_{ik}\, z_{kj} = 2 z_{ik}\, z_{kj}.$$

Im Falle $k = i$ oder $k = j$ erhält man (1.10) direkt aus Lemma 1.4. Nun beweisen wir

$$(1.11) \qquad u_i^{(k)} = e_i\, z_{ik}^2$$

und betrachten zuerst den Fall $k \neq i$: Wegen Lemma 1.5 ist

$$u_i^{(k)} = F_{ii}(x^{(i,\,k)} \cdot x^{(k,\,i)}) = F_{ii}(x^{(i,\,k)} \cdot \overline{x^{(i,\,k)}}) = \tfrac{1}{4} e_i [F_{ik}(x^{(i,\,k)})]^2 = e_i\, z_{ik}^2.$$

Im Falle $k = i$ ist

$$u_i^{(i)} = F_{ii}(x^{(i,\,i)} \cdot x^{(i,\,i)}) = [F_{ii}(x^{(i,\,i)})]^2 = z_{ii}^2 = e_i\, z_{ii}^2.$$

Wir schreiben nun für $i \neq k$

$$z_{ik}^2 = w_{ik}^{(i)} + w_{ik}^{(k)}, \quad w_{ik}^{(i)} \in \mathfrak{A}_{ii}, \quad w_{ik}^{(k)} \in \mathfrak{A}_{kk}.$$

Wegen $z_{ik} = z_{ki}$ ist $w_{ik}^{(i)} = w_{ki}^{(i)}$, und daher hat man nach (1.11)

$$\sum_{i,\,k} u_i^{(k)} = \sum_{i,\,k} e_i\, z_{ik}^2 = \sum_i z_{ii}^2 + \sum_{i \neq k} w_{ik}^{(i)} = \sum_i z_{ii}^2 + \tfrac{1}{2} \sum_{i \neq k} [w_{ik}^{(i)} + w_{ki}^{(i)}].$$

Vertauscht man jetzt im zweiten Term der zweiten Summe i und k, so erhält man

$$(1.12) \qquad \sum_{i,k} u_i^{(k)} = \sum_i z_{ii}^2 + \tfrac{1}{2} \sum_{i \neq k} z_{ik}^2 = \sum_{i \leq k} z_{ik}^2.$$

Nun werden (1.10) und (1.12) in (1.9) eingetragen:

$$F(\boldsymbol{x} \cdot \boldsymbol{x}) = \sum_{i \leq k} z_{ik}^2 + 2 \sum_{i < j} \Big(\sum_k z_{ik} z_{kj} \Big).$$

Wegen Lemma 1.6 ist die rechte Seite gleich dem Quadrat von

$$\sum_{i \leq k} z_{ik} = F(\boldsymbol{x})$$

in $\mathfrak{A}$. Damit ist der Isomorphiesatz bewiesen.

5. Als eine erste Anwendung des Isomorphiesatzes zeigen wir

Satz 1.7.

a) *Jede zentral-einfache Jordan-Algebra vom Grad $s \neq 3$ ist speziell.*

b) *Jede einfache Jordan-Algebra vom Primitiv-Grad $r > 3$ ist speziell.*

Beweis. 1. In den Fällen $s = 1$ und $s = 2$ wissen wir schon, daß die Jordan-Algebra $\mathfrak{A}$ speziell ist (vgl. VI, Satz 7.2). Wir dürfen somit im Beweis von Teil a) annehmen, daß $s > 3$ gilt.

2. Wir nehmen zuerst an, daß der Grundkörper K algebraisch abgeschlossen ist. Nach VIII, Korollar zu Satz 9.1, ist $\mathfrak{A}$ in bezug auf ein vollständiges Orthogonalsystem von primitiven Idempotenten e_1, $e_2, \ldots, e_r$ regulär und daher nach dem Isomorphiesatz isomorph zu einer Algebra $\mathfrak{H}_s(\mathfrak{C})$. Wegen $s > 3$ ist $\mathfrak{C}$ assoziativ und daher $\mathfrak{H}_s(\mathfrak{C})$ eine spezielle Jordan-Algebra.

3. Ist nun $\mathfrak{A}$ lediglich zentral-einfach, dann ist wegen I, Satz 5.5, die aus $\mathfrak{A}$ durch Erweiterung des Grundkörpers K zum algebraischen Abschluß $\overline{K}$ entstehende Algebra $\overline{\mathfrak{A}}$ noch einfach. Nach dem bereits bewiesenen Fall 2) ist also $\overline{\mathfrak{A}}$ speziell als Algebra über $\overline{K}$. In VI, Korollar zu Satz 1.1, haben wir aber gesehen, daß dann auch $\mathfrak{A}$ speziell ist. Damit ist Teil a) des Satzes bewiesen.

4. $\mathfrak{A}$ habe den Primitiv-Grad $r > 3$. Wir fassen $\mathfrak{A}$ als zentral-einfache Algebra über dem Zentrum Z von $\mathfrak{A}$ auf. Der Primitiv-Grad von $\mathfrak{A}$ über Z ist dann ebenfalls r und somit der Grad der Algebra über Z größer als 3. Nach Teil a) des Satzes ist also $\mathfrak{A}$ als Algebra über Z speziell. Dann ist aber auch $\mathfrak{A}$ über K eine spezielle Algebra.

§ 2. Einfache reguläre Algebren

1. Wir haben bei dem 1. Isomorphiesatz von den Idempotenten e_i *nicht* gefordert, daß sie primitiv oder sogar absolut-primitiv sind. Ebenso war außer der ständigen Voraussetzung, daß die Charakteristik des

Grundkörpers nicht 2 ist, über den Grundkörper keine Einschränkung gemacht. Zusätzliche Voraussetzungen an den Grundkörper K sind auch jetzt nicht erforderlich.

In diesem Paragraphen sei

1. $\mathfrak{A}$ eine *einfache* Jordan-Algebra über K,

2. $\mathfrak{A}$ regulär in bezug auf ein vollständiges Orthogonalsystem e_1, $e_2, \ldots, e_r$, $r \geqq 3$, von *primitiven* Idempotenten.

Die Voraussetzung des 1. Isomorphiesatzes (vgl. § 1.4) sind wegen 2. erfüllt. Es gibt also eine Algebra $\mathfrak{C} = \mathfrak{C}^{21}$ mit Involution $u \to \bar{u}$ und Einselement, so daß $\mathfrak{A}$ isomorph ist zur Algebra $\mathfrak{H}_r(\mathfrak{C})$. Ferner ist $\mathfrak{C}$ assoziativ für $r > 3$, und wenigstens alternativ für $r = 3$.

Die Algebra $\mathfrak{H}(\mathfrak{C})$ derjenigen Elemente von $\mathfrak{C}$, die bei der Involution fest bleiben, ist wegen VIII, Lemma 6.7, und dem Korollar zu Lemma 4.3, isomorph zu jedem $\mathfrak{A}_{ii}$. Da die e_i nach Voraussetzung primitiv sind und $\mathfrak{A}$ einfach ist, entnimmt man aus IV, Satz 5.11, daß die $\mathfrak{A}_{ii}$, und *daher auch $\mathfrak{H}(\mathfrak{C})$ Jordan-Körper sind.*

Wir unterscheiden jetzt die folgenden drei Fälle:

(I) $\mathfrak{C}$ ist nicht einfach,

(II) $\mathfrak{C}$ ist einfach und assoziativ,

(III) $\mathfrak{C}$ ist einfach und echt-alternativ.

Ist $\mathfrak{C}$ einfach, so ist $\mathfrak{C}$ entweder assoziativ, dann liegt der Fall II vor, oder $\mathfrak{C}$ ist nicht assoziativ, dann gilt Fall III. Für $\mathfrak{C}$ tritt also stets einer der drei Fälle ein. Wir werden sagen, *daß die Jordan-Algebra $\mathfrak{A}$ jeweils vom Typ I, II oder III ist.*

2. Wir nehmen jetzt an, daß die Algebra $\mathfrak{A}$ vom Typ I ist und wollen die Struktur der nicht einfachen Algebra $\mathfrak{C}$ bestimmen. Insbesondere werden wir zeigen, daß $\mathfrak{C}$ auch für $r = 3$ assoziativ ist.

Für Teilmengen $\mathfrak{a}$ von $\mathfrak{C}$ setzen wir $\bar{\mathfrak{a}} := \{\bar{u}; \ u \in \mathfrak{a}\}$ und zeigen zuerst: *Ist $\mathfrak{a}$ ein Ideal von $\mathfrak{C}$, für welches $\mathfrak{a} = \bar{\mathfrak{a}}$ gilt, so ist $\mathfrak{a} = 0$ oder $\mathfrak{a} = \mathfrak{C}$.* Für ein solches Ideal ist $\mathfrak{H}(\mathfrak{a})$ definiert und eine Teilalgebra von $\mathfrak{H}(\mathfrak{C})$. Man bilde die Teilalgebra $\mathfrak{H}_r(\mathfrak{a})$ von $\mathfrak{H}_r(\mathfrak{C})$, die aus den Matrizen von $\mathfrak{H}_r(\mathfrak{C})$ besteht, deren Elemente in $\mathfrak{a}$ liegen. Da $\mathfrak{a}$ ein Ideal von $\mathfrak{C}$ und $\mathfrak{H}(\mathfrak{a})$ ein Ideal von $\mathfrak{H}(\mathfrak{C})$ ist, sieht man, daß $\mathfrak{H}_r(\mathfrak{a})$ ein Ideal von $\mathfrak{H}_r(\mathfrak{C})$ ist. Es ist aber $\mathfrak{H}_r(\mathfrak{C})$ nach Voraussetzung einfach, d. h., man bekommt $\mathfrak{a} = 0$ oder $\mathfrak{a} = \mathfrak{C}$.

Nun sei $\mathfrak{b}$ ein von Null und $\mathfrak{C}$ verschiedenes Ideal von $\mathfrak{C}$. Das Ideal $\mathfrak{a}_1 := \mathfrak{b} \cap \bar{\mathfrak{b}}$ erfüllt $\mathfrak{a}_1 = \bar{\mathfrak{a}}_1$ und ist von $\mathfrak{C}$ verschieden. Es gilt daher $\mathfrak{b} \cap \bar{\mathfrak{b}} = 0$. Dann ist aber $\mathfrak{a}_2 := \mathfrak{b} \oplus \bar{\mathfrak{b}}$ wieder ein Ideal von $\mathfrak{C}$, das $\bar{\mathfrak{a}}_2 = \mathfrak{a}_2$ erfüllt. Es folgt $\mathfrak{a}_2 = \mathfrak{C}$ und daher

$$(2.1) \qquad\qquad \mathfrak{C} = \mathfrak{b} \oplus \bar{\mathfrak{b}}, \qquad \mathfrak{b} \cdot \bar{\mathfrak{b}} = \mathfrak{b} \cap \bar{\mathfrak{b}} = 0.$$

Dabei bezeichnet wieder $u \cdot v$ das Produkt in $\mathfrak{C}$. Die zweite Behauptung von (2.1) folgt sofort aus $\mathfrak{d} \cdot \overline{\mathfrak{d}} \subset \mathfrak{d} \cap \overline{\mathfrak{d}} = 0$.

Es ist $\mathfrak{d}$ ein einfaches Ideal von $\mathfrak{C}$. Ist nämlich $\mathfrak{b}$ ein von Null verschiedenes Ideal von $\mathfrak{d}$, dann ist $\mathfrak{b}$ auch ein Ideal von $\mathfrak{C}$, denn $\mathfrak{d}$ und $\overline{\mathfrak{d}}$ annullieren sich. Da man für $\mathfrak{b}$ analog wie für $\mathfrak{d}$ schließen kann, folgt $\mathfrak{C} = \mathfrak{b} \oplus \overline{\mathfrak{b}}$. Aus $\mathfrak{b} \subset \mathfrak{d}$ erhält man dann $\mathfrak{b} = \mathfrak{d}$.

Jedes Element $u \in \mathfrak{C}$ kann man wegen (2.1) eindeutig in der Form $u = u_1 + \overline{u}_2$, u_1, $u_2 \in \mathfrak{d}$, schreiben und es ist dann $\overline{u} = u_2 + \overline{u}_1$. Die Elemente von $\mathfrak{H}(\mathfrak{C})$ sind daher genau die Elemente der Form $u = v + \overline{v}$, $v \in \mathfrak{d}$.

Da das Einselement e_{12} von $\mathfrak{C} = \mathfrak{C}^{21}$ bei der Involution festbleibt, hat man

$$e_{12} = c + \overline{c}, \quad c \in \mathfrak{d}.$$

Für $u \in \mathfrak{d}$ ist $c \cdot u = e_{12} \cdot u = u$ und entsprechend $u \cdot c = u$. *Es ist also c das Einselement von $\mathfrak{d}$.*

Man benötigt nun VIII, Lemma 6.5, das man zuerst auf $\mathfrak{C} = \mathfrak{C}^{21}$ anwendet:

$$S_{21}(\overline{u} \cdot u) = \tfrac{1}{4} e_2\, u^2, \quad u \in \mathfrak{C}.$$

Da aber das Produkt $\overline{u} \cdot u$ in $\mathfrak{C}^{12}$ wegen der Anti-Isomorphie von $\mathfrak{C}^{12}$ und $\mathfrak{C}^{21}$ mit dem Produkt $u \cdot \overline{u}$ in $\mathfrak{C}^{21}$ übereinstimmt, hat man

$$(2.2) \qquad S_{12}(u \cdot \overline{u}) = \tfrac{1}{4} e_1\, u^2, \quad u \in \mathfrak{C}.$$

Für $u \in \mathfrak{d}$ ist $\overline{u} \cdot u = u \cdot \overline{u} = 0$, so daß $e_1\, u^2 = e_2\, u^2 = 0$, also $u^2 = 0$ folgt. Man hat also

$$(2.3) \qquad u\, v = 0 \quad \text{für alle} \quad u, v \in \mathfrak{d}.$$

Lemma 2.1. *Es gilt* $\mathfrak{d} = \mathfrak{A}_{11}\, c = \mathfrak{A}_{22}\, c$, $\overline{\mathfrak{d}} = \mathfrak{A}_{11}\, \overline{c} = \mathfrak{A}_{22}\, \overline{c}$ *und* $\overline{u_i\, c} = u_i\, \overline{c}$ *für* $u_i \in \mathfrak{A}_{ii}$ *und* $i = 1, 2$.

Beweis. Wegen $u + \overline{u} = 4 S_{12}(u)\, e_{12}$ ist die Restriktion von S_{12} auf $\mathfrak{d}$ injektiv. Speziell gilt also

$$(2.4) \qquad \dim \mathfrak{d} \leqq \dim \mathfrak{A}_{11}.$$

Für $u_1 \in \mathfrak{A}_{11}$ schreiben wir

$$u_1\, c = u + \overline{v}, \quad u, v \in \mathfrak{d},$$

und erhalten wegen (2.3) und **(V.6)**

$$e_1\, (c\, \overline{v}) = e_1\, (c\, [c\, u_1]) = \tfrac{1}{2} e_1\, (c^2\, u_1) = 0,$$

denn es ist $c\, c = 0$. In (2.2) ersetzt man u durch $c + \tau\, \overline{v}$ und vergleicht die Koeffizienten von τ:

$$S_{12}(c \cdot v) + S_{12}(\overline{v} \cdot \overline{c}) = \tfrac{1}{2} e_1\, (c\, \overline{v}) = 0.$$

Es ist $c \cdot v = v$, $\bar{v} \cdot \bar{c} = \bar{v}$, und wegen (4) auch $S_{12}\bar{v} = S_{12}v$, so daß $S_{12}v = 0$ folgt. Da S_{12} auf $\mathfrak{d}$ injektiv ist, folgt $v = 0$, und man hat

$$(2.5) \qquad \mathfrak{A}_{11}\,c \subset \mathfrak{d}.$$

Da nach VIII, Lemma 3.2, aber auch die Abbildung $u_1 \to u_1\,c$ injektiv ist, folgt $\dim \mathfrak{A}_{11} \leq \dim \mathfrak{d}$. Zusammen mit (2.4) steht also hier und in (2.5) das Gleichheitszeichen. Da man entsprechend für $\mathfrak{A}_{22}$ an Stelle von $\mathfrak{A}_{11}$ schließen kann, hat man $\mathfrak{d} = \mathfrak{A}_{11}\,c = \mathfrak{A}_{22}\,c$ bewiesen. Da die Abbildung $u \to \bar{u} = P_{12}\,u$ ein Isomorphismus von $\mathfrak{A}_{11} + \mathfrak{A}_{12} + \mathfrak{A}_{22}$ ist, der $\mathfrak{A}_{11}$ auf $\mathfrak{A}_{22}$ abbildet, erhält man auch $\bar{\mathfrak{d}} = \overline{\mathfrak{A}_{11}\,c} = \mathfrak{A}_{22}\,\bar{c}$ und $\bar{\mathfrak{d}} = \overline{\mathfrak{A}_{22}\,c} = \mathfrak{A}_{11}\,\bar{c}$.

Für $u_1 \in \mathfrak{A}_{11}$ haben wir $\bar{u}_1 \in \mathfrak{A}_{22}$ und wegen (1) daher $u_1\,e_{12} = \bar{u}_1\,e_{12}$. Das bedeutet $u_1\,c + u_1\,\bar{c} = \bar{u}_1\,c + \bar{u}_1\,\bar{c}$. Da hier jeweils der zweite Summand in $\bar{\mathfrak{d}}$ liegt, folgt $\overline{u_1\,c} = \bar{u}_1\,\bar{c} = u_1\,\bar{c}$. Damit ist das Lemma bewiesen, denn man kann entsprechend für $u_2 \in \mathfrak{A}_{22}$ schließen.

Betrachten wir nun die Diagonalabbildung

$$\varDelta : \mathfrak{d} \to \mathfrak{C} = \mathfrak{d} \oplus \bar{\mathfrak{d}}, \qquad \varDelta(u) := u + \bar{u}.$$

Nach dem vorhergehenden Lemma hat man $\varDelta(u_1\,c) = u_1(c + \bar{c}) = u_1\,e_{12}$, d. h., $\varDelta : \mathfrak{d} \to \mathfrak{H}(\mathfrak{C})$ ist wegen VIII, Lemma 5.1, bijektiv. Es ist

$$(2.6) \qquad \varDelta(u) \cdot \varDelta(v) = (u + \bar{u}) \cdot (v + \bar{v}) = u \cdot v + \bar{u} \cdot \bar{v}, \qquad u,\,v \in \mathfrak{d}.$$

Wir entnehmen dem Korollar zu VIII, Lemma 6.2, daß die Produkte von je drei Elementen aus $\mathfrak{H}(\mathfrak{C})$ assoziativ sind. Wählt man drei Elemente von $\mathfrak{H}(\mathfrak{C})$ in der Form $\varDelta(u)$, $\varDelta(v)$, $\varDelta(w)$, so erhält man wegen (2.6)

$$(u \cdot v) \cdot w + (\bar{u} \cdot \bar{v}) \cdot \bar{w} = u \cdot (v \cdot w) + \bar{u} \cdot (\bar{v} \cdot \bar{w}).$$

Da die ersten Summanden jeweils in $\mathfrak{d}$ liegen, ist $\mathfrak{d}$ *assoziativ*. Aus (2.6) folgt nun $\varDelta(u) \cdot \varDelta(u) = \varDelta(u \cdot u)$, d. h., $\varDelta$ ist ein Isomorphismus von $\mathfrak{d}^+$ auf die Jordan-Algebra $\mathfrak{H}(\mathfrak{C})$.

Wir formulieren unser Ergebnis als den

2. Isomorphiesatz

Es sei $\mathfrak{A}$ eine einfache Jordan-Algebra über K, die in bezug auf das vollständige Orthogonalsystem $e_1, e_2, \ldots, e_r$, $r \geq 3$, von primitiven Idempotenten regulär ist. Dann ist $\mathfrak{A}$ isomorph zu einer Algebra $\mathfrak{H}_r(\mathfrak{C})$, wobei $\mathfrak{C}$ eine halbeinfache Algebra über K mit Involution $u \to \bar{u}$ ist, für die $\mathfrak{H}(\mathfrak{C})$ ein Jordan-Körper ist. Für $\mathfrak{C}$ sind die folgenden Fälle möglich:

(I)   *$\mathfrak{C} = \mathfrak{d} \oplus \bar{\mathfrak{d}}$, wobei $\mathfrak{d}$ eine einfache assoziative Algebra über K und $\bar{\mathfrak{d}}$ die vermöge $u \to \bar{u}$ zugeordnete anti-isomorphe Algebra ist. Die Algebra $\mathfrak{H}(\mathfrak{C})$ ist isomorph zu $\mathfrak{d}^+$.*

(II)   *$\mathfrak{C}$ ist einfach und assoziativ.*

(III)   *$\mathfrak{C}$ ist einfach und echt-alternativ.*

Ist die Algebra $\mathfrak{A}$ vom Typ III, so zeigt VIII, Lemma 8.1, daß $\mathfrak{A}$ nicht speziell ist. Da die Algebren vom Typ I und II offenbar speziell sind, erhalten wir das

Korollar. Es ist $\mathfrak{A}$ dann und nur dann speziell, wenn $\mathfrak{A}$ vom Typ I oder II ist.

3. Als Anwendung des 2. Isomorphiesatzes beweisen wir die im folgenden Satz formulierte „Hauptachsentransformation".

Satz 2.2. *Es sei $\mathfrak{A}$ eine einfache spezielle Jordan-Algebra über K, die in bezug auf ein vollständiges Orthogonalsystem von primitiven Idempotenten $e_1, e_2, \ldots, e_r$, $r \geq 3$, regulär ist. Zu jedem u aus $\mathfrak{A}$ gibt es dann ein W aus $\Gamma(\mathfrak{A})$ mit*

$$W u \in \sum_i \mathfrak{A}_{ii}, \qquad \mathfrak{A}_{ii} = \mathfrak{A}_1(e_i).$$

Beweis. Nach dem 2. Isomorphiesatz dürfen wir $\mathfrak{A} = \mathfrak{H}_r(\mathfrak{C})$ annehmen. Als spezielle Algebra kommen für $\mathfrak{A}$ nur die Typen I und II in Betracht, d. h., $\mathfrak{C}$ ist assoziativ. Nun folgt die Behauptung aus VI, Satz 4.2.

Mit diesem Satz können wir nun zeigen, daß der Primitiv-Grad eine Invariante der Ähnlichkeitsklasse ist (vgl. V, § 5.1).

Satz 2.3. *Es sei $\mathfrak{A}$ eine einfache Jordan-Algebra über K. Dann haben $\mathfrak{A}$ und jede für invertierbares f gebildete Mutation $\mathfrak{A}_f$ den gleichen Primitiv-Grad.*

Beweis. a) Zuerst sei $\mathfrak{A}$ zentral-einfach. Wir betrachten die Klasse $\mathfrak{K}$ aller für invertierbares f gebildeten Mutationen $\mathfrak{A}_f$ von $\mathfrak{A}$. Wegen V, Satz 2.8, enthält $\mathfrak{K}$ nur zentral-einfache Algebren, und wegen V, Satz 2.7, haben alle Algebren aus $\mathfrak{K}$ den gleichen Grad. Wir bezeichnen mit r das Maximum der Primitiv-Grade der Algebren aus $\mathfrak{K}$ und wählen eine Algebra aus $\mathfrak{K}$, die den Primitiv-Grad r hat.

Wegen V, Satz 2.9, ist entweder jede oder keine Algebra aus $\mathfrak{K}$ ein Jordan-Körper. Daher ist die Behauptung im Falle $r = 1$ und $r = 2$ richtig. Sei zunächst $r = 3$, und $\mathfrak{K}$ enthalte eine nichtspezielle Algebra. Da wieder keine Algebra aus $\mathfrak{K}$ ein Jordan-Körper sein kann, hat jede Algebra aus $\mathfrak{K}$ einen Primitiv-Grad > 1. Nach dem Korollar zu VI, Satz 1.10, enthält $\mathfrak{K}$ nur nichtspezielle Algebren. Wegen Satz 1.7 haben dann alle Algebren aus $\mathfrak{K}$ den Grad 3. Da nach VIII, Satz 4.5, der Primitiv-Grad ein Teiler des Grades ist, haben alle Algebren aus $\mathfrak{K}$ den Primitiv-Grad 3.

Wir können also $r \geq 3$ annehmen und voraussetzen, daß $\mathfrak{K}$ nur spezielle Algebren enthält. Wegen VIII, Satz 4.4, gibt es in $\mathfrak{K}$ dann auch eine in bezug auf ein vollständiges Orthogonalsystem $e_1, e_2, \ldots, e_r$ reguläre Algebra $\mathfrak{A}$ vom Primitiv-Grad r. Wegen I, Lemma 12.5, sind alle e_i

primitiv, so daß wir den vorhergehenden Satz anwenden können. Zu jedem invertierbaren f aus $\mathfrak{A}$ gibt es ein W aus $\Gamma(\mathfrak{A})$, so daß gilt

$$W^{\#}f = g \in \sum_i \mathfrak{A}_{ii}.$$

Man verwendet hierbei, daß mit W auch $W^{\#}$ zu $\Gamma(\mathfrak{A})$ gehört. Wegen V, Satz 2.2, sind die Mutationen $\mathfrak{A}_f$ und $\mathfrak{A}_g$ isomorph, folglich hat die Mutation $\mathfrak{A}_f$ genau dann den Primitiv-Grad r, wenn dies für $\mathfrak{A}_g$ gilt. In der PEIRCE-Zerlegung von $\mathfrak{A}$ in bezug auf $e_1, e_2, \ldots, e_r$ schreiben wir

$$g = \sum_i d_i, \quad g^{-1} = \sum_i c_i, \quad d_i c_i = e_i, \quad c_i, d_i \in \mathfrak{A}_{ii},$$

(vgl. VIII, Lemma 2.3). In der Multiplikation von $\mathfrak{A}_g$ erhalten wir dann

$$c_i \perp c_j = c_i(c_j g) + c_j(c_i g) - (c_i c_j) g$$

$$= c_i e_j + c_j e_i - (c_i c_j) d_i = \delta_{ij}(2 c_i - c_i e_i) = \delta_{ij} c_i.$$

Es ist also $c_1, c_2, \ldots, c_r$ ein vollständiges Orthogonalsystem von $\mathfrak{A}_g$. Der Primitiv-Grad von $\mathfrak{A}_g$ ist daher mindestens r und wegen der Maximalität von r also gleich r.

b) Nun sei $\mathfrak{A}$ lediglich eine einfache Algebra. Wegen V, Satz 2.8, sind wieder alle zu invertierbaren f gebildeten Mutationen einfache Algebren. Es ändert sich der Primitiv-Grad von $\mathfrak{A}$ nicht, wenn man $\mathfrak{A}$ als Algebra $\mathfrak{A}^*$ über dem Zentrum $\mathfrak{Z}(\mathfrak{A})$ von $\mathfrak{A}$ auffaßt. Da wegen V, Satz 2.5, außerdem $(\mathfrak{A}_f)^* = (\mathfrak{A}^*)_f$ gilt, haben auch $\mathfrak{A}$ und $\mathfrak{A}_f$ den gleichen Primitiv-Grad.

§ 3. Struktursätze für einfache reguläre Algebren

1. Wir werden nun die Struktur der einfachen regulären Jordan-Algebren vollständig bestimmen. Neben den in den Isomorphiesätzen vorkommenden Algebren $\mathfrak{H}_r(\mathfrak{C})$ betrachten wir die volle Matrixalgebra $\mathfrak{M}_r(\mathfrak{d})$ der r-reihigen Matrizen $\boldsymbol{u} = (u^{(i,j)})$ mit Elementen $u^{(i,j)}$ aus einer assoziativen Algebra $\mathfrak{d}$ (vgl. VI, § 4.1). Es ist $\mathfrak{M}_r^+(\mathfrak{d})$ eine Jordan-Algebra über dem Grundkörper von $\mathfrak{d}$.

Der wichtigste Satz für die Strukturtheorie der Jordan-Algebren ist neben den Isomorphiesätzen der

Struktursatz für einfache reguläre Algebren.

Es sei $\mathfrak{A}$ eine einfache Jordan-Algebra über K, die in bezug auf ein vollständiges Orthogonalsystem von primitiven Idempotenten $e_1, e_2, \ldots, e_r$, $r \geq 3$, regulär ist. Dann ist $\mathfrak{A}$ isomorph zu

(I) $\mathfrak{M}_r^+(\mathfrak{d})$, *wobei $\mathfrak{d}$ ein Schiefkörper endlicher Dimension über K ist,* *oder isomorph zu einer Algebra $\mathfrak{H}_r(\mathfrak{C})$, wobei für $\mathfrak{C}$ die folgenden Fälle möglich sind:*

(II a) $\mathfrak{C}$ *ist ein Schiefkörper endlicher Dimension über K mit Involution,*

(II b) $\mathfrak{C}$ *ist eine Split-Quaternionenalgebra über einem Erweiterungskörper L von endlichem Grad über K. Die Involution von $\mathfrak{C}$ ist die kanonische Involution der Quaternionenalgebra.*

(III) $\mathfrak{C}$ *ist eine CAYLEY-Algebra über einem Erweiterungskörper L von endlichem Grad über K. Die Involution von $\mathfrak{C}$ ist die kanonische Involution der CAYLEY-Algebra. Es ist $r = 3$ und $\mathfrak{A}$ eine nichtspezielle Algebra.*

Beweis. Nach dem zweiten Isomorphiesatz ist $\mathfrak{A}$ isomorph zu einer Algebra $\mathfrak{H}_r(\mathfrak{C})$, wobei für $\mathfrak{C}$ nur die dort vorkommenden Typen I, II und III möglich sind. Wir behandeln diese Typen jetzt getrennt:

Typ I: Es ist $\mathfrak{C} = \mathfrak{d} \oplus \overline{\mathfrak{d}}$, und $\mathfrak{d}$ ist eine einfache assoziative Algebra über K, für die $\mathfrak{d}^+$ und $\mathfrak{H}(\mathfrak{C})$ isomorph sind. Folglich ist $\mathfrak{d}^+$ ein Jordan-Körper. Wegen VI, Satz 1.8, ist $\mathfrak{d}$ ein Schiefkörper, der K im Zentrum enthält und der als Algebra über K betrachtet wird. Die Involution von $\mathfrak{C}$ vertauscht die Summanden $\mathfrak{d}$ und $\overline{\mathfrak{d}}$.

Für $u = (u^{(i,j)}) \in \mathfrak{M}_r^+(\mathfrak{d})$ erklären wir $\overline{u} := \left(\overline{u^{(j,i)}}\right) \in \mathfrak{M}_r^+(\overline{\mathfrak{d}})$. Jedes Element w von $\mathfrak{M}_r(\mathfrak{C})$ kann dann eindeutig in der Form $w = u + \overline{v}$, $u, v \in \mathfrak{M}_r(\mathfrak{d})$, geschrieben werden. Andererseits induziert die Involution von $\mathfrak{C}$ eine kanonische Involution von $\mathfrak{M}_r(\mathfrak{C})$, die erklärt war durch

$$\overline{w} = \left(\overline{w^{(j,i)}}\right), \quad \text{falls} \quad w = (w^{(i,j)}), \quad w^{(i,j)} \in \mathfrak{C}.$$

Man sieht, daß für $w = u + \overline{v}$, $u, v \in \mathfrak{M}_r(\mathfrak{d})$, gilt $\overline{w} = v + \overline{u}$. Wir können daher eine Abbildung

$$G : \mathfrak{M}_r^+(\mathfrak{d}) \to \mathfrak{H}_r(\mathfrak{C})$$

erklären durch $G(u) := u + \overline{u}$. Da die Summe $\mathfrak{d} \oplus \overline{\mathfrak{d}}$ direkt ist, gilt das gleiche für die Summe $\mathfrak{M}_r(\mathfrak{d}) \oplus \mathfrak{M}_r(\overline{\mathfrak{d}})$, so daß diese Abbildung injektiv ist. Schreibt man umgekehrt ein Element w aus $\mathfrak{H}_r(\mathfrak{C})$ in der Form $w = u + \overline{v}$, $u, v \in \mathfrak{M}_r(\mathfrak{d})$, so ergibt $\overline{w} = w$ sofort $v = u$. Es ist G also auch surjektiv. Wir zeigen, daß G ein Isomorphismus der betreffenden Jordan-Algebren ist. Wegen der Kommutativität braucht nur $G(u \cdot u) = G(u) \cdot G(u)$ bewiesen zu werden. Hier steht an der Stelle (i, j) links das Element

$$\sum_k \left(u^{(i,k)} \cdot u^{(k,j)} + \overline{u^{(j,k)} \cdot u^{(k,i)}}\right)$$

und rechts

$$\sum_k \left(u^{(i,k)} + \overline{u^{(k,i)}}\right) \cdot \left(u^{(k,j)} + \overline{u^{(j,k)}}\right).$$

Wegen $\mathfrak{d} \cdot \overline{\mathfrak{d}} = 0$ stimmen aber beide Elemente überein.

20*

Typ II: Nach dem 2. Isomorphiesatz ist $\mathfrak{H}(\mathfrak{C})$ ein Jordan-Körper. Da $\mathfrak{C}$ in diesem Falle eine einfache assoziative Algebra ist, folgt die Behauptung aus VI, Satz 3.3.

Typ III: Es ist $\mathfrak{C}$ eine einfache echt-alternative Algebra über K mit Involution. $\mathfrak{A}$ ist isomorph zu $\mathfrak{H}_3(\mathfrak{C})$, und $\mathfrak{A}$ ist nicht speziell.

Wir fassen die Algebra $\mathfrak{A}$ als *zentral-einfache* Algebra $\mathfrak{A}^*$ über dem Zentrum $L = \mathfrak{Z}(\mathfrak{A})$ von $\mathfrak{A}$ auf. Wegen III, Satz 6.1, ist $\mathfrak{A}^*$ über L *nicht-ausgeartet* und ebenfalls eine nichtspezielle Algebra. Aus Satz 1.7 entnehmen wir jetzt, daß $\mathfrak{A}^*$ über L den Grad 3 hat. Da aber $\mathfrak{A}$ und $\mathfrak{A}^*$ den gleichen Primitiv-Grad haben, der nach Voraussetzung mindestens 3 ist, ist $\mathfrak{A}^*$ als Algebra über L eine *reduzierte* Algebra (vgl. VIII, § 9.1). Andererseits ist mit $\mathfrak{A}$ auch $\mathfrak{A}^*$ in bezug auf das vollständige Orthogonalsystem e_1, e_2, e_3 *regulär*. Nach dem 2. Isomorphiesatz ist $\mathfrak{A}^*$ dann isomorph zu einer Algebra $\mathfrak{H}_3(\mathfrak{C}^*)$, und wegen VIII, Satz 9.2, sind für $\mathfrak{C}^*$ nur die dort aufgeführten Fälle a) bis d) möglich. Da die Fälle a) bis c) spezielle Algebren ergeben, ist $\mathfrak{C}^*$ notwendig eine CAYLEY-Algebra über L.

Betrachtet man jetzt $\mathfrak{C}^*$ als Algebra $\mathfrak{C}$ über dem Körper K, so ist also $\mathfrak{A}$ als Algebra über K isomorph zu $\mathfrak{H}_3(\mathfrak{C})$.

Damit ist der Struktursatz bewiesen.

2. Wir spezialisieren unsere Ergebnisse auf zentral-einfache reduzierte Algebren und berücksichtigen hierbei die Fälle $r = 1$ und $r = 2$.

Struktursatz für reguläre, reduzierte und zental-einfache Algebren.

Es sei $\mathfrak{A}$ eine zentral-einfache reduzierte Jordan-Algebra über einem Körper K vom Grad r, die im Falle $r \geqq 3$ regulär ist in bezug auf ein vollständiges Orthogonalsystem der Länge r. Dann ist $\mathfrak{A}$ isomorph zu einer Algebra

(A)   *Ke, falls $r = 1$,*

(B)   *$[X; \mu, e]$, falls $r = 2$. Hier ist X ein Vektorraum der Dimension $n \geqq 3$ über K und μ eine nichtausgeartete Bilinearform von X mit Werten in K.*

Für $r \geqq 3$ ist $\mathfrak{A}$ isomorph zu

(I) $\mathfrak{M}_r^+(K)$,

oder isomorph zu einer Algebra $\mathfrak{H}_r(\mathfrak{C})$, wobei für $\mathfrak{C}$ die folgenden Fälle möglich sind:

(IIα) $\mathfrak{C} = K$,

(IIβ)   *$\mathfrak{C}$ ist ein quadratischer Erweiterungskörper von K,*

(IIγ)   *$\mathfrak{C}$ ist eine Quaternionenalgebra über K,*

(III)   *$\mathfrak{C}$ ist eine CAYLEY-Algebra über K. In diesem Fall ist $r = 3$ und $\mathfrak{A}$ nicht speziell.*

In den Fällen (IIβ), (IIγ) *und* (III) *ist* $\mathfrak{C}$ *mit der kanonischen Involution versehen.*

Beweis. Der Fall $r = 1$ war bereits in II, Satz 6.2, erledigt. Für $r = 2$ erhalten wir die Behauptung aus VI, Satz 7.1.

Wir dürfen zum Beweis also $r \geq 3$ annehmen. Es sei $\mathfrak{A}$ regulär in bezug auf das vollständige Orthogonalsystem $e_1, e_2, \ldots, e_r$ von primitiven Idempotenten. Für die zugeordnete Algebra $\mathfrak{C} = \mathfrak{C}^{21}$ sind wegen VIII, Satz 9.2, nur die dort angegebenen Fälle a) bis d) möglich. In anderer Reihenfolge ist also $\mathfrak{C}$ gleich

(I) $\quad K \oplus K$,

(IIα) $\quad K$,

(IIβ) $\quad$ einem quadratischen Erweiterungskörper von K,

(IIγ) $\quad$ einer Quaternionenalgebra über K,

(III) $\quad$ einer CAYLEY-Algebra über K.

Es ist $\mathfrak{A}$ isomorph zu $\mathfrak{H}_r(\mathfrak{C})$. Nach dem Beweis des Struktursatzes für reguläre einfache Algebren ist für den Typ I aber $\mathfrak{H}_r(K \oplus K)$ isomorph zu $\mathfrak{M}_r^+(K)$.

3. Obwohl dazu Wiederholungen notwendig sind, formulieren wir auch einen entsprechenden Satz für Algebren $\mathfrak{A}$ über algebraisch abgeschlossenem Grundkörper K. Nach dem Korollar zu VIII, Satz 9.1, ist jede solche Algebra vom Grad $r > 1$ regulär in bezug auf jedes vollständige Orthogonalsystem und zugleich auch reduziert.

Bei der Konstruktion von Quaternionenalgebren $(K, \varkappa_1, \varkappa_2)$ und CAYLEY-Algebren $(K, \varkappa_1, \varkappa_2, \varkappa_3)$ (vgl. VII, § 4) waren die Elemente $\varkappa_i \in K$ nur bis auf die Quadratklasse in K bestimmt. Es gibt daher bis auf Isomorphie nur *eine* Quaternionenalgebra $\mathfrak{C}_4 = (K, -1, -1)$ und *eine* CAYLEY-Algebra $\mathfrak{C}_8 = (K, -1, -1, -1)$ über einem algebraisch abgeschlossenen Körper K. Aus dem vorhergehenden Satz erhalten wir daher den

Struktursatz für einfache Algebren über algebraisch abgeschlossenem Grundkörper.

Es sei $\mathfrak{A}$ *eine einfache Jordan-Algebra über einem algebraisch abgeschlossenen Körper* K *vom Grad* r. *Dann ist* $\mathfrak{A}$ *isomorph zu*

(A) $\quad K$, *falls* $r = 1$,

(B) $\quad [X; \mu, e]$, *falls* $r = 2$. *Hier ist* X *ein Vektorraum der Dimension* $n \geq 3$ *über* K *und* μ *die (bis auf Isomorphie) eindeutig bestimmte symmetrische nichtausgeartete Bilinearform von* X *mit Werten in* K.

(I) $\quad \mathfrak{M}_r^+(K)$, $\quad r \geq 3$,

(IIα) $\quad \mathfrak{H}_r(K)$, $\quad r \geq 3$,

(IIγ) $\quad \mathfrak{H}_r(\mathfrak{C}_4)$, $\quad r \geq 3$,

(III) $\quad \mathfrak{H}_3(\mathfrak{C}_8)$, $\quad r = 3$.

Für die Dimensionen entnimmt man hieraus die Liste

Typ	I	IIα	IIγ	III
dim $\mathfrak{A}$	r^2	$\dfrac{r(r+1)}{2}$	$2r^2 - r$	$27\ (r=3)$

wenn die Algebra $\mathfrak{A}$ den Grad r hat. Da isomorphe Algebren gleichen Grad und gleiche Dimension haben, erhalten wir das

Korollar. Die im vorhergehenden Struktursatz aufgezählten Typen sind untereinander nicht isomorph.

§ 4. Einfache Algebren

1. Wir verwenden jetzt den bereits in V, § 5.1, eingeführten Begriff der Ähnlichkeit von Jordan-Algebren. Zwei Jordan-Algebren $\mathfrak{A}^{(1)}$ und $\mathfrak{A}^{(2)}$ mit Einselement über demselben Körper K heißen danach ähnlich, wenn $\mathfrak{A}^{(1)}$ isomorph zu einer Mutation von $\mathfrak{A}^{(2)}$ ist.

Es sei $\mathfrak{A}$ eine einfache Jordan-Algebra über K mit Einselement vom Primitiv-Grad $r \geqq 3$. Wegen VIII, Satz 4.4, wissen wir dann, daß $\mathfrak{A}$ ähnlich ist zu einer Algebra $\mathfrak{B}$ über K, die in bezug auf ein vollständiges Orthogonalsystem $e_1, e_2, \ldots, e_r$ von primitiven Idempotenten regulär ist. Nach Satz 2.3 hat auch $\mathfrak{B}$ den Primitiv-Grad r. Da mit $\mathfrak{A}$ auch $\mathfrak{B}$ einfach ist (V, Satz 2.8), kann man den Struktursatz für reguläre einfache Algebren (§ 3.1) auf $\mathfrak{B}$ anwenden. $\mathfrak{B}$ ist daher isomorph, d. h., $\mathfrak{A}$ ist ähnlich zu einer der dort aufgeführten Algebren. Da für den Typ I die Ähnlichkeit wegen VI, Satz 1.10, durch eine Isomorphie ersetzt werden kann, erhalten wir den

1. Struktursatz für einfache Algebren.

Es sei $\mathfrak{A}$ eine einfache Jordan-Algebra über K mit Einselement vom Primitiv-Grad $r > 3$, Dann ist $\mathfrak{A}$ isomorph zu

(I) $\mathfrak{M}_r^+(\mathfrak{d})$, *wobei $\mathfrak{d}$ ein Schiefkörper endlicher Dimension über K ist,*

oder $\mathfrak{A}$ ist ähnlich zu einer Algebra $\mathfrak{H}_r(\mathfrak{C})$, wobei für $\mathfrak{C}$ die folgenden Fälle möglich sind:

(IIa)   *$\mathfrak{C}$ ist ein Schiefkörper endlicher Dimension über K mit Involution.*

(IIb)   *$\mathfrak{C}$ ist eine Split-Quaternionenalgebra über einem Erweiterungskörper L von endlichem Grad über K. Die Involution von $\mathfrak{C}$ ist die kanonische Involution der Quaternionenalgebra.*

(III)   *$\mathfrak{C}$ ist eine Cayley-Algebra über einem Erweiterungskörper L von endlichem Grad über K. Die Involution von $\mathfrak{C}$ ist die kanonische Involution der Cayley-Algebra. Es ist $r = 3$ und $\mathfrak{A}$ eine nichtspezielle Algebra.*

Für die einzelnen Typen ist das Zentrum jeweils gegeben durch

I	II a	II b	III
$\mathfrak{Z}(\mathfrak{d})$	$\mathfrak{Z}(\mathfrak{C}) \cap \mathfrak{H}(\mathfrak{C})$	L	L

2. In den Fällen (IIa), (IIb) und (III) können wir die Ähnlichkeit durch eine Isomorphie ersetzen: Wegen VI, Satz 4.3, bzw. VII, Satz 7.3, ist in allen drei Fällen die Algebra isomorph zu einer Algebra $\mathfrak{H}_r(\mathfrak{C}; g)$, wobei g eine Diagonalmatrix ist. Wir erhalten daher den

2. Struktursatz für einfache Algebren.

Es sei $\mathfrak{A}$ eine einfache Jordan-Algebra über K mit Einselement vom Primitiv-Grad $r \geq 3$. Dann ist $\mathfrak{A}$ isomorph zu

(I) $\mathfrak{M}_r^+(\mathfrak{d})$,

oder isomorph zu einer Algebra $\mathfrak{H}_r(\mathfrak{C}; g)$ mit einer Diagonalmatrix g. Für $\mathfrak{C}$ sind dabei wieder die Fälle (IIa), (IIb) oder (III) möglich.

Literatur: A. A. ALBERT [7], [15]; N. JACOBSON [15], [26], [28]; R. D. SCHAFER [21].

Elftes Kapitel

Reelle und komplexe Jordan-Algebren

In diesem Kapitel werden nur Algebren über dem Körper $\mathbb{R}$ der
reellen Zahlen bzw. dem Körper $\mathbb{C}$ der komplexen Zahlen betrachtet.
Unter K wollen wir immer $\mathbb{R}$ oder $\mathbb{C}$ verstehen.

§ 1. Einige analytische Hilfsmittel

1. Eine Algebra $\mathfrak{A}$ über dem Körper K nennen wir *reell* bzw. *komplex*,
je nachdem ob $K = \mathbb{R}$ oder $K = \mathbb{C}$ gilt. Die durch Grundkörpererweiterung von $\mathbb{R}$ zu $\mathbb{C}$ aus einer rellen Algebra $\mathfrak{A}$ entstehende komplexe Algebra
nennen wir die *Komplexifizierung von* $\mathfrak{A}$ und bezeichnen sie stets mit $\tilde{\mathfrak{A}}$.
Die Elemente einer reellen Algebra nennen wir auch reell. Jedes Element
$w \in \tilde{\mathfrak{A}}$ können wir eindeutig in der Form $w = u + i\,v, u, v \in \mathfrak{A}, i^2 = -1$,
schreiben. Die Abbildung $u + i\,v \to u - i\,v$ ist eine Involution von $\tilde{\mathfrak{A}}$,
die wir mit $w \to \bar{w}$ bezeichnen wollen.

In reellen oder komplexen Algebren werden wir von den einfachsten
topologischen und analytischen Begriffsbildungen und Hilfsmitteln Ge-
brauch machen. Den der Algebra $\mathfrak{A}$ über $\mathbb{R}$ bzw. $\mathbb{C}$ zugrunde liegenden
Vektorraum X kann man mit der *natürlichen Topologie* des $\mathbb{R}^n$ bzw. $\mathbb{C}^n$
versehen, indem man die Isomorphie zu diesen Räumen unter Zuhilfe-
nahme einer Basis von X benützt. Die Topologie von $\mathfrak{A}$ ist dann unabhängig von der Wahl dieser Basis.

Es sei φ eine Abbildung einer Teilmenge von $\mathfrak{A}$ in einen weiteren
Vektorraum über K. Nach Wahl von Basen sind für φ die Begriffe
stetig, differenzierbar und *reell-analytisch* komponentenweise erklärbar.
Offenbar sind diese Definitionen unabhängig von der Wahl der Basen.

Ist φ eine differenzierbare Abbildung, so kann man für alle $u \in \mathfrak{A}$
und v aus dem Definitionsbereich von φ

$$(1.1) \qquad \Delta_v^u \varphi(v) := \lim_{\tau \to 0} \frac{\varphi(v + \tau\,u) - \varphi(v)}{\tau}$$

bilden. Diese Definition ist mit dem früher eingeführten Operator Δ_x^u
verträglich (vgl. II, § 1): Ist nämlich $\varphi(x)$ eine rationale Funktion in
dem generischen Element x von $\mathfrak{A}$, so induziert φ in seinem Definitions-

bereich eine Abbildung $v \to \varphi(v)$, die differenzierbar ist. Jetzt sieht man, daß die Spezialisierung $x \to v$ in $\Delta_x^u \varphi(x)$ genau den Ausdruck (1.1) gibt. Offenbar gelten für (1.1) alle Rechenregeln von II, § 1.

Ist die Abbildung φ in einer Umgebung von Null reell-analytisch, so kann man die Komponenten von $\varphi(u)$ in einer gemeinsamen Umgebung von Null in eine Potenzreihe nach den Komponenten von u entwickeln. Man erhält eine Darstellung

$$\varphi(u) = \sum_{m=0}^{\infty} \varphi_m(u),$$

wobei die $\varphi_m(u)$ homogene Polynome in u vom Grad m sind und die Reihe in einer kompakten Umgebung von Null komponentenweise absolut und gleichmäßig konvergiert.

2. Für eine lineare Transformation A von $\mathfrak{A}$ sei

$$\exp A := \sum_{m=0}^{\infty} \frac{1}{m!} A^m, \qquad A^0 = Id,$$

die übliche Exponentialfunktion, die bekanntlich für alle A absolut konvergiert. Hat die Algebra $\mathfrak{A}$ ein Einselement e, so sind die Potenzen durch $u^m = L^m(u)\, e$, $m = 0, 1, 2, \ldots$, definiert.

Die Funktionaldeterminante der Abbildung $u \to u^2$ ist $|2L(u)|$, also für $u = e$ von Null verschieden. $u \to u^2$ *bildet daher eine Umgebung von e homöomorph auf eine Umgebung von e ab.*

Es sei

$$\exp u := \sum_{m=0}^{\infty} \frac{1}{m!} u^m = [\exp L(u)]\, e$$

die Exponentialfunktion von $\mathfrak{A}$. Offenbar ist $\exp u \in K[u]$. Die Reihe konvergiert für alle $u \in \mathfrak{A}$ und stellt eine reell-analytische Funktion dar. $u \to \exp u$ ist eine Abbildung von $\mathfrak{A}$ in sich. Da die Funktionalmatrix dieser Abbildung für $u = 0$ gleich der Identität ist, *bildet $u \to \exp u$ eine Umgebung von Null homöomorph auf eine Umgebung von e ab.*

Ist die Algebra $\mathfrak{A}$ potenz-assoziativ, so hat man nach den üblichen Schlüssen

(1.2) $\qquad (\exp u)(\exp v) = \exp(u + v) \quad$ für alle $\quad u, v \in K[x]$.

Da $\exp u \in K[u]$ gilt und $\exp 0 = e$ ist, sieht man, daß $\exp u$ *für jedes u invertierbar ist und*

(1.3) $\qquad\qquad (\exp u)^{-1} = \exp(-u), \quad u \in \mathfrak{A},$

erfüllt ist.

3. Wir wollen jetzt einen Zusammenhang zwischen den Derivationen von $\mathfrak{A}$ und den Automorphismen von $\mathfrak{A}$ herleiten: Für eine lineare

Transformation D von $\mathfrak{A}$ bilden wir die Kurve

$$W = W(\tau) = \exp \tau D, \quad \tau \in \mathbb{R},$$

innerhalb des Vektorraums der linearen Transformationen von $\mathfrak{A}$. $W(\tau)$ *ist für* $\tau \in \mathbb{R}$ *genau dann ein Automorphismus von* $\mathfrak{A}$, *wenn D eine Derivation ist.* Man hat dazu in der Entwicklung nach Potenzen von τ

$$W(u\,v) - (Wu)(Wv) = \tau[D(u\,v) - (Du)\,v - u(Dv)] + \cdots.$$

Ist also $W = W(\tau)$ ein Automorphismus, so ist D eine Derivation. Umgekehrt beweist man für eine Derivation D durch Induktion nach m leicht

$$D^m(u\,v) = \sum_{k=0}^{m} \binom{m}{k} (D^k\,u)(D^{m-k}\,v),$$

so daß also $W(\tau) = \exp\tau D$ ein Automorphismus ist.

4. Für den Rest dieses Paragraphen sei $\mathfrak{A}$ eine reelle potenz-assoziative Algebra mit Einselement e. Gemäß (I; 4.2) hat man für $u \in \mathfrak{A}$ in der Komplexifizierung $\tilde{\mathfrak{A}}$ die Minimalzerlegung

$$u = \sum_j \xi_j\,c_j + v, \quad v \in \mathbb{C}\,[u] \ \text{ nilpotent,}$$

bezüglich des vollständigen Orthogonalsystems $c_j \in \mathbb{C}\,[u]$ von Idempotenten. Da das Minimalpolynom von u reelle Koeffizienten hat, sind die Eigenwerte ξ_j von u, d. h. die Wurzeln des Minimalpolynoms, entweder reell oder paarweise konjugiert komplex. Bezeichnen wir die reellen Eigenwerte mit η_j und die paarweise konjugiert komplexen Eigenwerte mit ζ_k, $\overline{\zeta_k}$, so können wir die Minimalzerlegung nach einer Änderung der Bezeichnung der Idempotente in der Form

$$u = \sum_j \eta_j\,c_j + \sum_k \left(\zeta_k\,d_k + \overline{\zeta_k}\,d_k'\right) + v$$

schreiben. Wendet man hier auf beide Seiten die Involution $w \to \overline{w}$ an, so erhält man eine weitere Zerlegung von u nach einem vollständigen Orthogonalsystem. Der Eindeutigkeitssatz über die Minimalzerlegung (I, Satz 4.2) zeigt dann, daß die Idempotente c_j reell sind und $d_k' = \overline{d_k}$ gilt. Außerdem ist auch der nilpotente Teil v reell. *Jedes Element u einer reellen potenz-assoziativen Algebra $\mathfrak{A}$ hat daher eine Minimalzerlegung der Form*

$$(1.4) \quad u = \sum_j \eta_j\,c_j + \sum_k \left(\zeta_k\,d_k + \overline{\zeta_k}\,\overline{d_k}\right) + v, \quad v \in \mathbb{R}\,[u] \ \text{ nilpotent,}$$

und die c_j sind reell. Analog zu (I; 4.3) kann man dies für *invertierbare Elemente $u \in \mathfrak{A}$ auch in der Form*

$$(1.5) \quad u = \left(\sum_j \eta_j\,c_j + \sum_k (\zeta_k\,d_k + \overline{\zeta_k}\,\overline{d_k})\right)(e + v'), \quad v' \in \mathbb{R}\,[u] \ \text{ nilpotent,}$$

schreiben.

5. Wir bezeichnen den der Algebra $\mathfrak{A}$ zugrunde liegenden Vektorraum mit X und die Menge der invertierbaren Elemente von $\mathfrak{A}$ mit $X_{\mathfrak{A}}$. Wie früher sei HN die Hauptnorm der Algebra; wir wissen, daß $HN(u)$ ein Polynom in u ist, und daß ein Element u genau dann invertierbar ist, wenn $HN(u) \neq 0$ gilt (vgl. II, § 4). Man erhält somit

$$X_{\mathfrak{A}} = \{u;\ u \in \mathfrak{A},\ HN(u) \neq 0\},$$

und $X_{\mathfrak{A}}$ *ist eine offene Teilmenge von* X.

Lemma 1.1. *Ist $\mathfrak{A}$ eine reelle potenz-assoziative Algebra mit Einselement e, so gilt*

$$\exp \mathfrak{A} = \{u^2;\ u \in X_{\mathfrak{A}}\}.$$

Beweis. Aus (1.2) entnehmen wir $\exp u = (\exp \tfrac{1}{2} u)^2$, so daß $\exp \mathfrak{A}$ in der rechten Seite enthalten ist.

Ist umgekehrt $u \in X_{\mathfrak{A}}$, so sind alle Eigenwerte von u ungleich Null und (1.5) gibt

$$u^2 = \left(\sum_j \eta_j^2\, c_j + \sum_k \left(\zeta_k^2\, d_k + \overline{\zeta}_k^2\, \overline{d}_k \right) \right) (e + w)$$

mit einem nilpotenten w aus $\mathbb{R}[u]$. Dabei liegen die Idempotente c_j, d_k, $\overline{d}_k$ in der assoziativen und kommutativen Algebra $\mathbb{C}[u]$. Wir wählen $\alpha_j \geqq 0$ und $\beta_k \in \mathbb{C}$ mit $\eta_j^2 = e^{\alpha_j}$ und $\zeta_k^2 = e^{\beta_k}$. In dem Element

$$x := \left(\sum_j \alpha_j\, c_j + \sum_k \left(\beta_k\, d_k + \overline{\beta}_k\, \overline{d}_k \right) \right) + \sum_{m=1}^{\infty} \frac{(-1)^{m+1}}{m}\, w^m$$

bricht die unendliche Reihe ab, denn w ist nilpotent. Offenbar ist x reell. Da man assoziativ und kommutativ rechnen kann, folgt $\exp x = u^2$ wegen (1.2). Es ist also auch $\{u^2;\ u \in X_{\mathfrak{A}}\}$ in $\exp \mathfrak{A}$ enthalten.

6. Die offene Menge $X_{\mathfrak{A}}$ ist im allgemeinen nicht zusammenhängend. Wir wollen daher die *Zusammenhangskomponenten* von $X_{\mathfrak{A}}$, d. h. die maximalen zusammenhängenden Teilmengen von $X_{\mathfrak{A}}$ betrachten.

Lemma 1.2. *Ist $\mathfrak{A}$ eine reelle potenz-assoziative Algebra mit Einselement e, dann gibt es in jeder Zusammenhangskomponente C von $X_{\mathfrak{A}}$ ein Element b mit $b^2 = e$.*

Beweis. Wir wählen ein $u \in C$ und schreiben u in der Form (1.4). Man kann u durch eine in C verlaufende Strecke mit

$$u_1 = \sum_j \eta_j\, c_j + \sum_k \left(\zeta_k\, d_k + \overline{\zeta}_k\, \overline{d}_k \right)$$

verbinden und u_1 durch eine in C verlaufende Kurve mit

$$b = \sum_j \varepsilon_j\, c_j + \sum_k \left(d_k + \overline{d}_k \right),$$

wobei $\varepsilon_j = \pm 1$ das Vorzeichen von η_j ist. Da c_j, $d_k + \overline{d}_k$ ein vollständiges Orthogonalsystem von $\mathfrak{A}$ ist, folgt $b^2 = e$.

Wegen $(u^{-1})^{-1} = u$ ist $u \to u^{-1}$ eine bijektive Abbildung von $X_{\mathfrak{A}}$ auf sich. Da u^{-1} rational in u ist, liegt sogar eine topologische Abbildung vor. Durch $u \to u^{-1}$ wird also jede Zusammenhangskomponente wieder auf eine Zusammenhangskomponente abgebildet. Da $u \to u^{-1}$ wegen Lemma 1.2 in jeder Zusammenhangskomponente einen Fixpunkt hat, erhalten wir

Lemma 1.3. *Es sei $\mathfrak{A}$ eine reelle potenz-assoziative Algebra mit Eins-element e und C eine Zusammenhangskomponente von $X_{\mathfrak{A}}$. Dann ist $u \to u^{-1}$ eine topologische Selbstabbildung von C.*

Durch die Algebra $\mathfrak{A}$ ist eine Zusammenhangskomponente von $X_{\mathfrak{A}}$ ausgezeichnet, nämlich diejenige, in der e liegt. Wir bezeichnen sie mit $Y_{\mathfrak{A}}$. Da $\exp \mathfrak{A}$ als stetiges Bild einer zusammenhängenden Menge wieder zusammenhängend ist und $\exp 0 = e$ gilt, folgt

$$(1.6) \qquad\qquad \exp \mathfrak{A} \subset Y_{\mathfrak{A}}.$$

§ 2. Reelle und komplexe Jordan-Algebren

1. Es sei wieder K gleich $\mathbb{R}$ oder $\mathbb{C}$ und $\mathfrak{A}$ eine Jordan-Algebra über K. Wie in III, § 5.4, bilden wir die normale Linearform Sp von $\mathfrak{A}$, die durch

$$Sp(u) := \operatorname{Spur} L(u)$$

definiert ist. Wegen (III; 8.6) ist dann

$$\operatorname{Rad} \mathfrak{A} = Bk_{Sp}(\mathfrak{A}),$$

und $\mathfrak{A}$ *ist dann und nur dann halbeinfach, wenn $\mathfrak{A}$ in bezug auf die Linear-form Sp nichtausgeartet ist.* Für reelle oder komplexe Jordan-Algebren stimmen daher die Begriffe „halbeinfach" und „nichtausgeartet" über-ein.

Die Linearform Sp der Komplexifizierung $\widetilde{\mathfrak{A}}$ einer reellen Jordan-Algebra $\mathfrak{A}$ ist die Fortsetzung der Linearform Sp von $\mathfrak{A}$. *Daher ist eine reelle Jordan-Algebra dann und nur dann halbeinfach, wenn ihre Kom-plexifizierung halbeinfach ist.*

2. Nun sei $\mathfrak{A}$ eine reelle Jordan-Algebra mit Einselement e und $P(u) = 2L^2(u) - L(u^2)$ die quadratische Darstellung von $\mathfrak{A}$. Wir be-trachten die Exponentialabbildung $u \to \exp u$ und zeigen

Lemma 2.1. *Sind die Elemente u, v, $u\,v$ von $\mathfrak{A}$ paarweise vertauschbar, so gilt*

$$\exp(u + v) = (\exp u)(\exp v),$$

und $\exp u$, $\exp v$, $\exp(u + v)$ sind paarweise vertauschbar.

Beweis. Wegen IV, Satz 3.5, ist die durch u und v erzeugte Teil-algebra $\mathbb{R}[u, v]$ von $\mathfrak{A}$ assoziativ, und je zwei Elemente hiervon sind vertauschbar. Für $(u + v)^m$ gilt daher der Binomische Satz, so daß die behauptete Funktionalgleichung durch Ausmultiplikation der unendlichen Reihen folgt. Da $\exp u$ und $\exp v$ in $\mathbb{R}[u, v]$ liegen, ergibt sich die weitere Behauptung.

Aus diesem Lemma und aus IV, Satz 3.7, folgt

$$(2.1) \qquad P(\exp u)\, P(\exp v) = P(\exp(u + v)),$$

falls u, v, $u\,v$ vertauschbar sind. Als Anwendung dieser Formel berechnen wir $P(\exp u)$:

Satz 2.2. *Für* $u \in \mathfrak{A}$ *gilt* $P(\exp u) = \exp 2 L(u)$.
Beweis. Es sei

$$P(\exp u) = \sum_{m=0}^{\infty} \frac{1}{m!}\, A_m(u)$$

die Entwicklung nach homogenen Polynomen gemäß § 1.1. Tragen wir dies in die aus (2.1) entstehende Formel

$$P(\exp \alpha\, u)\, P(\exp \beta\, u) = P(\exp(\alpha + \beta)\, u), \qquad \alpha, \beta \in \mathbb{R},$$

ein und vergleichen in der Potenzreihe die Koeffizienten von $\alpha\,\beta^{m-1}$, so folgt $A_m(u) = A_1(u)\, A_{m-1}(u)$. Man erhält also $A_m(u) = [A_1(u)]^m$. Zur Berechnung von $A_1(u)$ hat man

$$P(\exp u) = P(e + u + \tfrac{1}{2} u^2 + \cdots) = Id + 2 L(u) + \cdots.$$

Also ist $A_1(u) = 2 L(u)$.

3. Da ein Element u von $\mathfrak{A}$ genau dann invertierbar ist, wenn $|P(u)| \neq 0$ gilt, haben wir

$$X_{\mathfrak{A}} = \{u;\ u \in \mathfrak{A},\ |P(u)| \neq 0\}.$$

Neben $\mathfrak{A}$ betrachten wir die Mutation $\mathfrak{A}_f$ von $\mathfrak{A}$ mit der quadratischen Darstellung $P_f(u) = P(u)\, P(f)$. Ist f invertierbar, so ist f^{-1} das Einselement von $\mathfrak{A}_f$. Wir sehen, daß dann $X_{\mathfrak{A}_f}$ und $X_{\mathfrak{A}}$ übereinstimmen. Zur Untersuchung der Zusammenhangskomponenten von $X_{\mathfrak{A}}$ kann man sich auf die das Einselement enthaltende Komponente $Y_{\mathfrak{A}}$ beschränken, denn es gilt

Lemma 2.3. *Ist* C *eine Zusammenhangskomponente von* $X_{\mathfrak{A}}$ *und* $f \in C$, *so gilt* $C = Y_{\mathfrak{A}_f}$.
Beweis. Es ist $Y_{\mathfrak{A}_f}$ eine Zusammenhangskomponente von $X_{\mathfrak{A}_f}$, also auch von $X_{\mathfrak{A}}$. Wegen Lemma 1.3 gehört mit f auch f^{-1} zu C. Da aber f^{-1} als Einselement von $\mathfrak{A}_f$ zu $Y_{\mathfrak{A}_f}$ gehört, folgt schon die Behauptung.

Neben der Strukturgruppe $\Gamma(\mathfrak{A})$ von $\mathfrak{A}$ hatten wir die Untergruppe $\Pi(\mathfrak{A})$ betrachtet, die von den Transformationen $P(u)$, $u \in X_{\mathfrak{A}}$, erzeugt wird. Als Untergruppen der topologischen Gruppe aller umkehrbaren linearen Transformationen von $\mathfrak{A}$ sind $\Gamma(\mathfrak{A})$ und $\Pi(\mathfrak{A})$ in der induzierten

Topologie wieder topologische Gruppen. Wir bezeichnen mit $\Gamma_0(\mathfrak{A})$ bzw. $\Pi_0(\mathfrak{A})$ die jeweiligen Zusammenhangskomponenten, welche die Identität enthalten. Es gilt $\Pi_0(\mathfrak{A}) \subset \Gamma_0(\mathfrak{A})$.

Für u aus einer Zusammenhangskomponente C von $X_\mathfrak{A}$ ist die *Bahn* $\Gamma_0(\mathfrak{A})\, u = \{Wu;\ W \in \Gamma_0(\mathfrak{A})\}$ eine zusammenhängende Menge. Da mit u auch Wu invertierbar ist, liegt diese Bahn in einer Zusammenhangskomponente von $X_\mathfrak{A}$. Wegen $u \in \Gamma_0(\mathfrak{A})\, u$ folgt

$$\Gamma_0(\mathfrak{A})\, C \subset C \quad und \quad \Pi_0(\mathfrak{A})\, C \subset C$$

für jede Zusammenhangskomponente C von $X_\mathfrak{A}$.

Satz 2.4. *Die Gruppe $\Pi_0(\mathfrak{A})$ operiert transitiv auf jeder Zusammenhangskomponente von $X_\mathfrak{A}$.*

Beweis. Nach dem vorhergehenden Lemma und dem Korollar 3 zu V, Satz 2.3, darf man sich auf die Komponente $Y_\mathfrak{A}$ beschränken. Es sei $\mathfrak{U}$ eine zusammenhängende Umgebung von e in $X_\mathfrak{A}$, so daß die Abbildung $u \to u^2$ auf $\mathfrak{U}$ bijektiv ist (vgl. § 1.2). Wir bezeichnen mit Π_0 die von den $P(u)$, $u \in \mathfrak{U}$, erzeugte Untergruppe von $\Pi(\mathfrak{A})$. In der von der allgemeinen linearen Gruppe auf Π_0 induzierten Topologie ist Π_0 eine zusammenhängende topologische Gruppe, so daß $\Pi_0 \subset \Pi_0(\mathfrak{A})$ folgt. Wir betrachten nun die Bahnen $\Pi_0\, a$ für $a \in Y_\mathfrak{A}$. Aus $\Pi_0\, a \cap \Pi_0\, b \neq \emptyset$ folgt offenbar $\Pi_0\, a = \Pi_0\, b$, so daß also $Y_\mathfrak{A}$ eine disjunkte Vereinigung solcher Bahnen ist.

Wir zeigen nun, daß jede Bahn $\Pi_0\, a$ offen ist. Die Determinante $|L(P(u)\, a)|$ ist als Polynom in u nicht das Nullpolynom, denn anderenfalls wäre auch $|L(P(u)\, a)| = 0$ für alle u aus der Komplexifizierung $\tilde{\mathfrak{A}}$ von $\mathfrak{A}$. In $\tilde{\mathfrak{A}}$ gibt es aber ein u mit $u^2 = a^{-1}$, so daß $P(u)\, a = e$, also $|L(P(u)\, a)| \neq 0$ folgt. Wir können daher ein $u \in \mathfrak{U}$ finden, so daß $|L(P(u)\, a)| \neq 0$ gilt. $b = P(u)\, a$ gehört zu $\Pi_0\, a$, und man hat $|L(b)| \neq 0$.

Nun betrachten wir die Abbildung $v \to P(v)\, b$ von $\mathfrak{U}$ in $\Pi_0\, b = \Pi_0\, a$. Ihre Funktionaldeterminante ist gleich der Determinante von

$$\frac{\partial P(v)\, b}{\partial v} = \frac{\partial}{\partial v}\left(2v(v\, b) - v^2\, b\right) = 2\left[L(v\, b) + L(v)\, L(b) - L(b)\, L(v)\right].$$

Diese ist im Punkte $v = e$ aber gleich $|L(b)|$, also ungleich Null. Es gibt daher eine in $\mathfrak{U}$ gelegene Umgebung von e, die durch $v \to P(v)\, b$ auf eine offene Menge von $\Pi_0\, a$ abgebildet wird. Da Π_0 transitiv auf $\Pi_0\, a$ operiert, gibt es zu jedem Punkt von $\Pi_0\, a$ eine Umgebung, die ganz in $\Pi_0\, a$ liegt. Jede Bahn $\Pi_0\, a$ ist somit offen.

Daher ist $Y_\mathfrak{A}$ eine disjunkte Vereinigung von offenen Bahnen, folglich genügt eine solche Bahn zur Überdeckung von $Y_\mathfrak{A}$, denn $Y_\mathfrak{A}$ ist zusammenhängend.

Man kann zeigen, daß $Y_\mathfrak{A}$ für eine halbeinfache Jordan-Algebra $\mathfrak{A}$ ein ω-Bereich im Sinne von VI, § 8, ist.

§ 3. Formal-reelle Jordan-Algebren

1. Eine reelle Jordan-Algebra $\mathfrak{A}$ nennt man *formal-reell*, wenn aus $u^2 + v^2 = 0$, $u, v \in \mathfrak{A}$, stets $u = v = 0$ folgt. Offenbar ist mit $\mathfrak{A}$ auch jede Teilalgebra von $\mathfrak{A}$ wieder formal-reell. Speziell gibt es in $\mathfrak{A}$ dann kein von Null verschiedenes Element u mit $u^2 = 0$. *Eine formal-reelle Jordan-Algebra besitzt keine von Null verschiedenen Nilpotente*, denn anderenfalls würde es zum nilpotenten Element $u \neq 0$ eine kleinste Zahl m geben mit $u^{2^{m+1}} = (u^{2^m})^2 = 0$ und $u^{2^m} \neq 0$. Da das Radikal einer Jordan-Algebra wegen III, Satz 8.4, nur nilpotente Elemente enthält, gilt $\mathrm{Rad}\,\mathfrak{A} = 0$ für jede formal-reelle Jordan-Algebra $\mathfrak{A}$. *Eine formal-reelle Jordan-Algebra ist daher halbeinfach (und somit auch nichtausgeartet).* Wegen I, Lemma 6.3, *besitzt $\mathfrak{A}$ dann ein Einselement e.*

Das Zentrum einer einfachen formal-reellen Jordan-Algebra ist ein endlicher Erweiterungskörper von $\mathbb{R}$, also entweder $\mathbb{R}$ selbst oder isomorph zu $\mathbb{C}$. Im zweiten Falle würde es ein $z \in \mathfrak{Z}(\mathfrak{A})$ mit $z^2 + e = 0$ geben. *Jede einfache formal-reelle Jordan-Algebra ist daher zentral-einfach.*

Nach dem Struktursatz für nichtausgeartete Algebren (I, § 8.3) *ist daher jede formal-reelle Jordan-Algebra eine direkte Summe von zentral-einfachen Algebren.*

2. Im Hinblick auf die Minimalzerlegung betrachten wir zuerst die Eigenwerte der Elemente $u \in \mathfrak{A}$ (vgl. I, § 4.2).

Lemma 3.1. *Es sei $\mathfrak{A}$ eine formal-reelle Jordan-Algebra und $u \in \mathfrak{A}$. Dann besitzt u nur reelle Eigenwerte und zu jedem Eigenwert von u gibt es einen Eigenvektor in $\mathbb{R}[u]$.*

Beweis. Es sei $\xi \in \mathbb{C}$ ein Eigenwert und $z = x + iy \in \mathbb{C}[u]$ ein Eigenvektor für ξ, d. h. $u\,z = \xi\,z$, $z \neq 0$. Da u reell ist, gilt auch $u\,\bar{z} = \bar{\xi}\,\bar{z}$ und man hat $\xi\,z\,\bar{z} = (u\,z)\,\bar{z} = (u\,\bar{z})\,z = \bar{\xi}\,z\,\bar{z}$, denn u und z sind vertauschbar. Aus $z\,\bar{z} = x^2 + y^2 \neq 0$ folgt $\bar{\xi} = \xi$. Mit z gehört auch $\bar{z}$ zu $\mathbb{C}[u]$, so daß auch x und y in $\mathbb{C}[u]$ liegen. Da x und y reell sind, gilt schon $x, y \in \mathbb{R}[u]$. Aus der Gleichung $\xi\,x + i\,\xi\,y = \xi\,z = u\,z = u\,x + i\,u\,y$ entnimmt man, daß x oder y ein Eigenvektor für ξ ist, denn eines der beiden Elemente ist ungleich Null.

Da $\mathfrak{A}$ keine echten nilpotenten Elemente besitzt, ist der nilpotente Anteil in der Minimalzerlegung eines Elementes u stets Null. Wegen I, Satz 4.2, hat daher das Minimalpolynom von u nur einfache Wurzeln. Auf Grund des vorhergehenden Lemmas reduziert sich die Minimalzerlegung (1.4) auf die Summe über die Terme $\eta_j\,c_j$. Wir erhalten somit

Lemma 3.2. *Es sei $\mathfrak{A}$ eine formal-reelle Jordan-Algebra und $u \in \mathfrak{A}$. Dann hat das Minimalpolynom von u nur einfache reelle Wurzeln η_j und*

die Minimalzerlegung von u lautet

$$u = \sum_j \eta_j \, c_j \, .$$

Die c_j bilden dabei ein vollständiges Orthogonalsystem von $\mathbb{R}[u]$.
Als Anwendung dieses Lemmas zeigen wir

Lemma 3.3. *In einer formal-reellen Jordan-Algebra ist jedes primitive Idempotent schon absolut-primitiv.*

Beweis. Es sei c ein primitives Idempotent der formal-reellen Jordan-Algebra $\mathfrak{A}$. Die Teilalgebra $\mathfrak{A}_1(c) = \{u;\ u \in \mathfrak{A},\ u\,c = u\}$ ist wieder formal-reell und hat c als Einselement. Jedes $u \in \mathfrak{A}_1(c)$ kann gemäß dem vorhergehenden Lemma als Linearkombination eines vollständigen Orthogonalsystems $c_1, c_2, \ldots, c_r$ von $\mathfrak{A}_1(c)$ geschrieben werden. Da c primitiv ist, folgt $r = 1$. Es ist also $\mathfrak{A}_1(c) = \mathbb{R}\,c$. Wegen (IV; 5.5) und III, Satz 7.4, ist c absolut-primitiv.

Da jedes Idempotent von $\mathfrak{A}$ sich als Summe von primitiven Idempotenten schreiben läßt (vgl. I, Lemma 12.6), besitzt $\mathfrak{A}$ nach dem vorhergehenden Lemma eine Vektorraumbasis von primitiven Idempotenten. Wir erhalten das

Korollar. Jede formal-reelle Jordan-Algebra besitzt eine Vektorraumbasis von absolut-primitiven Idempotenten.

3. Für ein Idempotent c der Algebra $\mathfrak{A}$ hat $L(c)$ höchstens die Eigenwerte $0, \tfrac{1}{2}, 1$. Da der Eigenwert 1 wirklich vorkommt, folgt

$$(3.1) \qquad Sp(c) = \mathrm{Spur}\,L(c) > 0, \quad c \text{ Idempotent.}$$

Eine symmetrische Bilinearform σ von $\mathfrak{A}$ mit Werten in $\mathbb{R}$ nennt man *positiv-definit*, wenn $\sigma(u, u) > 0$ für alle $u \neq 0$ aus $\mathfrak{A}$ gilt. Die Bilinearform ist dann nichtausgeartet. Wir beweisen nun das folgende Kriterium für formal-reelle Algebren:

Satz 3.4. *Für eine reelle Jordan-Algebra $\mathfrak{A}$ sind die folgenden Aussagen äquivalent:*

a) *$\mathfrak{A}$ ist formal-reell.*

b) *Die durch $Sp(u\,v)$ definierte Bilinearform ist positiv-definit.*

c) *Es gibt eine assoziative und positiv-definite Bilinearform von $\mathfrak{A}$ und $\mathfrak{A}$ hat ein Einselement e.*

Beweis. a) $\Rightarrow$ b): Es sei $u \in \mathfrak{A}$. Wir schreiben u in der Minimalzerlegung gemäß Lemma 3.2 und erhalten

$$u^2 = \sum_j \eta_j^2 \, c_j, \quad \text{also} \quad Sp(u^2) = \sum_j \eta_j^2 \, Sp(c_j) \, .$$

Für $u \neq 0$ ist wenigstens ein η_j ungleich Null, so daß $Sp(u^2) > 0$ aus (3.1) folgt.

b) $\Rightarrow$ c): Trivial.

c) $\Rightarrow$ a): Sei σ eine assoziative Bilinearform von $\mathfrak{A}$ und $u^2 + v^2 = 0$. Es folgt $\sigma(u, u) + \sigma(v, v) = \sigma(e, u^2) + \sigma(e, v^2) = \sigma(e, u^2 + v^2) = 0$. Ist also σ positiv-definit, so folgt $u = v = 0$.

4. Es sei σ eine positiv-definite Bilinearform von $\mathfrak{A}$. Eine (bezüglich σ) selbstadjungierte lineare Transformation A von $\mathfrak{A}$ nennt man *positiv-definit* bzw. *positiv-semidefinit*, je nachdem ob

$$\sigma(Ax, x) > 0 \quad \text{bzw.} \quad \sigma(Ax, x) \geqq 0$$

für alle $x \neq 0$ aus $\mathfrak{A}$ gilt. Wir schreiben dann auch $A > 0$ bzw. $A \geqq 0$. Bekanntlich gilt $A > 0$ bzw. $A \geqq 0$ genau dann, wenn alle Eigenwerte von A positiv bzw. nicht negativ sind. Für $A > 0$ gilt daher $|A| > 0$. Ist $A \geqq 0$ und $|A| \neq 0$, so ist $A > 0$.

Nun sei $\mathfrak{A}$ wieder eine formal-reelle Jordan-Algebra. Zur Abkürzung setzen wir

$$\sigma(u, v) := Sp(u\,v).$$

Wegen Satz 3.4 ist σ dann positiv-definit. Für $u \in \mathfrak{A}$ schreiben wir außerdem $u > 0$ bzw. $u \geqq 0$, wenn alle Eigenwerte von u positiv bzw. nichtnegativ sind.

Lemma 3.5. *Für ein Element u einer formal-reellen Jordan-Algebra ist $u > 0$ (bzw. $u \geqq 0$) mit $L(u) > 0$ (bzw. $L(u) \geqq 0$) gleichbedeutend. Aus $u > 0$ folgt $P(u) > 0$.*

Beweis. Wir benötigen hierfür VIII, Satz 1.3. Die Eigenwerte von u sind genau die Wurzeln des Minimalpolynoms von u. Hat daher u die Eigenwerte η_j, so hat $L(u)$ die Eigenwerte η_j und gewisse der Zahlen $\frac{1}{2}(\eta_k + \eta_l)$, ferner $P(u)$ die Eigenwerte η_j^2 und gewisse der Zahlen $\eta_k\,\eta_l$. Sind also z. B. alle η_j positiv, so sind die Eigenwerte von $L(u)$ und von $P(u)$ positiv, d. h., beide lineare Transformationen sind positiv-definit. Die fehlenden Aussagen schließt man analog.

Wir wollen nun die Zusammenhangskomponente $Y_{\mathfrak{A}}$ von $X_{\mathfrak{A}}$ untersuchen, d. h. die Zusammenhangskomponente der Menge der invertierbaren Elemente von $\mathfrak{A}$, in der das Einselement e von $\mathfrak{A}$ liegt. Zu diesem Zwecke betrachten wir neben der offenen Menge $Y_{\mathfrak{A}}$ ihre abgeschlossene Hülle $\overline{Y}_{\mathfrak{A}}$.

Satz 3.6. *Für eine formal-reelle Jordan-Algebra $\mathfrak{A}$ gilt:*

a) $Y_{\mathfrak{A}} = \{u;\ u \in \mathfrak{A},\ L(u) > 0\} = \{u;\ u \in \mathfrak{A},\ u > 0\}$,

b) $\overline{Y}_{\mathfrak{A}} = \{u;\ u \in \mathfrak{A},\ L(u) \geqq 0\} = \{u;\ u \in \mathfrak{A},\ u \geqq 0\}$.

Insbesondere ist $Y_{\mathfrak{A}}$ ein konvexer offener Kegel in $\mathfrak{A}$.

Beweis. Aus Lemma 3.5 folgt, daß sowohl in Teil a) als auch in Teil b) die beiden rechts stehenden Mengen übereinstimmen. Wir bezeichnen die rechte Seite von a) mit Y, die rechte Seite von b) mit Z.

Da $L(u)$ linear in u ist und da für positiv-definite lineare Transformationen A_1 und A_2 auch $\alpha_1 A_1 + \alpha_2 A_2$, $\alpha_j > 0$, wieder positiv-definit ist, erweist sich Y als konvexer Kegel. Speziell ist Y also zusammenhängend. Für $u \in Y$ hat u nur positive Eigenwerte, u ist also invertierbar, so daß $Y \subset Y_{\mathfrak{A}}$ folgt.

Es ist Y aber auch offen. Sei dazu $u \in Y$. Da $L(u)$ genau dann positiv-definit ist, wenn es ein $\varrho > 0$ gibt mit $\sigma(L(u)\, x,\, x) > \varrho$ für alle $x \in \mathfrak{A}$, $\sigma(x,\, x) = 1$, gilt die entsprechende Aussage auch noch in einer hinreichend kleinen Umgebung von u. Mit u gehört also eine ganze Umgebung zu Y.

Die Menge Z ist abgeschlossen und enthält die abgeschlossene Hülle $\overline{Y}$ von Y. Hat $u \in Z$ die Eigenwerte η_j, so hat $u + \alpha\, e$, $\alpha > 0$, die Eigenwerte $\eta_j + \alpha > 0$, d. h., $u + \alpha\, e$ liegt in Y. Jeder Punkt von Z ist somit Häufungspunkt von Y, folglich gilt $\overline{Y} = Z$.

Nun sei u ein Randpunkt von Y, d. h. $u \in \overline{Y}$, aber $u \notin Y$. Wegen $u \geqq 0$ ist dann 0 ein Eigenwert von u, also u nicht invertierbar. Die Randpunkte von Y sind daher nicht in $Y_{\mathfrak{A}}$ enthalten und $Y \subset Y_{\mathfrak{A}}$ ergibt $Y = Y_{\mathfrak{A}}$. Damit ist der Satz bewiesen.

Es sei $u \in \mathfrak{A}$ und $u \geqq 0$. In der Minimalzerlegung von u gemäß Lemma 3.2 gilt also $\eta_j \geqq 0$. Bezeichnen wir mit $\sqrt{\eta_j}$ die nichtnegative Quadratwurzel aus η_j, so ist das Element

$$u^{1/2} := \sum_j \sqrt{\eta_j}\, c_j$$

durch u eindeutig bestimmt, und es gilt $(u^{1/2})^2 = u$. Außerdem ist dann und nur dann $u^{1/2} > 0$, wenn $u > 0$ gilt. Die Abbildung $v \to v^2$ ist eine Abbildung von $Y_{\mathfrak{A}}$ (und von $\overline{Y}_{\mathfrak{A}}$) auf sich. Da umgekehrt für $v \in \mathfrak{A}$ stets $v^2 \geqq 0$ gilt, hat man

$$\overline{Y}_{\mathfrak{A}} \subset \{v^2;\ v \in \overline{Y}_{\mathfrak{A}}\} \subset \{v^2,\ v \in \mathfrak{A}\} \subset \overline{Y}_{\mathfrak{A}}.$$

Wir zeigen, daß die Abbildung $v \to v^2$ auf $Y_{\mathfrak{A}}$ bijektiv ist. Aus $v_1^2 = v_2^2$, $v_j \in Y_{\mathfrak{A}}$, folgt $(v_1 + v_2)(v_1 - v_2) = 0$. Da mit v_1 und v_2 auch $v_1 + v_2$ zu $Y_{\mathfrak{A}}$ gehört, ist wegen Satz 3.6a) die Determinante von $L(v_1 + v_2)$ ungleich Null, so daß $v_1 = v_2$ folgt.

Die Funktionaldeterminante der Abbildung $v \to v^2$ ist $|2L(v)|$, also für $v \in Y_{\mathfrak{A}}$ wegen Satz 3.6a) von Null verschieden. Folglich ist diese Abbildung topologisch. Wir erhalten wegen Lemma 1.1 und (1.6)

$$Y_{\mathfrak{A}} \subset \{v^2,\ v \in X_{\mathfrak{A}}\} = \exp \mathfrak{A} \subset Y_{\mathfrak{A}},$$

so daß wir insgesamt erhalten:

Satz 3.7. *Es sei $\mathfrak{A}$ eine formal-reelle Jordan-Algebra. Dann ist $v \to v^2$ eine topologische Selbstabbildung von $Y_{\mathfrak{A}}$, und es gilt:*

a) $Y_{\mathfrak{A}} = \{v^2;\, v \in X_{\mathfrak{A}}\} = \exp \mathfrak{A}$.

b) $\overline{Y}_{\mathfrak{A}} = \{v^2,\, v \in \mathfrak{A}\}$.

Auf Grund dieses Satzes gehört jedes Idempotent von $\mathfrak{A}$ zu $\overline{Y}_{\mathfrak{A}}$.

5. Wir können nun die Menge $Y_{\mathfrak{A}}$ durch geometrische Eigenschaften beschreiben:

Satz 3.8. *Es sei $\mathfrak{A}$ eine formal-reelle Jordan-Algebra und $\sigma(u, v)$ $:= Sp(u\,v)$. Dann gilt:*

a) $\sigma(u, v) > 0$ *für alle $u, v \in Y_{\mathfrak{A}}$.*

b) *Gilt $\sigma(u, v) > 0$, $u \in \mathfrak{A}$, für jedes $v \in \overline{Y}_{\mathfrak{A}}$, $v \neq 0$, so gehört u zu $Y_{\mathfrak{A}}$.*

Beweis. a) Wir setzen $x = v^{1/2}$ und erhalten aus der Assoziativität von σ

$$\sigma(u, v) = \sigma(u, x^2) = \sigma\big(L(u)\,x,\, x\big) > 0,$$

denn wegen Satz 3.6a) ist $L(u) > 0$.

b) Für beliebiges $x \in \mathfrak{A}$, $x \neq 0$, gehört $v = x^2$ wegen Satz 3.7b) zu $\overline{Y}_{\mathfrak{A}}$, und es ist $v \neq 0$. Wir erhalten daher

$$\sigma\big(L(u)\,x,\, x\big) = \sigma(u, x^2) = \sigma(u, v) > 0$$

nach Voraussetzung. Folglich gilt $L(u) > 0$, und aus Satz 3.6a) erhält man $u \in Y_{\mathfrak{A}}$.

Korollar 1. *Für $u, v \in \overline{Y}_{\mathfrak{A}}$ gilt $\sigma(u, v) \geqq 0$.*

Die Abbildung $u \to \sigma(u, v)$ ist für $v \neq 0$ aus $\overline{Y}_{\mathfrak{A}}$ nicht die Nullabbildung. Sie bildet daher offene Mengen in offene Mengen ab. Das Bild der offenen Menge $Y_{\mathfrak{A}}$ ist somit offen in $\mathbb{R}$. Wegen Korollar 1 erhalten wir

Korollar 2. *Für $u \in Y_{\mathfrak{A}}$ und $v \in \overline{Y}_{\mathfrak{A}}$, $v \neq 0$, ist $\sigma(u, v) > 0$.*

Gehören v und $-v$ zu $\overline{Y}_{\mathfrak{A}}$, so erhält man $\sigma(u, v) = 0$, $u \in Y_{\mathfrak{A}}$, aus Korollar 1. Da $Y_{\mathfrak{A}}$ als offene Menge eine Basis von $\mathfrak{A}$ enthält, gilt dies für alle $u \in \mathfrak{A}$, so daß $v = 0$ folgt. Man bekommt

Korollar 3. *Gehören v und $-v$ zu $\overline{Y}_{\mathfrak{A}}$, so ist $v = 0$.*

Eine offene und nicht leere Teilmenge Y eines Vektorraums X nennt man einen *Positivitätsbereich* in bezug auf die nichtausgeartete Bilinearform σ, wenn Teil a) und b) dieses Satzes für Y an Stelle von $Y_{\mathfrak{A}}$ gelten. Wir gehen jedoch hier nicht auf die Frage ein, wann es zu einem vorgelegten Positivitätsbereich Y eine Jordan-Algebra $\mathfrak{A}$ gibt mit $Y = Y_{\mathfrak{A}}$.

21*

6. Wir wollen noch die formal-reellen Jordan-Algebren unter den reellen Jordan-Algebren durch eine geometrische Eigenschaft der Zusammenhangskomponente $Y_{\mathfrak{A}}$ abgrenzen. Wegen Satz 3.6 ist $Y_{\mathfrak{A}}$ für eine formal-reelle Algebra immer eine konvexe Menge.

Sei nun $\mathfrak{A}$ lediglich eine reelle potenz-assoziative Algebra, für welche $Y_{\mathfrak{A}}$ konvex ist. Wegen (1.6) und Lemma 1.1 gilt

$$\{u^2;\ u \in X_{\mathfrak{A}}\} \subset Y_{\mathfrak{A}}.$$

Da mit v auch v^2 zu $X_{\mathfrak{A}}$ gehört, gilt $u^{2^m} \in Y_{\mathfrak{A}}$ für $m = 0, 1, 2, \ldots$ und jedes u von $Y_{\mathfrak{A}}$. Es sei u ein Element von $Y_{\mathfrak{A}}$, das einen *nichtpositiven* Eigenwert ξ besitzt. Wir setzen $\xi = \varrho\, e^{i\,\varphi}$, $\varrho > 0$, $0 < |\varphi| \leqq \pi$, und zeigen, daß es eine Zahl $m = 0, 1, 2, \ldots$ gibt, so daß der Realteil von ξ^{2^m} negativ ist. Anderenfalls hätten alle Potenzen ξ^{2^m} einen nicht-negativen Realteil, so daß man nacheinander $2^m |\varphi| \leqq \dfrac{\pi}{2}$ erhalten würde. Da dies ein Widerspruch zu $\varphi \neq 0$ ist, gibt es also ein m, so daß $\eta = \xi^{2^m}$ einen negativen Realteil hat. Es gilt dann

$$\eta^2 + \alpha\,\eta + \beta = 0 \quad \text{für} \quad \alpha := -2\,\mathrm{Re}\,\eta, \quad \beta := |\eta|,$$

und α, β sind beide positiv.

Da ξ^{2^m} ein Eigenwert von u^{2^m} ist, hat das Element

$$u^{2^{m+1}} + \alpha\, u^{2^m} + \beta\, e$$

den Eigenwert 0. Ist $Y_{\mathfrak{A}}$ konvex, so würde dieses nicht invertierbare Element zu $Y_{\mathfrak{A}}$ gehören. Dieser Widerspruch löst sich nur, *wenn die Elemente von $Y_{\mathfrak{A}}$ nur positive Eigenwerte haben.*

Nun sei u ein beliebiges Element von $\mathfrak{A}$. Für hinreichend kleines $\alpha \neq 0$ ist dann $u + \alpha\, e \in X_{\mathfrak{A}}$, folglich liegt $(u + \alpha\, e)^2$ in $Y_{\mathfrak{A}}$ und hat lauter positive Eigenwerte. Die Eigenwerte von $u + \alpha\, e$ sind daher reell. Sind η_j die Eigenwerte von u, so sind $\eta_j + \alpha$ die Eigenwerte von $u + \alpha\, e$, so daß *jedes $u \in \mathfrak{A}$ nur reelle Eigenwerte besitzt.* Da $\mathrm{Spur}\,L(u^2)$ gleich der Summe der Eigenwerte von u^2 ist, folgt $Sp(u^2) > 0$ für alle $u \in \mathfrak{A}$, $u \neq 0$.

Aus Satz 3.4 erhalten wir daher

Satz 3.9. *Es sei $\mathfrak{A}$ eine reelle Jordan-Algebra. Dann und nur dann ist $\mathfrak{A}$ formal-reell, wenn $Y_{\mathfrak{A}}$ konvex ist.*

§ 4. Die Gruppe der linearen Selbstabbildungen von $Y_{\mathfrak{A}}$

1. Es sei $\mathfrak{A}$ wieder eine formal-reelle Jordan-Algebra. In Satz 2.4 hatten wir gesehen, daß die Untergruppe $\Pi_0(\mathfrak{A})$ von $\Pi(\mathfrak{A})$ transitiv auf jeder Zusammenhangskomponente von $X_{\mathfrak{A}}$ operiert. Die volle Strukturgruppe $\Gamma(\mathfrak{A})$ permutiert die verschiedenen Zusammenhangskomponenten. Hingegen gilt

Satz 4.1. *Es sei $\mathfrak{A}$ eine formal-reelle Jordan-Algebra. Für jedes invertierbare v von $\mathfrak{A}$ gilt $P(v)Y_\mathfrak{A} = Y_\mathfrak{A}$.*

Beweis. Für $u \in Y_\mathfrak{A}$ ist $P(v)\,u$ wegen III, Satz 1.5c), invertierbar und es gilt $[P(v)\,u]^{-1} = P^{-1}(v)\,u^{-1}$. Daher ist $P(v)Y_\mathfrak{A}$ zusammenhängend und trifft nicht den Rand von $Y_\mathfrak{A}$. Wegen Satz 3.7a) und $P(v)\,e = v^2$ gilt $P(v)\,e \in Y_\mathfrak{A}$, so daß $P(v)Y_\mathfrak{A} \subset Y_\mathfrak{A}$ folgt. Aus demselben Grunde ist $P(v^{-1})Y_\mathfrak{A} \subset Y_\mathfrak{A}$. Multipliziert man hier mit $P(v)$, so folgt $Y_\mathfrak{A} \subset P(v)Y_\mathfrak{A}$, denn es gilt $P(v)\,P(v^{-1}) = Id$.

Da jedes $v \in \mathfrak{A}$ Häufungspunkt von invertierbaren Elementen von $\mathfrak{A}$ ist, hat man das

Korollar 1. *Für jedes $v \in \mathfrak{A}$ gilt $P(v)\overline{Y}_\mathfrak{A} \subset \overline{Y}_\mathfrak{A}$.*

Korollar 2. *Für jedes nicht invertierbare $v \in \mathfrak{A}$ liegt $P(v)\,\overline{Y}_\mathfrak{A}$ im Rand von $Y_\mathfrak{A}$.*

Denn wegen III, Satz 1.5c), ist dann $P(v)\,u$, $u \in \mathfrak{A}$, nicht invertierbar.

2. Wir bezeichnen mit $\Sigma(\mathfrak{A})$ die Gruppe der linearen Selbstabbildungen von $Y_\mathfrak{A}$, also die Gruppe der umkehrbaren linearen Transformationen W von $\mathfrak{A}$, für die $WY_\mathfrak{A} = Y_\mathfrak{A}$ gilt. Für jedes $a \in Y_\mathfrak{A}$ bilden wir außerdem die Untergruppe $\Sigma_a(\mathfrak{A})$, die aus den $W \in \Sigma(\mathfrak{A})$ mit $Wa = a$ besteht.

Wegen Satz 4.1 gilt $\Pi(\mathfrak{A}) \subset \Sigma(\mathfrak{A})$. Da aber $\Pi_0(\mathfrak{A})$ auf $Y_\mathfrak{A}$ transitiv operiert, gilt das gleiche für die Gruppe $\Sigma(\mathfrak{A})$. Geht man daher von einem $W \in \Sigma(\mathfrak{A})$ und einem $a \in Y_\mathfrak{A}$ aus, so gibt es $V \in \Pi(\mathfrak{A})$ mit $VWa = a$. Man erhält

Lemma 4.2. *Für jedes $a \in Y_\mathfrak{A}$ gilt $\Sigma(\mathfrak{A}) = \Pi(\mathfrak{A}) \cdot \Sigma_a(\mathfrak{A})$.*

Bei gegebenem $a \in Y_\mathfrak{A}$ definieren wir für jedes $x \in \mathfrak{A}$

$$\varphi_a(x) := \inf\{\lambda > 0;\, x + \lambda\,a \in Y_\mathfrak{A}\}.$$

Man prüft leicht nach*), daß $\varphi_a(x)$ ein *konvexes Funktional* von $\mathfrak{A}$ ist, d. h. daß gilt

$$(4.1) \qquad \varphi_a(x) \geqq 0 \quad \text{für alle} \quad x \in \mathfrak{A},$$

$$(4.2) \qquad \varphi_a(x + y) \leqq \varphi_a(x) + \varphi_a(y) \quad \text{für alle} \quad x, y \in \mathfrak{A},$$

$$(4.3) \qquad \varphi_a(\alpha\,x) = \alpha \cdot \varphi_a(x) \quad \text{für alle} \quad x \in \mathfrak{A} \quad \text{und alle } \; \alpha \geqq 0.$$

Aus der Definition erhält man weiter

$$(4.4) \qquad \varphi_a(Wx) = \varphi_a(x) \quad \text{für alle} \quad W \in \Sigma_a(\mathfrak{A}),$$

$$(4.5) \qquad x \in \overline{Y}_\mathfrak{A} \Leftrightarrow \varphi_a(x) = 0.$$

---

*) vgl. etwa M. A. Neumark [*1*], I, § 3.**3** und § 3.**10**.

Wir setzen

$$|x|_a := \varphi_a(x) + \varphi_a(-x), \quad x \in \mathfrak{A}.$$

Aus (4.1), (4.5) und dem Korollar 3 zu Satz 3.8 entnimmt man

$$|x|_a = 0 \quad \text{nur für} \quad x = 0.$$

Aus (4.2) folgt

$$|x+y|_a \leqq |x|_a + |y|_a,$$

und aus (4.3) folgt wegen $|x|_a = |-x|_a$ schließlich

$$|\alpha\, x|_a = |\alpha|\, |x|_a \quad \text{für} \quad \alpha \in \mathbb{R}.$$

Daher ist $|x|_a$ eine *Norm* des Vektorraums $\mathfrak{A}$, und (4.4) ergibt noch

$$(4.6) \qquad |Wx|_a = |x|_a \quad \text{für alle} \quad W \in \Sigma_a(\mathfrak{A}).$$

Bekanntlich stimmt die Normtopologie eines Vektorraumes bezüglich einer beliebigen Norm mit der natürlichen Topologie dieses Vektorraumes überein.

Vermöge

$$|W|_a := \sup\{|Wx|_a;\, x \in \mathfrak{A},\, |x|_a = 1\}$$

erhalten wir eine Norm des Vektorraumes der linearen Transformationen von $\mathfrak{A}$. Da in diesem Vektorraum die Menge der W mit $|W|_a = 1$ kompakt ist, gibt es ein $\gamma > 0$ mit

$$\|W\| \leqq \gamma\, |W|_a^n \quad \text{für alle Transformationen } W \text{ von } \mathfrak{A}.$$

Hierbei bezeichnet $\|W\|$ den absoluten Betrag der Determinante $|W|$ von W und n die Dimension von $\mathfrak{A}$.

Für $W \in \Sigma_a(\mathfrak{A})$ folgt $|W|_a = 1$ aus (4.6), so daß man $\|W\| \leqq \gamma$ für alle $W \in \Sigma_a(\mathfrak{A})$ erhält. Da $\Sigma_a(\mathfrak{A})$ eine Gruppe ist, folgt hieraus

Lemma 4.3. *Für alle* $W \in \Sigma_a(\mathfrak{A})$ *gilt* $\|W\| = 1$.

Wir benötigen nicht die weitergehende Folgerung, daß $\Sigma_a(\mathfrak{A})$ in der topologischen Gruppe aller umkehrbaren linearen Transformationen von $\mathfrak{A}$ kompakt ist*).

3. Als Anwendung dieser topologischen Hilfsbetrachtungen beweisen wir zunächst

Lemma 4.4. *Es sei* ω *eine Abbildung von* $Y_{\mathfrak{A}}$ *in* $\mathbb{R}$. *Gilt dann*

$$\omega(Vx) = \|V\|\, \omega(x) \quad \text{für alle} \quad V \in \Pi(\mathfrak{A}) \quad \text{und} \quad x \in Y_{\mathfrak{A}},$$

so gilt dies für alle $W \in \Sigma(\mathfrak{A})$.

Beweis. Sei $a \in Y_{\mathfrak{A}}$ und $W \in \Sigma(\mathfrak{A})$. Gemäß Lemma 4.2 ist $W = V\, U$, $V \in \Pi(\mathfrak{A})$, $U \in \Sigma_a(\mathfrak{A})$, so daß $\omega(Wa) = \omega(Va) = \|V\|\, \omega(a)$ folgt. Wegen Lemma 4.3 ist aber $\|U\| = 1$, also $\|V\| = \|W\|$.

---

* Diesen Beweis verdanken wir Herrn U. HIRZEBRUCH.

Nun sei

$$\omega(x) := \sqrt{\|P(x)\|}, \quad x \in Y_\mathfrak{A}.$$

Aus der Fundamentalformel $P(P(v)\,x) = P(v)\,P(x)\,P(v)$ folgt $\omega(P(v)\,x) = \|P(v)\|\,\omega(x)$, so daß sich auch $\omega(Wx) = \|W\|\,\omega(x)$ für $W \in \Pi(\mathfrak{A})$ ergibt. Auf Grund des vorhergehenden Lemmas gilt dies dann auch für alle $W \in \Sigma(\mathfrak{A})$. Zu jedem $W \in \Sigma(\mathfrak{A})$ gibt es somit ein $\varkappa(W)$ mit

$$|P(Wx)| = \varkappa(W)\,|P(x)|, \quad x \in \mathfrak{A}.$$

Dies gilt zunächst nur für $x \in Y_\mathfrak{A}$. Da aber beide Seiten Polynome in x sind, ist die Gleichung für alle $x \in \mathfrak{A}$ richtig. Wendet man nun V, Satz 4.3, auf $\mathfrak{A}^{(1)} = \mathfrak{A}^{(2)} = \mathfrak{A}$ an, so folgt $W \in \Gamma(\mathfrak{A})$. Aus V, Satz 4.2, erhalten wir $W^{\#} = W^{*}$, wobei sich der Stern auf σ bezieht.

Wir fassen unser Ergebnis zusammen in

Satz 4.5. *Ist $\mathfrak{A}$ eine formal-reelle Jordan-Algebra, so gilt:*

a) $\Pi(\mathfrak{A}) \subset \Sigma(\mathfrak{A}) \subset \Gamma(\mathfrak{A})$, *und es ist* $W^{\#} = W^{*}$ *für alle* $W \in \Gamma(\mathfrak{A})$.

b) $\Pi(\mathfrak{A})$ *und damit auch* $\Sigma(\mathfrak{A})$ *operieren transitiv auf* $Y_\mathfrak{A}$.

c) $\Sigma_e(\mathfrak{A})$ *stimmt mit der Gruppe* $A(\mathfrak{A})$ *der Automorphismen von* $\mathfrak{A}$ *überein, und es gilt* $V^{*}\,V = Id$ *für alle* $V \in A(\mathfrak{A})$.

d) *Jedes* $W \in \Sigma(\mathfrak{A})$ *läßt sich eindeutig in der Form* $W = P(v)\,V$ *mit* $v \in Y_\mathfrak{A}$ *und* $V \in A(\mathfrak{A})$ *schreiben.*

Beweis. Die Teile a) und b) sind bereits bewiesen. Zum Nachweis von Teil c) sei $W \in \Sigma_e(\mathfrak{A})$. Wegen Teil a) gilt $W \in \Gamma(\mathfrak{A})$, so daß $W \in A(\mathfrak{A})$ aus IV, Satz 6.1, folgt. Ist umgekehrt W ein Automorphismus von $\mathfrak{A}$, so gilt $Wv^2 = (Wv)^2$. Wegen Satz 3.7a) erhält man $W\,Y_\mathfrak{A} \subset Y_\mathfrak{A}$. Da man für W^{-1} analog schließen kann, folgt $W \in \Sigma_e(\mathfrak{A})$. Wegen IV, Satz 6.1, ist $V^{*} = V^{\#} = V^{-1}$.

Für Teil d) sei $W \in \Sigma(\mathfrak{A})$. Da We zu $Y_\mathfrak{A}$ gehört, gibt es wegen Satz 3.7 ein $v \in Y_\mathfrak{A}$ mit $v^2 = We$. Es folgt $P^{-1}(v)\,We = P(v^{-1})\,v^2 = e$, d. h., $P^{-1}(v)\,W = V$ ist ein Automorphismus von $\mathfrak{A}$.

Bezüglich der nichtausgearteten Bilinearform σ ist $P(v)$ selbstadjungiert, und es gilt $V^{*}\,V = Id$. Für $v \in Y_\mathfrak{A}$ ist $P(v)$ wegen Lemma 3.5 positiv-definit. Die Eindeutigkeit der Darstellung $W = P(v)\,V$ folgt nun aus dem bekannten Satz, daß sich jede umkehrbare lineare Transformation eindeutig als ein Produkt einer positiv-definiten Transformation und einer orthogonalen Transformation schreiben läßt.

4. Wir wollen nun $\Gamma(\mathfrak{A})$ durch $\Sigma(\mathfrak{A})$ und die bereits in IV, § 6.2, eingeführte endliche Untergruppe Σ_q von $\Gamma(\mathfrak{A})$ ausdrücken. Hier ist q die Anzahl der verschiedenen einfachen Ideale von $\mathfrak{A}$, und Σ_q hat die Ordnung 2^q. Für $W \in \Gamma(\mathfrak{A})$ gilt $P(Wx) = W\,P(x)\,W^{*}$, so daß man $WW^{*} = P(We)$ für $x = e$ erhält. Da WW^{*} positiv-definit ist, gilt das gleiche für $P(We)$. Da We andererseits invertierbar ist, gehört $P(We)$

zu $\Sigma(\mathfrak{A})$. Teil d) des vorhergehenden Satzes zeigt, daß es $v \in Y_{\mathfrak{A}}$ und $V \in A(\mathfrak{A})$ gibt mit $P(We) = P(v)\,V$. Hier sind $P(We)$ und $P(v)$ positiv-definit, so daß die Eindeutigkeit der Darstellung einer linearen Transformation als Produkt einer positiv-definiten Transformation und einer orthogonalen Transformation zeigt, daß $V = Id$ gilt. Wir wählen $y \in Y_{\mathfrak{A}}$ mit $v = y^{-2}$. Aus $P(v) = P(We)$ folgt dann $Id = P(y)\,P(We)\,P(y) = P(P(y)\,We)$. Wegen IV, Lemma 6.2, gibt es ein $U \in \Sigma_q$ mit $P(y)\,We = Ue$. Unter Verwendung von $U^* = U^{-1} = U \in \Gamma(\mathfrak{A})$ kann man hierfür auch $P(Uy)\,U\,We = e$ schreiben, so daß $V := P(Uy)\,UW$ zu $\Sigma(\mathfrak{A})$ gehört. Man beachte hierbei, daß $V\,Y_{\mathfrak{A}}$ wieder eine Zusammenhangskomponente von $X_{\mathfrak{A}}$ ist und daß diese Komponente e enthält. Es folgt also $W \in U \cdot \Sigma(\mathfrak{A})$ und damit $\Gamma(\mathfrak{A}) \subset \Sigma_q \Sigma(\mathfrak{A}) \subset \Gamma(\mathfrak{A})$. Wir erhalten

Satz 4.6. *Ist $\mathfrak{A}$ eine formal-reelle Jordan-Algebra, so gilt $\Gamma(\mathfrak{A}) = \Sigma_q \cdot \Sigma(\mathfrak{A})$. Insbesondere ist der Index von $\Sigma(\mathfrak{A})$ in $\Gamma(\mathfrak{A})$ gleich 2^q.*

Für eine einfache Algebra besteht Σ_q nur aus $\pm Id$. Wir haben somit das

Korollar. Ist $\mathfrak{A}$ eine einfache Algebra, so gilt

$$\Gamma(\mathfrak{A}) = \{\pm W\,;\,W \in \Sigma(\mathfrak{A})\}.$$

§ 5. Anwendung der Strukturtheorie auf formal-reelle Jordan-Algebren

1. Es sei $\mathfrak{A}$ wieder eine formal-reelle Jordan-Algebra. Wegen III, Satz 4.6, stimmen die Hauptnorm HN und die reduzierte Norm RN von $\mathfrak{A}$ überein. Wir entnehmen aus II, Satz 4.3, daß $RN(\tau\,e - x)$ das Minimalpolynom des generischen Elementes x von $\mathfrak{A}$ ist. Da eine eineindeutige Beziehung zwischen einem generischen Element von $\mathfrak{A}$ und einem „variablen“ Element von $\mathfrak{A}$ besteht, gibt es ein $u \in \mathfrak{A}$, so daß $RN(\tau\,e - u) = h(\tau)$ das Minimalpolynom von u ist. Der Grad r des Polynoms $h(\tau)$ ist definitionsgemäß gleich dem Grad der Algebra $\mathfrak{A}$. Wegen Lemma 3.2 hat $h(\tau)$ genau r einfache Wurzeln, so daß die Minimalzerlegung von u ein vollständiges Orthogonalsystem von $\mathfrak{A}$ der Länge r liefert. Wir erhalten somit

Satz 5.1. *Jede formal-reelle Jordan-Algebra ist reduziert.*

Wegen Lemma 3.3 ist jedes primitive Idempotent auch absolut-primitiv. *Für formal-reelle Jordan-Algebren stimmen daher Grad und Primitiv-Grad überein* (vgl. III, Satz 7.4).

Nun sei $\mathfrak{A}$ eine einfache, also nach §3.1 auch zentral-einfache Algebra und $e_1, e_2, \ldots, e_r, r > 1$, ein vollständiges Orthogonalsystem primitiver (also auch absolut-primitiver) Idempotente von $\mathfrak{A}$. In den Vektorräumen $\mathfrak{A}_{ij}$ der zugehörigen PEIRCE-Zerlegung gibt es nach VIII, Satz 9.1 b), eine symmetrische nichtausgeartete Bilinearform v, so daß

$$u^2 = 4\,v(u,\,u)\,(e_i + e_j) \quad \text{für} \quad u \in \mathfrak{A}_{ij}$$

gilt. Wegen $Sp\,(u^2) = 4\,Sp\,(e_i + e_j)\,v(u,\,u)$ ist $v(u,\,u) > 0$ für $u \neq 0$. Folglich gibt es $u \in \mathfrak{A}_{ij}$ mit $v(u,\,u) = 1$, und $\mathfrak{A}$ ist regulär in bezug auf $e_1,\,e_2,\,\ldots,\,e_r$ (vgl. VIII, § 4.2). Wir erhalten

Satz 5.2. *Jede einfache formal-reelle Jordan-Algebra ist regulär in bezug auf jedes vollständige Orthogonalsystem von primitiven Idempotenten.*

2. Wir betrachten nun die Untergruppe $A_0(\mathfrak{A})$ der Automorphismengruppe $A\,(\mathfrak{A})$, die durch die $P(w)$, $w^2 = e$, erzeugt wird (vgl. IV, § 6.3). Es seien c_1 und c_2 zwei Idempotente von $\mathfrak{A}$. Wegen Satz 3.7b) gehören c_1 und c_2 zu $\overline{Y}_{\mathfrak{A}}$, so daß das Korollar 1 zu Satz 3.8 ergibt $Sp\,(c_1\,c_2) \geqq 0$. Da sich die reduzierte Spur für eine einfache formal-reelle Algebra von Sp nur um einen positiven Faktor unterscheidet, ist auch $RS\,(c_1\,c_2) \geqq 0$, also ein Quadrat in $\mathbb{R}$. Wegen Satz 5.1 und Satz 5.2 können wir VIII, Satz 9.5, anwenden und erhalten

Satz 5.3. *Ist $\mathfrak{A}$ eine einfache formal-reelle Jordan-Algebra, dann operiert $A_0(\mathfrak{A})$ transitiv auf der Menge der primitiven Idempotente von $\mathfrak{A}$.*

Völlig analog zu den Beweisen von VIII, Satz 9.6 und 9.7, erhalten wir nun

Satz 5.4. *Es sei $\mathfrak{A}$ eine einfache formal-reelle Jordan-Algebra. Dann gibt es zu je zwei vollständigen Orthogonalsystemen $e_1,\,e_2,\,\ldots,\,e_r$ und $c_1,\,c_2,\,\ldots,\,c_r$ von primitiven Idempotenten ein $V \in A_0(\mathfrak{A})$ mit $Vc_j = e_j$ für $j = 1,\,2,\,\ldots,\,r$.*

Satz 5.5. *Es sei $\mathfrak{A}$ eine einfache formal-reelle Jordan-Algebra und $e_1,\,e_2,\,\ldots,\,e_r$ ein vollständiges Orthogonalsystem von primitiven Idempotenten von $\mathfrak{A}$. Dann gibt es zu jedem $u \in \mathfrak{A}$ ein $V \in A_0(\mathfrak{A})$ mit*

$$Vu = \xi_1\,e_1 + \xi_2\,e_2 + \cdots + \xi_r\,e_r, \quad \xi_j \in \mathbb{R}.$$

3. Wegen Satz 5.1 und 5.2 können wir den Struktursatz für reguläre, reduzierte und zentral-einfache Algebren direkt auf eine einfache formal-reelle Algebra $\mathfrak{A}$ vom Grad r anwenden. Hiernach ist $\mathfrak{A}$ isomorph zu einer Algebra

(A) $\mathbb{R}\,e$, falls $r = 1$.

(B) $[X;\,\mu,\,e]$, falls $r = 2$. Hierbei ist X ein Vektorraum der Dimension $n \geqq 3$.

(I) $\mathfrak{M}_r^+(\mathbb{R})$, falls $r \geqq 3$.

(II) $\mathfrak{H}_r(\mathbb{R})$, $\mathfrak{H}_r(\mathbb{C})$, $\mathfrak{H}_r(\mathbb{C}_4)$, falls $r \geqq 3$.

(III) $\mathfrak{H}_3(\mathbb{C}_8)$, falls $r = 3$.

Hier ist $\mathfrak{C}_4$ bzw. $\mathfrak{C}_8$ eine Quaternionenalgebra bzw. eine CAYLEY-Algebra über $\mathbb{R}$. Nicht jede solche Algebra ist formal-reell.

Die Algebra $\mathfrak{A} = [X; \mu, e]$ ist wegen Satz 3.4 genau dann formal-reell, wenn die durch $Sp(u\,v)$ definierte Bilinearform positiv-definit ist. Da $\mathfrak{A}$ zentral-einfach ist, unterscheiden sich die Linearformen Sp, RS und die μ zugeordnete Linearform λ nur um einen positiven Faktor (vgl. VI; § 5.**6**). Aus (VI; 5.3) entnimmt man, daß die fragliche Bilinearform genau dann positiv-definit ist, wenn μ die *Signatur* $(1, n - 1)$ besitzt, d. h., wenn es eine Basis b_1, b_2, ..., b_n von X gibt, so daß gilt

$$\mu(u, u) = \xi_1^2 - \xi_2^2 - \cdots - \xi_n^2 \quad \text{für} \quad u = \xi_1\,b_1 + \xi_2\,b_2 + \cdots + \xi_n\,b_n.$$

μ ist hierdurch eindeutig bestimmt.

Die Algebra $\mathfrak{M}_r^+(\mathbb{R})$ ist für $r \geq 2$ sicher *nicht* formal-reell, denn sie enthält von Null verschiedene Nilpotente.

Es bleiben also die Algebren $\mathfrak{H}_r(\mathfrak{C})$, $r \geq 3$, mit $\mathfrak{C} = \mathbb{R}, \mathbb{C}, \mathfrak{C}_4, \mathfrak{C}_8$. Wir behandeln diese Fälle gemeinsam und verwenden die Überlegungen von VII, § 5. Danach ist

$$\sigma(\boldsymbol{u}) = \sum_j u_{jj}, \quad \boldsymbol{u} = (u_{ij}) \in \mathfrak{H}_r(\mathfrak{C})$$

eine assoziative Linearform von $\mathfrak{H}_r(\mathfrak{C})$, deren zugehörige Bilinearform nichtausgeartet ist. Wieder unterscheidet sich σ von Sp nur um einen positiven Faktor, so daß $\mathfrak{H}_r(\mathfrak{C})$ wegen Satz 3.4 genau dann formal-reell ist, wenn $\sigma(\boldsymbol{u} \circ \boldsymbol{u}) > 0$ für $\boldsymbol{u} \neq 0$ gilt.

Da $\mathfrak{C}$ eine quadratische Algebra ist, gilt für $u \in \mathfrak{C}$ (vgl. VII, § 3.**1**)

$$u^2 = 2\lambda(u)\,u - \mu(u, u)\,e.$$

Wegen (VII; 5.3) ist daher σ positiv-definit, wenn gilt

$$\mu(u, u) = \lambda(u\,\bar{u}) > 0 \quad \text{für alle } u \in \mathfrak{C}, \ u \neq 0.$$

Im Falle $\mathfrak{C} = \mathbb{R}, \mathbb{C}$ ist dies richtig. Aus VII, § 4.**2**, entnimmt man jetzt, daß in den verbleibenden Fällen nur $\mathfrak{C}_4 = (\mathbb{R}, -1, -1)$, $\mathfrak{C}_8 = (\mathbb{R}, -1, -1, -1)$ möglich ist. Man beachte hierbei, daß die Strukturkonstanten $\varkappa_j$ in beiden Fällen nur bis auf die Quadratklasse bestimmt sind.

Wir erhalten somit den **Struktursatz für einfache formal-reelle Jordan-Algebren.**

Eine einfache formal-reelle Jordan-Algebra vom Grad r ist isomorph zu einer der Algebren

(A) $\mathbb{R}\,e$, *falls* $r = 1$.

(B) $[X;\mu, e]$, *falls* $r = 2$. *Hier ist X ein Vektorraum der Dimension $n \geq 3$ über $\mathbb{R}$ und μ die nichtausgeartete Bilinearform von X der Signatur $(1, n - 1)$.*

(IIα) $\mathfrak{H}_r(\mathbb{R})$, $r \geq 3$.

(IIβ) $\mathfrak{H}_r(\mathbb{C})$, $r \geq 3$.

(IIγ) $\mathfrak{H}_r(\mathbb{C}_4)$, $r \geq 3$, $\mathbb{C}_4 = (\mathbb{R}, -1, -1)$.

(III) $\mathfrak{H}_3(\mathbb{C}_8)$, $r = 3$, $\mathbb{C}_8 = (\mathbb{R}, -1, -1, -1)$.

Als eine Anwendung beweisen wir

Satz 5.6. *Jede halbeinfache komplexe Jordan-Algebra ist Komplexifizierung einer formal-reellen Jordan-Algebra.*

Beweis. Zunächst sei $\mathfrak{B}$ eine einfache komplexe Jordan-Algebra mit Einselement. Wir vergleichen den vorhergehenden Satz mit dem Struktursatz für einfache Algebren über algebraisch abgeschlossenem Grundkörper (vgl. X, § 3.3). Da für Grundkörpererweiterungen von K zu $\tilde{K}$ auch $\overline{\mathfrak{H}_r(\mathbb{C})} = \mathfrak{H}_r(\widetilde{\mathbb{C}})$ gilt, erkennt man, daß $\mathfrak{B}$ für die Typen A, B, IIα, IIγ, III die Komplexifizierung der entsprechenden formal-reellen Jordan-Algebren ist. Die Grundkörpererweiterung von $K = \mathbb{R}$ zu $\tilde{K} = \mathbb{C}$ gibt $\overline{\mathfrak{H}_r(\mathbb{C})} = \mathfrak{H}_r(\widetilde{\mathbb{C}})$, und es ist $\widetilde{\mathbb{C}} \cong \mathbb{C} \oplus \mathbb{C}$. Wie wir im Beweis zum Struktursatz für reguläre einfache Algebren gesehen haben, ist $\mathfrak{H}_r(\mathbb{C} \oplus \mathbb{C})$ isomorph zu $\mathfrak{M}_r^+(\mathbb{C})$, so daß also im Fall I die Algebra $\mathfrak{B}$ eine Komplexifizierung der formal-reellen Algebra des Typs IIβ ist.

Schließlich sei $\mathfrak{B}$ lediglich halbeinfach, also eine direkte Summe von einfachen Algebren. Man kann nun den bereits bewiesenen Teil auf die einzelnen Summanden anwenden.

§ 6. Elementarfunktionen auf formal-reellen Jordan-Algebren

1. In den beiden folgenden Paragraphen wollen wir noch einige Anwendungen der Ergebnisse des § 3 herleiten.

Wir werden hier vektorielle Funktionen auf der formal-reellen Jordan-Algebra $\mathfrak{A}$ betrachten.

Zunächst sei $f(\tau) = \sum\limits_{k=0}^{\infty} \alpha_k \tau^k$ eine Potenzreihe in einer Variablen τ mit den Teilsummen $s_m(\tau) = \sum\limits_{k=0}^{m} \alpha_k \tau^k$. Sei $u \in \mathfrak{A}$ und $u = \sum\limits_{j} \eta_j\, c_j$ die Minimalzerlegung von u. Die Schreibweise $f(u) = \sum\limits_{k=0}^{\infty} \alpha_k u^k$ soll bereits eingeführt werden, wenn die rechts stehende Reihe konvergiert. Es ist $s_m(u)\, c_j = s_m(\eta_j)\, c_j$; aus der Existenz von $\lim\limits_{m \to \infty} s_m(u)$ folgt also, daß die

Reihe für $f(\tau)$ für jedes η_j konvergiert. Konvergiert umgekehrt die Potenzreihe für jedes η_j, so zeigt $s_m(u) = \sum\limits_j s_m(\eta_j)\, c_j$, daß auch $\sum\limits_{k=0}^{\infty} \alpha_k\, u^k$ konvergiert und daß

$$f(u) = \sum_j f(\eta_j)\, c_j$$

gilt.

Dieses Ergebnis legt es nahe, für eine beliebige reellwertige Funktion $f(\tau)$ einer reellen Variablen τ folgende Erklärung von $f(u)$ festzusetzen: Es wird $f(u)$ genau dann erklärt, wenn jeder Eigenwert η_j von u zum Definitionsbereich von $f(\tau)$ gehört, und zwar setzen wir dann

$$f(u) := \sum_j f(\eta_j)\, c_j.$$

Aus I, Satz 4.2, entnimmt man, daß man hier zur Berechnung von $f(u)$ an Stelle der Minimalzerlegung eine Zerlegung bezüglich eines beliebigen vollständigen Orthogonalsystems nehmen kann.

Wenn $g(\tau) + h(\tau) = f(\tau)$ bzw. $g(\tau)\, h(\tau) = f(\tau)$ gilt, bestätigt man mühelos, daß dann $g(u) + h(u) = f(u)$ bzw. $g(u)\, h(u) = f(u)$ erfüllt ist. Auch kann von $h\big(g(\tau)\big) = f(\tau)$ auf $h\big(g(u)\big) = f(u)$ bei offensichtlichen Voraussetzungen über Definitionsbereich und Wertevorrat der Funktionen g und h geschlossen werden.

2. In $\mathfrak{A}$ erklären wir zwei Relationen „$<$" und „$\leqq$" durch die Festsetzungen

$$u < v \quad \text{genau wenn} \quad v - u > 0, \quad \text{d. h.} \quad v - u \in Y_{\mathfrak{A}},$$

$$u \leqq v \quad \text{genau wenn} \quad v - u \geqq 0, \quad \text{d. h.} \quad v - u \in \bar{Y}_{\mathfrak{A}}.$$

Man sieht leicht, daß man in beiden Fällen eine Halbordnung erhält. Es sei $f(\tau)$ in einem Intervall $\alpha < \tau < \beta$ erklärt. Dann ist $f(u)$ erklärt für alle u, deren Eigenwerte η_j diesem Intervall angehören. Das ist aber gleichwertig mit

$$u - \alpha\, e = \sum_j (\eta_j - \alpha)\, c_j \in Y_{\mathfrak{A}}, \qquad \beta\, e - u = \sum_j (\beta - \eta_j)\, c_j \in Y_{\mathfrak{A}},$$

also mit den Ungleichungen $\alpha\, e < u < \beta\, e$ oder auch mit

$$u \in (\alpha\, e + Y_{\mathfrak{A}}) \cap (\beta\, e - Y_{\mathfrak{A}}).$$

Dies ist eine offene und beschränkte Menge von $\mathfrak{A}$. Wenn $f(\tau)$ im Intervall $\alpha \leqq \tau \leqq \beta$ definiert ist, folgt ebenso, daß $f(u)$ für $\alpha\, e \leqq u \leqq \beta\, e$ definiert ist, also für

$$u \in (\alpha\, e + \bar{Y}_{\mathfrak{A}}) \cap (\beta\, e - \bar{Y}_{\mathfrak{A}}).$$

Dies ist eine kompakte Menge von $\mathfrak{A}$.

Eine Ungleichung für die Funktionswerte, etwa $\gamma \leqq f(\tau) \leqq \delta$, zieht $\gamma\, e \leqq f(u) \leqq \delta\, e$ nach sich.

Satz 6.1. *Wenn $f(\tau)$ im Intervall $\alpha \leqq \tau \leqq \beta$ reell-analytisch ist, dann ist $f(u)$ für alle u mit $\alpha\, e \leqq u \leqq \beta\, e$ reell-analytisch.*

Beweis. In der komplexen τ-Ebene kann man ein Rechteck $\triangle$ finden, in dem $f(\tau)$ holomorph ist und das unser Intervall im Innern enthält. Für $u \in \mathfrak{A}$, für das $\alpha\, e \leqq u \leqq \beta\, e$ gilt, findet man

$$f(u) = \sum_j f(\eta_j)\, c_j = \frac{1}{2\pi i} \oint_\triangle \sum_j f(\tau)\, (\tau - \eta_j)^{-1}\, d\tau\, c_j$$

$$= \frac{1}{2\pi i} \oint_\triangle f(\tau)\, (\tau\, e - u)^{-1}\, d\tau,$$

denn es ist kein Eigenwert von $\tau\, e - u = \sum_j (\tau - \eta_j)\, c_j$ gleich Null, so daß $(\tau\, e - u)^{-1} = \sum_j (\tau - \eta_j)^{-1}\, c_j$ ist. Der Integrand ist eine rationale Funktion der Komponenten von u, das Integral ist folglich in einer komplexen Umgebung des Intervalls $\alpha\, e \leqq u \leqq \beta\, e$ definiert und dort holomorph.

3. Es sei $f(\tau)$ im Intervall $\alpha \leqq \tau \leqq \beta$ erklärt, stetig und echt monoton. Die Umkehrfunktion $g(\sigma)$ ist dann in einem Intervall $\gamma \leqq \sigma \leqq \delta$ erklärt, und es gelten die Identitäten $f(g(\sigma)) = \sigma$, $g(f(\tau)) = \tau$. Dann sind $f(u)$ bzw. $g(v)$ erklärt für $\alpha\, e \leqq u \leqq \beta\, e$ bzw. $\gamma\, e \leqq v \leqq \delta\, e$, und es gelten die Identitäten

$$f(g(v)) = v, \qquad g(f(u)) = u.$$

Daraus folgt, daß f den Bereich $\alpha\, e \leqq u \leqq \beta\, e$ umkehrbar eindeutig auf den Bereich $\gamma\, e \leqq v \leqq \delta\, e$ abbildet.

All dies kann angewendet werden auf die Elementarfunktionen $\exp\tau$, $\log\tau$, τ^ϱ (ϱ reell). Man erhält die reell-analytische Funktion $\exp u$, die in ganz $\mathfrak{A}$ definiert ist und die mit der bereits definierten Funktion (vgl. § 1.**2**) übereinstimmt. Ihre reell-analytische Umkehrfunktion $\log u$ ist auf $Y_{\mathfrak{A}}$ definiert. *Die Abbildung $u \to \exp u$ ist eine bijektive Abbildung von $\mathfrak{A}$ auf $Y_{\mathfrak{A}}$.* Die Funktion u^ϱ ist auf $Y_{\mathfrak{A}}$ erklärt und sowohl in ϱ als auch in u reell-analytisch. Für $\varrho \neq 0$ vermittelt sie eine bijektive Abbildung von $Y_{\mathfrak{A}}$ auf sich. Die früher eingeführte Funktion $u^{1/2}$ ordnet sich dieser Definition unter. Aus Eigenschaften von τ^ϱ folgen unmittelbar die Identitäten

$$\exp(\varrho \log u) = u^\varrho, \qquad \log u^\varrho = \varrho \log u,$$

$$u^{\varrho + \sigma} = u^\varrho\, u^\sigma, \qquad (u^\varrho)^\sigma = u^{\varrho\sigma}.$$

Die Funktion

$$f(\tau) = (1 - \tau)\, (1 + \tau)^{-1} = \frac{2}{1 + \tau} - 1$$

bildet die Halbgerade $\tau > 0$ bijektiv auf das Intervall $-1 < f(\tau) < 1$ ab. Die Funktion

$$f(u) = (e - u)\,(e + u)^{-1}$$

bildet daher $Y_{\mathfrak{A}}$ bijektiv auf das beschränkte Gebiet $-e < v < e$ ab.

§ 7. Über den Rand des Bereiches $Y_{\mathfrak{A}}$

1. Es sei $\mathfrak{A}$ eine formal-reelle Jordan-Algebra und $Y_{\mathfrak{A}}$ die zugeordnete Zusammenhangskomponente von $X_{\mathfrak{A}}$, die das Einselement e von $\mathfrak{A}$ enthält. Wie bisher sei $\sigma(u, v) = Sp(u\,v)$. Bei gegebenem Idempotent c von $\mathfrak{A}$ ist $\mathfrak{A}_1(c) = \{u;\ u \in \mathfrak{A},\ u\,c = u\}$ die maximale aller jener Teilalgebren von $\mathfrak{A}$, die c als Einselement haben. Es sollen nun die Teilalgebren $\mathfrak{A}_1(c)$ geometrisch gekennzeichnet werden.

Zunächst dazu einige Vorbemerkungen: Jede Teilalgebra $\mathfrak{B}$ von $\mathfrak{A}$ ist wieder eine formal-reelle Jordan-Algebra und besitzt daher ein Einselement. Es sei $\mathfrak{B}$ eine Teilalgebra von $\mathfrak{A}$ mit dem Einselement c und $u \in \mathfrak{B}$. Die Minimalzerlegung von u in $\mathfrak{A}$ sei

$$(7.1) \qquad u = \sum_j \eta_j\, c_j.$$

Wir wissen, daß c_j in $\mathbb{R}[u]$ liegt. *Für $\eta_j \neq 0$ gilt aber sogar $c_j \in \mathfrak{B}$.* Man hat dazu $u\,c_j = \eta_j\,c_j$, also $c_j = \dfrac{1}{\eta_j}\,u\,c_j \in u\,\mathbb{R}[u] = \mathbb{R}_1[u] \subset \mathfrak{B}$. Da u mit c_j vertauschbar ist, zeigt $u\,c_j = \eta_j\,c_j$, daß u auch in $\mathfrak{B}$ den Eigenwert η_j besitzt. Trivialerweise ist jeder Eigenwert von u in $\mathfrak{B}$ auch Eigenwert von u in $\mathfrak{A}$. Es hat folglich u in $\mathfrak{B}$ dieselben Eigenwerte wie in $\mathfrak{A}$, den Eigenwert 0 möglicherweise ausgenommen. *Auf jeden Fall hat also $u \geqq 0$ in der Teilalgebra $\mathfrak{B}$ dieselbe Bedeutung wie in $\mathfrak{A}$.*

Wir bezeichnen mit $Y_{\mathfrak{B}}$ die Zusammenhangskomponente der in $\mathfrak{B}$ invertierbaren Element von $\mathfrak{B}$, in der c liegt. Aus Satz 3.6b) und dem eben Gesagten folgt

$$(7.2) \qquad \overline{Y}_{\mathfrak{B}} = \mathfrak{B} \cap \overline{Y}_{\mathfrak{A}},$$

wobei die abgeschlossenen Hüllen in beiden Fällen in $\mathfrak{A}$ zu bilden sind. In der Topologie des Teilraumes $\mathfrak{B}$, die mit der von $\mathfrak{A}$ induzierten Topologie übereinstimmt, ist $Y_{\mathfrak{B}}$ eine offene Menge. *Der von den Vektoren aus $Y_{\mathfrak{B}}$ aufgespannte Teilraum von $\mathfrak{A}$ ist also die Algebra $\mathfrak{B}$.* Davon wird in der Folge wiederholt Gebrauch gemacht.

Aus der Minimalzerlegung (7.1) des Elements $u \in \mathfrak{B}$ in der Algebra $\mathfrak{A}$ gewinnt man die Minimalzerlegung von u in der Teilalgebra $\mathfrak{B}$ wie folgt:

$$u = \sum_{\eta_j \neq 0} \eta_j\, c_j + 0\Big(e - \sum_{\eta_j \neq 0} c_j\Big).$$

Im wesentlichen stimmen also die Minimalzerlegungen von u in $\mathfrak{A}$ und in $\mathfrak{B}$ überein.

2. Es sei nun $d \in \overline{Y}_\mathfrak{A}$, $d \neq 0$. Wir bezeichnen mit H_d die zu d orthogonale Hyperebene durch 0, also

$$H_d := \{x;\, x \in \mathfrak{A},\, \sigma(x, d) = 0\}.$$

Es liegt $\overline{Y}_\mathfrak{A}$ auf einer Seite von H_d, denn nach dem Korollar 1 von Satz 3.8 gilt $\sigma(x, d) \geqq 0$ für $x \in \overline{Y}_\mathfrak{A}$. Es sei

$$M_d := H_d \cap \overline{Y}_\mathfrak{A}.$$

Als Durchschnitt von konvexen Mengen ist M_d konvex.

Bezeichnen wir noch den Rand von $Y_\mathfrak{A}$ mit $\mathrm{Rd}\, Y_\mathfrak{A}$, so gilt

Lemma 7.1. *Für* $d \in \overline{Y}_\mathfrak{A}$ *gilt*

$$M_d = 0, \quad \textit{falls} \quad d \in Y_\mathfrak{A},$$
$$M_d \neq 0, \quad \textit{falls} \quad d \in \mathrm{Rd}\, Y_\mathfrak{A}.$$

Beweis. Es sei $u \neq 0$. Wegen Satz 3.7b) gehört u dann und nur dann zu $M_d = H_d \cap \overline{Y}_\mathfrak{A}$, wenn gilt

$$(7.3) \qquad u = x^2, \quad x \neq 0, \quad 0 = \sigma(u, d) = \sigma\big(L(d)\, x,\, x\big).$$

Da $L(d)$ nach Satz 3.6a) positiv-semidefinit ist, gilt (7.3) dann und nur dann, wenn $L(d)$ nicht positiv-definit ist, wenn also d dem Rand von $Y_\mathfrak{A}$ angehört. Es gibt also genau dann ein $u \neq 0$ in M_d, wenn $d \in \mathrm{Rd}\, Y_\mathfrak{A}$.

Mit $\mathfrak{B}_d$ bezeichnen wir den von M_d aufgespannten Teilraum von $\mathfrak{A}$. Nach dem Lemma gilt daher $\mathfrak{B}_d = M_d = 0$ für $d \in Y_\mathfrak{A}$. Wir setzen daher jetzt $d \in \mathrm{Rd}\, Y_\mathfrak{A}$ voraus, so daß $\mathfrak{B}_\mathfrak{A} \neq 0$ gilt.

Satz 7.2. *Es ist* $\mathfrak{B}_d$ *eine Teilalgebra von* $\mathfrak{A}$, *und es gilt*

a) $\overline{Y}_{\mathfrak{B}_d} = \mathfrak{B}_d \cap \overline{Y}_\mathfrak{A} = M_d$,
b) $P(v)\, d = 0$, $P(v)\, \mathfrak{A} \subset \mathfrak{B}_d$, $P(v)\, \overline{Y}_\mathfrak{A} \subset M_d$, *für alle* $v \in \mathfrak{B}_d$.

Beweis. a) Wir gehen von der Minimalzerlegung (7.1) eines Elementes $u \in M_d$ aus. Wegen $u \in \overline{Y}_\mathfrak{A}$ gilt $\eta_j \geqq 0$ und wegen $c_j^2 = c_j$ gehören die c_j zu $\overline{Y}_\mathfrak{A}$. Daher ist $\eta_j\, \sigma(c_j, d) \geqq 0$. Da u außerdem zu H_d gehört, hat man

$$0 = \sigma(u, d) = \sum_j \eta_j\, \sigma(c_j, d),$$

folglich $\eta_j\, \sigma(c_j, d) = 0$. Im Falle $\eta_j \neq 0$ folgt also $c_j \in H_d$, und

$$u^2 = \sum_j \eta_j^2\, c_j$$

zeigt $u^2 \in H_d$. Wegen Satz 3.7b) ist aber auch $u^2 \in \overline{Y}_\mathfrak{A}$, so daß mit u auch u^2 zu M_d gehört.

Da mit u und v auch $u + v$ und folglich $(u + v)^2$ zu M_d gehören, liest man aus $2uv = (u + v)^2 - u^2 - v^2$ jetzt $uv \in \mathfrak{B}_d$ ab. Nach Definition wird aber $\mathfrak{B}_d$ von den Elementen von M_d linear erzeugt, so daß $\mathfrak{B}_d$ multiplikativ abgeschlossen ist. Wegen (7.2) folgt jetzt $\overline{Y}_{\mathfrak{B}_d} = \mathfrak{B}_d \cap \overline{Y}_{\mathfrak{A}}$. Aus $M_d \subset H_d$ folgt $M_d \subset \mathfrak{B}_d \subset H_d$, so daß man $\overline{Y}_{\mathfrak{B}_d} \subset H_d \cap \overline{Y}_{\mathfrak{A}} = M_d \subset \mathfrak{B}_d \cap \overline{Y}_{\mathfrak{A}} = \overline{Y}_{\mathfrak{B}_d}$ erhält.

b) Es braucht nur

$$P(v)\, d = 0, \qquad P(v)\, \overline{Y}_{\mathfrak{A}} \subset M_d, \quad \text{für} \quad v \in \mathfrak{B}_d,$$

bewiesen zu werden, denn $P(v)\, \mathfrak{A} \subset \mathfrak{B}_d$ folgt offenbar aus der letzten Inklusion. Für $u \in \overline{Y}_{\mathfrak{A}}$ und hinreichend kleines $|\varepsilon|$, $\varepsilon \in \mathbb{R}$, folgt $e + \varepsilon u \in \overline{Y}_{\mathfrak{A}}$. Nach dem Korollar 1 zu Satz 4.1 ist also $P(v)\, (e + \varepsilon u) = v^2 + \varepsilon P(v)\, u \in \overline{Y}_{\mathfrak{A}}$. Es folgt $\sigma(v^2 + \varepsilon P(v)u, d) \geqq 0$. Nun ist $v^2 \in \mathfrak{B}_d \subset H_d$, also $\sigma(v^2, d) = 0$ und folglich $\varepsilon \cdot \sigma(P(v)\, u, d) \geqq 0$. Dies gilt für positives und negatives ε, so daß $\sigma(P(v)\, u, d) = 0$ also $P(v)\, u \in H_d$ folgt. Wegen $u \in \overline{Y}_{\mathfrak{A}}$ ist aber auch $P(v)\, u \in \overline{Y}_{\mathfrak{A}}$, folglich gilt $P(v)\, u \in M_d$ für $u \in \overline{Y}_{\mathfrak{A}}$.

Wie schon erwähnt, folgt hieraus $P(v)\, u \in \mathfrak{B}_d$ für alle $u \in \mathfrak{A}$. Wegen $\mathfrak{B}_d \subset H_d$ hat man $0 = \sigma(P(v)\, u, d)$. Da $P(v)$ bezüglich σ selbstadjungiert ist, folgt $P(v)\, d = 0$.

3. Die Teilalgebra $\mathfrak{B}_d$ soll nun genau bestimmt werden. Es sei c ihr Einselement, also $\mathfrak{B}_d \subset \mathfrak{A}_1(c)$. Ist umgekehrt $u \in \mathfrak{A}_1(c)$, so ist also $cu = u$ und $P(c)\, u = u$. Nach dem vorhergehenden Satz folgt $u \in \mathfrak{B}_d$. Damit ist

$$\mathfrak{B}_d = \mathfrak{A}_1(c), \quad c \text{ Einselement von } \mathfrak{B}_d,$$

nachgewiesen.

Zum Nachweis, daß auch jedes Idempotent als Einselement einer Algebra $\mathfrak{B}_d$ vorkommen kann, gehen wir von einem beliebigen Idempotent $c \neq e$ aus. Dann ist auch $e - c$ idempotent, also $e - c \in \overline{Y}_{\mathfrak{A}}$. Da aber $e - c$ nicht invertierbar ist, folgt $e - c \in \mathrm{Rd}\, Y_{\mathfrak{A}}$. Für $u \in \mathfrak{A}_1(c)$ hat man $cu = u$, also

$$\sigma(e - c, u) = \sigma(e - c, cu) = \sigma(c[e - c], u) = 0,$$

d. h., es ist $\mathfrak{A}_1(c) \subset H_{e-c}$. Wegen (7.2) folgt somit

$$\overline{Y}_{\mathfrak{A}_1(c)} = \mathfrak{A}_1(c) \cap \overline{Y}_{\mathfrak{A}} \subset H_{e-c} \cap \overline{Y}_{\mathfrak{A}} = M_{e-c} \subset \mathfrak{B}_{e-c},$$

so daß wir $\mathfrak{A}_1(c) \subset \mathfrak{B}_{e-c}$ erhalten.

Das Einselement von $\mathfrak{B}_{e-c}$ sei c'. Wegen $c \in \mathfrak{A}_1(c) \subset \mathfrak{B}_{e-c}$ ist $P(c')\, c = c$. Nach Satz 7.2b) folgt $P(c')\, (e - c) = 0$, also $c' = P(c')\, e = P(c')\, c = c$. Das Einselement von $\mathfrak{B}_{e-c}$ ist also c, woraus $\mathfrak{B}_{e-c} \subset \mathfrak{A}_1(c)$ folgt. Wir haben damit

$$\mathfrak{A}_1(c) = \mathfrak{B}_{e-c}, \quad c \neq e \text{ Idempotent von } \mathfrak{A},$$

und fassen das Ergebnis zusammen in

Satz 7.3. *Für* $d \in \mathrm{Rd}\, Y_{\mathfrak{A}}$ *sind die Teilalgebren* $\mathfrak{B}_d$ *genau die* $\mathfrak{A}_1(c)$ *für Idempotente* $c \neq e$. *Insbesondere hat man* $\mathfrak{B}_{e-c} = \mathfrak{A}_1(c)$.

4. Zur Abkürzung setzen wir jetzt

$$Y_c := Y_{\mathfrak{A}_1(c)}, \quad c \neq e \text{ Idempotent von } \mathfrak{A}.$$

Wegen Satz 7.2a) ist also

$$\overline{Y}_c = \mathfrak{A}_1(c) \cap \overline{Y}_{\mathfrak{A}} = M_{e-c}.$$

Zweckmäßig zählt man noch zwei Extremfälle hinzu. Für $c = e$ sei $Y_c = Y_{\mathfrak{A}}$ und für $c = 0$ (ein uneigentliches Idempotent) setzt man $Y_0 = 0$. Wir zeigen nun

Satz 7.4. *Die Bereiche* Y_c, $c^2 = c$, *bilden eine Zerlegung von* $\overline{Y}_{\mathfrak{A}}$, *es liegt also jeder Punkt von* $\overline{Y}_{\mathfrak{A}}$ *in genau einem* Y_c.

Beweis. a) Der Nullvektor gehört nur zu Y_0, wir wollen daher $u \in \overline{Y}_{\mathfrak{A}}$, $u \neq 0$, annehmen. Es sei c das Einselement der Teilalgebra $u\,\mathbb{R}[u] = \mathbb{R}_1[u]$. Wir zeigen, daß u kein Nullteiler von $\mathbb{R}_1[u]$ ist. Aus $u\,v = 0$, $v \in \mathbb{R}_1[u]$ folgt nämlich $v^2 \in v\,\mathbb{R}_1[u] = (v\,u)\,\mathbb{R}[u] = 0$, also $v^2 = 0$ und daher $v = 0$. Die Abbildung $v \to u\,v$ von $\mathbb{R}_1[u]$ in sich ist also injektiv, folglich auch bijektiv, so daß es v aus $\mathbb{R}_1[u]$ mit $u\,v = c$ gibt. Daher ist u in der Teilalgebra $\mathbb{R}_1[u]$ invertierbar. Wegen $\mathbb{R}_1[u] \subset \mathfrak{A}_1(c)$ ist dann u auch in der Algebra $\mathfrak{A}_1(c)$ invertierbar, und aus $u \geqq 0$ folgt $u \in Y_c$. Jedes $u \in \overline{Y}_{\mathfrak{A}}$ liegt also in wenigstens einem Y_c.

b) Auch für die Eindeutigkeit können wir von einem $u \neq 0$, $u \in \overline{Y}_{\mathfrak{A}}$, ausgehen. Wenn $u \in Y_c$ gilt, so hat u in der Teilalgebra $\mathfrak{A}_1(c)$ ein Inverses v, und es liegt v in dem von $c, u, u^2, \dots$ aufgespannten Teilraum von $\mathfrak{A}_1(c)$. Folglich liegt $c = u\,v$ in der von $u, u^2, \dots$ aufgespannten Teilalgebra, also in $\mathbb{R}_1[u]$, und ist das Einselement dieser Teilalgebra. Dies zeigt bereits, daß c durch u eindeutig bestimmt ist, also u in höchstens einem Y_c liegen kann.

Literatur: A. A. ALBERT [*1*], K.-H. HELWIG [*1*], [*2*], [*3*]; CH. HERTNECK [*1*]; U. HIRZEBRUCH [*2*]; P. JORDAN, J. VON NEUMANN und E. WIGNER [*1*]; M. KOECHER [*2*], [*4*]; E. B. VINBERG [*1*].

Literaturverzeichnis

Aczél, J, G. Pickert u. F. Radó
[1] Nomogramme, Gewebe und Quasigruppen. Mathematica (Cluj) 2 (25), 5—24 (1960).
van Albada, P. J.
[1] Integral relations in alternative coordinate rings. Thesis, Rijksuniversiteit te Utrecht 44 pp. (1955).
[2] Two theorems about quadratic nonassociative algebras. Nederl. Akad. Wetensch. Proc. Ser. A 61, Indag Math. 20, 319—321 (1958).
[3] Algèbres symmétriques. Bull. Soc. Math. Belg. 12, 128—137 (1960).
Albert, A. A.
[1] On a certain algebra of quantum mechanics. Ann. Math. 35, 65—73 (1934).
[2] Quadratic forms permitting composition. Ann. Math. 43, 161—177 (1942).
[3] Non-associative algebras, I. Ann. Math. 43, 685—707 (1942).
[4] Non-associative algebras, II. Ann. Math. 43, 708—723 (1942).
[5] The radical of a non-associative algebra. Bull. Amer. Math. Soc. 48, 891—897 (1942).
[6] On Jordan algebras of linear transformations. Trans. Amer. Math. Soc. 59, 524—555 (1946).
[7] The Wedderburn principal theorem for Jordan algebras. Ann. Math. 48, 1—7 (1947).
[8] A structure theory for Jordan algebras. Ann. Math. 48, 546—567 (1947).
[9] On the power-associativity of rings. Summa Brasiliensis Math. 2, 21—32 (1948).
[10] Power-associative rings. Trans. Amer. Math. Soc. 64, 552—593 (1948).
[11] A theory of trace-admissible algebras. Proc. nat. Acad. Sci. USA 35, 317—322 (1949).
[12] On right alternative algebras. Ann. Math. 50, 318—328 (1949).
[13] Absolute-valued algebraic algebras. Bull. Amer. Math. Soc. 55, 763—768 (1949).
[14] A note of correction. Bull. Amer. Math. Soc. 55, 1191 (1949).
[15] A note on the exceptional Jordan algebra. Proc. nat. Acad. Sci. USA 36, 372—374 (1950).
[16] A theory of power-associative commutative algebras. Trans. Amer. Math. Soc. 69, 503—527 (1950).
[17] New simple power-associative algebras. Summa Brasiliensis Math. 2, 183—194 (1951).
[18] Power-associative algebras. Proc. of the Internat. Congress of Math., Cambridge, Mass., 1950, Providence, Amer. Math. Soc. 2, 2—32 (1952).
[19] On simple alternative rings. Canad. J. Math. 4, 129—135 (1952).
[20] On nonassociative division algebras. Trans. Amer. Math. Soc. 72, 296—309 (1952).
[21] On commutative power-associative algebras of degree two. Trans. Amer. Math. Soc. 74, 323—343 (1953).

[22] The structure of right alternative algebras. Ann. Math. **59**, 408—417 (1954).

[23] On partially stable algebras. Trans. Amer. Math. Soc. **84**, 430—443 (1957).

[24] A construction of exceptional Jordan division algebras. Ann. Math. **67**, 1—28 (1958).

[25] Addendum to the paper on partially stable algebras. Trans. Amer. Math. Soc. **87**, 57—62 (1958).

[26] On the orthogonal equivalence of sets of real symmetric matrices. J. Math. Mech. **7**, 219—236 (1958).

[27] Finite noncommutative division algebras. Proc. Amer. Math. Soc. **9**, 928—932 (1958).

[28] A solvable exceptional Jordan algebra. J. Math. Mech. **8**, 331—337 (1959).

[29] Finite division algebras and finite planes. Proc. Sympos. Appl. Math. Vol. **10**, 53—70 (1960). Amer. Math. Soc., R.I.

[30] Generalized twisted fields. Pacific J. Math. **11**, 1—8 (1961).

[31] Isotopy for generalized twisted fields. An. Acad. Brasil. Ci. **33**, 265—275 (1961).

[32] On the collineation groups associated with twisted fields. Calcutta Math. Soc. Golden Jubilee Commemoration Vol. (1958/59), Part. II, 485—497 (1963). Calcutta Math. Soc., Calcutta.

[33] On the nuclei of a simple Jordan algebra. Proc. nat. Acad. Sci. USA **50**, 446—447 (1963).

[34] Studies in modern algebra. Studies in Mathematics, Vol. 2. Publ. by The Math. Assoc. of America; distributed by Prentice-Hall, Inc., Englewood Cliffs, N.J., vii + 190 pp. (1963).

ALBERT, A. A., u. N. JACOBSON

[1] On reduced exceptional simple Jordan algebras. Ann. Math. **66**, 400—417 (1957).

ALBERT, A. A., u. L. J. PAIGE

[1] On a homomorphism property of certain Jordan algebras. Trans. Amer. Math. Soc. **93**, 20—29 (1959).

ARTIN, E.

[1] Geometric algebra. Interscience Publ., New York, 1957.

ASKINUZE, V. G.

[1] A theorem on the splittability of J-algebras. Ukrain Mat. Ž. **3**, 381—398 (1951).

BEHRENS, E. A.

[1] Nichtassoziative Ringe. Math. Ann. **127**, 441—452 (1954).

BIRKHOFF, G., u. P. M. WHITMAN

[1] Representations of Jordan and Lie algebras. Trans. Amer. Math. Soc. **65**, 116—136 (1949).

VAN DER BLIJ, F.

[1] History of the octaves. Simon Stevin **34**, 106—125 (1960/61).

VAN DER BLIJ, F., u. T. A. SPRINGER

[1] The arithmetics of octaves and of the group G_2. Nederl. Akad. Wetensch. Proc. Ser. A 62 = Indag. Math. **21**, 406—418 (1959).

[2] Octaves and triality. Nieuw Arch. Wisk. (3) **8**, 158—169 (1960).

BOTT, R., u. J. MILNOR

[1] On the parallelizability of the spheres. Bull. Amer. Math. Soc. **64**, 87—89 (1958).

BROWN, B., u. N. H. McCOY

[1] Prime ideals in nonassociative rings. Trans. Amer. Math. Soc. **89**, 245—255 (1958).

BROWN, R. B.
[1] A new type of nonassociative algebras. Proc. nat. Acad. Sci. USA **50**, 947—949 (1963).
BRUCK, R. H.
[1] Some results in the theory of linear non-associative algebras. Trans. Amer. Math. Soc. **56**, 141—199 (1944).
[2] Recent advances in the foundations of euclidean plane geometry. Amer. Math. Monthly **62**, 2—17 (1955).
BRUCK, R. H., u. E. KLEINFELD
[1] The structure of alternative division rings. Proc. Amer. Math. Soc. **2**, 878—890 (1951).
BURMESTER, M. V. D.
[1] On the commutative non-associative division algebras of even order of L. E. Dickson. Rend. Mat. e Appl. (5) **21**, 143—166 (1962).
CAMPBELL, H. E.
[1] An extension of the "principal theorem" of Wedderburn. Proc. Amer. Math. Soc. **2**, 581—585 (1951).
[2] On the Casimir operator. Pacific J. Math. **7**, 1325—1331 (1957).
CAYLEY, A.
[1] On Jacobi's elliptic functions, in reply to the Rev. Brice Bronwin; and on quaternions. Phil. Mag. **26**, 210—213 (1845).
CHAWLA, L. M.
[1] Some linear systems of matrix algebras. J. nat. Sci. Math. *1*, no. 1, 43—56 (1961).
[2] Isotropic invariance of nuclei of linear systems of algebras. J. nat. Sci. Math. **1**, no. 2, 43—56 (1961).
CHEVALLEY, C., u. R. D. SCHAFER
[1] The exceptional simple Lie algebras F_4 and E_6. Proc. nat. Acad. Sci. USA **36**, 137—141 (1950).
CLIMESCU, A.
[1] La représentation par des matrices groupales du groupoïde multiplicatif d'une algèbre non-associative. Bul. Inst. Politehn. Iaşi (N.S.) **2**, no. 3—4, 9—18 (1956).
COHN, P. M.
[1] On homomorphic images of special Jordan algebras. Canad. J. Math. **6**, 253—264 (1954).
[2] Two embedding theorems for Jordan algebras. Proc. London Math. Soc. (3) **9**, 503—524 (1959).
CORBAS, V.
[1] Su di una classe di quasicorpi commutativi finite e su di una congettura di Dickson. Rend. Mat. e Appl. (5) **21**, 245—265 (1962).
DICKSON, L. E.
[1] On quaternions and their generalization and the history of the eight square theorem. Ann. Math. **20**, 155—171 (1919).
DIDIDZE, C. E.
[1] Free non-associative sums of algebras with an arbitrary amalgamated subalgebra. Soobšč. Akad. Nauk Gruzin SSR **24**, 519—521 (1960).
[2] Subalgebras of non-associative free sums of algebras with arbitrary amalgamated subalgebra. Mat. Sb. (N.S.) **54** (96), 381—384 (1961).
DOROFEEV, G. V.
[1] An instance of a solvable, though non-nilpotent, alternative ring. Usp. Mat. Nauk **15**, no. 3 (93) 147—150 (1960).
[2] Alternative rings with three generators. Sibirsk Mat. Ž. **4**, 1029—1048 (1963).

[3] An example in the theory of alternative rings. Sibirsk. Mat. Ž. **4**, 1049—1052 (1963).

DUBISCH, R., u. S. PERLIS

[1] On the radical of a non-associative algebra. Amer. J. Math. **70**, 540—546 (1948).

EILENBERG, S.

[1] Extensions of general algebras. Ann. Soc. Polon. Math. **21**, 125—134 (1948).

ETHERINGTON, I. M. H.

[1] Genetic algebras. Proc. roy. Soc. Edinburgh **59**, 242—258 (1939).

[2] Non-associative algebra and the symbolism of genetics. Proc. roy. Soc. Edinburgh **61**, 24—42 (1941).

[3] Special train algebras. Quart. J. Math. Oxford, Ser. **12**, 1—8 (1941).

[4] Entropic functions for linear algebras. Proc. roy. Soc. Edinburgh, Sect. A **65**, 84—108 (1958).

[5] Enumeration of indices of given altitude and degree. Proc. Edinburgh Math. Soc. (2) **12**, 1—5 (1960/61).

EVANS, T.

[1] Some remarks on a paper by R. H. Bruck. Proc. Amer. Math. Soc. **7**, 211—220 (1956).

[2] Nonassociative number theory. Amer. Math. Monthly **64**, 299—309 (1957).

FREUDENTHAL, H.

[1] Oktaven, Ausnahmegruppen und Oktavengeometrie. Utrecht 1951.

[2] Zur ebenen Oktavengeometrie. Nederl. Akad. Wetensch. Proc., Ser. A **56**, 195—200 (1953).

[3] Sur le groupe exceptionnel E_7. Nederl. Akad. Wetensch. Proc., Ser. A **56**, 81—89 (1953).

[4] Sur le groupe exceptionnel E_8. Nederl. Akad. Wetensch. Proc., Ser. A **56**, 95—98 (1953).

[5] Sur des invariants caractéristiques des groupes semi-simples. Nederl. Akad. Wetensch. Proc., Ser. A **56**, 90—94 (1953).

[6] Beziehungen der E_7 und E_8 zur Oktavenebene I. Nederl. Akad. Wetensch. Proc., Ser. A **57**, 218—230 (1954).

[7] Beziehungen der E_7 und E_8 zur Oktavenebene II. Nederl. Akad. Wetensch. Proc., Ser. A **57**, 363—368 (1954).

[8] Beziehungen der E_7 und E_8 zur Oktavenebene III. Nederl. Akad. Wetensch. Proc., Ser. A **58**, 151—157 (1955).

[9] Beziehungen der E_7 und E_8 zur Oktavenebene IV. Nederl. Akad. Wetensch. Proc., Ser. A **58**, 277—285 (1955).

[10] Beziehungen der E_7 und E_8 zur Oktavenebene V. Nederl. Akad. Wetensch. Proc., Ser. A **62**, 165—179 (1959).

[11] Beziehungen der E_7 und E_8 zur Oktavenebene VI. Nederl. Akad. Wetensch. Proc., Ser. A **62**, 180—191 (1959).

[12] Beziehungen der E_7 und E_8 zur Oktavenebene VII. Nederl. Akad. Wetensch. Proc., Ser. A **62**, 192—201 (1959).

[13] Beziehungen der E_7 und E_8 zur Oktavenebene VIII. Nederl. Akad. Wetensch. Proc., Ser. A **62**, 447—465 (1959).

[14] Beziehungen der E_7 und E_8 zur Oktavenebene IX. Nederl. Akad. Wetensch. Proc., Ser. A **62**, 466—474 (1959).

GAĬNOV, A. T.

[1] Alternative algebras of rank 3 and 4. Algebra i Logika Sem. **2**, no. 4, 41—46 (1963).

[2] Freè commutative and free anticommutative products of algebras. Dokl. Akad. Nauk SSSR **133**, 1275—1278 (1960), translated as Soviet Math. Dokl. **1**, 956—959 (1961).

[3] Free commutative and free anticommutative products of algebras. Sibirsk Mat. Ž. **3**, 805—833 (1962).

[4] Derivations of recluced free algebras. Algebra i Logika Sem. 1_7 no. **6**, 20—25 (1962/63).

GINZBURG, A.

[1] A note on Cayley loops. Canad. J. Math. **16**, 77—81 (1964).

GLEICHGEWICHT, B.

[1] On a class of rings. Fund. Math. **48**, 259—355 (1959/60).

[2] Remarks on τ-rings. Colloq. Math. **8**, 225—231 (1961).

GONSHOR, H.

[1] Special train algebras arising in genetics. Proc. Edinburgh Math. Soc. (2) **12**, 41—53 (1960/61).

GOVOROV, V. E.

[1] Algebras freely generated by finite amalgams. Mat. Sb. (N.S.) **50** (92), 241—246 (1960).

GRÄTZER, G., u. E. T. SCHMIDT

[1] An associativity theorem for alternative rings. Magyar Tud. Akad. Mat. Kutató Int. Közl. **4**, 259—264 (1959).

HALL, M.

[1] Projective planes. Trans. Amer. Math. Soc. **54**, 229—277 (1943).

[2] Correction to Projective planes. Trans. Amer. Math. Soc. **65**, 474 (1949).

HALL, M. JR.

[1] Projective planes and related topics. Calif. Inst. of Tech. vi + 77 (1954).

[2] An identity in Jordan rings. Proc. Amer. Math. Soc. **7**, 990—998 (1956).

HARPER, L. R. JR.

[1] Proof of an identity on Jordan algebras. Proc. nat. Acad. Sci. USA **42**, 137—139 (1956).

[2] On differentiably simple algebras. Trans. Amer. Math. Soc. **100**, 63—72 (1961).

HARRIS, B.

[1] Centralizers in Jordan algebras. Pacific J. Math. **8**, 757—790 (1958).

[2] Derivations of Jordan algebras. Pacific J. Math. **9**, 495—512 (1959).

HASHIMOTO, H.

[1] On *-modular right ideals of an alternative ring. J. Fac. Sci. Hokkaido Univ., Ser. I **15**, 131—133 (1960).

HAVEL, V.

[1] Eine Bemerkung über die Semi-Homomorphismen der Alternativringe. Mat.-Fyz. Časopis. Slovensk. Akad. Vied. **8**, 3—6 (1958).

[2] On the theory of semi-automorphisms of alternative fields. Czechoslovak Math. J. **12** (87), 110—118 (1962).

HELWIG, K.-H.

[1] Automorphismen des Kreiskegels und des zugehörigen Halbraumes. Math. Ann. **157**, 1—33 (1964).

[2] Eine Verallgemeinerung der formal-reellen Jordan-Algebren. (erscheint demnächst).

[3] Zur Koecherschen Reduktionstheorie in Positivitätsbereichen I, II und III. Math. Z. (erscheint demnächst).

HERSTEIN, I. N.

[1] On the Lie and Jordan rings of a simple associative ring. Amer. J. Math. **77**, 279—285 (1955).

[2] Jordan homomorphisms. Trans. Am. Math. Soc. **81**, 331—341 (1956).
[3] Lie and Jordan systems in simple rings with involution. Amer. J. Math. **78**, 629—649 (1956).
[4] Lie and Jordan structures in simple, associative rings. Bull. Amer. Math. Soc. **67**, 517—531 (1961).

HERTNECK, CH.
[1] Positivitätsbereiche und Jordan-Strukturen. Math. Ann. **146**, 433—455 (1962).

HIJIKATA, HIROAKI
[1] A remark on the groups of type G_2 and F_4. J. Math. Soc. Japan **15**, 159—164 (1963).

HIRZEBRUCH, U.
[1] Halbräume und ihre holomorphen Automorphismen. Math. Ann. **153**, 395—417 (1964).
[2] Über Jordan-Algebren und RIEMANNsche symmetrische Räume vom Rang 1. Math. Z. (erscheint demnächst).

HOCHSCHILD, G. P.
[1] Semi-simple algebras and generalized derivations. Amer. J. Math. **64**, 677—694 (1942).

HOEHNKE, H.-J.
[1] Über spurenverträgliche Algebren. Publ. Math. Debrecen **9**, 122—134 (1962).
[2] Über nichtassoziative Algebren mit assoziativ-symmetrischer Bilinearform. Mber. Dtsch. Akad. Wiss. Berlin **4**, 173—178 (1962).

HUGHES, D. R., u. E. KLEINFELD
[1] Seminuclear extensions of Galois fields. Amer. J. Math. **82**, 389—392 (1960).

JACOBSON, F. D., u. N. JACOBSON
[1] Classification and representation of semisimple Jordan algebras. Trans. Amer. Math. Soc. **65**, 141—169 (1949).

JACOBSON, N.
[1] Cayley planes. dittoed [28].
[2] Exceptional Lie algebras. dittoed [57].
[3] A note on non-associative algebras. Duke Math. J. **3**, 544—548 (1937).
[4] Abstract derivation and Lie algebras. Trans. Amer. Math. Soc. **42**, 206—224 (1937).
[5] Cayley numbers and normal simple Lie algebras of type G. Duke Math. J. **5**, 775—783 (1939).
[6] The center of a Jordan ring. Bull Amer. Math. Soc. **54**, 316—322 (1948).
[7] Isomorphisms of Jordan rings. Amer. J. Math. **70**, 317—326 (1948).
[8] Derivation algebras and multiplication algebras of semi-simple Jordan algebras. Ann. Math. **50**, 866—874 (1949).
[9] Lie and Jordan triple systems. Amer. J. Math. **71**, 149—170 (1949).
[10] General representation theory of Jordan algebras. Trans. Amer. Math. Soc. **70**, 509—530 (1951).
[11] Completely reducible Lie algebras. Proc. Amer. Math. Soc. **2**, 105—113 (1951).
[12] Representation theory for Jordan rings. Proc. Internat. Congress Math., Cambridge, Mass., 1950, Providence, Amer. Math. Soc. **2**, 37—43 (1952).
[13] Operator commutativity in Jordan algebras. Proc. Amer. Math. Soc. **3**, 973 bis 976 (1952).
[14] Some aspects of the theory of representations of Jordan algebras. Proc. Internat. Congress of Math., Amsterdam, III 28—33 (1954).
[15] Structure of alternative and Jordan bimodules. Osaka Math. J. **6**, 1—71 (1954).

[*16*] A Kronecker factorization theorem for Cayley algebras and the exceptional simple Jordan algebras. Amer. J. Math. **76**, 447—452 (1954).

[*17*] A theorem on the structure of Jordan algebras. Proc. nat. Acad. Sci. USA **42**, 140—147 (1956).

[*18*] Jordan algebras. In: Report of a Conference on Linear Algebras. Nat. Acad. of Sci. — Nat. Res. Council, Publ. 502, v + 60 pp., 12—19 (1957).

[*19*] Composition algebras and their automorphisms. Rend. Circ. Mat. Palermo **7**, 55—80 (1958).

[*20*] Nilpotent elements in semi-simple Jordan algebras. Math. Ann. **136**, 375—386 (1958).

[*21*] Some groups of transformations defined by Jordan algebras I. J. reine angew. Math. **201**, 178—195 (1959).

[*22*] Some groups of transformations defined by Jordan algebras II. Groups of type F_4. J. reine angew. Math. **204**, 74—98 (1960).

[*23*] Some groups of transformations defined by Jordan algebras III. J. reine angew. Math. **207**, 61—85 (1961).

[*24*] Lie algebras. Interscience Tracts in Pure and Applied Mathematics, No. 10 (1962). Intersience Publishers, New York/London ix + 331 pp.

[*25*] MacDonald's theorem on Jordan algebras. Arch. Math. **13**, 241—250 (1962).

[*26*] A coordinatization theorem for Jordan algebras. Proc. nat. Acad. Sci. USA **48**, 1154—1160 (1962).

[*27*] Generic norm of an algebra. Osaka Math. J. **15**, 25—50 (1963).

[*28*] Lectures on Jordan algebras. Lectures notes, Univ of Chicago, Math. **446**, (1964).

JACOBSON, N., u. L. J. PAIGE

[*1*] On Jordan algebras with two generators. J. Math. Mech. **6**, 895—906 (1957).

JACOBSON, N., u. C. E. RICKART

[*1*] Jordan homomorphisms of rings. Trans. Amer. Math. Soc. **69**, 479—502 (1950).

[*2*] Homomorphisms of Jordan rings of self-adjoint elements. Trans. Amer. Math. Soc. **72**, 310—322 (1952).

JENNER, W. E.

[*1*] The radical of a non-associative ring. Proc. Amer. Math. Soc. **1**, 348—351 (1950).

[*2*] A note on truncated loop algebras. Portugal. Math. **16**, 1—2 (1957).

JORDAN, P.

[*1*] Über eine Klasse nichtassoziativer hyperkomplexer Algebren. Nachr. Ges. Wiss. Göttingen 569—575 (1932).

[*2*] Über Verallgemeinerungsmöglichkeiten des Formalismus der Quantenmechanik. Nachr. Ges. Wiss. Göttingen 209—214 (1933).

[*3*] Über die Multiplikation quantenmechanischer Größen. Z. Phys. **80**, 285—291 (1933).

[*4*] Über eine nicht-desarguesches ebene projektive Geometrie. Abh. math. Sminar Hamburg. Univ. **16**, 74—76 (1949).

JORDAN, P., J. VON NEUMANN u. E. WIGNER

[*1*] On an algebraic generalization of the quantum mechanical formalism. Ann. Math. **36**, 29—64 (1934).

KALISCH, G. K.

[*1*] On special Jordan algebras. Trans. Amer. Math. Soc. **61**, 482—494 (1947).

KAPLANSKY, I.

[*1*] Semisimple alternative rings. Portugal. Math. **10**, 37—50 (1951).

[*2*] Infinite-dimensional quadratic forms permitting composition. Proc. Amer. Math. Soc. **4**, 956—960 (1953).

KLEINFELD, E.
[1] Alternative division rings of characteristics 2. Proc. nat. Acad. Sci. USA **37**, 818—820 (1951).
[2] Simple alternative rings. Ann. Math. **58**, 544—547 (1953).
[3] Right alternative rings. Proc. Amer. Math. Soc. **4**, 939—944 (1953).
[5] Primitive rings and semisimplicity. Amer. J. Math. **77**, 725—730 (1955).
[6] Standard and accesible rings. Canad. J. Math. **8**, 335—340 (1956).
[7] Generalization of a theorem on simple alternative rings. Portugal. Math. **14**, 91—94 (1956).
[8] On alternative and right alternative rings. In: Report of a Conference on Linear Algebras, Nat. Acad. of Sci. — Nat. Res. Council, Publ. 502, v + 60 pp. 20—33 (1957).
[9] Alternative nil rings. Ann. Math. **66**, 395—399 (1957).
[10] Assosymmetric rings. Proc. Amer. Math. Soc. **8**, 893—986 (1957).
[11] A note on Moufang-Lie rings. Proc. Amer. Math. Soc. **9**, 72—74 (1958).
[12] Rings of (γ, δ) type. Portugal. Math. **18**, 107—110 (1959).
[13] Quasi-nil rings. Proc. Amer. Math. Soc. **10**, 477—479 (1959).
[14] Simple algebras of type (1, 1) are associative. Canad. J. Math. **13**, 129—148 (1961).
[15] Associator dependent rings. Arch. Math. **13**, 203—212 (1962).
[16] Middle nucleus-center in a simple Jordan ring. J. Algebra **1**, 40—42 (1964).
[17] On a class of right alternative rings. Math. Z. **87**, 12—16 (1965).

KLEINFELD, E., u. L. A. KOKORIS
[1] Flexible algebras of degree one. Proc. Amer. Math. Soc. **13**, 891—893 (1962).

KLEINDELD, E., F. KOSIER, J. M. OSBORN u. D. RODABAUGH
[1] The structure of associator dependent rings. Trans. Amer. Math. Soc. **110**, 473—483 (1964).

KNOPFMACHER, J.
[1] Universal envelopes for non-associative algebras. Quart. J. Math. Oxford, Ser. (2) **13**, 264—282 (1962).

KOECHER, M.
[1] Analysis in reellen Jordan-Algebren. Nachr. Akad. Wiss. Göttingen, Math.-Phys. Kl. IIa, 67—74 (1958).
[2] On real Jordan algebras. Bull. Amer. Math. Soc. **68**, 374—377 (1962).
[3] Eine Charakterisierung der Jordan-Algebren. Math. Ann. **148**, 244—256 (1962).
[4] Jordan algebras and their applications. Lecture notes Univ. of Minnesota, Minneapolis 1962.

KOKORIS, L. A.
[1] Power-associative commutative algebras of degree two. Proc. nat. Acad. Sci. USA **38**, 534—537 (1952).
[2] New results on power-associative algebras. Trans. Amer. Math. Soc. **77**, 363—373 (1954).
[3] Power-associative rings of characteristic two. Proc. Amer. Math. Soc. **6**, 705—710 (1955).
[4] Simple power-associative algebras of degree two. Ann. Math. **64**, 544—550 (1956).
[5] Some nodal noncommutative Jordan algebras. Proc. Amer. Math. Soc. **9**, 164—166 (1958).
[6] Simple nodal noncommutative Jordan algebras. Proc. Amer. Math. Soc. **9**, 652—654 (1958).
[7] On nilstable algebras. Proc. Amer. Math. Soc. **9**, 697—701 (1958).
[8] On rings of (γ, δ)-type. Proc. Amer. Math. Soc. **9**, 897—904 (1958).

[9] Nodal noncommutative Jordan algebras. Canad. J. Math. **12**, 488—492 (1960).
[10] Flexible nilstable algebras. Proc. Amer. Math. Soc. **13**, 335—340 (1962).

KOSIER, F.
[1] On a class of nonflexible algebras. Trans. Amer. Math. Soc. **102**, 299—318 (1962).
[2] A note on certain non-associative algebras. Amer. Math. Monthly **70**, 274—277 (1963).
[3] A generalization of alternative rings. Trans. Amer. Math. Soc. **112**, 32—42 (1964).

KOSIER, F., u. J. M. OSBORN
[1] Nonassociative algebras satisfying identities of degree three. Trans. Amer. Math. Soc. **110**, 484—492 (1964).

KUROSCH, A.
[1] Non-associative free algebras and free products of algebras. Rec. Math. (Mat. Sbornik) N.S. **20**, 239—262 (1947).
[2] The present status of the theory of rings and algebras. Usp. Mat. Nauk (N.S.) **6**, 3—15 (1951).
[3] Free sums of multiple operator algebras. Sibirsk Mat. Ž. **1**, 62—70; correction 638 (1960).

KUZ'MIN, E. N.
[1] On commutators in flexible rings. Sibirsk. Mat. Ž. **1**, 198—204 (1960).

LAMONT, P. J. C.
[1] Ideals in Cayley's algebra. Nederl. Akad. Wetensch. Proc., Ser. A **66**, = Indag. Math. **25**, 394—400 (1963).
[2] Arithmetics in Cayley's algebra. Proc. Glasgow Math. Assoc. **6**, 99—106 (1963).

LATYŠEV, V. N.
[1] On zero divisors in finite-dimensional anticommutative algebra. Izv. Vysš. Učebn. Zaved. Matematika 1961 no. **2** (21) 100—108 (1961).

LAUFER, P. J., u. M. L. TOMBER
[1] Some Lie admissible algebras. Canad. J. Math **14**, 287—292 (1962).

LEADLEY, J. D., u. R. W. RITCHIE
[1] Conditions for the power associativity of algebras. Proc. Amer. Math. Soc. **11**, 399—405 (1960).

LISTER, W. G.
[1] A structure theory of Lie triple systems. Trans. Amer Math. Soc. **72**, 217—242 (1952).

LOOS, O.
[1] Über eine Beziehung zwischen MALCEV-Algebren und Lie-Tripelsystemen. Pacific. J. Math. (erscheint demnächst).

LORENZEN, H.-P.
[1] Quadratische Darstellungen in Jordan-Algebren. Abh. math. Seminar hamburg. Univ. **28**, 115—123 (1965).
[2] Mutationsinvariante Unteralgebren von Jordan-Algebren. Math. Ann. (erscheint demnächst).

LOSEY, N.
[1] Simple commutative non-associative algebras satisfying a polynomial identity of degree five. Ph. D. Thesis, Univ. of Wisconsin (1963).

LUCHIAN, T.
[1] Algèbres par rapport au corps des nombres réels d'ordre 2, sans diviseurs de zéro. An. Şti. Univ. „Al. I. Cuza" Iaşi. Sect. I (N.S.) **3**, 19—30 (1957).
[2] A classification of real linear algebras of order 2, with divisors of zero. An. Şti. Univ. „Al. I. Cuza" Iaşi. Sect. I. (N.S.) **4**, 21—38 (1958).

Mac Donald, I. G.
[1] Jordan algebra with sthree generators. Proc. London Math. Soc. **10**, 395—408 (1960).

Mammana, C.
[1] Sui sottoquasicorpi di un quasicorpo. Matematiche (Catania) **14**, 109—114 (1959).
[2] Sui quasicorpi commutativi di ordine p^3. Matematiche (Catania) **15**, 29—40 (1960).
[3] Sui quasicorpi distributivi finiti. Matematiche (Catania) **15**, 121—140 (1960).

McGrimmon, K.
[1] Jordan algebras of degree 1. Bull. Amer. Math. Soc. **70**, 702 (1964).
[2] Norms and noncommutative Jordan algebras. (Erscheint demnächst.)

Malcev, A.
[1] On the representation of an algebra as a direct sum of the radical and a semisimple subalgebra. C.R. (Doklady) Acad. Sci. URSS **36**, 42—45 (1942).
[2] On a representation of nonassociative rings. Usp. Mat. Nauk (N.S.) **7**, 181—185 (1952).

Maneri, C.
[1] Simple (—1, 1) rings with an idempotent. Proc. Amer. Math. Soc. **14**, 110—117 (1963).

Meyberg, K.
[1] Über die Killing-Form in Jordan-Algebren. Math. Z. **89**, 52—73 (1965).
[2] Ein Satz über Mutationen von Jordan-Algebren. Math. Z. (Erscheint demnächst.)
[3] Über die Lie-Algebren der Derivationen und der links-regulären Darstellungen in zentral-einfachen Jordan-Algebren. (Erscheint demnächst.)

Mills, W. H.
[1] A theorem on the representation theory of Jordan algebras. Pacific J. Math. **1**, 255—264 (1951).

Minc, H.
[1] Enumeration of indices of given altitude and potency. Proc. Edinburgh Math. Soc. (2) **11**, 207—209 (1958/59).
[2] A problem in partitions: Enumeration of elements of a given degree in the free commutative entropic cyclic groupoid. Proc. Edinburgh Math. Soc. (2) **11**, 223—224 (1958/59).
[3] The free commutative entropic logarithmetic. Proc. Roy. Soc. Edinburgh, Sect. A **65**, 177—192 (1959).
[4] Theorems on nonassociative number theory. Amer. Math. Monthly **66**, 486 bis 488 (1959).

Moufang, R.
[1] Alternativkörper und der Satz vom vollständigen Vierseit (D_9). Abh. math. Seminar hamburg. Univ. **9**, 207—222 (1933).
[2] Zur Struktur von Alternativkörpern. Math. Ann. **110**, 416—430 (1935).

Neumann, B. H.
[1] Embedding non-associative rings in division rings. Proc. London Math. Soc. **1**, 241—256 (1951).

von Neumann, J.
[1] On an algebraic generalization of the quantum mechanical formalism. Mat. Sbornik **1**, 415—482 (1936).

Ögmundsson, V.
[1] Multiplication in n dimension. Nordisk Mat. Tidskr. **7**, 111—116, 144 (1959).

Oehmke, R. H.
[1] On flexible algebras. Ann. Math. **68**, 221—230 (1958).

[2] A class of noncommutative power-associative algebras. Trans. Amer. Math. Soc. **87**, 226—236 (1958).

[3] On flexible power-associative algebras of degree two. Proc. Amer. Math. Soc. **12**, 151—158 (1961).

[4] On commutative algebras of degree two. Trans. Amer. Math. Soc. **105**, 295—313 (1962).

[5] Nodal noncommutative Jordan algebras. Trans. Amer. Math. Soc. **112**, 416—431 (1964).

OEHMKE, R. H., u. R. SANDLER

[1] The collineation groups of division ring planes. I. Jordan algebras. Bull. Amer. Math. Soc. **69**, 791—793 (1963).

[2] The collineation groups of division ring planes I. Jordan division algebras. Z. reine angew. Math. **216**, 67—87 (1964).

OSBORN, J. M.

[1] New loops from old geometries. Amer. Math. Monthly **68**, 103—107 (1961).

[2] Quadratic division algebras. Trans. Amer. Math. Soc. **105**, 202—221 (1962).

[3] A generalization of power-associativitiy. Pacific. J. Math. **14**, 1367—1379 (1964).

[4] Identities of non-associative algebras. Canad. J. Math. **17**, 78—92 (1965).

[5] An identity of degree four. Submitted to Proc. Amer. Math. Soc.

[6] On commutative nonassociative algebras. J. of Algebra **2**, 48—79 (1965).

OUTCALT, D. L.

[1] An extension of the class of alternative rings. Canad. J. Math. **17**, 130—141 (1965).

PAIGE, L. J.

[1] A theorem on power-associative loop algebras. Proc. Amer. Math. Soc. **6**, 279—280 (1955).

[2] A class of simple Moufang loops. Proc. Amer. Math. Soc. **7**, 471—482 (1956).

[3] A note on noncommutative Jordan algebras. Portugal Math. **16**, 15—18 (1957).

PATTERSON, E. M.

[1] Linear algebras of genus zero. J. London Math. Soc. **31**, 326—331 (1956).

[2] On certain types of derivations. Proc. Cambridge Philos. Soc. **54**, 338—345 (1958).

[3] On certain classes of linear algebras of genus one. Proc. Roy. Soc. Edinburgh, Sect. A **65**, 63—71 (1958).

[4] Note on non-associative rings with regular automorphisms. J. London Math. Soc. **34**, 457—464 (1959).

[5] On regular automorphisms of certain classes of rings. Quart. J. Math. Oxford Ser. (2) **12**, 127—133 (1961).

PENICO, A. J.

[1] The Wedderburn principal theorem for Jordan algebras. Trans. Amer. Math. Soc. **70**, 404—420 (1951).

PICKERT, G.

[1] Projektive Ebenen. Berlin 1955.

POLLAK, B.

[1] The equation $\bar{t}at = b$ in a composition algebra. Duke Math. J. **29**, 225—230 (1962).

PRICE, C. M.

[1] Jordan division algebras and the algebras $A(\lambda)$. Trans. Amer. Math. Soc. **70**, 291—300 (1951).

REE, R.

[1] The simplicity of certain nonassociative algebras. Proc. Amer. Math. Soc. **9**, 886—892 (1958).

[2] Lie elements and an algebra associated with shuffles. Ann. of Math. (2) **68**, 210—220 (1958).

REIERSÖL, O.

[1] Genetic algebras studied recursively and by means of differential operators. Math. Scand. **10**, 25—44 (1962).

RITCHIE, R. W.

[1] A generalization of non-commutative Jordan algebras. Proc. Amer. Math. Soc. **10**, 926—930 (1959).

RODABAUGH, D.

[1] A generalization of the flexible law. Trans. Amer. Math. Soc. **114**, 468—487 (1965).

RODRIQUEZ, G.

[1] Sui quasicorpi distributivi finiti. Atti Acad. Naz. Lincei, Rend. Cl. Sci. Fis. Mat. Nat. (8) **26**, 458—465 (1959).

SAGLE, A. A.

[1] Malcev algebras. Trans, Amer. Math. Soc. **101**, 426—458 (1961).

[2] On derivations of semi-simple Malcev algebras. Portugal. Math. **21**, 107—109 (1962).

[3] Simple Malcev algebras over fields of caracteristic zero. Pacific. J. Math. **12**, 1057—1078 (1962).

SAITŎ, T.

[1] On generalized rings. Bull Tokyo Gakugei Univ. **12**, 99—104 (1961).

SANDLER, R.

[1] A note on some new finite division ring planes. Trans. Amer. Math. Soc. **104**, 528—531 (1962).

[2] Autotopism groups of some finite non-associative algebras. Amer. J. Math. **84**, 239—264 (1962).

[3] The collineation groups of some finite projective planes. Portugal. Math. **21**, 189—199 (1962).

SAN SOUCIE, R. L.

[1] Right alternative division rings of characteristic 2. Proc. Amer. Math. Soc. **6**, 291—296 (1955).

[2] Right alternative rings of characteristic two. Proc. Amer. Math. Soc. **6**, 716—719 (1955).

[3] Weakly standard rings. Amer. J. Math. **79**, 80—86 (1957).

SCE, M.

[1] Sulla varietà dei divisori dello zero nelle algebre. Atti Accad. Naz. Lincei. Rend. Cl. Sci. Fis. Mat. Nat. (8) **23**, 39—44 (1957).

SCHAFER, R. D.

[1] Alternative algebras over an arbitrary field. Bull. Amer. Math. Soc. **49**, 549—555 (1943).

[2] Concerning automorphisms of non-associative algebras. Bull. Amer. Math. Soc. **53**, 573—583 (1947).

[3] The exceptional simple Jordan algebras. Amer. J. Math. **70**, 82—94 (1948).

[4] The Wedderburn principal theorem for alternative algebras. Bull. Amer. Math. Soc. **55**, 604—614 (1949).

[5] Inner derivations of non-associative algebras. Bull. Amer. Math. Soc. **55**, 769—776 (1949).

[6] Structure of genetic algebras. Amer. J. Math. **71**, 121—135 (1949).

[7] A theorem on the derivations of Jordan algebras. Proc. Amer. Math. Soc. **2**, 290—294 (1951).

[8] Representations of alternative algebras. Trans. Amer. Math. Soc. **72**, 1—17 (1952).

[9] The Casimir operation for alternative algebras. Proc. Amer. Math. Soc. **73**, 444—451 (1953).

[10] A generalization of a theorem of Albert. Proc. Amer. Math. Soc. **73**, 452—455 (1953).

[11] On the algebras formed by the Cayley-Dickson process. Amer. J. Math. **76**, 435—446 (1954).

[12] Noncommutative Jordan algebras of characteristic 0. Proc. Amer. Math. Soc. **6**, 472—475 (1955).

[13] Structure and representation of nonassociative algebras. Bull. Amer. Math. Soc. **61**, 469—484 (1955).

[14] On noncommutative Jordan algebras. Proc. Amer. Math. Soc. **9**, 110—117 (1958).

[15] Restricted noncommutative Jordan algebras of characteristic p. Proc. Amer. Math. Soc. **9**, 141—144 (1958).

[16] On cubic forms permitting composition. Proc. Amer. Math. Soc. **10**, 917—925 (1959).

[17] Nodal noncommutative Jordan algebras and simple Lie algebras of characteristic p. Trans. Amer. Math. Soc. **94**, 310—326 (1960).

[18] Cubic forms permitting a new type of composition. J. Math. Mech. **10**, 159—174 (1961).

[19] On a class of quadratic algebras. Proc. Amer. Math. Soc. **13**, 187—191 (1962).

[20] On forms of degree n permitting composition. J. Math. Mech. **12**, 777—792 (1963).

[21] An introduction to nonassociative algebras. Lecture notes Oklahoma State University, Stillwater 1961 (ergänzt 1964).

SHIRSHOV, A. I.
[1] On special J-rings. Mat. Sbornik N.S. **38**, 149—166 (1956).
[2] On some non-associative null-rings and algebraic algebras. Mat. Sb. N.S. **41** (83), 381—394 (1957).
[3] Some questions in the theory of rings close to associative. Usp. Mat. Nauk **13**, no. 6 (84), 3—20 (1958).

SKORNYAKOV, L. A.
[1] Natural domains of Veblen-Wedderburn projektive planes. Izv. Akad. Nauk SSSR **13**, 447—472 (1949). Amer. Math. Soc. Translat. Nr. 58.
[2] Alternative fields. Ukrain. Mat. Ž. **2**, 70—85 (1950).
[3] Right-alternative fields. Izv. Akad. Nauk SSSR, Ser. Mat. **15**, 177—184 (1951).
[4] Projektive planes. Usp. Mat. Nauk (N.S.) **6**, 112—154 (1951). Amer. Math. Soc. Translat. Nr. 99.
[5] T-homomorphisms of rings. Mat. Sb. N.S. **42** (84), 425—440 (1957).
[6] Non-associative free T-sums of fields. Mat. Sb. N.S. **44** (86), 297—312 (1958).

SMILEY, M. F.
[1] The radical of an alternative ring. Ann. Math. **49**, 702—709 (1948).
[2] Application of a radical of Brown and McCoy to non-associative rings. Amer. J. Math. **72**, 93—100 (1950).
[3] On the ideals and automorphisms of non-associative rings. Proc. Amer. Math. Soc. **2**, 138—143 (1951).
[4] Some questions concerning alternative rings. Bull. Amer. Math. Soc. **57**, 36—43 (1951).

[5] Jordan homomorphisms and right alternative rings. Proc. Amer. Math. Soc. **8**, 668—671 (1957).

[6] Jordan homomorphisms onto prime rings. Amer. Math. Soc. **84**, 426—429 (1957).

[7] A remark on the definition of Jordan homomorphisms. Portugal. Math. **20**, 147—148 (1961).

SPRINGER, T. A.

[1] On a class of Jordan algebras. Nederl. Akad Wetensch. Proc., Ser. A **62**, 254—264 (1959).

[2] The classification of reduced exceptional simple Jordan algebras. Nederl. Akad. Wetensch. Proc., Ser. A **63**, 414—422 (1960).

[3] The projective octave plane. Nederl. Akad. Wetensch. Proc., Ser. A **63**, 74—101 (1960).

[4] The classification of reduced exceptional simple Jordan algebras. Nederl. Akad. Wetensch. Proc., Ser. A *63* = Indag. Math. **22**, 414—422 (1960).

[5] Characterization of a class of cubic forms. Nederl. Akad. Wetensch. Proc., Ser. A *65* = Indag. Math. **24**, 259—265 (1962).

STÖCKER, C.

[1] Alternative Divisionsringe beliebiger Charakteristik. Math. Ann. **132**, 17—42 (1956).

SUGAWARA, M.

[1] H-spaces and spaces of loops. Math. J. Okayama Univ. **5**, 5—11 (1955).

SUH, T.

[1] On isomorphisms of little projective groups of Cayley planes. Yale dissertation (1960).

TAFT, E. J.

[1] Invariant Wedderburn factors. Illinois J. Math. **1**, 565—573 (1957).

[2] The Whitehead first lemma for alternative algebras. Proc. Amer. Math. Soc. **8**, 950—956 (1957).

[3] Cleft algebras with operator groups. Portugal. Math. **20**, 195—198 (1961).

TAMARI, D.

[1] The algebra of bracketings and their enumeration. Nieuw Arch. Wisk. (3) **10**, 131—146 (1962).

THEDY, A.

[1] Note zu einer Arbeit von R. H. OEHMKE und R. SANDLER. J. reine angew. Math. **216**, 88—90 (1964).

TITS, J.

[1] Le plan projectif des octaves et les groupes de Lie exceptionnels. Acad. Roy. Belgique Bull. Cl. Sci. **39**, 309—329 (1953).

[2] Le plan projectif des octaves et les groupes exceptionnels E_6 et E_7. Acad. Roy. Belgique Bull. Cl. Sci. **40**, 29—40 (1954).

[3] Sur la trialité et les algèbres d'octaves. Acad. Roy. Belgique Bull. Cl. Sci. **44**, 332—350 (1958).

[4] Une classe d-algèbres de Lie en relation avec les algèbres de Jordan. Nederl. Akad. Wetensch. Proc., Ser. A *65* = Indag. Math. **24**, 530—535 (1962).

[5] A theorem on generic norms of strictly power associative algebras. Proc. Amer. Math. Soc. **15**, 35—36 (1964).

URBANIK, K.

[1] Absolute-valued algebras with an involution. Fund. Math. **49**, 247—258 (1960/61).

[2] Reversibility in absolute-valued algebras. Fund. Math. **51**, 131—140 (1962/63).

URBANIK, K., u. F. B. WRIGHT
[1] Absolute-valued algebras. Proc. Amer .Math. Soc. 11, 861—866 (1960).
VINBERG, E. B.
[1] Automorphisms of homogeneous convex cones. Dokl. Akad. Nauk SSSR 143, 265—268 (1962).
WALKER, R. J.
[1] Determination of division algebras with 32 elements. Proc. Sympos. Appl. Math., Vol. XV, 83—85 (1963), Amer. Math. Soc., Providence, R.I.
WALLACE, E. W.
[1] Some nilpotent algebras with centres of given dimension. Proc. Roy. Soc. Edinburgh, Sect. A 65, 310—317 (1960/61).
[2] Properties of I-extension of anti-commutative algebras. Proc. Roy. Soc. Edinburgh, Sect. A 65, 345—357 (1960/61).
WITTHOFT, W. G.
[1] A class of nilstable algebras. Trans. Amer. Math. Soc. 111, 413—422 (1964).
WRIGHT, F. B.
[1] Absolute valued algebras. Proc. nat. Acad. Sci. USA 39, 330—332 (1953).
YAMAGUTI, K.
[1] On representations of Jordan algebras. Kumamoto J. Sci., Ser. A 5, 103—110 (1961).
[2] On representations of Jordan triple systems. Kumamoto J. Sci., Ser. A 5, 171—184 (1962).
[3] Note on Malcev algebras. Kumamoto J. Sci., Ser. A 5, 203—207 (1962).
ZEMMER, J. L. JR.
[1] On the subalgebras of finite division algebras. Canad. J. Math. 4, 491—503 (1952).
[2] Some 𝔊 division algebras. Canad. J. Math. 11, 51—58 (1959).
ŽEVLAKOV, K. A.
[1] Solubility of alternative nil-rings. Sibirsk. Mat. Ž. 3, 368—377 (1962).
ZORN, M.
[1] Theorie der alternativen Ringe. Abh. math. Seminar hamburg. Univ. 8, 123—147 (1930).
[2] Alternativkörper und quadratische Systeme. Abh. math. Seminar hamburg. Univ. 9, 395—402 (1933).
[3] The automorphisms of Cayley's non-associative algebra. Proc. nat. Acad. Sci. USA 21, 355—358 (1935).
[4] Alternative rings and related questions. I. Existence of the radical. Ann. Math. 42, 676—686 (1941).

Sachverzeichnis